Deutsche
Forschungsgemeinschaft

Entwicklungsperspektiven von Arbeit

Akademie Verlag

Deutsche Forschungsgemeinschaft

Entwicklungsperspektiven von Arbeit

Ergebnisse aus dem Sonderforschungsbereich 333 der Universität München

Herausgegeben von Burkart Lutz

THEORIA CUM PRAXI

Akademie Verlag

DFG

Deutsche Forschungsgemeinschaft
Geschäftsstelle: Kennedyallee 40, D-53175 Bonn
Postanschrift: D-53170 Bonn
Telefon: ++49/2 28/8 85-1
Telefax: ++49/2 28/8 85-27 77
E-Mail: postmaster@dfg.de

Die Deutsche Bibliothek – CIP-Einheitsaufnahme

Entwicklungsperspektiven von Arbeit : Ergebnisse aus dem
Sonderforschungsbereich 333 der Universität München /
Deutsche Forschungsgemeinschaft. Hrsg. von Burkart Lutz. –
Berlin: Akad. Verl., 2001
ISBN 3-05-003598-6

Gedruckt auf säurefreiem und chlorfrei gebleichtem Papier.

Umschlaggestaltung und Typographie: Dieter Hüsken
Datenkonvertierung/Satz: Werksatz Schmidt & Schulz, Gräfenhainichen
Druck und Bindung: Druckhaus „Thomas Müntzer", Bad Langensalza

Printed in the Federal Republic of Germany

Inhalt

Einleitung

Burkart Lutz

Der Sonderforschungsbereich 333 der Ludwig-Maximilians-Universität München wurde 1984/85 von Wissenschaftlern und Wissenschaftlerinnen des soziologischen Instituts und des Geschwister-Scholl-Instituts für politische Wissenschaften der Universität München, des Instituts für Soziologie und Gesellschaftspolitik der Hochschule der Bundeswehr, des deutschen Jugendinstituts und des Instituts für sozialwissenschaftliche Forschung (ISF) in den Absicht gegründet, „neue Entwicklungen von Arbeit im Spannungsfeld von institutionell-organisatorischen Strukturen und individuellen Lebenszusammenhängen" zu untersuchen. Er wurde 1985 erstmals begutachtet und von der DFG in den Jahren 1986 bis 1996 in drei je dreijährigen „vollen" Arbeits- und Finanzierungsperioden und in einer zweijährigen Auslaufphase gefördert. Nach einigen Turbulenzen in den Anfangsjahren, die eng mit der selbst gestellten Aufgabe zusammenhängen und auf deren Ursachen in Abschnitt 1 noch einzugehen ist, entstand mit Beginn der zweiten Arbeits- und Finanzierungsperiode (1989/91) eine stabile und sehr produktive Struktur.

In diesem Band sind alle Teilprojekte, die Teil dieser stabilen Struktur waren, also mindestens in der zweiten und dritten Finanzierungsperiode – in der Zeit von 1989 bis 1995 – zum Sonderforschungsbereich 333 gehörten, mit einem Beitrag (in Einzelfällen auch mit zwei Beiträgen) vertreten. Nun versteht es sich wohl von selbst, dass diese Aufsätze keine wie immer kondensierte Rechenschaft über die Gesamtheit der in dieser Zeit gewonnenen Erkenntnisse geben können und wollen; hierzu ist auf das sehr umfangreiche Verzeichnis der aus dem Sonderforschungsbereich entstandenen Literatur im Anhang zu verweisen. Beabsichtigt ist vielmehr, an relativ konkreten Ergebnissen, die ganz überwiegend aus dem Ende der dritten Arbeits- und Finanzierungsperiode stammen, exemplarisch die Fragestellungen, die Vorgehensweisen und die wissenschaftlichen wie auch gesellschaftspraktischen Erträge der in den Teilprojekten geleisteten Forschungsarbeit darzustellen.

Mit dieser Absicht ist freilich auch das Risiko verbunden, ein gewissermaßen fertiges Bild von der Arbeit des Sonderforschungsbereichs zu geben, während die forschungsprozessuale Dynamik, die ja gerade durch das Förderinstitut des Sonderforschungsbereichs ermöglicht werden soll, unsichtbar bleibt. Sie in großen Zügen nachzuzeichnen, soll deshalb Aufgabe der Einleitung sein. Hierbei bieten sich fünf Schritte an:

In Abschnitt 1 ist ein für den Sonderforschungsbereich essenzieller Paradigmenwechsel in der sozialwissenschaftlichen Sicht von Arbeit in Erinnerung zu rufen, den der Sonderforschungsbereich frühzeitig und mit erheblichen Risiken eingeleitet hatte und der vor allem die Gründungsphase und die erste Förderperiode bestimmte.

Dieser Paradigmenwechsel hatte nicht nur konzeptuelle, sondern auch erhebliche forschungspraktische Konsequenzen. Erst nachdem diese sich deutlicher abzeichneten, gegen Ende der ersten Finanzierungsperiode, konnte der Sonderforschungsbereich eine kohärente und leistungsfähige Struktur finden, die dann im Wesentlichen bis zum Ende der Förderung Bestand hatte. Diese Struktur, die sich auch in den Beiträgen dieses Bandes widerspiegelt, ist in Abschnitt 2 sehr knapp zu umreißen.

Die Leistungsfähigkeit dieser Struktur lässt sich an zwei Tatbeständen ermessen: Zum einen erlaubte sie es dem Sonderforschungsbereich (wie in Abschnitt 3 zu zeigen), sehr rasch die deutsche Einheit als Herausforderung aufzunehmen und sein Forschungsprogramm in großen Teilen auf die neuen Bundesländer auszudehnen. Zum anderen kristallisierte sich jenseits von Gegenstand, Fragestellung und Konzepten der einzelnen Teilprojekte zunehmend eine gemeinsame, übergreifende Forschungsperspektive heraus, nämlich die Beziehung zwischen gesellschaftlichem Subjekt- und Strukturwandel, die in Abschnitt 4 etwas ausführlicher dargestellt sei.

Freilich konnte der potenzielle Ertrag dieser Forschungsperspektive vom Sonderforschungsbereich nur sehr partiell selbst eingebracht werden; hierauf ist in Abschnitt 5 in dem Versuch einer abschließenden Bilanz kurz einzugehen.

1 Die Lösung aus einem bewährten Paradigma: Herausforderungen und Schwierigkeiten

1.1 Das bisherige Paradigma von Arbeit in industriellen Gesellschaften

Seit Jahrzehnten hatte sich, so konstatierte der Sonderforschungsbereich in seinem Forschungsprogramm von 1985, in Wissenschaft und öffentlichem Bewusstsein eine – jenseits aller Differenzen zwischen Schule und Theorietraditionen – sehr verbindliche und in sich konsistente Sichtweise aller wesentlichen in industriellen Gesellschaften mit Arbeit verbundenen Tatbestände durchgesetzt. Und insofern auf der Grundlage dieser Sichtweise auch die wichtigsten hiermit zusammenhängenden politisch-praktischen Probleme alles in allem in durchaus zureichender Weise bearbeitet werden konnten, ist die Unterstellung legitim, dass diese Sicht auch die Realität im Großen und Ganzen richtig beschrieb.

Diese herkömmliche Sichtweise lässt sich – notgedrungen vereinfachend – in einer Reihe von Struktur- und Entwicklungsannahmen zusammenfassen.

Annahmen über grundlegende Strukturen sind vor allem:

- Auf hierarchische und funktionale Arbeitsteilung gegründete Formen der Betriebsorganisation sichern die weitaus höchste Effizienz bei der Produktion von Gütern und der Bereitstellung von Leistungen; sie sind insofern essenzielle Voraussetzungen von Prosperität.

- Als unmittelbares Korrelat hierzu ist Lohnarbeit – in der statistischen Definition „abhängiger Beschäftigung" – der Normalfall von Erwerbstätigkeit; untrennbar hiermit verbunden ist die strikte Trennung der Lebenswelt in eine Sphäre der Arbeit und eine Sphäre der Nichtarbeit (Familie, Freizeit und Ähnliches).
- Die Stellung des Individuums in der betrieblichen Struktur funktional-hierarchischer Arbeitsteilung definiert auch seine Position und zumindest seine materiellen Chancen (und die seiner Familie) in allen anderen gesellschaftlichen Lebensbereichen und Sphären.
- Der Arbeitsmarkt ist das zentrale Medium, das über die Vermittlung der von Individuen angebotenen und von den Betrieben nachgefragten Arbeitsbefähigung zugleich rationale, das heißt ökonomisch effiziente, und dem Prinzip der Chancengleichheit entsprechende Form der Arbeitskräfteallokation und der Zuweisung von Lebenslagen sichert.
- Erziehung, Bildung und Ausbildung in den hierfür spezialisierten Institutionen – insbesondere, aber nicht nur, in Familie und Schule – haben die Aufgabe, die Arbeitsbefähigungen des Individuums so weit wie möglich zu entwickeln, um ihm auf diese Weise optimale Voraussetzungen zur Wahrung der sich am Arbeitsmarkt bietenden Chancen zu sichern.
- Auf Arbeit bezogenes staatliches Handeln besteht, neben der erwähnten Aufgabe der Vorbereitung zukünftiger Arbeitskräfte, vor allem darin, durch normative Regelungen gleiche Handlungschancen für alle Arbeitsmarktpartner sicherzustellen und dafür zu sorgen, dass ausreichende Subsistenzmittel bereitstehen, wenn kein zur Sicherung des Lebensunterhalts ausreichendes Arbeitseinkommen erzielt werden kann. Öffentliche Arbeitsmarktpolitik bleibt im Wesentlichen auf Versuche zur indirekten Beeinflussung ökonomischer Parameter des Arbeitsmarktes (z. B. durch Investitionsförderung, Subventionen etc.) beschränkt.

Die *zentralen Entwicklungsannahmen* lassen sich in zwei Thesen resümieren:

- Technischer Fortschritt ist der zentrale Entwicklungs- und Veränderungsimpuls von Arbeit, und zwar in zweifacher Weise: einmal direkt durch die mit technischem Fortschritt verbundenen Innovationen von Produkt und Produktionsverfahren; zum anderen indirekt über die ökonomischen Wirkungen der von ihnen ermöglichten Steigerungen von Produktivität und Wohlstand, die ihrerseits einen tief greifenden Wandel von Nachfrage- und Produktionsstruktur (z. B. im Sinne rasch wachsender Bedeutung des „tertiären Sektors" nach Clark und Fourastié) auslösen.
- Die in den ersten sechs Annahmen charakterisierten Strukturen von Arbeit setzen sich im Prozess gesellschaftlicher Modernisierung sukzessive gegen zunächst noch starke, dann aber zunehmend residualisierte Strukturen durch, die den Produktions- und Lebensweisen früherer historischer Stadien entsprechen. Erst am Ende einer längeren Übergangszeit sind die typischen Merkmale von Arbeit in industriellen Gesellschaften in reiner, unvermischter Form zu beobachten.

In vieler Hinsicht besonders wichtig war die letztgenannte Annahme, da sie wesentlich zur Verbreitung und Konsolidierung der skizzierten Sichtweise von Arbeit und ihrer Immunisierung gegen neuartige Befunde und Einsichten beitrug und bis heute beiträgt, da sie scheinbar zureichend erklären kann, dass und warum das Bild der Realität, das sich aus praktischen Erfahrungen und empirischen Untersuchungen ergibt, keineswegs völlig in den grundlegenden Strukturannahmen aufgehen muss, ohne dass diese deshalb grundsätzlich infrage gestellt würden.

1.2 Zunehmende Zweifel an der Fähigkeit dieses Paradigmas, aktuelle Veränderungen zu erklären

Allerdings waren schon seit Beginn der 80er-Jahre zahlreiche Veränderungen zu registrieren, die mit den grundlegenden Annahmen der herkömmlichen Sicht von Arbeit nicht mehr ohne weiteres in Einklang zu bringen sind. In seinem ersten Finanzierungsantrag von 1985 nannte der Sonderforschungsbereich hierfür vier Beispiele aus dem geplanten Untersuchungsfeld:

1. Im Zusammenhang mit dem Vordringen mikroelektronischer Informations- und Steuerungstechnik in Fertigung, Verwaltung und Dienstleistung würden zunehmende *Formen der Arbeitsorganisation* eingeführt, die eine jahrzehntelange Tendenz zu vertiefter horizontaler, funktionaler und hierarchischer Arbeitsteilung zumindest partiell rückgängig machen.
   Die bislang unbestrittene These, dass eine strikte Trennung von planender und ausführender Arbeit, eine hochgradige Aufgabenspezialisierung und die Auslagerung aller anspruchsvollen Funktionen aus dem Bereich der unmittelbaren Fertigung unverzichtbare Voraussetzungen effizienter betrieblicher Organisation und wirtschaftlicher Produktionsabläufe seien, wird von den Konzepten, die diesen neuen Formen von Arbeitsorganisation explizit oder implizit zugrunde liegen, nicht mehr akzeptiert. Vielmehr könnte, so wurde bereits in der Mitte der 80er-Jahre argumentiert, unter bestimmten Umständen (vor allem: weitgehende Automatisierung der Produktionsanlagen und hohe marktbedingte Flexibilitätsanforderungen) die *Reprofessionalisierung von ausführender Arbeit* in Produktion und Verwaltung ein Optimum an technischer Effizienz und Rentabilität sichern, das mit den traditionellen, stark arbeitsteiligen Organisationsformen nicht erreichbar sei.
   „Solche neuen Stoßrichtungen betrieblicher Rationalisierungsprozesse hätten, sollten sie sich tatsächlich verbreitet durchsetzen, weit reichende Konsequenzen innerbetrieblicher und überbetrieblicher Art. Die traditionsreiche Abgrenzung zwischen Arbeitern und Angestellten, die ja immer noch auf der Unterscheidung von ‚körperlicher' und ‚geistiger' Arbeit gründet, würde fließend. Bildungs- und Ausbildungssysteme hätten neuartige Anforderungen an Selektion, Qualifikation und Motivation ihrer Absolventen zu erfüllen. Seit langem fest gefügte Muster der sozialen Schichtung könnten in Bewegung geraten. U. s. f." (Finanzierungsantrag 1985, S. 18).
2. Die herkömmliche Sicht von Arbeit in Industriegesellschaften war eindeutig am *Großbetrieb* orientiert, der als Prototyp effizienter Nutzung von Technik und rationeller Organisation galt, während Kleinbetriebe allenfalls in bestimmten Branchen mit noch immer starken ständischen Strukturen oder als Satelliten von Großbetrieben eine immer wieder bedrohte Existenz fristen könnten.

Demzufolge konzentrierten sich Forschung wie gesellschaftliche Praxis (staatliche Regelungen, Tarifpolitik u. a.) auf die Verhältnisse, Arbeitsbedingungen und Arbeitsmarktstrukturen in Großbetrieben. Was hier zu beobachten sei, so wurde ganz selbstverständlich unterstellt, würde auch für die Zukunft Bestand haben, während in Kleinbetrieben immer nur mit großer Mühe, wenn überhaupt, die in den Großbetrieben längst eingespielten Standards realisiert werden könnten.

„Doch mehren sich seit einem Jahrzehnt in den meisten Industrieländern Hinweise auf Entwicklungen, die mit diesem Bild nicht mehr vereinbar sind; sie deuten insbesondere auf eine *zunehmende Bedeutung von Kleinbetrieben traditioneller Art und auf die Herausbildung eines Sektors von neuen Betrieben mit deutlich* (teilweise sogar spektakulär) *vom großbetrieblichen Modell abweichenden Organisationsformen* hin. Zumindest in bestimmten Sektoren einiger Industrienationen sind die Arbeitsverhältnisse in Kleinbetrieben nicht mehr schlechter, sondern in ihrer Andersartigkeit vielleicht sogar besser als in vergleichbaren Großbetrieben. Auch wächst an vielen Stellen das Interesse an – ‚berufsfachlichen', auf professionelle Kompetenzen der Arbeitskräfte gegründeten – Arbeitsmarktstrukturen, wie sie für kleinbetriebliche Sektoren typisch sind, während die für Großbetriebe charakteristischen Strukturen ‚interner Arbeitsmärkte' Gegenstand zunehmender Kritik werden" (ebd., S. 19).

3. Bislang durfte, so die Feststellung von 1985, die *Vorbereitung auf das Erwerbsleben als zentrale Entwicklungsaufgabe des Jugendalters* betrachtet werden, deren erfolgreicher Abschluss vom Erwachsenenstatus vorausgesetzt wurde.

   Nunmehr scheint sich eine Ablösung des Erwachsenwerdens von der Qualifizierung für Erwerbsarbeit anzubahnen: Der traditionell im Bereich des Jugendalters angesiedelte Prozess der Qualifizierung für Berufsarbeit und der Integration in die Arbeitswelt verliert zumindest seine dominierende Schrittmacherfunktion für die Ablösung der Jugendlichen aus den Abhängigkeiten der Herkunftsfamilie und für den Erwerb des Erwachsenenstatus.

   „Mit der Verallgemeinerung und Verstärkung dieses Prozesses würden seit Generationen erprobte Formen von Erziehung und Bildung fragwürdig und die *Herausbildung einer Pluralität neuer ‚Normalformen' der gesellschaftlichen Integration der Jugendlichen* wahrscheinlich. Im Kontext der stärkeren Ausprägung eigenständiger jugendlicher Lebensformen und kultureller Orientierungen müsste die Arbeitswelt auch mit neuen Typen subjektiven Arbeitsvermögens rechnen, was weitreichende Konsequenzen für betriebliche Personalpolitik und öffentliche Bildungs- wie Berufsbildungspolitik haben könnte" (ebd., S. 20).

4. Sehr verschiedenartige Entwicklungen führten – dies war eine vierte der Tendenzen, mit denen der Sonderforschungsbereich bei seiner Entstehung seine Zweifel an der Tragfähigkeit der herkömmlichen Sicht von Arbeit begründete – dazu, dass die bisher für die Masse der erwachsenen Bevölkerung faktisch gegebene *Dominanz der Erwerbsarbeit im Lebenszusammenhang* und die hierdurch begründete Polarisierung der Sphären von „Arbeit" und „Nichtarbeit" sich abschwächen: Verzögerter Berufseintritt, Verkürzung von Wochen-, Jahres- und Lebensarbeitszeit, Tendenzen zur Arbeitszeitflexibilisierung und anderes mehr können den Tätigkeiten und Interessenbereichen der Personen außerhalb der Erwerbsarbeit sukzessive eine quantitativ und qualitativ neue Bedeutung geben. Durch veränderte

Arbeitsmarktbedingungen (z. B. in Form von Arbeitslosigkeit, Entwertung beruflicher Fähigkeiten, sozialer und regionaler Mobilität) verursachte Abweichungen von den erwarteten „Normal"-Biografien können die Bedeutung von Erwerbsarbeit für Identität, Einstellungen und Lebensstrategien der Betroffenen relativieren.
Dies könnte wiederum bewirken, dass eine wachsende Zahl von Personen *neue Prinzipien und Muster einer* für sie *rationalen Lebensführung entwickelt, die nicht mehr mit bisher hochgradig verbindlichen Formen des Erwerbslebens (und damit auch des Privatlebens) übereinstimmen*. Die Personalpolitik der Betriebe, staatliches Handeln (etwa in der Bildungs-, Arbeits- und Sozialpolitik) und die Interessenorganisationen sähen sich dann mit Lebensstrategien ihrer Arbeitskräfte bzw. Klienten konfrontiert, die nicht mehr zu den bisher erprobten Politiken und Praktiken passen.

Erkenntnisse der eben genannten Art mögen aus heutiger Sicht sehr einleuchtend, ja fast selbstverständlich erscheinen. In der Mitte der 80er-Jahre war es hingegen keineswegs einfach, ein Forschungsprogramm, das ihnen angemessen Rechnung trägt, zu entwerfen und in der Fachöffentlichkeit zu vertreten. Vielmehr musste sich der Sonderforschungsbereich mit all den Schwierigkeiten auseinander setzen, ohne die keine Lösung aus einem lange gültigen, „starken" Paradigma möglich ist. Und das durch ein hohes Maß an Unsicherheit und zunehmendes Desinteresse an der Thematik gekennzeichnete wissenschaftliche Umfeld bot hierfür keine große Hilfe.

1.3 Ein diffus-unsicherer Forschungs- und Diskussionsstand

Vorbereitung und Gründung des Sonderforschungsbereichs in den Jahren 1984/85 erfolgten auf dem Hintergrund einer Forschungslage und eines wissenschaftlichen Diskussionsstandes, die durch ein hohes Maß an Diffusität, Unsicherheit und Ambivalenz in der Einschätzung der Entwicklungsperspektiven von Arbeit gekennzeichnet waren.

Einerseits mehrten sich die Stimmen, die – nicht selten auf sehr eindringliche und weit über das engere Fach hinaus wirkende Weise – einen grundlegenden Umbruch in der Geschichte der industriellen Gesellschaften proklamierten, in dessen Gefolge sich insbesondere sowohl die Formen wie der gesellschaftliche Stellenwert von Erwerbsarbeit im herkömmlichen Sinne grundlegend verändern würde: Ob das „Ende der Arbeitsgesellschaft" gekommen sei, fragte der Bamberger Soziologentag von 1982, in dessen Einleitungsveranstaltung prominente Vertreter des Faches behaupteten, dass nunmehr der Arbeitsgesellschaft die Arbeit ausginge und dass mit ganz neuen Lebensweisen und Vergesellschaftungsformen zu rechnen sei.

Andererseits fiel es zu Beginn der 80er-Jahre im Alltag empirischer Forschung und auf der Basis des breiten Stroms der von ihr gelieferten Befunde ausgesprochen schwer, Indikatoren für den behaupteten Umbruch auszumachen. Mit dem Instrumentarium professioneller Sozialforschung betrachtet, stellte sich die Arbeitsgesellschaft, abgesehen von dem unbestreitbaren, aber doch in der öffentlichen Meinung weithin als vorübergehend geltenden Anstieg der Arbeitslosigkeit, immer noch als sehr stabil dar.

Wo die einen eine säkulare Wende, den Übergang zu einer neuen Gesellschaftsformation suggerierten, „sehen andere allenfalls vorübergehende Verwerfungen und Anpassungsprobleme im Entwicklungsprozess moderner Gesellschaft. Was den einen als neues Grundmuster von Arbeit erscheint, ist für andere lediglich ein eher untypisches Randphänomen oder Sache einer kleinen Minderheit. Auch werden Zweifel daran formuliert, dass manche der als neuartig behaupteten Tatbestände tatsächlich jetzt erst entstanden (und nicht bloß bisher von der Wissenschaft übersehen worden) seien." [1]

Für diesen Widerspruch boten sich zwei Erklärungen an: „Entweder wird die Existenz einer Strukturkrise behauptet, obwohl doch die Realität von den dieser Behauptung eher entgegenstehenden empirischen Analysen einigermaßen zutreffend beschrieben wird; dann wäre zu erklären, wie es dazu kommen kann, dass auch angesehene und kompetente Soziologen eine solche Behauptung aufstellen. Oder es gibt tatsächlich eine Strukturkrise, obwohl sie in dem Bild aktueller Entwicklungen, das sich anhand empirischer Befunde und Analysen zeichnen lässt, allenfalls verschwommen und gebrochen erkennbar ist; dann wäre zu fragen, wie es möglich ist, dass soziologische Forschung zentrale Veränderungen in ihrem Objekt so unzuverlässig erfasst." [2]

Auch die Jahre nach 1982 brachten keine wirkliche Klärung. Die sehr lebhafte Debatte, die 1984 durch Kern und Schumann mit dem von ihnen behaupteten Paradigmenwechsel industrieller Arbeitspolitik ausgelöst wurde, blieb ohne eindeutiges Ergebnis. Statt der in Bamberg aufgeworfenen Frage, ob wir tatsächlich vor dem „Ende der Arbeitsgesellschaft" stehen, nunmehr empirisch wie konzeptuell im Detail nachzugehen, begnügte sich ein Gutteil des Faches mit einer mehr oder minder stillschweigenden Verlagerung der Interessenschwerpunkte; die Arbeitsgesellschaft und alle mit ihr verbundenen Themen gerieten aus der Mode. Eine mit viel Elan begonnene Diskussion ging zu Ende, ohne dass sich ein evidentes, von breitem Konsens des Faches getragenes Ergebnis abzeichnete, auf dem der Sonderforschungsbereich hätte aufbauen können.

1.4 Risiken und Probleme

Angesichts dieses Forschungs- und Diskussionsstandes schien dem Sonderforschungsbereich in seinem Erstantrag eine doppelte Option unvermeidlich: Inhaltlich optierte er für die Vermutung, dass sich in hoch entwickelten („alten") Industrienationen tatsächlich ein struktureller Umbruch mit tief greifenden Konsequenzen

1 Antrag auf Einrichtung eines Sonderforschungsbereichs und auf Förderung für die Jahre 1986–1988, München, April 1985, S. 14. Im Folgenden werden die Finanzierungsanträge und Arbeits- und Ergebnisberichte des SFB jeweils zitiert als „Finanzierungsantrag" bzw. „Ergebnisbericht" mit dem Jahr ihrer Vorlage bei der DFG.

2 So der Versuch einer zusammenfassenden Bilanz der Bamberger Verhandlungen zum Thema sozioökonomischer Strukturprobleme der industriell-kapitalistischen Gesellschaften bei B. Lutz: Strukturkrise als Herausforderung an die Soziologie. In: J. Matthes (Hg.): Krise der Arbeitsgesellschaft? Verhandlungen des 21. Deutschen Soziologentages in Bamberg 1982, Frankfurt/New York 1983, S. 323.

vollzieht; und forschungsstrategisch postulierte er, dass die herkömmliche sozialwissenschaftliche Sicht von Arbeit in modernen Gesellschaften zunehmend defizitär wird. Beide Optionen wurden im Erstantrag noch sehr ausführlich begründet:

„Selbst wenn es nicht zu einem wirklichen Umbruch kommt, muss doch zumindest mit der Möglichkeit gerechnet werden, dass sich partiell neue Strukturen herausbilden, die mehr oder minder stabile oder dynamische Abgrenzungs- oder Austauschbeziehungen mit den bisher dominanten Strukturen eingehen werden; und dies wird diese wohl kaum ganz unverändert lassen: Kann man sich eine Koexistenz von Formen der Arbeitsorganisation (in einem Betrieb, einer Branche, einer Region) denken, die von grundlegend verschiedenen Logiken der Arbeitsteilung bestimmt sind? Wie würde es sich auf die Arbeitsverhältnisse und Arbeitsmarktstrukturen in Großbetrieben auswirken, wenn sich dauerhaft ein kleinbetrieblicher Sektor mit attraktiven Arbeitsbedingungen etabliert? Wie könnte das Spektrum unterschiedlicher Normalformen der Berufsvorbereitung und Berufseinmündung aussehen, die nebeneinander entstehen, und könnten die traditionellen Verlaufsformen in ihm überhaupt noch Bestand haben? Was würde es für die auf Integration potenzieller Arbeitskräfte in das Arbeitsleben ausgerichteten Teilpolitiken bedeuten, wenn in nennenswerten Teilen der Bevölkerung Erwerbsarbeit an Relevanz verliert und andere Lebensorientierungen in den Vordergrund treten?" (ebd., S. 21f.)

Solchen Fragen nachzugehen und wirklich tragfähige Antworten auf sie zu suchen sei allerdings im Rahmen der herkömmlichen Sicht von Arbeit und ihrer zentralen Prämissen kaum möglich. Hierzu müssten ja gesellschaftliche Prozesse (wie etwa das fortschreitende Verschwinden von Kleinbetrieben) als in ihren Grundtendenzen offen bzw. ungewiss angenommen werden, deren langfristige Richtungsstabilität bisher selbstverständlich unterstellt wurde. Weiterhin müsste akzeptiert werden, dass Strukturprinzipien (wie Arbeitsteilung oder dauerhafte Scheidung von Erwerbsleben und Privatleben), die bisher als konstitutiv für Arbeit in der industriellen Gesellschaft erschienen, zumindest in wichtigen Teilbereichen ihre Geltung verlieren und durch andere ersetzt werden. Vor allem sei es notwendig, viele, oftmals sehr komplexe Wirkungszusammenhänge (wie etwa die Interdependenzen zwischen schulischer und familialer Sozialisation, Selektion und Qualifizierung der zukünftigen Arbeitskräfte im Bildungs- und Ausbildungssystem, Rekrutierungs- und Einsatzpolitiken der Betriebe und Grundmustern der Arbeitsorganisation) zu analysieren, die in der herkömmlichen Sicht völlig ausgeblendet oder auf einfache Determinationsverhältnisse reduziert werden.

Die Schwierigkeit der hiermit formulierten Aufgabe resultierte vor allem daraus, dass sich das herkömmliche Paradigma von Arbeit in modernen Gesellschaften „als ein außerordentlich leistungsfähiges Instrument der Komplexitätsreduktion und Problemsegmentierung (darstellt), dessen Wert und Wirkungen schwer überschätzt werden können". Dies gilt nicht zuletzt für die Entwicklung der modernen Sozialwissenschaften selbst: Der von dieser Sichtweise gelieferte stabile und verlässliche Verweisungszusammenhang erlaubte der noch jungen empirischen Sozialforschung eine „arbeitsteilige Konzentration auf die systematische Beobachtung und Analyse jeweils eingegrenzter Ausschnitte der Realität. Nur auf ihrem Hintergrund war die schrittweise Akkumulation und zumindest teilweise Integration ganz disparater Wissensbestände möglich, die für die sozialwissenschaftliche Arbeits- und Arbeitskräfteforschung charakteristisch war. Und indem diese Sichtweise ihrerseits fest in dem übergreifenden gesellschaftsstrukturellen Konzept der industriellen Gesellschaft und ihrer Entwicklungsdynamik verankert war, konnten immer wieder sehr partikulare empirische Befunde in einen konsistenten gesellschaftstheoretischen und historischen Zusammenhang gebracht werden" (Finanzierungsantrag 1985, S. 23).

Diese Möglichkeiten würden jedoch in dem Maße entfallen, „in dem neuartige Entwicklungen nicht mehr auf bloße Veränderungen in den Ausprägungen einzelner Merkmale und Parameter von in ihrem Grundmuster unveränderten Strukturen gesellschaftlicher Arbeit reduziert werden können". Wenn „mit der Möglichkeit tief greifender Verschiebungen und Verwerfungen in diesem Grundmuster selbst gerechnet werden muss (da sich z. B. das relative Gewicht von Dimensionen und Feldern gravierend verändert oder Zusammenhänge und Beziehungen sich dynamisieren und damit neuartige Anforderungen generieren, die in der bisherigen Sichtweise als langfristig stabil gelten durften), ist die Sozialwissenschaft mit einem Dilemma konfrontiert", das nicht leicht auflösbar sei (ebd., S. 24): Entweder hält der Forscher an den hergebrachten, in der Vergangenheit unbestreitbar bewährten und erprobten Zugangsweisen, Ansätzen, Konzepten, Verfahren und Analysemodellen fest, obwohl er damit Gefahr läuft, sich selbst den Blick für Entwicklungsbrüche und strukturell Neues systematisch zu verstellen. Oder man ruft „das Ende der Arbeitsgesellschaft" und den Beginn eines neuen Zeitalters „postindustrieller" Entwicklung aus, läuft dann jedoch Gefahr, „angesichts notwendig unvollständiger empirischer Daten, mangels klar definierter analytischer Konzepte und durch sie begründeter systematischer Kontrollmöglichkeiten, einzelnen Symptomen und Indikatoren eine weit über ihre reale Aussagekraft hinaus reichende Bedeutung zuzuschreiben und Thesen mit säkularem Anspruch auf wenig mehr denn bloß subjektive Eindrücke und Einschätzungen zu gründen" (ebd.).

Um sich nicht in diesem Dilemma zu verfangen, setzte sich der Sonderforschungsbereich als Aufgabe, in dem Netz von Strukturzusammenhängen und Interdependenzen, die zwischen den wesentlichen Dimensionen und Teilbereichen des mit dem Begriff ‚gesellschaftliche Arbeit' annähernd zu bezeichnenden Feldes bestehen, einige der komplexen und sich möglicherweise rasch dynamisierenden Interdependenzen zwischen Institutionen und Akteuren, zwischen Strukturen und Prozessen sowohl empirisch wie konzeptuell-analytisch ins Zentrum der Forschungsarbeit zu rücken, die vom bisherigen Paradigma weitgehend ausgeblendet blieben und demzufolge in aller Regel auch quer zu den traditionellen Linien binnenwissenschaftlicher Arbeitsteilung lägen.

Ein zentrales Problem des Sonderforschungsbereichs bestand darin sicherzustellen, dass dieses selbst gesetzte Ziel, bisher wenig beachtete Wechselwirkungen ins Zentrum der Forschungsarbeit zu rücken, nicht mit der Eigenlogik der Projektarbeit in Konflikt geriet, da jedes einzelne Teilprojekt seine Fragestellungen und seine Ergebnisse aus sich selbst heraus und in seinem jeweiligen Forschungs- und Diskussionszusammenhang zu rechtfertigen hatte; auch an sich durchaus legitime Publikations- und Karriereinteressen der Projektmitarbeiter konnten im gleichen Sinne wirken. Dies führte in der Anfangszeit des Sonderforschungsbereichs zu einer erheblichen Fluktuation der Teilnehmer und Teilprojekte, die erst mit dem Übergang von der ersten zur zweiten Finanzierungsperiode, 1988, ein Ende fand.

2 Inhaltliche Schwerpunkte und Forschungsperspektiven

Die Projektstruktur, die sich zu dieser Zeit herausbildete, ist (wenngleich in der Bezeichnung der Teilprojekte aus formalen Gründen die ursprüngliche Unterscheidung in zwei Projektbereiche – A und B – beibehalten wurde) durch drei inhaltliche Schwerpunkte geprägt, die auch die Gliederung des vorliegenden Sammelbandes bestimmen. Diese Schwerpunkte und die ihnen zugehörigen Teilprojekte sind nunmehr knapp darzustellen.

2.1 Erwerbsarbeit, alltägliche Lebensführung und Identitätsbildung

Im Zentrum eines ersten Schwerpunktes, dem sich zwei der neun Teilprojekte zuordnen lassen, steht die Frage, wie sich gesellschaftliche Subjekte – reaktiv oder aktiv – in Lebensumständen behaupten, die unter dem Einfluss neuer Entwicklung von Arbeit strukturell instabiler werden, auf welche Ressourcen sie hierbei zurückgreifen können und welche Gestaltungsleistungen sie erbringen.

Schlüsselbegriff des Teilprojekts A1[3] war das Konzept der „Alltäglichen Lebensführung". Auf einer sehr allgemeinen Ebene richtete sich das Forschungsinteresse dieses Teilprojekts auf Veränderungen im Verhältnis von Arbeit und Leben. Leitende Annahme war, dass die strukturellen Veränderungen im Feld gesellschaftlicher Arbeit zu Veränderungen in der Organisation des alltäglichen Lebens der Betroffenen führen, was selbst wiederum auf deren berufliche Orientierungen und Verhaltensweisen zurückwirkt.

Wichtigste empirische Grundlage des Teilprojekts waren Intensivinterviews mit Personen, bei denen jeweils charakteristische Ausprägungen der Kriterien Zeitsouveränität, Geschlecht und familiale Phase vorlagen. Dieses sehr reiche empirische Material wurde vor allem in den Perspektiven des Zusammenhangs von alltäglicher Lebensführung und Zeit, Geschlechterverhältnis, Region und sozialen Netzwerken, Arbeitswelt und Wertewandel, soziale Ungleichheit sowie Biografie und Lebenslauf ausgewertet und interpretiert.

Dem zweiten Teilprojekt dieses Schwerpunktes (A6)[4] lag die These zugrunde, dass – mit der aktuellen gesellschaftlichen Entwicklung zunehmend wichtigere – plurale Lebensformen und divergierende Normen und Anforderungen in verschiedenen Lebensbereichen vom Subjekt immer neue Veränderungen und „Umbauten" erfordern. Dies gilt insbesondere für Jungerwachsene und den Zusammenhang von Übertritt in das Erwerbsleben und Identitätsbildung.

Im Zentrum des Teilprojekts stand eine – qualitative – Längsschnittstudie, in der im Zeitraum von vier Jahren in drei Wellen 120 junge Männer und Frauen in Bayern (und später noch 32 im Großraum Leipzig) mit jeweils ausgeprägt „kontinuierlichem"

3 An diesem Teilprojekt waren während jeweils längerer Zeit K. M. Bolte, L. Behringer, W. Dunkel, K. Jurczyk, W. Kudera, M. Rerrich und G. Voß beteiligt.

4 Beteiligt waren (teilweise nur während begrenzter Zeit) W. Gmür, R. Höfer, L. Keimeleder, H. Keupp, W. Kraus, R. Seitz, S. Stiemert, F. Straus und S. Waldmann.

und „diskontinuierlichem" Berufseinstieg befragt wurden. Bei der einen Gruppe handelte es sich um junge Männer und Frauen, die sich zum Zeitpunkt des Erstinterviews in einer Ausbildung als Verwaltungsfachangestellte im Kommunalbereich befanden, bei der anderen Gruppe um gleichaltrige Jungerwachsene, die sich nach gescheitertem Berufseinstieg in Projekten der Berufsbezogenen Jugendhilfe (Bayern) oder vergleichbaren Maßnahmen (Leipzig) befanden.

Die analytischen Dimensionen – „Arbeit", „Netzwerk" und „Geschlecht" – wurden aus zentralen Bezugspunkten von Identität abgeleitet.

2.2 Neue Formen und Probleme von industrieller Rationalisierung und Technikeinsatz

Die drei Teilprojekte des zweiten Schwerpunkts schließen bewusst, aber in einer dezidiert neuen Perspektive, an industriesoziologische Traditionslinien an.

Teilprojekt A2[5] fragte nach neuen Problemen im Umgang des Arbeitenden mit hoch entwickelten technischen Systemen. Am Beispiel empirischer Analysen von Facharbeit an Werkzeugmaschinen und in Leitständen der Prozessindustrie ging das Teilprojekt vor allem der Vermutung nach, dass

- qualifizierte Industriearbeit nicht nur den Einsatz von explizitem Wissen, sondern auch von scheinbar „nicht rationalen" Komponenten des Arbeitshandelns erfordert, die vom Teilprojekt als Fähigkeit zu „erfahrungsgeleitetem (subjektivierendem) Arbeitshandeln" bezeichnet werden;
- diese Fähigkeit gerade auch für die Beherrschung komplexer technischer Systeme unverzichtbar ist;
- durch die fortschreitende Verwissenschaftlichung und informationstechnische Vermittlung von technischen Prozessen und Arbeitshandeln jedoch gerade dort die Voraussetzungen für die Entwicklung und Anwendung dieser Fähigkeit gefährdet sind.

Die hierbei gewonnenen Erkenntnisse wurden rasch – wenngleich nicht ohne Widerspruch – rezipiert; sie werden inzwischen auch in der Praxis der Technikentwicklung und der Berufsausbildung genutzt.

Parallel hierzu wurden mit dem Konzept „widersprüchlicher Arbeitsanforderungen" bislang wenig beachtete und/oder neuartige Belastungen bei qualifizierten Tätigkeiten in Verbindung mit neuen Formen der Arbeitsorganisation wie Gruppenarbeit und Ähnliches aufgedeckt.

Im Zentrum von Teilprojekt B2[6] stand die Frage nach Orientierungen posttayloristischer und postfordistischer betrieblicher Rationalisierungsstrategien. Gestützt auf umfangreiche empirische Befunde und Erfahrungen, die (wie auch in anderen Teilprojekten) parallel zur vorwiegend konzeptuellen Arbeit des Sonderforschungs-

5 Beteiligt waren neben F. Böhle in verschiedenen Zeiträumen B. Milkau, M. Moldaschl und H. Rose.

6 Beteiligt waren (überwiegend während der gesamten Laufzeit) G. Bechtle, M. v. Behr, K. Düll, H. Hirsch-Kreinsen, Ch. Köhler, B. Lutz, K. Schmierl und R. Schultz-Wild.

bereichs in industrienahen Projekten der Auftragsforschung, vor allem im Rahmen von Programmen des Bundesforschungsministeriums gewonnen wurden, formulierte das Teilprojekt die These eines „posttayloristischen Rationalisierungsdilemmas", das aus widersprüchlichen Anforderungen und Tendenzen entsteht: Während auf der einen Seite neue Zwänge und Gelegenheiten eine rasche Abkehr von den jahrzehntelang erfolgreichen Strategien tayloristischer und fordistischer Ausrichtung dringend nahe legen, wirken starke strukturelle Momente in einem durchaus „strukturkonservativen" Sinne.

Auf der Grundlage dieser These ging das Teilprojekt dann – teilweise, wie das Teilprojekt A2, in einer ausgeprägt komparativen Perspektive, wobei neben Frankreich auch Italien, Spanien und die USA als Vergleichsländer dienten – zwei Fragen nach, die erst im Kontext einer neuen Sicht von Arbeit gestellt werden konnten. Zum einen fragte das Teilprojekt nach der Rolle, die im Zusammenhang mit dem posttayloristischen Rationalisierungsdilemma den langfristigen Entwicklungen im Angebot an industriellen Arbeitskräften zukommt. Zum anderen war das Teilprojekt – unter dem Stichwort „Technikentwicklung als gesellschaftlicher Prozess" – bestrebt, die Wechselwirkungen zwischen industriellen Strategien und Pfaden der fertigungstechnischen Entwicklung näher zu bestimmen. Diese Frage gewann vor allem in der Auslaufphase des Sonderforschungsbereichs Bedeutung.

Das dritte Teilprojekt dieses Schwerpunktes (B3)[7] wollte anfänglich den Folgen zunehmender datentechnischer Vernetzung im Betrieb und zwischen Betrieben sowie ihren Folgen für die Arbeitskräfte nachgehen. Sehr rasch machten die Analysen, die sich vor allem auf empirische Befunde aus dem Bereich der Automobilzulieferer stützten, die Emergenz eines neuen Rationalisierungstypus deutlich, den das Teilprojekt als „systemische Rationalisierung" bezeichnete. Zentraler Gegenstand des Teilprojekts wurden damit:

- zum einen der Auf- und Ausbau von unternehmensübergreifenden Netzwerken, ihre (überwiegend als pyramidal-hierarchisch beschriebene) Struktur und in dieser angelegte Abhängigkeiten und Ungleichheiten;
- zum anderen die Konsequenzen für die unmittelbar und mittelbar betroffenen Arbeitskräfte und die Interessenvertretung.

Auch in diesem Teilprojekt spielten internationale Vergleiche, insbesondere mit Japan, eine wichtige Rolle. Deshalb wurde besonderer Wert darauf gelegt, vertrauensvolle Beziehungen mit japanischen Kooperationspartnern aufzubauen.

2.3 Berufe und Berufskarrieren auf dem Hintergrund veränderter Qualifikationsanforderungen und Arbeitsmarktstrukturen

Diesem Schwerpunkt sind vier Teilprojekte zuzurechnen, deren Gemeinsamkeit vor allem in der Frage nach intermediären Strukturen liegt, in denen das Handeln gesellschaftlicher Subjekte mit strukturellem Wandel vermittelt ist – wobei jeweils zwei der

7 Beteiligt waren (mit einer Ausnahme während der gesamten Laufzeit) N. Altmann, D. Bieber, M. Deiß, V. Döhl, D. Sauer und M. Moldaschl.

Teilprojekte eher in subjektbezogenen bzw. in strukturbezogenen Forschungstraditionen wurzeln.

Gegenstand des Teilprojekts A7[8] waren die zielgerichteten Aktivitäten von potenziellen Führungsnachwuchskräften bei der Stellensuche und Eingliederung in Unternehmen. Im Gegensatz zu der herkömmlichen Konzeptualisierung von „Selektion und Sozialisation" (so der Titel des Teilprojekts), die Personen eher als passive Rezipienten von organisatorischen Maßnahmen auffasst, hebt das Teilprojekt auch die vermittelnde Funktion der Fortschritte hervor, die neue Mitarbeiter bei der Verfolgung ihrer persönlichen beruflichen Ziele machen.

Empirische Grundlage dieses Teilprojekts war eine auf sieben Jahre angelegte schriftliche Panelerhebung von Hochschulabgängern in zwei bzw. drei Kohorten zu vier bzw. fünf Zeitpunkten. Das ursprüngliche Design von zwei Kohorten mit fünf Befragungen wurde nach 1991 durch die viermalige Befragung einer zusätzlichen Kohorte aus den neuen Bundesländern ergänzt.

Gegenstand des Teilprojekts A8[9] waren die Beziehungen zwischen gesellschaftlichen Qualifikationstypen (wie dem deutschen Industriefacharbeiter oder dem französischen *ingénieur*) und den korrespondierenden Mustern von Formung (und Zerstörung) von Arbeitskraft durch soziale Herkunft, Bildung und Ausbildung sowie beruflicher Karriere. Da seine Gegenstände in hohem Grade nationalspezifisch ausgeprägt sind, waren die Arbeiten des Teilprojekts stark komparativ angelegt: zunächst vor allem im Vergleich Deutschland und Frankreich, später auch im innerdeutschen Ost-West-Vergleich.

Eher in strukturbezogenen Forschungstraditionen sind zwei weitere Teilprojekte dieses Schwerpunktes verankert: Gegenstand des Teilprojekts B5[10] war der Zusammenhang von berufsfachlichem Arbeitsmarkt, kleinbetrieblicher Strategiefähigkeit und der Entwicklung des kleinbetrieblichen Wirtschaftssektors. Diesem Zusammenhang ging das Teilprojekt – nicht zuletzt im Interesse der optimalen Nutzung umfangreicher empirischer Materialien, die von Projektgruppen des ISF außerhalb der SFB-Arbeiten erhoben und aufbereitet worden waren – vor allem am Beispiel von Kleinbetrieben nach, die in engen Geschäftsbeziehungen mit Großunternehmen stehen. Mit den Materialien aus Branchen- und Fallstudien und mithilfe von Sekundäranalysen fragte das Teilprojekt vor allem, über welchen arbeitspolitischen Handlungsspielraum die betrachteten Typen von Kleinbetrieben verfügen, wie sich die Flexibilisierungs- und Verschlankungsstrategien der Großunternehmen auf diesen Handlungsspielraum auswirken und welche Rolle dabei den charakteristischen Strukturen berufsfachlicher Ausbildung und berufsfachlicher Arbeitsmärkte zukommt.

Das Interesse des vierten Teilprojekts dieser Gruppe B6[11], das erst 1988/89 zum Sonderforschungsbereich stieß, galt ursprünglich den Wechselwirkungen zwischen

8 Beteiligt waren neben L. v. Rosenstiel zunächst M. Hadesbeck, J. Kaschube, F. Nerdinger, E. Sigl, E. Spieß und F. Weber, später Th. Lang, G. Maier, G. Rappensperger und A. Wittmann.

9 An dem Teilprojekt waren neben I. Drexel für jeweils längere Zeit beteiligt: J. Fischer, A. Müller-Bauer, Ch. Nuber und J. Jaudas.

10 Beteiligt waren vor allem H.-G. Mendius, K. Semlinger und St. Weimer.

11 Beteiligt waren – neben M. Landenberger – zunächst Th. Lange und B. Neuß, später K. Lohr und G.-U. Watzlawczik.

Beschäftigung und Sozialversicherungssystem, konzentrierte sich dann jedoch zunehmend auf den Umbruch im Pflegesektor und den mit ihm verbundenen tief greifenden Wandel in der Pflegearbeit. Im Zentrum des Teilprojekts stand damit die Frage, wie unterschiedliche Akteursgruppen auf den starken Handlungszwang reagieren und welche innovativen Handlungsstrategien sie zur Lösung von pflegerelevanten Problemen entwickeln und implementieren. Das Teilprojekt kombinierte hierzu Politik- und Institutionenanalysen mit Experteninterviews und Fallstudien in Pflegeeinrichtungen.

Von besonderer Bedeutung für das Teilprojekt war die mehrjährige enge Zusammenarbeit mit einer medizinsoziologischen Forschergruppe an der Charité, die bereits früher über Pflegeprobleme gearbeitet hatte und 1992 bis 1994 im Rahmen des Sonderforschungsbereichs den Umbruch des Pflegesektors in Ostdeutschland untersuchte.

3 Der Zusammenbruch der DDR und die deutsche Einheit als Chance und Herausforderung

Dank der eben skizzierten forschungsorganisatorischen und thematischen Struktur war der Sonderforschungsbereich in der Lage, in seinem Forschungsfeld sehr schnell auf den Zusammenbruch der DDR, die Herstellung der deutschen Einheit und die hiermit verbundenen Umbrüche in der ostdeutschen Gesellschaft zu reagieren. Der Sonderforschungsbereich hat diese Entwicklung von Anfang an als eine starke Herausforderung und eine bedeutsame Chance verstanden.

Er machte deshalb schon 1990/91 von der Möglichkeit Gebrauch, mit Sondermitteln der DFG Forschungskontakte in der DDR bzw. den neuen Bundesländern anzuknüpfen und dort gemeinsam mit ostdeutschen Wissenschaftlern und Wissenschaftlerinnen erste kleinere Erhebungen durchzuführen.

Im Winter 1990/91, anlässlich der Planungen für die Arbeitsperiode 1992 bis 1994, beschloss der Sonderforschungsbereich, das Angebot der DFG zu einer Erweiterung um ostdeutsche Forschergruppen so weit irgend möglich aufzugreifen. Mit einer Ausnahme waren alle Teilprojekte bereit, zusammen mit ostdeutschen Forschungspartnern entweder die bereits 1990/91 begonnenen Untersuchungen in den neuen Bundesländern, meist auf deutlich größerer Stufenleiter, weiterzuführen oder ihr Forschungsprogramm für die kommenden Jahre entsprechend zu erweitern.

Im Rahmen seines generellen Ziels, neuartigen Entwicklungen im Feld gesellschaftlicher Arbeit nachzugehen und hiermit zu einer neuen Sichtweise von Arbeit in industriellen Gesellschaften beizutragen, waren die Verhältnisse und Ereignisse in der ehemaligen DDR für den Sonderforschungsbereich in zweifacher Hinsicht von Interesse: Das eine Interesse war eher retrospektiv. Es richtete sich auf die Rekonstruktion von Strukturen der ehemaligen DDR und auf die Erfassung des Prozesses ihrer Destabilisierung sowie seiner Konsequenzen. Die Teilprojekte, deren Untersuchungen in Ostdeutschland überwiegend oder teilweise diesem Interesse folgten, erwarteten sich die Chance, dass unter extremen Bedingungen grundlegende Strukturmomente moderner Gesellschaften zutage treten und beobachtbar werden.

Das andere – insgesamt deutlich überwiegende – Interesse galt dem Transformationsprozess im eigentlichen Sinne, also dem Rekonstruktions- und Restrukturierungsprozess in den neuen Bundesländern, wobei es einigen Teilprojekten vor allem um seine Bewältigung und Verarbeitung durch Personen und deren Folgen, anderen vor allem um die Transformation bzw. Neubildung von Betrieben und Institutionen ging.

Im Rückblick erwies sich die 1991 getroffene doppelte Entscheidung, das Forschungsfeld der meisten Teilprojekte auf die neuen Bundesländer auszuweiten und hierbei eine enge Forschungskooperation mit ostdeutschen Wissenschaftlern und Wissenschaftlerinnen aufzubauen (denen im Wesentlichen die Erhebungen in den neuen Bundesländern übertragen wurden), als sehr sinnvoll.

Die Auswahl der Kooperationspartner war wegen der weitgehenden Destabilisierung der früheren Forschungsstrukturen und weil es kaum ein wissenschaftliches Referenzsystem nach westlichem Muster gab, mit einem hohen Risiko belastet. Doch haben sich die Partnerschaften überwiegend als tragfähig und produktiv erwiesen. Die Bereitschaft und Fähigkeit der meisten ostdeutschen Partner, sich in die Forschungsperspektiven, die grundlegenden Konzepte und das methodische Vorgehen der Münchner Projektgruppen zu integrieren, ohne ihre eigenen Erfahrungen und Zugangsweisen über Bord zu werfen, war eindrucksvoll.

Diese Forschungspartnerschaft war von Anfang an als befristet angelegt und im Wesentlichen (und mit Ausnahme einzelner Teilprojekte) auf den Zeitraum von 1992 bis 1994 begrenzt. Als Abschluss veranstaltete der Sonderforschungsbereich ein Kolloquium, auf dem sich alle ostdeutschen Partner mit einem Bericht über ihre Arbeit vorstellten. Ein 1995 erschienener Sammelband fasst die Aufsätze zusammen, die – meist nach gründlicher Überarbeitung – aus diesen Vorträgen entstanden. Sie dokumentieren nachdrücklich die Qualität des Beitrags der ostdeutschen Partner zum Forschungsprogramm des Sonderforschungsbereichs.[12]

Doch wurde 1994 zunehmend deutlich, dass zwar das ursprünglich sehr lebhafte Interesse der (westdeutschen) Wissenschaft an Transformationsproblemen rapide abnahm, dass jedoch viele wichtige Forschungsfragen erst im Rückblick und mit ausreichend langer Beobachtungszeit beantwortbar sind. Deshalb beschloss der Sonderforschungsbereich, das Transformationsthema in seiner Auslaufphase, in den Jahren 1995 und 1996, weiterzubearbeiten. Konkret sollte es vor allem um den Versuch gehen, die Befunde, Erkenntnisse und Erfahrungen, die in den Vorjahren zur Subjekt-Strukturwandel-Beziehung und zum Transformationsprozess in Ostdeutschland gewonnen worden waren, aufzunehmen und so miteinander zu verknüpfen, dass über die historischen Kontingenzen des Zerfalls der DDR und über den besonderen Fall der deutschen Vereinigung hinausweisende Zusammenhänge und Perspektiven sichtbar werden.

An dieser Aufgabe beteiligten sich vier der fünf primär subjektorientierten Teilprojekte des Sonderforschungsbereichs: A1 „Veränderungen in der Arbeitsteilung von Personen: Zur sozialen Stabilisierungs- und Strukturierungsfunktion alltäglicher

12 B. Lutz, H. Schröder (Hg.): Entwicklungsperspektiven von Arbeit im Transformationsprozeß, München/Mering 1995.

Lebensführung" (Bolte, Kudera u. a.); A6 „Erwerbsverläufe, Identitätsentwicklung und soziale Netzwerke junger Erwachsener" (Keupp u. a.); A7 „Selektion und Sozialisation des Führungsnachwuchses"(v. Rosenstiel u. a.) und A8 „Die Entstehung neuer Qualifikationstypen, neuer Konkurrenzen und politische Folgen" (Drexel u. a.). Allen vier Teilprojekten war gemeinsam, dass sie bei ihrer Arbeit vorrangig auf einer analytischen Ebene ansetzten, die man – ausgehend von dem im Teilprojekt A1 entwickelten Konzept der „Alltäglichen Lebensführung" – mit einem bewusst vorläufig gewählten Begriff als „Lebensarrangements" bezeichnen könnte. Hierunter sind gesellschaftlich verfestigte Muster von „vernünftiger" Lebensgestaltung zu verstehen, die

- einerseits Lebensorientierungen, Aspirationen, Entscheidungen und Handlungsmuster der gesellschaftlichen Subjekte (im plessnerschen Sinne von „Entlastungstechniken") begründen, steuern, legitimieren und abstützen,
- andererseits hierbei die strukturell vorgegebenen Zwänge und Gelegenheiten sowie die im jeweiligen gesellschaftlichen Kontext geltenden Normen und verfügbaren (insbesondere institutionellen und informationellen) Handlungsressourcen insofern abbilden, als sie subjektiven Handlungsorientierungen Formen des Umgangs mit diesen strukturellen Fakten anbieten, deren Rationalität im Sinne von Interessenadäquanz Ergebnis nicht mehr individueller, sondern kollektiver, gesellschaftlich vermittelter Lernprozesse sind.

Muster von Lebensarrangements im skizzierten Sinne sind der Natur der Sache nach langfristig angelegt, ja strukturieren in vielfältiger Hinsicht biografische Zeit, indem sie Vor- und Nachteile, Lasten und Erträge in der Lebensperspektive bilanzieren. Zentrale Prozesse und Probleme im Gefolge der deutschen Einheit können offenkundig nur von Analysen auf der Ebene langfristig angelegter (und nur langfristig revidierbarer) Lebensarrangements offen gelegt werden, während sie bei bloß strukturdeterministischer Betrachtung, etwa im Sinne einer Untersuchung der deutschen Einheit als bloßem Institutionentransfer mit entsprechenden Anpassungszwängen, oder in ausschließlich handlungstheoretischer Perspektive, etwa in der Tradition der Coping-Forschung, kaum zutage treten.

Im Rahmen dieser Aufgabe lud der Sonderforschungsbereich im Februar 1996 eine Reihe von Wissenschaftlern und Wissenschaftlerinnen, die an ähnlichen Fragestellungen arbeiteten, zu einem Kolloquium ein, dessen Ergebnisse inzwischen erschienen sind.[13] Allerdings spricht – im Lichte der auf dem Kolloquium vorgetragenen bzw. inzwischen in sehr viel ausgearbeiteter Form veröffentlichten[14] Ergebnisse dieser Analysen und im Lichte der sehr lebhaften und engagierten Diskussion – sehr vieles dafür, dass weder die bis zum Auslauf des Sonderforschungsbereichs zum Jahresende 1996 tatsächlich verfügbare Beobachtungszeit noch die in der Auslaufperiode verfügbaren Analysekapazitäten bereits ausreichend waren.

13 B. Lutz (Hg.): Subjekt im Transformationsprozeß – Spielball oder Akteur? München/Mering 1998.

14 W. Kudera: Das Stabilitätspotential von Arrangements alltäglicher Lebensführung. In: G. Voß, H. Pongratz: Subjektorientierte Soziologie, Opladen 1997, S. 183–200. I. Drexel, B. Giessmann (Hg.): Berufsgruppen im Transformationsprozeß. Ostdeutschlands Ingenieure, Meister und Ökonomen zwischen Gestern und Übermorgen. Frankfurt/New York 1997.

4 Die Subjekt-Strukturwandel-Beziehung als übergreifende Perspektive

In dem Maße, in dem sich Projektstruktur und thematische Schwerpunkte des Sonderforschungsbereichs stabilisiert hatten und es möglich wurde, auf einer zunehmend verlässlichen empirischen Grundlage Alternativen zu zentralen Aussagen der herkömmlichen Sichtweise von Arbeit zu formulieren, wurde dem Sonderforschungsbereich bewusst, dass die Engführungen, Verkürzungen und Defizienzen dieser Sichtweise aufs Engste mit einem generellen Problem der modernen Sozialwissenschaften verbunden sind, das der SFB in seinem Finanzierungsantrag von 1991 etwas verkürzt als „Subjekt-Struktur-Problem" bezeichnete. Damit gewann eine Debatte, die in erster Instanz kaum etwas mit dem besonderen Gegenstand des Sonderforschungsbereichs zu tun hatte, eine zunehmend wichtige Bedeutung für sein Forschungsprogramm. Dies sei etwas ausführlicher dargelegt.

4.1 Das Subjekt-Struktur-Problem in der sozialwissenschaftlichen Debatte der 80er-Jahre

Wohl in jeder Wissenschaft gehe, so begründete der Antrag von 1991 die Entstehung und zunehmende Aktualität des Subjekt-Struktur-Problems, äußere Expansion (an Ressourcen, Reputation und Einfluss) einher mit innerer Differenzierung und immer ausgeprägterer Arbeitsteilung und Spezialisierung. So war auch in den Sozialwissenschaften der große Aufschwung in Lehre und Forschung, der in den Vereinigten Staaten schon in der Zwischenkriegszeit einsetzte und in Europa aufs Engste mit dem massiven Wachstums- und Modernisierungsschub der Zeit nach dem Zweiten Weltkrieg verbunden zu sein scheint, von der Entstehung zunehmend voneinander abgetrennter Forschungsrichtungen und Teildisziplinen begleitet.

Bei dieser Herausbildung von verfestigten innerdisziplinären Segmentationsmustern spielte die scharfe Absonderung von Subjektbezug und Strukturbezug sowie – zeitweise nahezu identisch – von Makro- und Mikrosoziologien eine zentrale Rolle. Auf diese Weise wurde ein Thema für längere Zeit gewissermaßen „auf Eis gelegt" und aus dem Tagesgeschäft des Faches verdrängt, das seit den Vorvätern und Klassikern sozialwissenschaftlichen Denkens in jeweils wechselnden begrifflichen Fassungen und mit jeweils variierenden – oftmals stark normativ aufgeladenen – Konnotationen immer wieder im Zentrum der Debatte gestanden hatte.

Seit den ausgehenden 70er-Jahren wurden freilich „die Ausblendung des Subjekt-Struktur-Problems und die segmentierende Arbeitsteilung zwischen subjektbezogenen und strukturbezogenen Teildisziplinen immer nachdrücklicher und grundsätzlicher in Frage gestellt und zwar sowohl von Autoren, die durchaus strukturtheoretischen Traditionen verpflichtet sind und nunmehr verstärkten Subjektbezug suchen, wie von bisher primär oder ausschließlich subjektorientierten Wissenschaftlern, die ihrerseits Strukturwandel nicht mehr als einen Prozess verstehen wollen, der ihrem Gegenstand einfach exogen zu setzen ist" (Finanzierungsantrag 1991, S. 18ff.).

Als den umfassendsten und ehrgeizigsten „Versuch, strukturtheoretische und subjektorientierte Ansätze und Perspektiven theoretisch zu einer Synthese zu bringen", betrachtete der Sonderforschungsbereich den von Anthony Giddens (1984/88), „der alle bisherigen Großtheorien wegen ihres entweder strukturalistischen oder subjektivistischen Reduktionismus kritisiert und verwirft", während er selbst in seiner „Theorie der Strukturierung" postuliere, dass Handeln von Subjekten und soziale Strukturen nur in wechselseitiger Beziehung zueinander gedacht und verstanden werden können.

Giddens setzte damit zumindest auf theoretischer Ebene ein Anspruchsniveau, das nicht zuletzt auch in der für das Programm des Sonderforschungsbereichs wesentlichen Diskussion zunehmend als verpflichtend anerkannt wird. Der Sonderforschungsbereich beabsichtigte freilich nicht, auf dieser Ebene in die Subjekt-Struktur-Debatte zu intervenieren. Er wollte und konnte vielmehr die Subjekt-Struktur-Problematik nur in seinem eigenen Untersuchungsfeld und seiner generellen Forschungsperspektive aufgreifen, als eingeschränkt auf aktuelle Tendenzen des Strukturwandels von gesellschaftlicher Arbeit, die Gegenstand der konkreten empirisch-analytischen Forschungen der Teilprojekte sind.

Dennoch war diese allgemeine soziologische Debatte für das Programm des Sonderforschungsbereichs 333 von großer Bedeutung: zum einen als Ausdruck einer starken Strömung des aktuellen sozialwissenschaftlichen Denkens, in der sich auch der Sonderforschungsbereich mit seiner Aufgabenstellung verankern konnte; zum anderen als Bezugsrahmen und Folie zur genaueren Bestimmung und Darstellung der vom Sonderforschungsbereich gewählten speziellen Zuspitzung des Themas wie auch der Schwierigkeiten und Probleme, mit denen hierbei zu rechnen war.

4.2 Die Aktualität des Subjekt-Struktur-Problems als Folge eines historischen Umbruchs

Diese Zuspitzung bestand vor allem in der Fokussierung auf die Rolle des (gesellschaftlichen) Subjekts im Strukturwandel. Zur Debatte stand damit die Frage,

- ob der mit dem Begriff des „Strukturwandels" apostrophierte Evolutionsprozess ausschließlich auf struktureller Ebene erklärt werden kann, ob also gesellschaftliche Akteure zureichend als „Charaktermasken" struktureller Kräfte und Zwänge und ihr Handeln lediglich als Vollzug struktureller Dynamiken zu verstehen ist, oder
- ob seine Analyse nur dann gelingen kann, wenn auch die je subjektive Logik des Handelns der Akteure in den Blick genommen wird und gesellschaftlicher Wandel als Wechselwirkung zwischen strukturellen Entwicklungen und den Interessen, Lebensentwürfen, Plänen und Rationalitäten der individuellen und institutionellen Akteure gesehen wird.

Wenn man – wie dies der Sonderforschungsbereich getan hat – sehr dezidiert für diese zweite Option votiert, drängt sich unmittelbar eine zweite Frage auf, worauf nämlich die offenkundige Aktualität des Subjekt-Strukturwandel-Problems zurückzuführen ist.

Die meisten Autoren, die in neuerer Zeit aktiv in die Subjekt-Struktur-Debatte eingegriffen haben, nehmen – und zwar in aller Regel implizit und als ob es sich um eine blanke Evidenz handle – an, die Aktualität dieser Debatte und ihres lange Zeit hindurch ganz unbeachteten Gegenstandes sei das Ergebnis binnenwissenschaftlicher Entwicklung: In der Tat spricht auf den ersten Blick vieles dafür, dass die Sozialwissenschaften in den letzten Jahrzehnten eine sehr fruchtbare Phase der Akkumulation empirischen Wissens und der Ausdifferenzierung und Verfeinerung ihres theoretischen Apparates erlebten, die sie nunmehr dazu befähigen, bislang unvermeidliche Verkürzungen und Vereinseitigungen der herrschenden Großtheorien zu revidieren und hochkomplexe Fragestellungen aufzugreifen, die bisher wegen unüberwindlicher Schwierigkeiten der Erhebung, Analyse und Interpretation unbearbeitet bleiben mussten.

Allerdings liefern binnenwissenschaftliche Lernprozesse keineswegs die einzige sinnvolle Erklärung für die zunehmende Kritik an den Vereinseitigungen von (strukturtheoretischem) Objektivismus einerseits und (vor allem handlungstheoretischem) Subjektivismus auf der anderen Seite. Sehr gute Argumente kann auch die Behauptung für sich beanspruchen, die wachsende Aktualität der Subjekt-Objekt- wie der Mikro-Makro-Problematik sei vorrangig nicht das Ergebnis von Fortschritten der wissenschaftlichen Erkenntnis, sondern Ausdruck von grundlegend neuen gesellschaftlichen Problemlagen, angesichts deren die unter den bisher vorherrschenden Bedingungen völlig legitimen Verfahren der Komplexitätsreduktion und der forschungspraktischen Entlastung nicht mehr haltbar sind.

Die bisherige ausschließlich strukturtheoretische Interpretation von Strukturwandel und die quasi strukturdeterministische Sicht der Rolle, die hierbei dem Subjekt zukommt, wären dann – so argumentierte der Sonderforschungsbereich in seinem Finanzierungsantrag von 1991 – nicht als grundsätzlich „falsch" (weil ein essenzielles Moment von Gesellschaft vernachlässigend) zu bewerten. Sie müssten vielmehr als (insofern durchaus „richtiger") Ausdruck einer ganz bestimmten, für die Nachkriegszeit charakteristischen historischen Konstellation verstanden werden, die sich nicht zuletzt dadurch definiert, dass strukturelle Zusammenhänge und Prozesse eindeutig dominant sind. Deshalb konnten in dieser historischen Konstellation auch die jeweils aktuellen Schlüsselfragen gesellschaftlicher Selbststeuerung und Problembewältigung, zu deren Beantwortung die Sozialwissenschaften aufgefordert waren, auf der Grundlage strukturtheoretischer und strukturdeterministischer Prämissen durchaus zureichend bearbeitet und beantwortet werden.

Eben dies impliziert auch die letztlich für das Programm des Sonderforschungsbereichs konstitutive These, dass die Defizienz der herkömmlichen Sicht von Arbeit als Folge eines strukturellen Umbruchs zu verstehen sei – wobei eine der wesentlichen Folgen dieses Umbruchs eben darin bestehe, die bisherige strukturell-funktionale Determiniertheit subjektiver Handlungsrationalitäten und subjektiven Handelns im Feld gesellschaftlicher Arbeit aufzulösen und neue Verhältnisse hervorzubringen, in denen wesentliche Tendenzen und Formen des Strukturwandels nur erklärbar sind, wenn subjektive Lebenslagen und Handlungsrationalitäten systematisch auf strukturelle Zusammenhänge und Veränderungsprozesse bezogen und mit diesen vermittelt werden.

4.3 Zwei Beispiele aus dem Forschungsfeld des Sonderforschungsbereichs: Facharbeiterlücke und Pflegeproblem

In seinem Finanzierungsantrag von 1991 veranschaulichte der Sonderforschungsbereich die Folgerungen dieser Sichtweise an zwei Beispielen aus seinem Forschungsfeld. Mit beiden Beispielen sollte demonstriert werden, dass in den historischen Konstellationen des ausgehenden 20. Jahrhunderts das Festhalten an der Dichotomie von strukturdeterministischer Makrobetrachtung und bloß subjektorientierten Mikroanalysen mehr als nur nachrangige Phänomene des Strukturwandels ausblendet und dass die Vernachlässigung von – selbst schnell evoluierenden – subjektiven Rationalitäten und Strategien zu gravierenden Fehleinschätzungen zukünftiger Entwicklungen und emergenter Problemlagen führen kann.

Die Zukunft des Facharbeiters und das Risiko einer strukturellen „Facharbeiterlücke"

In der herkömmlichen Sicht von Arbeit waren die Zukunftsperspektiven bestimmter Arbeitskräftekategorien oder Qualifikationstypen – so der Industriefacharbeiter – ausschließlich auf struktureller Ebene, und zwar durch den betrieblichen Bedarf an Arbeitskräften mit entsprechenden Arbeitsbefähigungen bestimmt, wobei technische Entwicklung und wirtschaftlicher Strukturwandel als die wesentlichen Determinanten dieses Bedarfs galten.

Für den Industriefacharbeiter wurde in dieser Perspektive lange Zeit hindurch ein mehr oder minder kontinuierlicher Bedeutungsverlust erwartet, da eine Serie von Indizien (vor allem ein sinkender Facharbeiteranteil in den meisten Industrien) auf stark abnehmenden Bedarf hindeutete, während sich zugleich offenbar der Bedarf an schulisch-akademisch ausgebildeten Arbeitskräften nachhaltig erhöhte. In der gleichen Perspektive wird freilich auch in neuerer Zeit aus dem offenkundig stark zunehmenden Interesse erheblicher Teile der Industrie am Einsatz von Facharbeitern ohne weiteres geschlossen, dass dieser Qualifikationstyp, wenn nur die benötigten Ausbildungskapazitäten bereit gestellt werden, auch in Zukunft einen sehr wichtigen Teil der Industriebeschäftigten stellen werde.

Beide Male wird selbstverständlich unterstellt, dass das Angebot – allenfalls mit einer gewissen Verzögerung – dem Bedarf folgt. Deshalb spielen die betroffenen Subjekte – die Jugendlichen, die als Facharbeiter ausgebildet werden sollen, und ihre Eltern sowie die Facharbeiter selbst – in diesem makropolitischen Kontext praktisch keine Rolle. Welche Zwänge und Incentives wirksam werden (mussten), um Jugendliche zum Antritt einer Facharbeiterlehre zu veranlassen, und wie sie dazu gebracht werden, die benötigten Fähigkeiten, Fertigkeiten und Kenntnisse zu erwerben und dann später praktisch einzusetzen – dies erschien primär eine Sache subjektorientierter, vor allem sozialpsychologischer und erziehungswissenschaftlicher Forschung, deren Ergebnisse zwar sicherlich für die Praxis der Berufsberatung oder für die Ausgestaltung von Bildungs- und Ausbildungsgängen von Interesse wären, jedoch für die Frage nach der Zukunft des Facharbeiters ohne nennenswerte Bedeutung seien.

Schon seit dem Ende der 80er-Jahre mehren sich Indizien für die Möglichkeit einer als „Facharbeiterlücke" zu bezeichnenden Konstellation, also für eine Konstellation, die in der eben skizzierten Sichtweise ausgesprochen paradoxen Charakter trüge. Diese Konstellation, die sich in Deutschland ohne historisches Vorbild eben erst abzuzeichnen beginnt, die jedoch in anderen Industrienationen seit längerem zu bestehen scheint, ist durch die Kombination von stabilem, wenn nicht sogar steigendem Bedarf an Facharbeitern mit einer langfristig angelegten quantitativen und qualitativen Ausdünnung der zu Facharbeitertätigkeiten führenden Nachwuchsströme gekennzeichnet.

Eine Facharbeiterlücke dieser Art wäre nicht bloß eines der im Spannungsfeld von Bildungssystem und Beschäftigungsstruktur immer wieder auftretenden zyklischen Phänomene mit letztendlich starken negativen (also zum Gleichgewicht zurückführenden) Rückkopplungen. Vielmehr sprechen sehr stichhaltige Belege aus anderen Industrienationen dafür, dass einsetzende (relative) Knappheit von Facharbeitern bei den Beschäftigern verbreitet Reaktionen – z. B. in Form von forcierten Rationalisierungsmaßnahmen in bestimmten Betriebsbereichen und in Form zunehmender Substitution von Facharbeitern durch formal höher qualifizierte Arbeitskräfte in anderen Teilen des bisherigen Einsatzfeldes von Facharbeitern – auslöst, die ihrerseits die subjektiven Präferenzen der Jugendlichen gegen den traditionellen Ausbildungs- und Berufsweg des Facharbeiters weiter verstärken. Solche „positiven Rückkopplungen" können im Grenzfall das weitgehende Verschwinden des traditionsreichen Qualifikationstyps „Industriefacharbeiter" zur Folge haben.

Das Auftreten einer Facharbeiterlücke in diesem Sinne hätte, wie unmittelbar einsichtig, sehr gravierende Konsequenzen: für (posttayloristische) betriebliche Strategien von Personalwirtschaft, Arbeitsorganisation und Technikeinsatz; für die Struktur und Funktionsweise von Arbeitsmärkten; für das Bildungssystem und seine Funktionen der Positionszuweisung; für die Formen sozialer Ungleichheit und ihrer Verarbeitung in politisch-gewerkschaftlichen Organisationen und Aktionen; u. s. f.

Der „Pflegenotstand" und die Dynamik des Pflegeproblems

Bis weit in die 80er-Jahre galt die fortschreitende Verlagerung der Alters- und Kranken- (teilweise aber auch Kinder-)Pflege aus dem Haushalt in spezialisierte Institutionen und der Ersatz unentgeltlicher familiengebundener Arbeit durch bezahlte, mehr oder minder professionelle Arbeit als eine der typischen Tendenzen von Strukturwandel und Entwicklung moderner, industrieller bzw. postindustrieller Gesellschaften. Deshalb wurde auch allgemein erwartet, dass dieser Verlagerungsprozess, abgesehen von vorübergehenden Anpassungsschwierigkeiten und von Friktionen im Gefolge sektoraler Ungleichzeitigkeiten, ohne wirkliche Krise verlaufen müsste: In dem Maße, in dem die Generalisierung von Kleinfamilien in städtischen Wohnverhältnissen und von Frauenerwerbstätigkeit die Pflegekapazität der Haushalte reduziert, erhöht sich ja auch das Angebot an weiblichen Arbeitskräften für (bezahlte, zumeist angestellte) Pflegetätigkeiten. Insoweit viele der in diesen Tätigkeiten benötigten elementaren Kenntnisse und Fertigkeiten als selbstverständliche Attribute der Frauenrolle vorausgesetzt werden können, ist dieses Angebot an weiblichen Arbeitskräften in den neu entstehenden bzw. rasch expandierenden Pflegeinstitutionen rasch, ohne großen Qualifizierungsaufwand und problemlos einsetzbar. Da im gleichen Zuge die Zahl der sozialversicherungspflichtigen Beschäftigten (wie auch deren durchschnittliches Einkommen) zunimmt, sind auch ausreichende Ressourcen verfügbar, um die Löhne und Gehälter dieser Arbeitskräfte zu finanzieren, zumal das reichliche, rasch disponible Angebot das relative Verdienstniveau niedrig hält.

Die Vorstellung, dass es sich letzten Endes nur um den Transfer substanziell unveränderter – auf Zuwendung gegründeter und insofern typisch weiblicher – Arbeit aus einem sozialen Kontext in einen anderen handelt, prägte lange Zeit hindurch die Diskussion über das Pflegeproblem. Ähnliches gilt für das hierauf aufbauende Argument, dieser neue Kontext käme sowohl den Präferenzen der Frauen nach mehr Unabhängigkeit wie dem gesellschaftlichen Interesse an dank rationeller Organisation und Einsatz technischer Mittel deutlich gesteigerter Produktivität von Pflege entgegen. Deshalb wird auch die oft als „Pflegenotstand" bezeichnete zunehmende Diskrepanz zwischen Bedarf an Pflegeleistungen und Verfügbarkeit von Pflegepersonal in den einschlägigen Wissenschaften nahezu ausschließlich als reines Finanzierungsproblem gesehen. Lösungen werden demzufolge lediglich auf der ökonomischen Ebene gesucht: durch Rationierung der Nachfrage nach Pflegeleistungen („Privatisierung"), durch Beschaffung zusätzlicher Ressourcen (z. B. mittels der obligatorischen „Pflegeversicherung") und/oder durch gesteigerte Effizienz der Pflegearbeit (zu erreichen vor allem mittels stärkeren politischen Drucks zu verbesserter „Wirtschaftlichkeit" der Pflegeeinrichtungen).

In dieser Debatte spielen die subjektiven Erfahrungen, Orientierungen und Strategien der Frauen bzw. Haushalte, sofern sie nicht auf ökonomische Reflexe zu reduzieren sind, praktisch keine Rolle. So wird insbesondere kaum jemals gefragt, inwieweit die Fähigkeit und Bereitschaft von Frauen, Pflegeleistungen zu erbringen, nicht der weiblichen Natur zu eigen, sondern (durchaus in Analogie zum typischen Arbeitsvermögen des Industriefacharbeiters) Ergebnis einer viele Generationen übergreifenden Tradition ist, in der sich Zwang zur familialen Eigenversorgung und geschlechtsspezifische Arbeitsteilung untrennbar kombinierten.

Nun spricht jedoch vieles dafür, dass sowohl die Voraussetzungen als auch die Funktionalität dieser Tradition heute zunehmend entfallen. Sollte dies der Fall sein, so wären die beiden Determinanten des Pflegeproblems, nämlich die zunehmende Nachfrage nach außerhäuslicher Pflege und die abnehmende Bereitschaft von Frauen, in Pflegeberufen bei unterdurchschnittlichen Verdiensten überdurchschnittliche Belastungen zu akzeptieren, Ergebnis ein und derselben gesellschaftlichen Entwicklung. Diese Entwicklung lässt sich jedoch offenkundig nur dann richtig interpretieren, wenn man auch die Subjekt-Ebene, vor allem die vermutliche Herausbildung neuer, nicht mehr überwiegend traditionsgeleiteter Muster und Strategien der Lebensführung in die Analyse einbezieht. Und die Annahme erscheint dann nicht abwegig, dass das Pflegeproblem politisch nur auf der Grundlage einer solchen Analyse in einer Weise bewältigt werden kann, die nicht durch unbeabsichtigte Folgewirkungen die Ausgangslage weiter verschärft (wie dies bei einer Beschränkung auf die reine Finanzierungsdimension sicherlich der Fall wäre).

5 Versuch einer ersten Bilanz

Versucht man mit aller gebotenen Vorsicht eine Bilanz der gut zehnjährigen Tätigkeit des Sonderforschungsbereichs zu ziehen, die über die sehr reichhaltigen Erträge der einzelnen Teilprojekte hinausgreift und den allgemeinen Anspruch als Messlatte wählt, mit dem der Sonderforschungsbereich 1984/85 angetreten war, so scheinen fünf Sachverhalte besonders hervorhebenswert.

Drei Sachverhalte sind eindeutig auf der Habenseite zu verbuchen:

1. Viele der Tendenzen und Zusammenhänge, die der Sonderforschungsbereich schon Mitte der 80er-Jahre ins Zentrum seiner Arbeiten rückte, werden seit längerem nicht mehr bestritten. Entsprechend einem weit verbreiteten Rezeptionsmuster sozialwissenschaftlicher Erkenntnisse wird vielfach nicht einmal mehr die Frage nach der Erstautorschaft ihrer Beschreibung gestellt.
   Dass der Sonderforschungsbereich 1984/85 sein Forschungsprogramm auf der damals kaum durch systematisch gewonnene empirische Evidenz gestützten Annahme eines tief greifenden Umbruchs im Feld gesellschaftlicher Arbeit begründete, beinhaltete ein beträchtliches Risiko. Dieses Risiko hat sich ohne Zweifel gelohnt. Die erheblichen Binnenturbulenzen, denen der Sonderforschungsbereich im Zusammenhang hiermit in seinen Anfangsjahren ausgesetzt war, erscheinen ex post als ein geringer Preis gegenüber der Chance, sehr frühzeitig Forschungsperspektiven aufzugreifen und zu verfolgen, die noch in den 80er-Jahren, unter der Dominanz der herkömmlichen Sicht von Arbeit, allenfalls als von sehr begrenztem Interesse erschienen.
2. Hierbei hat der Sonderforschungsbereich seit der Mitte der 80er-Jahre eine ganze Reihe von Konzepten und Theoremen entwickelt und empirisch-analytisch erprobt, die offenbar weit besser dazu geeignet sind, die neuen Phänomene, Tendenzen und Problemlagen offen zu legen, als die bisher in der sozialwissenschaftlichen Auseinandersetzung mit Strukturen und Entwicklungen von Arbeit genutzten begrifflichen und methodischen Instrumente.
   Dies gilt für Konzepte wie das der „Alltäglichen Lebensführung", der „Personalisation" (ihrer Arbeitssituationen durch Berufseinsteiger) oder der „Patchwork-Identität", mit deren Hilfe die Verarbeitung neuartiger struktureller Herausforderungen, Zumutungen oder Gelegenheiten als Leistung des Subjekts sichtbar gemacht wird. Dies gilt aber auch für Begriffe wie „Berufsverlaufsmuster" oder „partizipative Innovation" (im Bereich von Pflegetätigkeiten), die den Blick für Handlungslogiken in Zusammenhängen öffnen, die bisher als völlig strukturdeterminiert erschienen waren.
3. Mithilfe dieser Konzepte war es dem Sonderforschungsbereich möglich, frühzeitig emergente Entwicklungen und von ihnen hervorgebrachte Problemlagen zu identifizieren, deren Bedeutung für das Feld gesellschaftlicher Arbeit heute unbestritten ist.
   Beispiele, auf die es zu verweisen genügt, sind der zunehmende Widerspruch zwischen verbleibender, wenn nicht wachsender Notwendigkeit von „Erfahrungswissen" bei Fachkräften in hoch technisierten Fertigungsstrukturen auf der einen

Seite und rasch abnehmenden Chancen zum Aufbau von Erfahrungswissen auf der anderen Seite; das Auftreten von ausgeprägten Dilemmata posttayloristischer Rationalisierung; die schnelle Ausbreitung von Tendenzen und Strategien „systemischer", das heißt weit über die einzelbetrieblichen Grenzen hinausgreifender Rationalisierung, oder die Potenziale, aber auch Probleme von Kleinbetrieben und ihnen entsprechenden berufsfachlichen Arbeitsmarktstrukturen.

Nicht wenige dieser Erkenntnisse wurden inzwischen auch weit über die Sozialwissenschaften hinaus rezipiert.

Diese insgesamt positive Bilanz schließt freilich keineswegs aus, dass der Sonderforschungsbereich an Grenzen stieß, die er mit seinen – vor allem zeitlich – beschränkten Ressourcen nicht mehr überschreiten konnte, sodass zwangsläufig ein nennenswerter Teil seines Ertrags in Anstößen für weiterführende Fragestellungen liegen muss.

1. Dies gilt zum einen für den Versuch, die Ergebnisse und Erfahrungen aus Ostdeutschland systematisch in der Subjekt-Strukturwandel-Perspektive zu analysieren. Wie schon weiter oben gesagt, erscheint es an sich ebenso reizvoll wie Erfolg versprechend, den Institutionentransfer und den von ihm ausgelösten Umbruch in Ostdeutschland nicht nur in einer mehr oder minder strukturdeterministischen Anpassungsperspektive zu analysieren, sondern komplementär hierzu auch in der Perspektive fortwährender Prägungen und Erfahrungen aus der DDR-Zeit (und früher) und der durch sie nahe gelegten und ermöglichten Aneignung der neuen institutionellen Gegebenheiten durch die Ostdeutschen. Nachdem in den ersten Jahren aus unmittelbar evidenten Gründen die Anpassungsperspektive in der gesamten Transformationsforschung dominierte,[15] wollten mehrere Teilprojekte wenigstens in der Auslaufperiode 1995/96 mit dem in den vorangegangenen Jahren gewonnenen empirischen Material eine andere analytisch-interpretative Sicht begründen. Dieser Versuch kam jedoch kaum über erste Ansätze hinaus: Weil das vorhandene empirische Material noch sehr stark von der Anpassungsperspektive geprägt war, weil viele der nunmehr in den Vordergrund zu rückenden Entwicklungen längere Beobachtungszeiträume benötigen würden und vor allem weil die geplanten Analysen einen wesentlich längeren Atem erfordert hätten, als er dem auslaufenden Sonderforschungsbereich noch zur Verfügung stand.
   Es ist zu hoffen, dass die Ergebnisse und die Veröffentlichungen, in denen sie dargestellt sind, Anregungen und Anstöße geben, die in anderem Zusammenhang wieder aufgegriffen werden.
2. Grenzen werden nicht minder sichtbar in der zentralen gemeinsamen Forschungsperspektive des Sonderforschungsbereichs, der Frage nach der interaktiven Beziehung zwischen gesellschaftlichem Subjekt- und Strukturwandel. In dieser Perspektive konnte der Sonderforschungsbereich nur einen kleinen Teil der potenziellen Erträge selbst einbringen. Offenkundig neuartige Problemlagen, wie sie in Abschnitt 4.3 beispielhaft dargestellt wurden, erfordern ja auch neue Kon-

15 Vgl. hierzu z. B. die Einleitung von B. Lutz in B. Lutz, H. M. Nickel, R. Schmidt, A. Sorge (Hg.): Arbeit, Arbeitsmarkt und Betriebe. Berichte zum sozialen und politischen Wandel in Ostdeutschland, Bd. 1, Opladen 1996.

zepte und Perspektiven der Untersuchung und Analyse, die weit über die Ansätze und Fragenperspektiven hinausweisen, die bisher sowohl die gesellschaftliche praktische wie die wissenschaftliche Bearbeitung der jeweiligen Felder bestimmen. Notwendig erscheint eine doppelte Erweiterung der Forschungsperspektive, die freilich der Sonderforschungsbereich selbst allenfalls partiell realisieren konnte. Sie sei anhand der beiden weiter oben beispielhaft angeführten Problemlagen knapp skizziert.

Eine erste Fragenperspektive muss – retrospektiv – klären, wie und unter welchen Strukturbedingungen bisher weit verbreitete arbeitsrelevante Leistungen und Prägungen des Subjekts (Lebensorientierungen, Verhaltenskompetenzen, Erfahrungen und Ansprüche) zustande kamen, die von hoher struktureller Funktionalität sind, jedoch zumeist als ganz selbstverständlich hingenommen, gewissermaßen der „Natur der Gesellschaft" zugerechnet wurden.

Im Hinblick auf Facharbeiter und Facharbeiterlücke wäre dann beispielsweise zu fragen, welchen Einfluss die noch stark traditionale, bäuerlich-handwerkliche Prägung ihres Herkunftsmilieus auf Lebensorientierung und Qualifikationsprofil hatte (und vielleicht bis heute hat); welche Rolle insbesondere milieuspezifische, „statisch-defensive" (Weltz) Lebenspläne und Zukunftserwartungen bei der Verarbeitung von Arbeitserfahrungen und dem Aufbau von Erfahrungswissen als zentralem Element beruflicher Kompetenz spielten; welche Attraktivität die Facharbeiterlehre (und für welche Bevölkerungsgruppen) in einem Spektrum von Schul- und Ausbildungskarrieren besaß, das von vornherein auf „körperliche" Arbeit reduziert war, und inwieweit die sich vor allem in der Zeit nach dem Zweiten Weltkrieg eröffnenden beruflichen Aufstiegsmöglichkeiten zum Meister oder Techniker eine Facharbeiterlehre als reale Alternative zum Besuch höherer Schulen erscheinen lassen konnten.

Ganz ähnliche Fragen drängen sich in dieser Perspektive zum Pflegeproblem auf, bezogen einerseits auf die bisherigen (in diesem Sinne vorindustriellen und vormodernen, wenngleich weit in die Neuzeit hinein fortwirkenden) Muster der binnenfamilialen Erbringung von Leistungen der Alters- und Krankenpflege, bezogen andererseits auf die – in vieler Hinsicht mit Ausbildung und Tätigkeit des Facharbeiters vergleichbare – Rolle von Pflegetätigkeiten als nahe liegendste Chance mehr oder minder professionalisierter Berufsausübung für sehr viele junge Mädchen und Frauen und die hieraus resultierende (hierdurch geschaffene) Versorgungslage der Pflegeinstitutionen mit Arbeitskräften.

Sicherlich wird ein Teil der Sachverhalte, auf die sich solche Fragen richten, bereits im Rahmen subjektorientierter Forschung, in den für sie typischen – z.B. sozialisationstheoretischen, bildungs-, biografie- oder bewusstseinssoziologischen oder (im Hinblick auf die Pflegeberufe) frauenspezifischen – Perspektiven und mit der ihnen inhärenten Fokussierung behandelt. Doch greifen diese Perspektiven und ihre zentralen Konzepte zu kurz, wenn es darum geht, Prozesse und Zustände auf der Subjekt-Ebene systematisch mit Funktionszusammenhängen und Entwicklungen auf der Struktur-Ebene in Beziehung zu setzen. Noch weniger lässt sich mit ihrer Hilfe offen legen, wie durch die wechselseitige Verschränkung beider Ebenen Verhältnisse (wie die Versorgung der wachsenden Industrie mit qualifizierter Arbeitskraft oder die für die Gesellschaft weitgehend problemlose Betreuung einer wachsenden Zahl von Alten und Kranken) begründet werden, in denen generationenlange Stabilität mit beträchtlicher Anpassungsdynamik kombiniert war.

Eine zweite Fragenperspektive muss sich – nunmehr vor allem prospektiv – auf die strukturellen Ursachen, Mechanismen und Formen und vor allem auf die Folgen der für die Gegenwart angenommenen Destabilisierung dieser Verhältnisse richten.
Zu fragen ist dann beispielsweise, wie es kommt, dass Strukturen, die offenbar während vieler Jahrzehnte mit hoher Zuverlässigkeit ein in struktureller Perspektive hochfunktionales Verhalten von Jugendlichen und Erwachsenen sicherten, nunmehr ihre Wirksamkeit verlieren; welche – arbeitsrelevanten – Konsequenzen dies für Verhaltensorientierung und Verfügbarkeit der betroffenen Menschen hat; welche Alternativen in der Sozialpolitik zur Familienpflege und in der industriellen Rationalisierung zu verbreitetem Facharbeitereinsatz gesucht und beschritten werden oder werden könnten; welche Konsequenzen ein verbreiteter Rekurs von staatlicher Sozialpolitik und industriellen Betrieben auf diese alternativen Problemlösungsmuster für die Strategien der Lebensführung von jüngeren Frauen oder die relative Attraktivität von Facharbeiterausbildung und Facharbeiterkarriere und das hierdurch induzierte Bildungs- und Ausbildungsverhalten von Jugendlichen haben würden, die noch vor einer Generation selbstverständlich Facharbeiter geworden wären; und welche neuen Probleme hierdurch wiederum auf struktureller Ebene entstehen können.

Fragen dieser Art wurden und werden bisher kaum irgendwo gestellt. Auch hier kann der Sonderforschungsbereich nur darauf hoffen, dass es ihm gelungen ist, Anregungen, Anstöße und Impulse zu geben, die in anderen Forschungszusammenhängen aufgegriffen werden können.

Teil I

Veränderungen der Bedeutung von Erwerbsarbeit und ihre Auswirkungen auf die Identität und die Organisation der alltäglichen Lebensführung

Einführung

Das Teilprojekt A1 („Veränderungen der Arbeitsteilung von Personen: Zur sozialen Stabilisierungs- und Strukturierungsfunktion alltäglicher Lebensführung")[1] ist in dem vorliegenden Abschlussband mit zwei Beiträgen vertreten. Dies hängt sowohl mit der komplexen Thematik des Teilprojekts als auch mit der Projektgeschichte zusammen. Die komplexe Thematik des Teilprojekts hat sich in einer ganzen Reihe von unterschiedlichen Arbeitssträngen niedergeschlagen, die Projektgeschichte hat mit der Ausweitung der Forschungsarbeiten auf Ostdeutschland kurz nach der Vereinigung eine entscheidende Neuakzentuierung erfahren. Beides soll im Rahmen dieses Abschlussbandes dokumentiert werden. So repräsentiert der Beitrag von G. Günter Voß einen arbeitssoziologisch ausgerichteten Schwerpunkt von Projektarbeiten, wie er für die Untersuchungen im Bereich von Westdeutschland charakteristisch war. Der Beitrag von Werner Kudera stellt einen Ausschnitt von Ergebnissen der letzten Untersuchungsphase vor, der sich auf Ostdeutschland und die Folgen der Vereinigung für die alltägliche Lebensführung konzentriert.

1 Mitglieder des Projekts waren Luise Behringer, Karl Martin Bolte, Sylvia Dietmayer-Jebara, Wolfgang Dunkel, Karin Jurczyk, Werner Kudera, Maria S. Rerrich und G. Günter Voß.

1 Neue Verhältnisse? – Zur wachsenden Bedeutung der Lebensführung von Arbeitskräften für die Betriebe

G. Günter Voß

Das System der Erwerbsarbeit befindet sich in einem fundamentalen Strukturwandel; das räumen inzwischen selbst vorsichtige oder notorisch skeptische Beobachter ein. Dass ein solcher Prozess nicht nur die Arbeit betroffener Berufstätiger verändert, sondern Auswirkungen auf deren gesamtes alltägliches Leben haben wird, liegt nahe, dass er jedoch mit unerwarteten Konsequenzen auch wieder auf die wichtigste Quelle des Strukturwandels, auf die Betriebe, zurückwirken kann, wird selten diskutiert.

Das folgende Kapitel[1] möchte vor dem Hintergrund ausgewählter empirischer Befunde des Teilprojekts A1[2] auf mögliche Folgen des Wandels der Erwerbsarbeit für das Alltagsleben betroffener Arbeitskräfte hinweisen, um dann nach potenziellen Rückwirkungen auf die Betriebe zu fragen.

Das Teilprojekt A1 hat neben umfangreichen theoretischen Arbeiten Zusammenhänge zwischen sich verändernden Arbeitsstrukturen (insbesondere der Flexibilisierung von Arbeitszeiten) und der Alltagsorganisation betroffener Arbeitskräfte empirisch untersucht. Basis der empirischen Arbeiten sind leitfadengesteuerte Intensivinterviews mit verschiedenen Kategorien von in Partnerschaft lebenden, männlichen und weiblichen Berufstätigen mittleren Alters. Die Auswertung der volltranskribierten, mehrstündigen Interviews erfolgte auf Basis eines mehrstufig angelegten, fallvergleichenden Interpretationsverfahrens. In einer ersten explorativen Phase wurden ab 1986 40 Personen befragt, die im Sinne der Methode des „maximalen Kontrastes" gezielt ein breites Spektrum von Berufstätigkeiten abdeckten. Als Kernsample folgte ab 1989 eine Befragung von 103 Personen, die sich in der Form ihrer Arbeitszeit (Schichtarbeiter in der Industrie, Gleitzeitbeschäftigte eines Großunternehmens, Journalisten und Journalistinnen ohne feste Arbeitszeiten, Verkäuferinnen mit hochvariabler Teilzeitarbeit, Pflegekräfte und EDV-Spezialisten im vollkontinuierlichen Schichtdienst) sowie in der Dimension „Stadt – Land" unter-

1 Dieses Kapitel ist die erweiterte Fassung eines Vortrags (Kolloquium des SFB 333 am 23./24. 6. 1994); der Vortragstext erschien in den Mitteilungen des SFB: Voß 1994.

2 Nähere Informationen zu den Arbeiten des Projekts finden sich u. a. in Voß 1991b, 1991c; Bolte 1993; Dunkel 1994; Jurczyk und Rerrich 1993; Projektgruppe „Alltägliche Lebensführung" 1995; speziell zum empirischen Vorgehen siehe Kudera 1995; zum Thema Arbeitszeiten und Lebensführung vgl. u. a. Jurczyk 1993, 1994; Jurczyk und Kudera 1991.

schieden. Ab 1990 wurde ein Parallelsample in den neuen Bundesländern erhoben, das gesondert ausgewertet wurde (vgl. z. B. Dietzsch und Hofmann 1993; Kudera 1994; Weihrich 1993a, 1993b; 1995, 1998). Zusammen mit den Materialien aus ergänzenden Spezialbefragungen (u. a. Manager, Obdachlose (vgl. Kudera und Voß 1996) sowie Wiederholungsinterviews mit ausgewählten ehemaligen Interviewpartnern) beläuft sich der Gesamtfallbestand des Projekts auf 230 Interviews.

1.1 Zum Strukturwandel der Arbeit

Trotz wichtiger theoretischer Fortschritte (nicht zuletzt aus dem SFB 333[3]) ist es bisher noch nicht befriedigend gelungen, den sich seit etwa Mitte der 80er-Jahre in der Bundesrepublik vollziehenden Strukturwandel des Systems der Erwerbsarbeit konzeptionell zu fassen. Die wichtigsten Einzelentwicklungen[4] sind zwar hinlänglich bestimmt und mehr oder minder intensiv untersucht, daraus ist aber bisher noch kein wirklich überzeugendes Gesamtbild der entscheidenden Ursachen, des Ablaufs und der möglichen langfristigen Folgen, kurz: der „Logik" des aktuellen Strukturwandels der Arbeit in unserer Gesellschaft entstanden. Allein schon die Vielfalt der in der öffentlichen Diskussion immer wieder verwendeten Schlagworte indiziert mehr als deutlich die erhebliche Komplexität und Unübersichtlichkeit des Wandels: „Informatisierung" der Arbeit und „organisatorisch-technische Vernetzung" von Betrieben, „Tertiarisierung" der Arbeitsmärkte bzw. der Berufs- und Qualifikationsstruktur, „Flexibilisierung" bzw. „Deregulierung" von Arbeitszeiten und Beschäftigungsformen, „Globalisierung" der Faktor- und Absatzmärkte, „systemische" Rationalisierung und „posttayloristische" Betriebskonzepte, „strukturelle Arbeitsplatzvernichtung" und wachsende „Sockelarbeitslosigkeit", „Lean Production" und „Business Reengineering", „Wertewandel" und Führung durch „Corporate Culture" u. v. a. m.

Es kann und soll von daher nicht Ziel der folgenden Überlegungen zu möglichen alltagspraktischen Auswirkungen des Strukturwandels der gesellschaftlichen Arbeit und ihrer potenziellen Rückwirkungen auf die Betriebe sein, solche Entwicklungen im Einzelnen aufzugreifen und systematisch auf diese Frage hin zu betrachten. Es ist aber möglich, an einige allgemeine Tendenzen des Wandels von Arbeitsverhältnissen anzuknüpfen, die zumindest für bestimmte Gruppen von Berufstätigen typisch sind. Gemeint sind Arbeitskräfte, die mehr oder weniger „Gewinner" des Strukturwandels und dabei insbesondere so genannter nachtayloristischer Betriebsstrategien sind, also qualifizierte Beschäftigte in zentralen Betriebsbereichen, deren Potenziale betrieblich umfassender und flexibler genutzt werden sollen und mit denen man, wie es bei Kern und Schumann (1984) heißt, aus diesem Grund „pfleglicher" als bisher umgeht: Führungskräfte aller Ebenen bis hinunter zu Meistern und

3 Vgl. insbesondere die These eines „neuen Rationalisierungstyps" bzw. das Konzept der „systemischen Rationalisierung" (z. B. Altmann et al. 1986) und die Annahme einer systematischen „Unbestimmtheit" der derzeitigen Rationalisierungsdynamik (Bechtle und Lutz 1989).

4 Vgl. den Überblick über einige zentrale Entwicklungen bei Voß 1993, 1998 sowie Voß und Pongratz 1998.

Gruppensprechern, Arbeitskräfte mit anspruchsvolleren Spezialfunktionen in der Produktion, marktnah eingesetzte Angestellte, Beschäftigte mit komplexeren Forschungs-, Entwicklungs- oder Personalaufgaben usw.

Bei der Arbeit dieser keineswegs kleinen und betrieblich wie gesamtwirtschaftlich im Zuge des Strukturwandels immer wichtiger werdenden Gruppen von Berufstätigen zeigen sich (trotz aller Unterschiedlichkeit von Einzelentwicklungen) allgemein Veränderungen der folgenden Art:

1. Durchweg erhöhen sich qualitativ und quantitativ zum Teil drastisch die betrieblichen Leistungsanforderungen, wodurch u.a. zunehmend Probleme durch Überforderung entstehen, während bei bisherigen Rationalisierungslogiken oft eher langfristig mit der Gefahr einer wachsenden (qualitativen) Unterforderung und Dequalifizierung gerechnet werden musste. Oft werden weitgehend neue Anforderungen an Arbeitskräfte gestellt (bzw. bisher eher weniger relevante Anforderungen in den Vordergrund gerückt), vor allem im sozialen und kommunikativen Bereich. Neuartige Anforderungen entstehen insbesondere aber dadurch, dass die genannten Beschäftigtengruppen ihre Arbeit bei stark verringerter direkter Kontrolle, aber mit deutlich steigenden Erwartungen an Flexibilität, Innovativität und Produktivität immer umfassender eigenverantwortlich steuern müssen.
2. Die Arbeitsverhältnisse geraten darüber hinaus in eine stark beschleunigte und immer tiefer gehende Wandlungsdynamik. Dadurch steigen vor allem massiv die betrieblichen Erwartungen an die qualifikatorische, funktionale und räumliche Mobilität von Arbeitskräften, was zur Folge hat, dass immer häufiger aufwendige Anpassungsleistungen im Beruf und im Privatleben der betroffenen Berufstätigen notwendig werden.
3. Hinzu kommt, dass sich in wachsendem Maße die Arbeitsstrukturen in fast allen Dimensionen (zeitlich, räumlich, sachlich, sozial usw.) ausdifferenzieren. Konkret heißt das, dass die Unterschiede in den Arbeitstätigkeiten zwischen Regionen, Branchen, Unternehmen, Betrieben, Abteilungen, Berufsgruppen, Arbeitsplätzen usw. immer weiter zunehmen. Einheitliche Arbeitsbedingungen für größere Gruppen werden dadurch immer seltener, sodass sich die Arbeitenden mit jedem Tätigkeitswechsel auf weitgehend neue Bedingungen einstellen müssen.
4. Die steigende Dynamik und Differenzierung der Arbeitsverhältnisse, insbesondere aber die verstärkte (vor allem rechtliche und zeitliche) Deregulierung und damit der Abbau des Schutzes von Beschäftigungsformen führen schließlich zu einer wachsenden Kontingenz und Unkalkulierbarkeit der Arbeitsverhältnisse. Die Ungewissheit, wie es mit der eigenen Arbeit weitergehen wird, wie lange man etwa auf seinem Arbeitsplatz, in der Abteilung, im Betrieb oder auch in seinem bisherigen Beruf bleiben kann und welche Arbeits- und Berufsbedingungen man in Zukunft zu erwarten hat (einschließlich der Gefahr von Arbeitslosigkeit), nimmt damit weithin zu und betrifft zunehmend gerade auch Arbeitskräfte mit höheren beruflichen Qualifikationen und betrieblichen Funktionen. Nur noch kleine Gruppen, fast schon Außenseiter, können sich in festen und geschützten Verhältnissen einrichten.

1.2 Das Konzept der alltäglichen Lebensführung

Was bedeutet es nun für die Gestaltung des Alltags von Berufstätigen, wenn ihre Arbeitsverhältnisse im angedeuteten Sinne immer anforderungsreicher, dynamischer, differenzierter und kontingenter werden?

Ausgangsannahme des Teilprojekts zu dieser Leitfrage der Forschungsarbeiten war, dass der Strukturwandel der Arbeit nicht nur punktuelle Auswirkungen auf die Betroffenen hat, sondern – in Verbindung mit anderen tief greifenden Sozialentwicklungen wie dem Wandel von Werten und Orientierungen in der Bevölkerung (vgl. dazu Bolte und Voß 1988; Voß 1990), der Veränderung der Geschlechterbeziehungen (vgl. z. B. Jurczyk und Rerrich 1993: Teil 3; Jurczyk 1994a; Rerrich 1996) und der Differenzierung von Lebenslagen und Lebensstilen im Zuge einer „Individualisierung" der Gesellschaft (vgl. insbesondere Beck 1986; siehe auch Rerrich und Voß 1992) – einen komplementären Strukturwandel des Alltagslebens in der Gesellschaft auslöst.

Um diesen sich abzeichnenden Strukturwandel der Formen und Logiken des Alltags von Erwerbstätigen theoretisch fassen und empirisch untersuchen zu können, wurde in Absetzung von anderen Forschungsansätzen vergleichbarer Ausrichtung (z. B. „Lebensstil", „Lebensverlauf"/„Biografie", „Lebenslage" oder „Lebensweise") ein neuartiges Theoriekonzept entwickelt und empirisch in seinen Grundzügen bestätigt, dessen Kerngedanken kurz angedeutet werden sollen.[5]

1. In modernen, sozial hoch differenzierten Gesellschaften sind nahezu alle Menschen in verschiedenartige gesellschaftliche Zusammenhänge eingebunden und dort tätig: Erwerbstätigkeit, Familie/Partnerschaft, Freundes- und Verwandtschaftskreise, Bildungs- und Freizeiteinrichtungen, politische Organisationen usw. Die Art und Weise, wie die Personen ihre Tätigkeiten in diesen Lebensbereichen alltäglich praktizieren, muss von ihnen in allen Dimensionen des Handelns (zeitlich, räumlich, sachlich, sozial usw.) jeweils reguliert und die Aktivitäten in den verschiedenen Feldern insgesamt miteinander koordiniert werden. Diese aufwendige Leistung kann nicht täglich neu erbracht werden. Die Personen entwickeln deshalb ein auf vielfältigen Tätigkeitsroutinen beruhendes, mehr oder minder dauerhaftes System der Regulierung und Koordination der verschiedenen Aktivitäten im Alltag – ein persönliches Handlungssystem, das auf praktischen Arrangements mit den verschiedenen Lebensbereichen und den dort geltenden Anforderungen und Möglichkeiten beruht und diese in relativ stabiler Weise miteinander verbindet: ein Arrangement der sozialen Arrangements. Dieses bis dahin in der Soziologie noch nicht explizit thematisierte basale Handlungssystem von Personen zur Regulierung ihrer Alltagstätigkeiten in den für sie relevanten Sozialsphären wurde in Anlehnung an historische Überlegungen und theoretische Begrifflichkeiten von Max Weber[6] als „Alltägliche Lebensführung" bezeichnet.
2. Dieses System der alltäglichen Lebensführung unterliegt hochgradig sozialen Bedingungen, vor allem den aus der Erwerbstätigkeit resultierenden Zwängen und Ressourcen wie Arbeitszeiten oder Einkommen. Die Form der Lebensführung

5 Eine detaillierte Ausarbeitung des Konzepts findet sich u. a. in Voß 1991b; siehe auch Voß 1991c, 1995.

6 Vgl. insbesondere Webers religionssoziologische Schriften (z. B. Weber 1986).

ist aber dadurch für die betroffenen Personen nicht definitiv vorgegeben. Die Lebensführung muss vielmehr von den Personen in tätiger Auseinandersetzung mit solchen Bedingungen aktiv konstruiert, erhalten und gegebenenfalls verändert werden – wobei mehr oder weniger weitreichende Gestaltungsspielräume bestehen und was mehr oder weniger gelingen kann. Die Befragten berichten häufig davon, wie problematisch es ist, wenn eingespielte Arrangements versagen, oder welche Anstrengung es bedeutet, eine Lebensführung komplett neu zu konstruieren (etwa bei einem Wechsel von Beruf oder Wohnort oder beim Verlust des Lebenspartners).

3. Obwohl die alltägliche Lebensführung in diesem Sinne ein „Produkt" der Person ist und durch sie getragen wird, hat sie dennoch eine relative strukturelle und funktionale Selbstständigkeit. Wichtigste Ursache dafür ist, dass die Lebensführung einer Person aus einem Geflecht sozialer Arrangements besteht, das man, ist es einmal eingerichtet, nicht mehr beliebig ändern kann und von dessen Struktur und Dynamik man abhängig wird. Die Gesprächspartner und -partnerinnen des Projekts schildern oft mit resignativem Staunen derartige Abhängigkeiten, in die sie innerhalb ihrer eigenen Alltagskonstruktion geraten sind.
4. Die alltägliche Lebensführung ist einerseits ein System der Person, aber nicht mit ihr identisch; andererseits ist sie hochgradig gesellschaftlich geprägt, aber auch kein System der Gesellschaft im engeren Sinne. Die alltägliche Lebensführung kann vielmehr als ein System sui generis gesehen werden, das mit eigener Struktur und Dynamik zwischen Person und Gesellschaft steht, für beide Sphären wichtige Funktionen erfüllt und mit eigener Logik beide miteinander vermittelt.[7] Die Interviews zeigen immer wieder, dass z. B. das Verhalten im Betrieb nicht nur von den dort geltenden Bedingungen abhängt, sondern wesentlich auch davon bestimmt wird, was man sonst noch in anderen Lebenssphären tut und wie man die verschiedenen Tätigkeitsbereiche im Rahmen der Lebensführung miteinander koordiniert hat. Wie Mitarbeiter etwa ihre Hobbys, politischen Aktivitäten oder die Betreuung ihrer Kinder organisieren, ist für Betriebe keine „private" Angelegenheit, weil das Verhalten im Betrieb hochgradig dadurch beeinflusst wird. Auf der anderen Seite zeigt sich genauso, dass betriebliche Bedingungen (z. B. Arbeitszeiten) je nach Art der Lebensführung höchst unterschiedliche Folgen für die Betroffenen haben.

1.3 Folgen des Strukturwandels der Arbeit für die Lebensführung

Damit zurück zur Frage nach den Folgen zunehmend anforderungsreicher, dynamischer, differenzierter und kontingenter Arbeits- und Berufsbedingungen für die Alltagsorganisation betroffener Arbeitskräfte.[8]

7 Zu den Funktionen alltäglicher Lebensführung für Individuum und Gesellschaft und für die Vermittlung beider Sphären vgl. Voß 1997.

8 Vgl. mit ähnlichen Überlegungen ausführlicher Voß 1994, 1998 sowie Voß und Pongratz 1998.

Im Interviewmaterial des Projekts können die Auswirkungen von derartigen immer offeneren und komplizierteren Arbeitsbedingungen am deutlichsten bei den befragten Journalisten und Journalistinnen mit sehr selbstständiger Arbeitsweise, nur bedingt geschützten Beschäftigungsbedingungen und stark wechselndem Arbeitsaufkommen studiert werden. Die folgenden Überlegungen stützen sich vor allem auf Erkenntnisse zu dieser Gruppe,[9] haben aber auch andere befragte Beschäftigtenkategorien mit teilweise ähnlichen Bedingungen im Auge: Führungskräfte mit hoher Arbeitsautonomie, technische Angestellte mit ausgeprägter Gleitzeit, EDV-Operatoren und -Operatorinnen im vollkontinuierlichen Schichtdienst, Beschäftigte im Einzelhandel mit sehr unregelmäßigen Arbeitszeiten. Was ist dort zu erkennen?

Die Öffnung und Komplizierung von Arbeitsstrukturen haben, strukturell gesehen, einen Freisetzungseffekt für den Alltag: stabile, auf selbstverständlicher Eingelebtheit und starrer Routinisierung beruhende Alltagsformen, die für wenig komplexe und nur wenig dynamische Arbeitsstrukturen typisch sind, verlieren zunehmend ihren Gebrauchswert als stabilisierender Hintergrund für die Berufstätigkeit. Es entsteht in wachsendem Maße die Notwendigkeit, eine spezifisch auf die jeweiligen Arbeitsbedingungen zugeschnittene und leistungsfähige Form der Lebensführung zu entwickeln und kontinuierlich an die immer häufigeren Veränderungen anzupassen. Wer beispielsweise eine stark flexibilisierte Arbeitszeit hat und eine anspruchsvolle, dynamische und hochverdichtete Arbeit weitgehend selbstständig organisieren muss, der braucht als Reproduktionsbasis eine vollständig andere Alltagsorganisation als derjenige, der über Jahre hinweg von 8.00 bis 17.00 Uhr einer Routinearbeit nachgeht.

Zunehmend wird es damit bei komplizierter werdenden Arbeitsverhältnissen erforderlich, das Leben selbst in die Hand zu nehmen und den Alltag aktiv in den Griff zu bekommen. Die Strukturierung der Lebensführung als notwendiger funktionaler Hintergrund der Berufstätigkeit wird so immer mehr zu einer expliziten Anforderung eigener Qualität. Mehr noch: sie wird zunehmend zum Objekt einer auf Optimierung des gesamten Alltags ausgerichteten bewussten Gestaltung.

Das kann, wie die Interviews zeigen, verschiedene Formen annehmen, die sich zwei charakteristischen Grundformen von Lebensführung zuordnen lassen.[10] Auf der einen Seite findet sich ein Typus von Lebensführung, der tendenziell alle Lebenstätigkeiten einer systematischen Zweck-Mittel-Kalkulation unterwirft. Der Alltag wird gezielt verdichtet, langfristig geplant, ressourcenbewusst und auf klare Ziele hin ausgerichtet usw. Die Gestaltung einer solchen „methodisch kontrollierten" (oder „strategischen") Lebensführung, wie sie Max Weber schon in den 20er-Jahren am Beispiel des puritanischen Unternehmertums beschrieben hatte, wird zu einer eige-

9 Vgl. speziell zu den Befunden über diese Gruppe Behringer und Jurczyk 1995 sowie Behringer 1998.

10 Neben verschiedenen empirischen Einzeltypologien zur Unterscheidung von Formen der Lebensführung bei den untersuchten Gruppen (vgl. ausführlich Projektgruppe „Alltägliche Lebensführung" 1995) wurde schon in einer frühen Phase der Projektarbeiten eine idealtypisch angelegte allgemeine Typologie von Lebensführung entwickelt, auf die sich die folgenden Ausführungen beziehen. Neben den beiden hier erwähnten Typen wurde eine „traditionale" Lebensführung beschrieben (vgl. z. B. Behringer et al. 1989; Voß 1992).

nen Form zweckgerichteter Arbeit – und der Ausdruck der „Alltags-Organisation" gilt hier im strikten Sinne des Wortes: Der Alltag wird effizienzorientiert organisiert, meist unterstützt durch technische Hilfsmittel (Zeitplaner, Anrufbeantworter, Mobiltelefon, Fax, private Computer, aufwendige Haushaltstechnik usw.). Hier wird auf die durch betriebliche Rationalisierungsstrategien entstehenden erhöhten Anforderungen an den Alltag mit einer komplementären organisatorisch-technischen Rationalisierung der Lebensführung geantwortet.

Auf der anderen Seite findet sich ein Typus, bei dem eine bewusste Optimierung des Alltags nicht auf langfristiger Planung und gezielt zweck-mittel-rationalisiertem Einsatz von Verfahren und Ressourcen beruht, sondern mit wechselnden Praktiken, kurzfristigen ad-hoc-Reaktionen und situativem Lavieren fallweise auf wechselnde Anforderungen reagiert wird. Flexibilität und Reagibilität sind bei einer solchen „situativen" Lebensführung wichtiger als klare Perspektiven. Auch diese Alltagsform braucht (wie jede Lebensführung) Sicherheit; diese beruht aber nicht auf Kalkulation, sondern vor allem auf dem selbstbewussten Vertrauen in die Kompetenz, schnell und intuitiv geschickt entscheiden zu können. Denkt man beim ersten Typus an „Arbeit" und „Organisation", dann hier eher an „Lebenskunst" oder „Akrobatik", nicht selten aber auch an ein mehr oder minder strukturloses „Durchwurschteln".

Empirisch zeigen sich in der Regel verschiedene Mischungen von Elementen dieser Grundformen von Lebensführung, deren jeweilige Bedingungen in Teilen erkennbar sind. Mit drei Fallbeispielen soll dies veranschaulicht werden.

„Methodische" Alltagsverfahren finden sich eher bei Arbeits- und Lebensbedingungen, die zumindest noch Reste von Stabilität und Kalkulierbarkeit und eine verlässliche Ausstattung mit ausreichenden Ressourcen aufweisen. Gehobene Bildung und ein Mittelschichtshintergrund unterstützen genauso wie eher stabilitäts- und verantwortungsorientierte Persönlichkeitszüge eine solche Lebensführung.

Die Lebensführung von Frau „M" ist ein prägnantes Beispiel für eine vorwiegend „methodisch kontrollierte" Form der Alltagsgestaltung: Frau „M" ist 50 Jahre alt und arbeitet seit Jahren erfolgreich als journalistische Lektorin auf Basis eines 30-Stunden-Arrangements bei ihrem Arbeitgeber, der ihr eine hohe Zeitsouveränität einräumt, aber dafür vollen Einsatz bei anliegenden Aufgaben abverlangt. Sie hat zwei Kinder im Alter von 7 und 8 Jahren und ist in zweiter Ehe verheiratet. An Frau „M" erkennt man, wie eine ausgeprägte Orientierung an beruflicher Karriere und gleichzeitig Familie (bei hoch qualifizierten Frauen häufig zu finden) vor dem Hintergrund anforderungsreicher und dynamischer Arbeitsbedingungen durch eine strikte Trennung von Arbeit und Leben in einer völlig durchrationalisierten Lebensführung ihren Ausdruck finden kann. Ihr gesamtes Leben ist zentriert um die Optionen Selbstfindung und Selbstbehauptung. Medien dafür sind sowohl der Beruf als auch die Familie. In beiden Bereichen arbeitet sie eine selbst gesetzte Verpflichtung auf Verantwortung und Zuverlässigkeit ab: Ihr berufliches Engagement begreift sie als Dasein für die Gemeinschaft, ihr familiäres Engagement als Dasein für die Kinder. Die Artikulation eigener Bedürfnisse geht in dieser Konstruktion weitgehend unter.

Praktisches Regulativ der Lebensführung von Frau „M" ist eine hoch entwickelte Kontrolle: persönlich in Form von ausgeprägter Selbstkontrolle und Selbstdisziplin, sachlich in Gestalt teilweise sehr rigider Organisation ihrer Tätigkeiten. Hervorstechendstes Merkmal ihrer Alltagsorganisation sind ein strikt durchgeplanter und hoch routinisierter Tagesablauf sowie eine ausgetüftelte Langzeitplanung in jährlicher wie auch biografischer Hinsicht. Ihr professionelles und persönliches Selbstverständnis verlangt, sich jeweils völlig auf eine Sache zu konzentrieren, und führt zu einer entsprechend strikten Segmentation von Beruf und Familie. Beruflich bedient sie sich zur Strukturierung ihrer Arbeit einer systematischen Allokation von Zeitblöcken, einer Bündelung von jeweils störanfälligen oder -resistenten Tätigkeiten, und sie intensiviert gezielt ihre Arbeit durch Vermeidung aller Leerzeiten im durchrationalisierten und durchtechnisierten Büro. Auch das Familienleben gestaltet sie im Bewusstsein knapper Zeit überaus planmäßig (sie sagt von sich, sie sei „pausenlos im Einsatz"; das Fernsehen wurde abgeschafft, weil dadurch „Zeit verschwendet" wird, usw.), soweit der Eigenrhythmus der Kinder dies zulässt: durch Einsatz von Technik und bewusste Delegation an andere, durch Institutionalisierung fester Termine und gezielte Beschäftigung der Kinder bis hin zu deren bewusster biografischer Programmierung. Die rigide Umsetzung ihrer Vorstellungen bedarf allerdings einer Kompensation: Die strikte Kontrolle des eigenen Lebens wird durch gezielt eingesetzten regelmäßigen Sport gemildert, die Wegdefinition eigener Bedürfnisse durch eine aufwendige, aber sehr nüchtern und fast instrumentell betriebene Psychoanalyse.

„Situative" Formen von Lebensführung sind dagegen eher dort zu finden, wo Arbeits- und Lebensbedingungen hochvariant, wenn nicht gar völlig unberechenbar sind. Ihre Domäne sind Arbeits- und Lebensstrukturen, wo feste Planungen wenig Sinn haben und wo es eher um die geschickte Nutzung von Möglichkeiten und die schnelle Abarbeitung von Problemen geht. Situative Formen von Lebensführung können jedoch sehr verschieden aussehen: So findet sich beispielsweise eine Variante, die durch stabilen beruflichen Erfolg über große Ressourcen verfügt und dadurch gelassen der Fähigkeit vertrauen kann, auf wechselnde Situationen flexibel reagieren zu können. Dem kontrastiert eine Variante, die eher geringe oder stark schwankende Ressourcen durch punktuelle Selbstdisziplinierung und mehr oder minder elegantes „Jonglieren" zwischen verschiedenen Anforderungen auszugleichen versucht, aber gelegentlich doch nicht mehr ist als ein belastendes „muddling-through", das sich ständig am Rande des Scheiterns bewegt. Situative Formen der Lebensführung korrelieren (mit Ausnahmen, wofür unten bewusst ein Beispiel vorgestellt wird) ebenfalls eher mit höherer Bildung und Mittelschichtsozialisation und werden von anderen Persönlichkeitszügen unterstützt als methodische Formen.

Der Alltag von Herrn „G" ist ein typisches Beispiel für eine vergleichsweise gut gelingende Form situativer Lebensführung: Herr „G" ist 34 Jahre alt und lebt mit einer Partnerin und zwei kleinen Kindern zusammen. Er ist „fester freier" Mitarbeiter beim Rundfunk, das heißt, er hat als selbstständiger Journalist bei seinem Sender ein vertraglich garantiertes, aber nicht sehr hohes Auftragsvolumen und erhält ein Spektrum minimaler Sozialleistungen. Er arbeitet ausschließlich im Rahmen kurzfristiger Projekte zu verschiedenen Themen; sein Arbeitsaufkommen und damit auch sein Einkommen variieren stark, sodass er seine finanzielle Basis durch Nebentätigkeiten aufstockt. Er hat keine festen Arbeitszeiten, sondern richtet sich nach Studioterminen, Kollegen, Interviewpartnern usw. Phasen immenser Belastung wechseln ab mit Perioden geringerer Anforderung, die er dann für Zusatzaufträge nutzt. Herr „G" arbeitet nur gelegentlich im Sender, die meiste Arbeit findet zu Hause und bei Recherchen vor Ort statt.

Bei Herrn „G" sieht, wie er betont, „jeder Tag anders" aus. Jeden Tag stellt er sich aufs Neue den jeweilig anfallenden Anforderungen und definiert dann konkrete Einzelaufgaben, die er zügig abzuarbeiten versucht. Das gilt nicht nur für den Beruf: Auch seine Familienpflichten, die er sehr ernst nimmt, werden jeden Tag aufs Neue mit der Partnerin ausgehandelt. Dieses Vorgehen impliziert Entscheidungsfreiheit und Zeitsouveränität, aber auch den Zwang, sich ständig aufs Neue selbst zu disziplinieren und mit der Familie zu arrangieren. Arbeit und Leben sind für Herrn „G" untrennbar. Seine Tage bezeichnet er als „Mischmasch" von Beruf, Freizeit, Familie usw., und er betrachtet dies als besondere Lebensqualität. Er versucht z. B., in der „Freizeit" möglichst oft etwas zu unternehmen, was er auch beruflich nutzen kann. Der Besuch einer Ausstellung etwa ist gleichzeitig eine Unternehmung mit seinen Kindern sowie Anlass für einen Artikel. Seine verschiedenen Lebensbereiche weisen keine Hierarchie auf – alles ist für ihn wichtig. Je nach Tätigkeitsphase hat einmal der Beruf, dann wieder ein anderer Bereich das Übergewicht. Eine längerfristige Planung ist für Herrn „G" kaum möglich. Maximal drei Monate weiß er im Voraus, was auf ihn zukommen wird, und er muss immer dafür offen sein, privat und beruflich kurzfristig umzudisponieren. Urlaub wird dann gemacht, wenn gerade eine Lücke ist. Und wie lange er z. B. noch bei seinem derzeitigen Sender so weitermachen kann und will, weiß er nicht – er hält sich alles offen. Eine wichtige Basis für die Lebensführung von Herrn „G" sind charakteristische Persönlichkeitszüge: ein ausgeprägtes Selbstvertrauen, große Gelassenheit und die Fähigkeit, Unsicherheiten nicht nur auszuhalten, sondern als Chancen und Lebensqualität zu nutzen. Positive Ziele für sein Leben hat Herr „G" kaum, aber er weiß genau, was er „nicht will". Dass er die „Sinnlosigkeit des Lebens" als seine Lebensphilosophie bezeichnet, passt nur allzu gut, vor allem, wenn er hinzufügt, dass ihn genau diese Sinnlosigkeit „fasziniert".

Der Alltag von Frau „C" ist demgegenüber ein Beispiel für eine Variante situativer Lebensführung, die in vielen Randbedingungen (Qualifikation, betrieblicher Status, Geschlechtsspezifik) ganz anders gelagert ist. Sie ist vor allem ein Beispiel für eine offensichtlich relativ deprivierte und nur mühsam stabilisierte Form situativen Alltags: Frau „C" (43 Jahre) ist auf einem Dorf aufgewachsen und arbeitet jetzt seit fünf Jahren auf Teilzeitbasis im Rahmen einer so genannten „kapazitätsorientierten variablen Arbeitszeit" (Arbeit auf kurzfristigen Abruf) als stellvertretende Betriebsleiterin in einem großstädtischen Lebensmittelmarkt. Sie ist verheiratet und hat zwei größere Kinder. Obwohl Frau „C" vom Betrieb (der sich im selben Haus befindet wie ihre Wohnung) immer wieder gedrängt wird, „Vollzeit" zu arbeiten, hat sie bisher an der Teilzeitarbeit festgehalten. Denn nur so kann sie ihre vielen anderen Arbeiten im Haushalt, im Schrebergarten (für die Familie eine wichtige Rückzugs- und Erholungsmöglichkeit) und in der Kirchengemeinde bewältigen. Vertraglich muss sie vier Tage in der Woche und zusätzlich jeden zweiten Samstag arbeiten und kommt damit auf dreißig Wochenstunden. Die genauen Arbeitszeiten werden wöchentlich neu festgelegt, nicht selten sogar von einem Tag auf den anderen geändert. Aufgrund der chronischen Personalknappheit ist Frau „C" zudem gezwungen, regelmäßig Überstunden zu machen und kurzfristig für Kolleginnen einzuspringen (wodurch sie meist doch auf vierzig Stunden kommt).

Das Leben von Frau „C" verschwindet in einem tendenziell unendlichen und unübersehbaren Arbeitsprozess ohne feste Struktur. Sie sagt: „Wie es kommt, so kommt es", und: „Es wird schon alles gut gehen." Sie weiß genau, dass es anders auch gar nicht geht: Das Telefon kann jederzeit klingeln, sodass es für sie wenig Sinn hat, Vorhaben fest zu planen; sie hat sich darauf eingestellt, immer auf dem Sprung sein zu müssen. Sie ist bereit, eine begonnene Arbeit jederzeit abzubrechen und eine andere aufzunehmen. Persönlichkeitszüge (Leidensbereitschaft, Verantwortungsbewusstsein, Fleiß und demonstrative Bescheidenheit usw.), die ganz offensichtlich auf ihre bäuerliche Sozialisation zurückgehen, helfen ihr, diese Situation auszuhalten. Trotzdem fordert all dies seinen Preis: Frau „C" leidet erklärtermaßen unter ständigem Zeitdruck und Stress, und seit einiger Zeit ist sie wegen regelmäßiger Migräneanfälle in ärztlicher Behandlung. Sie weiß genau, dass die Art, wie sie lebt, auf die Dauer nicht gut gehen kann; sie sieht aber auch keinen Weg, unter den gegebenen Bedingungen ihre Lebensführung zu verändern.

Sowohl methodisch kontrollierte als auch situative Formen von Lebensführung haben, wie die Beispiele illustrieren können, keineswegs nur Vorteile, sondern in mancher Hinsicht spezifische Kosten und Risiken: Bei einer methodischen Lebensführung kann man, wenn es gelingt, mit gut geplanter Einteilung belastende Bedingungen abfedern und Ressourcen optimal ausnutzen. Dafür unterwirft man den Alltag aber der strengen Rationalität ökonomischer Verwertung und bürokratischer Regulierung, die die Gefahr bergen, zu einem „stahlharten Gehäuse der Hörigkeit" zu erstarren, das dann eher ein selbst gesetztes Zwangssystem als eine Entlastung bedeutet (Weber 1986). Eine situative Lebensführung kann dagegen dem Alltag Flexibilität und Entwicklungsfähigkeit geben und ist gut geeignet, ad-hoc-Gewinne an Lebensqualität zu erzeugen und sich bietende Chancen geschickt wahrzunehmen. Dafür besteht aber die Gefahr, dass aus der „Lebenskunst", wenn sie misslingt oder Ressourcen fehlen, schnell (wie bei Frau „C" drastisch erkennbar ist) eine strukturlose Tretmühle ohne Ziel und Ende wird.

Die geschilderten Typen alltäglicher Lebensführung wurden in Varianten deutlich als Reaktion auf eher offene und komplizierte Arbeitsbedingungen bei den befragten Journalisten und Journalistinnen beobachtet. Trotz ihrer Spezifik repräsentiert diese Berufsgruppe Bedingungen, wie sie zukünftig verstärkt (wenn auch in anderen Formen) auf viele Berufstätige, insbesondere jedoch auf die eingangs erwähnten Arbeitskräftegruppen zutreffen werden. Man kann daher vermuten, dass sich auch bei diesen zunehmend ähnliche Formen oder zumindest Elemente solcher Lebensführungen ausbilden werden.

1.4 Mögliche Rückwirkungen des Strukturwandels der Lebensführung auf die Betriebe

Welche Folgen kann es nun für Betriebe haben, wenn wichtige Mitarbeitergruppen zunehmend auf die beschriebene Weise ihren Alltag organisieren? Kann es den Vorgesetzten und Personalverantwortlichen gleichgültig sein, wenn Beschäftigte verstärkt derart durchorganisiert oder situativ flexibel ihre Alltage und damit auch ihre berufliche Tätigkeit ausrichten? Oder werden daraus nicht vielmehr systematische Konsequenzen erwachsen, auf die sich die Betriebe einstellen müssen?

Das Forschungskonzept des Projekts betont, dass die Alltagsorganisation eine wichtige, aber bisher sowohl wissenschaftlich als auch praktisch zu wenig beachtete Einflussgröße auf das Verhalten von Arbeitskräften im Betrieb ist. Trifft nun die These zu, dass zentrale Arbeitskräftegruppen in Reaktion auf offenere und kompliziertere Arbeits- und Berufsbedingungen ihren Alltag verstärkt aktiv gestalten und optimieren müssen, dann könnte dieser Zusammenhang immer bedeutsamer werden. Hierzu vier Prognosen:

1. Eine zunehmende aktive Optimierung von Lebensführungen (methodisch oder situativ) könnte bedeuten, dass Arbeitskräfte den Betrieben verstärkt mit genau darauf ausgerichteten Verhaltensweisen gegenübertreten: dass sie beispielsweise häufiger sehr individuelle Arbeitsbedingungen fordern, noch strikter Kosten-Nutzen-Kalküle für ihr Handeln vornehmen oder noch gezielter mit Tätigkeits- und Betriebswechseln optimalere Bedingungen für ihre Alltagsgestaltung anstreben. Aus der Perspektive der Betriebe könnte das als zunehmende Instrumentalität, Freizeitorientierung und wachsendes Anspruchsdenken erscheinen.
   Aus der Sicht des Teilprojekts müsste dieses Verhalten jedoch völlig anders interpretiert werden: Den Betrieben stünden bei einer solchen Entwicklung immer weniger nur punktuell oder zufällig zweckgerichtet agierende Personen gegenüber, sondern zunehmend systematisch organisierte und hoch zielgerichtete Handlungseinheiten, fast ihrerseits so etwas wie „Betriebe". Das würde bedeuten, dass Beschäftigte immer stärker versuchen, wie kostenbewusste Betriebsführer in eigener Sache zu handeln oder als ergebnisorientierte „Unternehmer ihrer eigenen Arbeitskraft" aufzutreten.[11]
   Je nach betrieblicher und beruflicher Situation der Betreffenden würde sich das natürlich sehr unterschiedlich ausgeprägt zeigen. Was auf den ersten Blick als

11 Vgl. die frühen Überlegungen zur Entstehung eines „Unternehmers der eigenen Arbeitskraft" bei Jurczyk et al. 1985; Bolte und Voß 1988; Voß 1990. Eine ausführlichere Ausarbeitung zum „Arbeitskraftunternehmer" als einem neuen Typus der gesellschaftlichen Formung der „Ware Arbeitskraft" findet sich bei Voß und Pongratz 1998.

neue Freiheit zur optimalen Lebensgestaltung und als zunehmendes Gleichgewicht zwischen Betrieb und Arbeitskraft erscheinen mag, dürfte sich bei näherem Hinsehen zudem höchst ambivalent als notwendige, anstrengende und oft nur begrenzt erfolgreiche Leistung erweisen und keinesfalls als Aufhebung des Machtgefälles zwischen Kapital und Arbeit. Beide Seiten würden sich zwar in der Orientierung an einer zweckmäßigen Organisation ein Stück annähern – aber sowohl die Zwecke als auch Art und Umfang der Ressourcen und viele der eingesetzten Organisationsmechanismen wären weiterhin grundlegend verschieden. Das charakteristische Machtverhältnis zwischen Betrieb und Arbeitskräften bliebe in einer anderen Form eindeutig erhalten: als geschäftsmäßige Marktbeziehung im engeren Sinne. Eine Beziehung, die nur in der Theorie ausgewogen ist, faktisch aber von den immer ungleichgewichtigen Verhältnissen zwischen Angebot und Nachfrage geprägt wird, bei denen in hohem Maße das Macht- und Ressourcenpotenzial der Akteure erfolgsentscheidend ist.

2. Wenn eine Lebensführung zunehmend aktiv gestaltet und optimiert werden soll, kann das bedeuten, dass sie sich stärker gegenüber den Anforderungen ihrer Umwelt, hier also gegenüber den einzelnen Lebensbereichen einer Person, autonomisieren muss. Davon betroffen wäre dann auch die Berufssphäre. Die Betroffenen könnten dezidierter individuelle Lebensziele und -prinzipien entwickeln und verfolgen, um beispielsweise angesichts immer komplizierterer Arbeits- und Lebensbedingungen dem Alltag noch Form und Sinn zu geben – Ziele und Prinzipien, die nicht mehr ungebrochen durch Erfordernisse bestimmter Arbeiten, bestimmter Betriebe oder der Erwerbssphäre generell dominiert sein dürften, sondern z. B. expliziter auch andere Sphären (Familie, Freizeit, persönliche Entfaltung und Bildung usw.) einbeziehen. Kurz: die Arbeitenden würden als Reaktion auf steigende Anforderungen versuchen, verstärkt Eigensinn zu entwickeln – was nicht bedeutet, dass ihnen dies auch gelingen muss, und schon gar nicht, dass sie dabei tun und lassen können, was sie wollen. Nicht umsonst wird die Entwicklung von Autonomiepotenzialen und individuellen Sinnsetzungen in psychologischen Therapien und Selbstmanagementkursen als ein entscheidender Mechanismus für die Bewältigung von hohen Anforderungen gepredigt. Die in der sozialwissenschaftlichen Forschung zum „Wertewandel" diagnostizierte Zunahme von „Autonomie- und Selbstentfaltungswerten" (Klages 1984) kann als Indiz für eine solche Entwicklung gesehen werden; eine Entwicklung, die sich nicht nur fortsetzen, sondern, ausgelöst durch den beschriebenen Strukturwandel der Arbeitswelt, sogar deutlich verstärken könnte.[12]

   Konkrete Folge einer zunehmenden Autonomisierung von Lebensführungen könnte für Betriebe z. B. sein, dass Beschäftigte noch mehr als bisher selbstbewusst in anderen Bereichen engagiert sind: in außerberuflichen Aktivitäten, aber auch in Weiterbildungen oder in anderen Berufstätigkeiten, von denen sie sich neue Möglichkeiten versprechen oder die sie aufbauen und pflegen, um unsichere Beschäftigungsverhältnisse auszugleichen oder neue berufliche Perspektiven zu öffnen.

12 Vgl. zu einer Interpretation des „Wertewandels" in diesem Sinne Bolte und Voß 1988; Voß 1990, 1992.

3. Eine dritte Konsequenz könnte sein, dass sich Lebensziele und damit die jeweiligen Formen alltäglicher Lebensführung wesentlich häufiger ändern müssen, um an die dynamischeren Arbeitsbedingungen reaktiv oder prospektiv angepasst zu werden. Auch diese Entwicklung würde für Betriebe eine wachsende Unberechenbarkeit der Beschäftigten mit sich bringen: Immer weniger werden Vorgesetzte wissen, wie sich ihre Mitarbeiter langfristig entwickeln werden, was sie für Ziele haben und wie sie sich beruflich verhalten werden. Und es werden vielleicht gerade die innovativen Arbeitskräfte sein, deren Lebensführung und dadurch auch deren Engagement für ihren Betrieb entwicklungsoffener und damit unkalkulierbarer sein werden und die die Möglichkeit dazu offensiv reklamieren werden.
4. All das dürfte schließlich mit sich bringen, dass die Lebensweisen der Mitarbeiter eines Betriebes wesentlich individueller und damit insgesamt vielfältiger werden. Immer schon mussten Betriebe beispielsweise auf die unterschiedlichen Alltagsarrangements von Männern und Frauen oder von hoch qualifizierten und eher geringer ausgebildeten Arbeitskräften ansatzweise Rücksicht nehmen. Aber die Unterschiede zwischen einzelnen Personalgruppen könnten systematisch zunehmen – mit der Folge, dass immer weniger einheitlich planbar wäre, wie Beschäftigte leben und was sie aus ihrem Alltag in die Betriebe hineintragen. Das heißt, das Personal würde, selbst innerhalb homogener Qualifikationsgruppen, immer „bunter" werden und wäre damit wesentlich komplizierter einzusetzen und zu führen.

   Derartige Veränderungen werden sich bei den verschiedenen Typen von Lebensführung unterschiedlich ausprägen: Methodisch kontrollierte Alltagsformen sind Reaktionen auf kompliziertere Arbeitsbedingungen, die für Betriebe sehr funktional sein können, da die Betroffenen dadurch mit steigenden Anforderungen besser fertig werden. Das Maß der bewältigbaren Komplexität ist jedoch begrenzt, da dieser Typus immer noch auf relativ berechenbare Bedingungen angewiesen ist. Stark methodisch lebende Arbeitskräfte agieren tendenziell nutzenorientierter, eigensinniger, dynamischer und individueller im Betrieb, aber sie werden immer noch relativ gut kalkulierbar und damit steuerbar sein. Sich situativ organisierende Arbeitskräfte können dagegen wesentlich komplexere, ja sogar chaotische Anforderungen bewältigen, was für Betriebe in bestimmten Bereichen oder Phasen höchst erwünscht sein kann. Situativ lebende und arbeitende Beschäftigte dürften jedoch nur noch bedingt konventionell zu führen sein. Hier werden Betriebe wesentlich konsequenter als bisher offene Führungsmechanismen einsetzen müssen, die jedoch gleichzeitig eine erhebliche Reduktion von Kontrolle implizieren.

   Eine solche Entwicklung könnte langfristig dazu führen, dass Betriebe (zumindest bei den angesprochenen Gruppen) immer weniger vernachlässigen können, wie ihre Mitarbeiter leben. Sie werden verstärkt einkalkulieren müssen, dass Mitarbeiter, die unter immer komplizierteren Bedingungen immer leistungsfähiger und selbstverantwortlicher sein sollen, auch immer leistungsfähigere und selbstverantwortlichere Lebensführungen brauchen, um betrieblich optimal funktionieren zu können.

   Die im Lohnarbeitsverhältnis strukturell angelegte (aber faktisch immer begrenzte) „Gleichgültigkeit" (Marx) der Betriebe gegenüber den Besonderheiten konkreter

Arbeitskräfte (nach der Devise: das ist „Privatsache") würde damit an neuartige Grenzen stoßen. Nicht aus Menschenfreundlichkeit, sondern als unvermeidliche Folge neuer Betriebsstrategien könnte zunehmend die Notwendigkeit entstehen, mit Mitarbeitern nicht nur in der Arbeit, sondern auch bezüglich ihrer Lebensführung „pfleglicher", zumindest jedoch differenzierter umzugehen. Dies würde organisatorische Probleme (und damit schlicht Kosten), aber auch wichtige Vorteile für die Betriebe mit sich bringen. Gelingt es den Betrieben, den neuen Alltagsformen entgegenzukommen, können sie genau diejenigen flexiblen und autonomen Arbeitskräfte gewinnen, binden und deren Leistungspotenziale umfassend nutzen, auf die sie zukünftig immer stärker angewiesen sind. Mitarbeiter, die im Sinne neuer, „offener" Betriebskonzepte sehr selbstständig funktionieren, aber genau deswegen auch eher selbstbewusste und individuell lebende „Kooperationspartner" oder „Subunternehmer" sein müssen, als dass sie noch klassisch abhängige und eher unselbstständig arbeitende und lebende „Arbeitnehmer" sind.
Auch jetzt schon unterstützen manche Betriebe im Rahmen einer „betrieblichen Sozialpolitik" indirekt die Lebensführung von Mitarbeitern (mit Betriebswohnungen, Kindergärten, Fahrdiensten, betrieblichen Freizeitangeboten usw.), um dadurch einen reibungsloseren Arbeitsablauf zu erhalten, Konflikte zu minimieren, Betriebsbindungen und Motivationen aufzubauen usw. Dies könnte sich grundlegend erweitern: durch alltagspraktische Coachingangebote, Selbstmanagementkurse, Therapien (vielleicht sogar unter Einschluss der Partner) und durch individualisierte Beschäftigungsbedingungen bzw. eine „differenzielle Personalführung" (hinsichtlich Arbeitszeiten, Vertragsformen, Entlohnung etc.; vgl. Wiegran 1996). Nicht auszuschließen ist, dass Betriebe langfristig sogar versuchen werden, sich aktiv in die Lebensführung wichtiger Mitarbeitergruppen einzumischen, um einen optimalen Hintergrund für deren immer komplexere Tätigkeiten zu gewährleisten. Spätestens dann würde sich eine völlig neue Dimension der Beziehungen von Kapital und Arbeit eröffnen: eine betriebsübergreifende „systemische Rationalisierung", die nicht nur Zuliefer- und Absatzketten einbezieht, sondern gezielt auch in die private Herstellung des „Faktors Arbeit" bzw. in die Reproduktion der „Ware Arbeitskraft" eingreift.

Literatur

Altmann, N.; Deiß, M.; Döhl, V.; Sauer, D. (1986): Ein „Neuer Rationalisierungstyp". Neue Anforderungen an die Industriesoziologie. In: Soziale Welt 2/3, 191–207.

Bechtle, G.; Lutz, B. (1989): Die Unbestimmtheit post-tayloristischer Rationalisierungsstrategien und die ungewisse Zukunft industrieller Arbeit – Überlegungen zur Begründung eines Forschungsprogramms. In: K. Düll, B. Lutz (Hg.): Technikentwicklung und Arbeitsteilung im internationalen Vergleich. Fünf Aufsätze zur Zukunft industrieller Arbeit. Frankfurt/New York: Campus.

Beck, U. (1986): Risikogesellschaft. Auf dem Weg in eine andere Moderne. Frankfurt/M.: Suhrkamp.

Behringer, L. (1998): Lebensführung als Identitätsarbeit. Der Mensch im Chaos des modernen Alltags. Frankfurt/New York: Campus.

Behringer, L.; Jurczyk, K. (1995): Umgang mit Offenheit: Methoden und Orientierungen in der Lebensführung von JournalistInnen. In: Projektgruppe Alltägliche Lebensführung (Hg.): Alltägliche Lebensführung. Arrangements zwischen Traditionalität und Modernisierung. Opladen: Leske + Budrich, S. 71–120.

Behringer, L.; Bolte, K. M.; Dunkel, W.; Jurczyk, K.; Kudera, W.; Rerrich, M. S.; Voß, G. G. (1989): Auf dem Weg zu einer neuen Art der Lebensführung? In: Mitteilungen 1 des SFB 333, 31–41.

Bolte, K. M. (1993): Lebensführung und Arbeitswelt. Bericht über ein Forschungsprojekt. In: ders. (Hg.): Wertewandel – Lebensführung – Arbeitswelt (Otto von Freising-Vorlesungen, Bd. 8), München: Oldenbourg, S. 28–69.

Bolte, K. M.; Voß, G. G. (1988): Veränderungen im Verhältnis von Arbeit und Leben. Anmerkungen zur Diskussion um den Wandel von Arbeitswerten. In: L. Reyher, J. Kühl (Hg.): Resonanzen. Arbeitsmarkt und Beruf – Forschung und Politik. IAB (BeitrAB 111), Nürnberg, S. 72–93.

Dietzsch, I.; Hofmann, M. (1993): Einfach weiter so leben ... oder? Ostdeutsche Muster alltäglicher Lebensführung zwischen Kontinuität und Wandel. In: Mitteilungen 6 des SFB 333, 43–58.

Dunkel, W. (1994): Pflegearbeit – Alltagsarbeit. Eine Untersuchung der Lebensführung von AltenpflegerInnen. Freiburg: Lambertus.

Jurczyk, K. (1993): Bewegliche Balancen – Lebensführungsmuster bei „flexiblen" Arbeitszeiten. In: K. Jurczyk, M. S. Rerrich (Hg.): Die Arbeit des Alltags: Beiträge zu einer Soziologie der alltäglichen Lebensführung, Freiburg: Lambertus, S. 235–259.

Jurczyk, K. (1994a): Zur Wechselwirkung von Lebensführung und Arbeitszeiten. In: Ministerium für Arbeit, Gesundheit und Soziales des Landes Nordrhein-Westfalen (Hg.): Arbeitszeitpolitik '94, Köln, S. 147–153.

Jurczyk, K. (1994b): Zeit – Macht – Geschlecht: Frauen und Zeit in der alltäglichen Lebensführung. In: E. Claupein (Hg.): Frauen und alltägliche Lebensführung, Niederkleen: P. Fleck, S. 19–44.

Jurczyk, K.; Kudera, W. (1991): Verfügung über Zeit? Die ganz unterschiedlichen Auswirkungen flexibler Arbeitszeiten auf die Lebensführung. In: J. Flecker, G. Schienstock (Hg.): Flexibilisierung, Deregulierung und Globalisierung, München/Mering: Hampp, S. 53–70.

Jurczyk, K.; Rerrich, M. S. (Hg.) (1993): Die Arbeit des Alltags. Beiträge zu einer Soziologie alltäglicher Lebensführung. Freiburg: Lambertus.

Jurczyk, K.; Treutner, E.; Voß, G. G.; Zettel, O. (1985): Die Zeiten ändern sich – Arbeitspolitische Strategien und die Arbeitsteilung der Personen. In: S. Hradil (Hg.): Sozialstruktur im Umbruch, Opladen: Leske + Budrich, S. 147–164.

Kern, H.; Schumann, M. (1984): Das Ende der Arbeitsteilung? Rationalisierung in der industriellen Produktion. München: Beck.

Klages, H. (1984): Werteorientierungen im Wandel. Rückblick, Gegenwartsanalysen, Prognosen. Frankfurt/New York: Campus.

Kudera, W. (1994): Wie Geschichte in den Alltag eindringt. In: Berliner Journal für Soziologie 1, 55–75.

Kudera, W. (1995): Anlage und Durchführung der empirischen Untersuchung. In: Projektgruppe „Alltägliche Lebensführung" (Hg.): Alltägliche Lebensführung. Arrangements zwischen Traditionalität und Modernisierung. Opladen: Leske + Budrich, S. 45–66.

Kudera, W.; Voß, G. G. (Hg.) (1996): „Penneralltag". Eine soziologische Studie von Georg Jochum zur Lebensführung von „Stadtstreichern" in München. München/Mering: Hampp.

Projektgruppe „Alltägliche Lebensführung" (Hg.) (1995): Alltägliche Lebensführung. Arrangements zwischen Traditionalität und Modernisierung. Opladen: Leske + Budrich.

Rerrich, M. S. (1996): Modernizing the Patriarchal Family in West Germany. In: The European Journal of Women's Studies 3 (1), 27–37.

Rerrich, M. S.; Voß, G. G. (1992): Vexierbild soziale Ungleichheit. Die Bedeutung alltäglicher Lebensführung für die Sozialstrukturanalyse. In: S. Hradil (Hg.): Zwischen Bewußtsein und Sein. Die Vermittlung „objektiver" Lebensbedingungen und „subjektiver" Lebensweisen, Opladen: Leske + Budrich, S. 251–266.

Voß, G. G. (1990): Wertewandel: Eine Modernisierung der protestantischen Ethik? In: Zeitschrift für Personalforschung 4, 263–275.

Voß, G. G. (Hg.) (1991a): Die Zeiten ändern sich – Alltägliche Lebensführung im Umbruch. In: Sonderheft II der Mitteilungen des SFB 333, München, 68–88.

Voß, G. G. (1991b): Lebensführung als Arbeit. Über die Autonomie der Person im Alltag der Gesellschaft. Stuttgart: Enke.

Voß, G. G. (1991c): Lebensführung: Ein integratives Konzept zur Analyse alltäglichen Lebens. In: ders. (Hg.): Die Zeiten ändern sich – Alltägliche Lebensführung im Umbruch. Sonderheft II der Mitteilungen des SFB 333, München, S. 69–88.

Voß, G. G. (1992): Alltägliche Lebensführung im Umbruch – Eine Herausforderung für die betriebliche Personalführung. In: E. Katzenbach, B. Molitor, O. G. Mayer (Hg.): Hamburger Jahrbuch für Wirtschafts- und Gesellschaftspolitik, Bd. 37, Tübingen: J. C. B. Mohr, S. 73–94.

Voß, G. G. (1993): Arbeitswelt im Wandel. Tendenzen des Strukturwandels der Erwerbstätigkeit in der Bundesrepublik Deutschland. In: Mitteilungen 7 des SFB 333, 89–138.

Voß, G. G. (1994): Das Ende der Teilung von „Arbeit und Leben"? An der Schwelle zu einem neuen gesellschaftlichen Verhältnis von Betriebs- und Lebensführung. In: N. Beckenbach, W. Treeck (Hg.): Umbrüche gesellschaftlicher Arbeit, Göttingen: Schwartz, S. 269–294.

Voß, G. G. (1995): Entwicklung und Eckpunkte des theoretischen Konzepts. In: Projektgruppe „Alltägliche Lebensführung" (Hg.): Alltägliche Lebensführung. Arrangements zwischen Traditionalität und Modernisierung, Opladen: Leske + Budrich, S. 23–44.

Voß, G. G. (1997): Beruf und alltägliche Lebensführung – zwei subjektnahe Instanzen der Vermittlung von Individuum und Gesellschaft. In: ders., H. Pongratz (Hg.): Subjektorientierte Soziologie, Opladen: Leske + Budrich.

Voß, G. G. (1998): Die Entgrenzung von Arbeit und Arbeitskraft. In: Mitteilungen aus der Arbeitsmarkt- und Berufsforschung 31 (3).

Voß, G. G.; Pongratz, H. J. (1998): Der Arbeitskraftunternehmer. Eine neue Grundform der Ware Arbeitskraft? In: Kölner Zeitschrift für Soziologie und Sozialpsychologie 50 (1), 131–158.

Weber, M. (1986): Die protestantische Ethik und der Geist des Kapitalismus. In: ders. (Hg.): Gesammelte Aufsätze zur Religionssoziologie, Bd. I, Tübingen: J. C. B. Mohr (zuerst 1920), S. 17–206.

Weihrich, M. (1993a): Lebensführung im Wartestand. Veränderungen und Stabilität im ostdeutschen Alltag. In: K. Jurczyk, M. S. Rerrich (Hg.): Die Arbeit des Alltags. Beiträge zu einer Soziologie der alltäglichen Lebensführung, Freiburg: Lambertus, S. 210–234.

Weihrich, M. (1993b): Wenn der Betrieb schließt. Über alltägliche Lebensführung von Industriearbeitern im ostdeutschen Transformationsprozeß. In: BIOS Zeitschrift für Biographieforschung und Oral History 6, 224–238.

Weihrich, M. (1995): Alltag im Umbruch. Alltägliche Lebensführung und berufliche Veränderung in Ostdeutschland. In: M. Diewald, K. U. Mayer (Hg.): Bilanz der Wiedervereinigung. Mobilitätsprozesse im Transformationsprozeß. Opladen: Leske + Budrich.

Weihrich, M. (1998): Kursbestimmungen. Eine qualitative Paneluntersuchung der alltäglichen Lebensführung im ostdeutschen Transformationsprozeß. Forum: Zukunft der Gesellschaft, Bd. 3, München: Centaurus.

Wiegran, G. (1996): Entwicklungsansatz einer differentiellen Personalwirtschaft. Neubiberg: Universität der Bundeswehr (unveröff. Diss.).

2 Anpassung, Rückzug oder Restrukturierung – zur Dynamik alltäglicher Lebensführung in Ostdeutschland

Werner Kudera

2.1 Einleitung

Das Schlüsselwort des folgenden Kapitels heißt „Kontinuität". Seine zentrale These lautet: Stabilität, Kontinuität und Berechenbarkeit des Alltagslebens sind unter Bedingungen moderner Gesellschaften verankert einerseits in institutionellen Handlungskontexten, andererseits in biografisch eingespielten Arrangements alltäglicher Lebensführung. Solche individuell konstruierten Arrangements regulieren nicht nur relativ dauerhaft Beziehungen und Handlungen auf der Ebene des Alltagslebens, sie repräsentieren zugleich eine eigenständige, intermediäre Ebene der Strukturierung von Gesellschaft und markieren damit einen individuell erzeugten Aspekt von gesellschaftlicher Ordnung und Integration. Die Geltung dieser These soll am Spezialfall der Entwicklung in Ostdeutschland, die mit der Vereinigung in Gang kam, belegt werden.

Die von mir vorangestellte These hat nicht nur programmatischen Charakter, sie ist auch anspruchsvoll und allgemein zugleich. Sie beruht zum einen auf dem von uns entwickelten theoretischen Konzept von alltäglicher Lebensführung (vgl. Voß 1991a; Kudera 1995a), sie speist sich zum anderen aus unseren empirischen Untersuchungen, in deren Rahmen typische Muster von alltäglicher Lebensführung rekonstruiert wurden (vgl. Jurczyk und Rerrich 1993; Projektgruppe „Alltägliche Lebensführung" 1995). Sie fungiert für die folgenden Ausführungen als zentrale Perspektive, ohne selbst im Rahmen dieses Beitrages systematisch entfaltet zu werden. Die folgenden Ausführungen sind vor allem als Versuch zu verstehen, die heuristische Fruchtbarkeit des Konzepts der alltäglichen Lebensführung unter Beweis zu stellen. Sie umkreisen in einer Mischung aus konzeptuellen Überlegungen, Vergegenwärtigung der jüngsten Geschichte, materialgestützten Beschreibungen und empirischen Befunden *ein* Thema: die Dialektik von Kontinuität und Diskontinuität in einem Bereich sozialer Wirklichkeit, der uns als selbstverständliche Normalität erscheinen kann, weil wir alle Teil desselben sind. Gemeint ist damit die Logik und Pragmatik von alltäglicher Lebensführung, die ein erstaunliches Beharrungsvermögen gerade auch in Krisenzeiten aufweist. Diese für das Alltagsleben charakteristische Beständigkeit ist in der allgemeinen Erfahrung in dem Satz gegenwärtig: „Das Leben geht weiter." Die Analyse der Grundlagen dieser allgemeinen Erfahrung und das Herausheben aus der Banalität einer Allerweltsweisheit können, wie gezeigt werden soll, zum Verständnis der Dynamik von gesellschaftlicher Stabilität und sozialem Wandel beitragen. Als Materialgrundlage für diese Analysen dienen 250 ausführliche Interviews mit verschiedenen Kategorien von erwerbstätigen Personen. Diese Interviews wurden von uns in Westdeutschland (München und Niederbayern) in den Jahren 1988 bis 1992 sowie in Ostdeutschland (Region Leipzig) nach der Vereinigung 1991 bis 1993 durchgeführt.

Die Absicht des Beitrages ist eine doppelte. Zum einen soll er verdeutlichen, dass das Konzept der alltäglichen Lebensführung einen wichtigen Aspekt von Stabilität und Kontinuität, Kohärenz und Integration auf der Ebene individueller Beziehungen und sozialer Interaktion im Bereich des Alltagslebens thematisiert. Dieser Aspekt begründet die Bedeutung von alltäglicher Lebensführung als eines eigenständigen Gegenstandes soziologischer Forschung. Zum anderen möchte er plausibel machen, dass Arrangements alltäglicher Lebensführung als subjektiv generierte Systeme der Steuerung, Regulierung und Strukturierung des Alltagshandelns einen wichtigen Aspekt nicht nur der Kontinuitätssicherung individuellen Lebens repräsentieren, sondern auch gleichzeitig der Sicherung von gesellschaftlicher Kontinuität dienen. Dieser zweite Aspekt, die Sicherung von gesellschaftlicher Kontinuität auf der Ebene des Alltagslebens durch individuelle Strukturierungsleistungen, unterstreicht die von uns postulierte Funktion von alltäglicher Lebensführung als eines eigenständigen Mediums der Vermittlung von Individuum und Gesellschaft, von Struktur und Subjekt. Gerade hierin liegt auch die theoretische Bedeutung des Konzepts. Dieser theoretische Aspekt scheint mir besonders wichtig, weil er als Korrektiv gegenüber einer Betrachtungsweise dienen kann, die die Ordnung von Gesellschaft im Wesentlichen in ihren Institutionen verbürgt sieht. Und dieser Gedanke eines subjektorientierten Korrektivs gegenüber einem an gesellschaftlichen Makrostrukturen bzw. Institutionen ansetzenden soziologischen Zugang zu sozialen Tatsachen und ihrer Erklärung wiederum ist der methodische Fluchtpunkt der folgenden Darstellung. Die Ausführung dieser angekündigten doppelten Absicht erfolgt in fünf Schritten.

In einem ersten Schritt werde ich die Grundzüge unseres Konzepts von alltäglicher Lebensführung vorstellen und die Annahmen skizzieren, die die Entwicklung des Konzepts begleitet haben.

In einem zweiten Schritt werde ich begründen, warum die Ereignisse in Ostdeutschland, nämlich der Zusammenbruch der DDR und die sich anschließende Vereinigung, als nicht erwartetes, aber aus methodischen Gründen um so willkommeneres historisches experimentum crucis für die Geltung einiger Grundannahmen des Konzepts alltäglicher Lebensführung gelten können.

In einem dritten Schritt werde ich einige Folgen der Veränderungen in Ostdeutschland für bisher eingelebte Arrangements alltäglicher Lebensführung skizzieren.

In einem vierten Schritt werde ich exemplarisch anhand von zwei modellhaften Fällen herausarbeiten, welche Chancen, aber auch welche Risiken für die Kontinuität des Alltagslebens entstehen, wenn bestimmte Rahmenbedingungen sich plötzlich und durchgreifend verändern, aber an der jeweils individuell eingeschliffenen Logik und Pragmatik von alltäglicher Lebensführung als Stabilitätsanker festgehalten wird.

In einem abschließenden fünften Schritt endlich werde ich einige verallgemeinernde Schlussfolgerungen aus den vorgestellten Analysen und Befunden ziehen und mit ihnen die Ausgangsthese des Beitrages empirisch stützen, nämlich die These der individuellen und gesellschaftlichen Kontinuitätssicherung durch Arrangements alltäglicher Lebensführung.

Diese doppelte Kontinuitätssicherung wird – um es vorwegzunehmen – wirksam durch die individuell praktizierte und stabilisierte Verflechtung von aufeinander bezogenen Arrangements alltäglicher Lebensführung einerseits, durch ihre Verflechtung mit institutionellen Handlungskontexten andererseits. Und dieser über die Zeit hinweg sich reproduzierende Zusammenhang vielfältiger, individuell stabilisierter sozialer Verflechtungen wiederum repräsentiert eine eigenständige Ebene von Abhängigkeiten und Verpflichtungen, aber auch von Verlässlichkeit und Berechenbarkeit, die durch permanente, subjektive Regulierungs- und Strukturierungsleistungen konstituiert wird. Unter Rückgriff auf die Begrifflichkeit bestimmter Theorietraditionen (vgl. Habermas 1973; Schütz und Luckmann 1975) könnte man diese Alltagsstrukturen sui generis „Lebenswelt" in einem empirischen Sinne nennen.

2.2 Das Konzept der alltäglichen Lebensführung – ein Rückblick

Das Ausgangsinteresse, das zur Entwicklung des Konzepts der alltäglichen Lebensführung führte, artikulierte sich zu einer Zeit, als die im Grundgesetz postulierte Wiedervereinigung der damals noch existierenden zwei deutschen Staaten als „immerwährender Traum" erscheinen konnte. Anlass für unser damals anlaufendes Projekt waren vielfältige, disparat und widersprüchlich erscheinende Entwicklungstendenzen in der Bundesrepublik, die sich im System der Erwerbsarbeit, im Bereich von kulturellen Werten und Orientierungen sowie im Bereich privater Lebensformen vollzogen und erhebliche Veränderungen im Verhältnis von Arbeit und Leben signalisierten. Gerade aber das Verhältnis von Arbeit und Leben war – entsprechend der Einbindung unserer Untersuchungen in den SFB 333 – Generalthema unserer konzeptuellen und empirischen Forschungsarbeiten.

2.2.1 Sozialstrukturelle Entwicklungstendenzen als Anlass

Sozialstrukturelle Veränderungen wie die zunehmende Beteiligung von Frauen am Erwerbsleben, auf niedrigem Niveau stagnierende Kinderzahlen pro Familie und der Rückgang des Typus der Normalfamilie sowie die komplementäre Zunahme von Singles, Alleinerziehenden und partnerschaftlichen Lebensformen verwiesen auf veränderte Lebenspläne und Lebensorientierungen und ließen entsprechend veränderte Problemlagen und einen erhöhten Entscheidungsbedarf familialen oder partnerschaftlichen Lebens erwarten, zusätzlich verschärft durch berufliche Diskontinuitäten und wachsende strukturelle Arbeitslosigkeit (vgl. hierzu Kudera 1995b).

Zugleich bedeuteten Veränderungen in der Arbeitswelt wie die Deregulierung von Arbeitsverhältnissen, die Flexibilisierung von Arbeitszeiten und die Einführung neuer Konzepte für betriebliche Organisation und Produktion einen Schwund von bis dahin stabilen Richtgrößen sowohl für die berufliche Planung als auch für die Organisation des alltäglichen Lebens. Zu vermuten war, dass sich im Zuge dieses Abbaus institutioneller Regulierungen die Lasten der Planung und Ausgestaltung von Biografie und Alltagsleben unter Bedingungen wachsender Offenheit und Unberechenbarkeit zunehmend auf die Individuen verlagern würden.

Darüber hinaus machten sich Veränderungen bemerkbar, die, zusammengefasst in dem Schlagwort Wertewandel, darauf hindeuteten, dass Selbstverwirklichung und egalitäre Partnerschaft als biografisches Programm und Regulativ des Zusammenlebens im Vordringen begriffen sind. Komplementär dazu wurden gerade von Frauen in steigendem Maße traditionelle Muster geschlechtsspezifischer Arbeitsteilung aufgekündigt. Damit schienen elementare und lange Zeit als selbstverständlich geltende Funktionsgrundlagen von Lebensplanung und familialer Lebensführung unterhöhlt und Regulierungsprobleme zweiter Ordnung virulent zu werden. Damit ist gemeint, dass nicht mehr nur wie bisher Beziehungen oder die Verteilung von Rechten, Pflichten und Ressourcen reguliert werden müssen, sondern ein neuer Regulierungsbedarf entsteht, der sich auf die Grundlagen und die Art dieser spezifischen Regulierungen selbst bezieht.

Schließlich wurde, parallel zu diesen aktuellen Entwicklungen, ein säkularer Prozess der Freisetzung aus traditionellen Bindungen und einer durchgreifenden Individualisierung als Resultat einer Pluralisierung von Lebenslagen und des Schwundes kollektiver Sinnressourcen diskutiert, der in die gleiche Richtung wirkt: nämlich in Richtung Auflösung von Gewissheiten und Selbstverständlichkeiten, die bis dahin in hohem Maße Lebenslauf und Alltagsleben regulierten. Geltende Traditionen geben Leitbilder für ein gutes, richtiges und anständiges Leben vor und stiften dadurch Verhaltensgewissheit. Zu rechnen war damit, dass im Rahmen fortschreitender Individualisierung solche Leitbilder, die Lebenslauf und Lebensführung normieren, an Verbindlichkeit verlieren und durch individuelle Kalküle und Konstruktionen ersetzt werden müssen.

Wieweit dieses Bündel von kurz- und langfristigen Veränderungen in seinem Zusammenwirken als ein Aspekt von fortschreitender Modernisierung, reflexiver Modernisierung oder Modernisierung der Moderne gedeutet werden kann, ist Gegenstand eigener theoretischer Diskussionen, auf die ich hier nur verweisen möchte (vgl. z.B. Beck 1986; Welsch 1988; Zapf et al. 1987; Zapf 1991; Berger 1996). Als empirische Vorgänge haben sie – jenseits solcher Deutungen – auf jeden Fall erhebliche Folgen für das Alltagsleben. Sie bedeuten nämlich offenere und unkalkulierbarere Rahmenbedingungen für Alltagsleben und Lebensverlauf sowie vielfältigere und widersprüchlicher werdende Anforderungen an die individuelle Konstruktion von Biografie und Lebensführung, die die Betroffenen in irgendeiner Weise verarbeiten müssen.

2.2.2 Der Mikrokosmos des Alltagslebens als Untersuchungsgegenstand

Unser Forschungsdesign war von Anfang an im Wesentlichen empirisch ausgerichtet. Deshalb wurde das durch die skizzierten Entwicklungstendenzen angeregte Ausgangsinteresse im Rahmen von konzeptuellen Überlegungen zu einer empirischen Fragestellung verdichtet. Diese Fragestellung zielte darauf ab zu untersuchen, wie die Menschen in ihrem konkreten Alltagshandeln ihre Lebenspläne, Ansprüche und Erwartungen mit komplizierter werdenden und schwerer zu kalkulierenden Anforderungen aus Erwerbsarbeit, gesellschaftlichem Umfeld und privaten Beziehungen Tag für Tag in Einklang bringen. Zugleich sollte geklärt werden, auf welchen Grundlagen dies geschieht, in welchen Formen es sich vollzieht, welche chronischen Probleme dabei auftreten und welches Repertoire an Handlungsmustern sich dabei ausbildet. Damit konzentrierte sich das Interesse auf den alltäglichen, im praktischen Handeln hergestellten und sich reproduzierenden individuellen Lebenszusammenhang, in dem sich Erwerbsarbeit und Hausarbeit, öffentliches Leben und private Lebensführung, Biografiekonstruktion und Alltagsmanagement mischen und zu einem mehr oder weniger stabilen, kohärenten und sinnhaften Ganzen gestaltet werden.

Der damit ins Auge gefasste Untersuchungsgegenstand, nämlich die Ordnung des individuellen Alltagslebens mit ihren immanenten Potenzialen, Widersprüchen und Grenzen, umfasst eine schwer begrenzbare Zahl von unterschiedlichen Dimensionen und Prozessen. Eine entscheidende Frage war deshalb, wie ein derartiger subjektzentrierter Mikrokosmos mit seinen zugleich miteinander verschlungenen und auseinander strebenden Elementen unter soziologischer Perspektive als Einheit systematisch konzeptualisiert werden könnte. Die Antwort auf diese Frage ist das von uns entwickelte Konzept der alltäglichen Lebensführung.

2.2.3 Max Weber und der Idealtypus der methodischen Lebensführung

Dogmengeschichtlicher Anknüpfungspunkt für ein solches am Zusammenhang der individuellen Handlungen der Personen und ihrer Leistungen bei der Gestaltung ihres Lebens ansetzenden Konzepts war die Idee der methodischen Lebensführung. Diese Idee hatte Max Weber im Rahmen seiner Studien zur „Protestantischen Ethik" entwickelt und zum Idealtypus okzidentaler Lebensgestaltung zugespitzt (Weber 1979). Für diesen Idealtypus der methodischen Lebensführung ist das Regulativ konstitutiv, dass jeder Augenblick des Lebens und die Lebensspanne insgesamt effektiv zu nutzen sind. Damit wird das Leben selbst – jenseits aller religiösen Bezüge – zur knappen Ressource, mit der bedachtsam und haushälterisch umgegangen werden muss. Im Kern besteht methodische Lebensführung also darin, dass nicht nur einzelne Handlungen zweckrational organisiert und praktiziert werden, wie das auch in prämodernen Gesellschaften aufgrund von Erfahrungswissen der Fall sein kann. Vielmehr wird das gesamte Leben bewusst an einem zweckrationalen Kalkül orientiert und gewinnt dadurch eine neue Qualität, dass es als Ganzes zur intentionalen Konstruktion wird, die einer übergeordneten, eigenständigen Logik unterworfen ist. Diese Logik ist die des autonomen Bürgers, der sein Leben selbst in die Hand nimmt und selbstverantwortlich als Biografie sowie als sinnhaft und effizient organisierte Lebensführung gestaltet.

Mit dem Idealtypus der methodischen Lebensführung statuierte Weber ein funktionales Äquivalent zu spezifisch okzidentalen, gesamtgesellschaftlichen Rationalisierungsprozessen auf der Ebene des sein Leben organisierenden und entsprechend handelnden Individuums. Damit unterstellte er eine Homologie von gesellschaftlicher Entwicklung und individueller Form der Reproduktion, deren Tragweite gerade für die Konstruktion des Verhältnisses von Struktur und Subjekt erheblich ist. Nicht nur, weil Rationalisierung von Lebensführung und Rationalisierung der gesellschaftlichen Institutionen als gleichsinnig verlaufende historische Prozesse postuliert werden, sondern auch deshalb, weil diese Prozesse einen Widerspruch aus sich hervortreiben, der tendenziell ihre eigenen Voraussetzungen unterminiert: den Widerspruch zwischen Individualisierung und fortschreitender Bürokratisierung, zwischen der Notwendigkeit von subjektiver Selbstregulierung und diese zugleich einengendem „stählernen Gehäuse der Hörigkeit".

Wieweit diese Diagnose Webers triftig und historisch zutreffend ist und die aktuelle Diskussion gesellschaftlicher Modernisierung stimuliert hat, soll hier nicht weiter verfolgt werden (vgl. insbesondere Wehler 1975, aber auch z. B. Schluchter 1980 sowie van der Loo und van Reijen 1992). Auf jeden Fall bestimmte die suggestive Vorstellung einer umfassenden und durchgreifenden Rationalisierung – sei es in affirmativer Fortführung, sei es in kritischer Absetzung – perspektivisch unsere weiteren konzeptuellen Überlegungen und empirischen Analysen.

2.2.4 Das Konzept der alltäglichen Lebensführung: Ordnung des Alltagslebens und Modus der Vergesellschaftung

Die konzeptuellen Überlegungen führten zur Konstruktion der Kategorie „Alltägliche Lebensführung" (vgl. Voß 1991a, 1991b; Kudera 1995a, 1995b). Dieses Konstrukt greift zwar bestimmte Züge des Idealtypus der methodischen Lebensführung Webers auf, koppelt ihn jedoch zugleich von seiner historischen Theorie gesellschaftlicher Entwicklung als fortschreitender Rationalisierung ab. Wenn wir deshalb von alltäglicher Lebensführung als eigenständiger soziologischer Kategorie sprechen, orientieren wir uns an dem für die Gegenwartsgesellschaft typischen individualisierten System alltäglichen Handelns, das – im Rahmen milieuspezifischer und generationentypischer Optionen, Abhängigkeiten und Verpflichtungen – der Sicherung des Lebens und seiner Sinnhaftigkeit auf einem bestimmten historischen, materiellen und kulturellen Niveau dient. Damit ist mehr als die Summe all dessen gemeint, was die Menschen Tag für Tag tun oder lassen. Gemeint ist vielmehr die individuell konstruierte und im Lauf der Zeit institutionalisierte Ordnung des Alltagslebens, die dem täglichen Handeln Richtung, Effizienz und Sinn sowie dem Leben insgesamt Stabilität, Kohärenz und Kontinuität verleiht. Diese Ordnung des Alltagslebens wird von den einzelnen Personen – basierend auf ihren idiosynkratischen Dispositionen und Motiven, Ansprüchen und Ressourcen, Plänen und Kalkülen, Erfahrungen und Kompetenzen – in einem lebenslangen Prozess von Selbst- und Fremddefinition, von Aneignung und Widerstand für sich oder in Verbindung mit anderen Personen produziert, reproduziert und transformiert.

Empirisch nimmt eine solche Ordnung des Alltagslebens die Gestalt eines Arrangements an. Diese Kategorie des Arrangements wurde bewusst gewählt, um sowohl dem Gesichtspunkt der permanenten individuellen Gestaltungsnotwendigkeit als auch dem der relativen Dauerhaftigkeit Rechnung zu tragen. Zugleich ist sie geeignet, die Kategorie der Familie als soziologischen Grundbegriff insofern abzulösen, als sie in der Lage ist, die Vielfalt und zeitliche Flexibilität partnerschaftlicher Beziehungen, wie sie für die Gegenwartsgesellschaft typisch sind, in sich aufzunehmen. Derartige, sehr unterschiedliche Arrangements alltäglicher Lebensführung gewinnen ihre eigene Dynamik aus dem individuellen Lebensverlauf, seinen Statuspassagen, sozialen Lagen und kritischen Lebensereignissen. Sie bestehen jeweils aus einer bestimmten Konfiguration der für das Alltagsleben zentralen Elemente, und sie erfüllen bestimmte, für ein sinnvolles Leben elementare Funktionen. Diese Elemente und Funktionen sollen im Folgenden in definitorisch geraffter Form dargestellt werden.

2.2.4.1 Elemente von Arrangements alltäglicher Lebensführung

Idealtypisch formuliert, setzt sich die jeweilige Konfiguration eines Arrangements alltäglicher Lebensführung aus Personen mit bestimmten Eigenarten und Dispositionen, kognitiven und normativen Konzepten, Lebensplänen und eingeübten Handlungsmustern zusammen. Als Arrangement von aufeinander eingespielten Personen umfasst eine solche Konfiguration ein System von aufeinander bezogenen und abgestimmten Überzeugungen, Prioritäten und Kalkülen, von Rechten und Pflichten, von Routinen, Ritualen und Praktiken. Sie ist eingebunden in bestimmte gesellschaftlich ausdifferenzierte Handlungskontexte und basiert auf verfügbaren Ressourcen materieller, symbolischer und sozialer Art. Sie schließt Mechanismen der Regulierung ein, die sich auf die Beziehungen, die Verteilung von Aufgaben und Ressourcen sowie auf Planungen und Entscheidungen erstrecken. Sie beruht auf einer eigenen Geschäftsgrundlage, die individuell aus einem Lebenskonzept besteht, bei intersubjektiv geteilten und kooperativ organisierten Arrangements aus einem Basiskonsens darüber, was vom Leben erwartet wird und wie das Leben gemeinsam geführt werden soll. Eine derartige Geschäftsgrundlage kann als kulturelle Selbstverständlichkeit übernommen, in einem Verfahren von „trial and error" entwickelt oder reflexiv bzw. diskursiv erzeugt und stabilisiert werden. Darüber hinaus unterliegt Arrangements alltäglicher Lebensführung eine generalisierte Kontinuitätsunterstellung, die ein Lebenskonzept und seine Umsetzung in Biografie und Lebensführung perspektivisch erst möglich macht. Diese Kontinuitätsunterstellung wird durch die Erfahrung der Beständigkeit, Vertrautheit und Verlässlichkeit des gesellschaftlichen Umfeldes untermauert und zehrt vom Bewusstsein eigener Identität, generalisiertem Vertrauen in die Umwelt und einem Selbstbewusstsein, das auf der Erfahrung von Kompetenz und Erfolg beruht. Weiterhin stützen sich Arrangements alltäglicher Lebensführung als Konstruktionen der Moderne auf eine Rationalitätsunterstellung, die sich aus der regulativen Idee einer allgemeinen Geltung der Begründungsfähigkeit von Entscheidungen, der Vernünftigkeit von Handlungen sowie der Berechenbarkeit und Gestaltungsfähigkeit der Welt speist. Schließlich verfügen Arrangements alltäglicher Lebensführung als System – jenseits von expliziten Motiven, Intentionen und Deutungen der beteiligten Personen – über eine latente Logik, also über generative Prinzipien und Regeln, die in der Typik des jeweiligen Arrangements und in einem jeweils spezifischen Modus Operandi der tragenden Akteure ihren empirischen Ausdruck findet. Deshalb ist gerade auch der Modus Operandi methodisch der Ansatzpunkt einer empirischen Rekonstruktion der Logik und Typik von alltäglicher Lebensführung.

2.2.4.2 Funktionen von Arrangements alltäglicher Lebensführung

Arrangements alltäglicher Lebensführung sind der logische Ort, wo gesellschaftliche Options- und Anforderungsstrukturen sowie gesellschaftliche Regulierungen mit individuellen Lebensplänen und Lebenspraktiken zusammentreffen, ausbalanciert und ausgestaltet werden. Als entsprechende Systeme sui generis erfüllen Arrangements alltäglicher Lebensführung – wiederum idealtypisch formuliert – eine Reihe von elementaren Funktionen. Zum einen die der internen – aktuellen und perspektivischen – Ausbalancierung sämtlicher in die Arrangements alltäglicher Lebensführung einbezogenen Elemente. *Gelingt diese Balance, entsteht daraus Stabilität.* Zum anderen die der sinnhaften Integration von Motiven und Kalkülen, Deutungen und Orientierungen, Emotionen und Handlungen. *Gelingt diese Integration, entsteht daraus Kohärenz.* Darüber hinaus erfüllt alltägliche Lebensführung die Funktion der Reduktion von Komplexität durch die Institutionalisierung von Entscheidungsprämissen und Entscheidungsverfahren sowie durch die Organisation, Routinisierung und Ritualisierung des Alltagshandelns. *Gelingt die Erfüllung dieser Reduktion von Komplexität, entstehen daraus Verhaltenssicherheit und Effizienz.* Weiterhin dienen Arrangements alltäglicher Lebensführung dazu, dem Alltagsleben durch die strukturierende Kraft einer sich reproduzierenden und transformierenden Ordnung Dauer zu verleihen. *Gelingt die Institutionalisierung einer solchen Ordnung, entsteht daraus Kontinuität.* Schließlich erzeugen Arrangements alltäglicher Lebensführung eine mehr oder weniger beständige Form der sinnhaften Integration von Vergangenheit, Gegenwart und Zukunft. *Daraus entsteht die individuelle Geschichte von Lebensführung als integraler Bestandteil der Biografiekonstruktion.*

Sind solche Arrangements und ein entsprechender Modus Operandi der Akteure als eigene Ordnung des Alltagslebens institutionalisiert, erzeugen sie in ihrem Zusammenspiel durch die Berechenbarkeit von Handlungskontext und Handeln soziale Anschlussfähigkeit, auf die von Personen und Institutionen selektiv zugegriffen werden kann. Gleichzeitig konstituieren die institutionalisierten Arrangements in ihrer Verflechtung sowohl mit anderen derartigen Arrangements als auch mit Institutionen eine eigene, intermediäre Ebene der Regulierung und Strukturierung. Auf dieser Ebene entwickeln sich eigenständige Alltagsstrukturen, die im individuellen Handeln als eigenständige Leistung permanent produziert, reproduziert und transformiert werden. Diese Alltagsstrukturen repräsentieren nicht nur die Normalität des Alltagslebens, sie repräsentieren zugleich auch einen eigenen Aspekt von gesellschaftlicher Stabilisierung und Integration, der zunehmend an Bedeutung gewinnt. Gerade in einer historischen Phase wie der des ausgehenden 20. Jahrhunderts, für die der Verlust des Stellenwerts von Arbeit als Medium gesellschaftlicher Integration charakteristisch zu werden beginnt, wächst alltäglicher Lebensführung als eigenständigem

Modus der Integration eine substitutive Funktion zu: Die Selbstregulierung der Individuen und ihre entsprechenden strukturbildenden Leistungen werden für die gesellschaftliche Ordnung konstitutiv.

2.2.4.3 Methodische, theoretische und historische Implikationen des Idealtypus „Alltägliche Lebensführung"

Was hier in seinen Grundzügen in sehr kompakter Form rekapituliert wurde, ist eine idealtypische Konstruktion von alltäglicher Lebensführung unter den Bedingungen einer modernen Gesellschaft. Was eine moderne Gesellschaft selbst charakterisiert, wird hier nicht weiter begründet, sondern vorausgesetzt.[1] Hier geht es vielmehr darum, eine Reihe von Implikationen zu skizzieren, die mit dem Idealtypus der alltäglichen Lebensführung verbunden sind. So kann der Idealtypus der alltäglichen Lebensführung, wie er mit unserem Konzept ausformuliert wurde, wie jeder Idealtypus für empirische Untersuchungen als rudimentärer theoretischer Rahmen dienen. Dabei bietet der Idealtypus der alltäglichen Lebensführung, wie bereits angedeutet, den methodischen Vorzug, am konkreten Handeln der Personen ansetzen zu können. Gerade über den jeweils spezifischen Modus Operandi der an einem Arrangement alltäglicher Lebensführung beteiligten Akteure erschließt sich empirisch die latente Logik der verschiedenen Muster von alltäglicher Lebensführung, also das jeweilige System von Prinzipien und Regeln, soweit es das Alltagshandeln jenseits von erklärten Motiven und Intentionen, Gründen und Deutungen der Personen reguliert. Die Konstruktion des Idealtypus schließt freilich gleichzeitig – methodisch strikt gefasst – die Konsequenz ein, dass lediglich Passendes subsumiert und Abweichendes nur als Defizit konstatiert werden kann. Um diese reduktionistische, subsumptionslogische Konsequenz zu vermeiden, wurde das Konzept im Rahmen der empirisch ausgerichteten Arbeiten als heuristische Forschungsperspektive in komparatistischer Absicht verwendet, um damit typische Muster zu rekonstruieren.

Damit entstand freilich wiederum die Gefahr, dass entsprechend rekonstruierte Typen durch die dabei immer notwendig auftretende Stilisierung und Reduktion auf wesentliche Charakteristika in sich stimmiger und widerspruchsfreier erscheinen, als es der mitunter chaotischen Mannigfaltigkeit gelebter Wirklichkeit entspricht. Diese Wirklichkeit ist erfüllt von Hoffnungen und Enttäuschungen, von Genuss und Entsagung, von Glücksgefühlen und Verzweiflung, von Triumphen und Katastrophen, für die als Kategorien subjektiver Befindlichkeit in der Bildung von Typen alltäglicher Lebensführung kein Platz vorgesehen ist. Bei diesen Typen stehen – konstruktionsbedingt – das Regelwerk von Lebensführung und seine Funktionsfähigkeit im Vordergrund. Letztlich ist das entscheidende Kriterium: Arrangements alltäglicher Lebensführung funktionieren recht oder schlecht – oder es gibt sie nicht.[2] Dieser

1 Einen fortlaufenden Überblick über Thematiken und den jeweiligen Stand der Diskussion geben die Tagungsbände der Deutschen Soziologentage.

2 Das zeigt sich auch bei so genannten Pennern, die rudimentäre Arrangements einer Lebensführung entwickeln, sofern sie nicht, völlig hilflos geworden, totalen Institutionen anheim fallen (vgl. dazu Kudera und Voß 1996).

systematische Bias zeigt die Grenzen jeder Typenbildung auf, die auch durch eine möglichst präzise und detaillierte Beschreibung, wie wir sie bei der Darstellung von empirischen Mustern alltäglicher Lebensführung bei ganz unterschiedlichen Kategorien von Personen in Ost und West versucht haben (vgl. Weihrich 1993b; Dietzsch und Hofmann 1993; Kudera 1994, 1995c; Projektgruppe „Alltägliche Lebensführung" 1995) nur bedingt hinauszuschieben sind.

Idealtypische Konzepte enthalten neben ihrem Vorzug der Konzentration auf die wesentlichen Bestimmungen des definierten Gegenstandes auch immer Risiken, die in Kauf genommen werden müssen: das Risiko, dass wegen der Abstraktheit und Komplexität des Konstrukts Umfang und Außengrenzen unscharf werden können und der Gegenstand alles und damit nichts sein kann; das Risiko einer Reifikation, also der Verwechslung von theoretischem Konstrukt und empirischem Gehalt; schließlich das Risiko einer Hypostasierung, durch die einer historischen Konstruktion universale Bedeutung zugeschrieben wird. Diesen Risiken kann jedoch – in Grenzen, deren Definition nur bedingt der eigenen Kontrolle unterliegt – begegnet werden.

Das Risiko der Unschärfe wird vermindert, wenn in einer „dichten" empirischen Beschreibung von Mustern deren Zusammenhang durch die Rekonstruktion ihrer Logik Kontur gewinnt und bei der Bildung entsprechender Typen deren Konstruktionskriterien offen gelegt werden, wie dies bei unseren empirischen Analysen versucht wurde. Das Risiko der Verwechslung von theoretischen und deskriptiven Sätzen betrifft nicht idealtypische Konstrukte allein, sondern ist ein Problem des Verhältnisses von Theorie und Empirie ganz allgemein. Entsprechenden Missverständnissen ist nur durch analytische Genauigkeit beim Produzenten und durch rezeptive Sorgfalt beim Leser beizukommen. Dem Risiko einer ontologischen Überhöhung schließlich lässt sich begegnen, wenn die Historizität soziologischer Kategorien mitreflektiert wird und in die Konstruktion eingeht.

So betrachtet ist Lebensführung weder eine ontologische Bestimmung noch eine anthropologische Konstante, sondern konstituiert sich als eigene Kategorie erst auf einem bestimmten gesellschaftlichen und kulturellen Entwicklungsniveau. Dieser allgemeine Gedanke der historischen Konstitution von Lebensführung findet seine modernisierungstheoretische Präzisierung in folgendem Gedanken, der bereits verschiedentlich angeklungen ist: Lebensführung als entwickelte gesellschaftliche Kategorie sui generis repräsentiert einen historisch neuen Modus von individualisiertem Überleben und von individualisierter Vergesellschaftung zugleich, der für moderne Gesellschaften charakteristisch ist. Dies bedeutet, dass – idealtypisch gefasst – in modernen Gesellschaften Vergesellschaftung nicht mehr durch kollektiv geteilte Gewissheiten, soziale Zuweisungsregeln, selektive Einbindung in oder Ausschließung von bestimmten institutionellen Handlungskontexten und soziale Kontrolle gesteuert wird. Sie vollzieht sich vielmehr reflexiv und selbstgesteuert in terms von individueller Verantwortung, Eigeninitiative und Selbstdisziplin. Alltägliche Lebensführung erweist sich damit als eigenständiges Vergesellschaftungsprogramm, dessen Steuerung und Kontrolle in das Individuum verlegt sind.

Die bisher referierten konzeptuellen Überlegungen haben in verschiedene Richtungen ausgegriffen und trotz sehr geraffter Formulierungen erheblichen Raum eingenommen. Deshalb werden sie mit einem Resümee abgeschlossen, das die in dem Konstrukt der alltäglichen Lebensführung enthaltenen Behauptungen von historischer und theoretischer Tragweite noch einmal zusammenfasst:

1. Arrangements alltäglicher Lebensführung fungieren als Modus einer individualisierten Form gesellschaftlicher Integration, bei dem bestimmte Steuerungs- und Strukturierungsleistungen in das Subjekt verlegt sind. Trifft diese Behauptung zu, ist in diesem Modus der Vergesellschaftung ein entscheidender, strukturell verankerter Indikator für den Prozess fortschreitender Individualisierung zu sehen.
2. Arrangements alltäglicher Lebensführung fungieren als Medium der Strukturierung von Beziehungen und Handlungen. Trifft diese Behauptung zu, konstituieren sie eine eigene Ebene von Alltagsstrukturen, die zugleich ein Element gesellschaftlicher Stabilität und Kontinuität repräsentieren.
3. Als spezifischer Modus der Vergesellschaftung verkörpern Arrangements alltäglicher Lebensführung einen wichtigen Aspekt von Modernisierung auf der Ebene von Alltagsleben und Lebensverlauf. Dieser Modus der Vergesellschaftung repräsentiert den Übergang von einer traditionalen zu einer reflexiven Steuerung des Alltagslebens. Trifft diese Behauptung zu, treten anstelle von selbstverständlichen Gewissheiten die Medien der Reflexivität als Modus der Selbstvergewisserung und der Diskursivität als Modus der Herstellung von Consensus, wird aus einem außengesteuerten, standesgemäßen oder klassenmäßigen Leben Lebensführung als biografisches Projekt (vgl. Kudera 1995a).

2.2.5 Alltägliche Lebensführung als Medium der Moderne? Die Gleichzeitigkeit des Ungleichzeitigen und der Typus des situativen Handelns

Die von unserem Konzept perspektivisch geleiteten empirischen Analysen führten als Ertrag zur Rekonstruktion von typischen Mustern alltäglicher Lebensführung und ihrer Grundlagen. Die entsprechenden Befunde machen eine Revision bestimmter modernisierungstheoretischer Annahmen erforderlich. Denn das Spektrum dieser Muster repräsentiert zum einen ein historisches Nebeneinander von traditionalen und modernen Formen, das die *Annahme eines geradlinig verlaufenden Fortschritts* von einer traditionalen Außensteuerung des eigenen Lebens hin zur individualisierten Selbststeuerung als Idealisierung, wenn nicht *als Mythos* erscheinen lässt. Die entsprechenden Muster selbst repräsentieren zum anderen jeweils spezifische Konfigurationen von traditionalen und modernen Überzeugungen und Lebenskalkülen, von zweckrationaler Organisation und situativer Handlungssteuerung sowie von herrschaftsbetonten und egalitären Mechanismen der Regulierung, die sich als *Widerlegung der Annahme eines linearen und umfassenden Prozesses der Rationalisierung und Modernisierung von Lebensführung* interpretieren lassen.

Diese Befunde werden hier nicht weiter belegt (vgl. dazu Projektgruppe „Alltägliche Lebensführung" 1995; Kudera 1995a), sie bedürfen deshalb eines kurzen Kommentars. Die Idee von Modernisierung als Fortschritt und als Prozess durchgreifender Rationalisierung gründet auf der Erwartung einer grundsätzlichen Lösbarkeit von Problemen durch den Einsatz sich stetig fortentwickelnder Technik. Dieser

Erwartung der technischen Machbarkeit unterliegt das Prinzip der Zweckrationalität als zentrale Steuerungslogik. Zwar haben Technik und das Prinzip der Zweckrationalität auch in die alltägliche Lebensführung Eingang gefunden. Der Einsatz von Technik kann den körperlichen und zeitlichen Aufwand insbesondere für repetitive Arbeiten reduzieren, neue Formen der Kommunikation und Kontrolle ermöglichen, und er kann die räumliche Mobilität erhöhen. Die Anwendung des Prinzips der Zweckrationalität wiederum kann zu einer wirksamen Organisation von Entscheidungen und Tätigkeiten beitragen. Beides hat dabei instrumentellen Charakter und kann Entlastung verschaffen und die Effektivität steigern. Dennoch lassen sich weder die zentralen Probleme der Biografiekonstruktion noch die der Lebensführung durch den Einsatz von Technik und auf der Grundlage von zweckrationalen Kalkülen lösen. Die Balance von Ansprüchen und Möglichkeiten, die Regulierung von Beziehungen und Konflikten, die Verteilung von Rechten, Pflichten und Ressourcen, das Treffen von Entscheidungen unter Bedingungen von Offenheit, Unsicherheit und Risiko – alles das also, was Lebensführung konstituiert, gehorcht anderen Imperativen. Diese Imperative leiten sich aus Lebenskonzepten ab, deren oberstes Regulativ die Idee eines anständigen, guten oder authentischen Lebens sowie die Erschließung und Sicherung entsprechender Ressourcen ist. So bestimmt nicht die Durchsetzung des Prinzips der Zweckrationalität als Regulativ die Logik und Pragmatik gegenwärtiger Lebensführung, typisch ist vielmehr die Ablösung traditionaler Gewissheiten durch selbst entwickelte Lebenskonzepte, die – im Spannungsfeld von Optionen und Ligaturen (um diesen Begriff von Dahrendorf aufzunehmen) – als Arrangements alltäglicher Lebensführung ihre individuelle Gestalt gewinnen.

Die begrenzte Geltung des Prinzips der Zweckrationalität im Rahmen alltäglicher Lebensführung zeigt sich nicht nur in der Konstruktion der Arrangements, sondern auch in den konkreten Handlungsmustern. Obwohl kein Zweifel daran bestehen kann, dass zweckrationale Planung und Organisation gerade auch im Zusammenhang mit dem Vordringen technischer Medien in bestimmten Handlungsbereichen immer selbstverständlicher werden, ist zweckrationales Handeln nicht der dominante Handlungstypus im Rahmen alltäglicher Lebensführung. Zweckrationales Handeln ist auf einen abgrenzbaren, überschaubaren und kalkulierbaren Handlungskontext sowie auf Stabilitäts- und Kontinuitätsunterstellungen angewiesen. In entsprechend strukturierten, routinisierten und repetitiven Handlungskontexten wie in Teilbereichen der Erwerbsarbeit kann zweckrationales Handeln sich als Mittel der Wahl empfehlen und seine spezifische Form von Effizienz zur Wirkung bringen. Gleiches gilt aber weder für Handlungsfelder wie die der Haus- und Erziehungsarbeit, in denen die Anforderungsstruktur in sich widersprüchlich und zeitlich unstetig, also nur in geringem Umfang kalkulierbar und planbar ist, noch für die Regulierung von Beziehungen, die eher auf Vertrauen, Verbundenheit und persönlicher Verlässlichkeit als auf instrumentellen Kalkülen beruht. Wenn Rationalität hier eine Rolle spielt, dann die der Vernünftigkeit von reflexiven oder diskursiven Verfahren zur Herstellung eines Ausgleichs von Bedürfnissen und Interessen. Diese wiederum gründet in einer Moralökonomie, für die die Idee der Solidarität und die Balance von Leistung und Gegenleistung konstitutiv sind (vgl. Kudera 1995 a).

Insbesondere aber für die biografische Perspektivität und für die zeitlichen Horizonte von Lebensführung ist das Kalkül der Zweckrationalität von nur begrenzter Bedeutung. Wenn die Erfahrung von Unsicherheit, Kontingenz und Diskontinuität zum allgemeinen Charakteristikum wird, wird zweckrationales Handeln zum Spezialfall. Stabile und überschaubare, allgemeine Rahmenbedingungen, die ein hohes Maß an Berechenbarkeit garantieren und an die sich Stabilitäts- und Kontinuitätsunterstellungen und entsprechende Rationalitätsfiktionen knüpfen könnten, sind historisch eher die Ausnahme. Gerade unter den gegenwärtigen Bedingungen eines Wertewandels, der De-Institutionalisierung und der Deregulierung des Bereiches der Erwerbsarbeit sowie des Abbaus sozialer Absicherungen nach einer nur kurzen Phase der Prosperität (vgl. Lutz 1984) sind derartige Stabilitäts- und Kontinuitätsunterstellungen, die über einen begrenzten Zeitraum hinweg gesellschaftliche Normalität zu repräsentieren schienen, immer schwieriger aufrechtzuerhalten. Sie müssen durch eine eigene interne Ordnung, durch eine eigene Perspektivität, durch eigene organisatorische und stabilisierende Leistungen sowie durch eigene Strategien kompensiert werden, die ihrerseits auf spezifische Ressourcen angewiesen sind.

Die entsprechenden Ordnungsleistungen finden ihren Niederschlag in Arrangements von eingeübten Spielregeln, etablierten Zeitkorsetten, respektierten Domänen, verlässlichen Routinen und zusammenkittenden Ritualen. Solche Arrangements weisen ihre eigene Stabilität auf und markieren einen mehr oder weniger elastischen Rahmen für das Alltagshandeln. Dieses Alltagshandeln selbst allerdings vollzieht sich – unter dem Schirm von gewohnheitsmäßig abgestützten Kontinuitäts- und Rationalitätsfiktionen – weitgehend in einer Form, die C. E. Lindblom als „muddling through" charakterisiert hat. Insofern verfügen Arrangements alltäglicher Lebensführung über viel mehr Ordnung, aber zugleich auch über viel mehr Kontingenz, als im Alltagsbewusstsein präsent ist. Gerade im alltäglichen „muddling through" spiegeln sich die Grenzen einer zweckrationalen Ordnung des Alltagslebens, aber gleichzeitig auch die kreativen und innovativen Potenziale, mit struktureller Unsicherheit sinnvoll umzugehen. „Muddling through" bezeichnet deshalb nicht ein bloßes reaktives Durchwursteln, sondern ein Durchkommen-Wollen, in dem sich vielfältige und widersprüchliche Elemente zu einer Gesamtstrategie mischen. Typisch ist dabei ein Wechselspiel von Abwarten, Laufenlassen und Vorpreschen, bei dem Vorbedingungen geschaffen, günstige Gelegenheiten genutzt und unnötige Risiken vermieden werden, ohne dass dabei die eigenen Ziele, Perspektiven und Möglichkeiten aus dem Auge verloren würden. Freilich setzt diese Strategie Vertrauen in zweifacher Weise voraus: Vertrauen in die eigene Fähigkeit, im richtigen Moment auch richtig handeln zu können, und Vertrauen in eine Welt, die ein Mindestmaß an Stabilität und Kontinuität aufweist.

Eine derartige Strategie, die sich nicht an zweckrational gesteuerte Kontrolle klammert, aber auch nicht in Reaktivität erschöpft, bezieht ihre Flexibilität aus einer selbstsicheren und reflexiven Haltung. Sie entspricht damit genau dem Typus von Handeln, den wir situativ genannt und als dominantes Handlungsmuster gegenwärtiger Lebensführung empirisch rekonstruiert haben. Dieses Handlungsmuster repräsentiert eine eigene Qualität von Rationalität, die den Willen zur eigenen Gestaltung und Absicherung des Lebens mit der Erfahrung der Grenzen von Planbarkeit und Gestaltungsfähigkeit unter den Bedingungen von struktureller Kontingenz und Diskontinuität verbindet. Bei situativem Handeln wird pragmatisch und perspektivisch zugleich und je nach Umständen reaktiv oder reflexiv, zweckrational oder improvisativ, gewohnheitsmäßig oder innovativ verfahren. Gerade angesichts der Komplexität, Widersprüchlichkeit und Unkalkulierbarkeit von Handlungsbedingungen und Zeithorizonten, denen das Alltagsleben ausgesetzt ist, erweist sich das Muster situativen Handelns nicht nur als funktionale, sondern auch als erfolgreiche Strategie und bewährt sich in einem Gelingen, das nicht an den Typus der Zweckrationalität gebunden ist. Eine Einschränkung liegt freilich darin, dass auch dieses Muster situativen Handelns von komplementären Ressourcen abhängig ist. Fehlen diese Ressourcen, droht situatives Handeln in ein bloß reaktives abzugleiten.

2.3 Die Vereinigung als historisches Experiment – institutionelle Diskontinuität und Kontinuität von alltäglicher Lebensführung?

2.3.1 Arrangements alltäglicher Lebensführung als Medium der Sicherung von Kontinuität?

Arrangements alltäglicher Lebensführung – so wurde von mir eingangs behauptet – stiften als individuell institutionalisierte und im Alltagshandeln sich reproduzierende Ordnung des Alltagslebens Stabilität, Kohärenz und Kontinuität sowohl auf der Ebene sozialer Interaktion als auch auf der der biografischen Konstruktion: Sie repräsentieren damit selber einen Aspekt von Identität (vgl. Behringer 1996, 1998) und von gesellschaftlicher Ordnung. Im Rahmen der Lebensführungsforschung in Westdeutschland konnte diese zunächst nur postulierte Leistung als empirischer Befund validiert werden. Dieser Befund war freilich insofern vorläufig, als unter den relativ stabilen sozialstrukturellen Bedingungen der alten Bundesrepublik nicht eindeutig auszumachen war, wieweit die stabilisierende und kontinuitätssichernde Leistung von Arrangements alltäglicher Lebensführung selbst auf stabile und langfristig kalkulierbare externe Rahmenbedingungen angewiesen ist, wieweit sie sich auch und gerade unter Bedingungen von struktureller Diskontinuität bewährt.

Deshalb bot sich die Situation des plötzlichen und umfassenden Strukturwandels in Ostdeutschland als einmaliges historisches Experiment an, zu analysieren, ob und wie sozialstrukturelle Veränderungen sich auf die alltägliche Lebensführung auswirken und in welchem Maße erfolgreich eingespielte Arrangements alltäglicher Lebensführung unter Bedingungen des Zusammenbruchs eines Gesellschaftssystems und des Austauschs von Institutionen Stabilität und Kontinuität im Bereich des Alltagslebens zu sichern vermögen. Zugleich bedeuteten der unerwartete und unvermittelte ökonomische und politische Zusammenbruch der DDR und die sich anschließende Vereinigung für die ursprünglichen Ausgangsannahmen eine radikale methodische Zuspitzung. Anstelle von gesellschaftlichen Entwicklungstendenzen im Sinne schleichender Deregulierung institutioneller Ordnungen und epochaler Dekonstruktion traditioneller Werte, wie sie bezogen auf die Verhältnisse der alten Bundesrepublik formuliert worden waren, traten unvermittelt:

- die unerwartete Situation eines nahezu totalen Austauschs von rechtlicher Verfassung und gesellschaftlicher Ordnung, von Institutionen und Ideologien,
- der plötzliche Einbruch von Unübersichtlichkeit und Unberechenbarkeit in bisher verlässliche und kalkulierbare Arbeits- und Lebensbedingungen,
- der abrupte Wegfall bisheriger eindeutiger und bewährter Geschäftsgrundlagen der individuellen Lebensperspektiven, Lebensplanungen und konkreten Arrangements von Lebensführung, der die darauf aufbauenden Kalküle und Praktiken mit einem Schlag gegenstandslos macht.

Komplementär dazu bedeutete der Zusammenbruch der DDR auf der Seite der betroffenen Personen eine jähe Entwertung bislang realistisch erscheinender Lebensplanungen und bewährter Lebenspraktiken, bislang akkumulierter Qualifikationen, Kompetenzen und Erfahrungen, bislang verbindlicher Werte und Orientierungen, bislang geltender politischer und kultureller Selbstverständlichkeiten. Der Zusammenbruch bedeutete damit neben dem Kollaps von Institutionen, dem Verlust der Verlässlichkeit von gewohnten Lebensumständen und dem Verschwinden einer kalkulierbaren Zukunft auch eine potenzielle Demontage bisher unangefochtener Biografiekonstruktionen und bisher erfolgreich funktionierender Arrangements von alltäglicher Lebensführung.

Um die Auswirkungen dieses historischen Bruchs auf die alltägliche Lebensführung und zugleich die Chancen und Risiken einer individuellen Kontinuitätssicherung unter sich verändernden institutionellen Bedingungen zu untersuchen, wurde kurz nach der Vereinigung in zahlreichen explorativen Interviews in der Region Leipzig alltägliche Lebensführung gewissermaßen „in transition" zum Thema von ausführlichen Erzählungen, Kommentaren und Bilanzierungen gemacht. In dieser Phase des Übergangs, gekennzeichnet durch Unsicherheit und Desorientierung, von der niemand wusste, wie lange sie dauern würde, war es damit methodisch möglich, im Rahmen einer „Momentaufnahme" retrospektiv den im Bewusstsein noch gegenwärtigen Status quo ante zu dokumentieren, den Umbruch und seine aktuellen Folgen zu erfassen und die Formen der alltagspraktischen und kognitiven Verarbeitung zu rekonstruieren. Das Forschungsinteresse konzentrierte sich dabei insbesondere auf drei Fragen:

1. Werden in Ostdeutschland als Folge der Vereinigung komplementär zur Übernahme westdeutscher Institutionen auch entsprechende westliche Muster der Lebensführung übernommen, wird an den bisherigen, gewohnheitsmäßig eingespielten Arrangements festgehalten oder werden sich im Prozess der Verarbeitung der institutionellen Veränderungen eigenständige Formen der Lebensführung herausbilden?
2. Welche Zeit wird der entsprechende Anpassungs- und Verarbeitungsprozess zur Herstellung einer neuen Normalität der Lebensführung individuell und kollektiv in Anspruch nehmen?
3. Wird die Möglichkeit der Etablierung einer neuen Normalität von alltäglicher Lebensführung nicht wesentlich von der Zugehörigkeit zu bestimmten Generationen und Milieus und den entsprechenden Ressourcen oder Hypotheken abhängen oder überhaupt eine Frage von Generationen sein?

2.3.2 Übernahme westlicher Muster, Rückzug auf Bewährtes oder Restrukturierung durch die Ausbildung eigenständiger Muster alltäglicher Lebensführung?

Der rasante, unblutige und fast geräuschlose Zusammenbruch des politischen und ökonomischen Systems der DDR und der sich anschließende Austausch zentraler gesellschaftlicher Institutionen und Organisationsformen im Rahmen des Beitritts zur Bundesrepublik Deutschland waren ein nahezu einmaliges historisches Ereignis. Für einen derart radikalen, friedlich vollzogenen historischen Schnitt gibt es kaum Vorbilder. Deshalb auch waren die möglichen Folgen für die Funktionsfähigkeit des gesellschaftlichen Lebens kaum abschätzbar. In der Öffentlichkeit wurde wohl mehr oder weniger stillschweigend unterstellt, dass die Aufpfropfung der rechtlichen, politischen und ökonomischen Strukturen nach einer gewissen Übergangsphase zur Angleichung nicht nur der Arbeits- und Lebensbedingungen führen würde, sondern auch zur Angleichung der Lebensführung an westdeutsche Vorbilder – gerade auch deshalb, weil der Westen und der ihm zugeschriebene Lebenszuschnitt für viele DDR-Bürger lange Zeit die Imago von erwünschter Freiheit, Wohlstand und Konsum zu verkörpern schienen. Die Ausgangssituation, die sich im Zuge der Vereinigung einstellte, lässt sich jedenfalls auf folgende Formel bringen: durchgreifende und als dramatisch empfundene institutionelle Brüche auf der einen Seite, eine Bevölkerung, die die Vereinigung im Prinzip gewollt hatte und es gewohnt war, sich Direktiven von oben zu unterwerfen und sich zu arrangieren, ohne den eigenen Vorteil aus dem Auge zu verlieren, auf der anderen.

In dieser Situation war völlig unklar, wieweit dieses zugeschriebene Vermögen, sich flexibel arrangieren zu können, für eine reibungslose Anpassung an die neuen Bedingungen ausreichen würde, ja, ob überhaupt die Bereitschaft dazu vorhanden war oder ob die aufgebrochene anomische Situation, die gleichzeitige Existenz von neuen Institutionen und Spielregeln sowie von alten Orientierungen und Praktiken, sich in Chaos und Anarchie Ausdruck verschaffen würde. Denkbar war das Hervorbrechen von Protest und Widerstand bis hin zu gewaltsamen Aktionen, denkbar war aber auch das unauffällige Weiterlaufen des alltäglichen Lebens wie gehabt – in seinen bislang bewährten Formen und in seinen bislang gewohnten Bahnen.

Gegenüber Annahmen, die die Dramatik des ablaufenden Umbruchs und der zu erwartenden Folgen betonten, war es angesichts der Offenheit der Situation, die nicht kalkulierbare Risiken und den Zuwachs an Optionen zugleich einschloss, durchaus sinnvoll, die Fragerichtung umzukehren und nach möglicher Kontinuität zu fragen. Denn was spricht eigentlich auf seiten der Betroffenen dafür, in einer im Umbruch befindlichen, unübersichtlichen und diffusen Situation *nicht* an bisher bewährten Arrangements und Praktiken der Lebensführung festzuhalten, sofern sie auch unter den sich verändernden Bedingungen einigermaßen funktionieren? Und was spricht eigentlich dafür, *nicht* zunächst einmal zu versuchen, Veränderungen in das bisher Bewährte und Gewohnte zu integrieren und in entsprechenden Umarrangements aufzufangen, soweit die Umstände es zulassen?

Diese Fragerichtung nach der möglichen Kontinuität eingeübter Lebenspraxis und ihrer Grundlagen auch unter Bedingungen struktureller Diskontinuität entsprach einer zentralen Annahme, die wir im Rahmen des Lebensführungskonzepts entwickelt hatten: nämlich der Annahme von der stabilitäts- und kontinuitätssichernden Kraft eingeschliffener Arrangements alltäglicher Lebensführung.

Für diese Annahme sprach eine Reihe von bereits vorliegenden empirischen Befunden. So hatte sich im Rahmen unserer Untersuchungen in Westdeutschland gezeigt, dass einmal eingespielte und zu einem bestimmten Muster verfestigte Arrangements alltäglicher Lebensführung eine erhebliche Resistenz gegenüber externen Veränderungen aufweisen. Diese Resistenz betrifft gerade auch kritische Lebensereignisse. Sie kommt darin zum Ausdruck, dass solche Ereignisse, selbst wenn sie gravierend in die Konstruktion des Alltagslebens eingreifen, in der Regel aufgefangen und durch interne Umarrangements verarbeitet werden können, ohne dass die jeweils typische Logik der Lebensführung insgesamt außer Kraft gesetzt wird – vorausgesetzt, dass nicht die gesamten Grundlagen der Konstruktion wegbrechen. Ob und wieweit derartige Umarrangements möglich sind, hängt einerseits von der Art solcher kritischen Lebensereignisse ab, andererseits von der internen Flexibilität und Integrationsfähigkeit der konkreten Arrangements.

Die entsprechende Verarbeitung von ereignisbedingter Diskontinuität – auch das hatte sich in unseren Untersuchungen gezeigt – weist, wenn sie erfolgreich verläuft, in der Regel einen typischen Verlauf auf. So hilft nach dem Eintritt eines einschneidenden Ereignisses zunächst einmal das Festhalten an eingespielten Gewohnheiten dabei, das bisherige Gefühl von Normalität aufrechtzuerhalten. Dem schließt sich eine Phase der Um- und Neuorientierung an, in der durch Verarbeitung der veränderten Bedingungen Umarrangements vorgenommen werden, bis ein neues Arrangement stabilisiert ist. Entscheidend für die Aufrechterhaltung von Kontinuität ist, dass trotz veränderter personeller Konstellationen oder Aktionsräume, trotz Umschichtungen von Ressourcen und Prioritäten oder neuer Verteilung von Rechten und Pflichten die Logik der Lebensführung und ein Grundrepertoire an Praktiken gleich bleiben. Durch die Beständigkeit von Logik und Praktiken kann trotz ereignisbedingter Diskontinuität nicht nur die Kontinuität der Lebensführung durch allmähliche Transformation des Arrangements gewahrt werden, sondern auch in fließendem Übergang eine neue Normalität hergestellt werden. Dieser Prozess des Umarrangierens und der Renormalisierung gilt im Übrigen nicht nur für den besonderen Fall der Verarbeitung kritischer Lebensereignisse. Er ist vielmehr ein generelles Charakteristikum der Dynamik von alltäglicher Lebensführung. Folgt man der realistischen Annahme, dass Arbeits- und Lebensbedingungen selbst unter Bedingungen von gesellschaftlicher Stabilität nicht statisch sind, ist der Prozess des Umarrangierens notwendigerweise einer in Permanenz. Er folgt aus der immanenten Logik von Lebensführung, nämlich aus der Logik von Balance und Integration. Insofern ist der Prozess des Umarrangierens – sei es in Form täglicher Feinregulierung, sei es als zyklische oder schubweise Globalkorrektur – konstitutiv für die Stabilität und Kontinuität von Lebensführung.

Für die konstatierte Resistenz eingeschliffener Muster der Lebensführung gibt es eine Reihe von plausiblen Gründen:

Zum Ersten – hierbei handelt es sich um einen psychologischen Aspekt – lassen sich internalisierte Moralen und Überzeugungen, Orientierungen und Deutungen, angeeignete Kompetenzen und habitualisierte Praktiken als lebensgeschichtlich akkumulierte und eingeschliffene Dispositionen der Lebensführung nicht einfach abstreifen wie ein abgetragenes Kleidungsstück und durch neue ersetzen, sie sind integraler Bestandteil von Identität.

Zum Zweiten – hierbei handelt es sich um einen funktionalen Aspekt – ist es einfacher und sicherer, in einer Situation der Unsicherheit und Desorientierung zu versuchen, neue Problemlagen zunächst einmal durch Rückgriff auf bewährte Praktiken zu meistern, als neue, noch unerprobte und möglicherweise riskante Strategien auszutesten. Dies gilt insbesondere dann, wenn es für solche neuen Strategien weder aktualisierbare Vorbilder gibt noch individuell Kompetenzen verfügbar sind, die ihre Entwicklung möglich machen. Das Festhalten an bewährten Praktiken liegt darüber hinaus auch deshalb nahe, weil in der Regel nicht das Gesamtrepertoire an bewährten Praktiken obsolet wird, sondern das Verhalten nur selektiv den neuen Bedingungen angepasst werden muss.

Zum Dritten – hierbei handelt es sich um einen mikrostrukturellen Aspekt – bilden Arrangements der Lebensführung selbst eine Ordnung des Alltagslebens aus, deren institutionelle Züge eine eigene Art von „Strukturträgheit" produzieren. Sie sind darüber hinaus eingebunden in Alltagsstrukturen, die eigenständige Handlungskontexte mit eigenen Optionen und Ligaturen repräsentieren und sich nicht gleich auflösen, wenn durch kritische Lebensereignisse oder durch makrostrukturelle Verwerfungen im individuellen Lebenshaushalt Veränderungen eintreten.

Nun werden unter relativ stabilen Rahmenbedingungen, wie sie für Westdeutschland immer noch charakteristisch sind, in das geregelte Alltagsleben eingreifende kritische Lebensereignisse in der Regel den Betroffenen als individuelles Schicksal zugerechnet. Derartige kritische Lebensereignisse, mit denen Diskontinuität in die Lebensführung eindringt, sind z. B. der Eintritt in das Erwerbsleben, die Gründung einer Familie, das Ausscheiden aus dem Erwerbsleben oder die Einweisung in eine totale Institution, Ereignisse also, die zugleich bestimmte Lebensphasen markieren. Kritische Lebensereignisse können aber auch biografische Brüche sein, wie sie aus Arbeitsplatzwechsel oder Arbeitslosigkeit, Unfall oder längerer Krankheit, Lottogewinn oder Überschuldung, Scheidung oder Tod eines Partners oder einer Partnerin resultieren.

Mit dem Zusammenbruch der DDR wurde durch die durchgreifend veränderten Rahmenbedingungen ein Schub kritischer Lebensereignisse ausgelöst, der ihnen eine neue Qualität verlieh und sie zum kollektiven Schicksal mit offenem Ausgang machte: Arbeitslosigkeit und neue institutionelle Anforderungsstrukturen, Delegitimation von Überzeugungen und Biografien, Entwertung von Kompetenzen und Qualifikationen. Gleichzeitig jedoch auch die Öffnung von neuen Optionen und Horizonten, die für die Lebensführung nutzbar gemacht werden konnten. Daraus resultierte eine Situation von Verunsicherung und Desorientierung, die außerordentlich zwiespältig war. Für die Lösung der damit verbundenen Probleme gab es für die Betroffenen keine Modelle, sie waren zunächst einmal auf sich selber zurückgeworfen. Wichtig war in diesem Zusammenhang die Frage, ob sich – vor dem Hintergrund von 40 Jahren DDR-Geschichte – individuell, milieu- und generationenspezifisch Ressourcen entwickelt hatten, die es ermöglichten, sich ohne einen Kollaps der bisherigen Lebensführung auf die neuen Bedingungen einzustellen. Genauso wichtig war aber auch die Frage, inwieweit sich solche Ressourcen letztlich als Hypothek erweisen könnten.

Hinweise auf derartige Ressourcen waren im Rahmen unserer Interviews unschwer zu identifizieren. Sie sind auf der Ebene von Handlungsmustern, Kompetenzen, Wertvorstellungen und Alltagstrukturen zu verorten. So ließen sich zwei charakteristische Handlungsmuster im Umgang mit den bisherigen staatlichen Institutionen rekonstruieren, die als mögliche transferierbare Ressource gelten können. Dabei handelt es sich zum einen um die Strategie des Lavierens zwischen dem Bereich offiziöser Verpflichtungen und der Privatsphäre, zum anderen um die des eigensinnigen und intransigenten Behauptens der eigenen Interessen gegenüber den Vertretern der staatlichen und betrieblichen Bürokratien. Beide Strategien schienen sich auch in der aktuellen Situation des Übergangs durchaus zu bewähren. Auch die zugeschriebenen und in Anspruch genommenen Fähigkeiten, sich arrangieren und improvisieren zu können, konnten als mögliche, weiterhin funktionale Ressource unterstellt werden. Gleiches gilt für die immer wieder beschworene Tugend der Solidarität und für den Zusammenhalt sozialräumlich verzahnter Milieus, die einen lebensweltlichen Rückzugsbereich markieren und zunächst einmal das Gefühl von Sicherheit und Kontinuität garantierten. Schließlich können auch die multifunktionalen, informellen Beziehungsnetze als Ressource interpretiert werden, die weiterbestanden, auch wenn bestimmte Funktionen überflüssig geworden waren. Anders war die Lage bei den beruflichen Qualifikationen, die wegen des anderen Ausbildungssystems der DDR nur partiell den neuen betrieblichen Anforderungsprofilen entsprachen, auf der anderen Seite aber auch den Einstieg in neue berufliche Karrieren erleichtern konnten, wie das Beispiel der so genannten Existenzgründer zeigt.

Dennoch war trotz der Verfügbarkeit solcher Ressourcen zunächst einmal völlig offen, wieweit sie sich tatsächlich als tragfähig erweisen würden. Ebenso offen war, ob der individuelle Verarbeitungsprozess institutioneller Diskontinuität erfolgreich verlaufen und welche Richtung er nehmen würde. So war kaum abzusehen, ob es gelingen würde, eine neue Normalität der Lebensführung herzustellen, sei es adaptiv durch die Übernahme westlicher Vorbilder, sei es defensiv durch das Festhalten am Gewohnten, sei es offensiv durch eine produktive Verbindung von Bewährtem und von Neuem.

2.4 Arbeits- und Lebensbedingungen im Übergang

Die Durchführung unserer Interviews in Ostdeutschland fand in einer Phase des Übergangs statt. Der Begriff des Übergangs wird hier als Situationscharakteristik verwendet, obwohl er als analytische Kategorie unglücklich ist. Er ist zwar in der Lage, die Dynamik forcierten Wandels festzuhalten, er schließt jedoch das Problem ein, Anfang und Ende, Ausgangspunkt und Ziel dieser Dynamik zu fixieren. Wenn ich hier dennoch die Kategorie des Übergangs benutze, dann aus zwei Gründen. Zum einen – und das ist ein historischer Gesichtspunkt – fällt die Generierung unseres empirischen Materials in eine Phase des Transformationsprozesses, in der die Vereinigung zwar formell vollzogen war, deren Folgen und ihre subjektive Verarbeitung jedoch erst ansatzweise erkennbar wurden. Zum anderen – und das ist ein analytischer Gesichtspunkt – interessierte uns gerade der Prozess der Renormalisierung der Lebensführung unter den allmählich sich etablierenden neuen institutionellen Bedingungen.

Das Problem der Definition von Anfang und Ende verschob sich daher auf die Frage, was vor der Vereinigung Normalität der Lebensführung war und wann sich nach der Vereinigung eine neue Normalität etabliert haben würde.

Die Normalität der Lebensführung in der DDR zu rekonstruieren, wäre eine eigene Untersuchung, die im Rahmen dieses Beitrags nicht zu leisten ist. Ersatzweise wird deshalb im Folgenden der Versuch gemacht, sich die bisherigen Geschäftsgrundlagen des Alltagslebens in der DDR zu vergegenwärtigen. Diese Geschäftsgrundlagen markieren den allgemeinen Handlungs- und Erfahrungshintergrund von alltäglicher Lebensführung und lassen zumindest bestimmte Elemente der Normalität des Status quo ante erkennen. Ein solches Vorgehen scheint mir aus zwei Gründen sinnvoll. Zum einen spiegelt sich in diesem Handlungs- und Erfahrungshintergrund die Basis wider, auf der die bisherigen individuellen Konstruktionen alltäglicher Lebensführung entstanden. Zum anderen werden in ihnen die Spielregeln und Kalküle greifbar, an denen sich die entsprechenden Lebenspläne und Lebenspraktiken orientierten. Wann eine definitive Antwort auf die Frage nach einer neuen Normalität der Lebensführung in Ostdeutschland möglich sein wird, ist abhängig von der weiteren Entwicklung, deren Ende auch gegenwärtig noch nicht abzusehen ist. Jenseits solcher definitorischer und methodischer Probleme kann jedoch auf die Betroffenen selbst und auf ihre eigene Definition der Situation zurückgegriffen werden. Hierbei konvergieren szientifische Absicht und empirische Evidenz. Die Betroffenen beschreiben ihre Lage nämlich selbst als die eines Übergangs und bedienen sich dabei einer Paradoxie, in der die Gleichzeitigkeit von Kontinuität und Diskontinuität festgehalten ist (vgl. dazu Abschnitt 2.4.2).

2.4.1 Der Status quo ante – historische Hypothek oder Ressource?

Die folgende, knapp gehaltene und ausschnitthafte Skizze von Arbeits- und Lebensbedingungen in der DDR,[3] die als Grundlagen der Normalität alltäglicher Lebensführung vor der Wende dienten, stützt sich auf entsprechende Schilderungen der Befragten in der Region Leipzig und versucht, diese durch verfügbare Literatur abzurunden und zu einem schlüssigen Bild zusammenzufügen. Ein systematischer und umfassender Anspruch wird hiermit nicht verfolgt.

Die Ausbildungs- und Berufsgänge in der DDR waren zwar weitgehend staatlich durchgeplant und kontrolliert, boten jedoch denjenigen, die sie zu nutzen verstanden, auch durchaus erhebliche Bewegungsspielräume (vgl. Huinink und Mayer 1993). Dennoch waren insgesamt die individuellen Berufsbiografien und Berufsverläufe durch diese zentrale Steuerung mehr oder weniger vorprogrammiert. Darüber hinaus war ein Arbeitsplatz durch das verfassungsmäßige Recht auf Arbeit nicht nur prinzipiell garantiert, sondern auch real gesichert. Diese Existenz- und Laufbahngarantien enthoben die Bürgerinnen und Bürger der DDR in erheblichem Maße der Notwendigkeit, ihre Ausbildung individuell zu organisieren und sich um einen Arbeitsplatz Sorgen zu machen. Diese Programmierung markiert einen zentralen Be-

3 Sie folgt im Wesentlichen Kudera 1993, 1994; vgl. aber auch Diewald und Mayer 1996.

standteil eines Lebenslaufregimes, das Mobilität und individuelle Karrieren zwar erlaubte, aber im Wesentlichen auf vorgegebene Verläufe beschränkte, deren Endstation gerade in entscheidenden Positionen politischer Macht allmählich weitgehend durch eine überalterte „Nomenklatura" blockiert war. Durch die Verbindung von festem Arbeitsplatz und staatlicher Wohnungszuteilung waren die Bürgerinnen und Bürger der DDR damit zwar tendenziell zeitlebens an einen Beruf und an einen Wohnort gebunden. Aber sie konnten sich auch im Prinzip darauf verlassen, bei entsprechendem Wohlverhalten durch die paternalistische Fürsorge von Staat und Partei mit Arbeit und Wohnraum versorgt zu werden. Dies konnte sich zu der generellen Erfahrung verdichten, dass im Prinzip für einen gesorgt sei. Dieser existenziellen Sicherheit entsprachen freilich nur begrenzte Optionen für individuelle Selbstentfaltung, deutlicher noch, für diese Sicherheit mussten Disziplinierung und partielle Entmündigung in Kauf genommen werden. Dieses Junktim von staatlicher Regie und individueller Absicherung ist einer Situation gewichen, in der in viel höherem Ausmaß als früher Selbstverantwortung für das eigene Auskommen und Fortkommen gefordert ist.

Während die Grenzen zwischen Politik, Gesellschaft und Wirtschaft sich durch das Netz der allgegenwärtigen SED und ihre Gliederungen immer mehr verwischten, bildeten sich komplementär schwer durchschaubare Patronageverhältnisse im politischen Bereich einerseits, informelle, auf den Regeln der Gegenseitigkeit funktionierende Netzwerke im Bereich der Produktion und Verteilung andererseits. Diese Netze stützten sich auf dichte Verwandtschaftsbeziehungen, Nachbarschaftskontakte und Betriebsgruppen und fungierten als Beziehungs-, Beschaffungs- und Mundpropagandakanäle. Sie bildeten dadurch eine Lebenswelt eigener Art und repräsentierten unterhalb des Bereichs der offiziellen Öffentlichkeit eine Ebene wechselseitiger Stützung und Abhängigkeit zugleich. Diese Netze haben einen Funktionsverlust insoweit erlitten, als die materielle Versorgung kein strukturelles Problem mehr darstellt und die alten Klientelbeziehungen ihre frühere Funktion eingebüßt haben.

Die entscheidenden sozialen Beziehungen formierten sich in der Regel um den Betrieb, der in weit höherem Maße als im Westen Dreh- und Angelpunkt des Alltagslebens war, nicht zuletzt auch deshalb, weil häufig ganze Familiengenerationen in ein und demselben Betrieb tätig waren. Es ist keineswegs übertrieben, wenn man sagt, dass der Betrieb der eigentlich prägende Ort der DDR-Gesellschaft war. Denn er nahm nicht nur wirtschaftliche Aufgaben im engeren Sinne wahr, er verteilte auch Sozialleistungen, war ein Ort der Kommunikation und Geselligkeit, organisierte und verwaltete die Einzelnen in vielerlei Hinsicht, vom Urlaub bis hin zur Krankenversicherung und Alterssicherung. Er übernahm damit eine ganze Reihe von Funktionen, wie z. B. die Einrichtung und den Unterhalt von Kindertagesstätten oder die Versorgung von Rentnern mit Essen, die bei uns im Westen im Zuständigkeitsbereich der öffentlichen Hand oder von Vereinen und Verbänden liegen. Diese Multifunktionalität war das entscheidende Charakteristikum der DDR-Betriebe. Mit der Auflösung dieser Betriebsstrukturen im Zuge der Zerschlagung der DDR-Ökonomie haben diese Funktionen auf einen Schlag ihren Träger verloren, ist ein Vakuum an institutionell gesicherten Leistungen entstanden.

Auch der Stellenwert der Arbeit war hoch. Nicht nur gesellschaftlich wegen der chronischen Knappheit von Arbeitskräften, sondern auch für das Selbstverständnis der Menschen selbst. Ein Indikator dafür ist die Erwerbsquote, die bei Frauen so hoch wie bei den Männern war und mit über 90 % weit über der in der Bundesrepublik lag. Diese Tatsache der umfassenden Integration in den gesellschaftlichen Produktionsprozess und der zumindest formellen Gleichstellung im Bereich der Arbeitswelt garantierte den Frauen ökonomische Selbstständigkeit und war in Verbindung mit der staatlichen Unterstützung von Familie und Alleinerziehenden eine wichtige Grundlage für eine relativ eigenständige Biografiekonstruktion und Lebensführung. Die bisherige ökonomische Selbstständigkeit als Basis entsprechender Lebenskalküle ist massiv dadurch bedroht, dass gerade Frauen gegenwärtig in Ostdeutschland aus dem Erwerbsleben hinausgedrängt werden.

Ebenso hatte die Nutzung von Zeit in der DDR einen anderen Stellenwert als im Westen. So lag zwar die formelle Arbeitszeit deutlich über der in Westdeutschland. Die ineffektive Organisation und tendenzielle Überkapazität von Personal in den Betrieben ließen jedoch Leerzeiten entstehen, in denen es nichts zu arbeiten gab. Dies führte dazu, dass auch private Angelegenheiten ganz selbstverständlich während der regulären Arbeitszeit erledigt wurden. Dieses Verhalten eröffnete von unten her Nischen individueller Freiheit und individuell verfügbarer Freizeit, die sich mit der Neuorganisation der Betriebe nach kapitalistischem Muster und mit der Einführung des Prinzips der individuellen Leistungskonkurrenz abrupt geschlossen haben. Hier liegt eine Wurzel für die neue Erfahrung von Zeitdruck und sozialer Kälte, die häufig im Kontrast zur früheren Gemütlichkeit und Stallwärme des „Wir" der Arbeits-, Ausbildungs- und Freizeitkollektive als besonders drückend empfunden wird.

Die Einkommensverteilung, ein Indikator für soziale Ungleichheit, hatte in der DDR nicht die gleiche Bedeutung für die Statusdifferenzierung und die konsumptiven Möglichkeiten wie im Westen. So war zum einen die Spanne im Einkommen zwischen dem Gros und der Spitze der Einkommensbezieher bedeutend niedriger als in der Bundesrepublik, zum anderen war die Befriedigung bestimmter Grundbedürfnisse wie des Wohnens wegen der staatlichen Subventionierung kaum vom individuell verfügbaren Geld abhängig. Der Wert des Geldeinkommens selbst wurde auch dadurch gemindert, dass nicht alle gewünschten Güter und Dienstleistungen erhältlich waren. Darüber hinaus schwächten die informellen Umverteilungsprozesse im Rahmen der Schattenökonomie – also des privaten Tauschs von Gütern und Dienstleistungen – den Wert des Geldes zusätzlich und verliehen der Nähe zu Ressourcen eine strategisch größere Bedeutung als der Höhe des Einkommens. Das ist mit der Einführung der Marktwirtschaft anders geworden. Verfügbares Geld ist nicht nur wegen des unbeschränkten Warenangebots wichtiger geworden, sondern gerade auch durch die Etablierung eines Wohnungsmarktes, der die Mieten unablässig in die Höhe treibt.

Um das Bisherige zusammenzufassen: Die von mir nur angedeuteten Charakteristika einiger Bedingungen des Alltagslebens in der DDR verschmolzen – bei allen notwendigen Differenzierungen – zu einer generellen Typik von Lebensführung, in der Wohlverhalten, eingeschränkte Selbstentfaltung, eingeübte Fügsamkeit gegenüber der autokratischen Macht von Staat und Partei mit einer paternalistisch garantierten Kalkulierbarkeit und einhüllenden Sicherheit zusammenfielen. Diesem Muster von Berechenbarkeit, Anpassung und Geborgenheit ist durch den politischen und ökonomischen Zusammenbruch der DDR und der Delegitimation ihrer tragenden

Ideologie die Grundlage entzogen worden. Die Übernahme des bundesrepublikanischen ökonomischen, politischen und rechtlichen Systems hat die in Ostdeutschland bis dahin selbstverständlichen und eingeübten Lebenskalküle und Strategien, Spielregeln und Alltagspraktiken, auf die sich die bisherigen biografischen Konstruktionen und die bisherigen Arrangements alltäglicher Lebensführung stützen konnten, unversehens infrage gestellt. Damit waren die Eckpfeiler bisheriger Lebensführung akut bedroht.

2.4.2 Der Zusammenbruch der DDR und die Vereinigung: alltägliche Lebensführung im Übergang

Der Zusammenbruch der DDR bedrohte freilich nicht nur bestimmte Eckpfeiler bisheriger Lebensführung durch den möglichen Verlust von bislang gesichertem Arbeitsplatz und gesellschaftlichem Status sowie von bislang gesichertem Einkommen, Auskommen und Fortkommen. Er bedeutete zugleich das Verschwinden der bisherigen Verlässlichkeit von gewohnten Lebensumständen und kalkulierbarer Zukunft: Die Gegenwart bot keinen Halt mehr, die Zukunft wurde ungewiss. Für die Kontinuität der Lebensführung sind jedoch neben verfügbaren Ressourcen sowohl Gewissheiten gegenwartsbezogenen Alltagshandelns als auch eine gewisse Berechenbarkeit und Planbarkeit der Zukunft unverzichtbar. Sonst fehlen die Basis und der perspektivische Horizont für die Realisierung von Lebenszielen und Lebenskalkülen sowie für das Funktionieren von Strategien und Lebenspraktiken. Mit der Vereinigung aber war der ehemals feste und überschaubare Boden für die Konstruktion von Biografie und Lebensführung plötzlich unsicher, schwankend und konturlos geworden. Daraus erwuchs die Notwendigkeit, sich neu zu orientieren, bisherige Lebenskalküle zu revidieren, das gewohnte Handlungsrepertoire zu erweitern und Biografie und Lebensführung – zwischen Verlust von Altem und Bewährtem und Gewinn von Neuem und Unkalkulierbarem – neu zu konstruieren.

Unmittelbar nach der Vereinigung war auffällig, dass zwar die Biografien unter Legitimationsdruck gerieten, die alten Lebensgewohnheiten jedoch selbst im Falle bevorstehender oder wirksam gewordener Arbeitslosigkeit weitgehend aufrechterhalten wurden. Hierbei spielte sicherlich das einsetzende sozialpolitische Moratorium, insbesondere aber die Verdeckung von offener Arbeitslosigkeit durch Umschulungen und Einrichtung von ABM-Stellen eine erhebliche Rolle. Auf jeden Fall erwiesen sich die bis dahin bewährten Arrangements der Lebensführung als so elastisch, dass sie – für eine unbestimmte Zeit zumindest – die auf der Ebene alltäglichen Handelns wirksam werdenden Veränderungen zu integrieren vermochten. Dennoch blieb die allgemeine Lage die eines hin und her, vor und zurück schwankenden Übergangs.

So hat eine unserer Befragten in Leipzig diese Situation Ende 1992 folgendermaßen bilanziert und damit auf den Begriff gebracht, was auch bei anderen als Erfahrung immer wieder durchschlug: „Es ist alles anders geworden, aber eigentlich geht es im Prinzip so weiter wie bisher" (vgl. auch Weihrich 1993a, 1993b, 1996; Hofmann und Dietzsch 1995). Diese Formulierung erscheint paradox. Freilich lässt sich diese Paradoxie auflösen, denn sie bringt etwas auf den Punkt, was für eine Phase des Übergangs typisch ist, nämlich die Wahrnehmung und Erfahrung von Beständigkeit und Veränderung zugleich. Die Grundlagen dieser Erfahrung der Gleichzeitigkeit von Kontinuität und Diskontinuität und ihre Deutung sollen – so wie sie sich in den Interviews spiegeln – im Folgenden etwas genauer analysiert werden. Dabei ist zu unterscheiden zwischen den eingetretenen institutionellen Veränderungen, ihrer Bedeutung für die alltägliche Lebensführung, der Wahrnehmung und Deutung dieser Veränderungen durch die Betroffenen und schließlich dem, was sich bei den Betroffenen auf der Ebene von Orientierungen und Handlungen selbst verändert hat oder gleich geblieben ist.

Die wesentlichen institutionellen Veränderungen noch einmal kurz zusammengefasst: Mit dem Zusammenbruch der DDR und der sich anschließenden Vereinigung haben sich zentrale institutionelle Bedingungen der bisherigen Lebensführung in Ostdeutschland verändert. Auf die Delegitimation des politischen und kulturellen Systems, auf den Kollaps der Ökonomie und den dadurch drohenden Verlust von bislang gesicherten Arbeitsplätzen sowie auf die Suspendierung bislang orientierender Lebenslaufregimes folgten die neu etablierte politische Demokratie, ein neues Rechtssystem und eine allmählich funktionierende neue Ökonomie, es folgte der Austausch zentraler Institutionen und damit die Etablierung neuer Spielregeln, neuer Hierarchien und Abhängigkeiten in bestimmten Arbeits- und Lebensbereichen, es folgten schließlich Reise- und Konsumfreiheit nicht nur als Werte, sondern auch als reale, erweiterte Optionen.

So einschneidend all diese Veränderungen institutioneller Art für sich betrachtet sein mögen, im Kontext der individuellen Regulierung des Alltagslebens gewinnen sie ihre eigene Bedeutung und werden in zweierlei Hinsicht relativiert. Zum einen vollzieht sich die praktische Umsetzung institutioneller Veränderungen ja in der Regel nicht von einem Tag auf den anderen, sondern geschieht allmählich und lässt kürzere oder längere Fristen, sich an diese Veränderungen zu gewöhnen und zu lernen, mit ihnen umzugehen. Zum anderen gehen die neu entstandenen Anforderungen und Optionen – von Fall zu Fall mit unterschiedlichem Gewicht und unterschiedlichen Auswirkungen – in die bestehenden Arrangements alltäglicher Lebensführung nur selektiv, vermittelt und zeitlich verzögert ein. Sie fungieren als Elemente unter vielen anderen, die gleich geblieben sind und allesamt permanent integriert und normalisiert werden müssen. Was die neu sich etablierende Anforderungs- und Optionsstruktur in Ostdeutschland anlangt, so berührt sie die Perspektivität, Funktionsfähigkeit und Stabilität der bisherigen Lebensführung substanziell – und das ist es, was gemäß der oben formulierten Paradoxie anders geworden ist. Gleichwohl sind jedoch auch elementare institutionelle Leistungen und Absicherungen und, nicht zu vergessen, ein erheblicher Bestand an Personal erhalten geblieben. Vor allem aber sind – wie noch gezeigt werden soll – bisherige Muster der Wahrnehmung und Deutung sowie bisherige Lebenskalküle und Lebenspraktiken auch weiterhin relativ unverändert wirksam und in nach wie vor bestehende Beziehungsnetze und Alltagsstrukturen eingebettet – und das ist die andere Seite des Paradoxons, nämlich das, was gleich geblieben ist.

Einige Beispiele können diese Gleichzeitigkeit von Kontinuität und Diskontinuität verdeutlichen. Zunächst einmal vollzogen sich die Veränderungen im Bereich der Erwerbsarbeit nur nach und nach, und die gravierendste Folge, nämlich

Arbeitslosigkeit, wurde durch Strategien der Treuhand, durch Umschulungen und ABM-Maßnahmen verzögert und erheblich abgemildert. Darüber hinaus war in der untersuchten Phase des Übergangs trotz des Austauschs staatlicher Institutionen eine Reihe von elementaren, für die Alltagsorganisation wichtigen institutionellen Leistungen nach wie vor verfügbar. Das Verkehrswesen, die staatliche Kinderbetreuung mit Horten und Kindergärten oder Tagesstätten, die Bildungseinrichtungen und die öffentliche Verwaltung funktionierten trotz Abwicklung und partiellem Austausch von Personal und Inhalten im Prinzip nach wie vor, ebenso war das Weiterbestehen von Gesundheits- und Alterssicherung garantiert. Die Versorgung mit Gütern und Dienstleistungen hatte sich verbessert, und obgleich der neu entstandene Wohnungsmarkt die Mieten hatte permanent steigen lassen, war die Versorgung mit Wohnraum trotz wachsender Obdachlosigkeit kein grundsätzliches Problem. Damit war die Funktionsfähigkeit wichtiger Bereiche des Alltagslebens nach wie vor im Prinzip gesichert, und diese Sicherheit konnte die Wahrnehmung von Kontinuität begünstigen und stützen.

Betrachtet man bestimmte Bereiche des Alltagslebens genauer und kontrastiert sie mit den eingetretenen institutionellen Veränderungen, ergibt sich folgendes Bild: Institutionell verändert hat sich das System der Ökonomie. Mit der Einführung der Marktwirtschaft sind die bisherigen Sicherheitsgarantien für Arbeit und geregelten Lebenslauf weggefallen, hinzugekommen sind neue Anforderungen an die Arbeitskräfte. Diese Anforderungen betreffen ihre Qualifikation, ihr betriebliches Verhalten und ihre eigene berufliche Biografie, die sich dem Imperativ auch längerfristiger Selbstvermarktung unterwerfen muss. Kontinuität besteht demgegenüber trotz oder gerade wegen der neuen, marktwirtschaftlich organisierten Ökonomie in der Bedeutung von Erwerbsarbeit als Lebensperspektive und als individuelle ökonomische Absicherung. Nach wie vor ist der Beruf zentraler Bestandteil der Identität von Männern und von Frauen, entscheidet ein Arbeitsplatz über Einkommen und Auskommen.

Institutionell verändert sind auch das Rechtssystem und das politische System. Aber auch hier gilt der bereits zitierte paradoxe Satz: Es hat sich viel geändert, aber eigentlich ist im Prinzip alles gleich geblieben. In der Wahrnehmung vieler ostdeutscher Bürgerinnen und Bürger sind nämlich das neue Rechtssystem, die parlamentarische Demokratie und die neuen, aus Westdeutschland eingeführten politischen Parteien von oben her oktroyiert worden. Darin besteht die Veränderung. Darin zeigt sich jedoch auch gleichzeitig wieder Kontinuität insofern, als auch jetzt wieder alles von den anderen gemacht wird: Früher waren es die Kommunisten, heute sind es die „Wessis".

Institutionell verändert hat sich ebenso das bisherige System sozialer Leistungen. So sind mit der Umstrukturierung oder Auflösung industrieller Strukturen bisher von den Betrieben wahrgenommene Leistungen entfallen oder werden in veränderter Weise substitutiv von aus dem Westen übernommenen Organisationen und Verbänden wahrgenommen – z. B. von kollektiven Interessenvertretungen wie den Gewerkschaften oder von Wohlfahrtsverbänden wie der Caritas. Auch dieser Bereich ist also durch institutionelle Diskontinuität gekennzeichnet. Dennoch zeigt sich bei den Betroffenen auch hier wiederum Kontinuität, und zwar in einer abwartenden und distanzierten Haltung. Die abwartende Haltung äußert sich darin, dass die eigentlich erforderliche Selbstorganisation von unten her bisher allenfalls in Ansätzen sichtbar wird. Klärungsbedürftig ist in diesem Zusammenhang allerdings, ob den alten Beziehungsnetzwerken, denen in der Bevölkerung von Ostdeutschland nach wie vor ein hoher Stellenwert zukommt, eine neue substitutive Funktion zuwächst und sie damit zur Plattform werden, von der aus das entstandene Vakuum bestimmter sozialer Leistungen gefüllt werden kann. Ein ähnliches Phänomen der Umdefinition und des Funktionswandels ist im Kleinen z. B. bei Ritualen wie der „Jugendweihe" beobachtbar, die unter den veränderten Bedingungen als privatisierte Veranstaltung auch weiterhin praktiziert werden.

In den bisherigen Beispielen wird deutlich, dass in Ostdeutschland nach der Vereinigung institutionelle Diskontinuität nicht nur mit einer Kontinuität bestimmter institutioneller Leistungen einhergegangen ist. Kontinuität macht sich vor allem auch im Bereich von Wertvorstellungen, Haltungen sowie von Wahrnehmungs- und Deutungsmustern immer wieder bemerkbar. Ähnliches gilt auch für das Demokratieverständnis als kritischer Dimension des subjektiven Übergangs von einem totalitären zu einem demokratischen System. Auch hier zeigt sich erneut die Paradoxie von Diskontinuität und Kontinuität in Form einer Ambivalenz. Die Demokratie mit ihren Freiheitsrechten wurde zwar allgemein begrüßt. Das Verhältnis zur Demokratie selbst ist jedoch vielfach durch ein instrumentelles Nutzenkalkül geprägt, das ein eigenes Element individueller Kontinuität repräsentiert. Dieses Nutzenkalkül war zu DDR-Zeiten funktional und wird auch unter den neuen Bedingungen weiter praktiziert. So war es früher nützlich, bei der SED zumindest formell Mitglied zu sein, wenn man vorankommen wollte; ansonsten wurde politische Partizipation weithin eher als Folgebereitschaft rituell demonstriert denn engagiert betrieben. Heute, wo ein ganzes Parteienspektrum zur Wahl steht, ist der individuelle Nutzen einer Parteimitgliedschaft begrenzt und bleibt nur wenigen, sehr spezifischen Interessen vorbehalten. Politische Partizipation kann sich also auch unter diesen neuen Bedingungen im Wesentlichen auf das rituell Notwendige, nämlich die Teilnahme an den allgemeinen Wahlen, beschränken.

Politisches Denken und Handeln auf der Grundlage eines instrumentellen Nutzenkalküls, wie oben skizziert, beschreibt einen bestimmten Typus, der in unserem Material dominiert. Wie verbreitet dieser Typus insgesamt ist, dem es – gestützt auf ein zur zweiten Natur gewordenes instrumentelles Nutzenkalkül und auf eine entsprechende situative Strategie des Lavierens – mehr oder weniger erfolgreich gelingt, unter den neuen Bedingungen kognitiv, normativ und praktisch Kontinuität herzustellen, könnte aktuell durch entsprechend angelegte repräsentative Studien geklärt werden. Das Gegenstück zu diesem Typus wird repräsentiert durch Personen, die sich in die Schar der „kleinen Leute" einreihen, die – unter welchen Bedingungen auch immer – stets ihre Pflicht und Schuldigkeit getan haben und sich im Grunde genommen immer als die Betrogenen fühlen. Daneben findet sich in unserem Material ein weiterer Typus, dem es zumindest im Bereich von bestimmten Wertvorstellungen und von politischem Engagement schwerfällt, Kontinuität aufrechtzuerhalten. Dabei handelt es sich um Personen mit tief sitzenden Überzeugungen und einer ausgeprägten Bereitschaft zum Engagement. Sie hatten sich nicht nur mit den Ideen des Sozialismus, sondern mit dem Aufbau und dem Fortgang der realsozialistischen Gesellschaft der DDR identifiziert und diese Identifikation durch aktives Engagement unterstrichen. Identifikation, Engagement und Biografie sehen sie durch den Zusammenbruch entwertet und einer öffentlichen Delegitimation ausgesetzt. Soweit sie nicht zu einer rückwärts gewandten Verklärung tendieren, fühlen sie sich selbst in der retrospektiven Betrachtung als Opfer eines Systems, das ihre Überzeugungen und ihr Engagement rücksichtslos für andere als die subjektiv wohlgemeinten Zwecke ausgenutzt hat. Aufgrund solcher Desillusionierung und persönlicher Enttäuschung haben sie einen so totalen Bruch mit der Vergangenheit vollzogen, dass sie nicht mehr bereit sind, sich unter den veränderten Bedingungen erneut politisch zu engagieren. Charakteristisch für die Rechtfertigung eines solchen Bruchs ist der aus der Nachkriegsgeschichte der Bundesrepublik nicht unbekannte Topos vom „gebrannten Kind, das das Feuer scheut" (vgl. hierzu auch Dietmaier-Jebara 1996).

Die herangezogenen Beispiele können deutlich machen, dass die betroffenen Personen durchgängig versuchen, trotz institutioneller Diskontinuität auf kognitiver und normativer Ebene Kontinuität herzustellen. Sie zeigen aber auch, wo hierbei die Grenzen liegen. Im Folgenden soll nun anhand von zwei exemplarischen Fallanalysen demonstriert werden, ob und wie dieser Versuch der Herstellung von Kontinuität auch in der praktischen Organisation der Lebensführung gelingt.

2.5 Chancen und Risiken individueller Kontinuitätssicherung durch Arrangements alltäglicher Lebensführung – eine exemplarische Analyse

Im Folgenden wird die Dialektik von Diskontinuität und Kontinuität in der praktischen Organisation des Alltagslebens exemplarisch entwickelt. Anhand der Beschreibung und Analyse von zwei charakteristischen Fällen wird dabei zweierlei herausgearbeitet: zum einen die in eingespielten Mustern der Lebensführung enthaltenen Potenziale und Grenzen für die Sicherung von Kontinuität, zum anderen die Chancen und Risiken eines Umarrangements, wenn trotz veränderter Anforderungs- und Optionsstrukturen an der Logik des jeweils individuell eingeschliffenen Musters als Stabilitätsanker festgehalten wird. Mit dieser Fragerichtung und der Abwägung der längerfristigen Chancen und Risiken von eingespielten Handlungsstrukturen, nicht von aktuellen persönlichen Gewinnen und Verlusten, soll zugleich die allzu kurz greifende buchhalterische Einteilung in Wendegewinner und Wendeverlierer auf eine andere Stufe gehoben werden.

Die Beschränkung auf zwei Fälle hat gute Gründe. Zum einen repräsentieren beide Fälle modellhaft und hochkontrastiv etwas, was nicht nur den Angelpunkt des hier verfolgten Interesses bezeichnet, sondern auch für das Gros der untersuchten Fälle charakteristisch ist: nämlich den Versuch, trotz institutioneller Diskontinuität Kontinuität in der praktischen Organisation der Lebensführung zu wahren. Zum anderen ermöglicht es die Konzentration auf zwei Fälle, die Komplexität und die potenziellen Bruchstellen des jeweiligen Arrangements der Lebensführung angemessen abzubilden und die entsprechende Entwicklungsdynamik besser verstehbar zu machen.

Ich stelle deshalb im Folgenden zwei Personen vor, deren Biografie und Alltagsleben in ganz unterschiedlicher Weise mit den Arbeits- und Lebensbedingungen der DDR verbunden waren. Beide haben ihre Ansprüche und Interessen in jeweils ganz unterschiedlichen Arrangements alltäglicher Lebensführung mit den bestehenden Verhältnissen in Einklang gebracht. Am Beispiel dieser beiden typischen Arrangements wiederum möchte ich verdeutlichen, in welchem Ausmaß es beiden Personen gelungen ist, die jeweils unter den Bedingungen der DDR etablierte spezifische Logik ihrer alltäglichen Lebensführung auch unter den sich verändernden gesellschaftlichen Verhältnissen aufrechtzuerhalten. Diese Logik terminiert in zwei gegensätzlichen, jeweils typischen Strategien, die zwischen den Polen „abwarten" und „durchstarten" zu verorten sind.

2.5.1 Das erste, defensive Beispiel: abwarten und weitermachen wie bisher

Herr A. ist Metallfacharbeiter in einem Industriebetrieb, 45 Jahre alt und verheiratet. Zum Zeitpunkt des Interviews befand er sich in einer für viele Arbeiter in den neuen Bundesländern typischen Lage. Dem Betrieb, in dem er nahezu sein gesamtes bisheriges Arbeitsleben verbracht hatte, droht die Schließung. Ihm selber, zum Zeitpunkt der Befragung im Status eines Nullstunden-Kurzarbeiters, droht Arbeitslosigkeit. Dieses Menetekel trifft den Nerv seiner Existenz insofern, als seine bisherige Lebensführung ganz um Arbeit und Familie, Betrieb und Heim herum organisiert war. Vom öffentlichen Geschehen dagegen hatte er sich, wie es seiner gänzlich unpolitischen Haltung entspricht, nach Möglichkeit fern gehalten. Seine Art zu denken, zu arbeiten und zu leben beruht auf einer Unterordnung unter betriebliche und öffentliche Vorgaben, auf einer optimistisch getönten Lebenseinstellung und ist konkretistisch ganz auf das Hier und Jetzt fixiert. Diese Grundeinstellung verbindet sich mit seiner Distanz zur Politik zu einem in sich geschlossenen Arrangement einer weitgehend extern regulierten, privatistisch abgeschotteten Lebensführung.

Die Geschlossenheit dieses Arrangements konnte sich auf einen sicheren Arbeitsplatz, einen vertrauten Arbeitskontext, eine familiale Arbeitsteilung traditionalen Zuschnitts, auf relativ bescheidene Ansprüche und einen zufrieden stellenden Lebensstandard stützen und – genauso wichtig – auf ein bislang erfahrungsgestütztes Vertrauen, dass, wenn man nur tut, was einem gesagt wird, alles im Prinzip schon irgendwie seinen Gang geht. An dieser Konstruktion hat sich seit der Wende kaum etwas verändert. Perspektivisch verortet Herr A. zwar sein weiteres persönliches Schicksal in der Alternative: Weiterbeschäftigung oder sozialer Abstieg. Freilich kann er sich noch nicht dazu entschließen, eine andere Arbeit zu suchen, und hat auch keine Pläne für den Fall seiner wahrscheinlichen Entlassung. Er wartet wie gewohnt darauf, dass ihm irgendjemand sagt, wie es weitergehen soll, und versucht, die drängende Lösung des Problems seiner beruflichen Zukunft vor sich herzuschieben.

Denn bislang wurde Herrn A. immer gesagt, was er zu tun habe, sei es im Betrieb, sei es zu Hause durch seine Frau, die für die Organisation von Haushalt und Familie zuständig war. Darüber hinaus hatte Herr A. zu DDR-Zeiten durch betriebliche und häusliche Vorgaben fest geregelte Tagesabläufe, in die seine Aktivitäten eingepasst waren. Dieses System versucht er unter den veränderten Bedingungen aufrechtzuerhalten. Es klaffen jedoch durch den Wegfall bestimmter Formen „gesellschaftlicher Arbeit" und an den Betrieb gekoppelter Freizeitaktivitäten empfindliche Lücken, die er durch eine Verlangsamung verbliebener Abläufe zu kompensieren trachtet. Er hat auf einmal Zeit und tut inzwischen etwas, was für ihn früher undenkbar war, er sitzt öfters nur so da und döst vor sich hin.

Charakteristisch für die Art und Weise, in der er mit dieser Situation fertig zu werden versucht, ist, dass er trotz des historischen Zusammenbruchs der DDR weder biografisch noch in seiner Lebensführung einen Bruch mit seiner eigenen Vergangenheit vollzieht. Er bleibt der, der er war, verharrt in seinen alten Lebensgewohnheiten und wartet erst einmal ab, was kommt. Neu ist lediglich, dass er nunmehr nach neuen Orientierungspunkten und Personen Ausschau hält, die ihm sagen, wie es weitergehen soll. Ein zentrales Element der Konstruktion seiner Lebensführung ist jedoch obsolet geworden: Die Logik des Unterordnens greift unter den veränderten gesellschaftlichen Bedingungen allmählich ins Leere. So befindet er sich in einem permanenten Rückzugsgefecht, wobei als verlässliche Bezugspunkte nur der noch existierende Betrieb und seine Frau verbleiben. Die Kontinuität seiner Lebensführung besteht nur noch darin abzuwarten und mit immer mehr Abstrichen so weiterzumachen wie bisher.

Ich habe den Fall des Herrn A. ausgewählt, weil er für das Gros der normalen Erwerbstätigen im Bereich der Produktion steht, die sich arrangiert hatten und staatstragend waren durch eine Art informelles Stillhalteabkommen mit den Machthabern nach dem Motto: Ihr sagt uns, was wir machen sollen, dann machen wir das Unsere und ihr macht das Eure; im Gegenzug sorgt ihr für uns, und wir lassen euch in Ruhe, wenn ihr uns in Ruhe lasst. Diese Haltung ist so selbstverständlich geworden, dass viele sich nach der Vereinigung in gewohnter Weise darauf verließen, dass „die da oben" sie doch nicht einfach hängen lassen können. Eine solche unter den neuen Bedingungen illusorische Erwartung, verbunden mit der generellen Haltung, dass sich alles im Leben schon irgendwie von selber regeln würde, öffnet Einfallspforten in der Festung des bestehenden Arrangements (vgl. Hofmann und Dietzsch 1995). Es ist dadurch gefährdet, dass es einer veränderten Anforderungsstruktur, die auf eigene Initiative, Risikobereitschaft und Selbstverantwortung setzt, tendenziell nicht mehr gewachsen ist.

2.5.2 Das zweite, offensive Beispiel: durchstarten und Neuarrangement

Den Gegentypus zu Herrn A. verkörpert Herr B. als zweites Beispiel. Herr B. ist ca. 30 Jahre alt, verheiratet, hat zwei Kinder und stammt aus einem Elternhaus mit hohem Sozialstatus. Sein Berufsweg bestand zunächst aus einer Lehre im Betrieb seines Vaters, dann absolvierte er einen Meisterlehrgang und wurde bereits mit 23 Jahren als Lehrmeister eingesetzt. Er trat in die SED ein, seine berufliche Laufbahn im Betrieb seines Vaters schien gesichert. Laut Kaderentwicklungsplan hätte Herr B.s Leben „seinen sozialistischen Gang" genommen. Er brach jedoch aus der für ihn vorgesehenen Karriere aus. Die äußeren Zwänge engten ihn in seinem Tatendrang zu sehr ein. Er kündigte und begann in einem FDJ-Jugendclub als ungelernter Kellner zu arbeiten. Er holte die Ausbildung zum Kellner nach und qualifizierte sich bis zum Gaststättenleiter. Bald wurde er zum „Objektleiter" des Jugendclubs berufen und versuchte bereits vor der Wende, diesen Jugendclub privat zu übernehmen.

Herr B. verkörpert – im Gegensatz zu Herrn A., der sich immer untergeordnet hat und abwartet – den Typus eines Machers. Denn nicht nur im beruflichen, auch im privaten Bereich war Herr B. sehr aktiv. Er erwarb Ende der 80er-Jahre ein rohbaufertiges Eigenheim, das er weitgehend in Eigenarbeit ausbaute. Müßig herumzusitzen war ihm von jeher ein Gräuel, sein „Aktivitätstag" (Arbeit im Club und Arbeit am Bau) dauerte auch früher schon 14 Stunden. Bereits zu DDR-Zeiten ordnete er seine Lebensführung seinem persönlichen Autonomiestreben und seinem Leistungsdrang unter und versuchte unentwegt, sich selbst etwas zu schaffen und aufzubauen. Deshalb begrüßte er auch die Wende in der DDR. Sie verband sich bei ihm mit der Vorstellung von Freiheit, einer Freiheit, nunmehr ganz auf sich gestellt machen zu können, was er möchte. Mit seiner individuellen Tüchtigkeit und seinem Streben, sich etwas zu schaffen und etwas zu werden, war Herr B. für marktwirtschaftliche Bedingungen geradezu prädestiniert. So ergriff er sofort nach der Wende die Initiative, stellte Imbisswagen auf, übernahm eine ehemalige HO-Gaststätte und widmete sich mit ganzer Kraft der Gründung und Leitung einer Gastronomie GmbH. Seit dieser Zeit expandieren seine Geschäfte unaufhörlich.

Herr B. hat auch die Spielregeln rationeller Betriebsführung gleich begriffen und es unter dieser Perspektive verstanden, seine bis dahin voll berufstätige Frau in das eigene Unternehmen einzubinden. Sie hat dort die Verantwortung für alles Finanzielle übernommen. Dieser Full-Time-Job seiner Frau erscheint Herrn B. jedoch nur als Nebentätigkeit, der es ihr erlaubt, auch noch Kinder, Haus und Garten zu betreuen. Frau B. musste sozusagen „mitwachsen" und ist jetzt gezwungen, viele Dinge zu erledigen, die sie früher nicht gemacht hätte. Ihr kommt damit die Rolle zu, ihm den Rücken so weit freizuhalten, dass er voll seinen beruflichen Plänen und Verpflichtungen nachgehen kann. Damit verstärkt sich das Ungleichgewicht der familialen Arbeitsteilung, erhöht sich das Risiko des Zusammenbruchs des bisherigen Arrangements.

Zu DDR-Zeiten lebte Herr B. seine im Arbeitsbereich gebremsten Aktivitäten in der Freizeit und der Familie aus. Heute konzentriert er alle Aktivitäten auf seine Geschäfte. So hat er einen 16-Stunden-Arbeitstag und arbeitet auch sonntagvormittags im Büro, lediglich den Sonntagnachmittag verbringt er mit der Familie. In den Jahren seit der Wende arbeitete Herr B. auch Weihnachten und Silvester durch, ein Urlaub stand seither nicht mehr auf dem Programm. Er gönnt sich keine freien Tage mehr, er hat keine Zeit mehr für Familie und Kinder und ordnet das Familienleben ganz seinen eigenen beruflichen Ambitionen unter. Die unternehmerischen Aktivitäten haben auch die Alltagsstrukturen von Herrn B. ziemlich verändert. Das ungehinderte Ausleben seines Lebenskonzepts zieht nicht nur den Rückzug aus allen privaten Bereichen nach sich (Familie, Haushalt, Freunde), Herr B. stellt auch Muße, Entspannung und Genuss zurück. Als Prototyp entfesselter protestantischer Ethik und Askese lebt er nur noch für seine Geschäfte, ordnet ihnen alles unter, fühlt sich für alles selbst verantwortlich und überlastet sich dabei mit allzu vielen Kleinigkeiten. Erste gesundheitliche Probleme sind bereits aufgetreten, es ist eine offene Frage, wann sich der erste Kollaps einstellt.

Herr B. repräsentiert einen Typus, der nicht willens war oder es nicht vermochte, sich an die für ihn eigentlich günstigen Kaderpläne und Entwicklungsbedingungen anzupassen. Er brach seine in der DDR vorgesehene Betriebskarriere ab, weil ihm weder die erforderlichen Balanceakte noch das notwendige karrieresichernde Lavieren lag. Er wollte sich einzig und allein auf sich selbst und seine Tüchtigkeit verlassen. Individueller Leistungsdrang als zentrales Element und Motor seines Lebenskonzepts prägten so die Lebensführung von Herrn B. trotz aller Einschränkungen und Begrenzungen der ineffizienten DDR-Wirtschaft. Unter den veränderten Bedingungen in Ostdeutschland behält er diese Logik der Lebensführung nicht nur bei, sie kann sich unter den neuen Bedingungen überhaupt erst ungebremst entfalten. Er ist dabei außerordentlich erfolgreich. Dieser Erfolg bestätigt und rechtfertigt nicht nur die Kontinuität seiner Biografie, sondern zugleich auch die seiner Lebensführung. Die Kehrseite seines Erfolges, den er seinem ungehemmten Leistungsdrang zu verdanken hat, macht sich unter den neuen gesellschaftlichen Bedingungen freilich darin bemerkbar, dass die Arbeitsbelastung nahezu grenzenlos ansteigt und die sozialen Kosten der Familie aufgebürdet werden. Mit dieser systematischen Überlastung ist in dieses Arrangement ein Sprengsatz eingebaut, der es längerfristig auseinander brechen lassen könnte.

2.5.3 Die Bedeutung der Zugehörigkeit zu Generationen und Milieus

Für das Gelingen oder Scheitern der Sicherung von Stabilität, Kohärenz und Kontinuität in der alltäglichen Lebensführung ist, wie die eingangs entwickelten konzeptuellen Überlegungen und die Analyse der beiden Fälle haben deutlich werden lassen, eine Vielzahl von individuellen und gesellschaftlichen Faktoren verantwortlich. Von kaum zu überschätzender Bedeutung ist dabei die individuelle Lebensgeschichte. Was im Rahmen der beiden Fallanalysen nicht entfaltet werden konnte, war die Bedeutung der Zugehörigkeit zu Generationen und zu Milieus für die Typik von alltäglicher Lebensführung und ihr jeweiliges Transformationspotenzial. Neben der individuellen Lebensgeschichte spielt jedoch die jeweilige Generationenzugehörigkeit eine beträchtliche Rolle. Lebensgeschichte und Generationenzugehörigkeit markieren ein jeweils besonderes Gemenge von individuellen und historisch dominanten Orientierungen und Lebenskalkülen, von Erfahrungen und Lebenspraktiken, das in einem zweifachen Sinne für die Lebensführung relevant ist: als Ressource, aber auch als Restriktion. Beides schlägt sich nicht nur in den typischen Mustern von alltäglicher Lebensführung nieder, sondern hat auch Folgen für die Möglichkeiten und Grenzen der individuellen Verarbeitung von Veränderungen. Generationenspezifische Arrangements alltäglicher Lebensführung können sich als erfolgreich oder als riskant erweisen. Dies gilt für den Fall stabiler sozialstruktureller Bedingungen, dies gilt erst recht für den Fall sozialstruktureller Veränderungen.

Aber auch die Zugehörigkeit zu bestimmten Milieus kann als Ressource oder Restriktion wirksam werden. Hier hat sich in Westdeutschland eine eigentümliche Dialektik gezeigt. Personen mit traditionellem Zuschnitt der Lebensführung tendieren dazu, in Milieus zu verharren, die vom vollen Durchschlagen der Modernisierung verschont geblieben sind, um die für sie selbstverständliche Art der Lebensführung aufrechterhalten zu können. Dass sie dadurch gleichzeitig auch wieder diese Milieus stabilisieren, ist die andere Seite dieser Dialektik. Solche Milieus finden sich, wie das Beispiel Niederbayern zeigt, auf dem Land, wo sich durch ein historisch gewachsenes Ineinandergreifen von dörflicher Lebensweise, Vereinskultur, Kirche und Politik ein Sozialmilieu behauptet, in das Modernisierung – neben selbstverständlichen technischen Standards und Konsumstandards – eher als von den Medien standardisiertes Dekor Eingang findet. Im Gegensatz dazu lässt sich der Typus einer reflexiv-situativen Lebensführung, wie er für ein bestimmtes städtisch-akademisches Milieu charakteristisch ist, geradezu als offensive Antwort auf die offenen und riskanten Bedingungen einer durchmodernisierten Welt interpretieren.

Unter Bedingungen, die durch einen Schwund von historisch gewachsenen, sozialräumlich verflochtenen Milieus und eine Ausdifferenzierung von symbolisch generierten Lebensstilmilieus gekennzeichnet sind (vgl. z. B. Hradil 1987), kommt – unter der Perspektive längerfristiger Entwicklung der Typik von alltäglicher Lebensführung – der Generationenzugehörigkeit mit ihren um spezifische Schlüsselereignisse zentrierten und kollektiv geteilten Erfahrungen vermutlich besondere Bedeutung zu. Dies gilt gerade auch für die Entwicklung in Ostdeutschland. Hier erstreckt sich ein weites Feld offener Fragen. Weder ist erforscht, wieweit an bestimmte Generationen gebundene Muster der Lebensführung sich angesichts der veränderten Bedingungen als Ressource oder als Hypothek erweisen, noch lässt sich prognostizieren, ob sich nicht überhaupt erst über die Abfolge von Generationen die historisch sedimentierte Typik der Lebensführung in Ostdeutschland erkennbar ändern wird – vielleicht sogar in eine Richtung, bei der der so genannte dritte Weg, der politisch keine Chance der Realisierung hatte, sich durch die Hintertür lebensweltlicher Restrukturierung Geltung verschafft (vgl. Hofmann und Dietzsch 1995).

2.6 Schlussfolgerungen

Eingespielte Arrangements von alltäglicher Lebensführung sind als institutionalisierte Lebenspraxis und als umfassende Sinnkonstruktion zugleich objektivierte Elemente von Identität. Als solche produzieren und sichern sie nicht nur Identität, sie stiften auch Stabilität, Kohärenz und Kontinuität auf der Ebene des individuellen Alltagslebens. Sie konstituieren sich zwar in Abhängigkeit von vorgegebenen gesellschaftlichen Rahmenbedingungen, von deren Options- und Anforderungsstruktur und deren Wandel. Sie gewinnen und stabilisieren ihre eigene Gestalt und Dynamik jedoch durch ein System von lebensgeschichtlich eingeschliffener Logik und eingespielten Praktiken, das sich als eigenständige, interaktiv verflochtene Alltagsstruktur verfestigt und Normalität produziert. Diese institutionalisierte Normalität des Alltagslebens gestattet – wie sich am Beispiel der dargestellten beiden exemplarischen Fälle hat zeigen lassen – auch angesichts des Eindringens von institutionellen Veränderungen zunächst einmal durchaus eine Fortführung der bisher gewohnten Lebensführung, sofern durch solche Veränderungen nicht zentrale Grundlagen der Lebensführung selbst schlagartig zerstört werden. Und diese aufrechterhaltene Normalität inmitten eines Umfeldes sich kreuzender und überlagernder Veränderungen produziert das, was in der Erfahrung der Betroffenen in Ostdeutschland das Nebeneinander von Kontinuität und Diskontinuität zugleich ausmacht. Zwar sind wesentliche Institutionen ausgetauscht und haben entsprechend neue Options- und Anforderungsstrukturen und Spielregeln entstehen lassen sowie die Zugänglichkeit, Verfügbarkeit und Brauchbarkeit von Ressourcen verändert. Weitgehend unverändert geblieben sind die idiosynkratischen Bedürfnisse, Ansprüche und Interessen, die internalisierten kognitiven und normativen Schemata, die intrinsischen Lebenskalküle, die individuell akkumulierten Kompetenzen und Erfahrungen, die bewährten Strategien und habitualisierten Alltagsroutinen, schließlich die Logik der Lebensführung insgesamt und die komplementären Binnenstrukturen des Alltagslebens.

Wenn, wie gezeigt, die Logik bisheriger Lebensführung weiterhin als Steuerungsinstanz wirksam bleibt und an bewährten Sinnkonstruktionen und Lebenspraktiken festgehalten wird, obgleich der vertraute und bisher sichere Boden ins Schwanken gerät und einzubrechen droht, ist das nicht Ausdruck eines „cultural lag", nämlich des Hinterherhinkens des Subjekts hinter strukturellen Entwicklungen. Vielmehr fungieren eingespielte Arrangements alltäglicher Lebensführung und ihre eigenständigen Alltagsstrukturen als Stabilitätsanker, sei es im gemächlichen, sei es im reißenden Fluss der Ereignisse. Sie repräsentieren die Resistenz eines lebensweltlichen Bereiches von individueller Selbstbehauptung und eingeschliffener Lebenspraxis gegenüber den strukturellen Zumutungen von plötzlichem Wechsel, von Unsicherheit und von Unkalkulierbarkeit. Sie schließen allerdings immer auch das Risiko persönlichen Scheiterns ein, wenn neue Problemlagen nicht angemessen und in angemessener Zeit verarbeitet, in die bestehenden Arrangements integriert und auf diese Weise normalisiert werden können.

Überhaupt ist Zeit nicht nur eine zentrale Dimension, sondern auch ein elementares Medium von Lebensführung. Alltägliche Lebensführung vollzieht sich nicht nur in der Zeit, sie hat auch ihren eigenen Zeithorizont.[4] Wenn es also darum geht, die Dynamik von Veränderungen auf institutioneller Ebene und deren Verarbeitung im Rahmen alltäglicher Lebensführung angemessen einzuschätzen, muss die Bedeutung der Zeit berücksichtigt werden. Würde man das Verhältnis von institutionellen Veränderungen und deren subjektiver Überführung in die Lebensführung strukturdeterministisch konstruieren, würde Lebensführung auf eine abhängige Variable reduziert. Dann müsste sich institutionelle Diskontinuität unmittelbar als Diskontinuität in der individuellen Lebensführung niederschlagen, die Dimension der Zeit wäre damit außer Kraft gesetzt. Arrangements von alltäglicher Lebensführung sind freilich nicht einfach Abbild von Strukturen auf der Ebene des Alltagshandelns, sondern individuelle, dynamische Konstruktionen, mit denen permanent Ansprüche, Anforderungen und Möglichkeiten im Alltagsleben ausbalanciert und in einer eigenständigen Struktur normalisiert werden. Systemische Veränderungen schlagen deshalb nicht direkt in die Lebensführung durch, sie diffundieren vielmehr nur allmählich und vermittelt in den Bereich der individuellen Konstruktion des Alltagslebens. In den Arrangements alltäglicher Lebensführung werden systemische Veränderungen nicht

4 Arrangements alltäglicher Lebensführung sind aber auch wesentlich Niederschlag und Medium der Organisation und Sinngebung von Zeit, sie haben ihre eigene Zeitökonomie und ihre eigene Logik der Nutzung von Zeit (vgl. dazu Jurczyk und Kudera 1991; Jurczyk 1993, 1994).

umstandslos umgesetzt und ratifiziert, sondern nach Maßgabe eigener Prioritäten, habitualisierter Praktiken und verfügbarer Ressourcen innerhalb eines eigenen Zeithorizonts verarbeitet und integriert. Das bedeutet in der Konsequenz, dass Logik und Zeitmaß von gesellschaftlicher Entwicklung und individueller Geschichte der Lebensführung nicht deckungsgleich sind (vgl. Kudera 1995a).

Diese Differenz verweist auf die jeweilige Eigenlogik und Eigendynamik von institutionellem Bereich und Bereich des Alltagslebens. In der beschriebenen Resistenz von einmal institutionalisierten Arrangements alltäglicher Lebensführung drückt sich nicht nur die Eigenständigkeit individueller Lebensführung gegenüber der Wirkungsmächtigkeit gesellschaftlicher Strukturen aus. Sie repräsentiert zugleich auch die Bedeutung von realer Lebenszeit gegenüber der szientifischen Fiktion, dass strukturelle Veränderungen und ihre lebensweltliche Umsetzung sich gewissermaßen zeitlos vollziehen würden. Das Verhältnis von Struktur und Subjekt ist so betrachtet nicht eines der Logik, in dem das Subjekt als Projektion von Strukturen erscheint, sondern eines der Zeit – und zwar in zweierlei Hinsicht. Nicht nur gehen gesellschaftliche Dynamik und individueller Zeithorizont nicht ineinander auf, die alltagspraktische Verarbeitung und Integration von strukturellen Veränderungen folgt auch ihrer eigenen Logik und erfordert als eigenständiger Prozess auch seine eigene, individuelle Zeit. Eingespielte und miteinander verflochtene Arrangements von alltäglicher Lebensführung – das ist die Pointe meiner Argumentation – setzen als Alltagsstruktur sui generis neben den sachlichen auch zeitliche Grenzen gegen das Eindringen makrostruktureller Veränderungen in die individuell konstituierte Lebenswelt und puffern deren Wirkungen ab.

Ich hatte nun eingangs eine These aufgestellt, die zwei Behauptungen einschließt:

1. Arrangements alltäglicher Lebensführung sichern individuell durch die Persistenz von internalisierter Logik und habitualisierten Praktiken die Stabilität, Kohärenz und Kontinuität des Alltagslebens.
2. Arrangements alltäglicher Lebensführung erzeugen auf der Ebene sozialer Interaktion durch ihre Berechenbarkeit und durch ihre Verflechtung sowohl mit anderen Arrangements alltäglicher Lebensführung als auch mit Institutionen gesellschaftliche Stabilität, Kohärenz und Kontinuität.

Beide herangezogenen Fälle können als Typus illustrieren, dass eine einmal etablierte Logik und eingeübte Praktiken im Rahmen von bewährten Arrangements alltäglicher Lebensführung selbst bei umfassendem institutionellem Wandel nicht außer Kraft gesetzt und durch völlig neue Konstruktionen ersetzt werden. Insofern trifft die erste Behauptung zumindest für eine zeitlich nicht definierbare Phase des Übergangs zu. Sie ist jedoch zu modifizieren. Denn beide Fälle lassen auch erkennen, dass die Sicherung von Kontinuität längerfristig nur gelingt, wenn neue Optionen und Anforderungen, Chancen und Restriktionen integriert und normalisiert werden können. Dieser Prozess braucht seine eigene Zeit und schließt seine eigenen Risiken ein. Beiden Mustern alltäglicher Lebensführung sind ihre jeweils eigenen Risiken einprogrammiert, die angesichts der institutionell erzeugten Veränderungen der Lebensumstände virulent werden und durch bloßes Umarrangieren allein nicht mehr aufgefangen werden können, sondern in der Konsequenz an den Nerv der ganzen

Konstruktion rühren. Ihre Kontinuität ist eine auf Zeit. Eine Renormalisierung kann gelingen, scheitern oder infolge chronischer Überforderung auf Dauer prekär sein. Das Beispiel der beiden dargestellten Fälle zeigt, dass die Renormalisierung der Lebensführung ihre Grenzen in Bedingungen finden kann, auf die bezogen sich die bisherige Logik als dysfunktional oder hyperfunktional erweist.

Die bisherige Logik von weitgehend externer Steuerung und individueller Unterordnung jedenfalls machte die Lebensführung von Herrn A. abhängig von vorgegebenen Regulierungen und Direktiven. Das war unter den Bedingungen einer von oben her durchorganisierten und kontrollierten Gesellschaft, wie sie von der DDR verkörpert wurde, höchst funktional. Unter den neuen gesellschaftlichen Bedingungen jedoch muss Herr A., hält er an dieser Logik fest, Personen und Institutionen erst finden, die ihm sagen, wo es langgeht. Deshalb wartet er ab. Ob er jemanden findet und auf wen er dann schließlich hören wird, ist eine offene Frage von durchaus politischer Brisanz.

Die Logik von Selbststeuerung und Selbstinitiative hingegen, wie sie für die Lebensführung von Herrn B. charakteristisch ist, war in der DDR auf Nischen angewiesen, die ihr eine zumindest begrenzte Entfaltung ermöglichten. Diese Begrenzungen sind jetzt weggefallen und Herr B. findet unter den neuen marktwirtschaftlichen Bedingungen ein auf ihn zugeschnittenes ideales Betätigungsfeld. Freilich muss er nunmehr bestimmte Grenzen selbst setzen, sonst wird die entfesselte Logik seiner Lebensführung selbstdestruktiv und zerstört sowohl seine eigene Leistungsfähigkeit als auch die privaten Beziehungen als wichtige Ressourcen des Funktionierens.

Angesichts der Ambivalenz einer möglichen Stabilisierung und Gefährdung von Arrangements der Lebensführung durch ihre eigene Logik fragt sich natürlich, ob und wie längerfristig überhaupt Kontinuität der Lebensführung gesichert werden kann. Das bloße Festhalten an eingeschliffener Logik und an habitualisierten Praktiken kann in seinen Konsequenzen offensichtlich an eine kritische Grenze führen. Insofern wird am extremen Beispiel Ostdeutschlands etwas modellhaft deutlich, was für die gegenwärtigen Bedingungen von Offenheit, Unsicherheit und unkalkulierbarem Risiko überhaupt zutrifft. Um die immanenten, potenziell selbstdestruktiven Konsequenzen institutionalisierter Lebensführung zu vermeiden, ist die Fähigkeit erforderlich, solche Konsequenzen reflexiv in das bestehende Arrangement, seine bisherigen Grundlagen, Ressourcen und Grenzen einzubeziehen und ihnen durch eine Revision der bisher bestimmenden Logik und Lebenspraxis Rechnung zu tragen. Wieweit die betroffenen Personen dazu in der Lage sind, welcher Voraussetzungen und welcher Leistungen es bedarf, entsprechend flexible und permanent revisionsfähige Arrangements auszubilden, ist noch klärungsbedürftig. Es bedarf dazu bestimmter Ressourcen, und es bedarf bestimmter Qualifikationen und Kompetenzen, deren Generierung – vorerst jedenfalls – noch naturwüchsig verläuft und als Problem privatisiert ist. Ein öffentliches Anliegen wird daraus in dem Maße, wie die Aufrechterhaltung einer berechenbaren, stabilen und kontinuierlichen Lebensführung als Garant gesellschaftlicher Stabilität zum massenhaften Problem wird.

Die zweite Behauptung war, dass alltägliche Lebensführung auf der Ebene sozialer Interaktion durch die Etablierung eigenständiger Alltagsstrukturen gesellschaftliche Kontinuität erzeugt. Diese Behauptung kann ich aus methodischen Gründen nicht direkt bestätigen, da die Analyse derartiger Strukturen und ihrer Wirkung nicht Gegenstand unserer Untersuchungen war. Hierzu wäre eine anders gerichtete und als Zeitvergleichsstudie angelegte Untersuchung erforderlich. Ich verweise stattdessen auf eine bekannte Tatsache, deren Evidenz für sich spricht. Im Zuge der Vereinigung hatte sich in den neuen Bundesländern objektiv eine Situation der Anomie – des Auseinanderklaffens von sozialen Strukturen und kulturellen Selbstverständlichkeiten – eingestellt. Die alte Gesellschaftsordnung, das alte Recht und die alten Institutionen wurden zwar ausgetauscht. Sie waren jedoch in den Köpfen und Lebensgewohnheiten der Personen nach wie vor als lebensgeschichtlich sedimentierte Erfahrung und als selbstverständlich gewordene Handlungsorientierung gegenwärtig. Dass in einer solchen Situation von Anomie im Bereich des Alltagslebens nicht Chaos oder Anarchie ausbrachen, hat sicherlich auch mit dem damaligen sozialpolitischen Moratorium zu tun, das die Folgen der Vereinigung zu verzögern half. Dass aber weiterhin das Bild von öffentlicher Ruhe und Ordnung aufrechterhalten wurde, verdankt sich in erster Linie der Beständigkeit einer individuell eingeübten und kollektiv verflochtenen Art von individueller Lebensführung, die – wenn man so will kontrafaktisch, aber selbst Fakten setzend – den Bruch zwischen altem und neuem System moderierte.

Man könnte es auch so ausdrücken: Das Festhalten an einer bewährten Lebensführung im Rahmen einer eigenständigen Alltagsstruktur half, die Lasten des Übergangs über die Zeit hinweg zu integrieren, und überführte strukturelle Diskontinuität in lebensweltliche Kontinuität dadurch, dass auch weiterhin eingeübte Normalität praktiziert wurde. Und genau dieses Aufrechterhalten von eingeübter Normalität auch gegen die Veränderung ihrer Grundlagen macht das gesellschaftliche Stabilitätspotenzial von Arrangements alltäglicher Lebensführung aus.

Literatur

Beck, U. (1986): Risikogesellschaft. Auf dem Weg in eine andere Moderne, Frankfurt a. M.

Behringer, L. (1996): Zur Bedeutung der alltäglichen Lebensführung für die Identitätsbildung. In: Mitteilungen 10 des SFB 333, München.

Behringer, L. (1998): Lebensführung als Identitätsarbeit. Der Mensch im Chaos des modernen Alltags, Frankfurt a. M./New York.

Berger, P. A. (1996): Individualisierung. Statusunsicherheit und Erfahrungsvielfalt, Opladen.

Bolte, K. M. (1992): Auf dem Weg in eine andere Zukunft – Wandlungen der Zukunftsvorstellungen in den Sozialwissenschaften. In: Soziale Welt 1.

Diewald, M.; Mayer, K. U. (Hg.) (1996): Zwischenbilanz der Wiedervereinigung. Strukturwandel und Mobilität im Transformationsprozess, Opladen.

Dietmaier-Jebara, S. (1996): „Sich politisch zu engagieren, bringt nichts." Bilanzierungen des politischen Wandels und der Partizipationsmöglichkeiten in Ostdeutschland: eine exemplarische Analyse. In: Mitteilungen 10 des SFB 333, München.

Dietzsch, I.; Hofmann, M. (1993): Einfach so weiterleben … oder? Ostdeutsche Lebensführung zwischen Stabilität und Wandel. In: Mitteilungen 6 des SFB 333, München, S. 43–58.

Flora, P. (1974): Modernisierungsforschung. Eine empirische Analyse der gesellschaftlichen Entwicklung, Opladen.

Habermas, J. (1973): Technik und Wissenschaft als Ideologie, Frankfurt a. M.

Hofmann, M.; Dietzsch, I. (1995): Zwischen Lähmung und Karriere. Alltägliche Lebensführung bei Industriearbeitern und Berufsumsteigern in Ostdeutschland. In: B. Lutz, H. Schröder (Hg.): Entwicklungsperspektiven von Arbeit im Transformationsprozeß, München/Mering, S. 65–95.

Hradil, S. (1987): Sozialstrukturanalyse in einer fortgeschrittenen Gesellschaft, Opladen.
Huinink, J.; Mayer, K. U. (1993): Lebensverläufe im Wandel der DDR-Gesellschaft. In: H. Joas, M. Kohli (Hg.): Der Zusammenbruch der DDR, Frankfurt a. M., S. 151–171.
Jurczyk, K. (1993): Alltägliche Lebensführung und Zeit. In: Mitteilungen 5 des SFB 333, München, S. 133–139.
Jurczyk, K. (1994): ZeitMachtGeschlecht: Frauen und Zeit in der alltäglichen Lebensführung. In: E. Claupein (Hg.): Frauen und alltägliche Lebensführung, Niederkleen, S. 19–44.
Jurczyk, K.; Kudera, W. (1991): Verfügung über Zeit? Die ganz unterschiedlichen Auswirkungen flexibler Arbeitszeiten auf die Lebensführung. In: J. Flecker, G. Schienstock (Hg.): Flexibilisierung, Deregulierung und Globalisierung, München/Mering, S. 53–70.
Jurczyk, K.; Rerrich, M. S. (Hg.) (1993): Die Arbeit des Alltags. Beiträge zu einer Soziologie der alltäglichen Lebensführung, Freiburg.
Kudera, W. (1993): Eine Nation, zwei Gesellschaften? In: K. Jurczyk, M. S. Rerrich (Hg.): Die Arbeit des Alltags. Beiträge zu einer Soziologie der alltäglichen Lebensführung, Freiburg, S. 133–159.
Kudera, W. (1994): Wie Geschichte in den Alltag eindringt. In: Berliner Journal für Soziologie 1, 55–76.
Kudera, W. (1995a): Lebenslauf, Biographie und Lebensführung. In: P. A. Berger, P. Sopp (Hg.): Sozialstruktur und Lebenslauf, Opladen, S. 85–105.
Kudera, W. (1995b): Lebensführung als individuelle Aufgabe. In: Gegenwartskunde 2, 155–166.
Kudera, W. (1995c): Alltägliche Lebensführung von Arbeitern – ein gesamtdeutsches Phänomen? In: Mitteilungen 9 des SFB 333, München, S. 63–74.
Kudera, W.; Voß, G. G. (Hg.) (1996): Penneralltag, München/Mering.
Lutz, B. (1984): Der kurze Traum immerwährender Prosperität. Eine Neuinterpretation der industriekapitalistischen Entwicklung im Europa des 20. Jahrhunderts, Frankfurt a. M./New York.
Projektgruppe „Alltägliche Lebensführung" (Hg.) (1995): Alltägliche Lebensführung. Arrangements zwischen Traditionalität und Modernisierung, Opladen.
Schluchter, W. (1980): Rationalismus der Weltbeherrschung. Studien zu Max Weber, Frankfurt a. M.
Schütz, A.; Luckmann, Th. (1975): Strukturen der Lebenswelt, Neuwied.
Van der Loo, H.; van Reijen, W. (1992): Modernisierung. Projekt und Paradox, München.
Voß, G. G. (1991a): Lebensführung als Arbeit. Über die Autonomie der Person im Alltag der Gesellschaft, Stuttgart.
Voß, G. G. (Hg.) (1991b): Die Zeiten ändern sich – Alltägliche Lebensführung im Umbruch. Mitteilungen des SFB 333, Sonderheft II, München.
Weber, M. (1979): Die protestantische Ethik. Eine Aufsatzsammlung, hg. von J. Winkelmann, 5. Aufl., Gütersloh.
Wehler, H. U. (1975): Modernisierungstheorien und Geschichte, Göttingen.
Welsch, W. (1988): Unsere postmoderne Moderne, Weinheim.
Weihrich, M. (1993a): Lebensführung im Wartestand. Stabilität und Veränderung im ostdeutschen Alltag. In: K. Jurczyk, M. S. Rerrich (Hg.): Die Arbeit des Alltags. Beiträge zu einer Soziologie der alltäglichen Lebensführung, Freiburg, S. 210–234.
Weihrich, M. (1993b): Wenn der Betrieb schließt. Über alltägliche Lebensführung von Industriearbeitern im ostdeutschen Transformationsprozeß. In: BIOS 2, 224–238.
Weihrich, M. (1996): Alltag im Umbruch? Alltägliche Lebensführung und berufliche Veränderung in Ostdeutschland. In: M. Diewald, K. U. Mayer (Hg.): Zwischenbilanz der Wiedervereinigung. Strukturwandel und Mobilität im Transformationsprozess, Opladen, S. 215–228.
Zapf, W. (Hg.) (1991): Die Modernisierung moderner Gesellschaften. Verhandlungen des 25. Deutschen Soziologentages in Frankfurt am Main 1990, Frankfurt a. M./New York.
Zapf, W. et al. (1987): Individualisierung und Sicherheit. Untersuchungen zur Lebensqualität in der Bundesrepublik Deutschland, München.

3 Arbeitsorientierung und Identität: die veränderte Bedeutung von Erwerbsarbeit für die Identitätsarbeit am Beispiel benachteiligter Jugendlicher/junger Erwachsener

Renate Höfer und Florian Straus

3.1 Einleitung: Zur Diskussion um die Arbeitsorientierung Jugendlicher/junger Erwachsener

Im Folgenden werden wir uns mit der Arbeitsorientierung auf zweifache Weise beschäftigen. Zum einen werden wir die Arbeitsorientierungen einer bislang wenig beachteten Gruppe Jugendlicher mit Ergebnissen anderer Untersuchungen vergleichen. Dabei greifen wir auf aktuelle Daten aus unserer Längsschnittuntersuchung zurück. Zum Zweiten wollen wir nach dem Stellenwert der Arbeitsorientierung für den Prozess der Identitätsentwicklung junger Erwachsener fragen.

Die bisherige Diskussion über den soziokulturellen Wandel der Bedeutung von Arbeit ist geprägt von unterschiedlichen fachlichen (vgl. Schröder 1995) und gesellschaftlichen Diskursen. So ist die Rolle der Erwerbsarbeit im Leben Jugendlicher in den letzten Jahren immer wieder heftig diskutiert worden. Losungen wie die von der „Null-Bock-Mentalität" unter Jugendlichen oder die eines neuen Hedonismus, der sich vor allem in einer starken Freizeitorientierung niederschlägt, wurden ebenso heftig diskutiert wie die nicht nur auf Jugendliche gemünzte Frage, ob die ehemals so erfolgreichen deutschen Arbeitstugenden nicht inzwischen einer allgemein um sich greifenden Arbeitsunlust und Versorgungsmentalität Platz machen. Populärpolitisch gewendet wird dann auch schon mal vom „kollektiven Freizeitpark Deutschland" gesprochen.

Empirische Untersuchungen zeigen aber, dass sich die hiermit unterstellte Zerrüttung des Arbeitsbewusstseins für Jugendliche so nicht bestätigen lässt. Im Gegenteil, Erwerbsarbeit hat in den persönlichen Identitätsentwürfen der Jugendlichen nach wie vor einen hohen Stellenwert, allerdings hat sich der subjektive Bedeutungsgehalt von Arbeit verändert. Das Verhältnis von Jugend zur Erwerbsarbeit ist geprägt von einer starken Individualisierung, das heißt, es ist geprägt von einem starken „Rückbezug auf die eigene Persönlichkeitsentfaltung und auf die eigene emotionale Befindlichkeit" (vgl. Baethge 1990).

Aber, so wollen wir uns im Folgenden fragen, gilt dies auch für jene Jugendliche, deren bisherige Arbeitserfahrungen durch zahlreiche Brüche geprägt sind und die aufgrund der vorhandenen Rahmenbedingungen des Arbeitsmarktes auch künftig als Risikogruppe gelten müssen?

Im Mittelpunkt unserer empirischen Analysen[1] steht eine Gruppe, die in den letzten Jahren in der öffentlichen Diskussion etwas in den Hintergrund getreten ist, deren Probleme aber angesichts der hohen Arbeitslosigkeit jetzt wieder klarer gesehen werden.[2] Diese Gruppe von Jugendlichen/jungen Erwachsenen wird heute üblicherweise mit dem Begriff *benachteiligte Jugendliche* bezeichnet. Damit soll zum Ausdruck gebracht werden, dass diese Jugendlichen aufgrund von gesellschaftlich wie auch individuell bedingten Entwicklungen bereits im Übergang von der Schule ins Erwerbsleben Benachteiligungen aufweisen, die ihre Startchancen gegenüber so genannten Normaljugendlichen erheblich beeinträchtigen. Gemeint sind Jugendliche, die meist einen Bildungsabschluss haben, der weit unter dem qualifizierten Hauptschulabschluss liegt, die in ihrer Familienbiografie überwiegend eine Reihe massiver Belastungen aufweisen und deren Wettbewerbschancen gegenüber so genannten Normaljugendlichen auch durch andere Schwierigkeiten (wie Krankheiten, Leistungsstörungen, Verhaltensprobleme und Ähnliches mehr) weiter eingeschränkt sind.

3.2 Die veränderte Bedeutung von Erwerbsarbeit aus der Sicht benachteiligter Jugendlicher

Im ersten Teil möchten wir nun auf die Arbeitsorientierung der benachteiligten Jugendlichen eingehen und damit auch auf die Frage, inwiefern das Scheitern des beruflichen Einstiegs bereits die Ansprüche an Arbeit reduziert und durch Alterna-

1 Die Ergebnisse, die wir hier vorstellen, stammen aus dem Teilprojekt A6 des Sonderforschungsbereichs 333 und beziehen sich auf die Datenauswertung nach der zweiten Welle. Das Teilprojekt führt eine qualitative Längsschnittuntersuchung durch, in der 152 Jugendliche aus Ost- und Westdeutschland dreimal im Abstand von zwei Jahren (in der Altersphase zwischen 18 und 22) befragt werden. Wir untersuchen dabei zwei Gruppen von Jugendlichen. Zum einen benachteiligte Jugendliche. Wir sprechen hier von Jugendlichen mit einem diskontinuierlichen Erwerbsverlauf. (Diese Jugendlichen haben bis zum ersten Interviewzeitpunkt bereits einige Maßnahmen durchlaufen und ihre Arbeitsbiografie war mit immer wiederkehrenden Phasen von Arbeitslosigkeit gekoppelt.) Kontrastiert werden sie von der zweiten Fallgruppe. Hier handelt es sich um Jugendliche, die einen kontinuierlichen Einstieg in das Erwerbsleben geschafft haben. (Wir haben junge Verwaltungsfachangestellte gewählt, eine Gruppe, deren Chancen auf berufliche Kontinuität bei allen Einschränkungen, die man in Zeiten einer Rezession machen muss, doch relativ gut sind.) Gemeinsam ist beiden Gruppen aber, dass sie, betrachtet man ihre Herkunftsfamilien, aus relativ ähnlichen Verhältnissen kommen.

2 Es gehört zu den Paradoxien der Qualifizierungsdiskussion, dass die Probleme der benachteiligten Jugendlichen immer dann aus dem Blick geraten, wenn die Arbeitslosenzahlen bei Jugendlichen Entwarnung signalisieren. Dabei ist schon hinlänglich oft beschrieben worden, dass die Probleme benachteiligter Jugendlicher unabhängig von der Konjunkturlage bestehen. Im Gegenteil, gerade in guten konjunkturellen Zeiten sind die Probleme subjektiv höher, da diese Jugendlichen dann ihre Integrationsprobleme als individuelle und nicht als Kohortenprobleme wahrnehmen.

tiven, wie etwa die Perspektive sozialstaatlicher Langzeitversorgung, ersetzt hat. Wir haben dazu die Jugendlichen gefragt, welche Arbeitserfahrungen sie bisher gemacht und welche Ansprüche an Arbeit sie daraus für sich entwickelt haben. Ihre Aussagen haben wir, auch zur besseren Vergleichbarkeit mit anderen Gruppen von Jugendlichen, den von Baethge (1990) entwickelten fünf Anspruchsdimensionen an Arbeit zugeordnet:[3]

- Orientierung an *arbeitsinhaltlichen Aspekten und der Selbstbestätigung* in der Tätigkeit: Diese Jugendlichen wünschen sich eine interessante Tätigkeit, in die sie sich mit ihren Fähigkeiten einbringen und sich beweisen können (gegen Stress und einengende Anweisungsstrukturen);
- Orientierung an *kommunikativen Aspekten und sozialer Integration:* Hier stehen der Wunsch nach persönlichem Kontakt und die soziale Anerkennung durch Kollegen und Kolleginnen im Vordergrund (gegen rigide Kontrollen, Missgunst und Konkurrenz);
- Orientierung an *Status und Karriere:* Diese Jugendlichen haben den Wunsch weiterzukommen und Status und soziales Prestige über ihre Tätigkeit zu erlangen;
- Orientierung auf die *Arbeitsbedingungen* bezieht sich auf einigermaßen günstige Arbeitsplatzregelungen;
- Orientierung auf die *materielle Sicherheit und das Einkommen:* Hier stehen die Sicherheit des Arbeitsplatzes und ein kontinuierliches Einkommen im Vordergrund.

Diese fünf Orientierungen fasst Baethge zu zwei Typen der Arbeitsorientierung zusammen:

- die ersten drei Orientierungen zum Typ I mit einer *sinnhaft-subjektbezogenen Arbeitsorientierung*, die über den unmittelbaren Verwertungsaspekt der eigenen Arbeit hinausgeht, und
- die beiden letzten zum Typ II einer *materiell-reproduktionsbezogenen Arbeitsorientierung,* in der der Verwertungsaspekt und die Arbeitsbedingungen betont werden.

3.2.1 Der erste Blick: die erwarteten Unterschiede zwischen den Fallgruppen

Vergleicht man unsere Ergebnisse bezüglich der dominanten[4] Anspruchshaltungen, zeigt sich, wie erwartet, dass die benachteiligten Jugendlichen in ihren Arbeitsansprüchen weniger subjektiv-sinnhaft orientiert sind. Dieses Ergebnis deckt sich auch mit den von Baethge gefundenen Unterschieden zwischen Jugendlichen mit

3 Wir haben dazu die Interviewaussagen der Jugendlichen ausgewertet und geratet und sie den von Baethge entwickelten Typen zugeordnet.

4 Die Jugendlichen wurden gefragt, welche Erwartungen sie an Arbeit haben und welche davon für sie die wichtigste ist. Diese bezeichnen wir im Folgenden als dominante Orientierung.

verschiedenen Bildungsniveaus, die den Bildungsabschlüssen unserer Fallgruppen vergleichbar sind (Tabelle I.3.1).[5]

Tabelle I.3.1: Dominante Anspruchsdimensionen (in %). Vergleich mit den Ergebnissen von Baethge (1990).

Dominante Anspruchsdimensionen (nach Fallgruppen)	FG1 Benachteiligte (N = 60)	FG2 Kontrastgruppe (N = 60)	Baethge Allgemein (N = 159)	Baethge Hauptschule mit/ohne Abschluss (N = 60)	Baethge Realschulabschluss (N = 86)
1. Arbeitsinhaltliche Aspekte/ Selbstbestätigung in der Tätigkeit	20	32	42	22	52
2. Kommunikative Aspekte/ soziale Integration	29	39	24	30	26
3. Statuserwerb/Karriere	9	14	7	0	8
4. Arbeitsbedingungen: Belastungen/betriebliche Leistungsansprüche	12	5	7	8	5
5. Materielle Sicherheit/ Einkommen	30	10	20	40	9
Typ I: Sinnhaft-subjektbezogene Ansprüche (Orientierung 1 bis 3)	58	85	73	52	86
Typ II: Materiell-reproduktionsbezogene Ansprüche (Orientierung 4 und 5)	42	15	23	48	14

Aufgrund der Berufsbiografie der benachteiligten Jugendlichen hätten wir den Unterschied zur Kontrastgruppe jedoch größer erwartet und waren um so erstaunter, dass sich dieser Unterschied bei näherer Analyse eher reduzierte als vergrößerte.

3.2.2 Der zweite Blick: erstaunlich hohe subjektiv-sinnhafte Werte für die benachteiligten Jugendlichen

Die Einzelanalyse aller genannten Arbeitsorientierungen[6] zeigt, dass der Anteil jener benachteiligten Jugendlichen, die ausschließlich materiell-reproduktionsorientierte Erwartungen haben, nur bei 26 % liegt. Bei annähernd zwei Dritteln mischen sich mate-

5 Die Fallgruppe der benachteiligten Jugendlichen hat Schulabschlüsse, die unterhalb des Qualifizierten Hauptschulabschlusses liegen, die Jugendlichen der Kontrastgruppe haben überwiegend einen Realschulabschluss.

6 Wir betrachten hier nicht mehr nur die dominierende Arbeitsorientierung, sondern das Gesamt aller genannten Arbeitsorientierungen.

riell-reproduktionsbezogene Erwartungen mit subjektiv-sinnhaften. Ausschließlich subjektiv-sinnhafte Orientierungen haben 7 %. Auch bei der Kontrastgruppe zeigt sich ein ähnliches Bild, allerdings ist hier der Anteil der ausschließlich subjektiv-sinnhaft orientierten (insbesondere weiblichen) Jugendlichen deutlich höher.

Dieses Ergebnis ist für die benachteiligten Jugendlichen um so bemerkenswerter, wenn man die Zeit bedenkt, in denen diese Jugendlichen nahezu durchgängig Probleme mit dem Berufseinstieg hatten bzw. immer noch haben. Trotz der damit verbundenen Gefühle des Scheiterns und individuellen Versagens und des Erlebens eines Arbeitsmarktes voller Beschränkungen und Selektionsmechanismen behielten sie offensichtlich dieses Arbeitsverständnis bei. Diese Jugendlichen wollen innerlich an Arbeit beteiligt sein, sie wollen die Bestätigung der eigenen Kompetenz erfahren, ihre Arbeit soll sie herausfordern, aber nicht überfordern, sie wollen Arbeitskollegen und -kolleginnen, von denen sie als Person anerkannt werden, oder, wie die Jugendlichen es meist selbst ausdrücken, sie wollen nicht Spaß statt Arbeit, sondern Spaß an und in der Arbeit haben.

Differenziert man die *subjektiv-sinnhaften* Arbeitsansprüche weiter nach den einzelnen Dimensionen und nach dem Geschlecht, so relativiert sich der Unterschied vor allem zwischen den benachteiligten jungen Frauen und der Kontrastgruppe:

- Den benachteiligten jungen Frauen ist der kommunikative Aspekt fast ebenso wichtig wie den weiblichen Verwaltungsfachangestellten und der arbeitsinhaltliche ebenso wichtig wie den männlichen Verwaltungsfachangestellten.
- Für die benachteiligten jungen Männer ist dagegen die Bedeutung des Statuserwerbs etwa gleich wichtig wie den kontinuierlichen Jugendlichen (Männern wie Frauen).

Insgesamt zeigen unsere Ergebnisse ganz deutlich, dass es auch bei benachteiligten Jugendlichen verfehlt wäre, von einer Abkehr bzw. Devaluation von Arbeit zu sprechen. Die Aussicht auf sozialstaatliche Versorgung als Alternative zu Arbeit ist für keine/n der interviewten Jugendlichen interessant. Im Gegenteil, die meisten würden dies als fundamentales eigenes Scheitern bewerten.

Auch bei den Mädchen überwiegt keineswegs der Wunsch, ihre riskanten Chancen auf dem Arbeitsmarkt durch die Sicherheit klassischer Rollenteilung, also etwa durch Mutterschaft mit dem Mann als alleinigem Familienernährer, zu vertauschen. Nicki, 19-jährige Sonderschülerin und zweifache Lehrstellenabbrecherin, spricht aus, was für viele andere Mädchen gilt: „Wenn i' des tät, dann wäre i' mein Leben lang von einem Mann abhängig, da geh i' lieber putzen, als dass i' mir alles vorschreiben ließ' ..." Diese Wünsche nach mehr Autonomie und Subjektivität in ihren Tätigkeiten versuchen junge Frauen offensichtlich auch immer stärker gegen entgegenstehende betriebliche Strukturen durchzusetzen. So waren es vor allem die jungen Frauen mit langen Arbeitslosigkeitserfahrungen, die eine besonders ausgeprägte subjektiv-sinnhafte Orientierung hatten, nicht zuletzt auch, weil sie nicht bereit waren, jede Form von Arbeitsbedingungen zu akzeptieren.[7]

7 Die Veränderung der Arbeitsorientierungen zeigt sich also auch deutlich bei den jungen Frauen, die erhebliche Anstrengungen machen, sich im Beruf „einzurichten". Auch bei

Und wenn dies nur Ergebnis einer Momentaufnahme ist? Werden die ersten konkreten Arbeitserfahrungen die Maßstäbe verändern?

Im Rahmen unserer Längsschnittuntersuchung wurden die Jugendlichen nach zwei Jahren ein zweites Mal befragt. Die benachteiligten Jugendlichen hatten ihre Arbeit in den Projekten berufsbezogener Jugendhilfe beendet. Ein kleiner Teil dieser Jugendlichen war zum Zeitpunkt des Interviews bereits wieder arbeitslos, der größere Teil war entweder erneut in einer Integrationsmaßnahme oder hatte den Einstieg in den ersten Arbeitsmarkt geschafft. Die Jugendlichen der Kontrastgruppe hatten zu diesem Zeitpunkt ihre Ausbildung beendet und waren nahezu ausnahmslos in den Öffentlichen Dienst übernommen worden.

Trotz dieser unterschiedlichen Erfahrungen in der Zeit zwischen erster und zweiter Befragung hat sich insgesamt der Anteil von Jugendlichen/jungen Erwachsenen mit subjektiv-sinnhaften und materiell-reproduktionsbezogenen Orientierungen kaum verändert. Die Mehrzahl der Jugendlichen erwartet nach wie vor inhaltlich interessante Tätigkeiten, über die sie Anerkennung, Wertschätzung, aber auch Spaß erhalten. Betrachtet man die Bewegungen, die über die beiden Messzeitpunkte stattgefunden haben, zeigt sich bei den benachteiligten Jugendlichen eine größere Bewegung. Ein Viertel wechselt zwischen den beiden Typen der Arbeitsorientierung, bei der Kontrastgruppe ist es nur jede/r siebte Jugendliche. Da aber Bewegungen in alle Richtungen stattfinden, ändert sich am Gesamtverhältnis zwischen subjektiv-sinnhaftem und materiell-reproduktionsbezogenem Typ bei beiden Gruppen nichts.

Zum Zweiten wird offensichtlich, dass es sich bei der Gruppe der „Wechsler/Wechslerinnen" um Personen handelt, die bereits bei der ersten Befragung subjektiv-sinnhafte wie auch materiell-reproduktionsbezogene Orientierungen genannt hatten und aufgrund ihrer aktuellen Lebenssituation jetzt dem jeweils anderen Typ den Zuschlag gaben. Die benachteiligten Jugendlichen und die Kontrastgruppe unterscheiden sich auch hier nicht.

Interpretiert man diese Befunde zum derzeitigen Erhebungszeitpunkt,[8] zeigen sich zwei Trends: Zum einen sind die erhobenen Arbeitsorientierungen relativ stabil, das heißt übersituativ wirksam. Und zum anderen bestätigt sich für die Gruppe der Benachteiligten auch nach dem zweiten Erhebungszeitpunkt der Befund einer mehrheitlich subjektiv-sinnhaften Arbeitsorientierung.

Das Wesen der Veränderung der Arbeitsweise drückt sich aus in der veränderten Bezugsweise zu Arbeit, in der, wie Zoll (1993: 92) es definiert, Selbstbezüglichkeit der Individuen, in der jegliches Handeln daraufhin überprüft wird, was es für die eigenen Entwicklungsprozesse und für die Selbstverwirklichung bedeutet. Nun kann man aber annehmen, dass diese Bedeutungsmuster nicht nur lebensphasisch (von der konkreten Erwerbsarbeit), sondern auch von der aktuellen Lebenssituation geprägt sind. Könnte es sein, dass sich möglicherweise hinter der gleichen Arbeitsorientierung andere Motive verbergen? Wir haben dazu die Bedeutungsmuster in ihrer Funktionalität für den gegenwärtigen Lebenszusammenhang analysiert. Hier finden sich interessante Differenzierungen, die wir am Beispiel der kommunikativen Orientierung zeigen wollen.

---

ihnen gilt als grundlegendes Motiv des Handelns die Selbstverwirklichung, die bei vielen zum Wunsch nach Selbstbestimmung in allen Bereichen des Lebens wird.

8 Derzeit erfolgt die dritte Erhebungswelle.

3.2.3 Der dritte Blick: Arbeitsorientierung und Lebenssituation

Bei den benachteiligten Jugendlichen mit kommunikativ-sozialintegrativen Orientierungen lassen sich drei Bedeutungsmuster unterscheiden. Für den Großteil der Benachteiligten lässt sich deutlich zeigen, dass die kommunikative Orientierung eine *kompensatorische* Funktion hat:

- Für den einen Teil dieser Jugendlichen trifft dies zu, weil sie über gute kommunikative Bedingungen am Arbeitsplatz die Anerkennung, die sie aufgrund schwieriger familialer Bedingungen vor allem in ihrer Herkunftsfamilie nicht bekommen (haben), suchen (dies gilt besonders auch für Mädchen mit familialen Gewalt-, Alkohol- bzw. Missbrauchserfahrungen).
- Für einen weiteren Teil dieser Jugendlichen ist die Situation noch um eine Nuance dramatischer. Auch für sie gilt das oben formulierte Anerkennungsdefizit. Hinzu kommt jedoch noch, dass sie selbst über so geringe soziale Kompetenzen verfügen, dass gute kommunikative Bedingungen als „Schutzraum" dienen. Dieser hat die Funktion, ihr Selbstwertgefühl aufzubauen und sie überhaupt „arbeitsfähig" zu halten.
- Für einen dritten Teil gilt, dass die kommunikative Orientierung Ersatz ist für das Gefühl/Wissen, die erstrebten arbeitsinhaltlichen Ziele nicht verwirklichen zu können bzw. verwirklicht zu haben. Gelingt also beispielsweise der Wunsch, Fliesenleger zu werden, nicht, dann wollen sie wenigstens ein Tätigkeitsfeld, in dem sie über gute persönliche Kontakte soziale Anerkennung bekommen und sich beweisen/spüren können.

Für eine kleine Gruppe von Jugendlichen (vor allem männliche Jugendliche) scheint die kommunikative Orientierung vor allem etwas Übergangsspezifisches zu sein. Sie signalisiert einen vor allem von Gleichaltrigen geteilten Raum, in dem der Spaß in der Arbeit auch als soziale adoleszente Inszenierung im Vordergrund steht.

Für einen weiteren (kleinen) Teil der Jugendlichen gilt, dass die kommunikative Orientierung[9] Arbeitsinhalt selbst ist, das heißt, der Berufswunsch ist vor allem daran orientiert, dass es sich um einen Bereich handelt, in dem der Kontakt mit anderen Menschen (wie natürlich auch eine gute Zusammenarbeit mit Kollegen und Kolleginnen) im Mittelpunkt steht (auch ohne dass dies wegen Defiziten in den Herkunftsfamilien eine kompensatorische Funktion hätte).

9 Für die benachteiligten Jugendlichen stellt diese kommunikative Orientierung auch ein besonderes „Gefahrenmoment" dar. So sehr ein funktionierendes soziales Umfeld am Arbeitsplatz in Kombination mit der Tätigkeit Möglichkeiten von Selbstverwirklichung und Sinnfindung beinhaltet, so sehr bergen diese sozialen Beziehungen immer auch ein Spannungsfeld zwischen der fachlichen und der persönlichen Ebene und bieten so vielfältige Möglichkeiten für Konflikte, aber auch für Enttäuschungen. Gerade bei wenig sozialen Kompetenzen und einem mangelnden Selbstwertgefühl stellen diese Spannungen schnell die Identität infrage und sind dann nicht selten der Grund für den Abbruch von Ausbildungen und Arbeitsverhältnissen. Dies gilt vor allem für jene jungen Frauen, bei denen sich in den kommunikativen Orientierungen der Wunsch nach einem „sozialen Schutzraum" ausdrückt, also nach einem Klima, das ihnen hilft, den Arbeitsalltag zu bewältigen, indem es sie unterstützt und ihnen die Sicherheit und Anerkennung gibt, die ihnen in anderen Bereichen, vor allem auch in ihren Herkunftsfamilien, verwehrt worden sind.

Für viele Jugendliche der Kontrastgruppe ist dieses letzte Muster der eigentlich dominierende Faktor für deren kommunikative Orientierung. Kompensatorische Funktionen erhält diese Orientierung bei ihnen nur, wenn sie als Ersatz für nicht realisierte Traumberufe fungiert und der Dienst am Bürger dafür noch am ehesten zu entschädigen verspricht.[10]

Ähnliche Differenzierungen in der Arbeitsorientierung lassen sich auch bei den vier anderen Orientierungsmustern nachweisen. Dies macht deutlich, dass die Arbeitsorientierungen für die einzelnen Gruppen zwar nicht komplett anders, in ihrer Bedeutungsnuance jedoch durchaus unterschiedlich, das heißt je nach aktueller Lebenssituation, geprägt sind.

3.2.4 Zwischenfazit

Wie erklären sich nun aber diese immer noch starken und, wenn man die realen Chancen auf dem Arbeitsmarkt nimmt, teilweise ja auch idealistischen Hoffnungen auf einen sinnerfüllten, kommunikativ befriedigenden Arbeitsplatz? Wir sehen hier vor allem drei Gründe:

Erstens spricht vieles dafür, dass Baethge Recht hat mit der These, dass heute mangels anderer *Sinn stiftender Instanzen Arbeit* an deren Stelle gerückt ist, das heißt gerade auch bei dieser Gruppe von Personen Arbeit das ersetzen muss, was Kultur, Religion und auch politische Loyalitäten nicht mehr hergeben: das Gefühl des Gebrauchtwerdens, von Zugehörigkeit, Selbstbestätigung und gesellschaftlicher Integration.

Zweitens dürfte sich darin aber auch ein Wandel der Anspruchshaltungen abzeichnen. Dabei geht es nicht um gestiegene Berufswünsche. Dort, wo die benachteiligten Jugendlichen klare Berufswünsche ausgebildet hatten, gingen diese fast ausschließlich in Richtung einfacher Handwerks- und Dienstleistungsberufe. Sondern es geht um eine *veränderte Bezugsweise zu Arbeit* generell. Nehmen wir zur Veranschaulichung Sandra, eine 18-jährige Hauptschülerin mit einfachem Hauptschulabschluss. Sandra will einen Beruf, in den sie Fantasie einbringen kann, in dem sie zeigen kann, was sie leistet, und sie möchte eine Firma und Kollegen und Kolleginnen, die auch ihren Lebensstil – sie ist Punkerin – zumindest akzeptieren. Sie will einen Beruf auswählen, der beiden Ansprüchen genügt, und darin sieht sie auch einen deutlichen Unterschied zu ihren Eltern:

10 Bei den Jugendlichen der Kontrastgruppe kommt der kommunikativen Orientierung zum Teil ebenfalls kompensatorische Funktion zu. Jugendliche, die ihre Chancen in der Verwaltung gering einschätzen, z. B. einen Arbeitsplatz zu bekommen, den sie möchten, sondern eher das Gefühl haben, sie müssen nehmen, was ihnen zugewiesen wird, und Jugendliche, die sich unterfordert fühlen, also kein Gefühl von eigener Leistung erfahren, betonen diese Orientierung. Auch hier fällt auf, dass Jugendliche, die eher ausgegrenzt sind (beispielsweise durch eine Behinderung), in der Arbeit vor allem auch die soziale Akzeptanz und Anerkennung ihrer Person suchen. Ähnlich wie bei den männlichen benachteiligten Jugendlichen will ein Teil der Jugendlichen der Kontrastgruppe Spaß haben mit (vor allem gleichaltrigen) Kollegen und Kolleginnen, die die gleiche „Wellenlänge“ wie sie selbst haben.

„Aber die haben einfach einen Beruf genommen, ohne zu gucken, ob er ihnen gefällt oder ihren Fähigkeiten entspricht. Die haben einfach gesagt, so ist es, das machen wir, und das war es dann." (Sandra, 18 J., Hauptschule, einfacher Abschluss)

Ein dritter Grund liegt in den bisher gemachten Arbeitserfahrungen und im Selbstbild der Jugendlichen. Benachteiligte Jugendliche mit einer sinnhaft-subjektbezogenen Arbeitsorientierung haben in den Interviews häufiger als die materiell-reproduktionsorientierten Jugendlichen von Zusammenhängen erzählt, in denen sie Autonomie und Anerkennung erfahren haben. Sie haben insgesamt von mehr positiven Lebensereignissen berichtet. Und es sind auch Jugendliche, die in ihrem Kontrollbewusstsein aktiver und in ihrer Zeitwahrnehmung etwas strukturierter sind. Dies lässt den Schluss zu, dass eine materiell-reproduktionsbezogene Arbeitsorientierung auch ein Produkt von Enttäuschungen und Demoralisierungserfahrungen ist.

Im zweiten Teil wollen wir jetzt noch einen Schritt weiter gehen und uns über die Arbeitsorientierung hinaus mit der Frage beschäftigen, welche Konsequenzen die bisherigen Arbeitserfahrungen für die Arbeitsidentität haben. Welches Bild der Identitätsarbeit ergibt sich, wenn man über die Arbeitsorientierungen hinausgeht und sich mit dem Gesamt der bisherigen Arbeitsbiografie beschäftigt?

3.3 Entwicklungsetappen der Arbeitsidentität

Bewertet wird nun nicht nur, was man sich von Arbeit erwartet, sondern auch das, was man umsetzen konnte an Berufswünschen, an konkreten Arbeitszusammenhängen. Setzt man vergangene mit gegenwärtigen Arbeitserfahrungen und zukünftigen Arbeitsentwürfen in Bezug, erhält man ein Bild sowohl über die subjektive Selbstreflexion des beruflichen Werdegangs als auch über die dabei getroffenen Entscheidungen. Im Mittelpunkt steht dabei der Identitätsstatus Arbeit. Wir knüpfen in unserer Analyse an Marcia an, dessen Identitätsmodell in der internationalen empirischen Identitätsforschung derzeit am häufigsten Verwendung findet (Marcia et al. 1993). Marcia teilt dabei, die Tradition von Erikson fortführend, den Prozess der Identitätsentwicklung in vier Statusstufen ein:

- In der ersten haben die Jugendlichen noch eine *übernommene Identität*, das heißt, sie orientieren sich stark an fremden Vorgaben, zumeist an den elterlichen Ziel- und Wertvorstellungen, ohne sich selbst mit anderen Möglichkeiten auseinander zu setzen bzw. eventuell damit verbundene Probleme zu reflektieren.
- In der zweiten Stufe lösen sie sich von den „Identitätsvorgaben", ohne dass sie jedoch schon eigene Vorstellungen entwickelt haben. Das, was sie suchen, bleibt noch im Nebel, ihre Orientierungen sind entsprechend eher diffus und gegenwartsorientiert. Auf die Arbeitsidentität bezogen wählen Jugendliche in dieser Phase das, was aktuell Erfolg verspricht, oder sie warten darauf, dass ihnen ein Beruf zufällt, oder sie treffen eine Berufswahl ohne realistischen Bezug auf ihre Fähigkeiten. Typisch ist vielfach auch, dass sie in dieser Phase der *Identitätsdiffusion* mehr in andere Lebensbereiche als in Arbeit investieren.
- In der dritten Stufe, die Marcia wie Erikson das *Moratorium* nennen, lichtet sich der Nebel. Es werden bereits bestimmte Entscheidungswege verfolgt, Varianten durchdacht und verschiedene Möglichkeiten ausprobiert.

- Dem Moratorium folgt schließlich als vierter Status die *erarbeitete Identität*, das heißt eine Identität, in der eine Auseinandersetzung mit mindestens einer Alternative bereits stattgefunden hat und in der (wiederum auf Arbeit bezogen) der/die Jugendliche begonnen hat, sich in die Berufsrolle als Teil seiner/ihrer Identität einzuleben.

Betrachtet man den Identitätsstatus der Gruppe der benachteiligten Jugendlichen zum Zeitpunkt unserer ersten Befragung (die Jugendlichen waren hier im Schnitt 19 Jahre alt), ergibt sich, dass

- sich der größte Teil im Status der Diffusion befindet und
- demgegenüber die Kontrastgruppe, also die Gruppe der gleichaltrigen Jugendlichen, die eine Ausbildung zum/zur Verwaltungsfachangestellten machen, sich weitaus häufiger bereits in der Stufe des Moratoriums und der erarbeiteten Identität befinden.

Dies kommt angesichts der bisherigen Brüche im Erwerbsverlauf der benachteiligten Jugendlichen nicht unerwartet. Es lässt sich zeigen (Abbildung I.3.1), dass dieses Ergebnis über den Bereich der Arbeitsidentität hinaus auch für den Bereich der familialen Identität und der Entwicklung eigener Wert- und Normvorstellungen gilt. (Auch hier sind deutlich mehr Jugendliche aus der Kontrastgruppe in „höheren" Identitätsstadien.)

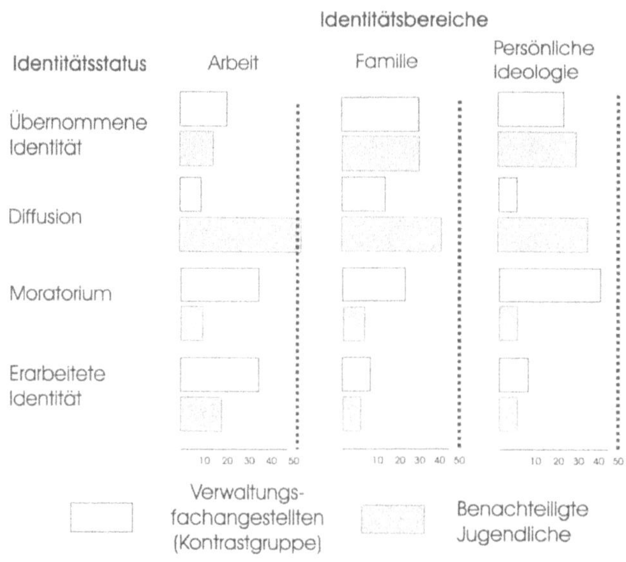

Abbildung I.3.1: Identitätsstatus (Vergleich benachteiligte Jugendliche – Kontrastgruppe).

Wie lassen sich diese Befunde interpretieren und auf unsere Ausgangsfragestellung rückbeziehen?

Interpretiert man diesen Identitätsstatus, wie häufig geschehen, im Sinne eines Stufenmodells, in dem man von Stufe zu Stufe voranschreitet (vgl. Waterman 1982), zeigt der Vergleich der beiden Gruppen einen deutlichen Entwicklungsrückstand der benachteiligten Jugendlichen und lässt eine wenig hoffnungsvolle Prognose erwarten. Wir möchten jedoch davor warnen, zu schnell diese eindimensional-lineare Interpretation zu wählen. Zu relativieren gilt es insbesondere die Idee eines entwicklungslogischen Stufenmodells.

So bedeutet das Erreichen einer höheren Stufe nicht automatisch, dass dieser Prozess als gelungen anzusehen ist.[11] In unserer Untersuchung ergab sich beispielsweise keineswegs ein direkter Zusammenhang zwischen dem Erreichen eines nach dem Stufenmodell „höheren" Identitätsstatus und einem größeren subjektiven Wohlbefinden. Eher sogar im Gegenteil. So zeigte sich, dass jene, die schon in allen Lebensbereichen die Stufe einer erarbeiteten Identität erreicht hatten (wie nach dem bisher Gesagten nicht anders zu erwarten, waren dies nur Jugendliche aus der Kontrastgruppe), in der Tendenz sogar unzufriedener waren als jene, die in einem oder auch in zwei Lebensbereichen noch als eher diffus eingeschätzt wurden.

Auch zeigen die Ergebnisse zur zweiten Befragungswelle (die Jugendlichen sind im Schnitt nun 21 Jahre alt) zwar auf den ersten Blick das erwartete Bild – bei der Kontrastgruppe nimmt der Anteil der „Achievten" zu, bei den Benachteiligten scheinen sich mit dem gelungenen Übergang in den ersten Arbeitsmarkt einige aus dem Status der Diffusion in Richtung Moratorium zu bewegen. Die genaue Analyse ergibt aber über alle befragten Gruppen, dass es nicht nur ein lineares Aufsteigen, sondern Bewegungen zwischen allen vier Statusbereichen gibt (also auch einen Übergang von der Stufe „Diffusion" in „Moratorium", vom „Moratorium" in die „Diffusion", vom „Moratorium" in „Foreclosure" usw.). Dabei folgt fast jede zweite dieser Bewegungen einem nichtlinearen Modell.

Beide Ergebnisse stimmen mit Überlegungen anderer Forscher überein (vgl. Bosma und Jackson 1990; Kroger 1992; Berzonsky 1992), die ebenfalls mit dem Marcia-Modell arbeiten. Auch hier wird über eine Flexibilisierung und stärkere lebensweltliche Einbettung des Stufenmodells nachgedacht. Marcia (1989) selbst hat aufgrund neuerer empirischer Studien festgestellt, dass es für unsere gesellschaftliche Zeit wohl durchaus typisch ist, dass quantitativ vor allem der Status der Diffusion an Bedeutung gewonnen hat, ein, wenn man so will, identitätsbezogener Reflex auf das, was Habermas einmal die neue Unübersichtlichkeit genannt hat.

Versucht man nun weitere Ergebnisse mit in die Interpretation einzubeziehen, finden sich auch Belege dafür, dass die unterschiedlichsten Freizeitorientierungen nicht minder wichtig für die aktuelle Identitätsarbeit der Jugendlichen sind. Könnte es von daher sein, dass sich die Frage Arbeits- vs. Freizeitorientierung identitätsbezogen so gar nicht stellt?

11 Für die Frage des Entwicklungspotenzials hat dies erhebliche Konsequenzen. So kann man beispielsweise in Anlehnung an die Belastungs-Bewältigungs-Forschung davon ausgehen, dass der von den benachteiligten Jugendlichen stärker ausgebildete Identitätsstatus der Diffusion durchaus als adaptive Bewältigungsstrategie, als Reflex auf ihre für den persönlichen Entscheidungsprozess keineswegs förderlichen lebensweltlichen Bedingungen betrachtet werden kann.

3.4 Arbeitsidentität als Teil von Identität – identitätstheoretische Modellüberlegungen

Im Folgenden wollen wir uns mit der Frage beschäftigen, welche Bedeutung Arbeitsorientierung und Arbeitserfahrungen unter einer identitätstheoretischen Perspektive haben. Wir werden dazu die bisher vorgenommenen Überlegungen zur Statusidentität von Marcia in ein allgemeines Identitätsmodell integrieren.[12]

3.4.1 Ausgangsfrage: Wie organisieren Subjekte heute noch Kohärenz?

In der aktuellen Identitätsdebatte gibt es eine Fülle unterschiedlicher Metaphern und Konzepte. Ob man von dem dezentrierten Subjekt (Sampson 1989), dem Collagenselbst (Pazzini 1985), der Patchworkidentität (Keupp 1989, 1990) oder der Mannigfaltigkeit der Identitätsbalancen (Krappmann 1969) spricht, hinter fast all diesen Überlegungen steht eine ähnliche Frage: Wie organisieren Subjekte ihre Kohärenzerfahrung angesichts der Vielfalt lebensweltlicher Selbsterfahrungen und der Abnahme gesellschaftlich verfasster Kohärenzmodelle (Kraus 1996: 1)? Die Antwort, ob und in welcher Form Subjekte Kohärenz heute anders organisieren, ist noch offen. Sie gehört aber unbestritten zu den (empirisch wie theoretisch) vordringlichsten Themen der Identitätsforschung. Die Ergebnisse deuten, so wie wir sie im Anschluss an Baethge interpretiert haben, darauf hin, dass Arbeit hier eine besondere Rolle einnehmen könnte. Um diese näher begründen zu können, gilt es, zunächst unsere identitätstheoretischen Überlegungen schrittweise zu entfalten und – wenn möglich – auch bereits an arbeitsbezogenen Beispielen zu verdeutlichen.

In unserem Identitätskonzept gehen wir von der Annahme aus, dass Identität nicht etwas ist, das ein Subjekt „ab und zu bildet", beispielsweise wenn es sich fragt: „Wer bin ich eigentlich?", oder von anderen in einen analogen Dialog verwickelt wird und gefragt wird: „Wer bist Du?". Subjekte arbeiten (indem sie handeln) permanent an ihrer Identität. Deren Basisakte bestehen aus *situativen Selbstthematisierungen*, die unser Denken und Handeln kontinuierlich begleiten. Subjekte bleiben in ihrer Selbstreflexion nicht auf dieser situationalen Ebene stehen, sondern bündeln die vielen erfahrenen situativen Selbstthematisierungen unter bestimmten identitätsrelevanten Perspektiven zu Teilidentitäten.

3.4.2 Perspektivische Identitätsbündelungen und Teilidentitäten

Zur Veranschaulichung zunächst ein Beispiel aus unserer Längsschnittuntersuchung:

Marlene ist entlassen worden. Es ist die dritte Ausbildungsstelle, die sie in eineinhalb Jahren verloren hat. Die Kündigung war fristlos, weil – wie ihr Lehrherr

12 Eine ausführliche Fassung dieser Überlegungen findet sich in Straus und Höfer (1997). Dort finden sich noch weitere Beiträge zur aktuellen Theoriebildung des Teilprojekts A6.

meint – durch das mehrmalige Zuspätkommen das Maß voll war. Diese Kündigung trifft Marlene härter als die anderen, weil sie diesmal

- gerade begonnen hatte, sich richtig mit dem Beruf „Schreinerin" zu identifizieren,
- ihren Eltern zeigen wollte, dass sie eine Ausbildung auch durchhalten kann,
- eine Freundin im Projekt gefunden hat und sie nun befürchtet, diese wieder zu verlieren;
- vor allem aber macht ihr der eigentliche Kündigungsgrund zu schaffen, den sie „hintenherum" erfahren hat. Anlass für ihre Kündigung war, dass der Meister Marlene als für eine Ausbildung ungeeignet einschätzte (gesundheitlich zu anfällig, nicht clever genug) und das Zuspätkommen nur als Anlass genommen hat.

Nicht ohne depressiven Anflug gehen ihr Fragen durch den Kopf wie: Bin ich so dumm, wie mein Meister mich hinstellt? Warum kommt meine Freundin hier besser zurecht als ich, obwohl er auch an ihr „rummeckert"? Will sie überhaupt noch etwas mit mir zu tun haben, wenn ich so unfähig bin? Ist das Schreinern wirklich eine geeignete Arbeit für Frauen? Kann man als Frau in diesem Männerberuf überleben? Oder bin nur ich es, die es nicht schafft, sich zurechtzufinden? Was kann ich leisten? Bin ich überhaupt gesundheitlich in der Lage, das zu bringen, was man in der Arbeit von mir verlangt? Was traue ich mir an Arbeit überhaupt noch zu?

In diesen Gedanken spiegelt sich eine Reihe von Perspektiven, unter denen Marlene ihre subjektiven Selbsterfahrungen bündelt. Dominierend ist die Perspektive beruflicher Identität, das heißt all jene Fragen/Gedanken, die sie an die eigenen Erfahrungen, Erwartungen und Anforderungen anlegt, die mit ihrer Rolle als Auszubildende und Arbeitnehmerin zu tun haben. In diesen reflexiven Akten vermischen sich aktuelle subjektive Selbstthematisierungen mit solchen früherer Situationen (Erfahrungen aus den anderen abgebrochenen Ausbildungen, vom nicht erreichten intendierten Schulabschluss, Erfahrungen, in denen sie sich nicht leistungsfähig genug gefühlt hat, in denen ihre Eltern mit ihr unzufrieden waren, oder aber auch Situationen, in denen sie gut war, besser als beispielsweise ihre Freundinnen usw.). Darüber hinaus „reflektiert" Marlene in ihrer Selbstthematisierung weitere Perspektiven, die sich auf ihre Rolle als Frau (geschlechtsbezogene Perspektive) und Tochter (familienbezogene Perspektive) und auf ihre Leistungsfähigkeit (körperbezogene Perspektive) beziehen.

Solche identitätsrelevanten Perspektiven fungieren retrospektiv gesehen als Suchraster, in deren Gefolge Erinnerungen an subjektive Selbstthematisierungen auftauchen. Dies erfolgt in der Regel, ohne dass wir uns dessen bewusst werden müssen (wir speichern also unentwegt bestimmte Selbstthematisierungen und ihre Zuordnung zu bestimmten Perspektiven). Sowohl in diesem permanenten Wechselspiel als auch bei der nachträglichen Reflexion werden der situationale Gesamteindruck und die angelegten Perspektiven modifiziert.[13] Situationale Selbstthematisierungen lassen sich jeweils mehreren Perspektiven zuordnen, das heißt, eine be-

13 Diese Beeinflussung ist aber nicht in einem deterministischen Sinne zu verstehen. Subjekte sind durchaus in der Lage, den perspektivischen Index (zumindest teilweise) aufzulösen bzw. die einzelnen Teile separat zu erinnern. Andernfalls wäre eine therapeutische Bearbeitung problembezogener (traumatischer?) Erfahrungen nicht möglich.

stimmte Erfahrung der eigenen Person kann beispielsweise sowohl unter der Perspektive „Ich als Berufstätige" als auch unter der Perspektive „Ich als Frau" oder „Ich als gesundes/krankes Individuum" herangezogen werden.

Eine sehr wichtige Frage ist dabei, wie Subjekte diese Perspektiven entwickeln, anhand deren sie sich generalisierend reflektieren. Diese Frage verweist auf gesellschaftshistorische, soziokulturelle, aber auch regionale Lebenssituationen der Subjekte. Wahl und Schneidung der Perspektiven hängen ab:

- vom *historisch bedingten Differenzierungsgrad der Lebenswelt(en)*. Vereinfacht gesagt gilt für die meisten Individuen heute eine lebensweltliche Dreiteilung in Arbeit, Familie und Freizeit, die oftmals weitgehend eigenständige Lebensbereiche markieren. Daraus ergeben sich zumeist eigene (Identitäts?-)Perspektiven.
- von der *jeweiligen Lebensphase bzw. auch vom Verlauf der Biografie*. Beispielsweise gibt es bestimmte Rollen und Institutionen, die für bestimmte Lebensphasen typisch sind, etwa die des Schülers/der Schülerin, des Rentners/der Rentnerin, des Bundeswehrsoldaten/des Zivildienstleistenden usw. Auch diese Rollen kreieren zumeist eigene Perspektiven.
- vom *Anmutungscharakter der sozialen, gesellschaftlichen Umgebung* (hier zuletzt auch von den medial vermittelten Lebensstilen). Freunde/Freundinnen, die Region/lokale Umgebung und die Medien produzieren fortlaufend Aktivitäten und Optionsräume, die wiederum mit bestimmten Identitätsperspektiven verbunden sein können.
- von der *subjektiven Entscheidung* (welche dieser angemuteten/nahe gelegten Perspektiven das Subjekt auch zulässt bzw. unter welchen Perspektiven das Subjekt sich bewerten will).

Es ist nicht zuletzt eine Frage der Ressourcen (des sozialen, personalen, kulturellen Kapitals; vgl. dazu Ahbe 1996), in welchem Umfang solche Optionsräume zur Verfügung stehen und mit welchen Chancen bzw. Risiken sie auch genutzt werden können.[14]

Ein für die Analyse identitätsrelevanter Perspektiven sehr hilfreiches Konzept ist das der Handlungsaufgaben. Darunter verstehen wir ein System von vernetzten, sich gegenseitig beeinflussenden Anforderungen, die im Wechselspiel von gesellschaftlicher Vorgabe, kollektiver und subjektiver Aneignung definiert werden (vgl.

14 Für eine sozialhistorische Identitätsanalyse besonders relevant ist die Frage, welche Perspektiven den Subjekten gesellschaftlich vordringlich angeboten werden und welche Freiheitsgrade Subjekte haben, mit diesen Perspektiven umzugehen. Beispielsweise erlaubt eine historische Phase, in der Traditionen und ihre sozialen Träger nicht mehr jene Integrationsmacht wie früher haben, mehr eigenständige Entscheidungen. So können heute angebotene Perspektiven weit eher ausgeschlagen oder/und verändert werden. Andererseits erfordert der Individualisierungsprozess vom Subjekt umgekehrt auch permanente Entscheidungsprozesse, welche Perspektiven man übernimmt und wie man sie für sich ausgestaltet. In diesem Zusammenhang ist natürlich auch die Erosion der Integrationsmacht sozialer Großgruppen relevant. Kleinere soziale Netzwerke übernehmen – so unsere These – zunehmend Funktionen, insbesondere bei der Gewichtung und konkreten Ausformung identitätsrelevanter Perspektiven.

Helfferich 1994; Haberlandt et al. 1995). Das Konstrukt der Handlungsaufgaben ist vor allem aus zwei Gründen interessant. Zum einen stellt es eine *Verbindung von Lebenswelt und Biografie dar.* Im Konzept der Handlungsaufgaben vereinen sich somit verschiedene identitätsrelevante Perspektiven. Zum Zweiten bilden die Handlungsaufgaben eine der *zentralen geschlechtsspezifischen Schnittstellen im Identitätskonzept.* Marlenes Beispiel macht deutlich, dass sich die berufsspezifische Perspektive untrennbar mit der jeweilig historisch geltenden geschlechtstypischen Perspektive vermischt.

Das Ergebnis der Integration der selbstbezogenen situationalen Erfahrungen unter bestimmten Perspektiven ist, dass das Subjekt von sich selbst ein bestimmtes Bild bekommt, durch das die vielen Facetten seines Tuns übersituative Konturen erhalten. Wir sprechen dann von so genannten *Teilidentitäten.* Die Verdichtung der Erfahrungen beispielsweise unter einer der zentralen Handlungsaufgaben (Erwerb einer beruflichen Identität) führt zu Typisierungen der eigenen Person als „Berufstätige/r". Burke würde hier davon sprechen, dass Personen ein Set von angewandten Bedeutungen entwickeln, die definieren, wer man zu sein glaubt (Burke 1991: 837). Wir gehen davon aus, dass Teilidentitäten wesentlich durch ein solches Set, das als Standard bzw. Bezugsrahmen für das Selbst dient, geprägt sind. Diese Standards folgen dabei wiederum den vier zentralen Erfahrungsmodi des Selbst, das heißt, es gibt (in Klammern jeweils am Beispiel beruflicher Identität veranschaulicht)

- *kognitive Standards* (wo man selbst seine beruflichen Stärken und Schwächen sieht),
- *soziale Standards* (der jeweils wahrgenommenen Fremdeinschätzungen eigener beruflicher Fähigkeiten und Kompetenzen),
- *emotionale Standards* (auf der Basis des erfahrenen Selbstwertgefühls, beispielsweise bezüglich der Sicherheit und des Vertrauens in das eigene berufliche Handeln),
- *produktorientierte Standards* (bezüglich dessen, was man durch seine berufliche Tätigkeit glaubt bewirken oder herstellen zu können).

Diese eigenständige Betonung der vier Erfahrungsmodi als Identitätsstandards halten wir für wichtig, weil auch an dieser Stelle die klassische Definition des Identitätsbegriffs zu schnell suggerieren könnte, dass es sich bei der Bildung von Teilidentitäten um einen Vorgang handelt, in dem alle Erfahrungen zu einem kohärenten und konsistenten Gesamtbild zusammengefügt werden. So aber ist offensichtlich, dass innerhalb einer Teilidentität durchaus unterschiedliche Bewertungen, Ambivalenzen möglich sind, beispielsweise wenn die Wahrnehmung der Außeneinschätzungen (soziale Standards) deutlich besser ausfällt als die des eigenen Selbstwertgefühls (emotionale Standards).

Ebenfalls leicht nachzuvollziehen ist, dass Subjekte viele inhaltlich unterschiedliche Teilidentitäten haben können. In diesem Sinn ist auch die von Burke und anderen Autoren (vgl. auch Stryker 1982) gemachte Aussage zu verstehen, dass Individuen über multiple Identitäten verfügen, die aber nicht zu jeder Zeit und in jeder Situation aktiviert werden.

3.4.3 Retrospektive und prospektive Identitätsarbeit – zur Rolle von Identitätsentwürfen und -projekten

Zu der Integration (vergangener und aktueller) situationaler Selbstthematisierungen tritt nun mit der Einbeziehung der Zukunftsorientierung noch ein weiteres Element hinzu. Immer wenn das Ich sich selbst zum Gegenstand zukunftsbezogener Reflexion macht, entwirft es optionale Selbste oder – wie wir sagen – entwickelt es Identitätsentwürfe.

Auf unser Beispiel angewandt bedeutet dies, dass Marlenes berufliche Identität sich nicht nur auf die Integration all jener Erfahrungen beschränkt, die sie bislang im Erwerbsleben gemacht hat. Sie ist nicht ausschließlich dominiert von dem Bild einer mehr schlecht als recht anerkannten (und vom Scheitern bedrohten) Schreinerin, diese Teilidentität enthält auch auf die Zukunft gerichtete Vorstellungen. Derzeit gehen Marlene drei durch den Kopf:

- sich auf das zu spezialisieren, was ihr am meisten Spaß macht, das Restaurieren alter Möbel,
- etwas ganz anderes zu machen, noch einmal zur Schule zu gehen und Kindergärtnerin zu werden
- oder (wenn die negativen Erfahrungen weiter andauern) so schnell wie möglich aus dem Berufsleben ausscheiden zu können. Letzteres ist mit der Hoffnung verknüpft, einen Mann zu finden, der akzeptiert, dass sie aus dem Erwerbsleben ausscheidet und sich hauptsächlich mit der Erziehung der Kinder beschäftigt.

Aus den meist mehreren Identitätsentwürfen, die Subjekte in ihren jeweiligen Teilidentitäten „mit sich führen", verdichten sich bestimmte zu konkreten *Identitätsprojekten*. Im Anschluss an Harré (1984) verstehen wir darunter jene Elemente einer Teilidentität, in der die Erwartungen eines Menschen im Hinblick auf seine zukünftige Identität selbst zu einem Bestandteil seiner Lebensbiografie werden (vgl. auch Siegert und Chapman 1987: 145). Im Unterschied zu den Identitätsentwürfen haben Identitätsprojekte quasi inneren Beschlusscharakter. „Ein Identitätsprojekt ist weder Utopie noch bloßes ‚Lust haben'" (Kraus 1996b: 152), das heißt, es setzt voraus, dass ein Reflexionsprozess mit Blick auf die vorhandenen Ressourcen stattgefunden hat. „Insofern dient das Identitätsprojekt als ein diskursiver Referenzpunkt. Indem das Projekt abgearbeitet wird, positioniert sich das Selbst ständig neu und evaluiert die Beziehung zwischen Selbstrepräsentation und kognitiver Repräsentation des Projekts" (ebd.: 154).

3.4.4 Identität als konfliktorientiertes Regulationsmodell

Das Zusammenspiel der einzelnen Identitätselemente wird unter Rekurs auf den relationalen Grundmodus von vielen Identitätsforschern (z. B. Whitbourne und Weinstock 1982; Haußer 1995; Burke 1991; Freese und Burke 1994; Camilleri 1991) trotz unterschiedlicher Begriffe und Konzepte im Grunde genommen ähnlich gesehen. Identität entwickelt und verändert sich in Feedbackschleifen bzw. einem systemisch zu sehenden Zusammenspiel von Außenanforderung und -wahrnehmung und Innenanforderung und -wahrnehmung.

Wenn eine (Teil-)Identität aktiviert wird, dann wird eine *erste Feedbackschleife* in Gang gesetzt. Diese hat vier Komponenten (Freese und Burke 1994):

- ein Set von Selbstbedeutungen (gemeint sind die Identitätsstandards),
- den Input der Umwelt oder der sozialen Situation (Wahrnehmungen des Selbst über das Verhalten, über explizite Äußerungen anderer oder/und über die impliziten Identitätsbedeutungen, die in sozialen Interaktionen enthalten sind und die Burke – in Anlehnung an Lazarus – als „reflected appraisals" bezeichnet),
- einen (Wahrnehmungs-)Prozess, der den Input mit den Standards vergleicht, und
- ein Ergebnis in Form von bedeutsamem Handeln, das die Interaktion verändert, bis die Bedeutungen des Inputs mit den Bedeutungen der Identität bzw. den Identitätsstandards zusammenpassen.

Das System funktioniert in der Regel so, dass Subjekte über eine Verhaltensänderung versuchen, den Input zu verändern. Ziel ist es, die externen Inputs den internalen Standards anzupassen. Während Burke diesen Prozess weitgehend durch den sozialen Input gesteuert sieht, gehen wir stärker davon aus, dass an dieser Stelle des Prozesses auch die Identitätsstrategien der Subjekte zum Tragen kommen. Es sind die von den Subjekten selbst gesetzten Beharrungs-/Veränderungsstrategien, die (mit-) bestimmen, ob Identitätsstandards verändert oder auch selbst gegen divergierende externale Inputs beibehalten werden. Eine zweite Modifizierung zu Burkes Überlegungen liegt darin, dass wir im gesamten Feedbackprozess die vier Erfahrungsmodi subjektiver Selbstthematisierung sowohl als Auslösemechanismus wie auch als Standards definieren. Diese Differenzierung hat zum einen den Vorteil, dass die in vielen Modellen angelegte sozialkognitive Dominanz zumindest relativiert wird. Identitätsänderungen bzw. identitätsrelevante Handlungen können ebenso über emotionale oder/und produktorientierte Divergenzen ausgelöst werden. Zum anderen folgt als dritter Unterschied zu Burke und anderen eher kybernetisch konzipierten Modellen eine andere Sicht des Ergebnisses eines solchen Feedbackprozesses. Dieses wird unserer Ansicht nach nicht in einer einfachen Aufhebung der Differenz Input–Standard bestehen können. Anzunehmen ist eher, dass die einzelnen Standards zueinander durchaus auch in Konflikt stehen können. Ziel des Subjekts ist folglich, wie Camilleri es zutreffend formuliert hat, „eine Dynamik der permanenten Aushandlung der Differenzen. Mit dem Ziel, eine Form zu finden, die uns das Gefühl gibt, nicht widersprüchlich zu sein, nicht im Sinne der Arithmetik, die die Verschiedenheit ausschließt, sondern im Sinne einer Struktur, die die Verschiedenheit integriert" (Camilleri 1991: 79).[15]

Beziehen wir dies auf die eingangs analysierten *Arbeitsorientierungen*, so wird deutlich, dass diese im Regulationsprozess Teil der Identitätsstandards sind. Subjekte bemessen die erfahrene Arbeitsrealität danach, ob sie diesen Standards (arbeitsinhaltlichen, kommunikativen usw. Erwartungen) entsprechen. Allerdings fungieren

15 Die dafür notwendige individuelle Kompetenz hat Krappmann (1969) bereits vor über 20 Jahren zutreffend mit dem Begriff der „Ambiguitätstoleranz" beschrieben.

diese Standards nicht in einem einfachen Trifft-zu-/Trifft-nicht-zu-Modus, sondern bilden im Sinne von Camilleri ein Gleichgewicht durchaus heterogener Faktoren.[16] Eine Verhaltensänderung oder eine Änderung der Standards erfolgt also erst, wenn dieses Gleichgewicht nachhaltig gestört ist.

Für das Verständnis der Entwicklung der Teilidentitäten ist es weiterhin wichtig zu sehen, dass die prozessuale (Neu-)Regulation der Identität nicht einfach einen Wechsel von einem in einen anderen (neuen) Zustand darstellt. Es ist sinnvoll, hier unterschiedliche Entwicklungsetappen anzunehmen. An dieser Stelle kommt das bereits in Abschnitt 2.3 eingeführte Modell des Identitätsstatus von Marcia ins Spiel. Orientiert an den Kriterien „Krise" und „Commitment" befinden sich die Subjekte in vier unterschiedlichen Identitätszuständen. Der Wechsel zwischen diesen ist, wie unsere Analysen bestätigen, in alle Richtungen möglich und hängt von zahlreichen Faktoren ab.

In unserem Modell nimmt hierbei die aktive Steuerungsleistung der Subjekte eine zentrale Rolle ein. Identität ist zudem, wie die in den letzten Jahren vorgenommene stärkere Betonung der Identitätsentwürfe („possible selves") zeigt, mehr als nur eine retrospektive Relationierung der erfahrenen Selbstthematisierung. Es sind (auch) die Subjekte selbst, die mittels bestimmter Strategien Identitätsarbeit zukunftsorientiert formen und gestalten.

In unseren Modellüberlegungen haben wir auf struktureller Seite die Identitätsprojekte eingeführt. Ihnen entsprechen auf prozessualer Seite die Identitätsstrategien bzw. das Identitätsmanagement des Subjekts. In letzter Zeit hat eine Reihe von Autoren/Autorinnen aus ganz unterschiedlichen Kontexten sich mit Fragen des subjektiven Identitätsmanagements beschäftigt. So macht z. B. Berzonsky (1990, 1993) deutlich, dass der Übergang von einer bestimmten Etappe der Identitätsentwicklung zur nächsten nicht ein einfaches Fortschreiten bedeutet, sondern die Wahl bestimmter Identitätsstile erfordert bzw. das Resultat bestimmter Identitätsstrategien des Subjekts ist. Und Camilleri (1991) konstatiert eine Wende weg von der Akzentuierung von Einheit und Kontinuität über die Alltagserfahrung hinweg und hin zu einer Betonung der Situationsbezogenheit des Identitätsprozesses. Gesellschaft wird hier auch nicht zur historischen Randbedingung, sondern ist zentrales Element in der Dynamik des Identitätsprozesses. Wie viele Identitätsforscher betont er dabei vor allem die soziale Dimension. Er verweist auf Spezifika „moderner Gesellschaften", die eine extreme Vielzahl sozialer Gruppen ausdifferenziert haben. In modernen Gesellschaften gibt es mit der Auflösung traditioneller Strukturen ein komplexes Spiel der Zugehörigkeiten. Hier muss das Subjekt sich höchst unterschiedlich einbringen und benötigt ein reichhaltiges Repertoire an Identitätsstrategien. Die von ihm entwickelten Identitätsfigurationen begreift er als Pole. Notwendig ist, wie auch schon Krappmann betont hat, eine Balance.

16 In diesem Sinn lassen sich die im Abschnitt 3.2.2 beschriebenen Ergebnisse zu den „Wechslern/Wechslerinnen" der Arbeitsorientierung zwischen erster und zweiter Befragungswelle identitätstheoretisch interpretieren.

3.4.5 Identitätskerne – Metaidentität

Wir haben bisher Identität als einen (zumeist unbewusst ablaufenden) Regulationsprozess kennen gelernt, in dem die an Handlungssituationen geknüpften (situationalen) Selbstthematisierungen zu Teilidentitäten integriert werden. In diesem Integrationsprozess werden die jeweiligen Teilidentitäten bzw. die dort geltenden Identitätsstandards über die beschriebenen Feedbackschleifen weiterentwickelt. Einen zentralen Stellenwert nehmen dabei die vom Subjekt entwickelten Identitätsprojekte und Identitätsstrategien ein. Dieser Prozess lässt sich sinnvoll in seiner Entwicklung in dem von Marcia und anderen entwickelten und hier leicht abgewandelten Modell der vier Identitätsetappen/Status beschreiben. Krise und Commitment werden dabei zu Markierungen, an denen sich die Übergänge zwischen den einzelnen Identitätsetappen festmachen lassen. In diesem Prozess spielen, wie mehrfach betont, die Fragen der Kohärenz und Kontinuität zwar eine wichtige Rolle, aber Identität ist keineswegs etwas, das sich überwiegend auf die Herstellung eines in sich geschlossenen kohärenten Selbstgebäudes beschränken muss.

Dieses Modell gilt, so wie es bislang beschrieben und entwickelt wurde, aber nur bis zur Ebene von Teilidentitäten. Offen bleibt die Frage, ob es nicht auch *übergeordnete Identitätsbezüge* (eine Feedbackschleife zweiter Ordnung) gibt, in denen zentrale Teile des subjektiven Identitätsbildungsprozesses sich vollziehen und die eine völlig andere Qualität als die Ebene der Identitätsperspektiven und Teilidentitäten haben. Auf dieser Modellebene geht es damit um die Frage, ob bzw. in welcher Form Subjekte so etwas wie eine Metaidentität bzw. eine Art von Identitätskern(en) besitzen.

Was ist beispielsweise, wenn ein Subjekt auf der Ebene von Teilidentitäten in Orientierungskrisen gerät? Die Reflexion auf einer Metaebene könnte hier das Ziel haben, zwischen divergierenden Teilidentitäten zu vermitteln. Dies lässt sich in einem Regulationsmodell mit der Konstruktion einer höheren Feedbackschleife beantworten, in der es eine zweite Ebene übergreifender Identitätsstandards gibt. Der bereits zitierte amerikanische Soziologe Burke konzipiert Identität auf dieser Ebene wie ein hierarchisches System und suggeriert das Bild einer in sich geschlossenen, zentrierten Identität. Wir teilen zwar den Regulationsgedanken, nicht aber dessen hierarchische Füllung. In dieser zweiten Feedbackschleife bilden die Subjekte Identitätskerne auf dreifache Weise über

- die vor allem kommunikativ immer wieder hergestellten kohärenten *Narrationen* zur eigenen Person;
- die je nach Lebensphase und Handlungsaufgabe wechselnd *dominierenden Teilidentitäten*, die dann auch für die gesamte Identitätsarbeit eine Orientierungsrolle übernehmen, und
- die *generalisierten Erfahrungsmodi*, hier insbesondere das Selbstgefühl und den „sense of coherence", die so etwas wie eine kohärente Basis für das Gestalten und Aushalten von Ambiguität und Divergenz unterschiedlicher Teilidentitäten bilden.

Wichtig und zum Verständnis der Patchwork-Metapher entscheidend ist dabei, dass diese drei Identitätskerne keineswegs synchrone und kongruente Muster liefern müssen, sondern durchaus verschiedene Integrationsleistungen organisieren. So bestimmen die generalisierten Erfahrungsmodi primär das hier keineswegs nur affektiv gemeinte Selbstgefühl einer Person. Die Narrationen organisieren das dialogfähige Selbstbild, und auf der Ebene der dominierenden Teilidentitäten bestimmt sich das identitätsbezogene Zueinander der Lebenswelten.

Wonach organisiert sich nun die Dominanz einer Teilidentität? Ihre Dominanz verdankt sie in der Regel zwei Gründen. Zum einen ist sie aktuell besser organisiert, das heißt, sie vermittelt dem Subjekt in puncto Anerkennung, Selbstachtung, Autonomie und Originalität mehr Sicherheit. Zum Zweiten hat sie in dieser Lebensphase eine höhere Relevanz. Beide Gründe treffen bei den von uns befragten Jugendlichen auf den Arbeitsbereich zu. Zum einen handelt es sich bei fast allen um die dominierende Entwicklungsaufgabe, und zum anderen betonen viele Jugendliche, dass selbst neue Arbeitszusammenhänge in sehr kurzer Zeit für sie unter der Anerkennungs- und Autonomieperspektive einen besonders wichtigen Stellenwert haben. Diese Dominanz einer (in diesem Fall der Arbeits-)Identität muss aber nicht von Dauer sein. Welche meiner Teilidentitäten derzeit eine höhere Relevanz hat, kann sich im Verlauf eines Lebens mehrmals ändern. Das hier kurz beschriebene Spiel von Dominanz und Latenz von Teilidentitäten für das übergeordnete Identitätsgefüge hat auch deutliche Auswirkungen für die konkrete Identitätsarbeit: Subjekte arbeiten nicht gleichwertig an allen Teilidentitäten, sondern selektiv. Wesentliche Veränderungen an einer Teilidentität können, müssen aber nicht Auswirkung auf die anderen Teilidentitäten haben. Letztere treten nur dann ein, wenn sich die Standards einer aktuell dominierenden Teilidentität verändern.

Während bei den von uns Befragten Arbeit in der Regel die dominierende Teilidentität bildet, bedeutet dies aber nicht, dass die Jugendlichen deshalb bereit wären, dem Arbeitsbereich alles andere unterzuordnen. Dies zeigt sich deutlich auch an den anderen übergreifenden Steuerungsmodi des Identitätsprozesses. Die Eigennarration (das explizite Bild von sich selbst) ist von einem Selbstverwirklichungsverständnis geprägt, das stark freizeit- bzw. familial geprägt ist. Auch bei unseren Jugendlichen bestätigt sich damit die (historisch gesehen) „deutliche Abnahme jener Lebenskonzepte, bei denen Arbeit stark positiv besetzt und eindeutig in den Mittelpunkt des Lebens gestellt wird" (Brock und Otto-Brock 1988). Und aufgrund des noch kurzen beruflichen Erfahrungswegs nicht unerwartet, ist das Selbstgefühl noch relativ wenig von der Arbeitswelt beeinflusst. Insgesamt zeigt sich, dass vor allem der zukunftsbezogene Teil der Identität Projekte von meist sehr kurzer Reichweite enthält. Dies ist einerseits alterstypisch, zum anderen auch dem von den Jugendlichen immer wieder geäußerten Gefühl geschuldet, dass wir in einer komplexen, unübersichtlichen Welt leben, in der vieles möglich ist und deshalb jetzt nicht sinnvoll planbar erscheint. Arbeit bildet hier wiederum für die meisten jene Erfahrungswelt, die am ehesten noch eine planbare Sinnstruktur vorgibt. Aber gerade deswegen muss Arbeit auch aus Sicht der Benachteiligten eine Erfahrungswelt bereithalten, die nicht nur instrumentell bestimmt ist. So lässt sich auch identitätsbezogen beides erkennen: einerseits die Relativierung der subjektiven Bedeutsamkeit von Arbeit im Lebenszusammenhang und zugleich erhöhte, subjektivierte Ansprüche an Arbeit.

3.5 Schlussfolgerungen

„Immer mehr Arbeitende wollen ihre Identität nicht länger an der Garderobe abgeben, sondern sich mit ihrer Arbeit identifizieren" (Baethge 1994: 245). Diese Aussage gilt auch für benachteiligte Jugendliche, also eine Gruppe, deren bisherige Schul- und Arbeitsbiografie erwarten ließ, dass ihre Ansprüche an Arbeit eher auf materiell-reproduktionsorientierte Orientierungen beschränkt wären. Aber auch für diese Jugendlichen gilt, was sich als Trend für Jugendliche generell formulieren lässt. Sie beziehen sich nicht mehr auf Arbeit, sondern Arbeit auf sich. Es kommt zu einer zunehmenden normativen Subjektivierung des Arbeitsprozesses. Und mangels anderer sinnstiftender Instanzen rückt Arbeit an deren Stelle, das heißt muss gerade auch bei dieser Gruppe von Personen das ersetzen, was Kultur, Religion und auch politische Loyalitäten nicht mehr hergeben: das Gefühl des Gebrauchtwerdens, von Zugehörigkeit, von Selbstbestätigung und gesellschaftlicher Integration.

Demgegenüber aber steht die Erfahrung einer Arbeitsrealität, die diesen Ansprüchen an inhaltlich und kommunikativ befriedigender Arbeit nicht in ausreichendem Maße gerecht werden kann, ein Tatbestand, der keineswegs nur für benachteiligte Jugendliche gilt. Welche Folgen hat dies auf die Identitätsentwicklung Jugendlicher? Analysiert man den Stellenwert von Arbeit in einem Gesamtmodell von Identität, so zeigt sich ein differenziertes Bild:

- Der Erwerb einer berufsbezogenen Identität gehört zu den zentralen Handlungsaufgaben des jungen Erwachsenen. Arbeit bildet hier den Rahmen für eine der zentralen lebensweltbezogenen Teilidentitäten. Die subjektive Arbeitsorientierung definiert insbesondere die Standards, an denen Subjekte ihre jeweilige Arbeitsrealität messen. Hier zeigt sich, dass die benachteiligten Jugendlichen eine deutlich diffusere Arbeitsidentität ausgebildet haben als die Kontrastgruppe der Verwaltungsfachangestellten. Darin spiegeln sich zwei Probleme wider: zum einen das eines Arbeitsmarktes, der für diese Gruppe nicht mehr ausreichend Arbeitsplätze bereitstellt, aber auch das eines durch eher wenig qualifizierte und eher körperliche Arbeit bestimmten Arbeitshabitus, der für eine sozial anerkannte Identitätsbildung nicht mehr geeignet ist.
- Geht man über die Ebene der Teilidentitäten hinaus und fragt nach der Rolle von Arbeit in dem übergreifenden Steuerungsbereich von Identität, zeigt sich ein ambivalentes Bild. Arbeit ist nur in einem der drei dominanten Steuerungsmodi prominent verankert. Hier fungiert es im baethgeschen Sinn als Kohärenz stiftende Instanz. In den anderen Bereichen dominieren u. a. freizeitbezogene Narrationen. Je nachdem, auf welche dieser Steuerungsmodi man den Blick richtet, könnte man zu dem Ergebnis kommen, dass bei Jugendlichen heute eher freizeit- oder arbeitsorientierte Sinnbezüge dominieren.

Identitätsarbeit hat aber, so wie wir sie in diesem Modell entwickelt haben, die Aufgabe, die Passungen („matching") und Verknüpfungen unterschiedlich(st)er Selbsterfahrungen vorzunehmen. Retrospektiv wie prospektiv werden in einem Wechselspiel von Außen- und Innenanforderungen neue Identitätsentwürfe gebildet und immer wieder mit vergangenen und real gewordenen Identitätsprojekten verschmolzen. Dieser Entwicklungsprozess vollzieht sich auch unter den Bedingungen der Individualisierung in einem von gesellschaftlichen Institutionen besetzten Raum, in dem die Individuen zwar größere Chancen als früher haben (mehr und andere Optionalitäten), diese aber auch von erwünschten Identitätsentwürfen und von dem, was tatsächlich realisierbar ist, geprägt werden. Gerade wenn Identität nicht mehr im Sinne „innerer Besitzstände" bzw. als ein weitgehend kohärentes, zentralistisch gedachtes Ich konzipiert werden kann, wird es spannend zu beobachten, wie sich in einer von Sparappellen und Rationalisierungsprozessen geprägten Zeit die Arbeitsorientierungen und dann auch die Arbeitsidentität der Jugendlichen verändern werden.

Literatur

Ahbe, T. (1996): Transformation – Identität – Ressourcen. In: Comparativ. Leipziger Beiträge zur Universalgeschichte und vergleichenden Gesellschaftsforschung 1, 89–104.

Ahbe, T. (1997): Ressourcen – Transformation – Identität. In: H. Keupp, R. Höfer (Hg.): Identitätsarbeit Heute: Klassische und aktuelle Perspektiven der Identitätsforschung, Frankfurt a. M.: Suhrkamp.

Baethge, M. (1988): Jugend: Arbeit und Identität. Lebensperspektiven und Interessensorientierungen, Opladen: Leske + Budrich.

Baethge, M. (1990): Arbeit und Identität bei Jugendlichen. In: Psychosozial 3 (13), 67–79.

Baethge, M. (1994): Arbeit und Identität. In: U. Beck, E. Beck-Gernsheim (Hg.): Riskante Freiheiten, Frankfurt a. M.: Suhrkamp.

Berzonsky, M. (1990): Self-Construction over the Life Span: A Process Perspective on Identity Formation. In: G. Neimeyer, R. Neimeyer (Hg.): Advances in Personal Construct Psychology. A Research Annual, Bd. 1, London, S. 155–186.

Berzonsky, M. D. (1992): A Process Perspective on Identity and Stress Management. In: G. R. Adams, T. P. Gullotta, R. Montemayor (Hg.): Adolescent Identity Formation, Newbury Park: Sage, S. 193–215.

Berzonsky, M. D. (1993): Identity Style, Gender, and Social-Cognitive Reasoning. In: Journal of Adolescent Research 3 (8), 289–296.

Bosma, H.; Jackson, S. (Hg.) (1990): Coping and Self-Concept in Adolescence, Berlin/Heidelberg/New York: Springer.

Brock, D.; Otto-Brock, E. (1988): Hat sich die Einstellung Jugendlicher zu Beruf und Arbeit verändert? Wandlungstendenzen in den Berufs- und Arbeitsorientierungen Jugendlicher im Spiegel qualitativer Untersuchungen (1955–1985). In: Zeitschrift für Soziologie 6, 436–450.

Burke, J. P. (1991): Identity Process and Social Stress. In: American Sociological Review 56, 836–849.

Camilleri, C. (1991): La construction identitaire: essai d'une vision d'ensemble. In: Les Cahiers Internationaux de Psychologie Sociale 1/2, 77–90.

Freese, L.; Burke, P. (1994): Persons, Identities, and Social Interaction. In: B. Markovsky, K. Heimer, J. O'Brien (Hg.): Advances in Group Processes, Bd. 11, Greenwich, Conn.: Jai Press, S. 1–24.

Haberlandt, M.; Höfer, R.; Keupp, H.; Seitz, R.; Straus, F. (1995): Risiken und Chancen der Entwicklung im Jugendalter. In: P. Kolip, K. Hurrelmann, P.-E. Schnabel (Hg.): Jugend und Gesundheit. Interventionsfelder und Präventionsbereiche, Weinheim: Juventa, S. 87–111.

Harré, R. (1984): Personal Being, Cambridge, Mass.: Harvard University Press.

Haußer, K. (1995): Identitätspsychologie, Berlin/Heidelberg/New York: Springer.

Helfferich, C. (1994): Jugend, Körper und Geschlecht. Die Suche nach sexueller Identität, Opladen: Leske + Budrich.

Höfer, R.; Straus, F. (1993): Von Beginn an ohne Chance? Benachteiligte Jugendliche und Integrationshilfen in der Berufsbezogenen Jugendhilfe, München: Profil.

Keupp, H. (1989): Auf der Suche nach der verlorenen Identität. In: H. Keupp, H. Bilden (Hg.): Verunsicherungen. Das Subjekt im gesellschaftlichen Wandel, Göttingen: Hogrefe, S. 47–70.
Keupp, H. (1990): Identitätsverlust oder neue Identitätsentwürfe? Beitrag zum internationalen Symposium „Ein neues kulturelles Modell? Der soziokulturelle Wandel in Ländern Westeuropas und Nordamerikas" vom 8. bis 10. Februar in Bremen. Materialien (4) des Teilprojekts A6, Ludwig-Maximilians-Universität, Sonderforschungsbereich 333, München.
Keupp, H. (1994): Grundzüge einer reflexiven Sozialpsychologie. Postmoderne Perspektiven. In: H. Keupp (Hg.): Zugänge zum Subjekt, Frankfurt a. M.: Suhrkamp, S. 226–274.
Keupp, H.; Höfer, R. (Hg.) (1997): Identitätsarbeit Heute: Klassische und aktuelle Perspektiven der Identitätsforschung, Frankfurt a. M.: Suhrkamp.
Krappmann, L. (1969): Soziologische Dimensionen der Identität, Stuttgart: Klett.
Krappmann, L. (1997): Die Identitätsproblematik nach Erikson aus einer interaktionistischen Sicht. In: H. Keupp, R. Höfer (Hg.): Identitätsarbeit Heute: Klassische und aktuelle Perspektiven der Identitätsforschung, Frankfurt a. M.: Suhrkamp.
Kraus, W. (1996): Das erzählte Selbst. Die narrative Konstruktion von Identitätsprojekten in der Spätmoderne, Pfaffenweiler: Centaurus.
Kraus, W.; Mitzscherlich, B. (1997): Abschied vom Großprojekt: Normative Grundlagen der empirischen Identitätsforschung in der Tradition von James E. Marcia und die Notwendigkeit ihrer Reformulierung. In: H. Keupp, R. Höfer (Hg.): Identitätsarbeit Heute: Klassische und aktuelle Perspektiven der Identitätsforschung, Frankfurt a. M.: Suhrkamp.
Kroger, J. (1992): The Role of Historical Context in the Identity Formation Process of Late Adolescence. Paper presented at the biennial meeting of the Society for Research in Child Development, New Orleans.
Kroger, J. (Hg.) (1993): Discussions on Ego Identity, Hillsdale, N. J.: Lawrence Erlbaum.
Marcia, J. E. (1989): Identity Diffusion Differentiated. In: M. A. Luszcz, T. Nettelbeck (Hg.): Psychological Development across the Life-Span, North-Holland: Elsevier, S. 289–295.
Marcia, J. E.; Waterman, A. S.; Matteson, D. R.; Archer, S. L.; Orlofsky, J. L. (1993): Ego Identity. A Handbook for Psychosocial Research, Berlin/Heidelberg/New York: Springer.
Pazzini, K. J. (1985): Ein bildlicher Zugang zum Identitätsbegriff. Loccumer Protokolle 58, Wolfsburg.
Sampson, E. (1989): The Challenge of Social Change for Psychology. In: American Psychologist 44, 914–921.
Schröder, H. (1995): Jugend und Modernisierung. Strukturwandel der Jugendphase und Statuspassagen auf dem Weg zum Erwachsensein, München: Juventa.
Siegert, M. T.; Chapman, M. (1987): Identitätstransformationen im Erwachsenenalter. In: H. P. Frey, K. Haußer (Hg.): Identität. Entwicklungen psychologischer und soziologischer Forschung, Stuttgart: Enke, S. 139–150.
Straus, F.; Höfer, R. (1997): Entwicklungslinien alltäglicher Identitätsarbeit. In: H. Keupp, R. Höfer (Hg.): Identitätsarbeit heute: Klassische und aktuelle Perspektiven der Identitätsforschung, Frankfurt a. M.: Suhrkamp.
Stryker, S. (1982): Symbolic Interactionism: Themes and Variations. In: M. Rosenberg, R. Turne (Hg.): Social Psychology: Sociological Perspectives, New York: Basic Books, S. 3–29.
Waterman, A. S. (1982): Identity Development from Adolescence to Adulthood. An Extension of Theory and Review of Research. In: Developmental Psychology 18, 341–358.
Whitbourne, S. K.; Weinstock, C. S. (1982): Die mittlere Lebensspanne. Entwicklungspsychologie des Erwachsenenalters. München: Urban und Schwarzenberg.
Zoll, R. (1993): Alltagssolidarität und Individualismus. Zum soziokulturellen Wandel, Frankfurt a. M.: Suhrkamp.

Teil II

Die Rückkehr des Menschen in die industrielle Produktion und was er dort tun soll und tun kann

Einführung: Neue Risiken im Arbeitsprozess – neue Anforderungen an die Analyse von Arbeit

In der Forschung wie in der Praxis scheint sich ein Konsens darüber abzuzeichnen, dass der Taylorismus als Leitbild für den „one best way" betrieblicher Rationalisierung ausgedient hat und dass die Bedeutung qualifizierter, verantwortungsvoller und teilautonomer Arbeit im Produktionsbereich eher zu- als abnehmen wird. Die Debatte, wie diese Entwicklungen zu beurteilen sind, konzentriert sich daher überwiegend auf die Frage der *Verbreitung* neuer Formen qualifizierter Produktionsarbeit. Kritische Einschätzungen betonen die schleppende, noch vergleichsweise geringe Verbreitung posttayloristischer Formen der Rationalisierung bis hin zur Diagnose und Prognose einer „strukturellen Heterogenität" zukünftiger Pfade betrieblicher Rationalisierung. Auch wenn die Einschätzung zur Verbreitung qualifizierter und selbstbestimmter Arbeitsformen unterschiedlich ist, so sind gleichwohl die Kriterien ihrer Beurteilung sowohl bei optimistischen wie eher pessimistischen Prognosen die gleichen: Kennzeichnend ist der Taylorismus als Vergleichs- und Bewertungsmaßstab für die Qualität der Veränderung.

Tayloristische Prinzipien haben nicht nur in erheblichem Maße die industrielle Arbeitswelt geprägt. Als Referenzmodell für Gegenentwürfe emanzipatorischer Arbeitskonzepte hat sich der Taylorismus eben auch tief in die Deutungsmuster der Sozialforschung eingegraben. Entsprechend werden zum einen Risiken betrieblicher Rationalisierung für die Arbeitskräfte vor allem in Kategorien von Qualifikationsentwertung, beschränkten Handlungsspielräumen und Steigerung der psychophysischen Leistungsintensität gesehen; zum anderen erfahren Formen der Arbeitsorganisation und technische Entwicklungen eine uneingeschränkt positive Bewertung, sofern und soweit sie die Festlegung der Arbeitskräfte auf geistlos ausführende Tätigkeiten aufheben, sie vom Arbeitstakt entkoppeln und sie in das bislang verschlossene Reich der Planung, Steuerung und intellektuellen Regulierung führen. Denn jene Tätigkeiten, die die Trennung von Hand- und Kopfarbeit bislang den Rationalisierungsgewinnern in den Büroetagen zugewiesen und vorbehalten hatte, konnten sich a priori der ungeteilten Hochschätzung erfreuen. So herrscht ein Deutungsmuster vor, welches das Neue *vom Alten her* beurteilt, bis hinein in das begriffliche Instrumentarium empirischer Analyse. Seine Entweder-oder-Logik bringt gewissermaßen teleologisch geglättete Darstellungen und tendenziell widerspruchsfreie Interpretationen der Geschichte industrieller Arbeit hervor (Subsumtion oder Emanzipation). Doch ist gerade angesichts neuer Stoßrichtungen betrieblicher Rationalisierung die Sozialforschung gefordert, ihre eigenen Analysekategorien und Bewertungsmaßstäbe zu historisieren und ‚das Neue' *vom Künftigen her* zu beurteilen.

Die nun zur Diskussion stehenden Entwicklungen sind nicht angemessen zu begreifen, wenn sie nur in jenen Kategorien gesehen und beurteilt werden, die sich bei der Analyse tayloristischer Rationalisierung bewährt haben. Die Wahrnehmung ebenso wie die Beurteilung des „Neuen" bleiben notwendigerweise selektiv. Bestenfalls gerät ein „Mehr oder Weniger" der für tayloristische Arbeitsformen charakteristischen Risiken in den Blick, zugleich wird jedoch die Frage nach einem qualitativen Wandel von Risiken und Widersprüchen betrieblicher Rationalisierung systematisch ausgeblendet. So wird aus der Perspektive des Neuen, quasi im Rückspiegel, ganz nebenbei auch deutlich, welche Möglichkeiten ideeller und materieller Subsistenzsicherung das tayloristische Regime bot (ein klassisches Tabuthema): vor allem die Möglichkeit, sich gegen vollständige Indienstnahme der eigenen Subjektivität für Zwecke der Arbeit *abzugrenzen*.

Dies berührt die Rolle und das Selbstverständnis der Sozialwissenschaft im Verhältnis zur Praxis: Gerade wenn sie nicht nur Kritik üben, sondern sich an der Gestaltung sozialer Wirklichkeit beteiligen will, muss sie in der Lage sein, neue Konfliktfelder vorwegzunehmen und Lösungsperspektiven aufzuzeigen. Ihre Aufgabe ist es, relevante Entwicklungen und neue Problemstellungen nicht erst dann zu erkennen, wenn sie auch für jeden anderen Beobachter unübersehbar geworden sind. Damit sollen die mit dem Abgehen vom Taylorismus verbundenen positiven Veränderungen keineswegs geleugnet werden. Doch können sie nur dann zum Tragen kommen, wenn sie nicht zugleich durch neue Widersprüchlichkeiten betrieblicher Rationalisierung wieder kompensiert werden.

Im Rahmen des Sonderforschungsbereichs 333 wurden zwei komplementäre Forschungsansätze entwickelt, die sich der Analyse der Nebenwirkungen, Risiken und Widersprüche neuer Technisierungs- und Dezentralisierungsmodelle widmen:

- Ein erster Ansatz thematisiert primär die Risiken der Technisierung. Auf den ersten Blick scheint es sich hier um einen Rückfall in den so genannten Technikdeterminismus der 50er- und 60er-Jahre zu handeln. Doch werden Optionen in der Arbeitsorganisation ebenso wie ein Wandel der betrieblichen Arbeitspolitik als Voraussetzungen für die Entstehung neuer Formen von qualifizierter Produktionsarbeit keineswegs geleugnet. Behauptet wird aber, dass sich aus der Gestaltung technischer Systeme Risiken ergeben, die durch die Arbeitsorganisation weder abgefangen noch neutralisiert werden können – eher im Gegenteil: Gerade in dem Maße, wie neue Formen qualifizierter Produktionsarbeit entstehen, werden die durch die Gestaltung von Technik gesetzten Restriktionen besonders virulent.
  Der hierzu entwickelte Forschungsansatz thematisiert die sinnliche Wahrnehmung und Körperlichkeit von Arbeit und rückt die Bedeutung so genannter nichtrationaler Komponenten des Arbeitshandelns ins Blickfeld. Mit dem Konzept *subjektivierenden Arbeitshandelns* werden die bisherigen Konzepte zur Analyse der Arbeitstätigkeit erweitert und wird ein neuer sozialwissenschaftlicher Zugang zum Verständnis von so genannten „tacit skills" und „Erfahrungswissen" eröffnet. Auf dieser Grundlage werden weitreichende, bisher kaum beachtete Risiken in hoch technisierten Arbeitsbereichen erkennbar. Einerseits sind für die Beherrschung komplexer technischer Systeme Arbeitsweisen unverzichtbar, die sich nur begrenzt objektivieren, formalisieren und rational begründen lassen. Andererseits werden im Zuge fortschreitender Verwissenschaftlichung von Technik und Arbeit die Voraussetzungen für die Entwicklung und Anwendung solcher Arbeitsweisen

jedoch gefährdet. Zur Diskussion steht damit die Verwissenschaftlichung von Technik als einem „sozialen Prozess" und dessen Implikationen.
- Ein zweiter Ansatz befasst sich auf der Ebene der Arbeitsorganisation mit Risiken selbst bestimmten Handelns im Arbeitsprozess. Der hierzu entwickelte Forschungsansatz thematisiert prekäre *Verhältnisse* von Anforderungen und qualitativ neuen Restriktionen. Mit dem Konzept *widersprüchlicher Arbeitsanforderungen* werden bislang wenig beachtete Ursachen von Belastungen in qualifizierten Tätigkeiten aufgedeckt. Gezeigt wird an Beispielen neuer Formen der Arbeitsorganisation, etwa der Gruppenarbeit, wie Autonomie eingeräumt, Aufgaben integriert und Qualifikation erweitert wird und zugleich arbeitsorganisatorische sowie arbeitspolitische Kontextbedingungen für höchst widersprüchliche und psychisch belastende Zwangsverhältnisse sorgen. Diese Analysen belegen zunehmende praktische sowie begriffliche Abgrenzungsprobleme zwischen Subjekt und Objekt der Rationalisierung, Akteur und Betroffenem, zwischen Arbeitskraft- und Unternehmensinteresse. Sie verweisen auf „moderne" Paradoxien der Arbeit und legen die Umdeutung vorherrschender Zusammenhangsannahmen nahe: Entkopplung von Qualifikation und Kontrolle; Herrschaft durch Autonomie; Zwang durch Entgrenzung; Gefährdung durch Entlastung; Verunsicherung durch Sicherungssysteme.

Beide Konzeptionen teilen grundlegende Gemeinsamkeiten:

1. Das konkrete Arbeitshandeln bildet den Ausgangspunkt und den Bezugspunkt für weitergehende Überlegungen.
2. Sie formulieren neue Analyse- und Bewertungskategorien, die nicht aus der Entgegensetzung zum Taylorismus hergeleitet werden.
3. Sie wenden sich gegen lineare Fortschritts- oder Subsumtionsannahmen mit ihrer Logik des „Noch nicht", wie sie das ingenieurwissenschaftliche Streben nach Natur- und Prozessbeherrschung prägen; ebenso gegen einen sozialwissenschaftlichen Diskurs, der neue Belastungen und Risiken mit der „Halbherzigkeit" betrieblicher Dezentralisierungsstrategien erklärt und mit einem „Aber auch" allenfalls die Berücksichtigung der Schattenseiten einer an sich positiv beurteilten Entwicklung fordert.
4. Beide Konzeptionen betonen die Unbestimmtheit, die Unberechenbarkeit und den Eigensinn der soziotechnischen Wirklichkeit und daher die Bedeutung der Subjektivität.
5. Sie formulieren die Probleme und Risiken der Arbeitskräfte handlungsorientiert als widersprüchliche Handlungssituationen, die im Kontext neuer Stoßrichtungen betrieblicher Rationalisierung systematisch erzeugt werden.
6. Sie analysieren nicht nur neue Konfliktfelder, sondern zeigen auch neue Perspektiven für eine human orientierte Entwicklung von Arbeitsorganisation und Technik auf.

In den folgenden beiden Beiträgen wird jeweils ein Überblick über die Ergebnisse der theoretischen und empirischen Arbeiten zu diesen Forschungsansätzen gegeben.

1 Sinnliche Erfahrung und wissenschaftlich-technische Rationalität – ein neues Konfliktfeld industrieller Arbeit

Fritz Böhle

1.1 Entwicklung von Arbeit bei fortschreitender Technisierung – neue Fragen

Die Frage, wie sich die Anforderungen an menschliche Arbeit bei fortschreitender Technisierung verändern, war von jeher ein zentrales Thema in der sozialwissenschaftlichen Auseinandersetzung mit den Entwicklungen industrieller Arbeit. Dabei finden sich höchst kontroverse Diagnosen und Prognosen. Nach dem Zweiten Weltkrieg, in den 50er- und 60er-Jahren, war z. B. zunächst eher eine optimistische Prognose vorherrschend: Durch die Technisierung werden demnach traditionelle Zwänge industrieller Arbeit abgebaut und wird menschliche Arbeit auf planende und dispositive Aufgaben verlagert. Industrielle Produktionsarbeit nähert sich – in dieser Sicht – zunehmend der Arbeit von Ingenieuren, der so genannten technischen Intelligenz, an. Seit Ende der 60er-Jahre trat jedoch an die Stelle solcher Prognosen eine eher skeptische und pessimistische Einschätzung. Empirische Untersuchungen zur Entwicklung von Industriearbeit zeigten: Auch dort, wo automatisierte oder teilautomatisierte Maschinen und Anlagen zum Einsatz kamen, wurde menschliche Arbeit nicht aufgewertet, sondern auf restriktive sowie vergleichsweise gering qualifizierte Bedien- und Kontrolltätigkeiten reduziert (z. B. Kern und Schumann 1985). Selbst die Tätigkeit in Messwarten bei vergleichbaren hoch automatisierten Anlagen der Prozessindustrie erwies sich lediglich als eine qualifizierte Angelerntentätigkeit (Mickler et al. 1976). Auf der Grundlage solcher empirischen Befunde setzte sich die Auffassung durch, dass auch bei fortschreitender Technisierung die vertikale und die horizontale Arbeitsteilung weiter vertieft und verbreitet wird. Der so genannte Taylorismus wurde damit zum Synonym für betriebliche Rationalisierung und Technisierung überhaupt. Damit schien letztlich auch die Frage nach der Zukunft industriell organisierter Arbeit – insbesondere im Bereich von Produktionsarbeit – weithin beantwortet (Braverman 1977). Seit Anfang der 80er-Jahre zeichnen sich jedoch Entwicklungen ab, die solche Prognosen – zumindest in der unterstellten Allgemeinheit – infrage stellen. Damit ergaben sich auch neue Anforderungen an die sozialwissenschaftliche Analyse von Arbeit – insbesondere hinsichtlich der Beurteilung von Anforderungen an die Qualifikation sowie der Entwicklung von Belastung.

Auch wenn diese (neuen) Entwicklungen – vor allem bezüglich ihrer Verbreitung – unterschiedlich eingeschätzt und beurteilt werden, besteht doch zumindest in zwei Punkten Einigkeit: Auf der Basis der Mikroelektronik wurden (und werden) neue Wege eröffnet, Produktions- und Arbeitsprozesse zu automatisieren. Vor allem ergeben sich neue Möglichkeiten für eine Verbindung von Flexibilität und Automatisierung. Beispiele hierfür sind in der Metallbearbeitung die kundenorientierte Fertigung in kleinen Serien und hohen Produktvarianten oder in der Chemieindustrie die diskontinuierliche und auftragsbezogene Chargenproduktion im Unterschied zu kontinuierlichen hoch standardisierten Prozessen. Zugleich – und dies ist der zweite Punkt – zeigt sich in der betrieblichen Praxis ein deutliches Interesse, die in hoch technisierten Produktionsprozessen verbleibenden Tätigkeiten der Überwachung und Kontrolle als verantwortungsvoll und qualifiziert zu definieren und hierfür beruflich ausgebildete Fachkräfte einzusetzen. In industriesoziologischen Untersuchungen wird in diesem Zusammenhang von einer Transformation industrieller Produktionsarbeit von einer „Herstellungsarbeit" zu einer „Gewährleistungsarbeit" gesprochen (Schumann et al. 1994). Damit wird betont, dass es zu einer wesentlichen Aufgabe menschlicher Arbeit wird, das „Funktionieren" eines technischen Systems sicherzustellen (zu „gewährleisten") – anstelle direkter „produktiver" Arbeit mittels Werkzeugen und Maschinen. Neue Formen qualifizierter Produktionsarbeit entstehen dabei aber nicht „automatisch" durch die Technik – im Sinne eines „Technikdeterminismus"; sie hängen vielmehr auch ab von Veränderungen in der betrieblichen Arbeitspolitik (vgl. Hirsch-Kreinsen et al. 1990; Kern und Schumann 1984).

Vergleicht man neue Formen qualifizierter Produktionsarbeit bei der Kontrolle und Überwachung technischer Systeme mit den Zwängen tayloristischer Arbeitsorganisation oder den Belastungen bei traditionell körperlicher Arbeit, so scheinen sich hier Rationalisierung, Technisierung und Humanisierung der Arbeit in einer neuen Weise zu verbinden. Sehr dezidiert wird diese Einschätzung in neuerdings von Schumann und anderen vorgelegten empirischen Untersuchungen bekräftigt. Angeführt werden hier Ergebnisse von Befragungen, bei denen nur eine Minderheit von Arbeitskräften ausdrücklich Belastungen als ein Negativmerkmal der Tätigkeit nennt und lediglich ein Drittel die Belastungen als „gravierend" einschätzt, womit zumeist vor allem die „Schichtarbeit" gemeint ist (Schumann et al. 1994: 29). Jedoch fragt sich, ob hier nicht eine solche Beurteilung allzu sehr geprägt ist durch die Erfahrungen aus der Vergangenheit und damit das Neue überwiegend nur mit der Brille des bisher Gewohnten betrachtet wird. Dies gilt nicht nur für die gesellschaftspolitische Diskussion in den Betrieben oder Gewerkschaften, sondern vor allem auch für die sozial- und arbeitswissenschaftliche Beurteilung solcher Tätigkeiten. Denn genau besehen sind die Konzepte und Methoden, mit denen die Entwicklungen industrieller Arbeit beurteilt werden, sehr nachhaltig durch die bisher bekannten und vorherrschenden Formen industrieller Produktionsarbeit geprägt. Dies gilt nicht nur für die wissenschaftlichen Konzepte, sondern vor allem auch für die Einschätzung der Betroffenen selbst. Oft fehlt es hier allein schon an den geeigneten „Worten" und „Begriffen", um neuartige Belastungen und Risiken zu benennen und auszudrücken. Dabei mangelt es jedoch keineswegs an empirischen Hinweisen auf neuartige Belastungen; sie werden allerdings zumeist sehr pauschal und vage als „psycho-mentale", „psycho-affektive" oder „emotionale" Belastungen bezeichnet. Ein geradezu klassisches Symptom ist z. B. das Problem der Vigilanz, das heißt der Aufrechterhaltung von Konzentration und Aufmerksamkeit zu konzentrierter Beobachtung von

Anzeigen, Messwerten und Ähnlichem. In neueren Untersuchungen wird vor allem auf das Problem diskontinuierlicher Arbeitsanforderungen hingewiesen, das heißt auf den Wechsel zwischen passiven Überwachungsaufgaben im so genannten Normallauf und Überforderung, Informationsüberflutung sowie hohem Zeitdruck im Störfall (siehe zum Stand der Forschung ausführlicher Böhle et al. 1993). Solchen Hinweisen wurde jedoch bislang – in der Wissenschaft wie in der Praxis – nicht weiter systematisch nachgegangen.

Unsere These ist, dass die Schwierigkeiten in der Auseinandersetzung mit den hier auftretenden (neuen) Belastungen und Risiken aus einer „Neuartigkeit" in zweifacher Weise resultieren: Zum einen treten sie in Verbindung mit Entwicklungen auf, die zum Abbau bisher bekannter Belastungen und Restriktionen führen wie insbesondere Abbau körperlicher Beanspruchung; sie werden hierdurch – gerade auch in der Wahrnehmung und Beurteilung durch die Betroffenen selbst – überdeckt und verdeckt. Des Weiteren treten sie in Verbindung und als Folge von Arbeitsanforderungen auf, die gemeinhin als „höherwertig" gelten, wie insbesondere Anforderungen an abstraktes Denken und theoretische Kenntnisse; Belastungen, die dabei subjektiv empfunden werden, erscheinen eher als „individuelles Defizit" und werden – auch von den Arbeitskräften selbst – zumeist als Problem der Qualifizierung und nicht der Arbeitsgestaltung gesehen. Zum anderen lassen sich solche neuen Belastungen und Risiken nicht mehr mit den bisher – in Wissenschaft wie Praxis – eingespielten Konzepten der Analyse von Arbeit angemessen erfassen und beurteilen. Zur Diskussion steht dabei nicht nur der Katalog bisher bekannter und anerkannter Belastungen und Risiken bzw. dessen Erweiterung; vielmehr geht es auch um eine Revision und Modifizierung bisheriger Kriterien der Beurteilung: Die Verringerung körperlicher Beanspruchung, höhere Anforderungen an theoretisches Wissen und abstraktes Denken gelten bisher per se als Indizien für eine Entwicklung, die den „eigentlich" menschlichen Fähigkeiten – wenn nicht Bestimmungen – entspricht. Genau dies steht hier jedoch zur Debatte. Wir haben es daher mit einer Auseinandersetzung zu tun, die nicht nur die industrie- und arbeitssoziologische Diskussion betrifft, sondern auch übergreifende kulturelle Deutungs- und Orientierungsmuster moderner industrieller Gesellschaften berührt. Im Folgenden seien Ergebnisse aus unseren Arbeiten im Rahmen des Sonderforschungsbereichs im Teilprojekt A2 dargestellt, die dies näher umreißen und begründen.[1]

1.2 Technische Mediatisierung und sinnliche Erfahrung – Anstöße für eine neue Sichtweise von Arbeit

Ausgangspunkt unserer Untersuchungen zur Veränderung von Arbeit bei fortschreitender Technisierung ist ein Phänomen, das sich als „technische Mediatisierung" von Arbeit bezeichnen lässt. Gemeint ist damit, dass sich das Arbeitshandeln nicht direkt, sondern nur vermittelt über technische Systeme auf konkrete Produktions-

1 Neben dem Verfasser waren an diesen Arbeiten Brigitte Milkau (1985–1990) und Helmuth Rose (1990–1994) beteiligt.

abläufe bezieht. Die technische Mediatisierung von Arbeit ist keineswegs ein neuartiges Phänomen, sondern kann geradezu als ein grundlegendes Merkmal von Technik angesehen werden, also z. B. auch bei der Anwendung einfacher Werkzeuge. Bei fortschreitender Technisierung erhält sie jedoch eine neuartige Ausprägung, und zwar in zweifacher Weise: Gegenstand der Arbeit wird nicht nur die Wirkungsweise des technischen Systems (dessen Überwachung, Kontrolle und Regulierung); auch der Bezug auf die konkreten Produktionsabläufe und technischen Anlagen selbst vollzieht sich zunehmend über – dazwischen geschaltete – technische Informations- und Steuerungssysteme. Prototypisch hierfür sind räumlich abgeschottete Leitwarten in der Chemischen Industrie oder Energieversorgung. Die Produktionsabläufe und -anlagen sind hier nur mehr über Datenanzeigen, schematische Schaubilder auf Monitoren wahrnehmbar und mittels der Betätigung von Tastaturen und Ähnlichem „manuell" regulierbar. Aber auch in Arbeitsbereichen, bei denen eine größere räumliche Nähe zu den Maschinen besteht, finden sich vergleichbare Entwicklungen, so z. B. bei der Arbeit mit programmgesteuerten CNC-Werkzeugmaschinen in der Metallbearbeitung. Die Maschinen sind verkapselt, sodass beim programmgesteuerten Ablauf der Bearbeitung diese überwiegend nur noch anhand der Anzeigen auf dem Monitor kontrolliert werden kann. Auch erfolgen regulierende Eingriffe – etwa beim Einfahren der Maschinen – nicht mehr über mechanische Handräder, sondern auch über Tastaturen, durch die Steuerungsbefehle eingegeben werden. Die hiermit angesprochene „technische Mediatisierung" bezieht sich somit auf einen Aspekt moderner Industriearbeit, der ein gemeinsames Merkmal von Tätigkeiten in unterschiedlichen Branchen industrieller Produktion wie auch anderen Arbeitsbereichen – wie z. B. der Verkehrslenkung oder Flugsicherung – darstellt. Zugleich wird damit ein Aspekt von Arbeit ins Blickfeld gerückt, der seit dem vermehrten Einsatz rechnergestützter Informations- und Steuerungstechnologien unter dem Stichwort „Computerarbeit" zu vielfältigen Diskussionen und Prognosen Anlass gegeben hat. Unter anderem werden in diesem Zusammenhang – ganz anders als in der zuvor erwähnten industrie- und arbeitssoziologischen Forschung – neue Gefahren wie insbesondere das Risiko einer Vereinseitigung des Menschen diagnostiziert. Die Anstöße hierzu kamen und kommen aus unterschiedlichen Wissenschaftsdisziplinen: der Philosophie, Kulturpsychologie, Soziologie, Pädagogik. Thematisiert werden hier die Gefahr der einseitigen Ausrichtung von Denk- und Arbeitsweisen auf die Prinzipien formaler Logik und die Verkümmerung von menschlichen Fähigkeiten wie Intuition, Gefühl, assoziativem Denken und sinnlicher Wahrnehmung (z. B. Weizenbaum 1978; Volpert 1986; Eurich 1985; Kumbruck 1990). Eine solche kritische Auseinandersetzung läuft jedoch leicht Gefahr, lediglich eine neue Variante kulturpessimistischer Technikkritik zu sein. Ein wesentlicher Mangel ist, dass hier menschliche Fähigkeiten als gefährdet angesehen werden, die bislang – vor allem im Arbeitsbereich – kaum als beachtenswert galten. Denn dass Menschen Dinge können, die der Computer nicht kann, ist hier nicht der eigentlich strittige Punkt. Entscheidend ist, wie solche „anderen" menschlichen Fähigkeiten beurteilt werden.

Nach der bisher vorherrschenden Sicht gilt z. B. speziell Arbeit als eine Tätigkeit, die durch ein zweckrationales, planmäßiges und wissenschaftlich geleitetes Handeln charakterisiert ist oder zumindest hieran zu orientieren und in ihrer Effizienz zu beurteilen ist. Spätestens seit der industriellen Revolution des 19. Jahrhunderts stehen dieses Verständnis von Arbeit und die damit einhergehende praktische Anwendung von (Natur-)Wissenschaft (Verwissenschaftlichung) für die Garantie einer sachgemäßen und effizienten Organisation der Produktion. Die so genannte Logik des Computers fügt sich durchaus in diese Entwicklung ein. Doch gerade diesen Zusammenhang gilt es neu zu reflektieren. Zur Diskussion stehen sowohl die Gleichsetzung von Arbeit mit zweckrationalem Handeln als auch die Effizienz einer nach den Imperativen technisch-wissenschaftlicher Rationalität sich vollziehenden Technisierung und „Naturbeherrschung". Eine systematische Auseinandersetzung hiermit erfordert jedoch neue Konzepte der Analyse. Es sind Konzepte notwendig, mit denen es möglich ist, menschliche Fähigkeiten und Handlungsweisen, die aus den Konzepten zweckrationalen Handelns ausgegrenzt werden, nicht nur zu benennen (siehe oben), sondern in ihrer immanenten „Logik" und in ihren praktischen Leistungen zu untersuchen. Im Folgenden seien Ergebnisse unserer Arbeiten zu einer solchen Erweiterung der Analyse von Arbeit umrissen und auf dieser Basis ein neues Konflikt- und Problemfeld industrieller Arbeit bei fortschreitender Technisierung aufgezeigt. Abschließend werden Folgerungen für die zukünftige arbeitspolitische Auseinandersetzung diskutiert.

1.3 Objektivierendes und subjektivierendes Arbeitshandeln – eine Erweiterung der Analyse von Arbeit

1.3.1 Empirische Befunde und offene Fragen

Fragt man in der betrieblichen Praxis nach den Gründen für den Einsatz qualifizierter Arbeitskräfte bei der Arbeit mit komplexen technischen Systemen, so erhält man sehr unterschiedliche Antworten. Betont werden höhere Anforderungen an theoretische Kenntnisse, Fähigkeit zu abstraktem Denken ebenso wie so genannte soziale Qualifikationen wie Zuverlässigkeit, Engagement und Verantwortung. Je mehr man sich aber der unmittelbaren Ebene der Produktion nähert, um so häufiger wird von Vorgesetzten wie auch von den Arbeitskräften selbst auf die Bedeutung praktischer Erfahrung und des Erfahrungswissens hingewiesen. Auch in industriesoziologischen Untersuchungen wird dies betont und als Indiz für einen besonderen (neuen) strategischen Stellenwert menschlicher Arbeit gewertet (vgl. Schumann et al. 1990: 63; Pries et al. 1990: 108ff.; Wood 1986). Kaum beachtet wird dabei jedoch, dass sich gerade hieraus neue Probleme und Risiken industrieller Arbeit ergeben. Dies wird allerdings nur dann erkennbar, wenn man es nicht nur bei einer allgemeinen Benennung der Wichtigkeit des „Erfahrungswissens" oder „praktischer Erfahrung" von Arbeitskräften belässt.

Fragt man in der betrieblichen Praxis genauer danach, was mit praktischer Erfahrung und Erfahrungswissen gemeint ist, so werden als Beispiele angeführt: ein Gefühl und Gespür beim Umgang mit den technischen Anlagen, blitzschnelle intuitive Entscheidungen ohne langes Nachdenken, das Erahnen einer Störung, bevor diese exakt angezeigt wird, und Ähnliches. Solche Phänomene sind keine völlig neuartigen Erscheinungen. Sie sind auch in industriesoziologischen Untersuchungen dokumentiert. Doch hat man sich bislang hiermit nicht weiter systematisch befasst. (Typisch hierfür ist z.B. auch der Begriff der „technischen Sensibilität"; vgl. Böhle und Milkau 1988: 6ff.) Ein gemeinsames Kennzeichen der hier angesprochenen Kenntnisse und Arbeitsweisen ist, dass sie sich nicht ohne weiteres in die (vorherrschenden) Kriterien für ein zweckrationales Handeln einfügen: Sie sind nicht oder nur begrenzt „objektivierbar" (wie z.B. Messwerte, Daten) und werden auch nicht auf der Basis naturwissenschaftlicher Analyse und der systematischen Beschreibungen konkreter Abläufe gewonnen und begründet.

Unsere Arbeiten im Sonderforschungsbereich richten sich darauf, ein Konzept zu entwickeln, das einen systematischen Zugang zu solchen Kenntnissen und Arbeitsweisen eröffnet. Grundlegend hierfür ist die Unterscheidung zwischen einem „objektivierenden" und einem „subjektivierenden" Arbeitshandeln. Unsere Analyse und Unterscheidung konzentriert sich dabei auf vier Aspekte des Arbeitshandelns: die sinnliche Wahrnehmung, mentale Prozesse, die Vorgehensweise und die Beziehung zu Gegenständen oder Personen.

1.3.2 Objektivierendes Arbeitshandeln

Mit „objektivierendem" Handeln sind Handlungsweisen gemeint, die durch die Systematik eines zweckrationalen Handelns geprägt sind. Da sich hier der Begriff „rational" primär auf die „Methode" des Handelns bezieht und nicht auf dessen Motive und Ziele im Sinne von vernünftig und ähnlichem, erscheint uns hierfür jedoch der Begriff „objektivierendes" Handeln neutraler und weniger missverständlich. Zugleich werden damit einige für unsere Untersuchung wichtige Merkmale (Implikationen) „zweckrationalen" Handelns betont:

- Maßgeblich ist die Orientierung an objektivierbaren, das heißt personen- und situationsunabhängigen, generell gültigen Kriterien. Dem entsprechen ein kategoriales und formalisierbares *Wissen* sowie *mentale Prozesse*, die sich nach den Prinzipien formaler Logik und Analytik vollziehen.
- Die *sinnliche Wahrnehmung* wie auch der Körper insgesamt spielen hierbei nur eine sehr eingegrenzte und untergeordnete Rolle. Die sinnliche Wahrnehmung ist darauf beschränkt, möglichst exakt und „objektiv" Informationen aus der Umwelt wahrzunehmen und sie der kognitiv-rationalen, verstandesmäßigen Interpretation (Verarbeitung) zuzuführen. Soweit im praktischen Handeln körperliche Bewegungen notwendig sind, werden diese primär als motorische bzw. sensumotorische Vorgänge begriffen, die zwar durch rational getroffene Entscheidungen und Planungen angeleitet (angestoßen) werden, ansonsten aber im Wesentlichen quasi automatisiert, ohne bewusste Regulierung ablaufen.
- Damit verbindet sich eine *Vorgehensweise*, die auf der Trennung sowie hierarchischen und sequenziellen Zuordnung von (Handlungs-)Planung bzw. Entscheidungen einerseits und der Ausführung von Handlungen andererseits beruht.
- Und schließlich beruht ein zweckrationales, objektivierendes Handeln auf einer affektiv neutral-sachlichen Beziehung zu Arbeitsmitteln und -gegenständen.

Die hier genannten Merkmale eines „objektivierenden" Handelns beziehen sich auf Gegebenheiten, die in modernen Gesellschaften als weithin naturgegeben bzw. anthropologisch begründet angesehen und daher auch zumeist weder expliziert noch diskutiert werden. Die Ausrichtung von Arbeit nach den Prinzipien eines zweckrationalen, objektivierenden Handelns bezieht – so gesehen – ihre Legitimation aus grundlegenden, ahistorischen Gegebenheiten menschlicher Existenz, die es zur Entfaltung und zur Geltung zu bringen gilt. Dabei wird – wie schon bei Weber – keineswegs übersehen und bestritten, dass sich praktisches Handeln nicht immer und vollständig nach dem Modell eines „zweckrationalen" Handelns vollzieht. Doch – und dies ist entscheidend – wird dies speziell, was die Arbeitstätigkeit betrifft, primär als „Abweichung" von dem, was eigentlich als „sachgemäß" und „effizient" gilt (bzw. wäre), angesehen. Dem entspricht auch, dass so genannte subjektive Faktoren – wie Gefühle und Empfindungen – zwar für die individuelle Motivation und Befriedigung oder subjektive Deutung und Sinngebung wichtig sind; für die Erkenntnis der Dinge, „so wie sie sind", und den sachlich richtigen Umgang insbesondere mit materiell-gegenständlichen Dingen gelten sie jedoch als unzulänglich und störend.

1.3.3 Subjektivierendes Arbeitshandeln

Das Konzept subjektivierenden Handelns richtet sich demgegenüber speziell auf Erscheinungsformen des Arbeitshandelns, die aus der Sicht zweckrationalen Handelns als unzulänglich und ineffizient gelten. Da die Bezeichnung „subjektivierend" leicht zu Missverständnissen Anlass gibt und die Gefahr der Einordnung in die gewohnten Denkmuster besteht, sei betont: Wenn hier so genannte subjektive Faktoren wie z. B. Gefühl, subjektives Empfinden und sinnliche Wahrnehmung aufgegriffen werden, dann geschieht dies nicht innerhalb des durch die Konzepte objektivierenden Handelns vorgegebenen Bezugsrahmens. Es geht hier also nicht darum, ins Blickfeld zu rücken, dass im Arbeitsprozess auch Wünsche, Bedürfnisse und subjektive Deutungen, Sinngebungen usw. eine Rolle spielen. Dies ist zwar durchaus ein wichtiger Sachverhalt, der aber – vor allem im Rahmen so genannter subjektorientierter Forschungen – bereits vielfältig analysiert und dokumentiert ist (Schmiede 1988; Brock et al. 1984; Bolte und Treutner 1983; Volmerg et al. 1986). Worum es in unseren Arbeiten geht, ist die Relativierung der Annahme, dass ein zweckrationales Handeln die grundsätzlich angemessene und überlegene Form der Auseinandersetzung mit materiell-technischen Gegebenheiten, wie sie in konkreten Arbeitsprozessen auftreten, darstellt. Damit verbindet sich auch ein Verständnis von „Subjektivität", das sich nicht (nur) in den durch die Konzepte zweckrationalen Handelns vorgegebenen Rahmen einfügt (vgl. Böhle 1994: 194f.; Böhle und Schulze 1997).

Das Konzept subjektivierenden Handelns stützt sich auf unterschiedliche disziplinübergreifende Forschungsansätze – wie phänomenologisch orientierte Theorien sinnlicher Wahrnehmung, neuere Forschungen über wahrnehmungs- und verhaltensnahe Formen des Denkens und des Gedächtnisses wie auch auf kulturpsychologische Arbeiten (vgl. Böhle und Milkau 1988: 25ff.; Rose und Martin 1995: 273f.). Aus soziologischer Sicht verbindet sich damit die Frage nach der historisch-gesellschaftlichen

Prägung jener Gegebenheiten, die in den Konzepten zweckrationalen Handelns als ahistorisch und anthropologisch verbürgt gelten (vgl. hierzu auch Joas 1992).

Unsere Untersuchungen hierzu erfolgten in enger Verschränkung zwischen theoretisch-konzeptuellen und empirischen Arbeiten. Bei der folgenden Darstellung einiger (ausgewählter) Ergebnisse dieser Arbeiten seien daher ebenfalls allgemeine kategorial-begriffliche Bestimmungen und empirische Phänomene verbunden, durch die diese präzisiert und konkretisiert werden. Wir beziehen uns dabei sowohl auf eigene empirische Untersuchungen als auch auf Ergebnisse von Untersuchungen anderer Institute, die das Konzept subjektivierenden Arbeitshandelns aufgegriffen und weitergeführt haben.

In den empirischen Untersuchungen[2] wurde das Arbeitshandeln analytisch sowohl mit dem Konzept objektivierenden als auch subjektivierenden Handelns analysiert; im Folgenden sei jedoch ausschließlich das dabei aufgedeckte subjektivierende Arbeitshandeln näher umrissen.

Dabei steht in unserer Analyse – ebenso wie bei der Bestimmung objektivierenden Handelns – der Zusammenhang zwischen sinnlicher Wahrnehmung, kognitiv-mentalen Prozessen, praktischem Handeln und der Beziehung zu Gegenständen im Mittelpunkt. Sie erlangen im Konzept subjektivierenden Handelns nicht nur eine andere Ausprägung, sondern stehen auch in einem anderen Verhältnis zueinander als bei einem objektivierenden Handeln. Nach unseren Befunden ist hierfür charakteristisch:

- Eine komplexe *sinnliche* Wahrnehmung, die sich über mehrere Sinne und körperliche Bewegungen vollzieht und die vom subjektiven Empfinden nicht abgelöst ist. Sie richtet sich nicht nur auf exakt und eindeutig definierte Eigenschaften bzw. Informationen, sondern ebenso auf eher diffuse und vielschichtige Informationsquellen. So werden – soweit möglich – von den Arbeitskräften trotz einer Vielzahl von Messdaten und Anzeigen zugleich Informationsquellen genutzt, die weder technisch vorgesehen noch exakt definierbar und messbar sind. Typisch hierfür ist das Geräusch von Anlagen und Bearbeitungsvorgängen wie auch Farbveränderungen an Materialien und Produkten oder Gerüche. Des Weiteren beschränkt sich auch dort, wo die Arbeitskräfte überwiegend auf die Wahrnehmung von Informationen anhand technischer Messwerte und Anzeigen angewiesen sind – wie z. B. in Leitwarten –, die sinnliche Wahrnehmung nicht nur auf ein möglichst exaktes und

2 Die empirischen Untersuchungen richteten sich auf unterschiedliche Arbeits- und Produktionsbereiche: zum einen auf den Bereich der Metallbearbeitung bei konventioneller Technik und Arbeit mit CNC-gesteuerten Werkzeugmaschinen bei externer und maschinennaher Programmerstellung (vgl. Böhle und Milkau 1988; Böhle und Rose 1990; Bolte 1993; Schulze und Carus 1995; Carus und Schulze 1995). Zum anderen wurden Untersuchungen in unterschiedlichen Branchen der Prozessindustrie wie der Chemischen Industrie, Lebensmittelindustrie, Stahlverarbeitung und Energieversorgung sowie bei der Kontrolle und Überwachung komplexer technischer Systeme in der Automobil- und Druckindustrie und ergänzend bei der Flugüberwachung durchgeführt (Böhle und Rose 1992; Rose und Macher 1993). Methodisch ist anzumerken, dass in den empirischen Untersuchungen bei der Analyse des Arbeitshandelns nicht nur nach den Inhalten der Arbeit und den Arbeitsanforderungen gefragt wurde; Absicht war vor allem, aus der Perspektive der Arbeitskräfte selbst zu erfassen, wie sie die Arbeitsanforderungen bewältigen (vgl. Böhle 1991).

objektives Registrieren der Anzeigen. Vielmehr werden in und durch die sinnliche Wahrnehmung auch handlungs- wie bedeutungsrelevante Zusammenhänge hergestellt: Unterschiedliche Informationen werden als Konfigurationen wie „ein Bild" gleichzeitig gesehen. Diese sind technisch weder vorgesehen noch vorgegeben, sondern werden von den Arbeitskräften selbst hergestellt. Nicht die einzelne Information, sondern das „Gesamtbild" ist dabei handlungsorientierend.
Des Weiteren „sehen" die Arbeitskräfte beim Betrachten von Zahlen und schematischen Darstellungen zugleich in ihren Vorstellungen die Anlagen und Prozessverläufe, und zwar auch dann, wenn kein unmittelbarer Sichtkontakt besteht. Solche Vorstellungen ebenso wie technisch nicht vorgesehene zusätzliche Informationsquellen sind für die Arbeitskräfte wichtige Grundlagen, um die Bedeutung von Anzeigen zu interpretieren wie auch „Fehlanzeigen" bei den technischen Informations- und Steuerungssystemen im Sinne einer Gegenkontrolle zu erkennen.

- Eine solche sinnliche Wahrnehmung ist verbunden mit *wahrnehmungs- und verhaltensnahen Formen menschlichen Denkens.* Eigenschaften der Anlage ebenso wie bestimmte Ereignisse im Produktionsverlauf werden als Bild wie auch Bewegungsablauf, Geruch, Geräusch im Gedächtnis behalten. Auf diese Weise kann z. B. durch ein bestimmtes Ereignis eine weit reichende Assoziationskette ausgelöst werden. Sie wird nicht bewusst gesteuert, sondern läuft ab durch konkrete assoziative Verknüpfungen. Charakteristisch hierfür ist der Vergleich einer aktuellen Situation mit bereits früher schon Erlebtem. Dabei handelt es sich nicht – wie oft missverständlich unterstellt – um ein stereotypes Übertragen bereits bekannter Situationen. Vielmehr wird die aktuelle Situation mit vergangenen Ereignissen verglichen, wobei „blitzartig" und quasi „simultan" unterschiedliche frühere Ereignisse herangeholt, übereinander gelegt, verdichtet und auch Differenzen zwischen der aktuellen Situation und bisherigen Erfahrungen festgestellt werden. Auf einem solchen Wissen beruht z. B. das so genannte Gespür für Störungen, das heißt die Fähigkeit, vor allem komplexe Störungen bereits dann schon zu identifizieren, wenn noch keine eindeutigen Indikatoren vorliegen. Aussagen wie: „Man ahnt, dass etwas passiert", sind hierfür typische Beschreibungen. In engem Zusammenhang hiermit steht auch das subjektive Nachvollziehen technischer Abläufe. Speziell bei der Überwachung und Steuerung komplexer technischer Systeme ist das Zeitgefühl, die so genannte innere Uhr, ein wichtiges Kriterium, durch das Unregelmäßigkeiten im Prozessverlauf wahrgenommen werden. Es handelt sich hierbei nicht um eine abstrakte, festgelegte Zeitgröße, sondern um zeitliche Abläufe, die in der konkreten Arbeit erlebt und jeweils situationsspezifisch angepasst und modifiziert werden.
- Die beschriebenen Formen sinnlicher Wahrnehmung und mental-geistiger Prozesse sind eingebunden in *Vorgehensweisen,* bei denen im Unterschied zu einem planmäßigen systematischen Vorgehen die Planung und Ausführung von Handlungsvollzügen nicht getrennt, sondern unmittelbar miteinander verschränkt sind. Charakteristisch sind Vorgehensweisen, die sich als „aktiv-reaktiv" sowie „dialogisch-interaktiv" oder „explorativ" bezeichnen lassen. Die praktische Durchführung von Arbeitsvollzügen dient hier nicht nur zur Ausführung vorangegangener Analysen und Entscheidungen; sie sind vielmehr selbst ein Mittel, um Eigenschaften und Wirkungsweisen von Materialien, Produktionsanlagen und technischen

Systemen zu erkunden. So ist es z. B. bei der Überwachung und Regulierung komplexer technischer Systeme oft der Fall, dass bei notwendigen Eingriffen zur Korrektur von Abweichungen zwischen Soll- und Ist-Werten die Wirkungen solcher Eingriffe nicht exakt vorherbestimmbar sind. Ausschlaggebend hierfür sind die Kumulation und wechselseitige Verstärkung von unterschiedlichen Friktionen und Unregelmäßigkeiten im Prozessverlauf. So vergleichen die Arbeitskräfte in solchen Situationen gerade auch hoch technisierte und automatisierte Anlagen oft mit etwas „Lebendigem", ja sogar mit etwas „Menschlichem". „Mitunter muss man mit der Anlage kämpfen" oder „ich muss mich auf die Anlage einstellen" und „die Reaktionen der Anlage müssen erlebt werden" sind hier typische Aussagen.

- *Gefühle* und *subjektive Empfindungen* sind in den geschilderten Arbeitsweisen nicht ausgeschaltet, sondern ein wichtiger Bestandteil des Arbeitshandelns. Zum Beispiel kann ein Gespür für Störungen nur entstehen, wenn auch Störsituationen emotional erlebt werden. Dies zeigt sich auch in der Herstellung einer *subjektiven Nähe* und persönlichen, *emotionalen Beziehung* zu den Maschinen und Produktionsanlagen – auch wenn kein direkter räumlicher und physischer Kontakt gegeben ist. So kehrt sich hier zum Teil die reale Situation um. Die Arbeitskräfte befinden sich physisch in räumlicher Distanz und sind abgeschottet. In ihrer subjektiven Vorstellung fühlen sie sich jedoch mit den Produktionsanlagen und -abläufen verbunden. Nicht die technischen Systeme der Überwachung und Regulierung sind dabei das eigentliche Arbeitsmittel und der Arbeitsgegenstand, sondern die dahinter liegenden Produktionsabläufe. Bemerkenswert ist hierbei, dass die Arbeitskräfte – auch bei hoch automatisierten technischen Systemen – nicht nur diesen gegenüberstehen und sie überwachen; vielmehr sehen sie ihre Tätigkeit als eine Arbeit „mit" technischen Systemen. Ganz ähnlich wie mit einer Maschine und einem Werkzeug tragen sie – aus ihrer Sicht – nicht nur zum Funktionieren des technischen Systems bei, sondern stellen mit dem technischen System etwas her.

Durchweg spielen bei den hier geschilderten Arbeitsweisen so genannte subjektive Faktoren eine wichtige Rolle; dies besagt aber nicht – wie oft unterstellt wird –, dass sie nicht interpersonell kommunizierbar sind. Wie unsere empirischen Untersuchungen zeigen, ist dies sehr wohl möglich. Allerdings hängt dies von besonderen Formen der Kommunikation und Interaktion ab. Typisch hierfür sind z. B. nicht primär verbale Kommunikationsformen, sondern gemeinsam durchgeführte Handlungen und Erfahrungen, z. B. bei der Diagnose und Bewältigung von Störsituationen. Ferner werden subjektiv gewonnene Einschätzungen und Beurteilungen – z. B. darüber, welche Informationen wichtig sind – vielfach in Gesprächen weitergegeben, die neben einem sachlichen Informationsaustausch eingebettet sind in den Austausch von persönlichen – jedoch arbeitsbezogenen – Erlebnissen. Voraussetzung hierfür ist allerdings der Aufbau von Vertrauens- und Sympathiebeziehungen, wobei Sympathie – nach den Schilderungen der Arbeitskräfte – vor allem bedeutet, dass man eine „ähnliche Sprache spricht" und Verhaltensweisen sowie Arbeitsstile praktiziert, die Ähnlichkeiten aufweisen. Dies verweist auf die Bedeutung eines speziellen Arbeitsmilieus oder einer besonderen Berufskultur.

1.4 Leistungen subjektivierenden Arbeitshandelns – Grenzen der technisch-wissenschaftlichen Beherrschung

Es liegt bei den vorherrschenden Kriterien zur Analyse von Arbeit nahe, das subjektivierende Arbeitshandeln als Beleg für die Unfähigkeit zu einem technisch-rationalen, wissenschaftlich geleiteten Umgang mit Technik zu interpretieren. Doch zeigen unsere Befunde nicht nur eine spezifische Systematik eines solchen Arbeitshandelns, sondern ebenso, dass dieses für die Beherrschung technischer Systeme höchst funktional und unverzichtbar ist. Ausschlaggebend hierfür sind – in der Praxis auftretende – Grenzen der technisch-wissenschaftlichen Beherrschung konkreter Produktionsabläufe:

Der Einsatz rechnergestützter Informations- und Steuerungstechnologien erfordert eine wissenschaftlich geleitete, auf Objektivierung ausgerichtete Durchdringung konkreter Abläufe. Er setzt voraus, dass „ex ante" die relevanten Parameter und Wirkungszusammenhänge bestimmt und in theoretisch begründeten oder empirisch gewonnenen Modellen abgebildet werden, um sie auf dieser Basis technisch zu steuern. Grundlegend hierfür ist die Annahme, dass die ausschlaggebenden Einflussgrößen mittels objektivierbarer Kriterien eindeutig und exakt bestimmbar sind und ihre Wirkungsweise Regelhaftigkeit, wenn nicht Gesetzmäßigkeit unterliegt. Die wissenschaftlich geleitete Durchdringung konkreter Abläufe steht dabei für ihre fortschreitende Beherrschung. Max Weber hat dies – daran sei erinnert – als die „Entzauberung der Welt" bezeichnet und damit eine der zentralen Grundlagen gesellschaftlicher Rationalisierung und Modernisierung benannt. Doch entzieht sich offenbar die betriebliche Wirklichkeit einem solchen Zugriff, und zwar gerade auch dort, wo es „nur" um physikalische und chemische Prozesse geht, also in einem Bereich, der gemeinhin als Domäne technisch-wissenschaftlicher Naturbeherrschung gilt. Ins Blickfeld geraten Diskrepanzen zwischen wissenschaftlicher Abstraktion und konkreten Gegebenheiten. Solange sich Wissenschaft auf Analyse beschränkt, kann ihr die Differenz zwischen „Modell und Wirklichkeit" kaum zur Last gelegt werden. Beansprucht jedoch Wissenschaft – und dies ist der Fall –, betriebliche Wirklichkeit auch praktisch in den Griff zu bekommen, muss sie entweder ihre Grenzen anerkennen oder es entstehen weit reichende Probleme.

Ausschlaggebend hierfür ist, dass konkrete Produktionsabläufe durch eine Vielzahl von Parametern beeinflusst werden, die im konkreten Fall nicht vollständig erfasst, vorherbestimmt und in theoretischen oder empirischen Modellen der Prozesssteuerung abgebildet werden können. Die hier maßgeblichen Faktoren reichen von Qualitätsunterschieden bei (gleichen) Roh- und Hilfsstoffen bis hin zu Verschleißerscheinungen an den Anlagen und Funktionsstörungen bei den technischen Überwachungs- und Steuerungssystemen. Sie betreffen „interne", durch die Anlagen und Prozessreaktionen hervorgerufene Einflussfaktoren ebenso wie „externe" Faktoren, wie z. B. Witterung und Temperatur oder Zuliefererverhalten und Ähnliches. Dabei handelt es sich keineswegs um Übergangserscheinungen, sondern um eine Entwicklung, die trotz fortschreitender Verwissenschaftlichung und Technisierung (insbesondere bei gleichzeitiger Flexibilisierung und zunehmender Vernetzung technischer

Systeme) immer wieder in neuer Weise entsteht – ein Tatbestand, für den das Bild der „Hydra", der immer wieder neue Köpfe wachsen, passend erscheint und der in der neueren Diskussion auch als „ironies of automation" bezeichnet wurde (Bainbridge 1987).

Aus betrieblicher Sicht lassen sich die aufgezeigten Grenzen der wissenschaftlich-technischen Beherrschung von Produktionsprozessen vor allem im Kontext „systemischer Rationalisierung" – wenn überhaupt – nur mehr begrenzt auf dem Wege der „Externalisierung" nicht beherrschbarer Prozesse bewältigen, so wie dies bei „punktueller Technisierung" möglich ist (war). Vielmehr werden gerade durch die fortschreitende Komplexität technischer Systeme und die (technische) Vernetzung von Teilprozessen die Grenzen der technisch-wissenschaftlichen Beherrschung zunehmend als ein immanentes Problem technischer Systeme virulent (vgl. Böhle 1992: 113f.).

Bei der Arbeit mit komplexen technischen Systemen ist es daher notwendig, dass das Arbeitshandeln sich zwar einerseits auf die Logik der technischen Informations- und Steuerungssysteme bezieht, sich andererseits aber nicht hierauf beschränkt. Neben dem wissenschaftlich-rational geleiteten Umgang mit technischen Systemen sind daher in der Praxis auch noch andere „Methoden" erforderlich, um Unwägbarkeiten und Unsicherheiten, die bei komplexen technischen Systemen auftreten, zu bewältigen.

Das subjektivierende Handeln erweist sich vor diesem Hintergrund als eigenständige „Methode" des Arbeitens, die weder einem objektivierenden, zweckrationalen Handeln untergeordnet noch durch dieses ersetzbar ist. Es weist eine eigenständige Handlungsstruktur und -logik auf und muss ebenso wie ein objektivierendes, zweckrationales Handeln beim Umgang mit technischen Systemen in immer wieder neuer Weise an neue technische Entwicklungen und Produktionsverfahren angepasst und weiterentwickelt werden. Entgegen der Annahme, dass die fortschreitende wissenschaftlich-technische Durchdringung von Produktionsabläufen auch dazu führt, dass sich auch der Umgang mit technischen Systemen zunehmend an die Logik technisch-wissenschaftlicher Rationalität anpassen muss, liegt der besondere Wert menschlicher Arbeit somit gerade in dem Sowohl-als-auch, das heißt in der Fähigkeit zu einem objektivierenden und einem subjektivierenden Arbeitshandeln.

1.5 Verwissenschaftlichung und die Gefährdung subjektivierenden Arbeitshandelns – ein neues Konfliktfeld

Die durch das Konzept subjektivierenden Arbeitshandelns erweiterte Analyse von Arbeit rückt nicht nur bislang weitgehend verdeckt gebliebene Leistungen menschlicher Arbeit ins Blickfeld, sondern auch ein neuartiges Risiko und Konfliktfeld industrieller Arbeit: Selbst dort, wo in der Praxis qualifizierte Arbeitskräfte eingesetzt werden (sich also Tendenzen zur qualifizierten Produktionsarbeit zeigen), werden – überwiegend unbeachtet – die Möglichkeiten für ein subjektivierendes Arbeitshandeln eingeschränkt.

Die fortschreitende technische Mediatisierung von Arbeit – so wie sie sich gegenwärtig vollzieht – hat zur Folge, dass die Arbeitskräfte zunehmend nur mehr mit einer nach technisch-wissenschaftlichen Prinzipien gestalteten Informations- und Eingriffsstruktur konfrontiert sind. Speziell räumlich abgeschottete Leitwarten stehen hier für eine Entwicklung, in der technisch-wissenschaftliche Planungen und Vorgaben nahezu umfassend in die Mikrostruktur der Beziehung zwischen Mensch und konkreten Produktionsabläufen eindringen. Das subjektivierende Handeln findet unter diesen Bedingungen immer weniger Ansatzpunkte – so wie sie z. B. bei der direkten Arbeit vor Ort an Produktionsanlagen und Maschinen durch die Wahrnehmung von Geräuschen und Ähnlichem gegeben sind. Die Verwissenschaftlichung der Technikentwicklung, wie sie speziell in Zusammenhang mit rechnergestützter Informations- und Steuerungstechnologie forciert wird (vgl. Kalkowski et al. 1995: 153ff.; Böhle 1995), führt dazu, dass auch die so genannte Mensch-Maschine-Schnittstelle nach Maßgabe des wissenschaftlich geleiteten Zugriffs auf konkrete Produktionsgegebenheiten gestaltet wird – gerade auch dann, wenn die Notwendigkeit menschlicher Arbeit grundsätzlich anerkannt wird. So wird zwar für die Überwachung und Kontrolle technischer Systeme eine Vielzahl von Informationen zur Verfügung gestellt, doch richten sie sich zugleich nur auf solche, die sich exakt messen und eindeutig darstellen lassen. Daraus ergeben sich ein durch die „Kraft des Faktischen" hervorgerufener Zwang zur Forcierung eines „objektivierenden" Arbeitshandelns und eine Zurückdrängung und Erschwerung des (notwendigen) „subjektivierenden" Arbeitshandelns (Böhle und Milkau 1988: 79ff.; Böhle und Rose 1992: 61ff.). Die hier virulent werdenden Probleme der Technikentwicklung lassen sich schlagwortartig wie folgt benennen:

Eigenschaften von Anlagen sowie Prozessäußerungen, die sich nicht exakt erfassen und darstellen lassen (wie z. B. Bearbeitungsgeräusche), stehen als Informationsquellen nicht oder nur mehr sehr eingeschränkt zur Verfügung. Eine Regulierung und Steuerung von Anlagen, bei der aktives Einwirken und Wahrnehmung von Informationen unmittelbar verschränkt sind (z. B. Gespür in der Hand bei der manuellen Steuerung), sind nicht – oder wenn, nur mehr auf bestimmte Funktionen begrenzt – möglich. Und schließlich ist es auch bei einem erweiterten Aufgabenspektrum (Programmerstellung oder -optimierung) und dezentralen Technikkonzepten kaum möglich, ohne vorhergehende Erstellung eines Programms (Planung) einen Produktionsablauf durchzuführen und explorativ die Parameter und Wirkungszusammenhänge empirisch zu ermitteln oder/und auf dieser Basis handlungsbezogen ein Programm zu erstellen. Beim aktiven Umgang mit Informationen sowie Steuerungssystemen besteht – auch bei Entscheidungsspielräumen – überwiegend der Zwang zu einem systematisch-sequenziellen Vorgehen. Assoziative Verknüpfungen und hierauf beruhende schrittweise Vorgehensweisen werden eingeschränkt, wenn nicht gänzlich ausgeschlossen. Des Weiteren ist zwar auch bei hoch automatisierten Systemen grundsätzlich die Möglichkeit zu „manuellen" Eingriffen vorgesehen, es fehlen aber die für ein empirisch-exploratives Vorgehen notwendigen handlungsbezogenen Regulierungs- und Eingriffsmöglichkeiten. Es gibt – wie es die Arbeitskräfte ausdrücken – zumeist nur ein „Richtig" oder „Falsch"; auch ist das Lernen anhand von Fehlern bzw. das Austesten der Leistungsfähigkeit und Grenzen der technischen Systeme allein schon aus Sicherheitsgründen sowohl technisch eingeschränkt als auch explizit verboten. Die Möglichkeit zu einer prozessualen aktiv-reaktiven Regulierung technischer Abläufe ist daher auch bei „manueller" Steuerung kaum vorhanden. Leitend ist das Prinzip der Trennung von Planung und Ausführung bzw. der Eingabe von Steuerungsbefehlen und ihrer technischen Ausführung (vgl. Rose und Lennartz 1995: 83ff.). Zudem wird vor allem aus der Sicht der technischen Planung und Systemhersteller gefordert, dass sich die Arbeitskräfte nach technischen Verfahrensregeln verhalten und ihr Umgang mit den technischen Systemen rational nachvollziehbar und kontrollierbar ist – Anforderungen, die ebenfalls einem subjektivierenden Handeln entgegenstehen.

Da bislang bei geringem Niveau der Technisierung (bzw. technischer Mediatisierung) Möglichkeiten für ein subjektivierendes Arbeitshandeln überwiegend eher ungeplant und naturwüchsig entstanden sind, wird auch deren Zurückdrängung kaum beachtet oder gar als Problem erkannt. Zugleich setzt die fortschreitende Technisierung und Verwissenschaftlichung eine Entwicklung in Gang, bei der – auch bei grundsätzlicher Anerkennung der Nichtersetzbarkeit menschlicher Arbeit – die Leistungen der technischen Systeme überschätzt und die notwendigen Leistungen menschlicher Arbeit unterschätzt werden. So ist speziell der programmgesteuerte Normallauf in der Praxis eine Grauzone, die aus der Sicht der technischen Planung systematisch unterschätzt wird. Anstelle einer überwiegend passiven Überwachungstätigkeit sind in der Praxis teils kontinuierliche regulierende Eingriffe zur Vermeidung von Störungen erforderlich. Damit entsteht für die Arbeitskräfte jedoch eine höchst paradoxe Situation: Je mehr sie zum Funktionieren der technischen Systeme beitragen und präventiv Unregelmäßigkeiten entgegenwirken, um so mehr bestätigen sie den Eindruck eines weitgehend reibungslosen Funktionierens der technischen Systeme. Solange der Normallauf gewährleistet wird, ist der Beitrag menschlicher Arbeit hierzu kaum dokumentierbar. Vor allem das hierzu eingesetzte subjektivierende Arbeitshandeln wird daher – soweit überhaupt – offiziell zumeist nur negativ beachtet: als Ursache für Störfälle und als Beleg für den Risikofaktor Mensch. Die positiven Leistungen bleiben demgegenüber verdeckt.

Die widersprüchliche Entwicklung zwischen den Anforderungen an ein subjektivierendes Arbeitshandeln einerseits und dessen gleichzeitige Beeinträchtigung und Gefährdung andererseits markiert vor diesem Hintergrund ein neues Konfliktfeld industrieller Arbeit, das nach unseren Befunden bei fortschreitender Technisierung an die Stelle der tayloristischen Syndromatik tritt. Hierin zeigt sich eine spezifische Ausformung widersprüchlicher Arbeitsanforderungen, wie sie von Moldaschl (vgl. Kapitel II.2) als eine grundlegende Belastungskonstellation bei neuen Formen qualifizierter Arbeit bestimmt wird. Für die Arbeitskräfte liegen hier Ursachen für neuartige Belastungen und Risiken. Sie umfassen das Risiko einer Unterschätzung ihrer faktisch erbrachten Leistungen ebenso wie Unsicherheiten im Umgang mit den technischen Systemen und Überforderungen, da das (notwendige) subjektivierende Arbeitshandeln quasi gegen technische Vorgaben entwickelt werden muss, bis hin zum Risiko der Gefährdung der für ein subjektivierendes Handeln notwendigen Kompetenzen, da diese im „normalen" Arbeitsalltag nicht mehr ausreichend erworben und entwickelt werden können (vgl. hierzu ausführlicher Böhle et al. 1993: 67ff.). Damit entstehen jedoch nicht nur neue Belastungen und Risiken für die betroffenen Arbeitskräfte, sondern ebenso auch weit reichende Risiken für die Beherrschung technischer

Systeme überhaupt. Unsere Untersuchungen machen hier auf eine Entwicklung aufmerksam, angesichts deren sich die Konflikte bei tayloristischer Arbeitsorganisation eines Tages als vergleichsweise harmlose Stadien industrieller Entwicklung ausweisen könnten. Denn nun geht es nicht mehr nur um die Frage einer menschengerechten Gestaltung von Arbeit; infrage steht vielmehr auch, in welcher Weise zukünftig komplexe technische Systeme überhaupt beherrscht und kontrolliert werden können. Die hiermit angesprochenen Risiken mögen als überzogen erscheinen. Doch mag der Hinweis genügen, dass schon heute jüngere und gut ausgebildete Arbeitskräfte zwar sehr versiert mit Programmierverfahren umgehen können, zugleich aber Ausschuss und Qualitätsmängel produzieren. In der betrieblichen Praxis treten solche Arbeitsprobleme bislang erst ansatzweise und sehr verdeckt auf, da an hoch technisierten Systemen (noch) überwiegend Arbeitskräfte eingesetzt sind, die grundlegende Fähigkeiten zu einem subjektivierenden Arbeitshandeln unter anderen (technischen) Bedingungen erworben haben. Typisch hierfür sind z. B. Aussagen von Arbeitskräften wie: „An der CNC-Maschine allein könnte ich das notwendige Erfahrungswissen nicht erwerben."

Einer systematischen Auseinandersetzung mit den hier umrissenen Problemen stehen in der betrieblichen Praxis nicht nur die genannten technischen Entwicklungen entgegen, sondern auch die tief verankerte und weithin fraglos akzeptierte Orientierung am Leitbild eines technisch-rationalen Handelns, das gerade in Zusammenhang mit der Entwicklung und dem Einsatz rechnergestützter Informations- und Steuerungstechnologien in der betrieblichen Praxis in seiner Bedeutung eher zu- als abnimmt. So vollzieht sich derzeit eine Entwicklung, in der gerade durch die fortschreitende Technisierung und Verwissenschaftlichung zugleich die Sensibilität gegenüber den besonderen Merkmalen und Voraussetzungen der Bedeutung des so genannten Erfahrungswissens von Arbeitskräften sich nicht steigert, sondern eher nachlässt und sich damit die „Blindheit" des betrieblichen Systems insgesamt gegenüber den Gefährdungen subjektivierenden Arbeitshandelns weiter verfestigt. Denn ungeachtet aller auch in der betrieblichen Praxis auftretenden und registrierten Probleme bleibt nach wie vor weiterhin der Grundsatz ungebrochen, dass nur durch eine fortschreitende Verwissenschaftlichung die Effizienz von Produktion und Technik gesteigert wird und die Informatisierung betrieblicher Abläufe eine immanente Sachlogik „technischer" Weiterentwicklung darstellt.

1.6 Technikentwicklung – eine neue Anforderung an die Arbeitspolitik

Verfolgt man die industriesoziologische Debatte seit Anfang der 60er-Jahre, so mögen unsere Untersuchungen und Ergebnisse als ein Rückfall in die Zeiten des „Technikdeterminismus" der 50er- und 60er-Jahre erscheinen. Doch bestreiten wir keineswegs Optionen in der Gestaltung der Arbeitsorganisation, so wie sie in der neueren industriesoziologischen Diskussion festgestellt wurden und maßgeblich auch Bemühungen in der sozialverträglichen Technikgestaltung beeinflusst haben (grundlegend hierzu Lutz 1983). Dies besagt aber nicht, dass der Einfluss von Technik völlig vernachlässigt bzw. durch arbeitsorganisatorische Optionen neutralisiert werden kann. Wir sehen vielmehr in der Vernachlässigung des Einflusses von Technik auf die Gestaltung von Arbeit ein zentrales Defizit industrie- und arbeitssoziologischer Forschung wie auch praktischer arbeitspolitischer Auseinandersetzung. Gerade auch dort, wo von sozialverträglicher „Technikgestaltung" die Rede ist, standen (bislang) überwiegend „nur" arbeitsorganisatorische Maßnahmen und bestenfalls Optionen zwischen zentral und dezentral ausgelegten technischen Systemen im Mittelpunkt (vgl. Fricke 1992: 277ff.). Unsere Untersuchungen zeigen demgegenüber, dass eine solche Sichtweise entschieden zu kurz greift und weit reichende Probleme, die sich aus der Auslegung technischer Systeme ergeben, entweder gänzlich ausgeklammert oder zumindest unterschätzt werden. So wurden in unsere Untersuchungen durchweg Formen des Technikeinsatzes einbezogen, die für neue posttayloristische Formen der Arbeitsorganisation und des Personaleinsatzes als charakteristisch gelten. Doch gerade hier zeigt sich, dass sich die Gefährdungen des (notwendigen) subjektivierenden Arbeitshandelns nicht durch arbeitsorganisatorische Optionen kompensieren lassen, sondern eher im Gegenteil: Gerade bei erweitertem Aufgabenspektrum und verantwortungsvoller Tätigkeit verschärft sich der Konflikt zwischen dem, was zur Bewältigung der Arbeitsanforderungen notwendig ist (bzw. wäre), und dem, was im Umgang mit den technischen Systemen zulässig und möglich ist. Dies verweist zugleich auf die Gefahr, dass Probleme, die aus einer Gefährdung subjektivierenden Handelns resultieren, ihrerseits zum Anlass genommen werden, solche neuen Formen der Arbeitsorganisation wieder zurückzunehmen und einzuschränken bzw. anstelle einer humanorientierten Arbeitspolitik die „Lösung" in einer weiteren Automatisierung zu suchen.

Die Ausgrenzung der Technikentwicklung aus der arbeitspolitischen Diskussion resultiert nicht nur aus fehlenden Kenntnissen und Konzepten, sondern auch aus der Annahme, dass die skizzierten Entwicklungen der Technisierung „letztlich unabwendbar" und der notwendige Preis für die Steigerung „technischer Effizienz" sind. Wenn überhaupt, so bleibt in dieser Sicht als Alternative nur die Einschränkung der Technisierung bzw. Rückkehr zur konventionellen Technik. Doch eine solche Sicht ist unzutreffend. Angestoßen durch die Ergebnisse unserer Untersuchungen im Sonderforschungsbereich 333 wurde ein umfangreiches, mit öffentlichen Mitteln gefördertes Forschungs- und Entwicklungsvorhaben durchgeführt, an dem mehrere technische Institute, sozial- und arbeitswissenschaftliche Institute sowie Hersteller und Anwenderbetriebe im Bereich des Maschinenbaus beteiligt waren („CeA – computergestützte erfahrungsgeleitete Arbeit"). Geprüft werden sollte, in welcher Weise auch bei fortschreitender Technisierung die systematische Unterstützung und Förderung eines subjektivierenden Arbeitshandelns möglich ist. Die Ergebnisse der hier durchgeführten Arbeiten sind an anderer Stelle ausführlich dokumentiert (Martin 1995; Technische Rundschau 1993). Gezeigt wurde unter anderem, dass es gerade auf der Basis moderner Sensortechnik möglich ist, Informationen und Informationsquellen zu erschließen, die sich nicht nur auf exakt definierbare Messwerte beschränken, sondern die ebenso auch vielschichtige sinnliche Wahrnehmungen ermöglichen, wie z. B. durch die Übertragung von Bearbeitungsgeräuschen aus verkapselten Maschinen mittels Körperschallsensoren und ihre Wahrnehmung durch die Arbeitskräfte mittels regulierbarer Kopfhörer oder Lautsprecher. Wie praktische Tests erwiesen, werden hierdurch nicht nur Beeinträchtigungen eines subjektivierenden Handelns kompensiert, sondern hierfür auch völlig neuartige Möglichkeiten erschlossen, die über die Gegebenheiten bei konventioneller Technik hinausgehen. Gleiches gilt für die Entwicklung elektronischer Steuerung, über die physikalische Wirkungskräfte erfahrbar und für die Regulierung nutzbar gemacht werden. Zwei aus sozialwissenschaftlicher Sicht wichtig erscheinende Ergebnisse dieser Entwicklungen seien abschließend hervorgehoben.

Sie zeigen, dass die technische Unterstützung subjektivierenden Handelns nicht gleichbedeutend ist mit einem „technischen Rückschritt", sondern einen „technischen Fortschritt" erfordert, der in eine andere Richtung geht als die derzeit vorherrschende. Damit wird aber auch erkennbar, dass sich das Zurückdrängen subjektivierenden Arbeitshandelns durch die fortschreitende Verwissenschaftlichung von Technik und Arbeit nicht allein mit „sachlicher Effizienz" begründen lässt. Ins Blickfeld rückt vielmehr die Verschränkung der Verwissenschaftlichung mit gesellschaftlichen Interessen, die nicht allein auf „technische Effizienz", sondern auch auf die soziale Kontrolle und Beherrschung von Produktionsabläufen und menschlicher Arbeitskraft abzielt. Die Auseinandersetzung mit dem auf Zweckrationalität reduzierten „Arbeitsbegriff", wie wir sie mit unseren Untersuchungen im Sonderforschungsbereich 333 begonnen haben, erweist sich vor diesem Hintergrund nicht (mehr) nur als ein wissenschaftliches Bemühen um eine angemessene Analytik zur Identifizierung neuer Probleme bei fortschreitender Technisierung, sondern thematisiert zugleich (gesellschaftliche) Grundlagen, durch die Macht- und Herrschaftsverhältnisse im Prozess gesellschaftlicher Modernisierung in industriellen Gesellschaften legitimiert und stabilisiert werden. Die Vertiefung einer solchen Sicht der Entwicklungsgeschichte industriell organisierter Arbeit ebenso wie die Frage, ob angesichts fortschreitender Technisierung und Verwissenschaftlichung deren Problemlast nicht nur zunehmend offenkundig wird, sondern auch gesellschaftspolitische Sprengkraft entfaltet, müssen weiteren Untersuchungen vorbehalten bleiben.

Literatur

Bainbridge, L. (1987): Ironies of Automation. In: J. Rasmussen et al. (Hg.): New Technology – an Human Error, Chichester.

Böhle, F. (1991): Neue Techniken. In: U. Flick et al. (Hg.): Handbuch Qualitative Sozialforschung – Grundlagen, Konzepte, Methoden und Anwendungen, München, S. 297–298.

Böhle, F. (1992): Grenzen und Widersprüche der Verwissenschaftlichung von Produktionsprozessen. Zur industriesoziologischen Verortung von Erfahrungswissen. In: Th. Malsch, U. Mill (Hg.): ArBYTE. Modernisierung der Industriesoziologie, Berlin.

Böhle, F. (1994): Negation und Nutzung subjektivierenden Arbeitshandelns bei neuen Formen qualifizierter Produktionsarbeit. In: N. Beckenbach, W. van Treeck (Hg.): Umbrüche gesellschaftlicher Arbeit, Soziale Welt, Sonderband 9, Göttingen, S. 183–206.

Böhle, F. (1995): Technikentwicklung zwischen Verwissenschaftlichung und Erfahrung – Zur Begründung eines neuen Forschungs- und Entwicklungsfeldes. In: H. Rose (Hg.): Nutzerorientierung im Innovationsmanagement, Frankfurt a. M./New York, S. 69–102.

Böhle, F.; Milkau, B. (1988): Vom Handrad zum Bildschirm – Eine Untersuchung zur sinnlichen Erfahrung im Arbeitsprozeß, Frankfurt a. M./New York.

Böhle, F.; Rose, H. (1990): Erfahrungsgeleitete Arbeit bei Werkstattprogrammierung – Perspektiven für Programmierverfahren und Steuerungstechniken. In: H. Rose (Hg.): Programmieren in der Werkstatt, Frankfurt a. M./New York, S. 11–95.

Böhle, F.; Rose, H. (1992): Technik und Erfahrung – Arbeit in hochautomatisierten Systemen, Frankfurt a. M./New York.

Böhle, F.; Schulze, H. (1997): Subjektivierendes Arbeitshandeln – zur Überwindung einer gespaltenen Subjektivität. In: Ch. Schachtner (Hg.): Technik und Subjektivität, Frankfurt a. M.

Böhle, F.; Moldaschl, M.; Rose, H.; Weishaupt, S. (1993): Neue Belastungen und Risiken bei qualifizierter Produktionsarbeit. In: ISF-München et al. (Hg.): Jahrbuch Sozialwissenschaftliche Technikberichterstattung 1993 – Schwerpunkt: Produktionsarbeit, Berlin, S. 67–137.

Bolte, A. (1993): Planen durch Erfahrung – Arbeitsplanung und Programmerstellung als erfahrungsgeleitete Tätigkeiten von Facharbeitern mit CNC-Werkzeugmaschinen, Kassel.

Bolte, K. M.; Treutner, E. (Hg.) (1983): Subjektorientierte Arbeits- und Berufssoziologie, Frankfurt a. M./New York.

Braverman, H. (1977): Die Arbeit im modernen Produktionsprozeß, Frankfurt a. M./New York (1. Aufl. 1974).

Brock, D.; Preiß, Ch.; Tully, C. J.; Vetter, H.-R. (Hg.) (1984): Arbeit und Reproduktion, München.

Carus, U.; Schulze, H. (1995): Leistungen und Komponenten erfahrungsgeleiteter Arbeit. In: H. Martin (Hg.): CeA – Computergestützte erfahrungsgeleitete Arbeit, London/Berlin/Heidelberg.

Eurich, C. (1985): Computerkinder, Reinbek b. Hamburg.

Fricke, W. (1992): Technikgestaltung und industriesoziologische Forschung. In: H. Daheim et al. (Hg.): Soziale Chancen – Forschungen zum Wandel der Arbeitsgesellschaft, Frankfurt a. M./ New York, S. 277–310.

Hirsch-Kreinsen, H.; Schultz-Wild, R.; Köhler, Ch.; Behr, M. von (1990): Einstieg in die rechnerintegrierte Produktion – Alternative Entwicklungspfade der Industriearbeit im Maschinenbau, Frankfurt a. M./New York.

Joas, H. (1992): Die Kreativität des Handelns, Frankfurt a. M.

Kalkowski, P.; Mickler, O.; Manske, F. (1995): Technologiestandort Deutschland – Produktinnovation im Maschinenbau: traditionelle Stärken – neue Herausforderungen, Berlin.

Kern, H.; Schumann, M. (1984): Das Ende der Arbeitsteilung? – Rationalisierung in der industriellen Produktion, München.

Kern, H.; Schumann, M. (1985): Industriearbeit und Arbeiterbewußtsein, Frankfurt a. M. (1. Aufl. 1970).

Kumbruck, Ch. (1990): Die binäre Herr-Schaft – Intuition und logisches Prinzip, München.

Lutz, B. (1983): Technik und Arbeit – Stand, Perspektiven und Probleme industriesoziologischer Technikforschung. In: Ch. Schneider (Hg.): Forschung in der Bundesrepublik. Beispiele, Kritik, Vorschläge, Weinheim, S. 167–187.

Martin, H. (Hg.) (1995): CeA – Computergestützte erfahrungsgeleitete Arbeit, Berlin/Heidelberg/New York.

Mickler, O.; Eckhard, D.; Neumann, U. (1976): Technik, Arbeitsorganisation und Arbeit, Frankfurt a. M.

Pries, L.; Schmidt, R.; Trinczek, R. (Hg.) (1990): Entwicklungspfade von Industriearbeit – Chancen und Risiken der Produktionsmodernisierung, Opladen.

Rose, H.; Lennartz, K. D. (1995): Bedarf und Perspektiven zur technischen Unterstützung erfahrungsgeleiteter Arbeit. In: H. Martin (Hg.): CeA – Computergestützte erfahrungsgeleitete Arbeit, Berlin/Heidelberg/New York, S. 83–94.

Rose, H.; Macher, G. (1993): Neue Perspektiven für die Flexibilisierung der Produktion – Erfahrungswissen in der Prozeßindustrie. In: Technische Rundschau 17, 44–48.

Rose, H.; Martin, H. (1995): Neue arbeitswissenschaftliche Erkenntnisse durch die Erforschung der Entwicklungspotentiale erfahrungsgeleiteter Arbeit. In: H. Martin (Hg.): CeA – Computergestützte erfahrungsgeleitete Arbeit, Berlin/Heidelberg/New York, S. 263–282.

Schmiede, R. (Hg.) (1988): Arbeit und Subjektivität, Bonn.

Schulze, H.; Carus, U. (1995): Systematik und Topologie kritischer Arbeitssituationen. In: H. Martin (Hg.): CeA – Computergestützte erfahrungsgeleitete Arbeit, Berlin/Heidelberg/ New York.

Schumann, M.; Baethge-Kinsky, V.; Neumann, U.; Springer, R. (1990): Breite Diffusion der neuen Produktionskonzepte – zögerlicher Wandel der Arbeitsstrukturen. In: Soziale Welt 1, 49–69.

Schumann, M.; Baethge-Kinsky, V.; Kuhlmann, M.; Kurz, C.; Neumann, U. (1994): Der Wandel der Produktionsarbeit im Zugriff neuer Produktionskonzepte. In: N. Beckenbach, W. van Treeck (Hg.): Umbrüche gesellschaftlicher Arbeit, Soziale Welt, Sonderband 9, Göttingen, S. 11–43.

Technische Rundschau (1993): CNC-Steuerungen, Sonderheft EMO 93, September.

Volmerg, B.; Senghaas-Knoblauch, E.; Leithäuser, Th. (1986): Betriebliche Lebenswelt - Eine Sozialpsychologie industrieller Lebensverhältnisse, Köln/Opladen.

Volpert, W. (1986): Gestaltbildung im Handeln. In: Gestalt Theory 1, 43–60.

Weizenbaum, J. (1978): Die Macht der Computer und die Ohnmacht der Vernunft, Frankfurt a. M.

Wood, S. (1986): Neue Technologien, Arbeitsorganisation und Qualifikation: Die britische Labour-Process-Debatte. In: Prokla 62, März, 74–104.

2 Herrschaft durch Autonomie – Dezentralisierung und widersprüchliche Arbeitsanforderungen

Manfred Moldaschl

Das Glas ist halb voll, sagte der Optimist.
Das Glas ist halb leer, sagte der Pessimist.
Was ist im Glas?, fragte der Realist.
Ich habe Durst, sagte der Pragmatiker.

2.1 Der Preis der Autonomie

Ist er tatsächlich am Ende? Wie weit ist er zurückgedrängt? Kann er sich in vielerlei Verkleidung, z. B. in japanischer, als dominantes Muster des Umgangs mit lebendiger Arbeit behaupten? Die Rede ist – natürlich – vom Taylorismus. Die Debatte um die Einschätzung des aktuellen Rationalisierungsgeschehens, seine Folgen für die Beschäftigten und den „Standort" kreist um diese Fragen. Demgemäß weisen die „Optimisten" auf (durchaus noch zaghafte) Tendenzen organisatorischer Dezentralisierung und qualifikationsfördernder Reintegration von Aufgaben hin, in denen sie das kommende Organisationsparadigma erkennen. Die Kritiker dieser Position, nennen wir sie die „Pessimisten", verweisen dagegen auf komplementäre Tendenzen der Zentralisierung, auf neue informationstechnische Kontrollpotenziale sowie auf leistungs- und beschäftigungspolitische Ambivalenzen. Die positiven Effekte dieser unbestrittenen Veränderungen blieben daher, so diese Argumentation, auf wenige Arbeitskräftegruppen in wohl positionierten Betrieben beschränkt. Insgesamt nehme die Bedeutung des Faktors Arbeit gegenüber jener des Faktors Kapital ab – konträr zur Einschätzung der „Optimisten". Diese Positionen und ihre Protagonisten sind bekannt und müssen hier nicht weiter referiert werden. Schumann et al. (1994a: 12f.) haben vorgeschlagen, die Kontroverse unter der Inschrift „wissenschaftliche Arbeitsteilung" zu begraben – Einigungsformel: im Betrieb mehr Autonomie, zwischenbetrieblich mehr Herrschaft. Soweit die Divergenz der empirischen Befunde tatsächlich in unterschiedlichen Empiriefeldern begründet liegt, ist der Vorschlag sehr zu begrüßen. Doch bei weitem nicht alle Divergenz ist damit zu erklären.

Implizite Übereinstimmung zwischen vielen Optimisten und kritischen Beobachtern besteht darin, wie sie die „echten" Alternativen zum Taylorismus bewerten, nämlich bedingungslos positiv. Wenn, wie wir annehmen, die Organisationsstrukturen in diese Richtung tendieren, stellt sich jedoch die Frage: Ist diese Bewertung (noch) zutreffend? Einige Studien, auch unsere eigenen, zeigen klar: ja *und* nein. Paradoxe sprachliche Konstruktionen wie „kontrollierte Autonomie" (z. B. Naschold 1985; Vieth 1994), „zentralistische Dezentralisierung" (Moldaschl 1987) oder „fremdorganisierte Selbstorganisation" (Pongratz und Voß 1997) sollen das auf den Begriff bringen. „Moderne" Arbeit birgt neue Verhältnisse von Freiheit und Zwang, die sich den am Taylorismus geeichten arbeits- und sozialwissenschaftlichen Analysekategorien entziehen. Eine Klärung ist daher mit empirischen Mitteln allein nicht zu erreichen. Wir wollen uns daher – um bei der Eingangsmetapher zu bleiben – nicht mit der Frage befassen, wie voll oder leer das Glas ist, sprich, wie viel Terrain der Taylorismus-Fordismus verteidigen konnte bzw. abgeben musste, sondern damit, was sich Neues im Glas befindet, wie genießbar es ist und welche Nebenwirkungen es hat. Hierzu drei Thesen:

1. Die Besonderheiten und inneren Widersprüche teilautonomer Arbeit in dezentralisierten Organisationen sind mit dem traditionellen, eindimensionalen Verständnis von Autonomie nicht mehr hinreichend einzufangen; viele der neuen Tätigkeiten sind durch die Gleichung charakterisiert: mehr Autonomie und *mehr* kontingente Handlungszwänge.
2. Psychische Belastungen scheinen in modernen Arbeitsformen teilweise nur deshalb eine untergeordnete Rolle zu spielen, weil man sie mit Belastungskonzepten analysiert, die überholt sind und die selbst die tayloristische Arbeitswirklichkeit nie befriedigend beschreiben konnten. Der New Deal lautet: *Belastung als Preis der Autonomie.*
3. Weiße Flecken im neuen Bild der Arbeit resultieren auch aus *methodologischen Problemen* der Arbeitsforschung. Erkenntnisfortschritte sind erschwert, solange sich Disziplinen wie Arbeitspsychologie und Industriesoziologie „akademisch" verhalten, das heißt ihre Claims hüten und sich wechselseitig kaum zur Kenntnis nehmen.

Ein Schwerpunkt unserer Arbeiten im Sonderforschungsbereich 333 lag auf der *Analyse psychischer Belastung und ihrer Entwicklungstrends*, anhand deren die „neuen" Widersprüche der Autonomie sichtbar werden. Der vorliegende Beitrag zeichnet dies anhand qualifizierter Arbeit nach. Dass restriktive Tätigkeiten in erheblichem Umfang fortbestehen und teilweise auch neu entstehen, sei hier lediglich am Rande notiert (vgl. hierzu z. B. Moldaschl 1991 a, 1993, 1994). Das zweite Thema, das anhand dieser Thesen zu diskutieren wäre, ist das neue Wundermittel Konsens stiftender Rationalisierung: Gruppenarbeit. Auch das tun wir an anderer Stelle (z. B. Moldaschl 1994, 1996, 1997; Moldaschl und Weber 1998). Da es hier um die abschließende Präsentation unserer Forschungsergebnisse im SFB 333 geht, sei für die häufige Nennung eigener Literatur noch um Verständnis gebeten.[1]

2.1.1 Was ist „Autonomie"? Eingrenzungen und Entgrenzungen

Autonomie heißt ‚Selbstgesetzgebung'. Ihre Voraussetzungen und Maßstäbe – Freiheit und Demokratie – spielen in Industriesoziologie und Arbeitswissenschaft eine eher untergeordnete Rolle bzw. bleiben meist implizit. Thematisiert werden sie hier

1 Für Kritik und Anregungen zu diesem Beitrag danke ich besonders Fritz Böhle, André Büssing, Hans Pongratz und Harald Wolf.

unter Begriffen wie Partizipation, Handlungsspielraum, Qualifikation. Forschungsschwerpunkte lagen bisher im Bereich tayloristisch geprägter Arbeitsformen – meist in der Produktionsarbeit. Darauf bezieht sich auch der Großteil der Begriffe und Analysekonzepte, und Qualifikationsanforderungen gelten bis heute als Indikator für Autonomie und bessere Chancen zur Vermeidung von Arbeitsbelastungen (Pries et al. 1990). Gemäß dieser impliziten Meta-Annahme erwartet man von einer Rücknahme der Arbeitsteilung und erweiterten Handlungsspielräumen auch ein geringeres Belastungsniveau.

Exemplarisch hierfür sind die Arbeiten von Michael Schumann und Kollegen (z. B. Schumann et al. 1994 a). Für qualifizierte Automationsarbeiter („Systemregulierer") diagnostizieren sie eine Zunahme von Qualifikation, Arbeitsinhalt, Handlungsspielraum, „selbst gesteuerten Kontrollbedingungen" und sauberer Arbeit (ebd.: 23). Probleme der neuen Arbeitsrealität thematisieren sie primär insoweit, als das Ideal eben *noch nicht* ganz verwirklicht ist und der Typus des Systemregulierers sich langsamer als erhofft verbreitet.[2] Die Autoren und ein Großteil ihrer Kritiker unterscheiden sich vor allem darin, für wie wahrscheinlich sie eine Verallgemeinerung dieses Typs qualifizierter Automationsarbeit halten. Gemeinsam haben sie hingegen die Maßstäbe seiner Bewertung: aus der Kritik am Taylorismus geformte Konzepte von Autonomie und Belastung. Doch diese sind ungeeignet, die neue Dialektik von Autonomie und Zwang, Befreiung und Belastung zu fassen.

Die andere Seite dieser Dialektik – ihr gelten die folgenden Überlegungen – bringt Klaus Peters (1995: 27) auf den Begriff: „Die Logik des Kommandosystems führt beide, ‚Optimisten' wie ‚Realisten' dazu, den Abbau von Zwang und Kommando ganz selbstverständlich als *Entlastung* der abhängig Beschäftigten zu verstehen [...]. Ich möchte vorschlagen, den Abbau des Kommandosystems nicht als Entlastung, sondern als *Abbau* von Entlastung zu begreifen." Wir gehen von der These aus, dass Organisationsformen zunehmen werden, die auf selbstverantwortliche Arbeit setzen, wobei *nicht* interessiert, in welchen Zeiträumen und welchem Umfang (Verbreitungsargument). Ebenso wenig geht es darum, positive Wirkungen der „neuen" Arbeitsformen für Beschäftigte in Zweifel zu ziehen und sie generell als Autonomie nur vorgaukelnde Talmi-Strategien der Scheinpartizipation zu entlarven.[3] „Ist alles, was das Management zur Erhöhung der Attraktivität der Arbeit tut", fragt Günther Ortmann

2 Dabei fällt auf, welchen Stellenwert die Autoren der Automatisierung als zentraler Einflussgröße für die Erweiterung von Arbeitsautonomie einräumen. Sie erklären damit unter anderem die vergleichsweise geringen arbeitsorganisatorischen Veränderungen und Modernisierungschancen in den Montagebereichen. Man wird dadurch unwillkürlich an eine Argumentationsfigur der 60er-Jahre erinnert, mit der besonders Robert Blauner (1964) bekannt wurde. Auch er hatte damals den Automationsarbeiter im höchstautomatisierten Sektor der Industrie, der Chemischen Industrie, als Indikator für die künftigen Arbeitstätigkeiten in anderen Produktionssektoren genommen: Der Automationsgrad bildet bei ihm gewissermaßen die imaginäre Zeitachse. Wird damit der *Systemregulierer* zum *Leitfossil der industriellen Zukunft*?

3 Eher zeigen unsere Untersuchungen, wie bescheiden solche psychologischen Strategien auf mittlere Sicht funktionieren und wie die Beschäftigten darauf mit symbolischen Umdeutungen reagieren (z. B. wenn sie entsprechende Weiterbildungsprogramme als „Umerziehungslager" titulieren; vgl. Moldaschl 1997).

(1992: 239) rhetorisch, „immer schon ‚falsche Verführung' mittels Akzeptanz erzeugender, sprich manipulativer Sozialtechniken im Dienste von Kontrolle?" Ortmann benennt zwar keine Vertreter dieser Interpretation, aber doch eine Schwierigkeit vieler Sozialforscher, Koordinaten der kritischen Neubewertung einer Arbeitswelt zu finden, die sich teilweise in die von ihnen jahrelang propagierte Richtung bewegt. Und er trifft den Kern, wenn er anmerkt, dass auch in verschiedenen Theorieerweiterungen eine „strikt spiegelbildliche Behandlung von Freiheit und Zwang – von Konsens und Kontrolle durchgehalten" wurde (ebd.: 241). Doch die Inhalte und der „Preis der Autonomie" (Kadritzke 1993; vgl. Abschnitt 2.3) werden längst neu verhandelt.

Darum also geht es: um ein *neues Verhältnis von Freiheit und Zwang* in „echten" Dezentralisierungskonzepten und bei qualifizierter Arbeit. Was ist nun unter ‚kritischer Neubewertung' zu verstehen? Nicht die Plattheit, dass man „auch die Schattenseiten" sehen soll. Es gilt vielmehr zu entdecken, welche neuen „Strukturierungen" und Lösungsstrategien diese Widersprüche hervortreiben. Dazu sind drei theoretische Aufgaben zu lösen:

Erstens ist es nicht möglich, Autonomie *absolut*, also anthropologisch und unabhängig von jeweils bestimmten historisch-kulturellen, gesellschaftlichen Verhältnissen zu bestimmen.[4] Jedes Organ, Subjekt oder System, das Teil eines umfassenderen Systems ist, ist nie völlig autonom, sondern immer nur bezogen auf bestimmte Kriterien. Seine Regulationsmöglichkeiten ergeben sich, wie die Beschränkungen, aus diesem Kontext.[5] Ohne Bezug zum Kontext geht auch jede Handlungsautonomie verloren: auf sozialer Ebene z. B. in der Arbeitslosigkeit, auf personaler Ebene z. B. im Autismus. Wie Karl Marx oder Norbert Elias beschrieben haben, wachsen die personalen Handlungsmöglichkeiten ebenso wie die wechselseitigen Abhängigkeiten mit der Komplexität der Gesellschaft. Elias hob besonders die damit verbundene „zivilisatorische" Notwendigkeit hervor, wachsende Teile der Handlungskoordination in die Selbststeuerung der Individuen zu verlagern. Dass das *Verhältnis* von gesellschaftlich akkumulierter Erfahrung und dem, was individuell angeeignet werden kann, immer weiter auseinander tritt (selbst wenn die Individuen immer fähiger werden), kennzeichnet die Entwicklung der menschlichen Gesellschaft insgesamt. Was das bedeutet, steht hier nicht zur Debatte, ebenso wenig die Frage der sozial ungleichen Verteilung von Aneignungschancen. Unsere Analyse neuer widersprüchlicher Entwicklungen von Autonomie in neuen Arbeitsformen konzentriert sich auf das jeweils *konkrete Verhältnis von Handlungsanforderungen und Handlungsmöglichkeiten*.

Zweitens gilt es, neue widersprüchliche Verhältnisse von Autonomie bzw. Kontrolle anhand verschiedener *Kriterien der Autonomie* abhängiger Arbeit empirisch zu erfas-

---

4 Nur die zur ‚einfachen Reproduktion' der Person erforderliche Autonomie lässt sich wie bei Kant anthropologisch bestimmen: als Freiheit zur Selbsterhaltung.

5 In der formalen Betrachtungsweise der Systemtheorie ist Autonomie gleichbedeutend mit Freiheitsgraden im Verhalten eines Systems gegenüber seinen Umgebungsbedingungen. Diese liegt auch dem frühen Strategieansatz des Instituts für sozialwissenschaftliche Forschung (ISF) zugrunde.

sen. Für Konzepte qualifizierter Gruppenarbeit ist z. B. typisch, dass der Gruppe zahlreiche, auch dispositive Aufgaben zur „Selbstregulation" übergeben werden, ihr aber kaum Einfluss auf die eigene Arbeitskapazität und damit ihre Zeitautonomie eingeräumt wird (z. B. über die Personalbemessung). Vorschläge zur operationalen Unterscheidung der arbeitsinhaltlichen Dimensionen von Autonomie gibt es viele (z. B. die Kriterien von Gulowsen und Ähnliche; vgl. Weber 1997: 70ff.). Eine wichtige, in kontrolltheoretischen Ansätzen soziologischer Provenienz allerdings nicht immer klare Unterscheidung betrifft Dimensionen, die ich hier als *Handlungsautonomie* und als *Verhandlungsautonomie* bezeichne (Moldaschl 1991a: 55f.). Handlungsautonomie in der Arbeit, in psychologischen Ansätzen gefasst als Handlungs-, Entscheidungs- oder Dispositionsspielraum, in der englischen Kontrolldebatte als „job control" (das heißt als Kontrolle *in* der Arbeit), bezieht sich auf Möglichkeiten, eigene Ziele und Teilziele zu bestimmen, selbstständig über Mittel und Wege zu entscheiden etc. Von Widersprüchen innerhalb dieser Teildimensionen wird noch zu sprechen sein. Kontrolle *über* die Arbeits- und Beschäftigungsbedingungen („workers control") bezeichnet das Ausmaß des Einflusses, den die Beschäftigten individuell und kollektiv auf Maßnahmen betrieblicher Arbeits- und Personalpolitik entfalten können (Abbildung II.2.1).

Arbeit	**Handlungsautonomie** – *Selbstbestimmung in der Arbeit* – Eigene Ziele und Teilziele bestimmen – Eigene Zeiteinteilung treffen – Belastungen vermeiden – Soziale Kommunikation herstellen – …	**Verhandlungsautonomie** – Einfluss auf die Kontextbedingungen der Arbeit – Lohn-/Leistungsrelation regulieren – Stellung auf dem betrieblichen Arbeitsmarkt beeinflussen – Zeitsouveränität: Arbeit und Freizeit/ Familie vereinbaren können – …
Subjekt	**Handlungs- und Urteilsfähigkeit** – Anforderungen an selbst bestimmtes Handeln erfüllen können – Befehle und Spielregeln verstehen – Falsche Befehle erkennen; den Mut haben, sie nicht auszuführen – Soziale Kommunikation herstellen können – Empfänglichkeit für institutionelle Sinnangebote bzw. Sinnkonstruktionen – …	**Autonomiedeutung und -bedürfnis** – Subjektive Wahrnehmung und Bewertung von Autonomie – „Wie autonom will ich sein?" – Freiheitsliebe, Integrationsbedürfnis – „Welche Risiken will ich eingehen?" – Risikobereitschaft, Sicherheitsbedürfnis – „Wirtschaftsgesinnung" – Prioritätsverteilung Beruf/Familie – …

Abbildung II.2.1: Objektive und subjektive Dimensionen von Autonomie.

Die gegenwärtigen Dezentralisierungs- und (vor allem) Deregulierungstendenzen implizieren nun, so unsere These, eine sehr widerspruchsvolle Entwicklung innerhalb und zwischen diesen Autonomiefeldern, besonders im Verhältnis von Handlungs- und Verhandlungsautonomie. Es tendiert nicht nur zur *Entkopplung*, sondern auch zur *Umkehrung*: Handlungsautonomie wird erweitert, während Verhandlungsautonomie schrumpft. In bestimmten Kontexten (Outsourcing, Globalisierung, Krise und Ähnlichem) wird das zum Kennzeichen eines neuen Rationalisierungsmodus und neuer arbeitspolitischer Kräfteverhältnisse.

Die Frage „Herrschaft oder Autonomie" ist ebenfalls umgekehrt zu stellen: Ist Herrschaft *durch* Autonomie möglich? So zu fragen bedeutet, jene heute weithin akzeptierte kontrakt- bzw. kontrolltheoretische Sicht infrage zu stellen, wonach Unbestimmtheit die eigentliche Quelle von Macht und Autonomie der abhängig Beschäftigten sei. Sicher: Wo das Management die erforderlichen Arbeitsoperationen nicht durchschauen kann und daher den Anspruch, Ziele, Richtung und Inhalte der betrieblich organisierten Arbeit zu bestimmen, nicht vollständig durchzusetzen vermag, ist es angewiesen auf die Selbstregulation der Beschäftigten. Doch wo selbst regulierte Optimierung zur herrschenden Leistungsmaxime aufrückt, impliziert das für die Arbeitskräfte auch den Zwang, Unbestimmtheit zu reduzieren, das heißt, Ziele und Bedingungen permanent auszuhandeln. Vertreter der „optimistischen" Perspektive (etwa Crozier und Friedberg) sehen das ganz unproblematisch. Doch wenn die mikropolitische Maxime „Handle alles aus" die tayloristische Maxime „Lege alles vorab fest" ablöst, wird die Daueraushandlung zum prekären Spiel. Besonders dann, wenn die mesopolitischen Spielregeln (Standortkonkurrenz etc.) andernorts festgelegt werden. Welche Beschäftigtengruppen werden diesen *Ansprüchen an Handlungs- und Verhandlungsfähigkeit* gewachsen sein?[6]

Die neuen Freiheiten müssen mit neuen Unsicherheiten erkauft werden – selbst wenn man die Freiheiten gar nicht will. Die mit der Dekonstruktion etablierter Regulationsmodi fortschreitenden *Entgrenzungen* lassen die Konstruktion der neuen zum Dauerproblem werden. Betriebe verfolgen zunehmend die Strategie, bürokratische Koordinationsprinzipien durch Marktmechanismen zu ersetzen, also Markt und Wettbewerb zu internalisieren („arbeitsorientierte Rationalisierung"; Moldaschl und Schultz-Wild 1994). Risikostreuung und Quersubventionierung zwischen den betrieblichen Teilbereichen werden effizienzsteigernd eliminiert. „Arbeitshandeln verwandelt sich in eine neue Form des Rationalisierungshandelns: ‚Rationalisierung in Eigenregie'" (Wolf 1994: 249). Der Arbeitende wird Subjekt und Objekt der Rationalisierung zugleich. Die Forderung nach Selbstregulation tritt ihm als fremder Zwang entgegen, gleichsam als *erzwungene Freiheit*.

So wird aus der Perspektive des Neuen nebenbei, quasi im Rückspiegel, deutlich, dass das tayloristische Regime auch Möglichkeiten ideeller und materieller Subsistenzsicherung bot (ein klassisches Tabuthema der Industriesoziologie): Erstens die Möglichkeit, sich gegen vollständige Indienstnahme der eigenen Subjektivität für Zwecke der Arbeit *abzugrenzen* und eine instrumentelle Arbeitsorientierung einzu-

6 Den wachsenden Zwang zur permanenten Aushandlung der Arbeits- und Beschäftigungsbedingungen verspüren auch Betriebsräte, unter anderem bei fortschreitender Erosion der Flächentarifverträge. Sie gewinnen Handlungsspielraum, verlieren aber die mit den überbetrieblich ausgehandelten Regelungen verbundene Entlastung von Verhandlung. Ihre Autonomie wird größeren Schwankungen ausgesetzt: In „guten Zeiten" können sie mehr erreichen, in „schlechten Zeiten" sind sie zu weit größeren Zugeständnissen genötigt, als dies im Schutze tarifvertraglicher Agreements denkbar gewesen wäre. Zeiten der Globalisierung werden auf absehbare Zeit „schlechte Zeiten" bleiben.

nehmen. Nicht für alles zuständig sein zu müssen bot die Chance, sich zu entlasten und umfassende Leistungserwartungen abzuwehren. Der organisierte Ausschluss unmittelbar wertschöpfender Arbeit vom Wissen über Zusammenhänge der Produktion und von ihrer Planung begrenzte systembedingt die mögliche Personalausdünnung und die direkte Konfrontation mit (faktischen oder simulierten) Zwängen des Marktes. Objektivierbare Leistungskriterien schafften klare Verhältnisse bei der Verhandlung über leistbare Arbeitsumfänge. Das tayloristisch-fordistische Regime bot zweitens Kriterien der Interessenorientierung, das heißt Zugehörigkeit, Identität, Solidarisierungspotenziale („die da oben, wir da unten"), die nun sukzessive entfallen.

Wird der Arbeitende damit zum „Arbeitskraftunternehmer" (Pongratz und Voß 1997), selbstständig, aber ungesichert und gehetzt? „Lebenslanges Lernen klingt wie lebenslange Haft", so ein Mitarbeiter der Zentralabteilung Forschung und Entwicklung der Siemens AG München (H. Volkmann, Süddeutsche Zeitung vom 21.9.1996: 64). Ständig gezwungen, Fakten mit kurzfristigen Verfallsdaten aufzusaugen und gegenüber Konkurrenten jeden kleinen Vorsprung herauszuholen – statt spielerisch neue Möglichkeiten auszuloten?[7] Ist das die Vorstellung vom innovationsförderlichen Umfeld? Menschen, so radikalisiert der Keks-Manager Wolfgang Harmuth (1996) die *Perspektive der Vermarktlichung*, „sind selbst eine Art Profit-Center", das mit anderen Menschen um die knappen Ressourcen und Chancen konkurriert. Dieses individuelle Profit-Center muss sich, um im absurd-realen Bild zu bleiben, immer mehr strecken, wenn es eine Scheibe von der kleiner werdenden Keksrolle abhaben will. Auch derjenige, dem das aus psychologischer oder volkswirtschaftlicher Sicht erstrebenswert erscheint, wird sich mit möglichen Nebenwirkungen dieser Therapie befassen müssen.

Der Versuch, Autonomie *objektiv* zu bestimmen, hat – drittens – enge Grenzen. Denn im ewigen Zwiespalt zwischen dem Bedürfnis nach Freiheit und dem nach Sicherheit scheint die Mehrzahl der Menschen Ersterem den Vorzug zu geben. Herrschaft findet ihr Gegenstück daher immer auch im Beherrscht-werden-Wollen. Es bildet sich Konsens über den jeweils zumutbaren oder subjektiv „angemessenen" Grad der Fremdbestimmung bzw. Autonomie. Der aus der Sicht des Papalagi (1981)[8] seltsame Drang der Weißen, ihre Selbstbestimmung der körperlichen Betätigung in der Unterwerfung unter fremdbestimmte Zwänge des Leistungssports auszuleben, mag hierfür als Beispiel dienen. Umgekehrt bieten Sinn- und Führungsangebote der Corporate Identity die Option, dem „erdrückenden Zwang des Autonomie-Ideals" zu entkommen, in dem Hans Joas (1994: 109) die Kehrseite vom „ernsten Verlust an normativen Selbstverständlichkeiten und einem drastischen Zuwachs an Kontingenz in allen sozialen

7 Volkmann sieht darin kein Problem und ergänzt, es sei „nebensächlich, ob es [das Wissen, M.M.] in den Betrieben oder zu Hause, mit oder ohne Lohnausgleich erworben wird, wer Bildungsträger ist und wer sich an den Kosten beteiligt" (ebd.: 64).

8 Beschrieben wird in diesem außerhalb der Wissenschaft sehr erfolgreichen, quasi ethnomethodologischen Buch die Außensicht eines Mitglieds einer vorindustriellen, außereuropäischen Gesellschaft auf die Beweggründe und Lebensverhältnisse westlicher industrialisierter Wettbewerbsgesellschaften.

Hinsichten" vermutet. Das macht die doppelte Dialektik von Fremd- und Selbstbestimmung aus.

Für die an einer ‚kritischen Neubewertung' interessierte Sozialwissenschaft bedeutet das, den *subjektiven Autonomiedeutungen* der Akteure doppelt reflexiv gegenüberzutreten: verstehend, was deren subjektive Autonomiedeutungen und -bedürfnisse (und ihre inneren Widersprüche) betrifft; und ideologiekritisch, was z. B. Dabrowski et al. (1989) am Beispiel des Wandels sozialer Zumutbarkeitsnormen von Arbeitsbelastung demonstrieren. Derzeit wird den abhängig Beschäftigten nicht ohne Erfolg eingehämmert, Arbeitsintensivierung sei im globalen Wettbewerb mit dem indischen Programmierasketen ein unausweichlicher Sachzwang. Außerdem kommt der Sozialforscher nicht umhin, seinen eigenen Autonomiebegriff (selbst-)reflexiv zu handhaben und sich zu fragen, welche *impliziten Maßstäbe* von Autonomie und zumutbarer Belastung er selbst anlegt – wenn er Gruppenarbeitskonzepten die Absolution erteilt oder in Gestaltungsprojekten seine bildungsbürgerlichen Autonomiebestrebungen fraglos der Montagearbeiterin unterstellt.[9]

2.1.2 Zum Charakter psychischer Belastungen

Unsere zweite These war, dass Sozialforscher mitunter deshalb ein „schiefes" Bild von der neuen Arbeitsrealität zeichnen, weil sie auf ungeeignete Belastungskonzepte zurückgreifen oder meinen, ganz auf solche verzichten zu können. Im letzteren (häufigeren) Fall verlässt sich der erfahrene Industriesoziologe selbstbewusst auf sein gewissermaßen durch langjährige Erfahrung vernickeltes Augenmaß. Das hat meines Erachtens auch damit zu tun, dass sich psychische Belastung nur schwer bzw. nur vermittelt über analytische Konstrukte beobachten lässt, was um so mehr für „moderne" Arbeitstätigkeiten gilt. Vier Besonderheiten psychischer Belastung sind dafür maßgeblich:

- Psychische Belastungen sind erstens *verdeckt* durch die mehr oder weniger weitgehende Verwirklichung vieler Forderungen, die die Humanisierungsforschung schon immer auf ihrem Wunschzettel hatte: saubere Umgebung, ergonomische Sitze, qualifizierte Arbeit, Kooperation, menschliche Führung.
- Psychische Belastungen resultieren jedoch, so unsere These, aus unvereinbaren Anforderungen bzw. aus prekären *Verhältnissen* zwischen Anforderungen und verfügbaren bzw. zugestandenen Ressourcen (vgl. Abschnitt 2.2). Verhältnisse aber sind nun einmal nicht beobachtbar, singuläre Kausalursachen kaum zu benennen. Psychische Belastungen sind also zweitens relativ, oder besser nur *relational* zu bestimmen, und zwar *auf jedem Niveau von Autonomie neu.*
- Wenn psychische Belastungen schon schwer beobachtbar sind, dann kann man sie wenigstens erfragen, so die durchaus nahe liegende Schlussfolgerung in den meisten industriesoziologischen Studien. Unglücklicherweise aber sind sie oft auch *schwer benennbar* (vgl. Hauß 1983; Binkelmann 1985 und Abschnitt 2.3) oder nur

9 Zur Reflexivität des Gestaltungshandelns vgl. Volpert 1994; Moldaschl und Weber 1998, Kap. 2.

partiell unter dem Begriff Stress zu fassen.[10] In Analogie zu „tacit skills" könnte man daher auch von *„tacit work load"* sprechen. Der Begriff Stress ist im Alltag vor allem mit Zeitdruck konnotiert (z. B. Cooper und Payne 1978) – keineswegs die einzige Form, in der sich Belastung äußert. Sozialforscher, die die Arbeitskräfte fragen, ob sie sich „belastet" oder „gestresst" fühlen, und die Antworten (Typ Radio Eriwan) ohne weiteres zum Stand der Dinge erklären, pflegen methodologischen Naturalismus.

- Mit den genannten Eigenschaften psychischer Belastung ist eine vierte eng verbunden: Sie erscheint vielfach *individualisiert* bzw. wird von den Beschäftigten als Ausdruck eigenen Ungenügens interpretiert und „auf die eigene Kappe" genommen. Geeignete Fragetechniken, die die genannten interviewmethodischen Probleme reflektieren, zeigen das deutlich, gerade bei Vertretern höherer Qualifikations- und Statusniveaus. So reagieren z. B. Angestellte häufig auf Überlastung, indem sie ihre Arbeitszeit extensivieren, weil sie „nicht fertig" wurden bzw. „zu langsam" waren. Das bleibt leicht verdeckt, weil sich die Befragten natürlich lieber zu jenen Bedingungen äußern, für die aus ihrer Sicht andere die Schuld tragen.[11] Die Erfahrung des Ungenügens sorgt auch dafür, dass Kritik an negativen Effekten neuer Arbeitsformen oft eher verhalten geäußert wird. Flexibilisierung und Individualisierung der Arbeitsverhältnisse, welche bürokratische Kontrolle durch sachlogische, „unmittelbar wirkende Handlungszwänge" substituiert (Dörre und Neubert 1995: 177), leisten diesem Verhalten massiv Vorschub.

Das wirft aber eine grundsätzliche Frage auf: Ist der Versuch, Belastung „objektiv" zu bestimmen, das heißt unabhängig vom konkreten Subjekt, dessen Arbeitssituation untersucht wird, womöglich ohnehin ein Anachronismus?[12] Stemmt er sich nicht vergeblich gegen die verbreitete „konstruktivistische Wende", welche die „Idee" einer objektiven Realität mit den deterministischen Logiken gleich mit verabschiedet? Geben die Trends (oder zumindest die Diagnosen) zunehmender *Individualisierung* der Arbeits- und Lebensverhältnisse nicht jenen „subjektivistischen" Positionen Recht, die schon immer argumentierten, was belastend sei, bestimme sich zuerst, wenn nicht allein aus der Subjektperspektive? Monotonie? – Warum nicht, wer's mag ...? Stress? – Aber bitte, die Yuppies lechzen danach, horror vacui! Der postmoderne Zeitgeist spricht gegen die „rationalistische" Vorstellung generalisierbarer Maßstäbe. Doch zwischen subjektivistischer Beliebigkeit und deterministischer Fraglosigkeit gibt es ja noch ein drittes, dialektisches Verständnis der Beziehungen zwischen Subjekt und Struktur.

Selbst wenn Industriesoziologen geeignete bedingungsbezogene Analyseinstrumente suchen würden, die über den klassischen arbeitswissenschaftlichen Ansatz hinausgehen, täten sie sich damit schwer. „In der psychologischen Fachwelt zeichnet

10 Auf die theoretischen Probleme und Aporien der psychologischen Stressforschung kann hier nicht eingegangen werden (vgl. hierzu Moldaschl 1991 a, Kap. 2).

11 Dass es dabei auch auf die Frageweise und das Einfühlungsvermögen des Forschers ankommt, um an diese Ebene heranzukommen, auch und besonders bei einer „bedingungsbezogenen Analyse", sei nur nebenbei erwähnt.

12 Zur Diskussion subjektorientierter vs. bedingungsbezogener und objektivistischer Ansätze vgl. z. B. Marstedt und Mergner 1986.

sich heute nach anfänglichem Streit ein bemerkenswerter faktischer Konsens ab. Grundlage ist das transaktionale, kognitive Stresskonzept von Lazarus" (Lazarus und Launier 1981), in dem „die Bedeutung des subjektiven Bewertungsprozesses und der Bewältigung der Situation (vermittelt durch Bewältigungsstrategien und Bewältigungskompetenzen) anerkannt" werde, so Siegfried Greif (1991: 9). Trotz vieler Gemeinsamkeiten mit diesem Konzept sowie seiner Verarbeitung in den Ansätzen von Semmer (1984) und der Gruppe um Greif können wir uns diesem Konsens in einer zentralen Frage nicht anschließen: Er beinhaltet keine befriedigende theoretische Lösung für das „Beliebigkeitsproblem" (Moldaschl 1991b: 28ff.). Das Modell erklärt zwar, ob und wann bestimmte Arbeitsbedingungen von *bestimmten* Personen als beanspruchend erlebt werden, aber nicht, welche der „Vielzahl von Einzelmerkmalen, die theoretisch und/oder empirisch als belastend gelten können" (Dunckel et al. 1991: 31), denn nun tatsächlich als Belastung gelten, und zwar unabhängig von einer konkreten Person-Umwelt-Passung. Oder geht man davon aus, dass dies gar nicht möglich ist? Dass also jedes Element der Arbeitsrealität zum Stressor werden kann, wenn es zur Person nicht „passt"? Das ist konstitutiv für Lazarus' Ansatz, wogegen Stresstheoretiker wie Greif eine „intermediäre" und probabilistische Position einnehmen: „Stressoren sind hypothetische Faktoren, die mit erhöhter Wahrscheinlichkeit ‚Stress' (oder ‚Stressempfindungen') auslösen" (Greif 1991: 13). Wie in testtheoretischen Definitionen von Validität ist damit ein zirkuläres Moment nicht zu vermeiden.

2.1.3 Disziplinäre Arbeitsteilung bei der Analyse von Arbeit und von Rationalisierung

Zur Erinnerung: Als in den 70er-Jahren Kritik an den Ergebnissen der staatlich geförderten Projekte zur Humanisierung des Arbeitslebens einsetzte, wurde schnell klar, dass nachvollziehbare, intersubjektive Maßstäbe zur Bewertung der Arbeitsfolgen für die Beschäftigten weitgehend fehlten. Um die bis dato umstrittene Evaluation auf eine solidere Basis zu stellen, wurde die Entwicklung von Arbeitsanalysemethoden gefördert. Diese, meist von Psychologen übernommen, erlebten einen regelrechten Aufschwung. In der Industriesoziologie wurden die entwickelten Konzepte und Instrumente allerdings meist souverän beiseite gelassen (zu den wenigen Ausnahmen zählten z. B. Mickler et al. 1976 und Lappe 1981).[13] Heute scheint die Evaluation von der Methodenseite her auf der Stelle zu treten, besonders hinsichtlich qualifizierter Tätigkeiten. Klare und anspruchsvolle Bewertungskriterien sind notwendig, um zu zeigen, wo Substanz zu finden ist – und wo nur Etikettenschwindel und Schönfärberei.

Was die disziplinären Segmentationen der Belastungsforschung angeht, fällt auf, dass in der *Arbeits- und Industriesoziologie* nur wenige Erhebungs- bzw. Ana-

13 In ihrem ersten Rationalisierungsreport von 1970 versuchten Horst Kern und Michael Schumann noch explizit, Analysekategorien aus dem marxschen Entfremdungsbegriff herzuleiten, wenngleich sie mangels operationalisierter sozialwissenschaftlicher Kategorien auf arbeitswissenschaftliche zurückgriffen. In späteren Studien blieb der Bezug zu einem umfassenden Autonomiebegriff nur noch implizit, gleichsam „unterirdisch".

lyseinstrumente operationalisiert wurden, die auch von anderen Forschergruppen oder gar von Praktikern angewandt werden können (auf die Kontrolldebatte z. B. trifft dies in besonderer Weise zu). Mit Konzepten zu arbeiten ist hier generell nicht sehr verbreitet; üblich sind vielmehr empirische Typisierungen und der streitbare Diskurs über empirische Befunde. Man kann der Industriesoziologie zwar zugute halten, dass sie ihren Gegenstand weniger als andere Disziplinen den Beschränkungen einer herrschenden quantitativen Methodik unterwirft. Kaum zu bezweifeln ist aber andererseits, dass schon eine für Dritte nachvollziehbare, explizite Operationalisierung der wissenschaftlichen Leitkategorien die Begrifflichkeit selbst schärft und die Ergebnisse ihrer Anwendung für Dritte leichter nachvollziehbar (kontrollierbar) macht. *Arbeitspsychologie* und Arbeitswissenschaft im engeren Sinne konzentrieren sich hauptsächlich auf die Analyse von Arbeitsaufgaben und individuellem Arbeitshandeln (neuerdings in Gruppen), also auf das *Resultat* von Rationalisierungsprozessen. Deren Mechanismen gegenüber bleiben sie oft blind oder gleichgültig.

Damit begründeten Industriesoziologen die Notwendigkeit eigener, „soziologischer" Belastungskonzepte. Wo deren empirische Studien über den traditionellen arbeitswissenschaftlichen Ansatz hinausgingen, konzeptualisierten sie arbeitsplatz- und betriebsübergreifende Gefährdungen im Rationalisierungsprozess (z. B. Arbeitszeitregelung, Beschäftigungsunsicherheit; vgl. Böhle 1982) und kumulative Wirkungen gleichzeitig wirkender Belastungen (z. B. „integrierte Belastung" bei Naschold 1985; „Gesamtbelastung" bei Marstedt und Mergner 1986). Offen blieb jedoch die Frage, wie denn die psychischen (Einzel-)Belastungen zu fassen seien, zumal immer jene in restriktiven, gering qualifizierten Tätigkeiten im Mittelpunkt standen. Theoriebasierte psychologische Verfahren wie das VERA und das RHIA (vgl. Oesterreich und Volpert 1987; Leitner et al. 1987, 1993) bieten hierfür Lösungen an und kommen ohne ein Konvolut von Variablen und Skalen aus. In der psychologischen Stressforschung sowie in belastungsepidemiologischen Studien der Arbeitsmedizin wird dagegen oft eine statische, vom betrieblichen Rationalisierungsgeschehen abgehobene Perspektive eingenommen, wie Marstedt (1994: 1) resümiert. Wo von Organisationsanalyse gesprochen wird (z. B. Strohm und Ulich 1996), sind meist zahlreiche Organisationsvariablen zu erfassen, deren weitere Verwendung nicht immer plausibel gemacht wird. Zum Standard gehört, bestimmte Ausprägungen als Gestaltungskriterien anzubieten. Analysen der *Verschränkung* von betrieblicher Rationalisierung, Arbeitsaufgaben und realem Arbeitshandeln sowie informellen Praktiken bleiben indes soziologischen Studien vorbehalten.

Man muss beide Perspektiven[14] zusammenbringen, wenn man die Diskrepanz zwischen Anspruch und Wirklichkeit der Reorganisationsprojekte erfassen will und verstehen will, warum so viele versanden. Denn zu einfache Vorstellungen der Wir-

14 Hier ist bewusst von Perspektiven, nicht von Disziplinen die Rede. Vom Gegenstand her betrachtet sind Letztere willkürlich. Nach handlungstheoretischem Verständnis befasst sich die Psychologie *nicht* mit dem, was im Kopf des Einzelnen vorgeht (Kognitivismus) bzw. im Handeln des „an sich" betrachteten Individuums (methodologischer Individualismus), während der Soziologie Vorgänge zwischen Individuen zufielen. Vielmehr befassen sich beide mit verschiedenen Aspekten des subjektivierten und des vergegenständlichten Sozialen. Unsere Belastungsanalyse folgt dem Anspruch, dem mit aufeinander bezogenen, theoretisch konsistenten Begriffen von Macht und Autonomie nachzukommen.

kungsbeziehungen von „Organisationsgestaltung" finden sich nicht nur im Management, sondern auch in sozialwissenschaftlichen Pendants. Belastungsanalysen zu vernachlässigen stützt außerdem jene Argumentationen, welche die Wettbewerbs-, Arbeitsplatz- und Standortfrage in den Vordergrund rücken und die Beschäftigung mit den „verbleibenden" Belastungen als relativen „Luxus" erscheinen lassen. Doch gerade wenn *Gewährleistungsarbeit, Sicherheit, Wissensproduktion, Kreativität* etc. als künftige Schwerpunkte der Arbeitsleistung gesehen werden, kann man nicht die Belastungen ausblenden, die auf diese Leistungen einen viel nachhaltigeren Einfluss haben als z. B. auf eine Montagetätigkeit. Andernfalls gibt man gute Argumente für eine andere Praxis ohne Not auf.

Die Verfügungsgewalt über die Zeit
unterscheidet den Herrn vom Knecht.
G. W. F. Hegel

2.2 Das Konzept widersprüchlicher Arbeitsanforderungen

Das Konzept widersprüchlicher Arbeitsanforderungen (WAA) bietet an, die genannten Anforderungen im Hinblick auf Belastung einzulösen. Einige seiner Kerngedanken werden nachfolgend kurz skizziert. Ausführlicher wurde es anderer Stelle dargestellt (Moldaschl 1991 a, 1991 b, 1993; Böhle et al. 1993).

2.2.1 Definition

Von stresstheoretischen Bestimmungen unterscheidet sich das Konzept widersprüchlicher Arbeitsanforderungen in zwei zentralen Punkten: Es definiert Belastung und ihre Abgrenzung zu Anforderungen subjektunabhängig, aber dennoch handlungsbezogen. Und es konzipiert „Kontrolle" bzw. Handlungsspielraum weder als „Moderatorvariable", die einen Stressor mehr oder weniger triggert, noch als „unabhängige Variable" („zu wenig" und/oder „zu viel" Handlungsspielraum), sondern als Konstituente eines Verhältnisses. Den *Grundgedanken* handlungstheoretischer Analyse von Belastung definieren wir wie folgt: Jemand muss, um seine Aufgabe zu erfüllen, etwas tun, was er oder sie „eigentlich" nicht tun darf, nicht tun soll oder (aufgrund äußerer Bedingungen) nicht tun kann. Psychische Belastungen sind also konzeptualisiert als Widersprüche zwischen Handlungsanforderungen und Handlungsmöglichkeiten bzw. als Diskrepanzen zwischen Zielen, Regeln und Ressourcen (vgl. Moldaschl 1991 a: 72). Mit anderen Worten: Widersprüchliche Arbeitsanforderungen kennzeichnen ein *jeweils spezifisches Spannungsverhältnis von Fremdbestimmung und gewährtem Handlungsspielraum.*[15]

15 Das Konzept basiert auf Arbeiten aus der Handlungsregulationstheorie (vor allem Semmer 1984; Leitner et al. 1987; Volpert 1987) sowie auf kontrolltheoretischen Richtungen der sozio-

Dieses *relationale* Konzept geht davon aus, dass belastende Arbeitsbedingungen „unterhalb" genereller Arbeitskraftrisiken (z. B. Beschäftigungsrisiko) nur im Zusammenhang mit den gestellten Anforderungen bestimmt werden können – also weder abstrakt anhand normativer Grenzwerte von zu viel oder zu wenig Anforderungen (wie im arbeitswissenschaftlichen Ansatz) noch allein anhand individueller Personenmerkmale (wie im kognitiven Stresskonzept) und auch nicht in beliebigen Einzelbedingungen wie in anderen Stresskonzepten (nach dem tautologischen Modell: Technisierung gleich „Technostress", Brod 1984; Organisationsvariablen gleich „Organizational Stress", Kahn et al. 1964[16]). Zum besseren Verständnis der empirischen Befunde seien kurz einige Konstrukte des Belastungskonzepts skizziert.

2.2.2 Handlungsregulation und Kontrolle

Belastung ist in diesem Verständnis immer Ausdruck davon, dass die *Betroffenen nicht die Macht haben, die ihr Arbeitshandeln behindernden Bedingungen zu verändern oder die vorgegebenen Ziele anzupassen* – oder dass sie diese Macht nicht gebrauchen. Die Verbindung zu Themen der Mikropolitik und der „industrial relations" ist offensichtlich: Individuelles und kollektives Bewältigungshandeln sowie organisierte Interessenvertretung sind die Möglichkeiten, mit Belastungen „fertig zu werden". Das WAA-Konzept leitet dazu an, die Genese und die Bewältigung der Belastungen auf beiden Ebenen der Kontrolle (job control, workers control bzw. management control, vgl. Abschnitt 2.1) zu untersuchen.

Unbestimmtheit, die in vielen Belastungsansätzen als „Stressor" modelliert wird, hat im WAA-Konzept den umgekehrten Status: Sie wird gemäß der mikropolitischen Handlungstheorien (sensu Crozier und Friedberg 1979; Giddens 1988) als zentrale Machtressource der Arbeitskräfte verstanden, die sich aus der beschränkten Planbarkeit komplexer Arbeitsprozesse herleitet. Diese generellen Bestimmungen müssen für empirische Fragestellungen freilich erst in Konzepte übersetzt werden. Handlungsanforderungen (oder „Regulationserfordernisse"; Volpert 1987) kennzeichnen die einem Arbeitenden formell zugewiesene Unbestimmtheitszone. Diese umfasst das Ermöglichen wie die Beschränkung von Handeln. Widersprüchlich werden die Anforderungen dann, wenn dem Arbeitenden nicht die geeigneten Mittel zur Kontrolle dieser Unbestimmtheit zugestanden werden. Diese Paradoxie ist alltäglich. Die Mittel bzw. *Ressourcen* lassen sich in Kategorien von *Macht* und *Zeit* ausdrücken. Damit sind die Begriffe zur Analyse des Arbeitshandelns (Anforderung und Belastung) kontrolltheoretisch klar aufeinander bezogen, ebenso jene der Analyse von Arbeit und Rationalisierung (Handlungs- und Systemperspektive).

---

logischen Handlungstheorie (vor allem Crozier und Friedberg 1979; Giddens 1988). Diese Bezüge werden dargestellt in Moldaschl 1991a: 45ff.

16 Die Studie von Kahn et al. (1964) wird hier zitiert, weil sie den Begriff wesentlich geprägt hat. Sie setzt jedoch mit ihrem rollentheoretischen Ansatz höhere konzeptuelle Maßstäbe als viele nachfolgende Untersuchungen rein „variablenpsychologischer" Ausrichtung. Auch Brod ist kein Vertreter kurzschlüssiger Stressforschung, die nach „Stressreaktionen" bei der Einführung neuer Technologien sucht, wie etwa Majchrzak und Cotton (1988).

2.2.3 Störungen der Handlungsregulation

Planen, Ausführen und Auswerten werden in der psychologischen Handlungstheorie als Grundfunktionen psychischer Handlungsregulation betrachtet. Die Phase des Auswertens („Kontrolle") ist für das Handlungslernen zentral. In der Annahme, dass es nicht nur psychologisch einen Unterschied macht, in welcher Handlungsphase man behindert wird, sondern dass die Behinderung auch auf unterschiedliche organisatorische Probleme hinweist, kommen wir zu drei Typen widersprüchlicher Arbeitsanforderungen.

- Der erste Typus sind *Widersprüche zwischen Aufgaben und Ausführungsbedingungen*. Diesen widmet sich das RHIA-Verfahren von Leitner et al. (1987, 1993), wo sie als *„Regulationsbehinderungen"* bezeichnet werden. Für die Analyse industriell-gewerblicher Arbeitstätigkeiten operationalisiert dieses Verfahren sowohl belastungserzeugende Einflüsse auf die Handlungsregulation (vor allem Unterbrechungen, informatorische und motorische Erschwerungen, monotone Arbeitsbedingungen, Zeitdruck, ungünstige Umgebungsbedingungen) wie deren unterschiedliche Konsequenzen für die Handlungsregulation.
- Die Ergebnisse des eigenen Handelns sowie Rückmeldungen anderer darüber zu verarbeiten, betrachten wir als eine weitere Grundfunktion der Handlungsregulation. Handlungslernen ist in den meisten Berufstätigkeiten der dominante Lernmodus und besteht im Unterschied zu theoretisch-schulischen Lernformen primär in der Verarbeitung solcher Feedbacks. Werden diese durch die konkreten Verhältnisse im Arbeitsprozess gestört, sprechen wir von *Widersprüchen zwischen Aufgaben und Aneignungsbedingungen* oder kurz von *Lernbehinderungen*. Sie sind also dadurch charakterisiert, dass der sinnliche Zugang zu den eigenen Handlungsergebnissen unterbrochen bzw. gestört ist oder notwendige Erfahrung mangels Handlungsgelegenheit nicht erworben werden kann (vgl. Kapitel II.1). Handlungslernen kann auch durch mehrdeutige, widersprüchliche, bedrohliche und Angst erzeugende Feedbacks behindert werden. Die Schizophrenieforschung hat sich z.B. ausführlich mit einem typischen widersprüchlichen Feedback befasst, dem „double bind" divergierender Botschaften in verbalem und nonverbalem Ausdruck (Bateson et al. 1969). Mangelnde Qualifizierung, die Büssing et al. (1996: 46; vgl. Abschnitt 2.3) als Beispiel anführen, betrachten wir dagegen nicht als Lernbehinderung; gleichwohl kann sie subjektive Überforderung zur Folge haben.
- Den beiden genannten WAA-Formen ist gemeinsam, dass die Arbeitenden am Erreichen eines eindeutigen und subjektiv akzeptierten Zieles gehindert werden. Aufgabenziele können jedoch auch selbst uneindeutig oder unvereinbar sein (*Widersprüche zwischen Aufgabenzielen*). Der Arbeitende oder die Arbeitsgruppe kann z.B. bei der Zielbildung durch Widersprüche zwischen den impliziten und expliziten Erwartungen einer vorgesetzten Instanz behindert werden (z.B. eine Anlage höchstmöglich zu nutzen und gleichzeitig die Sicherheitsvorschriften einzuhalten) oder durch divergierende Erwartungen, Anweisungen, Regeln unterschiedlicher Instanzen. In rollentheoretischen Stresskonzepten (z.B. Kahn et al. 1964) werden solche Widersprüche als „Rollenkonflikte" thematisiert, allerdings nur soweit sie sich im Rahmen sozialer Interaktion aus kommunizierten An-

sprüchen anderer Personen ergeben. Wir sprechen hier bewusst nicht von „Zielkonflikten", weil das Ausbalancieren konfligierender Ziele (z. B. von Durchlaufzeit und Flexibilität beim Fertigungssteuerer, technischer Zuverlässigkeit und billiger Herstellbarkeit beim Konstrukteur) zu den bestimmenden Merkmalen gerade der qualifizierten Arbeit gehört. Belastung im Sinne von WAA tritt erst dann auf, wenn die Entscheidungskompetenzen und Ressourcen nicht ausreichen, um die Zielbalance eigenständig sowie mit subjektiv vertretbarem Aufwand und Risiko herzustellen.

Aus dieser Konzeptualisierung lassen sich Hypothesen ableiten; etwa die Annahme, dass widersprüchliche Ziele in qualifizierteren Tätigkeiten bedeutsamer sind als in primär ausführenden.

2.2.4 Diskrepanzen zwischen geforderten und realisierbaren Motiven

Etwas tun müssen, was man *nicht will*, ist eine von den Befragten in unseren Untersuchungen oft thematisierte Belastung. In den Begriffen der Handlungsregulationstheorie (HRT), auf die sich die bisherige Konzeptualisierung von WAA weitgehend stützte, ist sie nicht ohne weiteres auszudrücken. Das vor allem von Oesterreich (1981) formulierte, relativ abstrakte Motivationskonzept der HRT stellt das Motiv, die eigenen Handlungsmöglichkeiten zu erweitern („Kontrollstreben"), in den Mittelpunkt. In der Arbeitsanalyse wird es vorausgesetzt und nicht zum Gegenstand einer Anforderungsanalyse gemacht. Dagegen befasst sich Leontjew (1982) in seiner Tätigkeitstheorie zentral mit der Aneignung konkreter Bedürfnisse und inhaltlicher Motive in der Arbeitstätigkeit. Kannheiser (1985) und Büssing (1992) haben sie in Konzeptionen für die Arbeitsanalyse umgesetzt. Im WAA-Konzept greifen wir deren Grundgedanken in bestimmter Weise auf, können sie hier aber nicht angemessen diskutieren und müssen auch die Vermittlung von psychologischer Handlungs- und Tätigkeitstheorie als Problem offen lassen.

Belastung resultiert in Kannheisers Interpretation aus Diskrepanzen zwischen Motiv und Bedingungen sowie zwischen Motiv und Handlungsziel eines Arbeitenden. Damit sind diese Belastungskonstellationen auf den Begriff gebracht. Doch sind sie damit auch analysiert? Wird die Möglichkeit, Belastungen aus der *Nichtübereinstimmung von subjektiven Ansprüchen an die eigene Arbeit und betrieblicher Realität* aufnehmen zu können, nicht wieder mit dem Problem subjektiver Beliebigkeit erkauft? Kannheiser zumindest lässt offen, welche Arbeitsbedingungen unabhängig von den Motivstrukturen einzelner Arbeitender veränderungsbedürftig sind.[17] Das ist nicht notwendig, wenn man die jeweiligen sozialen Konstitutionsbedingungen dieser Motive zum Gegenstand der Analyse macht, sprich, sie „soziologisiert".

17 In *konkreten* betrieblichen Gestaltungsprojekten ist es zweifellos notwendig, die individuellen Ziel-Motiv-Diskrepanzen zu berücksichtigen – anders als etwa bei der Abschätzung genereller Entwicklungstrends oder der Folgen bestimmter betrieblicher Rationalisierungsstrategien. Denn die subjektiven Relevanzstrukturen der Forscher müssen eben nicht notwendig mit jenen der konkreten Arbeitskräfte übereinstimmen.

In professionellen Sozialisationsprozessen wird üblicherweise ein Ensemble arbeitsrelevanter subjektiver „Einstellungen" ausgebildet, gewissermaßen eine *normative Subjektivität*, die den Anforderungen der Praxis mehr oder weniger entspricht (z. B. Leistungsbereitschaft, Qualitätsanspruch, Loyalität). So ist es etwa bei einem Arbeiter in der Rüstungsindustrie möglich, aber keineswegs zwingend, dass ihn seine Beteiligung an der Waffenproduktion subjektiv moralisch belastet (zur Untersuchung derartiger moralischer Dilemmata vgl. Hoff et al. 1991). Aber mit veralteten und verschlissenen Maschinen trotz aller Anstrengung immer nur mäßige Qualität liefern zu können, selbst wenn diese von den Vorgesetzten in Kenntnis der mangelhaften Voraussetzungen akzeptiert wird, muss mit den vom deutschen Facharbeiter erwarteten und „einsozialisierten" professionellen Arbeitsstandards konfligieren. Ähnliches gilt für Pflegekräfte im Krankenhaus, wenn sie unter der Diskrepanz zwischen sozial erwünschten und tatsächlich negativen Gefühlen (z. B. Feindseligkeit, Scham; Badura 1990: 320)[18] leiden – zumindest, wenn die sozial erwünschten Gefühle gemäß der WAA-Konzeption z. B. mangels zeitlicher oder personeller Ressourcen gar nicht dauerhaft aufgebracht werden können (vgl. Moldaschl 1991b: 45).

2.2.5 Bewältigungsmöglichkeiten

Bewältigung wird in Stresskonzepten und anderen psychologischen Belastungsansätzen meist allein als *subjektiver* Prozess betrachtet, in dem die Betroffenen irgendwie versuchen, mit den Belastungen fertig zu werden – sei es aktiv handelnd oder kognitiv, etwa indem sie das Anspruchsniveau verändern oder die Situation umdeuten. Im WAA-Konzept hingegen wird gefragt: Was kann oder muss der Betreffende tun, um mit der Situation fertig zu werden und zugleich nicht zu weit von den Leistungserwartungen abzuweichen? Wie sind die („*objektiv*") gegebenen Möglichkeiten der Bewältigung beschaffen, welche Zwänge und Alternativen bestehen (Abbildung II.2.2). „Soziale Unterstützung" als Lieblings-Moderatorvariable der Stressforschung zähle ich dazu nicht, denn sie ist entweder Teil der offiziellen Kooperationsbeziehungen (und beugt dann gegebenenfalls einer Belastung vor) oder eben der informellen, subjektiv und mitunter subversiv organisierten Bewältigungsstrategien der Beschäftigten. Ob man bestimmte Bedingungen einfach *aushalten muss* oder mit ihnen *aktiv umgehen* kann, bildet dagegen ein zentrales Unterscheidungskriterium. Ein weiteres ist, ob die Beeinträchtigung *manifest* oder *latent* wirkt. Im ersten Fall ist man z. B. regelmäßig zu Zusatzaufwand gezwungen. Im zweiten kann man entweder nichts machen (Bedrohung)[19] oder man muss mit Sanktionen rechnen, wenn man „riskant" bewältigt (z. B. eine Maschine schneller als erlaubt „fährt"; vgl. dazu ausführlich Moldaschl 1991a: 96ff.).

---

18 Auf soziologischer Seite hat Badura (z. B. 1990) ein Modell vor allem für personale Dienstleistungsarbeit vorgelegt, das „Interaktionsstress" als Folge von Ungleichgewichten zwischen selbst oder fremdbestimmten Anforderungen und den Fähigkeiten bzw. Möglichkeiten der jeweiligen Person betrachtet (S. 319). Es verbleibt jedoch weitgehend dem „Passungsmodell", das heißt der psychologischen Denkweise von Lazarus verpflichtet.

19 Mit dem Begriff „Bedrohung" („threat") beschreibt Lazarus eine Situation, in der die Fähigkeiten eines Individuums nicht ausreichen, um die gestellten Anforderungen zu bewälti-

Bewältigungsmodus \ Beeinträchtigung	manifest	latent
Handeln	Zusatzaufwand	Riskantes Handeln
Ertragen	Überforderung	Bedrohung

Abbildung II.2.2: Beziehungen zwischen Belastungsformen und Bewältigungsmöglichkeiten im WAA-Konzept.

2.2.6 Gesamtbelastung und Belastungssyndrome

Das Problem der Gesamtbelastung wird im WAA-Konzept aufgegriffen, allerdings ohne Anspruch auf ein vollständiges, womöglich mathematisch darstellbares Zusammenhangsmodell. Es ermöglicht aber, anders als additive Konzepte der „Mehrfachbelastung", *qualitative Zusammenhänge* zu beschreiben, etwa den Umschlag quantitativer Entwicklungen in qualitative. So kann z. B. wachsender Zusatzaufwand in Zeitdruck umschlagen, wenn Behinderungen der Arbeitsausführung so viel Zeit kosten, dass Aufgabenziele gefährdet werden oder in Konflikt geraten. Zweitens werden die oft mit WAA verbundenen sozialen Konflikte zwischen den Beteiligten auf diesen Kontext bezogen. Und drittens fördert die Analyse organisatorischer Kontextbedingungen und Rationalisierungsstrategien typische Belastungskonstellationen zutage, deren Wechselwirkungen analysiert und als charakteristische *Belastungssyndrome* dargestellt werden.

2.2.7 Konstitution, Reproduktion und Veränderung widersprüchlicher Arbeitsanforderungen

Die Wiederholung sei gestattet: Das WAA-Konzept steht gegen deterministische Versuche, Belastungen aus Organisationsvariablen abzuleiten (Grad der Zentralisierung, Formalisierung, Unbestimmtheit etc.), wie im „Stressordenken" oder in verwandten Denkfiguren. Das gilt ebenso für Rationalisierungsstrategien oder die Widersprüche kapitalistisch verfasster Produktion insgesamt. Die empirische Typisierung von Organisations- und Reorganisationskonzepten bildet lediglich den Hintergrund für die *systemische Analyse* konkreter Widersprüche. Auch aus diesem Grund setzen wir

gen. Das WAA-Konzept definiert die Kategorie klar *subjektunabhängig*: Der Arbeitende kann „objektiv" nichts tun, um die Wahrscheinlichkeit des Eintretens negativer Ereignisse zu verringern, für die er aber verantwortlich gemacht wird (z. B. wenn eine Krankenschwester nicht gleichzeitig Monitoring-Systeme in fünf Patientenzimmern überwachen kann).

primär auf qualitative Forschung, auf Fallstudien. Die theoretischen Überlegungen zur Genese und Veränderung widersprüchlicher Arbeitsanforderungen kann ich hier nur sehr knapp in drei forschungsleitenden Analyseperspektiven skizzieren. Es handelt sich dabei um themenspezifische Variationen dreier Grundfragen einer jeden Handlungstheorie, die sich mit der Vermittlung von Subjekt und Struktur durch Handeln befasst.

Die erste richtet sich auf die *Rationalität* der institutionellen Bedingungen und Entscheidungen, die zu WAA führen. Lässt sich das Be- und Entstehen paradoxer Anforderungen überhaupt mit rationalen Motiven erklären? Dazu analysieren wir sie und rücken dabei betriebliche Effizienz- und Herrschaftsinteressen in den Vordergrund. Offenkundig sind die Interessenlagen etwa, wenn zeitliche oder personelle Ressourcen unterdimensioniert oder Entscheidungsbefugnisse nur ungern delegiert werden. Nicht immer liegen die Verhältnisse so klar auf der Hand. Die zweite Analyseperspektive richtet sich daher auf die *Kontingenz* rationaler Interessenverfolgung durch verschiedene institutionelle Akteure. Sie focussiert auf Widersprüche zwischen verschiedenen partialen Rationalitäten (z. B. kaufmännischen, technischen, sozialen; kurz- und langfristigen), die unter anderem durch funktionale Arbeitsteilung auf verschiedene Akteure verteilt werden. Nicht nur unvollständiges Wissen, sondern eben auch die kontingenten und nicht intendierten Effekte des Zusammenwirkens von Handelnden mit nicht kongruenten Interessen begrenzen die Rationalität der Rationalisierung. Die dritte Perspektive schließlich befasst sich mit der Frage, wie die betroffenen Beschäftigten mit den WAA umgehen und bei erfolgreicher Bewältigung unbeabsichtigt dazu beitragen, dass sich die belastenden Verhältnisse „hinter ihrem Rücken" stabilisieren. Es geht hier also um die *Reproduktion* paradoxer Anforderungen „trotz aller Mikropolitik". Diese Analyseperspektiven kommen in der folgenden Auswahl empirischer Befunde wieder zur Sprache.

Der Imperativ der Rentabilität hat den
Kategorischen Imperativ von Kant ersetzt.
Denis de Rougemont

2.3 Empirische Befunde zur Entwicklung von Autonomie und Belastung

Die folgende Darstellung fasst einige der zentralen Ergebnisse unserer Untersuchungen im Maschinenbau, in der Chemischen und der Autoindustrie zusammen. Im Mittelpunkt stehen empirische Trends und Entstehungszusammenhänge von Belastung, die auf die Widersprüche der Autonomie in neuen Arbeitsformen verweisen. Konkrete Belastungsanalysen finden sich in den angegebenen empirischen Texten.

2.3.1 Belastungssyndrome und deren Konstitution durch (neue) Rationalisierungskonzepte

In unserer Studie in der Elektroindustrie zeigte sich, dass zwischen bestimmten *Kontrollstrategien* des Managements und vorherrschenden Belastungen enge Zusammenhänge bestanden. Insgesamt fünf Strategien und zugehörige Belastungssyndrome konnten wir typisieren. Schumann et al. (1994a: 28) beziehen sich darauf und resümieren: „Phänomene wie die ‚Idealisierung technischer Prozessbeherrschung', die ‚schrittweise Minimierung der Personalbemessung' oder die ‚Wiederaufwertung personaler Kontrolle', wie sie in der Studie von Moldaschl (1991) ins Zentrum der Analyse gerückt werden, spielten in den von uns untersuchten Bereichen keine Rolle." Sie geben damit Entwarnung für ihren Prototyp qualifizierter industrieller Arbeitskraft, den Systemregulierer. Die genannten „Phänomene" seien auf „unternehmens- und branchenspezifische Besonderheiten des Untersuchungsfeldes" zurückzuführen. Als solche führen die Autoren an: eine stärkere Verankerung tayloristischer Prinzipien der Arbeitsgestaltung und Leistungspolitik als in automatisierten Bereichen der Autoindustrie; eine traditionell geringere Stärke der Interessenvertretung; einen hohen Angelerntenanteil; und eine längerfristige Krisensituation mit drastischem Personalabbau und permanenter Umstrukturierung (ebd.: 28f.). Singuläre Bedingungen?

Trifft in den 90er-Jahren nicht eher das Gegenteil zu? Sind nicht starke Betriebsräte wie in der Automobilindustrie und eine in Beschäftigungssicherheit und Zeitstruktur tatsächlich relativ privilegierte Gruppe von Automationsarbeitern wie in den Großunternehmen der Auto- und Chemieindustrie zu „Besonderheiten" geworden? Drastischer Personalabbau oder permanente Umstrukturierung sind zum Markenzeichen industrieller Rationalisierung in den 90er-Jahren geworden. Eine Kostprobe: „Nach dem größten Auftrag ihrer Geschichte über bis zu 400 Flugzeuge will die europäische Airbus Industrie ihre Produktion bis 1998 verdoppeln [...]. Die Daimler Benz Aerospace überprüft daher ihr rigoroses Sparprogramm. Eventuell kann der geplante Personalabbau reduziert werden, sagte ein Sprecher" (Süddeutsche Zeitung vom 9.10.1996: 35). Massive Freisetzungen bei zweistelligen Umsatzzuwächsen und Rekordgewinnen kennzeichnen auch die Chemische Industrie. Wenn Schumann et al. (1994a: 14) konzedieren, ihre Beschränkung auf bestimmte industrielle Kernsektoren könne ein zu positives Bild ergeben haben, scheint auch dieses Argument fragwürdig.

Doch die Frage der Verbreitung dieser oder jener Strategie ist hier, wie gesagt, gar nicht mein Thema. Thema ist, ob und wie die im Rahmen von Dezentralisierungsansätzen hinzugewonnene Autonomie neuen Zwängen unterworfen wird. Zwei weitere hierfür maßgebliche Rationalisierungsstrategien, die wir in der Elektrostudie behandeln, ignorieren Schumann und Kollegen in ihrer Aufzählung schlichtweg, nämlich die *Flexibilisierung* des Arbeitseinsatzes und die *pufferlose Fertigung* bzw. generell die neuen Prinzipien *zeitökonomischer Rationalisierung*. Deren Bedeutung für die Arbeitsbelastungen konnten wir auch im Maschinenbau und in der Autoindustrie belegen (Altmann et al. 1993; Böhle et al. 1993; Moldaschl 1990, 1994, 1996). Auf die ‚Idealisierung technischer Prozessbeherrschung' komme ich zurück.

Just-in-Time-Konzepte sind eine Form zeitökonomischer Rationalisierung und ein Beispiel für den Übergang zur (indirekten) Ressourcensteuerung. Alle Ökonomie ist Ökonomie der Zeit, wie Marx mit Bezug auf Adam Smith in den „Grundrissen" feststellt. Rationalisierung als Verbesserung des Verhältnisses von Zeitaufwand und Ergebnis ist also nicht neu. Neu sind aber die Gewichtung zeitökonomischer Kriterien und die Methoden ihrer Durchsetzung. In der Logistik werden Kriterien wie Lieferfähigkeit und Termineinhaltung zentral, in der Entwicklung die „Time to Market", in der Instandhaltung die „Mean Time between Failure" und die „Mean Time to Repair", in der automatisierten Produktion die Nutzungszeit (Anlagenauslastung) und ihr Konflikt mit der Reaktionsgeschwindigkeit. Pufferlose Fertigung (Just-in-Time, JIT), Komplettfertigung und die Parallelisierung von Entwicklungsschritten (Simultaneous Engineering) sind Antworten darauf.

Die Beschäftigten haben dabei immer komplexere, zeitbezogene Leistungen zu erbringen, die sich, werttheoretisch betrachtet, immer weniger in einer Minimierung der je Handlung verbrauchten Zeit erschöpfen. Die Aufwertung der planenden, koordinierenden und präventiven Funktionen menschlicher Arbeitskraft (und damit auch ihres „Störpotenzials") findet allerdings ihr Gegenstück in Mechanismen, welche die individuellen oder gruppeninternen Spielräume der Leistungsregulation ganz massiv beschränken. Nehmen wir die JIT-Strategie als konkretes Beispiel. Sie zielt nicht nur auf den Abbau von Vorlaufzeiten, Vorräten und Zwischenlagern, von Redundanzen in der Produktkontrolle und generell in der gesamten Logistikkette, sondern auch auf den Arbeitsprozess, wie Wildemann (1988: 6) verdeutlicht: „Bestände verdecken Fehler. [...] Senkt man nun diese Bestände, so werden die Probleme offensichtlich, und es entsteht ein unmittelbarer Zwang, diese zu lösen." Womack et al. (1991: 108) konkretisieren: „Die Massenproduktion hat überall Puffer vorgesehen [...] Auch wenn Teile nicht rechtzeitig ankommen oder sich viele Arbeiter krank melden, [...] das System funktioniert trotzdem." Das sollte sich ändern.

Die engere Kopplung (im Sinne von Perrow) verstärkt die wechselseitige Abhängigkeit der betrieblichen Teilsysteme (Joined-in-Trouble), die Abläufe werden zeitkritischer und störanfälliger. Aus dem JIT-System einen „Stressor" zimmern oder Belastungen direkt ableiten zu wollen wäre wiederum kurzschlüssig. Die Analyse bringt vielmehr *Missverhältnisse zwischen Anforderungen, Regeln und Ressourcen* zutage. Etwa, weil nicht zugleich die Steuerungskomplexität vermindert wird (z. B. durch Inselbildung); weil man die Flexibilität nicht verbessert (z. B. technisch durch Überdimensionierung, personell durch Qualifizierung); oder weil, wie vom Lean-Trio empfohlen, auch personelle Puffer abgebaut werden (vgl. Moldaschl 1990: 40f.). Die entstehenden Funktionsprobleme werden dann unter teils exzessivem Rückgriff auf verbliebene menschliche Elastizitäten „bewältigt", wie z. B. der Betriebsratsvorsitzende eines Autozulieferbetriebs beschreibt:

> „Jede Änderung in den Fertigungsprogrammen löst eine hektische Arbeitsatmosphäre aus. Zwischen den Disponenten, die dann eingreifen müssen, und den Abteilungsleitern, aber auch mit den Arbeitskräften in der Produktion, kommt es zu Spannungen, die in handfesten Krach ausarten können. [...] Verloren gegangene Produktionszeit muss oft durch angeordnete Mehrarbeit aufgeholt werden."

Die unter diesen Prämissen betriebene Elimination von „slack" (Staehle 1991) führt zu systemischem Zeitdruck, der nicht mehr einzelnen Managementmethoden

(z. B. den REFA-Methoden) zuordenbar ist und treffend als „managing by stress" beschrieben wurde. Die systemische Einbindung der Akteure in wechselseitige Abhängigkeiten und „Sachzwänge", eine Art *Ressourcen-* oder *Kontextsteuerung*, substituiert direkte Leistungsvorgaben. Sie verlangt zusätzliche Wege und Abstimmungen, die Mobilisierung informeller Beziehungen und anderer Ressourcen, besonders bei ungeplanten Ereignissen und Störungen. Individuell erarbeitete Spielräume der Leistungsregulation werden immer wieder aufgesogen (vgl. auch Altmann et al. 1993: 191 ff.; Böhle et al. 1993: 74 ff.). Bei wachsender Störanfälligkeit des Produktionsprozesses führt dies ausgerechnet zum Gegenteil von „Fehlerfreundlichkeit" im Arbeitsprozess.

Je mehr die *Ressource Zeit* zum umkämpften Gut wird, um so eher entwickeln sich Widersprüche zwischen Anforderungen und zeitlichen Ressourcen zum Belastungsschwerpunkt. Ein typisches Ensemble solcher Belastungen in der Produktion haben wir zum *Just-in-Time-Syndrom* zusammengefasst: Es zeichnet sich aus durch hohen Zusatzaufwand aufgrund häufiger, unbeeinflussbarer Unterbrechungen und sich fortpflanzender Störungen (Domino-Effekt); dieser Zusatzaufwand schlägt oft in Zeitdruck um oder verschärft ihn bei bestehendem Termindruck; ausgeprägte zeitliche Diskontinuitäten (extreme Anforderungsspitzen, unplanbare Überstunden, Sonderschichten) und soziale Konflikte kommen hinzu.[20] „Nebenwirkungen" auf die Arbeitsbeziehungen, die Arbeitsmotivation und die Prozessqualität schaukeln die Probleme zusätzlich auf.

Betriebliche Physiognomien der Belastung. Das Just-in-Time-Konzept ist nicht die einzige Form zeitökonomischer Rationalisierung. Zu einigen der Managementstrategien, die wir unter zeitökonomischen und Belastungsgesichtspunkten analysierten, ließen sich ebenfalls bestimmte Belastungssyndrome typisieren (z. B. Flexibilitätssyndrom, Qualitätssyndrom). Die Befunde lassen sich weiter aggregieren, denn bestimmte betriebliche Muster und Kulturen der Rationalisierung, ihre Ungleichzeitigkeiten und Widersprüche, hinterlassen gewissermaßen charakteristische Fingerabdrücke in der Arbeitssituation der Beschäftigten. So schälten sich in unserer Maschinenbaustudie (Moldaschl und Schultz-Wild 1994) zwei Muster heraus, deren erstes sich durch einen gewissermaßen technokratischen Gebrauch dezentraler Organisationskonzepte auszeichnet (daher „organisationszentriertes Modell" genannt). Im zweiten hingegen wird gezielt und umfassend versucht, Subjektivität und selbstregulative Potenziale der Arbeitskräfte mit partizipativen und marktwirtschaftlichen Verfahren zu erschließen. In diesem „arbeitsorientierten Modell" werden die kreativen Potenzen des Arbeitsvermögens auf seine eigene Rationalisierung gerichtet und für die Rationalisierung der Arbeit anderer in Dienst genommen. Diese Dimension wird in emphatischen Vorschlägen „anthropozentrischer" Gestaltungskonzepte klein geschrieben oder übersehen.

20 Bei „Systemregulierern" spielt das JIT-Syndrom tatsächlich keine entscheidende Rolle, denn diesen Arbeitstypus gibt es nur bei hoch automatisierter, quasi zeitinvarianter Prozessfertigung. Betroffen sind daher eher Bereiche kleinerer Serien, Montagebereiche, Planer, Zulieferer. Indirekte Effekte wie Überstunden und Termindruck betreffen die Automationsarbeiter natürlich auch.

Der Belastungsschwerpunkt im organisationszentrierten Modell lag in Unvereinbarkeiten zwischen einem erweiterten Fremdanspruch an Selbstregulation, dem ein fortbestehender Kontrollanspruch und eine wenig modifizierte Arbeitsteilung gegenüberstehen. Eine Situation der „Ungleichzeitigkeit" neuer Leistungsanforderungen und „alter" Leistungsbedingungen, die ich als *leistungspolitisches „double bind"* bezeichne. Die Arbeiter sind hier gewissermaßen gezwungen, sich permanent gegen die gezogene Handbremse externer Eingriffe zu verausgaben. Im arbeitsorientierten Modell gilt umgekehrt: Autonomie ist deutlich erweitert, aber die Amputation der Handbremse treibt manche Teams in die „Selbstreinigung" und die Fremdrationalisierung anderer Betriebseinheiten – gefördert durch „Ressourcensteuerung" via Profit-Center, Zielvereinbarungen und Ähnlichem (vgl. Moldaschl 1994: 177ff., 1998; Dörre und Neubert 1995: 174).

2.3.2 Neue Zeitökonomie und die Entkopplung von Qualifikation und Kontrolle

Die empirischen Ergebnisse unserer Belastungsstudien lassen sich zur These der tendenziellen Entkopplung von Qualifikation und Kontrolle zusammenfassen. Die gängige Vorstellung vom eindimensionalen Zusammenhang der Autonomiedimensionen, vom umgekehrt proportionalen Zusammenhang zwischen qualitativ anspruchsvollen Arbeitsanforderungen und Belastungskontrollchancen (bzw. geringer Belastung) ist in dieser Schlichtheit nicht oder zumindest nicht mehr haltbar.

Nehmen wir das Thema Automation, um das wiederum exemplarisch zu demonstrieren. Die Erwartung, dass Automation dem Arbeitenden Freiheit schenke, ist so alt wie die Befürchtung, sie unterwerfe die Arbeitskraft dem Diktat der Maschine. Die erste Erwartung hat z.B. Springer (1987) in einem oft zitierten Beitrag aufgegriffen. Automation fördere die Zeitsouveränität des Automationsarbeiters durch die *Entkopplung* seines Arbeitshandelns vom Arbeitstakt der Maschinerie. Und da Zeitsouveränität eine zentrale Ressource zur Vermeidung oder Bewältigung vieler Belastungen ist, muss die Belastung folglich gering sein. Hierzu noch dezidierter und einige Jahre später die Kollegen des damaligen SOFI-Forschers:

> „Die objektiv vollzogene bzw. subjektiv mögliche Entkopplung von Produktions- und Arbeitsprozess hebt den Interessengegensatz zwischen dem ‚Geschäft der Rationalisierung' und dadurch möglicher intensiverer Leistungsabforderung technisch auf" (Schumann et al. 1994a: 26).

Gegen die wundersame Konsenstechnik spricht, dass man Arbeitsintensität bzw. Zeitsouveränität eben nicht mehr in den alten Kategorien – der Anzahl manueller Operationen je Zeiteinheit – messen kann. Empirisch finden wir in vielen automatisierten Bereichen, trotz des qualitativen Umbruchs in der Zeitstruktur technisch mediatisierter Arbeit[21] und der geringeren zeitlichen Festgelegtheit der Einzelopera-

21 Bestimmend werden anstelle von kurzen Arbeitszyklen kurzfristige, in Zeitpunkt und Dauer nicht vorhersehbare störungsbedingte Eingriffserfordernisse, insbesondere bei der für viele Montageprozesse typischen komplexen Mechanik. Die Zeitstruktur wandelt sich von einer zyklischen zu einer stochastischen. An die Stelle permanenter manueller Operationen tritt das Erfordernis permanenter Eingriffsbereitschaft.

tionen, hohe Werte der *Zeitbindung* (Moldaschl 1991a: 211ff.; zur Operationalisierung von Zeitbindung vgl. Leitner et al. 1987: 51ff.).

Einige Sozialforscher, die sich mit informationstechnischen Steuerungs- und Kontrollpotenzialen befassen (z. B. Manske 1991; Altmann et al. 1993), kommen zur selben Interpretation und erklären die Entkopplung mit deren Nutzung durch das Management. Unbestritten ist, dass bestimmte systemische Rationalisierungsstrategien wie JIT ohne die Informationstechnik undenkbar gewesen wären. Doch gerade das Scheitern der CIM-Fantasien technischer Beherrschbarkeit war ja ein Grund dafür, dass man sich erneut den Humanressourcen zuwandte. So zeigte sich auch in unseren Elektro- und Maschinenbaustudien, wie wenig die Kontrollstrategien auf informationstechnischer Basis funktionierten bzw. wie wenig sie faktisch genutzt wurden. Ähnlich resümiert Kadritzke (1993: 307) für die technischen Angestellten: „Der Dispositionsspielraum [...] ist groß geblieben und nicht – wie in der älteren Kontrolldebatte noch angenommen wurde, einer modernen Kontrolltechnologie schlankweg zum Opfer gefallen."

Womit also ist die Tendenz der Entkopplung zu erklären? Die Widersprüche einer zugleich intensiveren und extensiveren Nutzung qualifizierter Arbeitskraft ergaben sich weniger aus einer genaueren Analyse, Planung und Kontrolle der Arbeit, die schon aus Gründen der Sozialintegration und der Arbeitsmotivation nicht opportun war. Gerade weil die Zeitstruktur und die Arbeitsweise in den qualifizierten (Automations-)Tätigkeiten intransparent blieben bzw. die Herstellung von Transparenz mittels analytischer Verfahren zu teuer wurde, griff man zu *empirischen Verfahren* (Erfahrung, Versuch und Irrtum) der *Ressourcensteuerung*. Mehr noch: Die analytischen Verfahren blieben aufgrund ihrer Kosten und ihrer Verhandelbarkeit immer auf repetitive Arbeitsprozesse beschränkte Ausnahmen. Ein bewährtes empirisches Verfahren ist das *Setzen unrealistischer Ziele*, „damit das, was geleistet werden kann, immer nach wenig aussieht" (Betriebsrat eines Autoherstellers; zum Angestelltenbereich vgl. Wolf et al. 1992: 204ff.). Als wirksamstes erwies sich die *empirische Besetzungsminimierung* bzw. die schrittweise Verringerung der Personalbemessung je Arbeitssystem. Die Grenze dieser japanerprobten Strategie wird (nicht einmal immer) erst dann als erreicht angesehen, wenn massive Störungen in Arbeitssystem oder Arbeitsergebnis auftreten. Ferner werden durch Automation „freigesetzte" Handlungsphasen mittels Mehrmaschinen- und Mehranlagenbedienung sowie mittels zusätzlicher Aufgaben „recycelt".

Es findet also ein Prozess der ständigen Indienstnahme technischer und zeitlicher Entgrenzungen zum Zwecke der Leistungssteigerung statt, den man auch als *rekursive Instrumentalisierung von Autonomie* bezeichnen könnte.[22] Dies macht nun auch Roland Springer (1993) deutlich, wenn er das Angebot eines Automobilunternehmens zur Gruppenarbeit formuliert:

22 Auch hier beziehen sich durchaus vorhandene Zweifel der Autoren wieder nur auf die nicht vollständige Realisierung dezentraler Verantwortung: „Dennoch ist die dabei praktizierte Selbstorganisation der Mannschaften durch ihren informellen Charakter nur improvisiert und bleibt zerbrechlich. Erst eine förmliche Egalisierung der Betriebsstrukturen [...] würde jene status- und personenbedingten Barrieren abbauen, die heute noch verhaltensregulierend wirken" (Schumann et al. 1994b: 413).

„Bessere Leistung für qualifiziertere, mit mehr Handlungsspielräumen ausgestattete und besser bezahlte Arbeit." Und an gleicher Stelle (S. 29): „Für den Mitarbeiter stellt sich daher die Frage, ob es sich lohnt, größere Arbeitsinhalte gegen verminderte Zeitspielräume einzutauschen."

2.3.3 Genese und Rationalität widersprüchlicher Arbeitsanforderungen

Soweit die beschriebenen WAA durch betriebliche Effizienz- und Herrschaftsinteressen sowie ungleiche Machtverhältnisse konstituiert werden, haben die vorangegangenen Abschnitte bereits empirische Beispiele präsentiert. Dass die Ebene dieser „Rationalität" relativ ist, sollten einige der genannten Rückwirkungen von Belastungsfolgen auf Effizienzmaße deutlich machen. Daher gleich zur zweiten, auf Phänomene von Kontingenz und beschränkter Rationalität gerichteten Analyseperspektive, der mindestens ebenso reiches empirisches Anschauungsmaterial beschieden war. Kommunikations- und Statusbarrieren zwischen Werkstatt und Büro, zwischen Vertretern unterschiedlicher Berufskulturen, spielten z. B. bei der Bewertung unzureichender Bedingungen und bei der Festlegung von Zielprioritäten eine wichtige Rolle. Besonders bei weitergehenden Reorganisationsmaßnahmen kam es nicht nur zu *Ungleichzeitigkeiten* zwischen neuen und eingewachsenen Verfahren (z. B. in der Entlohnung), sondern auch zu *Kollisionen zwischen gewachsenen Machtverhältnissen und Deutungsmustern*, die mit ökonomischer Rationalität in betrieblichem Maßstab nichts zu tun hatten (z. B. Moldaschl 1991 a: 384 ff., 1994: 117 ff.; Böhle et al. 1993: 87 ff.; siehe Abbildung II.2.3). Da ich das hier nicht systematisch ausführen kann, sei wiederum ein Aspekt exemplarisch besprochen.

	Struktur	Akteur
Struktur	**Zielkonflikte, Strukturbrüche** • Fremdsteuerung vs. Selbststeuerung • Operative vs. strategische Dezentralisierung	**Divergente Deutungen** • Leitbild der Berechenbarkeit vs. Erfahrungsparadigma • Produktionsarbeiter vs. Ingenieure
Prozess	**Ungleichzeitigkeit** • Gruppenaufgabe vs. altes Entlohnungsprinzip (Individualbezug) • Gruppenorganisation bei funktionsteiliger Technikstruktur	**Interessenkonflikte** • Ressourcenkonflikte • Statuskonflikte

Abbildung II.2.3: Konstitutionsbedingungen widersprüchlicher Arbeitsanforderungen.

Die *Idealisierung technischer Prozessbeherrschung* hatte ich als implizite Strategie bezeichnet, mit der die wirklichen Leistungen der Arbeitskräfte unterschätzt werden. Dies kann eine bewusste, aber unausgesprochene Kontrollstrategie des Managements sein, um z. B. Lohn- oder sonstige Ansprüche der Beschäftigten abzuwehren, oder aber ein nicht reflektiertes Leitbild der Organisations- und Technikgestaltung, dem Ingenieure und Führungskräfte mit zunehmender Distanz zum Arbeitsprozess eher zuneigen. Dieses Deutungsmuster hat mit dem Ende der CIM-Euphorie zwar an Bedeutung verloren, ist aber absolut nicht vom Tisch (vgl. Kapitel II.1). Denn es ist Teil eines tief verwurzelten Rationalismus des Machen-Könnens, der Steuerbarkeit sozialer Systeme, der Planbarkeit betrieblicher Veränderung, der Nichtbeachtung nichtintendierter Nebenfolgen etc. Probleme der Realisierung werden z. B. weniger auf Webfehler im Konzept als vielmehr auf irrationale Widerstände der Arbeitskräfte zurückgeführt. Das Bewältigungshandeln der Beschäftigten im Umgang mit Belastungen (riskantes Handeln, Verweigerung flexiblen Arbeitseinsatzes etc.) erscheint in der Deutung des Managements als Ursache der Stagnation; eine Attribution, die gegen schmerzhafte Einsichten immunisiert. Die Herrschaft dieses Paradigmas der Zweckrationalität scheint kaum gebrochen, und man darf gespannt die nächste Techno-Euphorie erwarten.

2.3.4 Reproduktion von WAA – Systemeffekte von Bewältigungshandeln

Warum nehmen die Beschäftigten die WAA hin? Warum werden sie nicht im Rahmen mikropolitischer oder institutioneller Aushandlungsprozesse beseitigt? Sie werden. Die sozialwissenschaftliche Analyse von WAA in einem Betrieb identifiziert ja nur jene Belastungen, die noch nicht zum Gegenstand der Verhandlung wurden – oder eben aufgrund der Machtverhältnisse nicht erfolgreich zum Gegenstand gemacht werden konnten. Soviel zum Offenkundigen, auf der Ebene ‚objektiver' Rationalität. Es gibt auch subjektiv rationale Gründe, WAA nicht zum Thema zu machen, wie man etwa an Rollenkonflikten der Meister zeigen kann (Moldaschl 1991 b, 1994). Am Beispiel von Verwaltungsangestellten beschreibt Günter Voß (1988), warum der informelle, teils innovative Umgang mit inadäquaten Regeln „meist nicht deutlich erkennbar ist – wichtige Interessen der Beschäftigten stehen dem entgegen" (S. 56). Sie dürften nämlich „nicht erkennen lassen, dass sie durchaus Spielräume und Tricks haben" (S. 88), weil diese der Formalisierung oder der Steigerung der Leistungserwartungen anheim fallen könnten – ein in der Produktion als „Lohndrift" bekanntes Phänomen. Im *Versuch, Spielräume zu bewahren*, stabilisieren sie unbeabsichtigt das System, das sie ihnen vorenthält.

Einem anderen Beispiel sozialer Rationalität verleiht die Strategie der Besetzungsminimierung hohe Aktualität. Den Belastungen des Arbeitswechsels bei knapper Besetzung („Flexibilitätssyndrom", vgl. Moldaschl 1991a: 356; Böhle et al. 1993: 154f., 160f.) versuchen manche Arbeitskräfte zu entgehen, indem sie ihn verweigern oder „sich dumm stellen". Nur sind dann eben andere die Dummen („Warum-immer-ich-Syndrom"). Bei Überlastung nicht einspringen können, also „Schofel-sein-Müssen", wie es eine Montagearbeiterin ausdrückte, erfüllt das Kriterium der Motiv-Bedingungsdiskrepanz. In Gruppenarbeit scheidet diese Option eher aus: Die Leistung zurücknehmen oder gar „krank machen", ja selbst krank sein verschärft die Belastungen der Kollegen und richtet sich faktisch gegen sie. Die eigene

Entlastung müsste erkauft werden mit Belastung durch soziale Konflikte. *Gruppendynamik* hat daher nicht nur die Option sozialer Unterstützung, sondern auch die des effizienten *Kontrollmodus* über die individuelle Leistungsverausgabung, den sich das Management zunutze machen kann.

Auf ein drittes subjektives Moment, das *Streben nach erweiterten Handlungsmöglichkeiten*, verweist Peters (1995: 31): Seine Nutzung macht „erst das Wunder möglich [...], dass sich ein Abbau von Zwang als Erhöhung des Leistungsdrucks auswirkt, deren Motor nichts anderes ist als das Selbstständigkeitsbedürfnis der abhängig Beschäftigten selbst". Das lässt sich im Angestelltenbereich gut demonstrieren.

2.3.5 WAA in der Dienstleistungsarbeit

Wenn die Thesen der Entkopplung von Qualifikation und Belastung und einer zunehmenden Widersprüchlichkeit von (mehrdimensional verstandener) Autonomie zutreffen, müsste sich dies anhand besonders „moderner" und autonomer Arbeitstätigkeiten ablesen lassen. Eine vergleichsweise privilegierte Beschäftigtengruppe, die wissenschaftlich-technischen, oft außertariflichen Angestellten, bietet Anschauung für mögliche, wenn nicht wahrscheinliche Konsequenzen einer sich verallgemeinernden Flexibilisierung der Leistungsarrangements (vgl. hierzu ausführlich Moldaschl 1998). Das folgende Beispiel aus einer unserer Untersuchungen verdeutlicht nebenbei, wie die entsprechende Arbeitsethik zur identitätsstiftenden Abgrenzung gegenüber anderen Beschäftigtengruppen genutzt wird und damit zugleich WAA unbeabsichtigt stabilisiert werden:

> „Also im Angestelltenbereich, weniger vielleicht in der Fertigung, kommt man auch, wenn man sich nicht wohl fühlt, wenn man z. B. einen grippalen Infekt hat, da setzt man sich auch mit 38, 39 Grad Fieber und tropfender Nase an's Leitsystem, weil man weiß, die schaffen das sonst nicht. Wir dürfen ja auch keine Überstunden machen, aber anders schafft man's einfach nicht. Dann macht man's halt stillschweigend oder nimmt die Sachen mit nach Hause und arbeitet da am PC weiter" (Planer in einem als Profit-Center geführten Betrieb eines Automobilunternehmens).

Eine interessante Parallele zum Kontrolloptimismus des Managements finden wir bei den Angestellten, wenn diese die Zumutbarkeit von Arbeitsbelastung bewerten. Selbst die Betroffenen neigen erstaunlicherweise dazu, die Berechenbarkeit der Abläufe zu überschätzen und den mit einer Unzahl unvorhersehbarer Ereignisse, Trivialstörungen und kooperationsbedingten Unterbrechungen verbundenen Koordinationsaufwand zu unterschätzen. Ein technischer Planer in einem unserer Untersuchungsbetriebe (Autohersteller):

> „Seit wir noch stärker mit der Produktion zusammenarbeiten müssen, also, wir tun das natürlich freiwillig, weil wir das einsehen, hat unser Zeitdruck noch zugenommen. Es sind ständig irgendwelche Rückfragen zu beantworten, Absprachen zu treffen, Meetings zu organisieren, die Außenkontakte usw. Dann müssen wir ja auch noch unsere Entwicklungen weitertreiben, kommen aber kaum dazu. Obwohl man den ganzen Tag ständig auf hundertzwanzig läuft und schon mal das Mittagessen ausfallen lässt, fragt man sich manchen Abend: Was hat man eigentlich den ganzen Tag gemacht? Und dann kommt garantiert noch einer aus der Produktion und macht einen an, weil die Messsoftware immer noch nicht fertig ist."

Der Anteil dieser auch für die Arbeitenden offenbar teils „unsichtbaren Arbeit"[23] wächst mit der Zahl der integrierten Aufgaben und kommunikativen Bezüge – aus kombinatorischen Gründen überproportional. Auch wenn sich die Angestellten des akkumulierten Betrages dieser „Kleinigkeiten" in vollem Umfang bewusst wären, würden sie sich hüten, mit einer detaillierten Auflistung in die Zielvereinbarung zu gehen. Fatal aber: Je weniger nun Leistungs- und Zeitarrangements geregelt sind, umso mehr neigen die Beschäftigten und/oder ihre Vorgesetzten dazu, die durch Flexibilisierung der früheren Arrangements gewonnenen „Freiheiten" in neue Ressourcen zu verwandeln, sprich, sie zur Erfüllung unerreichter oder gleich aufgestockter Ziele zu nutzen. Auch das fließt in die „tacit work load" ein. Man wird am Beispiel der Telearbeit, der zeitlich und räumlich entkoppelten Arbeit, sehen, dass diese Entkopplung nicht in eine lineare Zunahme von Zeitautonomie übersetzt werden kann.

Eine der wenigen neueren Studien zur Arbeit *hoch qualifizierter Angestellter* (Kadritzke 1993; Baethge et al. 1995) stützt unsere Thesen nachhaltig. Auf die Formel „Herrschaft von Zeitdruck und Arbeitsintensität" als „Preis der Autonomie" bringt Ulf Kadritzke (1993: 310) deren Ergebnisse. Und wie in unseren Thesen zur arbeitsorientierten Rationalisierung wird ein wenig „pfleglicher Umgang" mit qualifizierter Arbeitskraft nicht auf deren Geringschätzung seitens des Managements zurückgeführt, im Gegenteil: „Das qualifizierte Arbeitsvermögen ist gerade in technisierten, vernetzten und hoch kooperativen Organisationssystemen zur wertvollsten, ökonomisch knappsten Ressource geworden" (ebd.: 310). In diesen „humankapitalistischen Unternehmen" steht der qualifizierte Mensch durchaus im Mittelpunkt des Interesses, was aber einem „Widerspruch zwischen Verantwortungspostulat und struktureller ‚Entmündigung'" offenbar nicht entgegensteht (Baethge et al. 1995: 152). Denn um die knappe Ressource extensiv zu bewirtschaften, genügen „Sachzwänge", die Arbeitskräfte mit hoher Eigenverantwortung offenbar leichter einsehen als jene, denen die Zwänge von Vorgesetzten zugemutet werden (z. B. als angeordnete Überstunden). Besetzungsminimierung, Aufgabenintegration, Informalisierung und internalisierte Marktmechanismen schaffen die im Angestelltenbereich längst erprobten Sachzwänge, die nun verstärkt in der Produktion zur Anwendung kommen und derzeit im Fahrwasser des „shareholder value" radikalisiert werden.

Widersprüchliche Arbeitsanforderungen im Bereich interaktiver Dienstleistungsarbeit untersuchten André Büssing und Kollegen (Büssing et al. 1996; Büssing und Glaser 1996). Sie operationalisierten das Konzept für den Bereich der stationären Krankenpflege[24] und integrierten es in ihr komplexes Untersuchungsdesign. Da in diesem Feld sonst personenbezogene Erhebungsmethoden vorherrschten, schließen sie eine wichtige Lücke. Die Autoren überprüften das Konzept anhand einer Stichprobe von 536 Krankenpflegekräften und untersuchten die Zusammenhänge zwi-

23 Unter diesen Begriff, der im Prinzip auf jede geistige Arbeit zutrifft, fasst der französische Soziologe Daniel Mothé (1994) jene notwendige, kaum in Form zählbarer Handgriffe zu ermittelnde Arbeit, die als Differenz zwischen offizieller und realer Arbeitszeit als Last von den Arbeitenden zu tragen ist.

24 Es handelt sich dabei um eine „Selbstbeobachtungsversion", also einen Fragebogen zur Erhebung der eigenen Arbeitssituation durch die Befragten. Die forschungsmethodisch wie forschungsökonomisch interessanten Implikationen können hier nicht diskutiert werden.

schen der ermittelten Belastung und ihren subjektiven Folgen (erlebte psychische Beanspruchung und längerfristige Beanspruchungsfolgen). Es handelt sich damit also (neben z. B. Leitner et al. 1993) um eine der wenigen quantitativen Studien, die beide Ebenen unabhängig erfassen. Sie entgeht damit der üblichen methodologischen Zirkularität bei der Untersuchung von Wechselwirkungen zwischen Bedingungen und Subjekt. Die Ergebnisse können als Beleg für die subjektive Relevanz der WAA für die Beschäftigten betrachtet werden, aber auch für die ökologische Validität und die theoretische Konsistenz des Konzepts.

„Widersprüchliche Arbeitsanforderungen konnten [...] auf allen untersuchten Stationen [...] identifiziert werden" [...] „Es zeigte sich, dass widersprüchliche Arbeitsanforderungen im Situationsalltag der Pflegekräfte allgegenwärtig sind und zu nachhaltigen Folgen im Sinne von Zusatzaufwand, Zeitverlust und Risiken für die Qualität der Pflege führen" (Büssing et al. 1996: 50). „Alle Zusammenhänge zwischen widersprüchlichen Arbeitsanforderungen und den untersuchten Indikatoren für psychische Beanspruchung weisen ein positives Vorzeichen auf. Bis auf wenige Ausnahmen fallen auch die Korrelationen statistisch bedeutsam aus. [...] Darüber hinaus erwiesen sich für die Dimension Arbeitszufriedenheit ausnahmslos alle Zusammenhänge als statistisch bedeutsam." (ebd.: 48)

Büssing und Glaser (1996) merken jedoch an, dass die Wechselwirkungen bzw. die „kausalen Wirkungsrichtungen im Zusammenspiel von WAA, Zusatzaufwand und riskantem Handeln" mit dieser Untersuchung nicht geklärt werden konnten. Sie operationalisierten allerdings auch nur einen Belastungsindikator, nämlich Zusatzaufwand, der bei Leitner et al. (1987) sowie Moldaschl (1991a: 100) als quantitativ bedeutsamster genannt wird. Dies hatte freilich nur den Status eines vorläufigen Befundes, also einer empirischen Trendaussage, nicht den einer konzeptuellen Annahme, wovon Büssing und Glaser (1996: 88) offenbar ausgingen. Wenn sie dann feststellen, dass Zusatzaufwand als Indikator nicht genügt, so trifft sich das mit dem WAA-Konzept, welches die Auswirkungen von WAA auf die Handlungsregulation mit insgesamt vier Konstrukten fasst (vgl. Abschnitt 2.2.4). In der Zusammenfassung ihrer Ergebnisse kommen die Autoren wiederum zu einer Schlussfolgerung, die eine konzeptuelle Annahme des WAA-Konzeptes stützt: dass nämlich bestimmte Belastungen sich unterschiedlich auf die Handlungsregulation auswirken können. Oder, weniger objektivistisch formuliert, dass die Arbeitenden verschieden mit den Belastungen umgehen können – abhängig von weiteren Kontextbedingungen und persönlichen Präferenzen. Es wird als *empirische* Frage betrachtet und nicht wie im RHIA (Leitner et al. 1987) konzeptionell gesetzt, dass bestimmte Belastungen (z. B. informatorische Erschwerungen) mit bestimmten Handlungsfolgen (Zusatzaufwand) quasi „fest verdrahtet" sind.

Auch eine frühere Studie (Büssing 1992) stützt mit ihren generellen empirischen Befunden unsere „Entkopplungsthese". So heißt es dort: „die Pflegetätigkeit [...] mit teamgebundener Organisationsstruktur ist durch weit überdurchschnittliche Zielsetzungs- und Entscheidungsmöglichkeiten sowie durch höhere Anforderungsvielfalt und Qualifizierungschancen gekennzeichnet. Gleichzeitig werden zum einen höhere psychomentale Belastungen, vor allem aufgrund von Arbeitsumfang, Zeitdruck, Schwierigkeit der Tätigkeit und der Notwendigkeit der Kooperation [...] beschrieben" (ebd.: 207).

2.4 Schlussfolgerungen

Die Schlussfolgerungen möchte ich anhand dreier Fragen organisieren. Die erste lautet: Sind WAA ganz neuartige Belastungen? In einem Überblicksbeitrag zur Belastungsforschung äußert Gerd Marstedt (1994) Zweifel:[25]

> „Die nicht ganz unbekannten [...] Aspekte psychischer Belastung werden als neue Problemkonstellationen vorgestellt und – dies ist der eigentliche Vorzug des Konzepts – nicht als ‚objektive Stressoren' (losgelöst vom betrieblichen Verursachungszusammenhang) gefasst, sondern in Dimensionen betrieblicher Rationalisierungskonzepte und Strategien der Organisationsgestaltung" (S. 38). „Trotz der These, neuartige, insbesondere psychische Belastungssyndrome im Arbeitsprozess gefunden zu haben, ist die Taxonomie des ISF München nicht grundlegend neu. [...] Ein Verdienst des Ansatzes ist es jedoch, die bislang vereinzelten und nur verstreut vorfindlichen Aspekte psychischer Belastung zusammengefasst und in Termini betrieblicher Politikfelder [...] übersetzt zu haben" (S. 40).

In der Tat ging es uns nicht darum, eine neue „Taxonomie" zu entwickeln und damit völlig neuartige psychische Belastungen gefunden (oder gar erfunden) zu haben. Wir interpretieren sie nur etwas anders. Das schließt nicht aus, dass bestimmte Belastungsphänomene, wie die von Böhle beschriebenen Widersprüche sinnlicher Erfahrbarkeit in Leitwarten, so neuartig sind wie die eingesetzte Technologie. Wichtiger aber war das Ziel, die mit *neuartigen Gestaltungsstrategien* verbundenen Belastungskonstellationen oder eben „Syndrome" in ihrem Entstehungszusammenhang und ihrem gestalthaften Auftreten zu typisieren, wie Marstedt auch zugesteht. Zweitens galt es, die Antwort auf eines der zentralen Probleme bedingungsbezogener Belastungsanalyse möglichst klar herauszuarbeiten: die Notwendigkeit eines *relationalen Konzepts*, das die Ursache von Belastungen immer in (immer neuen) *Verhältnissen* von Arbeitsbedingungen sucht, anstatt sich dem „Fetischcharakter" des Stressbegriffs hinzugeben. Im Mittelpunkt des Interesses steht dabei das Verhältnis von gewährter und zum Zwecke der Leistungssteigerung „rekursiv instrumentalisierter" Autonomie der Arbeitenden.

Was bedeutet das für die Bewertung des aktuellen Modernisierungsgeschehens? Mehr Qualifikation kann nicht mit mehr „Autonomie" gleichgesetzt werden und mehr Autonomie nicht mit weniger Belastung. Mackenzies (1972) viel beschworene Formel „working smarter not harder" wird selbst modernisiert: „working smarter – and harder". Die Zeitdiagnose, im doppelten Sinne, lautet: Zusatzaufwand, Zeitmangel und Zeitdruck – man ist autonom, aber ständig unter Druck. Wenn nur noch Managergehälter steigen, dann wenigstens die „Managerkrankheit" für alle? Ist die

25 Wenn Marstedt aber z.B. unserem Befund, es entstünden im Bereich von Aggregate- und Maschinenbedienung „neue restriktive Tätigkeiten" mit charakteristischen Belastungsprofilen, entgegenhält, Letztere seien aus früheren Untersuchungen durchaus bekannt, mag dies an der Semantik der Vokabeln „neu" und „neuartig" liegen. Denn an der kritisierten Textstelle (Moldaschl 1993: 142f.) wird klargestellt, dass diese Tätigkeiten mit dem Automationsfortschritt nicht nur verschwinden, sondern stets auch „neu entstehen". Das stellt die Annahme eines „Fortschrittsautomatismus" infrage, wonach es nur eine Frage der Zeit ist, bis die gering qualifizierten „Resttätigkeiten" den nächsten Technisierungsschritten anheim fallen.

als Therapie empfohlene bzw. die geforderte „Wiederaneignung der Zeit" (Gorz 1994) unrealistisch? Das wäre sie nur, wenn die Zeitökonomie komplexer Arbeitsprozesse objektiv eindeutig bestimmbar wäre. Sie ist es nicht. Kritische Sozialforschung sollte ihre Perspektiven und Instrumente darauf eichen, die Verkürzungen, Einseitigkeiten und *nicht intendierten Effekte* der Null-Puffer-Rationalität kenntlich zu machen (vgl. Staehle 1991; die WAA-Analyse versteht sich als eine Methode hierzu). Anzusetzen ist dabei nicht nur an der beschränkten volkswirtschaftlichen Rationalität betrieblich externalisierter Belastungsfolgen, sondern auch an betriebswirtschaftlichen Folgekosten. Hierzu zählen etwa negative Beziehungen zwischen Kooperation und Belastung (Weber 1997), zu kreativem Arbeiten „unfähige" weil überlastete Experten und unerreichte Reorganisationsziele aufgrund belastungsbedingter Defensivstrategien der Beschäftigten. Diese Kosten müssten auch jenen zu denken geben, die mit starrem Blick auf den Weltmarkt „Stress" im Unternehmen für den unvermeidlichen *Preis wachsenden Wettbewerbs* halten.

Welche Aufgaben stellen sich für die weitere Forschung? Der Autonomiebegriff ist inhaltlich und operational so neu zu bestimmen, dass „moderne" Widersprüche fassbarer werden; wenn die angewandten Wissenschaften auf den Selbstorganisationsbegriff einschwenken, sollten reflexive Teile der Sozialwissenschaft bereits wieder einen Schritt weiter sein. Nützlich wären ferner Methoden zur Abschätzung der betriebswirtschaftlichen Folgekosten identifizierter WAA, um Belastungsabbau in Begriffen kaufmännischer Rationalität besser vertreten zu können. Des Weiteren gilt es herauszufinden, warum Kooperation in so vielen unserer Fälle vor allem als Belastung, weniger als Entwicklungschance und Ressource empfunden wurde. Wenn in mehr Kooperation die Zukunft liegen soll, ist das eine Schlüsselfrage. Schließlich wäre empirisch zu prüfen, inwieweit die aktuellen Ansätze direkter Partizipation in Form des kontinuierlichen Verbesserungsprozesses dazu beitragen, Handlungs- und Lernbarrieren zu thematisieren und sie abzubauen – und wie vermieden werden kann, dass erreichte Verbesserungen vorrangig in fantasielose Effizienzsteigerung „investiert" werden.

Literatur

Altmann, N.; Bieber, D.; Deiß, M.; Döhl, V.; Sauer, D.; Schraysshuen, Th. (1993): Veränderung der Arbeitsbedingungen durch neuartige Formen der zwischenbetrieblichen Arbeitsteilung (Zulieferindustrie), hektogr. Bericht, München.

Badura, B. (1990): Interaktionsstreß. Zum Problem der Gefühlsregulierung in der modernen Gesellschaft. In: Zeitschrift für Soziologie 5, 317–328.

Baethge, M.; Denkinger, J.; Kadritzke, U. (1995): Das Führungskräfte-Dilemma. Manager und industrielle Experten zwischen Unternehmen und Lebenswelt, Frankfurt a. M./New York: Campus.

Bateson, G.; Jackson, D. D.; Laing, R. D. et al. (1969): Schizophrenie und Familie, Frankfurt a. M.: Fischer.

Binkelmann, P. (1985): Wahrnehmung von Arbeitsbelastungen durch Industriearbeiter, Eggenstein-Leopoldshafen: Projektträger Fertigungstechnik.

Blauner, R. (1964): Alienation and Freedom, Chicago: Univ. Press.

Böhle, F. (1982): Produktionsprozeß, Risiken und Sozialpolitik – Anregungen für ein Forschungskonzept. In: Soziale Welt 3/4, 346–364.

Böhle, F.; Moldaschl, M.; Rose, H.; Weishaupt, S. (1993): Neue Belastungen und Risiken bei qualifizierter Produktionsarbeit. In: ISF München et al. (Hg.): Jahrbuch Sozialwissenschaftliche Technikberichterstattung 1993, Berlin: Edition Sigma, S. 67–137.

Brod, C. (1984): Technostress. The human cost of the computer revolution, Reading: Addison Wesley.

Büssing, A. (1992): Organisationsstruktur, Tätigkeit und Individuum. Untersuchungen am Beispiel der Pflegetätigkeit, Bern: Huber.

Büssing, A.; Eisendorfer, J.; Glaser, J. (1996): Widersprüchliche Arbeitsanforderungen in der Arbeitstätigkeit – Überprüfung eines Verfahrensbereichs im „Tätigkeits- und Arbeitsanalyseverfahren für das Krankenhaus". In: Zeitschrift für Arbeitswissenschaft 1, 45–50.

Büssing, A.; Glaser, J. (1996): Widersprüchliche Arbeitsanforderungen in der Arbeitstätigkeit, Zusatzaufwand und Streß. Konzepte zur Überprüfung eines Vermittlungsmodells. In: Zeitschrift für Arbeits- und Organisationspsychologie 2, 87–91.

Cooper, C. L.; Payne, R. (1978): Stress at Work, New York: Wiley.

Crozier, M; Friedberg, E. (1979): Macht und Organisation. Die Zwänge kollektiven Handelns, Königstein: Athenäum.

Dabrowski, H.; Marstedt, G.; Mergner, U. (1989): Mehr als Monotonie und Zeitdruck, Wiesbaden: DVU.

Dörre, K.; Neubert, J. (1995): Neue Managementkonzepte und industrielle Beziehungen. Aushandlungsbedarf statt „Sachzwang Reorganisation". In: G. Schreyögg, J. Sydow (Hg.): Managementforschung, Bd. 5, Berlin/New York: De Gruyter, S. 167–213.

Dunckel, H.; Zapf, D.; Udris, I. (1991): Methoden betrieblicher Streßanalyse. In: S. Greif, E. Bamberg, N. Semmer (Hg.): Psychischer Streß am Arbeitsplatz, Göttingen: Hogrefe, S. 29–45.

Giddens, A. (1988): Die Konstitution der Gesellschaft, Frankfurt a. M./New York: Campus.

Gorz, A. (1994): Kritik der ökonomischen Vernunft, Hamburg: Rotbuch.

Greif, S. (1991): Streß in der Arbeit – Einführung und Grundbegriffe. In: S. Greif, E. Bamberg, N. N. Semmer (Hg.): Psychischer Streß am Arbeitsplatz, Göttingen: Hogrefe, S. 1–28.

Harmuth, W. (1996): Working smarter. Leistungspotentiale ausschöpfen – intelligenter arbeiten, führen, managen, Stuttgart: Schäffer-Poeschl.

Hauß, F. (1983): Arbeitsbelastungen und ihre Thematisierung im Betrieb, Frankfurt a. M./New York: Campus.

Hilbert, J.; Stöbe, S. (1991): Neue Produktionskonzepte, Qualifikation, Partizipation: Zwischen Sozialverträglichkeit und Workaholismus. In: H.-J. Braczyk (Hg.): Qualifikation und Qualifizierung – Notwendigkeit oder Selbstzweck?, Berlin, S. 207–222.

Hoff, E.-H.; Lempert, W.; Lappe, L. (1991): Persönlichkeitsentwicklung in Facharbeiterbiografien, Bern: Huber.

Joas, H. (1994): Kreativität und Autonomie. In: Ch. Görg (Hg.): Gesellschaft im Übergang, Darmstadt: Wiss. Buchgesellschaft.

Kadritzke, U. (1993): Ein neuer Expertentyp? Technische Dienstleistung zwischen Marktorientierung und Professionsbezug. In: Prokla 91, 297–326.

Kahn, R. L.; Wolfe, D. M.; Quinn, R. P.; Snoek, J. D. (1964): Organizational Stress. Studies in Role Conflict and Ambiguity, New York: Wiley.

Kannheiser, W. (1985): Erfassung emotional beanspruchungsrelevanter Tätigkeitsbedingungen mit Hilfe des Tätigkeitsanalyseinventars (TAI). In: ZAO 29, 25–35.

Lappe, L. (1981): Die Arbeitssituation erwerbstätiger Frauen, Frankfurt a. M./New York: Campus.

Lazarus, R. S.; Launier, R. (1981): Streßbezogene Transaktionen zwischen Person und Umwelt. In: J. R. Nitsch (Hg.): Streß – Theorien, Untersuchungen, Maßnahmen, Bern: Huber, S. 213–260.

Leitner, K.; Volpert, W.; Greiner, B.; Weber, W. G.; Hennes, K. (1987): Das RHIA-Verfahren: Analyse psychischer Belastung in der Arbeit, Köln: TÜV Rheinland.

Leitner, K. (1993): Auswirkungen von Arbeitsbedingungen auf die psychosoziale Gesundheit. In: Zeitschrift für Arbeitswissenschaft 2, 98–107.

Leitner, K; Lüders, E.; Greiner, B.; Ducki, A.; Niedermeier, R.; Volpert, W. (1993): Analyse psychischer Anforderungen und Belastungen in der Büroarbeit, Göttingen: Hogrefe.

Leontjew, A. N. (1982): Tätigkeit, Bewußtsein, Persönlichkeit, Köln: Pahl-Rugenstein.
Mackenzie, R. A. (1972): The Time Trap, New York: Amacom.
Majchrzak, A.; Cotton, J. (1988): A longitudinal study of adjustment to technological change: from mass to computer-automated batch production. In: Journal of Occupational Psychology 61, 43–66.
Manske, F. (1991): Kontrolle, Rationalisierung und Arbeit – Kontinuität durch Wandel: Zur Ersetzbarkeit des Taylorismus durch moderne Kontrolltechniken, Berlin: Edition Sigma.
Marstedt, G. (1994): Rationalisierung und Gesundheit, WZB-Paper p94/204, Berlin.
Marstedt, G.; Mergner, U. (1986): Psychische Belastungen in der Arbeitswelt, Opladen: Leske + Budrich.
Mickler, O.; Eckhard, D.; Neumann, U. (1976): Technik, Arbeitsorganisation und Arbeit, Frankfurt a. M.: Campus.
Moldaschl, M. (1987): Zentralistische Dezentralisierung? In: IG Metall (Hg.): CIM oder die Zukunft der Arbeit in rechnerintegrierten Fabrikstrukturen, Frankfurt a. M: Union, S. 185–196.
Moldaschl, M. (1990): Krankheit JIT-Syndrom – Therapie Leitstand? In: VDI-Z, 40–43.
Moldaschl, M. (1991a): Frauenarbeit oder Facharbeit? – Montagerationalisierung in der Elektroindustrie II. Frankfurt a. M.:/New York: Campus.
Moldaschl, M. (1991b): Widersprüchliche Arbeitsanforderungen – Psychische Belastung und doppelte Realität in der Produktion. In: Mitteilungen 3 des SFB 333, München, S. 15–50.
Moldaschl, M. (1993): Restriktive Arbeit: Formen, Verbreitung, Tendenzen der Belastungsentwicklung. In: ISF München et al. (Hg.): Jahrbuch Sozialwissenschaftliche Technikberichterstattung 1993, Berlin: Edition Sigma, S. 139–171.
Moldaschl, M. (1994): „Die werden zur Hyäne". Erfahrungen und Belastungen in Gruppenarbeit. In: M. Moldaschl, R. Schultz-Wild (Hg.): Arbeitsorientierte Rationalisierung, Frankfurt a. M./New York: Campus, S. 53–101.
Moldaschl, M. (1996): Kooperative Netzwerke und Demokratisierung – Lösungsperspektiven für Probleme der Gruppenarbeit. In: P. Schönsleben, E. Scherer, E. Ulich (Hg.): Werkstattmanagement. Organisation und Informationstechnik im Spannungsfeld von zentralen und dezentralen Strukturen, Zürich: VdF, S. 131–156.
Moldaschl, M. (1997): Arbeitsorganisation und Leistungspolitik im Qualitätsmanagement. In: H. Hirsch-Kreinsen (Hg.): Qualität und Organisation, Heidelberg/Berlin/New York: Springer, S. 63–95.
Moldaschl, M. (1998): Internalisierung des Marktes. Neue Unternehmensstrategien und qualifizierte Angestellte. In: SOFI, IfS, ISF, INIFES (Hg.): Jahrbuch Sozialwissenschaftliche Technikberichterstattung 1997, Schwerpunkt: Moderne Dienstleistungswelten, Berlin: Edition Sigma, S. 197–250.
Moldaschl, M.; Schultz-Wild, R. (Hg.) (1994): Arbeitsorientierte Rationalisierung – Fertigungsinseln und Gruppenarbeit im Maschinenbau, Frankfurt a. M./New York: Campus.
Moldaschl, M.; Weber, W. (1998): The „Three Waves" of Industrial Group Work – Historical Reflections on Current Research on Group Work. In: Human Relations, Spezial issue: Social Science and Workplace Reform 3 (51), 347–388.
Mothé, D. (1994): Le mythe du temps libéré. In: Esprit 204, 52–63.
Naschold, F. (1985): Zum Zusammenhang von Arbeit, sozialer Sicherung und Politik. In: F. Naschold (Hg.): Arbeit und Politik, Frankfurt a. M./New York: Campus, S. 9–48.
Oesterreich, R. (1981): Handlungsregulation und Kontrolle, München: Urban & Schwarzenberg.
Oesterreich, R.; Volpert, W. (1987): Handlungstheoretisch orientierte Arbeitsanalyse. In: J. Rutenfranz, U. Kleinbeck (Hg.): Arbeitspsychologie, Göttingen: Hogrefe, S. 59–71.
Ortmann, G. (1992): Die falsche Verführung. Über Kontrolle, Konsens und Kritik. In: H. Daheim (Hg.): Soziale Chancen. Forschungen zum Wandel der Arbeitsgesellschaft, Frankfurt a. M.: Campus.
Papalagi (1981): Die Reden des Südseehäuptlings Tuiavii aus Tiavea, Zürich: Tanner & Staehelin.
Peters, K. (1995): Der Begriff der Autonomie und die Neuorganisation von Unternehmen. In: E. Fricke (Hg.): Betrieblicher Wandel und Autonomie von Ingenieuren, Bonn: Friedrich-Ebert-Stiftung, S. 22–31.
Pongratz, H.; Voß, G. (1997): Fremdorganisierte Selbstorganisation. Eine soziologische Diskussion aktueller Managementkonzepte. In: Zeitschrift für Personalforschung 1, 30–53.

Pries, L.; Schmidt, R.; Trinczek, R. (1990): Entwicklungspfade von Industriearbeit – Chancen und Risiken der Produktionsmodernisierung, Opladen: Leske + Budrich.

Schumann, M.; Baethge-Kinski, M.; Kuhlmann, M.; Kurz, K.; Neumann, U. (1994a): Der Wandel der Produktionsarbeit im Zugriff der neuen Produktionskonzepte. In: Soziale Welt, Sonderband 9, 11–43.

Schumann, M.; Baethge-Kinski, M.; Kuhlmann, M.; Kurz, K.; Neumann, U. (1994b): Rationalisierung im Übergang. In: WSI-Mitteilungen 7, 405–414.

Semmer, N. (1984): Streßbezogene Tätigkeitsanalyse, Weinheim: Beltz.

Springer, R. (1987): Die Entkopplung von Produktions- und Arbeitsprozeß. In: Zeitschrift für Soziologie 1, 33–43.

Springer, R. (1993): Neue Formen der Arbeitsorganisation. Ursachen, Ziele und aktueller Stand in der Mercedes-Benz AG. In: Zeitschrift für Angewandte Arbeitswissenschaft 137, 19–37.

Staehle, W. H. (1991): Redundanz, Slack und lose Kopplung in Organisationen: eine Verschwendung von Ressourcen? In: W. Staehle, J. Sydow (Hg.): Managementforschung, Bd. 1, Berlin/New York: de Gruyter, S. 313–345.

Strohm, O.; Ulich, E. (1996): Ganzheitliche Betriebsanalyse unter Berücksichtigung von Mensch, Technik, Organisation, Zürich: VdF.

Vieth, P. (1994): Kontrollierte Autonomie, Heidelberg: Asanger.

Volpert, W. (1987): Psychische Regulation von Arbeitstätigkeiten. In: J. Rutenfranz, U. Kleinbeck (Hg.): Arbeitspsychologie, Göttingen: Hogrefe, S. 1–42.

Volpert, W. (1994): Interessenbindung und Verantwortung bei der Mitwirkung in Gestaltungsprozessen. In: L. von Rosenstiel, C. Michael, W. Molt (Hg.): Handbuch der angewandten Psychologie, Landsberg: Ecomed, S. II-3.

Voß, G. G. (1988): „Schalten und Walten", nichts für sture Bürokraten? Eine Untersuchung der Bedeutung autonomen und innovativen Handelns von Schalterbeschäftigten in öffentlichen Verwaltungen. In: K. M. Bolte (Hg.): Mensch, Arbeit und Betrieb, Weinheim: VCH.

Weber, W. G. (1997): Analyse von Gruppenarbeit. Kollektive Handlungsregulation in soziotechnischen Systemen. Bern: Huber.

Wildemann, H. (1988): Reorganisation von Produktion und Zulieferung zur Einführung von Just-in-Time. In: Ders.: Just-in-Time-Produktion und Zulieferung, Tagungsbericht, Stuttgart, S. 3–58.

Wolf, H. (1994): Rationalisierung und Partizipation. In: Leviathan 2, 243–259.

Wolf, H.; Mickler, O.; Manske, F. (1992): Eingriffe in die Kopfarbeit, Berlin: Edition Sigma.

Womack, J. P.; Jones, D. T.; Roos, D. (1991): Die zweite Revolution in der Automobilindustrie, Frankfurt a. M./New York: Campus.

3 Arbeit in der globalisierten Produktion

Hartmut Hirsch-Kreinsen und Marhild von Behr

Vorbemerkung

Die globale Ausdehnung der industriellen Produktion ist ein zentrales Moment des gegenwärtigen Wandels moderner Gesellschaften. Beobachtbar ist ein Übergang von der exportorientierten Produktion im Rahmen einzelner Länder hin zu internationalen, ja globalen Produktions- und Wertschöpfungsketten, durch die sich die eingespielten Formen internationaler Arbeitsteilung massiv verändern. Trotz der unbestreitbaren Aktualität dieser Entwicklung sind die Ursachen der fortschreitenden Internationalisierung der Produktion und besonders ihre Folgen für die Industriearbeit in einzelnen Ländern, von Ausnahmen abgesehen (z. B. Jürgens et al. 1989; Düll und Bechtle 1991; Flecker und Schienstock 1994), in industriesoziologischer Perspektive noch wenig systematisch bearbeitet worden.

Im folgenden Beitrag soll nun diese Lücke zumindest ein Stück weit geschlossen werden, indem eine Reihe konzeptioneller Überlegungen wie aber auch Befunde am Institut für sozialwissenschaftliche Forschung (ISF) laufender empirischer Projekte zur Internationalisierung der Produktion und den Konsequenzen für die Entwicklung von Industriearbeit zusammengefasst werden.[1] In einem ersten Schritt knüpft der Beitrag an die Thesen über die „Unbestimmtheit posttayloristischer Rationalisierungsstrategie" an, die Resultat einer ganzen Reihe von Rationalisierungsdilemmata ist, in denen sich Unternehmen derzeit befinden.[2] Davon ausgehend soll in einem zweiten Schritt gezeigt werden, welche widersprüchlichen Anforderungen an Unternehmen mit der Internationalisierung der Produktion einhergehen. Drittens geht es um den damit zusammenhängenden Wandel der Unternehmensstrategien, die – viertens – beträchtliche Konsequenzen für die Formen und Entwicklungspfade industrieller Arbeit haben. Abschließend soll die Frage nach den Handlungsmöglichkeiten nationalstaatlicher Politik unter den Bedingungen einer fortschreitenden Internationalisierung der ökonomischen Beziehungen diskutiert werden.

---

1 Beim vorliegenden Beitrag handelt es sich um eine stark überarbeitete und vor allem aktualisierte Fassung eines Aufsatzes, der zuerst in der Zeitschrift für Soziologie (6/1994) erschienen ist.

2 Diese Thesen bildeten den Kern der Arbeitsergebnisse des Teilprojekts B2 „Einflussgrößen und Entwicklungspfade posttayloristischer Rationalisierungsstrategien" im Rahmen des Sonderforschungsbereichs 333 (vgl. zusammenfassend z. B. Bechtle und Lutz 1989).

3.1 Die Unbestimmtheit posttayloristischer Rationalisierungsstrategie

Die Entwicklung industrieller Produktionsprozesse ist gegenwärtig von einer Abkehr von den traditionellen tayloristischen Rationalisierungsprinzipien gekennzeichnet. Prinzipien wie die Trennung planender und ausführender Arbeit, die genaue Vorausplanung und Normierung von Arbeitsprozessen und die Vereinfachung ausführender Arbeit verlieren ihre früher in vielen Fällen zweifellos vorhandene Effizienz. Als zentrale Ursache hierfür können die steigenden Flexibilitätserfordernisse der Absatzmärkte angesehen werden.

Die Frage, ob sich inzwischen ein neues Rationalisierungsmuster abzeichnet, lässt sich jedoch kaum eindeutig beantworten. In der sozialwissenschaftlichen Debatte wird einerseits die These vertreten, dass die Grundzüge eines neuen konsistenten Rationalisierungsmusters erkennbar seien. Mit den Formeln der „flexiblen Spezialisierung" (Piore und Sabel 1985) und der „diversifizierten Qualitätsproduktion" (Streeck 1991) wird versucht, ein solches Muster genauer zu bezeichnen. Ähnlich die Debatte in den Managementwissenschaften und der Betriebswirtschaftslehre, in der sich die verschiedensten Rationalisierungskonzepte zwar in schneller Folge ablösen, in ihrer Gesamtheit jedoch auf generell gültige Produktionsprinzipien hinauslaufen, mit denen sich die Vorstellung eines neuen „one best way" industrieller Entwicklung verbindet (zuletzt zusammenfassend z. B. Picot et al. 1996). Arbeitsorganisatorisch werden damit bekanntermaßen ein erweiterter Tätigkeitszuschnitt, steigende Qualifikationen, Aufgabenintegration und Gruppenarbeit in Zusammenhang gebracht.

Resümiert man allerdings die vorliegenden empirischen Befunde über die Entwicklung industrieller Produktionsprozesse, so sprechen sie ganz im Gegensatz zu einem neuen „one best way" von einer „Pluralität neuer Rationalisierungsformen" (Schumann et al. 1994). Als gesichert ist lediglich anzusehen, dass die Entwicklungstendenzen industrieller Arbeit nur mehr im Kontext struktureller Veränderungen des gesamten Produktionsprozesses angemessen zu analysieren und zu interpretieren sind. Denn unübersehbar ist, dass Rationalisierung nicht mehr allein arbeitskraftbezogen verläuft, sondern der Gesamtzusammenhang der Produktions- und Wertschöpfungskette Rationalisierungsobjekt wird. Der Begriff der „systemischen Rationalisierung" trägt diesem Umstand Rechnung (zuletzt: Sauer und Döhl 1994). Mit diesem Begriff werden insbesondere auch die zwischenbetrieblichen Liefer- und Produktionszusammenhänge in die Betrachtung einbezogen und ihre technisch-organisatorische Integration zu einem Gesamtsystem der Produktion betont.

An diese empirisch beobachtbaren sehr unterschiedlichen Rationalisierungsverläufe knüpfen nun die Thesen über die „Unbestimmtheit posttayloristischer Rationalisierungsstrategie" an, denen zufolge in Zukunft von einem breiten Spektrum verschiedener Formen industrieller Arbeit auszugehen ist (vgl. auch Hirsch-Kreinsen et al. 1990; Köhler 1993). Fragt man nach den Ursachen dieser Situation, so zeigt sich, dass die Betriebe mit einer Vielzahl widersprüchlicher Einflussfaktoren konfrontiert sind. Den Betrieben werden derzeit divergierende Handlungsorientierungen und Reaktionsweisen nahe gelegt, die einander mehr oder weniger ausschließen. Bechtle und Lutz (1989) charakterisieren diese Situation als „posttayloristisches Rationalisierungsdilemma"; drei Momente seien hier besonders hervorgehoben:

1. Ein besonders ausgeprägtes Rationalisierungsdilemma resultiert aus dem Widerspruch zwischen den turbulenten Anforderungen der Absatzmärkte, von denen ein nachhaltiger Druck auf Flexibilisierung der betrieblichen Strukturen ausgeht, und dem Beharrungsvermögen der gewachsenen tayloristischen Organisations- und Arbeitsstrukturen der Betriebe. Dieses „Strukturkonservativismus-Dilemma" ist in der Vergangenheit vielfach analysiert und beschrieben worden. Im Kern wird damit das Problem bezeichnet, dass die innerbetrieblichen Macht- und Interessenkonstellationen eng verschränkt sind mit den bestehenden Strukturen von Arbeitsteilung, Kooperation und Hierarchie; dies betrifft sowohl Macht- und Positionsinteressen verschiedener Gruppierungen innerhalb des Managementapparats als auch leistungspolitische Interessen oder Aufstiegsorientierungen in verschiedenen Belegschaftsgruppen. Deren Veränderung ist daher immer ein potenziell konfliktorischer Prozess, dessen Durchsetzung gescheut wird und dessen Ausgang ungewiss ist. Gestützt wird dieser arbeitspolitische Konservativismus durch ein ganzes Bündel betrieblicher und überbetrieblicher normativer Regelungen im Rahmen des existierenden Systems industrieller Beziehungen – wie Grundsätze der Lohn- und Leistungsbestimmung, Mitbestimmungsregelungen und Tarifverträge –, deren Funktionsweise abgestellt ist auf die bisherigen tayloristischen Betriebs- und Arbeitsstrukturen. Ganz offensichtlich kann das Beharrungsvermögen dieser Zusammenhänge nur unter dem Druck einer nachhaltigen Krisensituation überwunden werden.
2. Ein weiteres Rationalisierungsdilemma resultiert aus dem Widerspruch zwischen der notwendigen, kosteninduzierten „Verschlankung" der Strukturen und der Sicherung der Reproduktion von betriebsspezifischem Wissen. Die Reduktion der Belegschaften auf ein Minimum hat zur Folge, dass Know-how-Träger fehlen, die für die Entwicklung und Umsetzung von Innovationen benötigt werden. Die höheren Arbeitslosenzahlen erhöhen zwar die Zahl der auf dem Arbeitsmarkt verfügbaren Arbeitskräfte. Diese sind aber nach geraumer Zeit kaum noch anpassbar oder anpassungswillig. Hinzu kommt die insgesamt uneindeutige Entwicklung der Arbeitsmarktstrukturen, insbesondere der zukünftigen Versorgungslage mit qualifizierten Produktionsarbeitern: Durch die Erosion des traditionellen, bäuerlich-handwerklichen Sektors lässt sich aus der in der Vergangenheit sicheren Rekrutierungsquelle für Industriearbeiter nicht mehr in der gewohnten Reichhaltigkeit schöpfen (Lutz 1984). Zudem führen die – in Relation zum steigenden Bildungsniveau – sinkende Attraktivität von Produktionsarbeit und nicht zuletzt die bekannte demographische Entwicklung, die von einem abnehmenden Anteil der jüngeren Bevölkerungsgruppe charakterisiert ist, zu einer Verknappung des Arbeitskräfteangebots. Trotz aktueller, durch die Öffnung der Ostarbeitsmärkte verursachter erhöhter Verfügbarkeit von Arbeitskräften ist auf längere Sicht von partiellen quantitativen Verknappungen und nur schwer prognostizierbaren qualitativen Veränderungen des Arbeitskräfteangebots und der Kosten für Industriearbeit auszugehen.
3. Ein drittes Rationalisierungsdilemma hängt mit der steigenden Abhängigkeit von betriebsexternen Rationalisierungsressourcen zusammen. Inwieweit auf diese

zurückgegriffen werden kann und welche Effekte sie letztlich haben, ist nur schwer antizipierbar. Es geht nicht nur um die Verfügbarkeit von Produktionsfaktoren wie Fertigungstechniken und Kapital, sondern auch um infrastrukturelle Bedingungen des Technikmarktes wie die Verfügbarkeit über betriebsexternes Know-how, Beratung und technologischen Service, aber auch günstige Finanzierungsbedingungen für Neuinvestitionen. Waren derartige Bedingungen – auch als „technologische Infrastruktur" zu fassen – seit jeher wichtige Voraussetzungen industrieller Rationalisierung, so spielen sie ganz offensichtlich für den Verlauf und die Reichweite posttayloristischer Rationalisierungsstrategien eine immer wichtigere Rolle. Dies hängt einmal mit der wachsenden Komplexität und Kapitalintensität von Produktionsprozessen zusammen, für deren störungsfreien Betrieb externes Spezialwissen der verschiedensten Art zunehmend unverzichtbar wird. Dies resultiert zum Zweiten aber auch aus den Risiken der notwendigen organisatorischen Innovationen, die in vielen Fällen nur mehr mit betriebsexterner Unterstützung zu bewältigen sind.

Je nach den unterschiedlichen betrieblichen Voraussetzungen sehen auch die Lösungsversuche, wie mit den Widersprüchen umgegangen wird und wie unter den je gegebenen Umständen Rationalisierungsziele gesetzt werden, sehr unterschiedlich aus. Das heißt auch, dass in Zukunft eine einheitliche Entwicklung industrieller Arbeit nicht zu erwarten ist. Es ist vielmehr von einer Fortdauer unterschiedlicher Formen der Arbeit und der Arbeitsbedingungen auszugehen. Diese Annahme wird gestützt durch weitere Widersprüche und darauf bezogene Entwicklungen, die mit der Internationalisierung der Produktion verbunden sind.

3.2 Widersprüche der internationalisierten Produktion

Internationalisierung der Produktion bedeutet die Verlagerung von Produktionsstätten in andere Länder, die Beteiligung an ausländischen Unternehmen in Form von Direktinvestitionen oder so genannten Joint Ventures sowie die Integration einzelner nationaler Unternehmen zu länderübergreifenden Zuliefer-Abnehmer-Beziehungen. Die wachsende Bedeutung internationaler Produktion belegt vor allem der Anstieg der weltweiten Direktinvestitionen in den letzten Jahren, die sich seit 1985 geradezu in einer „Take-off"-Phase befinden (OECD 1992: 213f.). Dieser Anstieg gilt insbesondere auch für die Bundesrepublik, die dadurch ihre im internationalen Vergleich rückständige Position zunehmend aufholt. So hat sich der Gesamtbestand deutscher Direktinvestitionen im Ausland im Zehnjahreszeitraum von 1985 bis 1994 um mehr als das Zweieinhalbfache erhöht, der Bestand im verarbeitenden Gewerbe fast verdoppelt (Abbildung II.3.1).[3]

3 Der Fluss der internationalen Direktinvestitionen konzentriert sich allerdings nur auf bestimmte Regionen des Weltmarktes, besonders auf die „Triade" (UNCTAD 1995: 84ff.). Insofern kann von einer wirklichen Globalisierung der Produktion nicht die Rede sein. Angemessen ist daher, nach wie vor von ihrer Internationalisierung zu sprechen, die sich freilich beständig intensiviert.

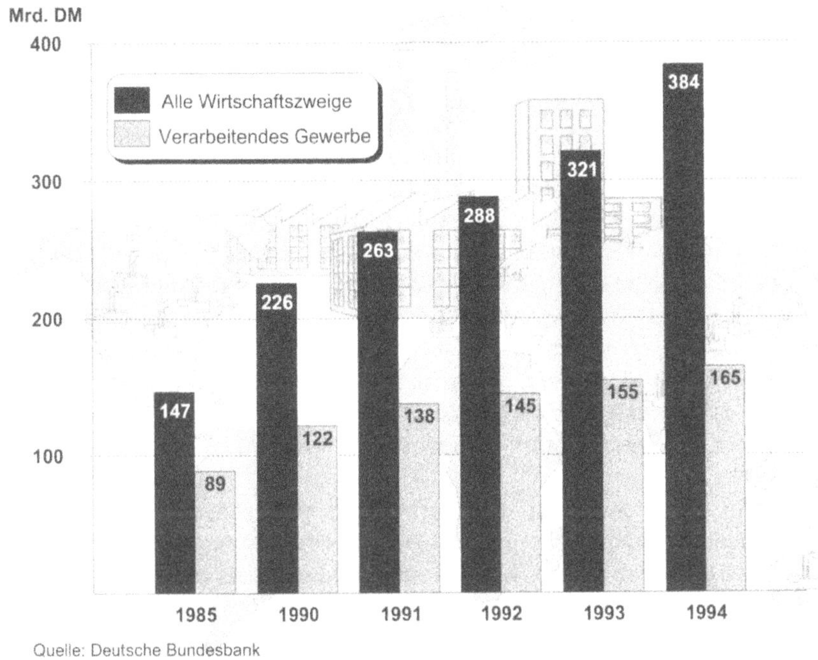

Abbildung II.3.1: Bestand deutscher Direktinvestitionen im Ausland.

Folgt man der einschlägigen nationalökonomischen und auch betriebswirtschaftlichen Literatur, so steht die Internationalisierung der Produktion in enger Wechselwirkung mit Strukturverschiebungen des Weltmarktes in den beiden letzten Jahrzehnten (z.B. Porter 1986, 1991; Emmott 1993): Erstens führte die Annäherung der ökonomischen und technologischen Leistungsfähigkeit der westlichen Industrieländer in den 50er- und 60er-Jahren zu einer wachsenden Konkurrenz der zunehmend auf gleichem Produktivitätsniveau agierenden Unternehmen aus diesen Ländern. Diese Situation wurde durch die Sättigung der Nachfrage auf einzelnen Marktsegmenten und durch Überkapazitäten in vielen Industriebranchen verschärft. Zweitens wuchs auf den Märkten für einfache, in arbeitsintensiven Produktionsprozessen herstellbare Produkte eine Konkurrenz von Unternehmen aus bislang kaum auf dem Weltmarkt in Erscheinung getretenen neu industrialisierten Ländern heran. Begleitet waren diese Tendenzen, drittens, von zunehmend unkalkulierbaren Währungsverschiebungen aufgrund der Erosion der Leitwährungsfunktion des Dollars und der daran gebundenen internationalen Regelungsmechanismen. Die Folge sind bis heute neue und häufig unkalkulierbare Barrieren für die bislang von Handel und Export bestimmten internationalen ökonomischen Verflechtungen.

Für die Unternehmen hatten diese veränderten Marktbedingungen beträchtliche Konsequenzen. Die bislang vorherrschenden Strategien der Massenproduktion und des Exports vielfach hoch standardisierter Waren erreichten ihre Grenzen, und Produktionsstätten an bislang günstigen Standorten verloren aufgrund der Marktveränderungen und wachsenden Konkurrenz ihre Attraktivität. Betriebe konventioneller Massenfertigung erwiesen sich als zu bürokratisiert und kostenträchtig, unflexibel und zu wenig innovativ. Hinzu kam, dass die wachsende Ausdehnung des Weltmarktes zu einem Anstieg der Kosten für Logistik, Informationsbeschaffung, generell auch des Zugangs zu häufig entfernten Wachstumsmärkten führte (Porter 1986: 34ff.).

Damit erwachsen aufs Ganze gesehen für die Unternehmen aus den gewandelten Bedingungen des Weltmarktes widersprüchliche Anforderungen – es konstituiert sich ein weiteres Rationalisierungsdilemma: Zum einen drängt die sich bis heute intensivierende Konkurrenz auf ständige Produktivitätssteigerung und Kostensenkung, die neue Formen einer weltweiten Standardisierung und Massenproduktion bestimmter Produkte und Produktkomponenten, eben einer „globalized economy of scale", erforderlich machen. Zum Zweiten machen der stagnierende Absatz und die risikoreichen Währungsturbulenzen eine flexible und an lokale Marktbedingungen angepasste Produktion erforderlich, die als „localized economy of scope" begriffen werden kann. Begleitet sind diese gegenläufigen Anforderungen drittens von dem Druck auf die Rationalisierung und die Beschleunigung der Innovationsprozesse im weltweiten Maßstab; einschlägiges Stichwort ist die permanente Verkürzung der „time to market".

Soll nun der bisherige Absatz gesichert oder gar ausgeweitet werden, so ist es für immer mehr Unternehmen unverzichtbar, sich den widersprüchlichen Anforderungen des Weltmarktes zu stellen. Ein genereller Ausweg aus dieser Situation ist die beträchtliche Steigerung der ausländischen Direktinvestitionen (vgl. Ghoshal 1987). Einerseits kann über die dadurch mögliche Nutzung von Kostendifferenzen im weltweiten Maßstab kostengünstiger, andererseits marktnäher produziert werden. Freilich sind damit keineswegs schon die konkrete Strategie und organisatorischen Lösungsformen festgelegt, mit denen die Unternehmen die Erfordernisse der internationalisierten Produktion zu bewältigen suchen.

3.2.1 Internationale Rationalisierungsstrategien

Blickt man die letzten zwei bis drei Jahrzehnte zurück, so ist ein beträchtlicher Wandel der Internationalisierungsstrategien der Unternehmen beobachtbar. Versucht man, diesen Wandel genauer zu charakterisieren, so ist man vor allem auf die traditionell international agierenden Großunternehmen verwiesen: Im Zuge der ansteigenden Direktinvestitionen verloren die teilweise bis in die 20er-Jahre zurückreichenden Internationalisierungsstrategien dieser Großunternehmen ihre frühere Bedeutung (Abbildung II.3.2).[4] Einmal handelte es sich dabei um eine „Exportstrategie" von im Prinzip national ausgerichteten Unternehmen, die einen an ausländische Marktverhältnisse nur wenig angepassten Export ihrer Produkte verfolgten. Beispiele hierfür sind US-Konzerne aus der Büromaschinen-, Computer- oder Werkzeugmaschinenbranche, die in der Vergangenheit aufgrund ihres Produktivitätsvorteils und technisch fortgeschrittenen Standes der Produkte diese relativ problemlos exportieren konnten.

4 Vgl. hierzu und zum Folgenden die neueren Ergebnisse der international vergleichenden Managementforschung, deren Begrifflichkeit allerdings nicht immer eindeutig und einheitlich ist (z. B. Macharzina 1993; Osterloh und Weibel 1996 sowie die dort angegebene Literatur).

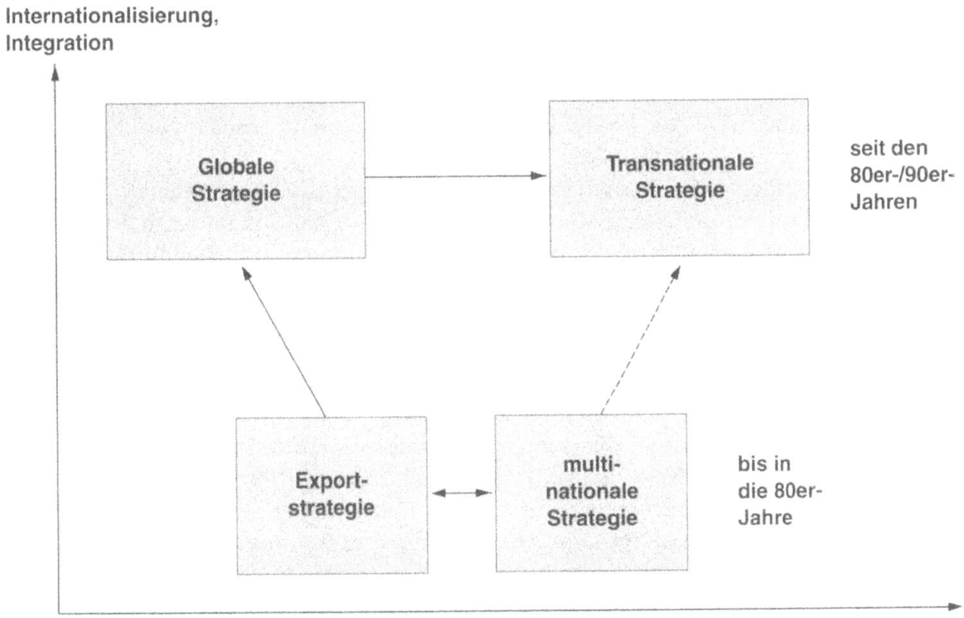

Abbildung II.3.2: Internationalisierungsstrategien (nach Berger 1992).

Eine andere, früher häufig anzutreffende Strategie kann als „multinational" begriffen werden; sie ist gekennzeichnet von einem losen, über Jahrzehnte hinweg gewachsenen Konglomerat von Zentrale und starken Auslandsgesellschaften eines Konzerns. Solche Strategien fanden sich vornehmlich in Europa bei Konzernen der Elektrotechnischen Industrie und der Nahrungsmittelindustrie, aber auch bei amerikanischen Automobilkonzernen wie General Motors und Ford (z.B. Welge 1980; Levitt 1983; Berger 1992).

Erkennbar ist nun ein Wandlungsprozess der Konzernstrategien, der sich durch ein Kontinuum fassen lässt, das durch zwei Pole begrenzt wird: Auf der einen Seite findet sich der Typus einer „globalen Strategie", die auf weltweit homogene Marktsegmente abzielt und Integration auf dem Weg einer tendenziell weltweiten Standardisierung von Produktion und Produkten und einer möglichst weit gehenden Zentralisierung von Entscheidungen und Funktionen anstrebt. Konkurrenzvorteile sollen hier auf der Basis der „economies of scale", einer deutlichen Verringerung der Fertigungstiefe in den einzelnen Produktionsstätten sowie einer gezielten Nutzung regionaler und länderspezifischer Kostenvorteile durch den Aufbau globaler Zulieferbeziehungen erreicht werden. Bezeichnet wird damit ein Typus von Internationalisierungsstrategien, der seit Ende der 70er-Jahre vornehmlich von japanischen Unternehmen der Photoindustrie und Unterhaltungselektronik verfolgt wurde. Teilweise findet sie sich aber auch in der Automobilindustrie, etwa in Zusammenhang mit der immer wieder verfolgten Strategie eines „Weltautos" (Jürgens et al. 1989: 75ff.). Das von Düll und Bechtle (1991: 71ff.) am Beispiel eines europäischen Konzerns der Unterhaltungselektronik beschriebene Modell einer „simulierten Fabrik" mit einem hohen Grad von Entscheidungszentralisierung sowie der EDV-gestützten Steuerung und Kontrolle standardisierter Produktionsabläufe in den Konzernbetrieben verschiedener Länder kommt dem Typus der globalen Strategie sehr nahe. Durch einen Abgleich der Produktionskapazitäten der einzelnen Betriebe und eine modellhafte Abbildung des konzernweiten Material- und Produktionsflusses sollen die Störungsfreiheit und Kontinuität der Produktionsprozesse insgesamt gesichert und ihre Geschwindigkeiten gesteigert werden.

Auf der anderen Seite lässt sich der Typus einer „transnationalen" Strategie identifizieren (zusammenfassend: Bartlett und Ghoshal 1990).[5] Wachsende Internationalisierung meint hier allenfalls nachgeordnet die Nutzung von Standardisierungsvorteilen, etwa bei der Fertigung bestimmter Produktkomponenten, und die Zentralisierung einzelner Schlüsselfunktionen wie Forschung und Entwicklung sowie Beschaffung. Vielmehr zeichnet sich diese Strategie aus durch einen starken Regionalbezug und damit einhergehende differenzierte Produkt- und Produktionsstrategien. Der Typus der transnationalen Strategie findet sich vor allem in Branchen wie der Investitionsgüterindustrie, die durch ausgeprägte Marktdifferenzen und innovative Produkte gekennzeichnet sind (z. B. Taylor 1991; Berger 1992).

Konzernweite Integration wird in diesem Fall weniger durch Zentralisierung als vielmehr durch netzwerkförmige Abstimmungsprozesse regionalisierter und dezentraler Betriebseinheiten hergestellt, die in einem Verhältnis von zugleich Kooperation und Konkurrenz zueinander stehen. Unternehmensorganisatorisch werden formal eigenständige Unternehmen gegründet, die ihrerseits wiederum in so genannte Cost-Center und Profit-Center mit relativ hoher Entscheidungsautonomie untergliedert sind. Konkurrenzvorteile sollen durch eine ausgeprägte „economy of scope" und Marktnähe, durch die tendenziell weltweite, gleichsam synergetische Nutzung regionaler Kompetenzen und auch durch die Flexibilität und Innovativität kleiner Unternehmenseinheiten erreicht werden. Diese relative Offenheit der Konzernstruktur insgesamt soll ihre kontinuierliche Rationalisierung sowie die jederzeitige und schnelle Anpassung an sich ändernde Weltmarktbedingungen gewährleisten. Auf Dauer gestellt wird damit eine organisatorische Veränderungsdynamik, die ihre Antriebskräfte im Wechselspiel zwischen den Rahmenvorgaben der Konzernzentrale und der Handlungsautonomie dezentraler Unternehmenseinheiten sowie den Kooperations- und Konkurrenzprozessen zwischen den dezentralen Einheiten findet.

Während die international agierenden Großkonzerne aufgrund ihrer Kapitalkraft, ihrer Marktposition und ihres Know-hows die gewandelten Bedingungen des Weltmarkts auf die skizzierte Weise bewältigen können, steht die überwiegende Zahl kleinerer und bislang hauptsächlich national oder regional agierender Unternehmen „mit dem Rücken zur Wand". Sie geraten gleichfalls unter den wachsenden Konkurrenzdruck des Weltmarkts und müssen ihre Aktivitäten schrittweise global ausrichten. Spätestens seit Beginn der 90er-Jahre sind daher auch zunehmend mittlere und kleinere Unternehmen mit der Internationalisierung ihrer Produktion in den unterschiedlichsten Formen befasst (vgl. Schultz-Wild 1996). Dabei haben allerdings viele dieser Unternehmen mit beträchtlichen Schwierigkeiten zu kämpfen, die bisherigen Grenzen ihrer Aktivitäten zu überschreiten, um ihren Absatz zu sichern oder gar aus-

5 Verschiedentlich auch als „multilokale" (Agthe 1982) oder „multifokale" Strategie (Macharzina 1993) bezeichnet.

zuweiten. Exemplarisch seien hierfür die viel zitierten „mittelständischen" Unternehmen etwa aus dem deutschen Maschinenbau angeführt, die in der Vergangenheit sehr erfolgreich auf dem deutschen und westeuropäischen Markt agierten. Auf diesen Märkten sind sie seit einigen Jahren einer verschärften Konkurrenz vor allem von Unternehmen aus Japan und weiteren ostasiatischen Ländern ausgesetzt. Mit ihren hauptsächlich nur nationalen Produktionsstätten, ihrer geringen Kapitalkraft und dem nur begrenzt verfügbaren Know-how über Auslandsinvestitionen sind sie mehrheitlich kaum in der Lage, den notwendigen Sprung auf die attraktiven Märkte in Mittel- und Nordamerika sowie Süd- und Südostasien zu schaffen.[6] Diese Situation trägt fraglos zum derzeit beobachtbaren drastischen Schrumpfungs- und Konzentrationsprozess dieser Branche bei. Er ist begleitet von einer beträchtlichen Reduktion der Fertigungstiefe und dem Aufbau von früher kaum vorhandenen Zulieferbeziehungen (IG Metall 1991).

In einer ähnlichen Situation befindet sich die große Zahl der Zulieferbetriebe für die großen Endproduzenten aus der Automobilindustrie und der Elektrotechnischen Industrie. Vermittelt über verschärfte Kosten-, Zeit- und Qualitätsstandards der Endabnehmer und eine Internationalisierung ihrer bisherigen Beschaffungspolitiken geraten die Zulieferbetriebe unter den massiven Druck einer weltweiten Konkurrenz. Je nach ihrer bisherigen Marktposition und Produktstruktur müssen sie durch eine Neuausrichtung ihrer Produktion, eine verschärfte Rationalisierung und gegebenenfalls die Aufgabe und Verlagerung vollständiger Produktionsstandorte ins kostengünstigere Ausland ihren Platz in einer neu konturierten „Zulieferpyramide" suchen. Diese findet ihre Struktur im Wechselspiel zwischen internationalen und regionalen Beschaffungspolitiken der Finalproduzenten und einer vertieften Segmentierung der Zulieferer unter den Gesichtspunkten der Funktion, Kosten, Innovationsfähigkeit und vor allem der technischen und zeitlichen Flexibilität. Auf diese Weise entstehen Zulieferer verschiedenen technischen Niveaus und hierarchischen Status innerhalb einer integrierten und vom Endproduzenten bestimmten Produktionskette. Sie reicht von größeren international agierenden Lieferanten kompletter Aggregate mit wiederum jeweils eigenen Zulieferbeziehungen über Teile- und Komponentenfertiger bis hin zu den jederzeit austauschbaren Produzenten von einfachen Massenteilen.[7]

Angesichts der widersprüchlichen Anforderungen des Weltmarktes, so lässt sich resümieren, sind die Netzwerkstrukturen der transnationalen Konzerne und die gleichfalls netzwerkförmig strukturierten internationalen Zulieferpyramiden als zukünftig besonders wichtige Entwicklungsperspektive von Rationalisierungsstrategien anzusehen (z. B. Meffert 1990; Berger 1992). Ihre Struktur weist fraglos jene Merkmale auf, die eingangs als „systemisch" gefasst wurden; die Produktionskette wird weltweit zum Objekt von Rationalisierung, und die Unternehmensgrenzen werden fließend.

6 Ein Indiz für die ökonomische Attraktivität dieser Regionen ist, dass hierhin seit dem Beginn der 90er-Jahre die meisten ausländischen Direktinvestitionen fließen (UNCTAD 1995: 9ff.).

7 Zu den einschneidenden Veränderungen auf den Zuliefermärkten der Automobilindustrie in den letzten Jahren vgl. vor allem die Aufsätze in Mendius und Wendeling-Schröder (1991) sowie Deiß und Döhl (1992).

3.2.2 Entwicklungstendenzen von Industriearbeit

Fragt man nun, wie sich im Rahmen international ausgerichteter Rationalisierungsstrategien Industriearbeit entwickelt, so finden sich auch hier sehr verschiedene Entwicklungspfade: Im Fall der globalen Strategie internationaler Konzerne zielen die unternehmensweit vereinheitlichten und zentral vorgegebenen Rationalisierungskonzepte auf eine Angleichung der Arbeitsorganisation in den verschiedenen Konzernbetrieben. Gegen die Vorgaben der Konzernzentrale, die auch die Verlagerung von Produktionsfunktionen, Standortschließungen und Personalabbau umfassen können, entstehen allerdings Widerstände und Barrieren. Spezifische Standortbedingungen einzelner Betriebe können die Durchsetzung zentraler Rationalisierungskonzepte massiv beeinflussen und in bestimmte Richtungen lenken.

Diese Zusammenhänge konnten am Beispiel der Rationalisierungsstrategien eines internationalen Konzerns der Unterhaltungselektronik aufgezeigt werden, wonach die gewachsenen Strukturen und Standortbedingungen einzelner Konzernbetriebe gegenüber den konzernübergreifenden Planungen ein beträchtliches Beharrungsvermögen aufweisen (vgl. Düll und Bechtle 1991: 95ff.). So fanden sich an technisch weitgehend ähnlichen Montageanlagen (der automatischen Leiterplattenbestückung) in verschiedenen Werken sowohl international als auch national deutlich unterscheidbare Tätigkeits- und Personaleinsatzstrukturen. Abhängig war dies besonders von den Arbeitsmarktbedingungen des jeweiligen Werkes. Waren etwa in städtischen Gegenden Facharbeiter verfügbar, so war ein vergleichsweise polyvalenter, wenig arbeitsteiliger Arbeitskräfteeinsatz möglich. Anders hingegen in ländlichen Gegenden, wo mit hauptsächlich nur angelernten Arbeitskräften ausgeprägt arbeitsteilige Arbeitsstrukturen realisiert wurden. Ähnliche Differenzen zeigten sich im Hinblick auf die Entlohnung und betriebliche Leistungspolitik, die nicht zuletzt abhängig waren vom jeweiligen betrieblichen System der industriellen Beziehungen. Resultat dieser Situation war, dass sich zwar im Konzern ähnliche und wiederkehrende Formen der Arbeitsorganisation fanden, doch unterschieden sie sich zugleich in wichtigen Dimensionen wie Arbeitsteilung, Personaleinsatz und Leistungspolitik.

Im Fall der transnationalen Konzernstrategie, wo sich die Vorgaben der Konzernzentrale auf Eckdaten, Kennziffern und generelle Ziele beschränken, ist weniger von einer Wechselwirkung zwischen übergreifenden Vorgaben und spezifischen Standortbedingungen auszugehen. Entscheidend für die Entwicklung von Industriearbeit sind vielmehr die dadurch angestoßenen Prozesse der Konkurrenz und Kooperation der in das Unternehmensnetzwerk eingebundenen Produktionsbetriebe. Es bleibt den einzelnen Betrieben überlassen, Effizienz durch entsprechende, auf ihre je spezifischen Standortbedingungen abgestellte arbeitsorganisatorische Strukturen zu sichern und zentrale Vorgaben etwa im Hinblick auf eine Reduktion der Durchlaufzeiten oder eine Steigerung der Qualität zu realisieren. Eine Rolle spielen dabei offensichtlich nicht nur die jeweilige arbeitspolitische Konstellation und die Arbeitsmarktsituation eines Betriebes, sondern auch die Bedingungen nationaler oder lokaler Absatzmärkte, auf die die transnationale Strategie, wie skizziert, besonders abstellt. Sie entscheiden über das konkrete Produktspektrum und die damit einhergehenden Arbeitsanforderungen. Divergierende Entwicklungstendenzen von Industriearbeit innerhalb des Konzernnetzwerks sind daher nicht nur international, sondern auch national anzutreffen. Allen vorliegenden Befunden zufolge können sie von anspruchsvollen Tätigkeiten – typisch hierfür etwa die Tätigkeiten der so genannten Problemlöser und Systemregulierer (z. B. Wittke 1993), deren Aufgaben sich auf die autonome Aufrechterhaltung, Optimierung und Instandhaltung automatisierter Produktionsprozesse richten – bis hin zu einfachen Montageprozessen mit restriktiven Formen der Handarbeit reichen. Diese zeichnen sich durch ausgeprägte Arbeitsteilung, kurzzyklische Arbeitsgänge, geringe Qualifikationsanforderungen und eine hohe Austauschbarkeit der Arbeitskräfte aus (Moldaschl 1993).

Ähnlich differenzierte Strukturen sind innerhalb des in wesentlichen Teilen sich im Umbruch befindlichen Maschinenbaus[8] und insbesondere in den neu konturierten Zulieferpyramiden anzutreffen. So finden sich an ihrer Spitze bei den Endproduzenten, beispielsweise aus der Automobilindustrie, in vielen Montagebereichen Formen der Team- und Gruppenarbeit und in der hoch automatisierten Teilefertigung „Systemregulierer" und verschiedentlich „Problemlöser". Darüber hinaus differieren die Arbeitsformen innerhalb der Großbetriebe der Automobilindustrie beträchtlich (Wittke 1993). Gleichsam am Fuße dieser Pyramide in den Garagenbetrieben und „sweat shops" hingegen sind taylorisierte, äußerst restriktive Arbeitsformen die Regel (z. B. Deiß 1994).

Die jeweils sich durchsetzende Form der Arbeitsorganisation ist mithin von einer Vielzahl verschiedener Bedingungen abhängig. Zweifellos spielen hier zunächst einmal der Einfluss technisch-stofflicher Bedingungen, die aus der Produktstruktur und dem Automatisierungsniveau der eingesetzten Produktionstechnik resultieren, und das jeweilige betriebliche System der industriellen Beziehungen eine wichtige Rolle. Darüber hinaus erweist sich im Rahmen der skizzierten Konzernstrategien und Zulieferbeziehungen aber besonders die jeweilige Versorgungslage mit Arbeitskräften als wichtiger Bestimmungsfaktor für die Entwicklung von Arbeitsorganisation und Personaleinsatz. Denn die Mobilität von Arbeitskräften, besonders die von Industriearbeitern, ist aus kulturellen, finanziellen und vielfach arbeitsmarktstrukturellen Gründen eingeschränkt. Im Unterschied zu Kapital und auch Technik ist Arbeitskraft hochgradig „lokalisiert" (Düll und Bechtle 1991).

Versucht man nun, dieses empirisch beobachtbare arbeitsorganisatorische Spektrum genauer zu fassen, so können vereinfacht drei typische Entwicklungspfade von Arbeitsorganisation und Industriearbeit herausgearbeitet werden:[9]

- Ein erster Entwicklungspfad lässt sich als „Neo-Taylorismus" apostrophieren (Abbildung II.3.3). Genutzt wird hier das überkommene tayloristische Gestaltungsrepertoire, in vielen Fällen ergänzt durch die intensive Nutzung rechnergestützter Steuerungs- und Kontrollsysteme. Arbeit im Produktionsbereich hat hier rein ausführenden Charakter und weist alle Merkmale restriktiver Arbeit auf. Die Qualifikation der Arbeitskräfte bewegt sich auf dem Niveau von Un- und Angelernten, und auf den unteren Qualifikationsebenen finden sich in vielen Industriezweigen vor allem Frauen.

8 Zur Entwicklung im Maschinenbau, speziell zu der nur zögerlichen Verbreitung von Formen der Team- und Gruppenarbeit, vgl. Moldaschl und Schultz-Wild (1994); zur Arbeitsorganisation im Werkzeugmaschinenbau Schumann et al. (1994: 371 ff.).

9 Vgl. hierzu wiederum die Thesen über die „Unbestimmtheit posttayloristischer Rationalisierungsstrategie" und die damit verbundenen „offenen" Konsequenzen für die Entwicklung von Industriearbeit (z. B. Bechtle und Lutz 1989; Hirsch-Kreinsen et al. 1990).

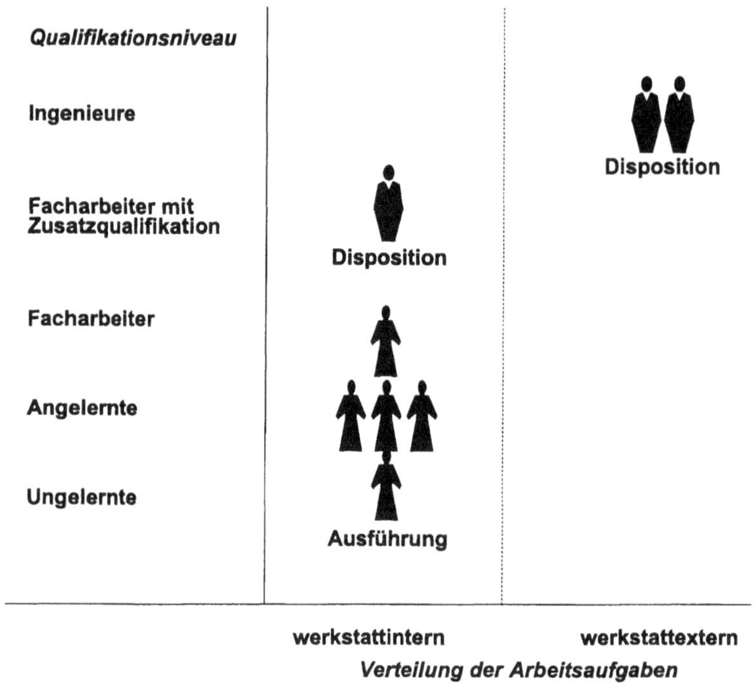

Abbildung II.3.3: Neo-Taylorismus.

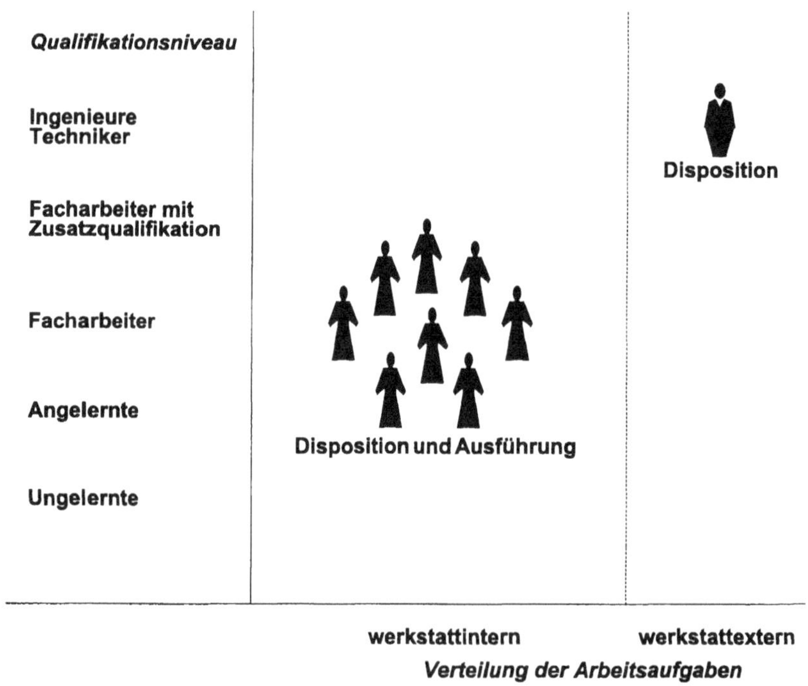

Abbildung II.3.4: Integrative Produktionsarbeit.

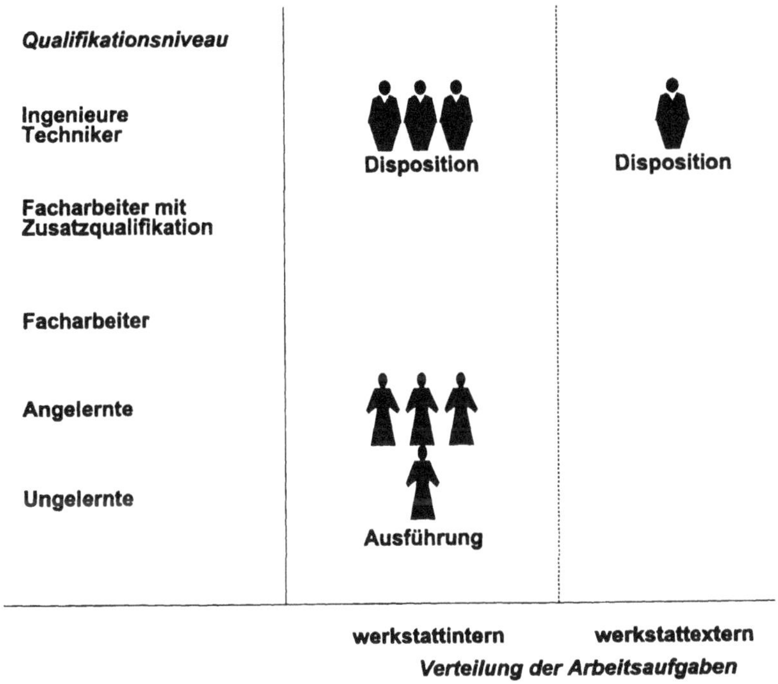

Abbildung II.3.5: Polarisierte Produktionsarbeit.

- Ein zweiter, dazu konträrer Entwicklungspfad kann als „integrative Produktionsarbeit" charakterisiert werden (Abbildung II.3.4). Arbeitsorganisatorisch sind hier ein umfassender Abbau der bisherigen Arbeitsteilung und eine Integration von Planung und Ausführung anzutreffen. Personelle Basis ist eine systematische Nutzung von Facharbeitern und qualifizierten Angelernten, die in Einzelarbeit oder in Gruppen über eine relativ hohe Autonomie über Arbeitszeiten und Tätigkeiten verfügen.
- Drittens kann ein Entwicklungspfad „polarisierter Produktionsarbeit" ausgemacht werden (Abbildung II.3.5). Sein Merkmal ist eine eher vorsichtige Neustrukturierung der Arbeitsorganisation, die sich zunächst einmal nur auf eine ausgeprägte Segmentierung in verschiedene Funktionsbereiche wie Serien- und Einzelfertigung oder eine Differenzierung zwischen der Herstellung neuer Produkte und der Fertigung von Ersatzteilen beschränkt. Daher zeigen sich vielfach sowohl anspruchsvolle als auch einfache Tätigkeitsstrukturen und ein entsprechend polarisierter Personaleinsatz. Zentrale dispositive Funktionen werden hier häufig an Schlüsselarbeitsplätzen konzentriert, die mit computergestützten Steuerungs- und Kontrollsystemen ausgestattet sind, während ein größerer Teil der Arbeitsaufgaben ausführenden, ja restriktiven Charakter aufweist. An den Schlüsselarbeitsplätzen finden sich Facharbeiter mit Zusatzqualifikationen oder Techniker, für die ausführenden Tätigkeiten werden angelernte Arbeitskräfte eingesetzt.

Grosso modo fügen sich vor allem in den Netzwerkstrukturen der Konzerne und den hierarchisierten Strukturen der Zulieferpyramiden diese verschiedenen arbeitsorganisatorischen Strategien zu einem „patchwork" verschiedener Arbeitsformen zusammen. Habermas' Diktum von der „neuen Unübersichtlichkeit" gesellschaftlicher Verhältnisse lässt sich mithin auch auf die Situation der industriellen Arbeit übertragen.

3.3 Resümee

Abschließend soll der Frage nachgegangen werden, über welche Handlungsmöglichkeiten nationalstaatliche Politik unter den gegebenen Bedingungen des Weltmarktes verfügt. Diese Frage liegt besonders angesichts der aktuellen „Standortdebatte" nahe, bei der es um die Sicherung von Investitionen und Arbeitsplätzen, eben die zukünftige Entwicklung der Industriearbeit unter den gewandelten Bedingungen des Weltmarktes geht. Nicht neu ist hier die These, wonach angesichts der wachsenden Bedeutung internationaler Konzerne und besonders des weltweiten, politisch immer weniger kontrollierbaren Geld- und Kapitalverkehrs von einer massiven Erosion nationalstaatlicher Handlungsfähigkeit auszugehen sei. Verwiesen wird dabei nicht zuletzt auch auf das Versagen der keynesianisch-interventionsstaatlichen Politik seit den späten 70er-Jahren (z. B. Altvater und Mahnkopf 1993: 66ff.; Esser 1993; Narr und Schubert 1994; Hirsch 1995).

Nationalstaatliche Politik ist zweifellos mit dem Problem konfrontiert, sowohl die negativen Folgen der sich intensivierenden Weltmarktkonkurrenz für Industriestandorte und Arbeitsplätze möglichst gering zu halten als auch die für ein wirtschaftliches Wachstum unabdingbare Offenheit zum Weltmarkt mit seinen Kapitalbewegungen und Investitionen nicht zu gefährden. Eine Abschottungs- und Autarkiepolitik wie in den 30er-Jahren im Gefolge der Weltwirtschaftskrise ist kaum mehr möglich und wird bislang von keinem der Industriestaaten ernsthaft verfolgt. Obgleich sie Gegenreaktionen hervorrufen und auf längere Sicht selbstschädigend sein können, bieten sich lediglich eine Reihe von „neoprotektionistischen" Maßnahmen an, um die Prozesse des Weltmarktes politisch zu beeinflussen; hierunter fallen beispielsweise Preis- oder Volumenkontingentierungen von Importen, Spezifizierung technischer Normen, Anti-Subventionsregeln bei importierten Gütern und so genannte „local-content"-Auflagen. Eine weitere Verbreitung solcher Maßnahmen ist aufgrund der hohen Arbeitslosigkeit und der außenwirtschaftlichen Ungleichgewichte vieler Industrieländer und Weltmarktregionen nicht ausgeschlossen. Dem könnte, so eine Reihe von Wirtschaftsexperten, auch das neue GATT-Abkommen, das auf die nachhaltige Liberalisierung des Welthandels zielt, kaum entgegenwirken (Handelsblatt vom 12. 4. 1994: 7).

Dies verweist auf die verschärfte „Standortkonkurrenz" um Investitionen und Arbeitsplätze, unter der nationalstaatliche Politik agiert. Daraus resultiert ein Druck auf kostenrelevante wirtschafts- und finanzpolitische, insbesondere sozial- und tarifpolitische Regelungen wie Lohnhöhe, die viel diskutierten Lohnnebenkosten, Arbeitszeitnormen, aber auch Arbeitsschutzbestimmungen. Insofern kann von einer weltmarktbedingten „ökonomischen Gleichschaltung" nationalstaatlicher Politik ausgegangen werden (Narr und Schubert 1994). Sie führt tendenziell zu einer Angleichung bislang länderspezifisch unterschiedlicher Regulationsformen der Arbeit auf niedrigem Niveau. Solche Prozesse des „Sozial- und Lohndumping" finden zweifellos innerhalb der einzelnen Regionen und Ländergruppen wie auch zwischen ihnen statt. Betroffen hiervon sind seit längerem traditionelle Industrien wie die Textil- und Bekleidungsindustrie, die Stahlindustrie sowie die Bauindustrie, die sich sowohl aus Südostasien als auch aus Osteuropa unter einem massiven Konkurrenzdruck dieser Art befinden (Handelsblatt vom 13.10.1994: 3).

Freilich darf nicht davon ausgegangen werden, dass die inländische Industrie in ihrer Gesamtheit unter solchem Internationalisierungsdruck steht. Vielmehr ist von branchenspezifisch unterschiedlichen Situationen auszugehen. Einen Hinweis hierauf geben die widersprüchlichen Beschäftigungseffekte, die mit der Internationalisierung der Industrie in Zusammenhang gebracht werden. Sie reichen von massiven Arbeitsplatzverlusten eben in der Textil-, Bekleidungs- und Lederindustrie oder jüngst auch im Werkzeugmaschinenbau, einer der bisherigen Kernbranchen der deutschen Industrie, bis hin zu stabilisierenden Effekten in Branchen wie der Chemieindustrie, dem Fahrzeugbau, der Elektrotechnischen Industrie und Teilen des Maschinenbaus (Wilhelm 1996: 31f.).

Die genauere Analyse dieser Zusammenhänge steht noch aus. In jedem Fall aber verbietet sich eine vereinfachte Interpretation, wonach von einer generellen Subsumtion der sozioökonomischen Gegebenheiten und damit politischen Handlungsmöglichkeiten eines Landes unter die Erfordernisse des Weltmarktes auszugehen sei. Vielmehr verweist diese differenzierte Situation auf bislang sowohl in der sozialwissenschaftlichen als auch gesellschaftspolitischen Debatte häufig übersehene Möglichkeiten politischer Instanzen, Investitionsentscheidungen von Unternehmen zu beeinflussen und Produktionsstandorte zu sichern oder gar auszubauen. Zum einen handelt es sich dabei um die Möglichkeiten, über technologie-, industrie- und bildungspolitische Maßnahmen die „Standortbedingungen" eines Landes oder einer Region zu verbessern und damit die im Lande verbleibenden Industrien und Betriebe zu stützen.[10] Angesetzt wird mit solchen Maßnahmen an der eingangs als Rationalisierungsdilemma gefassten Situation, dass Unternehmen mit ihren Rationalisierungs- und Innovationsstrategien zunehmend auf unternehmensexterne, infrastrukturelle Ressourcen angewiesen sind. Dies gilt fraglos einmal für Unternehmen mit kapitalintensiven und technisch komplexen Produktionsprozessen, die ein immer umfangreicheres Know-how erfordern, das zu großen Teilen nur mehr von unternehmensexternen Institutionen und Organisationen bereitgestellt wird. Zum anderen gilt dies aber auch für Unternehmen mit arbeitsintensiven Produktionsprozessen, in denen einfache und standardisierte Güter hergestellt werden. Angesichts der internationalen Konkurrenz können diese nur „im Lande" gehalten werden, wenn weit stärker als bisher Entwicklungspotenziale ausgeschöpft werden, die sich aus Standortfaktoren wie Qualifikation, Know-how, externer Unterstützung und Beratung ergeben.

Zum Zweiten weisen diese skizzierten differenzierten Arbeitsplatzeffekte auf mögliche positive Rückkopplungseffekte der Internationalisierung auf die inländische

10 So betont auch eine ganze Reihe industrieökonomischer Studien die Chancen politischer Instanzen, dadurch nicht nur die Konkurrenzfähigkeit der jeweils nationalen Industrie zu stärken, sondern vor allem auch internationale Investitionen „ins Land" zu holen (z. B. Porter 1991; Thurow 1992).

Industrie hin. Dass die Internationalisierung der Produktion auch Arbeitsplätze im Inland sichert, darf daher nicht nur als bloße Schutzbehauptung von Managern abgetan werden. Ohne Frage handelt es sich dabei um schwer quantifizierbare Wechselwirkungen, doch können durch die Internationalisierung der Produktion realisierte Kostenvorteile, neue Marktchancen wie auch Innovationsanstöße positive Rückwirkungen auf die inländische Industriebeschäftigung haben. Unternehmensvertreter sprechen in diesem Zusammenhang von einer „Win-win-Situation" für alle beteiligten in- und ausländischen Produktionspartner. Die industrie- und wirtschaftspolitische Konsequenz dieser Situation wäre, den Internationalisierungsprozess der Industrie in jenen Bereichen gezielt zu unterstützen, wo positive oder stabilisierende Rückwirkungen zu erwarten sind. Wie angedeutet, wäre dies wohl am ehesten in Industrien mit komplexeren und innovationsfähigen Produkt- und Prozessstrukturen zu erwarten.

Ob indes volkswirtschaftlich diese Zusammenhänge auf die Chancen eines „allseitigen Zuwachses" aller beteiligten Länder und Ländergruppen im Zuge der weiter wachsenden internationalen Verflechtungen hindeuten (Hondrich 1996), muss an dieser Stelle offen bleiben. Denn eine Voraussetzung hierfür wäre eine substanzielle Steigerung der Nachfrage auf den verschiedenen Märkten. Folgt man einschlägigen ökonomischen Analysen, so kann dies weder angesichts sinkender Einkommen und hoher struktureller Arbeitslosigkeit für die meisten westlichen Industrieländer noch aufgrund sozioökonomischer Strukturveränderungen und politischer Unsicherheiten für Mittel- und Osteuropa erwartet werden. Ausnahmen bilden derzeit lediglich eine Reihe der neu industrialisierten Länder und Regionen vor allem in Ost- und Südostasien, deren langfristige Entwicklungspotenziale allerdings nur schwer einzuschätzen sind.

Literatur

Agthe, K. E. (1982): „Multi-local" statt „Multi-national" als strategisches Konzept eines internationalen Unternehmens. In: W. Lück, V. Trommsdorff (Hg.): Internationalisierung der Unternehmen, Wiesbaden, S. 147–169.

Altvater, E.; Mahnkopf, B. (1993): Gewerkschaften vor der europäischen Herausforderung, Münster.

Bartlett, C. A.; Ghoshal, S. (1990): Internationale Unternehmensführung, Frankfurt a. M./New York.

Bechtle, G.; Lutz, B. (1989): Die Unbestimmtheit post-tayloristischer Rationalisierungsstrategie und die ungewisse Zukunft industrieller Arbeit – Überlegungen zur Begründung eines Forschungsprogramms. In: K. Düll, B. Lutz (Hg.): Technikentwicklung und Arbeitsteilung im internationalen Vergleich, Frankfurt a. M./New York, S. 9–91.

Berger, R. (1992): Local Hero. In: manager magazin 12, 202–209.

Deiß, M. (1994): Arbeit in der Automobilzulieferindustrie – Probleme und Risiken durch unternehmensübergreifende Rationalisierung. In: WSI-Mitteilungen 7, 425–438.

Deiß, M.; Döhl, V. (Hg.) (1992): Vernetzte Produktion – Automobilzulieferer zwischen Kontrolle und Autonomie, Frankfurt a. M./New York.

Düll, K.; Bechtle, G., unter Mitarbeit von Moldaschl, M. (1991): Massenarbeiter und Personalpolitik in Deutschland und Frankreich – Montagerationalisierung in der Elektroindustrie I, Frankfurt a. M./New York.

Emmott, B. (1993): Multinationals – Back in Fashion. In: The Economist, 27. März, 13–26.

Esser, J. (1993): Die Suche nach dem Primat der Politik. In: S. Unseld (Hg.): Nachdenken über Deutschland, Frankfurt a. M., S. 409–430.
Flecker, J.; Schienstock, G. (1994): Globalisierung, Konzernstrukturen und Kovergenz der Arbeitsorganisation. In: N. Beckenbach, W. van Treeck (Hg.): Umbrüche gesellschaftlicher Arbeit, Soziale Welt, Sonderband 9, Göttingen, S. 625–642.
Ghoshal, S. (1987): Global Strategy: An Organizing Framework. In: Strategic Management Journal 8, 425–440.
Hirsch, J. (1995): Der nationale Wettbewerbsstaat, Berlin/Amsterdam.
Hirsch-Kreinsen, H. (1994): Die Internationalisierung der Produktion: Wandel von Rationalisierungsstrategien und Konsequenzen für Industriearbeit. In: Zeitschrift für Soziologie 6, 434–446.
Hirsch-Kreinsen, H.; Schultz-Wild, R.; Köhler, Ch.; Behr, M. von (1990): Einstieg in die rechnerintegrierte Produktion – Alternative Entwicklungspfade der Industriearbeit im Maschinenbau, Frankfurt a. M./New York.
Hondrich, K. O. (1996): Die Mär vom Ende der Arbeit. In: Die Zeit 41, 4.10., 3.
IG Metall (Wirtschaftsabteilung Spezial) (Hg.) (1991): Fertigungstiefe im Maschinenbau, hektogr. Bericht, Frankfurt, März.
Jürgens, U.; Malsch, T.; Dohse, K. (1989): Moderne Zeiten in der Automobilindustrie – Strategien der Produktionsmodernisierung im Länder- und Konzernvergleich, Berlin/Heidelberg/New York.
Köhler, Ch. (1993): Thesen zu neueren gesellschaftstheoretischen Ansätzen in der deutschen Industriesoziologie, hektogr. Bericht, Malaga, November.
Levitt, Th. (1983): The Globalization of Markets. In: Harvard Business Review 5/6, 92–102.
Lutz, B. (1984): Der kurze Traum immerwährender Prosperität. Eine Neuinterpretation der industriell-kapitalistischen Entwicklung im Europa des 20. Jahrhunderts, Frankfurt a. M./New York: Campus.
Lutz, B. (1994): Berufsbildung, Technik und Arbeitsorganisation. Versuch der exemplarischen Demonstration von Einfluß und Verantwortung der Berufsbildungspolitik. In: Zeitschrift für Berufs- und Wirtschaftspädagogik, Beiheft 4 zur ZBW, Wiesbaden.
Macharzina, K. (1993): Unternehmensführung – Das internationale Managementwissen, Wiesbaden.
Meffert, H. (1990): Implementierungsprobleme globaler Strategien. In: M. K. Welge, K. Martin (Hg.): Globales Management, Stuttgart, S. 93–115.
Mendius, H. G.; Wendeling-Schröder, U. (Hg.) (1991): Zulieferer im Netz – Zwischen Abhängigkeit und Partnerschaft, Neustrukturierung der Logistik am Beispiel der Automobilzulieferung, Köln.
Moldaschl, M. (1993): Restriktive Arbeit: Formen, Verbreitung, Tendenzen der Belastungsentwicklung. In: ISF München et al. (Hg.): Jahrbuch Sozialwissenschaftliche Technikberichterstattung 1993, Schwerpunkt: Produktionsarbeit, Berlin, S. 139–171.
Moldaschl, M.; Schultz-Wild, R. (Hg.) (1994): Arbeitsorientierte Rationalisierung – Fertigungsinseln und Gruppenarbeit im Maschinenbau, Frankfurt a. M./New York.
Narr, W.-D.; Schubert, A. (1994): Weltökonomie – Die Misere der Politik, Frankfurt a. M.
OECD (1992): Technology and the Economy – The Key Relationships, Paris.
Osterloh, M.; Weibel, A. (1996): Handlungsspielräume eines multinationalen Unternehmens – Das Beispiel ABB. In: P. Meil (Hg.): Globalisierung industrieller Produktion, Frankfurt a. M./New York, S. 123–148.
Picot, A.; Reichwald, R.; Wigand, R. T. (1996): Die grenzenlose Unternehmung, Wiesbaden.
Piore, M. J.; Sabel, Ch. F. (1985): Das Ende der Massenproduktion – Studie über die Requalifizierung der Arbeit und die Rückkehr der Ökonomie in die Gesellschaft, Berlin.
Porter, M. E. (1986): Changing Patterns of International Competition. In: California Management Review XXVIII (2), 9–40.
Porter, M. E. (1991): Nationale Wettbewerbsvorteile, Wiesbaden.
Sauer, D.; Döhl, V. (1994): Arbeit an der Kette – Systemische Rationalisierung unternehmensübergreifender Produktion. In: Soziale Welt 2, 197–215.
Schumann, M.; Baethge-Kinsky, V.; Kuhlmann, M.; Kurz, C.; Neumann, U. (1994): Trendreport Rationalisierung – Automobilindustrie, Werkzeugmaschinenbau, Chemische Industrie, Berlin.

Schultz-Wild, R. (1996): Internationalisierung der Produktion – Neue Arbeitsteilung in transnationalen Netzwerken, hektogr. Bericht, München.

Senghaas, D. (1993): Zwischen Globalisierung und Fragmentierung. In: Blätter für deutsche und internationale Politik 1, 50–59.

Streeck, W. (1991): On the Institutional Conditions of Diversified Quality Production. In: E. Matzner, W. Streeck (Hg.): Beyond Keynesianism, Aldershot.

Taylor, W. (1991): The Logic of Global Business – An Interview with ABB's Percy Barnevik. In: Harvard Business Review 3/4, 91–105.

Thurow, L. (1992): Head to Head – The Coming Economic Battle Among Japan, Europe, and America, New York.

UNCTAD (United Nations Conference on Trade and Development) (1995): World Investment Report 1995 – Transnational Corporations and Competitiveness, New York/Genf.

Welge, M. K. (1980): Multinationale Unternehmungen. In: Handwörterbuch der Organisation, Stuttgart, Sp. 1365–1378.

Wilhelm, M. (1996): Neben dem Außenhandel haben die Direktinvestitionen als Internationalisierungsstrategie an Bedeutung gewonnen. In: ifo-Schnelldienst 7/8, 26–38.

Wittke, V. (1993): Qualifizierte Produktionsarbeit neuen Typs: Einsatzfelder, Aufgabenzuschnitte, Qualifikationsprofile. In: ISF München et al. (Hg.): Jahrbuch Sozialwissenschaftliche Technikberichterstattung 1993, Schwerpunkt: Produktionsarbeit, Berlin, S. 27–66.

4 Restrukturierung industrieller Produktion – unternehmensübergreifende Rationalisierung und ihre Folgen für die Arbeit[1]

Dieter Sauer, Volker Döhl, Manfred Deiß, Daniel Bieber und Norbert Altmann

Vorbemerkung

Wenn in der industriesoziologischen Forschung der 80er-Jahre die Ergebnisse von empirischen Untersuchungen auf ihre Bedeutung für grundlegende gesellschaftliche Veränderungsprozesse interpretiert wurden, so wurde in der Regel von einem Umbruch herkömmlicher Formen tayloristisch-fordistischer Produktion gesprochen. Auch in diesem Teilprojekt B3 wurde zu Beginn des Sonderforschungsbereichs 333 mit der These vom „Neuen Rationalisierungstyp" ein gravierender Wandel in der betrieblichen Rationalisierung behauptet (vgl. Altmann et al. 1986). Dabei ging es weniger um veränderte Arbeitsstrukturen und neue Tätigkeitstypen, wie sie im Zuge flexibler Automatisierung zu beobachten waren (vgl. Kern und Schumann 1984). Im Zentrum standen vielmehr neue Formen integrativer oder *systemischer Rationalisierung*, die auf eine nachhaltige Reorganisation tendenziell aller inner- und überbetrieblichen Prozesszusammenhänge zielte.

Die organisatorische Neuordnung betrieblicher Funktionen und Abläufe und ihre Integration und Vernetzung auf der Basis neuer Informations- und Kommunikationstechnologien waren damals allerdings erst in Ansätzen als neue Stoßrichtung betrieblicher Rationalisierung erkennbar. Zumindest die innerbetrieblichen Integrations- und Vernetzungstendenzen sind im Laufe der 80er-Jahre, vor allem in den Versuchen einer zunehmenden datentechnischen Beherrschung gesamtbetrieblicher Abläufe (CIM-Systeme), jedoch klarer hervorgetreten und haben den systemischen Charakter betrieblicher Rationalisierung weitgehend bestätigt. In der fachlichen Dis-

---

1 In diesem Beitrag werden Forschungsergebnisse zusammengefasst, die im Teilprojekt B3 „Datentechnische Vernetzung im Betrieb und zwischen Betrieben und ihre Folgen für die Arbeitskräfte" zwischen 1986 und 1994 erarbeitet worden sind (vgl. Sauer und Döhl 1994a; Deiß 1994a). Der Prozess der Restrukturierung industrieller Produktion ist inzwischen wesentlich vorangeschritten mit deutlichen Konsequenzen für die Organisation in den Unternehmen, für den Einsatz von Technik und Arbeit und für die Beschäftigten. Auf diese neueren Entwicklungen kann in diesem Beitrag jedoch nicht näher eingegangen werden. Weiterführende Überlegungen der Autoren finden sich in Sauer (1993), Sauer und Döhl (1994b), Döhl und Sauer (1995), Bieber (1996), Deiß (1996), Altmann und Deiß (1996) sowie Sauer und Döhl (1997).

kussion wurde diese Entwicklungstendenz aber vielfach auf die technische Dimension einer fortschreitenden Automatisierung („mannlose Fabrik") verkürzt. Die gleiche Vereinseitigung, nur in umgekehrter Richtung, kennzeichnet wiederum die jüngere Debatte um das Scheitern der „CIM-Visionen" und die „Rückkehr des Menschen in die Fabrik".

In der Gegenüberstellung von technikzentrierten versus arbeitszentrierten Versionen wird unseres Erachtens die *neue strategische Qualität* betrieblicher Rationalisierung nicht erkannt. Denn Rationalisierungsstrategien richten sich – stärker noch, als wir das am Anfang des SFB gesehen haben – vor allem auf die *Erweiterung der Verwertungsperspektive* des einzelnen Unternehmens. Es wird immer deutlicher, dass sich veränderte Marktanforderungen nur noch durch eine Verknüpfung von inner- und überbetrieblichen Produktionssystemen bewältigen lassen. Einsatz und Nutzung von Technik und Arbeitskraft zielen zunehmend auf die Erhöhung der Flexibilität und Effizienz von Abläufen sowie auf deren Beschleunigung innerhalb und außerhalb des Unternehmens. Systemische Rationalisierung richtet sich – über Prozesse, Betriebe und Unternehmen hinweg – auf die Steigerung der Wertschöpfung in der gesamten Produktionskette. Damit erhält der *Rationalisierungsbegriff* nicht nur eine größere Reichweite; Rationalisierung umfasst jetzt zudem mehrere Ebenen, die sie in eine dynamisierte Beziehung zueinander stellt: vom einzelnen Arbeitsplatz über den Arbeitsprozess, den Betrieb bzw. den betrieblichen Gesamtprozess, das Unternehmen bis hin zur Industriestruktur. Der Stellenwert von Technik und Arbeit lässt sich nicht mehr auf einer Ebene und innerhalb einzelner Prozesse bestimmen, er erschließt sich vielmehr aus ihrer Funktion für Strategien der Reorganisation unternehmensübergreifender Produktion.

4.1 Produktions- und Wertschöpfungskette als Bezugspunkt systemischer Rationalisierung

Die in allen Industriestaaten seit Beginn der 80er-Jahre zu beobachtende Sättigung der Nachfrage nach standardisierten Massenprodukten hat dazu geführt, dass viele Unternehmen, insbesondere aus dem Konsumgüterbereich, versuchen, mit einem ausdifferenzierten Produktangebot (Ausweitung der Produktpalette, Verkürzung der Produktlebenszyklen, Innovationen etc.) im Wettbewerb bestehen zu können.[2] In der Konsequenz führen diese Marktstrategien zu einer massiven Verstärkung des *Flexibilisierungsdrucks* und zur Erhöhung der *Innovationsgeschwindigkeit* in den Unternehmen. Zudem setzt die Internationalisierung von Markt und Konkurrenz die Unternehmen unter einen stark ansteigenden *Kostendruck*. Das heißt, die Anforderungen

2 Empirischer Hintergrund für die folgenden Überlegungen sind unsere Untersuchungen in der Automobilindustrie. Weitere Differenzierungen sind sicherlich notwendig, wenn andere Branchen (z. B. die Investitionsgüter- oder Prozessindustrie) betrachtet werden. Bezüglich der Entwicklungen zu einer flexiblen Massenproduktion halten wir den gegenwärtigen Restrukturierungsprozess in der Automobilindustrie für exemplarisch.

eines internationalisierten und differenzierten Marktes („Käufermarkt") schlagen direkter und unmittelbarer auf die Unternehmen durch. Die Beeinflussung des Marktes entsprechend den Erfordernissen der Produktionsökonomie, wie sie im klassischen Fordismus mit der expandierenden Nachfrage nach Massenprodukten marktstrategisch gegeben war, ist immer weniger möglich.

Die Unternehmen sind vielmehr zur Bewältigung der Marktanforderungen gezwungen, neben einer umfassenden Reorganisation ihrer internen Prozessstruktur sowohl *die stoffliche Struktur* der Produkte als auch den gesamten Prozess ihrer Entwicklung, Herstellung und Vermarktung zu verändern. Bezugspunkt von Unternehmens- und Rationalisierungsstrategien wird die Produktions- und Wertschöpfungskette sowie deren Effektivierung und Flexibilisierung.[3] Damit wird die Stoßrichtung der Rationalisierung, die im klassischen Fordismus noch primär auf die Nutzung und Ausschöpfung der Potenziale der horizontalen Arbeitsteilung und auf die Effektivierung der einzelnen Arbeitsoperationen und -prozesse zielte, auf die – noch weitgehend unerschlossenen – Rationalisierungspotenziale der vertikalen Arbeitsteilung gelenkt. Die unternehmensübergreifende Prozessorientierung der Rationalisierung mündet in eine umfassende Restrukturierung der gesamten Produktions- und Wertschöpfungskette.

Ziel dieser umfassenden Restrukturierung ist es, die widersprüchlichen Anforderungen an höhere *Effizienz und Flexibilität* aus den beschränkten Spielräumen einzelner Produktionsprozesse und Unternehmenseinheiten in die gesamte Produktionskette zu verlagern. Dies geschieht durch die Zerlegung herkömmlicher Abläufe in Teilsegmente, ihre Neuordnung und Reintegration in die gesamte Produktionskette. Der sachliche Zusammenhang einer Produktionskette konstituiert sich neu über die organisatorische Ausgliederung (Segmentierung) und Zusammenführung (Integration) von Teilprozessen in neue organisatorische Einheiten (betriebliche Funktionen, Abteilungen, Werke und Unternehmen; siehe Abschnitt 4.2).

Auf diese Weise können zum einen die organisatorischen, technischen und arbeitskraftbezogenen Spezialisierungs-, Flexibilisierungs- und Standardisierungsvorteile einzelner und unterschiedlicher Produktionssegmente innerhalb der Produktionskette genutzt werden. Zum anderen eröffnet sich dadurch die Möglichkeit, das in der gesamten Kette liegende *eigenständige* Produktivitäts- und Flexibilitätspotenzial zu erschließen und zu nutzen: *Überbetriebliche Arbeitsteilung und Kooperation werden zu einer neuen Quelle der Wertschöpfung.*

Die Reorganisation der verschiedenen Teilprozesse und damit die Veränderung der zwischenbetrieblichen Arbeitsteilung ist nun aber selbst *als Prozess* zu begreifen, der notwendig die *sozialen und rechtlichen Grenzen eines Unternehmens* überschreitet. Nicht nur die durch Eigentum definierten Unternehmen, die über traditionelle Marktmechanismen vermittelt agieren, müssen kooperieren, sondern produkt- und funk-

3 Der Begriff der Produktions- und Wertschöpfungskette beschränkt sich nicht auf den Zusammenhang von Produktionsfunktionen, er schließt Austausch- und Vermarktungsprozesse ein. Auch wenn wir Letzterem in unseren Analysen bislang weniger Aufmerksamkeit geschenkt haben, so ist für uns die Gestaltung des Verhältnisses von Produktion und Zirkulation, von Wertschöpfung und Wertrealisierung zentrales Moment systemischer Rationalisierung.

tionsbezogene, weitgehend eigenständige Produktionssegmente. Dabei können segment- und unternehmensbezogene Interessen durchaus konfligieren. Prozesse der Segmentierung (und Dezentralisierung) und Integration innerhalb der Unternehmensorganisation und über die Unternehmensgrenzen hinaus sind somit notwendige, aber sehr risikoreiche Voraussetzung für die Bildung übergeordneter Produktionszusammenhänge mit zentralistischen Zielsetzungen.

Es stellen sich Fragen nach den Formen und Mechanismen der Durchsetzung solcher Reorganisationsmaßnahmen: Wie werden die in der Produktionskette ablaufenden, aufeinander bezogenen Teilprozesse koordiniert und in welcher Form kooperieren die nach wie vor rechtlich eigenständigen Unternehmenseinheiten? *Neue Koordinations- und Steuerungsmechanismen* werden erforderlich, über die sich das fragile Verhältnis von „Autonomie" und „Kontrolle" für die einzelnen Unternehmen und Segmente in einer Produktions- und Wertschöpfungskette jeweils sehr unterschiedlich herstellt (vgl. auch Sauer 1992b; Semlinger 1993).

Die Durchsetzung neuer Formen der zwischenbetrieblichen Arbeitsteilung und die Koordination der stofflich aufeinander bezogenen Teilprozesse und darüber vermittelt die *Beherrschung der Produktionskette* gehen von Unternehmen aus, die wir an anderer Stelle als *„fokale Unternehmen"* bezeichnet haben (Bieber 1992; Sauer 1992a). In der Regel sind es jene Unternehmen, die das fertige Produkt auf den Markt bringen, das heißt, den Markterfordernissen unmittelbar ausgesetzt sind. Dies können die großen Finalproduzenten (wie beispielsweise Automobilendhersteller in der Automobilindustrie), aber auch große Handelshäuser (wie sie z. B. in der Möbelindustrie den Markt beherrschen) oder auch solche Unternehmen sein, die das Produkt über spezifisches Verfahrens-Know-how oder Werkstoffe bestimmen. (Bei diesen kann es sich durchaus auch um Zulieferer für Endmontagewerke handeln.) Sie nutzen ihre Größe, ihr Wissen über die Marktbedingungen und die Gebrauchswerteigenschaften des Produkts, um ökonomischere Formen der Flexibilisierung der Produktion und eine Steigerung der Produktivität in der Wertschöpfungskette bei gleichzeitiger Verringerung der eigenen Risiken durchzusetzen. Strategien zur Reduktion der Fertigungstiefe, stärkerer Rückgriff auf externe Ressourcen und der Versuch, vor- und nachgelagerte Produktions- und Distributionsstufen zu beeinflussen, sind erste Schritte bei einer unternehmensübergreifenden Organisation von Produktions- und Dienstleistungsprozessen.

Geleitet wird das fokale Unternehmen von dem Ziel, die Gesamtproduktivität der Produktionskette gegenüber anderen Unternehmen oder Segmenten durchzusetzen, um über ungleiche Verteilung der in der Kette erzielten Produktivitätsgewinne die eigene Profitabilität zu verbessern.[4]

---

4 Wir haben diesen Mechanismus als eine Form des *„Profittransfers"* beschrieben (vgl. Bieber und Sauer 1991). Dieser Mechanismus unterstellt, dass fokale Unternehmen vor- und nachgelagerte Produktionsstufen in einer Weise beeinflussen können, dass direkt oder indirekt rentabilitätssteigernde Effekte für das eigene Unternehmen erzielt werden. Dabei handelt es sich also um eine Strategie der allseitigen Produktivitätssteigerung in unternehmensinternen und -externen Bereichen. Der „kooperativ" erzielte Profit wird also nicht einfach durch Marktmacht über den Preis abgeschöpft, sondern er wird gleichsam gemeinsam produziert und dann – aufgrund der Machtasymmetrie innerhalb der Wertschöpfungskette – zugunsten der fokalen Unternehmen ungleich verteilt.

Zwar erfährt der Widerspruch zwischen der stofflichen Zusammengehörigkeit und den daraus resultierenden Kooperationserfordernissen einerseits sowie der Organisation in eigentumsbezogen getrennten Produktionseinheiten andererseits über die durch das fokale Unternehmen gesteuerte Segmentation und Integration in Produktions- und Wertschöpfungsketten eine je spezifische historische Lösung; er bleibt jedoch weiter wirksam und kann aufgrund potenziell divergierender Interessen der jeweiligen Segmente und Unternehmen innerhalb der Produktionsketten jederzeit aufbrechen.[5]

Die Beherrschung und Steuerung von Produktionsketten durch fokale Unternehmen basiert wesentlich auf einer *Instrumentalisierung von Markt- und Konkurrenzbeziehungen* zwischen den organisatorischen Einheiten der Produktionskette. Dies setzt eine weiter gehende Dezentralisierung komplexer Produktionsstrukturen in autonome organisatorische Einheiten voraus, die faktisch oder fiktiv unter Markt- und Konkurrenzbedingungen produzieren und wirtschaften müssen. Damit werden bestehende und verkrustete Strukturen aufgebrochen, hemmende Abläufe und Routinen infrage gestellt und Selbststeuerungsmechanismen eingezogen. Die Möglichkeit, die Konkurrenzbeziehungen der Segmente zu nutzen und damit zu instrumentalisieren, erlaubt es den fokalen Unternehmen, partiell auf einen direkten hierarchischen Durchgriff auf die Produktionsbedingungen der Segmente zu verzichten. Durch diese „Steuerung" der Produktionskette über Markt- und Konkurrenzmechanismen erfolgt eine Verobjektivierung von Macht- und Herrschaftsbeziehungen. Sie bleibt jedoch an Formen zentralistischer Kontrolle und Steuerung gebunden, durch die sichergestellt werden soll, dass sich die konkurrierenden organisatorischen Einheiten weiterhin an den stofflichen und wertmäßigen Erfordernissen der Produktionskette ausrichten. Hierdurch werden wiederum die Grundlagen „reiner" Markt- und Konkurrenzbeziehungen verletzt: Transparenz der Segmente (Wertanalyse, Controlling und Ähnliches); Zielverpflichtung durch Rahmenvorgaben; Druck auf Implementierung und Kontrolle der Integrationsmedien (Qualitätssicherungs- und logistische Systeme etc.). Die hierüber sich vollziehende *Kontrolle der Autonomie* der Segmente läuft – wird die Kontrolle überzogen – Gefahr, die regulie-

5 Dieser Widerspruch wird in der Regel in den Produktions- und Managementkonzepten der letzten Jahre (vor allem der Ingenieure, Betriebswissenschaftler, Managementberater und anderer) nicht gesehen. Zwar setzen auch sie an Prozessen der Segmentierung bzw. Dezentralisierung und Integration an. Dabei sind Konzentration auf Kernbereiche und -kompetenzen, „out-sourcing", „down-sizing" und Ähnliches die Schlagworte, mit denen der Prozess der Auflösung großer, hierarchisch strukturierter Komplexe industrieller Produktion in kleinere und eigenständige organisatorische Einheiten in der Debatte um die zukünftige Fabrikorganisation charakterisiert wird (vgl. dazu exemplarisch Bullinger 1992; Warnecke 1992; Wildemann 1992). Als zentrale organisatorische Gestaltungsprinzipien werden „Autonomie" und „Autarkie", damit „Selbstorganisation" und „Selbstverantwortlichkeit", genannt. Dabei werden die Einbindung dieser Einheiten in den produktiven Gesamtzusammenhang und ihre Ausrichtung auf das marktorientierte Gesamtziel, die zwischen den beiden Polen „Vertrauen in die Selbststeuerungspotenziale" und „Notwendigkeit des hierarchischen Durchgriffs" oszillieren, eher einseitig und harmonistisch dargestellt. Unterstellt – oder zumindest nicht weiter hinterfragt – wird dabei eine Interessenidentität aller in einer Produktionskette zusammengefassten Einheiten und Teilprozesse.

rende und disziplinierende Wirkung von Konkurrenz- und Marktmechanismen einzuschränken. Ziel von Dezentralisierung ist es ja gerade, die hemmenden Faktoren und die Filterwirkungen unternehmensinterner hierarchischer Organisationsstrukturen zu beseitigen.

Der Macht- und Beherrschungszusammenhang in der Produktionskette hat Konsequenzen für das Verhältnis der einzelnen Produktionssegmente untereinander und damit für die Abhängigkeitsstruktur in der Kette. Er führt dazu, dass in die Gliederung der Produktionskette nach stofflichen Gesichtspunkten eine hierarchische Struktur eingezogen wird. Daraus resultieren *Tendenzen der Hierarchisierung und Pyramidisierung* von Produktionsketten mit einschneidenden industriestrukturellen Wirkungen.[6]

Ein Beispiel ist die Entwicklung in den Zuliefermärkten der Automobilindustrie, die insbesondere in Europa (anders als in Japan und den USA) stark mittelständisch strukturiert waren: Einerseits findet hier seit Ende der 80er-Jahre ein Konzentrationsprozess statt, der nicht zuletzt durch die Anforderungen der Abnehmer bedingt und dessen Ende noch nicht absehbar ist. Andererseits werden die Zuliefernetzwerke hierarchisch und pyramidenförmig strukturiert. An der Spitze stehen als fokale Unternehmen die Automobilhersteller (oder als subfokale Unternehmen die Systemlieferanten), die über hinreichend große Machtpotenziale verfügen, um verschärfte Marktanforderungen strategisch in die Zulieferkette weitergeben zu können. An der Basis finden sich die Unternehmen, die aufgrund ihrer Größe, des von ihnen angebotenen Produktspektrums, ihres Know-hows und ihres eingeschränkten Marktzugangs relativ leicht austauschbar sind und deren Position entsprechend schwach ist. Dazwischen liegen die Teile- oder Komponentenfertiger, die den Aufstieg zum Systemlieferanten nicht schaffen und wegen der von den Endherstellern verfolgten Strategie einer Reduzierung der Zahl der Zulieferer aus der Direktzulieferung herausfallen.

Die Entwicklung neuer Formen der Kooperation in Produktions- und Wertschöpfungsketten kann als *neuartige Form der Vergesellschaftung* kapitalistischer Produktion begriffen werden. Produktions- und Wertschöpfungsketten und ihre Verknüpfung zu Produktionsnetzwerken sind zunächst – ähnlich den älteren Vergesellschaftungsformen wie der Kapitalkonzentration und -zentralisation (vertikale und horizontale Kapitalverflechtung, Aktiengesellschaften, Kartelle und Ähnliches) – als Erweiterung der einzelkapitalistischen Verwertungsbasis und als Zusammenfassung von gesellschaftlichen Produktionsfunktionen zu betrachten. Sie unterscheiden sich aber auch in wesentlichen Punkten davon: Zum einen folgt die Kooperation in Produktionsketten stofflichen Gesichtspunkten, sie entwickelt sich entlang der stofflichen Zusammengehörigkeit einzelner Produktionsprozesse und -segmente. Zum anderen ist der über die Beziehungen der organisatorischen Einheiten vermittelte Zusammenhang jedoch nicht nur ein sachlicher, sondern auch ein wertmäßiger: Produktionsketten sind zugleich auch Wertschöpfungsketten, in welchen durch Produktivitätssteigerung die Verwertungsbedingungen des in ihr inkorporierten Gesamtkapitals verbessert werden sollen. Das Gesamtkapital bleibt jedoch fiktiv, ebenso wie die Orientierung an der Gesamtproduktivität einer Produktionskette, denn sie unterstellt

6 Zur Hierarchisierung und Pyramidisierung sowie deren Verlaufsformen und Konsequenzen innerhalb der Automobilzulieferindustrie vgl. Bieber und Sauer (1991), Bieber (1992), Deiß und Döhl (1992) sowie Sauer (1992a).

eine stoffliche und rationale Ausrichtung aller Teilprozesse und -segmente an den Produktivitätszielen der gesamten Produktionskette. Von daher konstituiert sich in der Kette ein widersprüchlicher Zusammenhang. Dieser besteht darin, dass sich das Gesamtkapital nur über die Verwertung einzelner (faktischer oder fiktiver) Unternehmen herstellt und damit aber auch die Steigerung der Gesamtproduktivität an die Produktivitätssteigerung und die Interessen einzelner Unternehmen gebunden bleibt. Entsprechend sind die produktivitätssteigernden Wirkungen der an Produktions- und Wertschöpfungsketten orientierten Rationalisierungsstrategien immer begrenzt, die stofflich vorhandenen Potenziale kooperativer Produktion können in einer Produktionskette nicht umfassend ausgeschöpft werden.

Systemische Rationalisierung als Strategie der Reorganisation von Produktionsketten richtet sich auf die *Nutzung heterogener Produktionsformen* und deren unterschiedliche Produktivitäts- und Flexibilitätspotenziale: Fokale Unternehmen versuchen, in Produktionsketten die Unterschiede in den Ausgangsbedingungen der mit ihnen kooperierenden Unternehmen zu nutzen (z. B. im Innovationspotenzial, in den unterschiedlichen Formen der Prozesstechnik, des Technisierungsniveaus, des Arbeitseinsatzes, der Qualifikation, der Arbeitskosten und Ähnlichem). Es geht dabei jedoch nicht einfach nur um die Nutzung der Pluralität verschiedener Produktionsformen und Rationalisierungspotenziale, sondern um die Nutzung komplementärer Potenziale.

Ein Beispiel aus der Fertigung ist die Trennung von Prozessen mit variantenreichen von variantenarmen, stückzahlreichen Teilprodukten und ihre Integration in eine Prozesskette. Hierbei werden Prozesse mit unterschiedlichem Standardisierungsgrad, Technisierungsniveau und -form, Arbeitsorganisation, Arbeitseinsatz, Qualifikationsniveau etc. voneinander getrennt und im Rahmen der Organisation von Produktionsketten in neuer Weise miteinander verknüpft. Dabei finden sich Tendenzen einer weiter gehenden Technisierung und Tendenzen einer breiteren Nutzung von Arbeitskraft. Auch die Formen der Technisierung und des Arbeitseinsatzes selbst differieren weiterhin: Transferstraßen oder hoch mechanisierte Einzweckmaschinen neben flexibler Automatisierung, tayloristische Fließfertigung neben heterogen qualifizierter Gruppenarbeit, Un- und Angelernteneinsatz neben hoch qualifizierter Produktionsarbeit und Ähnliches.

Mit der Neustrukturierung von Produktionsketten wird somit ein Prozess in Gang gesetzt, in dem sich die Unterschiede zwischen Produktionssegmenten noch schärfer produkt- und prozessspezifisch ausdifferenzieren und neue Segmentationslinien herausbilden. Zugleich werden aber auch über die Mechanismen der Integration in die Produktionskette (Konkurrenz, hierarchischer Durchgriff, zentralistische Steuerung, technische Vernetzung) Prozesse der Angleichung der technischen und organisatorischen Struktur der Produktionssegmente initiiert.

Zum Beispiel können Betriebe bzw. Produktionssegmente nur dann in ein existierendes zwischenbetriebliches technisches Informationsnetz einbezogen werden, wenn sie selbst über technische Anschlussvoraussetzungen verfügen bzw. ein bestimmtes notwendiges Niveau informationstechnischer Durchdringung der eigenen Prozesse erreicht haben.

Die strategische Nutzung heterogener, jedoch komplementärer Produktionsformen verfestigt auf der einen Seite das Fortbestehen gering technisierter und arbeitsintensiver Fertigungsstrukturen. Auf der anderen Seite erzwingen die Integrationserfordernisse in der Produktionskette eine partielle Anpassung technisch-organisatorischer Strukturen und damit eine Erhöhung des generellen Technisierungsniveaus.

Daraus resultieren widersprüchliche Anforderungen an den unternehmensübergreifenden Produktionszusammenhang, die dessen Fragilität und Labilität verstärken.

Widersprüchlichkeit kennzeichnet generell die Prozesse der Reorganisation von Produktionsketten und damit die zukünftige Entwicklung systemischer Rationalisierungsstrategien. So erzeugt die sachliche Abhängigkeit in einer Produktionskette durch die Komplexität des neu entstehenden Produktionszusammenhangs Probleme, die in akute Funktionsgefährdungen umschlagen können: Die ökonomische Abhängigkeit und die oft damit verbundene Gefährdung kleiner und mittlerer Betriebe, die Erosion gewachsener mittelständischer Strukturen und die Bildung neuer Segmentationslinien in den Lohn- und Arbeitsbedingungen der Beschäftigten schaffen innerhalb einer Produktionskette neuen sozialen Sprengstoff.

4.2 Segmentation und Integration von Unternehmens- und Betriebsstrukturen

Die Restrukturierung des gesamten Produktionszusammenhanges in Form unternehmensübergreifend wirksamer Segmentierungs- und Integrationsprozesse schlägt sich in neuer Schneidung, Zusammenfassung und Zuordnung einzelner Funktionen und Teilprozesse nieder. Dabei werden nicht nur die unmittelbaren Fertigungsprozesse in den Betrieben erfasst, sondern auch die bislang der Fertigung vor- und nachgelagerten Prozesse.

Zunächst sind *die unmittelbaren Fertigungsprozesse und Prozessfunktionen zentrale Bezugspunkte der Restrukturierung.* Ziel bleibt auch hier, die Fertigung unter wachsender Einbindung und Nutzung der Potenziale der gesamten Produktionskette zu flexibilisieren und zu ökonomisieren.

Als für die Reorganisation von Fertigungsabläufen wichtige Strukturierungsmuster erweisen sich z. B. die Prinzipien der „Produktmodularisierung" (vgl. Schraysshuen 1992) oder der „kundenauftragsorientierten Fertigungsweise" (vgl. Deiß et al. 1989; Döhl et al. 1989). Über sie versuchen vor allem die fokalen Unternehmen, die mit explodierender Variantenvielfalt und/oder kundenspezifischer Produktgestaltung steigende Komplexität organisatorisch zu bewältigen. Im Zuge der Umsetzung solcher Strukturierungsprinzipien werden neuartige Funktionsgruppen (z. B. Module oder teilefamilienbezogene Subsysteme) gebildet. Dabei werden bislang unterschiedlich verteilte und getrennt voneinander organisierte und/oder sich gegen eine Prozessintegration „sperrende" (Teil-)Funktionen neu geschnitten und gebündelt (Funktionsintegration). Damit wird es auch möglich, traditionelle und zentralistisch geprägte Prozessabfolgen der Massenfertigung aufzubrechen, produktionsbezogene Funktionen dezentral in neu geschaffenen Einheiten zusammenzufassen und als relativ eigenständige Segmente neu zu verorten, sei es im Unternehmen, sei es durch Verlagerung nach außen. Insbesondere die Externalisierung der Fertigung von Modulen erlaubt es, die mit ihnen verbundenen Flexibilitätsanforderungen und damit einen Großteil des gesamten Flexibilitätsdrucks auf System- oder Modullieferanten abzuwälzen. Zugleich eröffnet sie dem fokalen Unternehmen die Möglichkeit, die in diesen Betrieben vorhandenen, seinem Zugriff aber bislang verschlossen gebliebenen Potenziale und Ressourcen (spezielle Qualifikationen, technologisches Know-how, technische Ausstattung etc.) für eine Rationalisierung des gesamten Fertigungszusammenhangs zu nutzen. Umgekehrt bedeutet dies aber auch, dass das Unternehmen unter dem Gesichtspunkt der Sicherung der stofflichen Voraussetzungen seines Produktionszusammenhangs von diesen Betrieben (z. B. System- und Entwicklungslieferanten) abhängig werden kann.

Mit der Reorganisation des Fertigungsablaufs verbinden sich vor allem folgende Konsequenzen: Die bislang fast ausschließlich unter der Regie von Einzelunternehmen autonom organisierten Fertigungsabläufe werden tendenziell aufgebrochen; Teilprozesse werden in der Produktionskette zunehmend über mehrere, stofflich/produktbezogen voneinander abhängige Unternehmen und Unternehmenssegmente verteilt und in einen neuen Produktionszusammenhang integriert. Zur Regulierung der hoch interdependenten Abläufe in der Kette werden *neue Instrumente der Steuerung und Kontrolle* notwendig, die die Funktionsfähigkeit des Gesamtprozesses sichern, zugleich aber die relative Autonomie der jeweiligen Segmente wahren.

Die Unterwerfung der Segmente unter die Zielsetzungen und Steuerungszwänge einer Produktionskette und ihre gleichzeitige Organisation als relativ eigenverantwortliche, sich selbst steuernde und wettbewerbsorientiert agierende Produktionseinheiten (z. B. als Cost- oder Profit-Center) lassen zwischen den Segmenten – z. T. vermittelt und potenziert über ihre Einbindung in verschiedene Ketten und Netzwerke – *spezifische konkurrenzielle Beziehungen* entstehen. Über sie vollzieht sich ein Teil des neuartigen Kontroll- und Steuerungsmechanismus. Aus der verstärkten Markt- und Kundenorientierung der einzelnen Segmente können aber nicht nur die anvisierten produktivitäts- und wertschöpfungssteigernden Effekte resultieren. Es können vielmehr auch Hemmnisse für die Effektivierung und Integration der gesamten Kette erwachsen: Widersprüchliche Funktionserfordernisse innerhalb einzelner oder gegebenenfalls zwischen mehreren Produktionsketten, in die einzelne Segmente eingebunden sind, können zu Zielkonflikten und Interessenkollisionen führen (z. B. bei Inkonsistenzen zwischen den Vorgaben für Forschung und Entwicklung (FuE) dominanter Abnehmer und einzelbetrieblich relevanten FuE-Anforderungen des Marktes, bei der Erfüllung logistischer Anforderungen in der Kette und gleichzeitiger Einlösung wettbewerbsrelevanter Qualitätsansprüche etc.).

Reorganisation von Fertigungsprozessen in eng verknüpften Produktionsketten erhält selbst *Prozesscharakter*: Die Bildung eigenständiger Fertigungseinheiten und deren Einbindung in die Produktionskette lässt neue Probleme und Zwänge entstehen, die ständig auf organisatorische Innovationen oder Revisionen drängen. Dies bedeutet, dass sich Rationalisierung im unternehmensübergreifenden Produktionszusammenhang – wie auch in den einzelnen Segmenten selbst (Stichwort „Kontinuierlicher Verbesserungsprozess", KVP) – zu einem permanenten Prozess entwickelt, bei dem die in sich fragilen Produktionsketten immer wieder im Hinblick auf die sich wandelnden Marktbedingungen innerhalb und außerhalb der Produktionsnetzwerke neu geschnitten und zusammengefasst werden.

Die *Reorganisation der nicht unmittelbar fertigungsbezogenen Funktionen* ist ebenfalls ein wesentliches Moment der Herausbildung prozess- und unternehmensübergreifend organisierter Produktionsketten. Dabei werden durch strikte Arbeitsteilung vorgegebene Grenzen überwunden und (Teil-)Funktionen, die bislang vorwiegend zentralistisch organisiert waren, dezentralisiert und in die Produktionskette verlagert. Dies gilt vor allem für die Funktionsbereiche der Logistik und der Qualitätssicherung, aber auch für Forschung und Entwicklung: Sie erhalten zunehmend Querschnittsfunktion und sind über die gesamte Produktionskette hinweg für die Sicherung der jeweils für den Produktionszusammenhang notwendigen Funktionsvoraussetzungen verantwortlich. Sie werden damit auch zu wichtigen Schnittstellen zwischen den einzelnen Segmenten und Unternehmen und entwickeln sich für die fokalen Unternehmen zu den entscheidenden Medien der Steuerung des Gesamtprozesses in der Kette. Aber auch die seit jeher mit Austauschbeziehungen befassten betrieblichen Funktionsbereiche und Abteilungen (Einkauf oder Vertrieb) werden in diesem Kontext Gegenstand organisatorischer Veränderungen.

Forschung und Entwicklung, Qualitätssicherung (QS) und Logistik waren in ihrer traditionellen Funktionsbestimmung nur indirekt auf die unmittelbaren Fertigungsprozesse bezogen. Dabei waren insbesondere FuE und QS vorwiegend produkt- und nicht prozessorientiert; auch bestanden zwischen ihnen nur geringe Verbindungen. Dies ändert sich nun grundlegend.

Alle drei Funktionen erfahren zunächst durch die neuen Anforderungen auf den Absatzmärkten eine erhebliche Aufwertung in den Unternehmen und in der Produktionskette. Der sich beschleunigende Modellwechsel und die marktinduzierte Produktdifferenzierung machen einen steigenden Aufwand an Forschungs-, Entwicklungs- und Konstruktionsarbeiten notwendig. Qualität wird zunehmend zu einem wichtigen Kriterium für die Platzierung in den Absatzmärkten und die Sicherung von Marktanteilen. Die Reduzierung der Durchlaufzeiten in der Fertigung sowie des Umlaufkapitals und die Abwicklung flexibler und zeitlich verdichteter Prozesse sind nur auf der Basis aufwendiger und differenzierter logistischer Konzepte zu realisieren.

Der dadurch bedingte enorme Ausbau der damit befassten Bereiche führte und führt nicht nur zu einer drastischen Erhöhung der indirekten Kosten; es zeigt sich dabei auch immer deutlicher, dass ihre traditionelle (Produkt-)Orientierung und auch ihre bisherige (zentrale und arbeitsteilige) organisatorische Verortung im Gesamtprozess zunehmend dysfunktional für die Bewältigung der ihnen neu zuwachsenden Aufgaben werden. Als entscheidend für die Erfüllung ihrer neuen Querschnitts- und Schnittstellenfunktionen zur Sicherung der stofflichen und wertschöpfungsbezogenen Funktionserfordernisse innerhalb von Produktionsketten erweisen sich die sukzessive *Ausweitung des Wirkungsbereichs dieser Funktionen* (Verknüpfung von Produkt- und Prozessorientierung) und das gezielte Aufbrechen ihrer herkömmlichen organisatorischen Verortung im Gesamtprozess.

Für den *Funktionsbereich Forschung und Entwicklung* verbindet sich mit dem sukzessiven Übergang von der sequenziellen zur eher parallelen bzw. simultanen Vorgehensweise (vgl. Bieber und Möll 1993) eine partielle Überwindung der bisherigen organisatorischen Grenzen und Distanzen zwischen FuE- und Fertigungsabteilungen: Die immer engere Anbindung und organisatorische Überlappung einzelner Entwicklungsschritte von der Produktplanung über die Prozessplanung bis hin zur Fertigungsvorbereitung (z. T. auch darüber hinaus, wenn man an die frühe Rückkopplung von Reklamationen der Erstkunden in den Entwicklungsprozess denkt) konstituieren eine inhaltlich und zeitlich dichtere Verflechtung der jeweiligen FuE-

Arbeiten („simultaneous“ bzw. „concurrent engineering“) sowohl zwischen den unternehmensinternen Abteilungen und Segmenten als auch zwischen fokalen Unternehmen und externen vor- und nachgelagerten Bereichen. Damit erweitert sich auch die Bezugsebene von FuE: Der herkömmliche Bezug auf das Produkt (Produktinnovation) wird zunehmend und systematisch auf die stofflich/materiellen Bedingungen der Fertigung ausgeweitet (Prozessinnovation – Stichwort: fertigungs- und montagegerechte Entwicklung und Konstruktion). Ziel beider Tendenzen – Simultaneität und Prozessbezug – ist, „Leerläufe“ und Doppelarbeiten in der Planungsphase und langwierige Serienanläufe zu vermeiden sowie insgesamt den Zeitraum zwischen Konzipierung und Vermarktung eines Produkts, also die „time to market“, zu reduzieren.

Ähnliches gilt für den *Funktionsbereich Qualitätssicherung*. Der gestiegene Kostenaufwand für qualitätssichernde Maßnahmen und die wachsende Dysfunktionalität von Qualitätsprüfungen, die produktbezogen bzw. ergebnisorientiert erfolgen, haben den Druck auf die Entwicklung neuer technischer und organisatorischer Konzepte erhöht: QS – oder besser Qualitätsmanagement – soll tendenziell in alle Etappen der Planung und Erstellung der Produkte integriert werden, um Fehler erst gar nicht entstehen zu lassen (Bezug auf den Prozess bzw. auf die Prozesssicherheit). QS soll präventiv und prozessorientiert auf die Planung, Gestaltung und Abwicklung von Produktionsabläufen Einfluss nehmen (vgl. Deiß 1994b). Damit kommt es zu einer Dezentralisierung von QS-Funktionen und zu ihrer Integration in den unmittelbaren Fertigungsablauf.

Der *Funktionsbereich Logistik* war zwar mit seinen Aufgaben der material- und teilebezogenen Vermittlung zwischen den einzelnen Bearbeitungs- und Fertigungsschritten schon immer prozessorientiert. Mit der Neuordnung der Abläufe in Form eng miteinander verknüpfter Segmente wird dieser Prozessbezug allerdings auf die gesamte segment- und unternehmensübergreifende Logistikkette und damit auf ihre informationellen und ablaufsteuernden Momente ausgeweitet. Von daher zeichnen sich auch hier Dezentralisierungstendenzen ab, indem logistische Funktionen verstärkt in Teilprozesse und Segmente (insbesondere auf der Grundlage des JIT-Prinzips) integriert werden. Diese erhalten so einen gewissen Spielraum zur Selbststeuerung, bleiben aber in der Regel an zentral erstellte und an diese rückgekoppelte Planungs- und Steuerungsvorgaben der fokalen Unternehmen (z. B. über differenzierte Lieferabrufsysteme) gebunden.

Aufgrund des gemeinsamen Bezugs von FuE, QS und Logistik auf den materiellen Zusammenhang der Produkterstellung bzw. die dadurch bewirkte Integration aller drei Funktionen in den Fertigungsprozess ergeben sich für die bislang eher unverbunden operierenden Funktionsbereiche neue organisatorische Verknüpfungsmöglichkeiten und -erfordernisse: Zum Beispiel können durch konstruktions- und/oder prozessbezogene Fehlervermeidungsanalysen (FMEA) wichtige Grundlagen für die qualitätsorientierte Gestaltung und Beherrschung der Prozesse „vor Ort“ geschaffen werden; neue Methoden präventiver QS ermöglichen, Fehlerquellen frühzeitiger und rascher zu beseitigen, was wiederum die Sicherheit und Funktionsfähigkeit prozessintegrierter logistischer Abläufe erhöht (Stichwort: logistische QS). Mit der Dezentralisierung verschiedener Teilfunktionen und Aufgaben erfahren die bisher separat und zentral organisierten Bereiche der Logistik und der QS (bzw. die dafür zuständigen Abteilungen und Funktionsträger im Unternehmen) – nach ihrer anfänglich enormen unternehmensinternen Aufwertung – einen spürbaren Bedeutungsverlust. Der wachsende Stellenwert beider Funktionen als solcher für den produktiven Gesamtzusammenhang bleibt davon jedoch unberührt.

Die den Bereichen FuE, QS und Logistik zukommende *Querschnittsfunktion* in der gesamten Produktions- und Wertschöpfungskette manifestiert sich in mehrfacher Weise:

- Hinsichtlich *Forschung und Entwicklung* kommt dies etwa darin zum Ausdruck, dass die durch Produktmodularisierung ermöglichte Verlagerung wichtiger produktiver Teilprozesse auf vorgelagerte Produktionsstufen (Reduzierung der Fertigungstiefe) einerseits und die Parallelisierung von FuE und Fertigungsvorbereitung andererseits die wachsende Notwendigkeit erzeugen, auch die Prozesse in der Entwicklung und Konstruktion verstärkt zu segmentieren und entsprechend zu externalisieren. Deshalb vor allem werden FuE-Aufgaben aus den fokalen Unternehmen auf Zulieferunternehmen insbesondere der ersten Zulieferstufe (Systemlieferanten oder Spezialisten) übertragen (Reduzierung der Entwicklungstiefe).
- In Bezug auf die *Qualitätssicherung* manifestiert sich die Querschnittsfunktion darin, dass qualitätssichernde Teilfunktionen in alle Stufen der Produkterstellung integriert werden, die darauf gerichtet sind, eine qualitätsorientierte Planung und Gestaltung sämtlicher Prozesse zu gewährleisten (Stichwort: Total Quality Management, TQM). Dies hat Konsequenzen auch für den gewissermaßen letzten ergebnisbezogenen Teilbereich von QS: Wareneingangskontrollen werden tendenziell überflüssig.
- Die Querschnittsfunktion prozessintegrierter *Logistik* in der Produktionskette ist evident, erhält jedoch durch die Differenzierung und Verdichtung der Abläufe sehr viel größere Bedeutung. Die Übertragung weitreichender und neuartiger logistischer Aufgaben auf zuliefernde Segmente und die Reorganisation der dazu erforderlichen Schnittstellen und Steuerungssysteme gehörten damit auch zu den ersten im Rahmen unternehmensübergreifender Rationalisierung realisierten Maßnahmen.

Die Ausweitung der drei Funktionsbereiche zu Querschnittsfunktionen führt dazu, dass den fokalen Unternehmen gleichermaßen (wenn auch unterschiedlich gerichtet) neue, auf die Produktionskette und die Prozesse in den einzelnen vor- und nachgelagerten Betrieben und Unternehmen gerichtete *Gestaltungs- und Beeinflussungspotenziale* erwachsen. Zwar ist nach wie vor über bestimmte Sanktionierungsmaßnahmen (Lieferantenbewertung, Zuteilung von Lieferkontingenten etc.) ein direkter Durchgriff auf die Struktur der Kette und die einzelnen Segmente bzw. Unternehmen möglich. Im Zuge der Organisation dieser Querschnittsfunktionen werden jedoch prozess- und unternehmensübergreifende Mechanismen der Koordinierung, Vernetzung und Bewertung der Prozesse installiert. Sie lassen den Durchgriff der fokalen Unternehmen auf die vor- und nachgelagerten Betriebe eher prozessimmanent (Stichwort: Fertigung und Lieferung auf Abruf) und dauerhaft (Stichwort: KVP) zur Geltung kommen und wirken damit als versachlichter Anreiz zur Erreichung eines gemeinsamen Produktivitäts- und Qualitätszieles der Produktionskette. FuE, QS und Logistik fungieren im Rahmen systemischer Rationalisierungsstrategien der fokalen Unternehmen also als – quasi zentralistische – *Medien der Steuerung und Kontrolle* von vor- und nachgelagerten Betrieben, auch wenn dabei deren Autonomie formal bestehen bleibt.

Schließlich aber bewirken diese Entwicklungen, dass die traditionell von Markt und Konkurrenz geprägten *Austauschbeziehungen* zu einem großen Teil durch neuartige, sich über diese neuen Querschnittsfunktionen vollziehende Prozesse abgelöst werden, über die der Austausch (bzw. die Integration) zwischen den einzelnen Segmenten der Kette stofflich und technisch koordiniert bzw. vermittelt wird. Damit aber erfahren die seit jeher mit solchen Austauschbeziehungen befassten Funktionsbereiche und Abteilungen, also etwa *Einkauf und Beschaffung* bei Abnehmer-, *Verkauf und Vertrieb* bei Zulieferunternehmen, einen relativen Bedeutungsverlust. Preis- bzw. Kostengesichtspunkte kommen beim Austausch von Produkten nunmehr in anderer Weise zur Geltung: Sie werden verknüpft mit den stofflichen Anforderungen an Produkt und Unternehmen (wie z. B. Produkt- und Prozessqualität, Innovationsfähigkeit, logistische Zuverlässigkeit und Ähnliches), direkt (z. B. über die Vorgabe von Zielpreisen) als Rationalisierungsanreize genutzt und von den fachlich dafür zuständigen betrieblichen Abteilungen durchgesetzt.

Zudem werden zentrale – in der Regel in den fokalen Unternehmen angesiedelte – Prognose-, Kalkulations- und Kontrollfunktionen neu aufgebaut und entsprechende Verfahren entwickelt, mit deren Hilfe nicht nur verstärkt die internen, sondern tendenziell alle in die Produktionskette integrierten oder integrierbaren Prozesse wert- und kostenmäßig erfasst, untersucht und bewertet werden sollen (mithilfe von Wertanalysen, Lieferantenbewertungssystemen, Controlling-Verfahren, Benchmarking etc.). Nicht mehr nur die Wert- und Kostenstruktur einzelner Unternehmen und Unternehmensbereiche, sondern die der Produktionskette in ihrer Gesamtheit wird also zum Bezugspunkt solcher Analysen; sie können als Basis für eine Art kettenübergreifender Controlling-Funktion zur Optimierung und Effektivierung sämtlicher Strukturen und Abläufe im Wertschöpfungszusammenhang dienen und Grundlagen für Entscheidungen und Maßnahmen der diesen Zusammenhang steuernden Funktionsbereiche von FuE, QS und Logistik liefern (Stichwort: „outsourcing", „make-or-buy"-Entscheidungen).

4.3 Technik und Arbeit in heterogenen Produktionsstrukturen

Die gegenwärtige Rationalisierungsentwicklung lässt sich in ihren dominanten Merkmalen weder einseitig als fortschreitende Automatisierung noch als „Rückkehr des Menschen in die Fabrik" zusammenfassend generalisieren. Mit der Erweiterung der Rationalisierungsperspektive in die Produktions- und Wertschöpfungskette löst sich der Gegensatz zwischen Technisierung und breiterer Nutzung von Arbeitskraft gleichsam „in die Produktionskette" auf. Über die Neuschneidung von Prozesszusammenhängen sollen ja gerade heterogene Produktionsformen, das heißt jeweils unterschiedliche Formen der Technisierung und des Arbeitseinsatzes, genutzt werden.

Dabei geht es jedoch – wie bereits dargestellt – nicht einfach um die Verschiedenartigkeit von Technisierungs- und Arbeitsformen in einer Produktionskette, sondern um die Nutzung ihrer Komplementarität. Die Optimierung von Technik und Arbeit erfolgt damit primär auf der Ebene übergeordneter Produktionssysteme und nicht mehr ausschließlich innerhalb einzelner Prozesse. Dabei stellt sich der Grenznutzen von weiteren Technisierungsmaßnahmen im Rahmen einer Produktionskette mit ihren vielfältigen alternativen Produktionsformen anders dar als in einzelnen, isoliert betrachteten Prozessen, Segmenten oder auch Betrieben.

Die Heterogenität ist unter anderem die Ursache für die unterschiedlichen Einschätzungen der Bedeutung von Technik und Arbeit. Die Versuche, generalisierende Aussagen über Entwicklungstrends zu begründen, beziehen sich – unausgesprochen – entweder auf die Extrapolation und Verallgemeinerung von Entwicklungen in ganz bestimmten Bereichen bzw. Segmenten der Produktionskette oder auf die einseitige Betonung bestimmter funktionaler Anforderungen (etwa neuer Integrationsleistungen).

Aus unserer Sicht wird die jeweilige Gestaltung von Technik und Arbeit weitgehend bestimmt durch funktionale Erfordernisse, die sich aus der Dezentralisierung komplexer Produktionsstrukturen und der Herausbildung autonomer Produktionseinheiten sowie deren Integration in Produktions- und Wertschöpfungsketten ergeben. Im Folgenden soll gezeigt werden, wie sich dies in einzelnen Produktionssegmenten niederschlägt, die sich hinsichtlich ihres Technisierungsniveaus, ihrer Arbeitsorganisation und der Qualifikation der dort Beschäftigten deutlich unterscheiden. Mit der Gegenüberstellung von Arbeitskräftegruppen in hoch technisierten und gering technisierten Bereichen wird bewusst auf eine traditionelle Gegenüberstellung zurückgegriffen, die uns in der neueren Debatte über die Entwicklung segmentierter Industrie- und Arbeitsstrukturen wichtig erscheint. Die Fokussierung der Diskussion der letzten Jahre auf bestimmte gestaltungsrelevante Momente von Technik und Arbeit hat dazu geführt, dass Entwicklungen in gering technisierten Bereichen kaum (mehr) beachtet werden, die Aufmerksamkeit einseitig den Arbeitskräften in den hoch technisierten Bereichen und an organisatorisch zentralen Schnittstellen gilt. Die Reorganisation erfasst alle Bereiche, verändert die Situation der Arbeitskräfte jedoch in unterschiedlicher Weise.

Wir gehen davon aus, dass der Status jener *Arbeitskräfte in hoch technisierten Prozessen und Bereichen*, die in den 80er-Jahren im Mittelpunkt arbeitsorganisatorischer Gestaltungsmaßnahmen standen und auf die bezogen die Entstehung eines neuen Typs qualifizierter Produktionsarbeit diskutiert wurde (Kern und Schumann 1984), im Zuge der Reorganisation von Produktionsketten neu bewertet wird. Die produktionsnahen „Rationalisierungsgewinner" der flexiblen Automatisierung, deren Arbeitsanforderungen sich wesentlich aus der Sicherung und Aufrechterhaltung technisch weitgehend autonom ablaufender Prozesse ergeben („Gewährleistungsarbeit"), werden nun zunehmend in Zwänge eingebunden, die aus der Ablaufoptimierung in den Segmenten sowie aus den Integrations- und Beschleunigungsmechanismen der Produktionskette resultieren. Dadurch werden die ihnen zugeschriebenen neuen Handlungsspielräume wieder deutlich eingeschränkt, bislang vorhandene positive Effekte qualifizierter Produktionsarbeit können aufgehoben werden oder auch in neue Belastungen umschlagen.

Der Effektivierungsdruck, der durch die neuen Mechanismen der instrumentalisierten Konkurrenz zwischen den Segmenten auch die hoch technisierten Bereiche erfasst, schlägt zunächst nur begrenzt als unmittelbarer Leistungsdruck auf die Beschäftigten durch. Hier geht es vor allem um die Ausschöpfung der Leistungsfähigkeit technischer Anlagen (hinsichtlich Auslastung, Störungsfreiheit, Qualität und Ähnlichem); die Produktivität des technischen Systems ist weitgehend von der menschlichen Arbeitsleistung entkoppelt.

Die Integration solcher Segmente in die Produktionskette und die dabei notwendige Bewältigung herkömmlicher und neuer Schnittstellenprobleme erweitern allerdings – soweit die damit verbundenen Anforderungen in die Tätigkeit integriert werden – das Aufgabenspektrum der dort Beschäftigten, z. B. Anlagenfahrer und Systemregulierer (um logistische und QS-Funktionen, Aufgaben des Produkt- und Prozessdatenmanagements, spezielle segmentübergreifende Organisationsaufgaben etc.).

Die Generierung von Prozess-, Produkt- und Personaldaten in den Segmenten als Grundlage einer übergeordneten Kontrolle und Steuerung vollzieht sich in den hoch technisierten Bereichen weitgehend in den technischen Systemen. Hiermit wird die Transparenz geschaffen, die in den neuen Produktions- und Managementkonzepten immer wieder als Basis einer „marktlichen Ausrichtung" (Bullinger 1992) betrieblicher Strukturen betont wird. Dies ermöglicht ein prozessbegleitendes „controlling" sowie eine Steuerung der Segmente und Teilprozesse in der Produktionskette entsprechend den jeweils entwickelten Kennzahlen. Der Einsatz von Informations- und Kommunikationstechnologien an möglichst allen Schnittstellen einer Produktionskette ist damit wesentliches Medium für die Synchronisierung der einzelnen Segmente und zugleich Voraussetzung für den steuernden Durchgriff fokaler Unternehmen. Die Beschäftigten werden also auch dann, wenn sie in hoch technisierten Segmenten relativ große Handlungsspielräume besitzen, zum Objekt von Regulierungs- und Kontrollstrategien, die sich vor allem über die (sachliche) Steuerung der Prozesse vollziehen (vgl. Böhle 1994: 201 f.). Es kommt zu einer weiteren Verobjektivierung von Herrschaft: Vermittelt über die Ausrichtung von Produkt- und Prozessmerkmalen an technischen und ökonomischen Optimierungskriterien der Produktionskette (Mengen-, Zeit- und Qualitätsgrößen), werden technisch mediatisierte Formen der Arbeitsverrichtung einer weiteren versachlichten Regulierung und Kontrolle unterworfen.

In dem Maße, in dem die Schnittstellen zwischen den Segmenten technisch beherrscht werden und damit – zumindest zwischen hoch technisierten Bereichen – zunehmend technisch vernetzte Strukturen entstehen, geraten jedoch die für die Funktionsweise des Gesamtsystems notwendigen Autonomiespielräume der Segmente und der in ihnen beschäftigten Arbeitskräfte in Gefahr. Damit wird aber auch den installierten Markt- und Konkurrenzmechanismen mit den ihnen zugeschriebenen Integrationsfunktionen tendenziell die Basis entzogen.

Der Anteil von Produktionssegmenten, die hoch technisiert und hoch automatisiert sind, ist zwar je nach Branche und Industriebereich unterschiedlich, er dürfte jedoch generell weit niedriger liegen als allgemein angenommen.[7] Der komplementäre Zu-

7 So werden selbst in der durchaus als technisiert zu betrachtenden Automobilindustrie in Erhebungen des SOFI Göttingen Anfang der 90er-Jahre immer noch 91 % der Produk-

sammenhang zwischen diesen hoch technisierten und den *gering technisierten Prozessen und Bereichen* und die strategische Nutzung ihrer jeweils differenten Flexibilitäts- und Kostenstrukturen geraten erst bei der Analyse von Produktionszusammenhängen und ihrer Reorganisation zu Produktionsketten ins Blickfeld. Wie oben gezeigt, schaffen Segmentation und Integration die Basis für neue Formen der standardisierten Massenproduktion, wodurch zwar weiter gehende Möglichkeiten der Technisierung in Einzelsegmenten der Produktionskette eröffnet werden, gleichzeitig aber auch jene Bereiche in der Kette zum Bezugspunkt von Strategien zur Steigerung von Produktivität, Flexibilität und Prozessbeschleunigung werden, in denen der Anteil manueller Arbeit nach wie vor hoch ist.

Strategien der Dezentralisierung und Segmentierung führen dazu, dass traditionelle Produktionsformen mit niedrigem Technisierungsniveau und herkömmlichen tayloristischen Formen der Arbeitsorganisation in erheblichem Maße erhalten bleiben. Dabei werden auch diese der Konkurrenz mit anderen Segmenten ausgesetzt, und zwar weniger mit hoch technisierten Bereichen als vielmehr – über die Arbeitskosten – vor allem mit Segmenten in Regionen und Ländern mit geringeren „labour standards". Der Druck auf die Arbeitskosten führt dann zu einer Verschärfung der traditionellen Nutzungsformen und der darauf bezogenen Leistungspolitik: Extensivierung und Intensivierung der Arbeit, Einsatz billigerer Arbeitskräfte, Abbau oder Umgehung bestehender Lohn- und Arbeitsstandards etc. Trotz der allseits akzeptierten Formel vom „Ende des Taylorismus" bleiben also tayloristische Produktionsformen weiterhin in erheblichem Umfang bestehen.

Betriebe und Segmente mit derartigen Produktions- und Arbeitsformen sind natürlich nicht gemeint, wenn von der „Rückkehr des Menschen in die Fabrik" oder von humanzentrierten Managementkonzepten die Rede ist. Gemeint sind schon eher jene Produktionseinheiten, in denen manuelle Arbeit zwar noch einen hohen Stellenwert hat, in denen die Erschließung des menschlichen Arbeitsvermögens im Rahmen überkommener Rationalisierungsstrategien jedoch an Grenzen gestoßen ist. Die Ursachen dafür liegen hier meist in den gestiegenen Flexibilitätsanforderungen, die es unmöglich machen, weiterhin mit Methoden der Arbeitszerlegung in starr getakteten Fließprozessen die Nutzung von Arbeitskraft zu effektivieren. Exemplarisch dafür steht der Bereich der Montage, in dem in jüngerer Zeit versucht wird, durch Einführung von Montagegruppen, „U-Line"-Strukturen und anderen *neuen arbeitsorganisatorischen Maßnahmen* die Arbeit am Fließband zu flexibilisieren und über eine „Verflüssigung" der Leistungsverausgabung Leistungsreserven auszuschöpfen. Es geht also – unabhängig von der konkreten Ausgestaltung der arbeitsorganisatorischen Systeme – vorrangig um eine Arbeitsverdichtung und damit um mehr Leistung. Auch hier sollen Markt- und Konkurrenzmechanismen bislang brachliegende Potenziale menschlichen Arbeitsvermögens erschließen. Die größeren Autonomie- und Handlungsspielräume, die die Arbeitskräfte im Gegenzug erhalten, hängen nicht zuletzt davon ab, in welchem Umfang zusätzliche Aufgaben (der Arbeitsplanung, der Qualitätssicherung und Ähnlichem) in den Tätigkeitsbereich der Montagearbeit integriert werden.

---

tionstätigkeiten als Handarbeit (davon 70 % am Produkt, 21 % an Maschinen; vgl. Schumann et al. 1992: 17) eingestuft.

Der Ausbau von Informations- und Kommunikationsinstrumenten in der Produktionskette erfasst – wie gezeigt – auch die gering technisierten Produktionsbereiche und macht sie so dem Zugriff fokaler Unternehmen zugänglich. Bei geringer interner datentechnischer Durchdringung der Segmentstrukturen werden sie hauptsächlich über organisatorische und personelle Verknüpfungen in die Kontroll- und Steuerungsmechanismen der Kette eingebunden, auch wenn sie zunehmend unter Druck geraten, zumindest ihre Schnittstellen zu den anschließenden Segmenten datentechnisch zu unterstützen. Um die jeweils notwendigen Produkte und Informationen zur Sicherung der Abläufe in der gesamten Produktionskette rechtzeitig und vollständig bereitzustellen, werden in diesen Produktionssegmenten Funktionsbereiche installiert, in denen diese Integrationsleistungen von eigens dafür eingesetzten qualifizierten Arbeitskräften erbracht werden. Dies kann zur Voraussetzung für die Integration solcher Produktionssegmente in die Produktionskette werden. Der Druck fokaler Unternehmen auf die Erfüllung solcher Standards (in Fragen Qualität, Lieferzuverlässigkeit etc.) wird vor allem dann, wenn Produktionssegmente noch als eigenständige, insbesondere mittelständische Unternehmen existieren, vielfach sehr direkt und demonstrativ ausgeübt. Die schwierige Situation der mittelständischen Automobilzulieferindustrie in den letzten Jahren illustriert dies in schlagender Weise.

Die zwischenbetriebliche Durchsetzung von Qualitäts- und QS-Standards sowie neue Formen logistischer Anbindung werden – wie in Abschnitt 4.2 ausgeführt – von fokalen Unternehmen als Instrument genutzt, um Produktions- und Kostenstrukturen in den Segmenten transparenter zu machen, die Material- und Zeitpuffer zwischen den Segmenten zu reduzieren und damit die Prozessabläufe zu beschleunigen. Über beide Integrationsmedien werden systemische Rationalisierungszwänge der Produktionskette in die Betriebe und in die einzelnen Produktionssegmente hinein vermittelt. Sie werden gezwungen, sich der Gesamtrationalität der Produktionskette unterzuordnen, ihre Ressourcen offen zu legen und in den Dienst einer kontinuierlichen Aufrechterhaltung des Gesamtprozesses zu stellen. Dies bedeutet, dass Leistungsvorgaben und -kontrollen als traditionelle tayloristische Formen zeitökonomischer Rationalisierung nunmehr durch prozessbezogene Zwänge der Produktionskette ergänzt oder teilweise durch sie ersetzt werden. Obwohl sich diese neuen Kontroll- und Steuerungsmaßnahmen nicht unmittelbar auf die Arbeit als solche oder einzelne Arbeitstätigkeiten richten, verbinden sich mit ihnen erhebliche Arbeitsfolgen.

Während im Prinzip zwar alle Segmente einer Produktionskette von derartigen qualitätssicherungsbezogenen und logistischen Verknüpfungen erfasst werden, entfalten sie ihre Wirkung als *neues Prinzip zeitökonomischer Rationalisierung* doch primär dort, wo einerseits noch in großem Umfang manuelle Arbeit verrichtet wird und wo sich andererseits die Formen tayloristischen Zugriffs auf Arbeitskraft gelockert haben. Betroffen sind jedoch nicht nur die Produktionsarbeiter/innen und die Vorgesetzten in der unmittelbaren Fertigung (vgl. dazu für die Elektroindustrie Moldaschl 1991), sondern auch wesentliche Teile der Angestellten.

Prozessbezogene Zwänge und versachlichte Restriktionen in der Produktionskette ersetzen leistungspolitische Vorgaben, schaffen aber zugleich neue Rahmenbedingungen, innerhalb deren autonome Arbeitsgruppen, individuelle Handlungsspielräume, Formen der Selbstorganisation und Ähnliches in den Segmenten zugelassen und genutzt werden können. Das Verhältnis von Autonomie und Kontrolle, das sich in solchen Arbeitsstrukturen einspielt, bleibt somit auch hier labil: Durch die zeitökonomischen Zwänge in der Arbeit (aufgrund ihrer sachlichen Unterwerfung unter qualitätsbezogen und logistisch extern festgelegte Abläufe) können Autonomiespielräume wieder so weit eingeschränkt werden, dass auch die angestrebten Motivierungs- und Leistungsziele fraglich werden. Umgekehrt kann das Ausreizen von Handlungsspielräumen von Arbeitsgruppen und einzelnen Arbeitskräften sehr leicht die fragilen logistischen Prozessstrukturen gefährden, da schon kleine Störungen weit reichende ökonomische Effekte zeitigen.

Wenn also gegenwärtig viel über eine „mensch- oder arbeitszentrierte" Produktion geredet wird, ist im Auge zu behalten, dass sich Handlungsspielräume für den überwiegenden Teil, insbesondere der manuell tätigen Arbeitskräfte, nicht in dem Umfang und der Weise eröffnen, wie es in der Diskussion über neue Produktionsmethoden meist unterstellt wird. Hier „kehrt kein Mensch zurück in die Fabrik", hier wird auch nicht technikzentrierte Produktion durch menschzentrierte ersetzt; vielmehr wird versucht, bislang nicht genutzte Leistungsressourcen zu erschließen. Mit der Reorganisation von Arbeit in der Produktionskette vollzieht sich also eine *neue leistungspolitische Offensive* der Unternehmen. Dabei geht es nicht allein um eine breitere Nutzung von Arbeitsvermögen, sondern auch um eine Versachlichung und Verobjektivierung bzw. Entsubjektivierung der Leistungspolitik und damit letztlich um die „Selbstintensivierung von Ausbeutung".

In der Diskussion um die neue Rolle des Menschen in der Produktion wird ein Aspekt besonders aufgegriffen, der allerdings bislang nur eine kleine Zahl von Arbeitskräften betrifft: So genannte *Problemlöser* oder *Integratoren* als die neuen *„Spezialisten" der systemischen Rationalisierung* erhalten eine Schlüsselrolle bei der derzeitigen Reorganisation industrieller Produktion. Auf die Bedeutung solcher Arbeitstätigkeiten in Schnittstellenfunktionen, die nur dann erforderlich werden, wenn integrative Leistungen nicht unmittelbar in den technischen Abläufen oder Arbeitsvollzügen erbracht werden können, ist in der bisherigen Darstellung schon hingewiesen worden. Dabei geht es um die Übersetzung von abstrakten Systemerfordernissen und Informationen in die konkrete betriebliche Realität, die Kommunikation zwischen den Produktionseinheiten in der Kette, die Lösung von Kompatibilitätsproblemen zwischen unterschiedlichen technischen Systemen, die Bewältigung von Problemen, die aus Systemstörungen, Qualitätsverlusten etc. entstehen, die Kontrolle und Sicherung zentralistisch vorgegebener Kennziffern und Ähnliches. Soweit aus diesen Funktionen eigene Tätigkeiten und Arbeitsplätze erwachsen, finden sich diese, wie erwähnt, vor allem in den Qualitätssicherungs- und Logistikbereichen, teilweise auch in FuE-Abteilungen. Daneben entstehen auch disziplinübergreifende Spezialistentätigkeiten, die eher projektorientiert und damit nur partiell bestimmten Funktionsbereichen zuzuordnen sind.

Solche „Integratoren" finden sich aber nicht nur an den Schnittstellen der Segmente, sondern tendenziell auch in den Kontroll- und Steuerungsinstanzen der fokalen Unternehmen. Wie bereits dargestellt, bleiben selbst bei weitgehender Verlagerung von indirekten Funktionen in die Produktionssegmente und ihrer Integration in die Prozesse übergeordnete Steuerungsfunktionen in den Unternehmenszentralen bestehen. Dies gilt insbesondere für FuE, Logistik und QS als Querschnitts- und Schnittstellenfunktionen. Zudem gewinnen zentralistisch organisierte Kontroll- und Steuerungsfunktionen (wie Wertanalyse und Controlling) an Gewicht. Bei diesem Polarisierungsprozess, der Stärkung der zentralen Funktionen (vor allem in den fokalen Unternehmen) und der gleichzeitigen Verlagerung von Teilaufgaben in die dezentralisierten produktionsnahen Bereiche der Segmente verliert das traditionelle mittlere Management, das bislang die Vermittlung zentraler Vorgaben in die konkreten Abläufe leistet, sukzessive an Bedeutung. Mit der Schaffung „flacher Hierarchien" oder „größerer Führungsspannen" als Ziele eines „Lean Managements" wird diese mittlere Führungsebene zum Objekt von Rationalisierungsstrategien. Ihr drohen Verlust von angestammten Privilegien, Kompetenzen und Macht sowie – zumindest teilweise – auch der Verlust des Arbeitsplatzes. Auf der anderen Seite bedeutet die Abflachung der Hierarchien keineswegs den Abbau hierarchischer Kontrolle, sondern ist vielmehr Ausdruck eines veränderten Kontrollmodus in der gesamten Produktionskette. Dieser verlangt ein anderes Führungspersonal, eben die genannten Problemlöser und Integratoren, über deren notwendiges Qualifikationsprofil derzeit viel diskutiert wird.

In der anhaltenden Umbruchsituation in den Betrieben sind die Konturen eines solchen „Integrationsmanagements" (Bullinger 1992) noch nicht eindeutig zu erkennen. Im Gegenteil: Es wird der Anschein erweckt, als hinge die Funktionsweise systemischer Rationalisierungsprozesse überwiegend von informellen Strukturen ab, die neben oder gegen vorhandene hierarchische Strukturen wirksam werden. Dabei scheint dann auch die informelle Arbeit oder die „Person der Arbeitskraft" (Bechtle 1994) zentrale Bedeutung für die notwendige Bewältigung von Unbestimmtheiten und Bruchstellen in den betrieblichen Abläufen zu erhalten. Die neue Rolle der Subjektqualität lebendiger Arbeit resultiert unseres Erachtens jedoch nicht allein aus dieser Funktion, sondern sie bestimmt sich aus den immanenten Integrationserfordernissen segmentierter Produktion. Einerseits wird die Entfaltung der Subjektivität zur spezifischen Qualifikationsanforderung für die Beherrschung der Prozesse systemischer Rationalisierung, andererseits bleibt sie den dargestellten versachlichten Koordinations- und Kontrollmechanismen unterworfen. Die gegenwärtig viel diskutierte Subjektivierung von Arbeit vollzieht sich in Prozessen zunehmender Objektivierung von Herrschaft. Die neuen „Selbstregulierungsanforderungen" an Arbeitskraft sind also als Ausdruck des widersprüchlichen Verhältnisses von Segmentation und Integration sowie der Notwendigkeit, Autonomie und Kontrolle in der Produktionskette gleichzeitig zu sichern, zu interpretieren. Sie stellen somit auch keine generellen – für alle Arbeitskräfte geltenden – Anforderungen dar, sondern richten sich vor allem an Arbeitskräfte in den zur Schnittstellenbewältigung in der Produktionskette ausdifferenzierten Funktionsbereichen. Aber auch diese Schlüsselarbeitskräfte sind zugleich in die versachlichten und informationstechnisch vermittelten Koordinationsmechanismen der Kette eingebunden, die ihre Selbstregulierungsspielräume wiederum einschränken.

Welches Gewicht diese noch relativ kleine Gruppe von „Spezialisten" der systemischen Rationalisierung zukünftig erlangen wird, hängt nicht zuletzt von der weiteren Herausbildung von Produktionsnetzwerken und deren informationstechnischer

Durchdringung ab: Da ihre Integrationstätigkeit einerseits eng mit der Existenz solcher Systeme verbunden ist, wächst mit deren fortschreitender Nutzung auch ihre Bedeutung; andererseits können weiter gehende Technisierungsmaßnahmen ihre Aufgabenbereiche und Spielräume wieder einschränken und damit auch ihr Gewicht relativieren.

4.4 Folgen für die Arbeitskräfte: Polarisierung und Selbstrationalisierung

Welche Auswirkungen sich aus der Reorganisation von Produktionsketten für die Nutzung und den Einsatz der Arbeitskräfte ergeben, hängt entscheidend von zwei Faktoren ab: zum einen von der Stellung des Produktionssegments innerhalb der Produktionskette, zum anderen davon, wie Rationalisierungsmaßnahmen in die Kette durchschlagen.

Schon Mitte der 80er-Jahre hatten wir darauf hingewiesen, dass die Arbeitsfolgen systemischer Rationalisierung relativ unbestimmt und partiell widersprüchlich sind und dass sie nur über eine Analyse der Rationalisierung des Gesamtsystems erklärt werden können (Altmann et al. 1986). Die aktuelle Besonderheit liegt nun darin, dass sie nicht (nur) in den Produktionssegmenten auftreten, in denen die konkreten betrieblichen Maßnahmen durchgeführt werden, sondern auch – und das in zunehmendem Maße – in anderen Funktions- und Arbeitsbereichen bzw. Organisationseinheiten der gesamten Produktionskette. Dabei verbinden sich mit den geschilderten Prinzipien und Prozessen unternehmensübergreifender Rationalisierung Wirkungsweisen, die – zumindest auf struktureller Ebene – grundlegende Aussagen über bestimmte Folgen für die Beschäftigten zulassen.[8]

Im Verlauf des Reorganisationsprozesses *verlagern sich die Arbeitskräfteprobleme und -risiken* zunehmend von den fokalen bzw. subfokalen Unternehmen auf die ihnen vor- und nachgelagerten Produktionsstufen und -segmente (vgl. Deiß 1991).[9] Richtung und Intensität der Verlagerung werden durch die jeweilige Position der Segmente und vor allem durch die verstärkte Nutzung unterschiedlicher Kosten- und Leistungsstandards in den heterogenen Produktionsstrukturen der Kette bestimmt.

Dabei kommt es zu einer Aufspaltung industrieller Strukturen in dominante und in abhängige Produktionssegmente, wie sie sich etwa in der Automobilbranche in mehrfacher Weise zeigt: einmal in einer Dualisierung nach dominanten, in der Tendenz „nur" noch für Produktdefinition und grundlegende Produktentwicklung, für Controlling und Endmontage zuständigen Automobilherstellern auf der einen und „problemlösenden" Systemlieferanten, die entsprechende Entwicklungs-, Konstruk-

8 Ausführliche Darstellungen finden sich im Jahrbuch Sozialwissenschaftliche Technikberichterstattung 1993 (ISF München et al. 1993) und bei Deiß (1994 a).

9 Die folgenden Ausführungen beziehen sich auf die fokalen Unternehmen und die ihnen vorgelagerten Bereiche. Zu den Auswirkungen in den nachgelagerten Bereichen vgl. für die Automobilindustrie Mendius und Weimer (1991) sowie Mendius (1992).

tions-, Fertigungs- und Teilmontagearbeiten erledigen, auf der anderen Seite; eine weitere Segmentationslinie unterscheidet diese subfokalen Systemlieferanten von der Vielzahl stark abhängiger und zuarbeitender Vorlieferanten. Solche Dualisierungsprozesse führen, wie gezeigt, zu hierarchischen Strukturen in der Produktionskette; ihnen entsprechen nach unseren Befunden *Tendenzen einer strukturellen Polarisierung* in der Kette nicht nur hinsichtlich der Qualifikation der Beschäftigten und ihrer arbeitsorganisatorischen Spielräume (wie in Abschnitt 4.3 ausgeführt), sondern auch hinsichtlich der gesamten Beschäftigungs- und Arbeitssituation. Zugleich sind die Chancen für die Bewältigung von Arbeitskräfterisiken und für eine Verbesserung der Arbeitsbedingungen sehr unterschiedlich verteilt.

Dabei verbinden sich mit der Nutzung heterogener Produktionsstrukturen durchaus auch ungleiche Arbeitsbedingungen auf der horizontalen Ebene einer Produktionsstufe, sodass sich Tendenzen einer Polarisierung und massive Arbeitskräfteprobleme also auch innerhalb fokaler Unternehmen bzw. einzelner Produktionssegmente zeigen können. Insbesondere mit der Tendenz zur Reduzierung der Fertigungstiefe verbinden sich erhebliche Beschäftigungsrisiken. Dies wurde auch z. B. im drastischen Personalabbau der letzten Jahre in den Automobilunternehmen sichtbar, der nicht nur konjunkturelle Gründe hatte.

Die Ausweitung des „global-sourcing" von Zulieferteilen und der Internationalisierung der Produktion führt ferner dazu, dass die Verschiebung von Arbeitskräfteproblemen innerhalb der Kette nicht mehr nur im Rahmen regionaler oder nationaler Strukturen stattfindet. Verlagerungstendenzen werden sich – noch stärker als bisher – entlang der Segmentationslinien zwischen hoch entwickelten Industrieländern, Schwellenländern und industriellen Billiglohnländern entwickeln. Zunehmend auf Globalisierung gerichtete Rationalisierungsstrategien fokaler Unternehmen haben somit problematische Wirkungen über nationale Grenzen hinaus: Arbeitskräfterisiken durch grenzüberschreitende Substitution ganzer Fertigungsbereiche, Auslagerung hoch belastender Arbeitsplätze, Ausschöpfung oder Erhalt niedriger Lohn- und Beschäftigungsstandards etc.

Arbeitsprobleme und Arbeitskräfterisiken verteilen sich also ungleich über die Produktionskette. Dies gilt nicht nur für die in Abschnitt 4.3 angesprochenen Aspekte der Qualifikationsanforderungen und arbeitsorganisatorischen Spielräume, sondern auch und besonders für die im Folgenden behandelten Problemdimensionen Beschäftigung, Arbeitseinsatzflexibilität und Arbeitszeit, Leistungsdruck und Arbeitsbelastung sowie Interessenvertretung.

Unabhängig von Krisensituationen vollziehen sich im Zuge unternehmensübergreifender Rationalisierung ein *schleichender Beschäftigungsabbau und eine Erhöhung des Beschäftigungsrisikos*. Beides vollzieht sich weitgehend entkoppelt von einzelnen Rationalisierungsschritten und kann deshalb schwerlich als Rationalisierungseffekt identifiziert und einzelnen Maßnahmen zugeordnet werden; gleichwohl sind sie vielfach durch die Rationalisierungsentscheidungen dominanter Unternehmen in der Kette induziert.

Mit der Eliminierung der in und zwischen den einzelnen Segmenten der Kette bestehenden Puffer und „Leerzeiten", mit dem simultanen und zugleich flexiblen Zusammenspiel aller Abläufe wird der Prozess der Leistungserbringung in der Kette so weit wie möglich „verflüssigt". Auch wenn diese Form der Rationalisierung hauptsächlich auf die Verringerung des Umlauf- und Sachkapitals (durch Verkürzung der Durchlaufzeiten, Bestandsverringerung sowie höhere Anlagenauslastung) zielt, kommt es dadurch neben der intensiveren Nutzung von Arbeitskraft zu einer erheblichen Reduzierung von Arbeitsaufwand und Arbeitsplätzen in der gesamten Produktionskette.

Diese Form der Rationalisierung schlägt sich für einen Großteil der Beschäftigten vor allem in einem *permanent erhöhten Beschäftigungsrisiko* nieder, vor dem grundsätzlich kein Unternehmensteilbereich mehr gefeit ist. So erzeugen etwa Strategien der Auslagerung von Teilfunktionen der Fertigung, aber auch von Dienstleistungen bereits im Vorfeld entsprechender unternehmerischer Entscheidungen eine wachsende Konkurrenz zwischen den möglicherweise betroffenen Bereichen und Segmenten. Zudem bewirken Segmentationsstrategien wie Spartenbildung, Einführung von Cost-Centern, aber auch die auf die Gesamtkette bezogene Neuschneidung von Entwicklungs- und Fertigungsprozessen (Stichwort: Produktmodularisierung) im Verein mit solchen Auslagerungsstrategien einen stetigen, weitgehend selbstorganisiert verlaufenden Selektionsprozess innerhalb der Kette. Im Wettbewerb zwischen Produktionssegmenten und damit auch zwischen Belegschaftsteilen erhält damit Beschäftigungsreduzierung eine entscheidende Bedeutung dafür, ob und mit welchem Gewicht diese Bestandteil innerhalb der Produktionsnetzwerke bleiben bzw. sich dazu entwickeln können.

Ob, an welcher Stelle und in welchem Ausmaß daraus ein *konkreter Personalabbau* resultiert, hängt wesentlich davon ab, welche Veränderungen in der Arbeitsorganisation, in den Qualifikations- und Arbeitsanforderungen, in der quantitativen Besetzung etc. in den einzelnen Segmenten im Rahmen solcher Restrukturierungsmaßnahmen vorgenommen werden. Hier spielen auch verschiedene Mechanismen der Verdeckung von Beschäftigungsfolgen eine wichtige Rolle (vgl. Deiß et al. 1989).

Dabei werden die Arbeitskräfte in den jeweils davon betroffenen Segmenten der Produktionskette weniger unmittelbar als Einzelne zu Objekten konkreter Rationalisierungs- oder Personalmaßnahmen. Sie geraten vielmehr als Belegschaften ganzer Abteilungen oder Betriebe ins Visier unternehmensübergreifender Rationalisierungsstrategien bzw. dadurch ausgelöster Reaktionen der einzelnen Segmente. Sie sind vielfach gezwungen, Personaleinsparungskonzepte zu entwickeln, sodass sie in einem Prozess der Selbstselektion auch noch Entscheidungshilfe leisten bzw. vermittelt über subtile Prozesse segmentinterner Personalauswahl auch als Einzelne zu Opfern solcher *Prozesse von „Selbstrationalisierung"* werden können.

So werden etwa Belegschaftsteile innerhalb und außerhalb der Unternehmen gezielt gegeneinander ausgespielt, Verlagerungsszenarien zur Durchsetzung von Personalabbau und Leistungsintensivierung thematisiert, unternehmensextern und damit eigenständig organisierte EDV- und andere Dienstleistungsabteilungen sowohl unter Konkurrenz- als auch unter Abhängigkeitsgesichtspunkten genutzt etc.

Eng verknüpfte und ablaufoptimierte Produktionssysteme lassen die Anforderungen an die Disponibilität und Flexibilität von Arbeitskraft spürbar anwachsen. Sie richten sich vor allem auf eine umfassende und jederzeitige Verfügbarkeit von und über

Arbeitskraft, auf die vernetzte Produktionssegmente zwangsläufig angewiesen sind, wenn sie das optimale Ineinandergreifen knapp und fragil organisierter und deshalb störanfälliger Prozesse in der Kette sicherstellen sollen. Daraus resultiert insbesondere für die Beschäftigten in den vorgelagerten Produktionseinheiten, dass sie grundsätzlich – und tendenziell ununterbrochen – für einen ablauf- und arbeitszeitbezogen *diskontinuierlichen Arbeitseinsatz* bereitstehen müssen (häufige Personalumsetzung, zunehmende Einführung von (Nacht-)Schichtarbeit, abrupter Wechsel zwischen arbeitsfreien Zeiten und Überstunden etc.); ein Druck, der auch durch die Nutzung computergestützter Planungsinstrumente nur wenig abgemildert wird.

Der hohe Bedarf an flexibler Verfügbarkeit über Arbeitskraft führt zudem zu einer *Zunahme des Anteils prekärer Beschäftigungsverhältnisse*. Diese Entwicklung kann sowohl zu einer wachsenden Polarisierung zwischen knapp besetzten Kernbelegschaften und größeren Randbelegschaften führen als auch sich in der intensiveren Inanspruchnahme betriebsextern organisierter Arbeitskräftepuffer (wie verlängerter Werkbänke, Leiharbeitsfirmen etc.) niederschlagen. Insbesondere kleinere Zulieferunternehmen greifen nach unseren Befunden zur Verringerung ihres vergleichsweise höheren Arbeitskostenrisikos verstärkt auf befristete Arbeitsverträge, Leiharbeit, kurzfristige Einsätze von Fremdfirmen etc. zurück. Immer mehr Arbeitnehmer in den vorgelagerten Bereichen der Produktionskette müssen damit auf der einen Seite einen vergleichbar schlechteren Beschäftigungsstatus bei gleichzeitig permanenter Gefährdung ihrer Arbeitsplatzsicherheit hinnehmen; auf der anderen Seite aber müssen sie – nicht selten unter Verzicht auf tarif- und arbeitsrechtlich abgesicherte Lohn- und Arbeitsschutzansprüche – alles daransetzen, durch hohe Flexibilitätsbereitschaft einer solchen Gefahr besonders entgegenzuwirken.

Derartige Effekte sind um so mehr zu erwarten, als der Druck auf eine lagerlose und stark verdichtete Fließfertigung die Abläufe in der gesamten Produktionskette immer störanfälliger werden lässt, deren Funktionsfähigkeit aber dennoch jederzeit zu gewährleisten ist. Die Segmente auf den vorgelagerten Produktionsstufen stehen daher vor der Notwendigkeit, im Interesse des Gesamtprozesses in der Kette jederzeit und in ausreichendem Maße auf das erforderliche Arbeitsvermögen – sowohl auf dem Arbeitsmarkt als auch in der eigenen Belegschaft – zurückgreifen zu können. Dies hat sich speziell in einer bereits relativ weit fortgeschrittenen *Flexibilisierung der Arbeitszeitstrukturen und der individuellen Arbeitszeiten* ausgewirkt. Es zeigt sich allerdings, dass in diesem Zusammenhang eingeführte Arbeitszeitregelungen vorrangig, wenn nicht ausschließlich nach Maßgabe der jeweiligen segmentinternen Produktionsstrukturen und -abläufe und in Orientierung an den Produktionszeiten dominanter Abnehmer festgelegt werden. Dabei werden sie – nicht selten entgegen tariflicher Bestimmungen – möglichst optimal auf bestimmte Maschinenlaufzeiten und Montageumfänge hin ausgelegt. Auf der einen Seite lassen deshalb die immer zahlreicher und vielfältiger praktizierten Arbeitszeitmodelle – trotz einiger, oft vorschnell als arbeitnehmerorientiert gewerteter Bestandteile – im Allgemeinen wenig Spielraum für eine angemessene Berücksichtigung individueller Interessen und Bedürfnisse der Arbeitnehmer. Auf der anderen Seite sehen sie aber grundsätzlich vor – und müssen dies im Interesse der Gesamtkette auch tun –, dass bei nicht vorhersehbaren Veränderungen in den Produktionsabläufen jederzeit von ihnen abgewichen werden kann.

Dementsprechend kommt es überall in der Zulieferkette zusätzlich zu *arbeitszeitbezogenen Ad-hoc-Maßnahmen*. Dies zeigt sich besonders bei jenen zahlreichen vorgelagerten Segmenten, die aufgrund ihrer Produktions- und Kundenstrukturen über besonders geringe Flexibilitätsspielräume verfügen und sich daher völlig auf die immer kurzfristigeren, terminlich und mengenmäßig enorm schwankenden Lieferabrufe ihrer fokalen Abnehmer einlassen müssen. Obwohl vielfach versucht wird, diesen Anforderungsdruck durch kostenaufwendige – den Zielen systemischer Rationalisierung freilich zuwiderlaufende – Lagerbildung einigermaßen aufzufangen, werden doch zunehmend Maßnahmen wie Überstunden, Zusatz- und Wochenendschichten, Formen extensiver Rufbereitschaft, aber auch Urlaubsanordnung ergriffen. Darüber hinaus sind diese Betriebe immer häufiger darauf angewiesen, das Instrument der Kurzarbeit in Anspruch zu nehmen. Von dieser Entwicklung sind immer mehr auch die Bereiche der Produktionsplanung oder der Instandhaltung und Wartung, zum Teil sogar der Entwicklung und Konstruktion und damit auch das untere und mittlere Management betroffen.

Mit der Reorganisation von Arbeit in der Produktionskette vollzieht sich, wie gezeigt, eine neue leistungspolitische Offensive der Unternehmen. Durch die dabei zur Wirkung kommenden neuen Formen zeitökonomischer Rationalisierung gerät die Mehrzahl der Arbeitskräfte unter einen sich *zunehmend verschärfenden Leistungsdruck*:[10] Vermittelt über die wechselseitige Abhängigkeit der einzelnen Produktionsschritte und -segmente voneinander und konkretisiert in verschiedenen organisatorischen und personalpolitischen Maßnahmen, schlagen in der Kette erzeugte zeit- und mengenbezogene logistische Zwänge sowie produkt- und prozessbezogene Qualitätsanforderungen unmittelbar auf die Arbeitssituation in den vorgelagerten Bereichen durch. Dort aber sind in der Regel zu geringe Spielräume vorhanden, um diesen verschärften und zum Teil widersprüchlichen Anforderungen angesichts der alltäglich zu bewältigenden Produktionserfordernisse gerecht werden zu können. In derartigen Abläufen, aus denen jegliche „Poren" zwischen den einzelnen Produktionsschritten und -segmenten eliminiert sind, kommt es so zu einer enormen Intensivierung der Arbeit bei oft gleichzeitiger Ausweitung der Arbeitszeiten.

Dies führt insbesondere in den traditionell tayloristisch organisierten Bereichen der Zulieferkette dazu, dass zu den dort ohnehin bestehenden klassischen Formen der Leistungsintensivierung neue Momente der Arbeitsverdichtung und des breiten Leistungsabrufs hinzukommen, denen allerdings in der Regel keine entsprechenden arbeitsinhaltlichen oder finanziellen Kompensationen gegenüberstehen. Die neuartigen zeitökonomischen Zwänge können aber auch in jenen hoch technisierten Bereichen zur Wirkung kommen, in denen die enge Bindung der Arbeitskräfte an Maschinen und Prozesse aufgehoben ist. Das Gleiche gilt für die Beschäftigten, die an Schlüsselpositionen zur Schnittstellenbewältigung und Prozessintegration eingesetzt sind. Auch für diese noch wenigen Arbeitskräfte verschärfen sich unter zusätzlichem

10 Nicht näher eingegangen wird hier darauf, dass die fortbestehenden Maßnahmen der Automatisierung und der Auslagerung schwer integrierbarer und/oder arbeitsumweltgefährdender Prozesse dazu beitragen, dass herkömmliche Arbeitsbelastungen und Gesundheitsrisiken in erheblichem Ausmaß fortbestehen bzw. externalisiert (und auch internationalisiert) werden (vgl. Deiß et al. 1989; Moldaschl 1991).

Zeitdruck die ohnehin bestehenden Anforderungen an permanente Eingriffsbereitschaft, an die Beseitigung von Störungen und Friktionen, an die Bewältigung von Koordinations- und Kommunikationsdefiziten und Ähnlichem.

Über einen anderen Mechanismus werden solche zeitökonomischen Restriktionen in jenen noch durch manuelle Tätigkeiten geprägten Bereichen wirksam, in denen versucht wird, durch Aufgabenintegration und Gruppenarbeit neue leistungspolitische Potenziale zu erschließen. Trotz erweiterter Handlungsspielräume bleiben die Arbeitskräfte dem über die Kette vermittelten und in der Konkurrenz der Segmente und Gruppen sich äußernden Zeit- und Lieferdruck unmittelbar unterworfen. Zum einen werden dadurch die im Prinzip eingeräumten Spielräume wieder entscheidend eingeengt. Zum anderen aber verbindet sich damit für die betroffenen Arbeitskräfte und Arbeitsgruppen auch der bereits erwähnte Druck zur „Selbstintensivierung" der Leistungsverausgabung. Leistungsverdichtung gerät so, unterstützt durch entsprechende lohnpolitische Mechanismen und durch Kostenstrukturvergleiche, zu einer Art Selbstlauf; ihre belastenden Auswirkungen treten in verschärftem Arbeitsstress und anhaltender Arbeitshektik zutage. Hinzu kommt, dass die Beschäftigten häufig mit diesen neuen arbeitsorganisatorischen Konzepten konfrontiert werden, ohne dass ihnen dafür in ausreichendem Maße geeignete technische Hilfsmittel und organisatorische Infrastrukturen zur Verfügung stehen, ohne dass angemessene Qualifizierungsmaßnahmen erfolgt sind und ohne dass den betroffenen Belegschaften die notwendigen Spielräume und Kompetenzen auch faktisch eingeräumt werden. Vielmehr müssen sie unter den restriktiven Bedingungen des „neuen Zeitregimes" zusätzlich noch Störungen, grundlegende Inkompatibilitäten zwischen den Teilprozessen und Segmenten, Lieferausfälle etc. mitbewältigen.

Die zwangsläufigen Folgen all dieser verschärften Leistungsanforderungen sind ein generell erhöhter Leistungsdruck und dadurch bedingte Spannungen in der Gruppe, häufiger spontaner und freiwilliger Arbeitsplatzwechsel, kurzfristig angesetzte oder „selbst gesteuert" zu erbringende Mehrarbeit etc. Diese *verschärfte Belastungssituation* wird also für die betroffenen Arbeitskräfte *zunehmend zur Regelsituation*. Sie ist angesichts der gesundheitsgefährdenden Potenziale einer derart „unkontrollierten" Leistungsverdichtung als höchst problematisch zu betrachten. Gleichzeitig laufen die Betroffenen Gefahr, dass die „Früchte" ihrer „autonom" organisierten Selbstintensivierung, die ja primär nicht ihnen selbst, sondern der gesamten Produktionskette zugute kommen, letztlich noch negativ in Form von Belegschaftsabbau oder einer intensiveren Leistungsabforderung auf sie als „Urheber" zurückschlagen können.

Grundlegende Auswirkungen ergeben sich auch für die herkömmlichen Formen der *Interessenvertretung der Arbeitskräfte*. So fallen für eine zunehmende Zahl von Belegschaften die Entscheidungen über unmittelbar sie bzw. ihre Arbeit betreffende Rationalisierungsziele und Prozessvorgaben außerhalb ihrer Segment-, Betriebs- und Unternehmensgrenzen. Solche Entscheidungen werden quasi als Sachzwang der Kette von außen durchgesetzt. Weil ausreichende sachliche Potenziale und Know-how in vielen Segmenten und Betrieben nicht vorhanden sind und die betroffenen Unternehmensleitungen häufig keinen Handlungsspielraum mehr besitzen, können diese Entwicklungen generell auch nur sehr schwer zum Gegenstand von Verhandlungen von Betriebsrat und Management innerhalb abhängiger Segmente in der Kette werden. Gleichzeitig nehmen aber – wie gezeigt – die Arbeitskräfterisiken, insbesondere Beschäftigungsabbau und Leistungsintensivierung, tendenziell in allen Bereichen der Produktionskette zu.

Wir haben ferner erhebliche Zweifel daran, dass die den neuen Arbeitsformen (wo es sie denn gibt) zugeschriebenen größeren Partizipationschancen für die einzelnen Arbeitskräfte den allgemeinen Verlust an Arbeitnehmerschutz und Machtpotenzialen im Betrieb kompensieren können. Mit der Nutzung der Subjektqualität lebendiger Arbeit (wie Engagement, Verantwortungsbereitschaft etc.) verbindet sich auch eine „Individualisierung" der Arbeitnehmer im Betrieb und auf dem Arbeitsmarkt. Dies kann angesichts der in der Kette verstärkt wirksamen Konkurrenzbeziehungen eine massive Entsolidarisierung auf Unternehmens-, Betriebs- und Segmentebene mit sich bringen.

Unternehmensübergreifende Rationalisierung führt somit eher zu einer Dezentralisierung und Schwächung herkömmlicher Interessenvertretung. Gleichzeitig muss sie sich jedoch primär mit überbetrieblich und zentralistisch bestimmten Rationalisierungsstrategien auseinander setzen. Betriebliche Interessenvertretung wird so stark defensiv, die Chancen zur Mitgestaltung sinken.

Auf überbetrieblicher Ebene zeichnet sich ein Funktionsverlust der gewerkschaftlichen Interessenvertretung ab, deren entscheidende Stärken bislang auf der Solidarität großer Gruppen der Arbeitnehmerschaft und der Standardisierung von Arbeitsbedingungen beruhen, die aber durch die zunehmende Segmentierung und Heterogenisierung von Produktionsprozessen infrage gestellt werden. Die zunehmende Aufsplitterung der Belegschaften in miteinander konkurrierende und prozessbezogen voneinander hoch abhängige Segmente mit divergenten Interessenlagen wird damit zu einer weiteren Entsolidarisierung führen (z. B. in der Standortkonkurrenz). Diesen Entwicklungen können auch die von einzelnen Gewerkschaften verstärkt ergriffenen betriebsübergreifenden Informationsaktivitäten nur wenig entgegenwirken.

Grundsätzlich bleibt aber eine wirksame Vertretung der Interessen unterschiedlicher Arbeitskräftegruppen auf die Solidarität der Beschäftigten in der Produktionskette angewiesen, will sie korrektiv oder mitgestaltend auf überbetrieblich durchgesetzte und von fokalen Unternehmen geprägte Rationalisierungsmaßnahmen Einfluss nehmen und eine Verallgemeinerung von Arbeitsbedingungen (im Sinne funktional äquivalenter „labour standards") erreichen (Altmann 1992). Dies setzt aber notwendigerweise einen unternehmensübergreifenden, industrie- und gesellschaftspolitischen Bezug von Interessenvertretung voraus, für dessen Entwicklung sich bislang freilich nur wenige Ansatzpunkte finden.

Literatur

Altmann, N. (1992): Japanisierung der Interessenvertretung bei systemischer Rationalisierung? In: M. Deiß, V. Döhl (Hg.): Vernetzte Produktion, Frankfurt a. M./New York, S. 81–105.

Altmann, N.; Deiß, M. (1996): Arbeit in der vernetzten Produktion. In: D. Schulte (Hg.): Arbeit der Zukunft, Beiträge zur Reformdiskussion im Deutschen Gewerkschaftsbund und seinen Gewerkschaften, Bd. 5, Köln, S. 84–103.

Altmann, N.; Deiß, M.; Döhl, V.; Sauer, D. (1986): Ein „Neuer Rationalisierungstyp" – neue Anforderungen an die Industriesoziologie. In: Soziale Welt 37 (2/3), 191–206.

Altmann, N.; Sauer, D. (Hg.) (1989): Systemische Rationalisierung und Zulieferindustrie – Sozialwissenschaftliche Aspekte zwischenbetrieblicher Arbeitsteilung, Frankfurt a. M./New York.

Bechtle, G. (1994): Systemische Rationalisierung als neues Paradigma industriesoziologischer Forschung? In: N. Beckenbach, W. van Treeck (Hg.): Umbrüche gesellschaftlicher Arbeit, Soziale Welt, Sonderband 9, Göttingen, S. 45–64.

Bieber, D. (1992): Systemische Rationalisierung und Produktionsnetzwerke. In: Th. Malsch, U. Mill (Hg.): ArBYTE – Modernisierung der Industriesoziologie?, Berlin, S. 271–293.

Bieber, D. (1996): Probleme unternehmensübergreifender Organisation von Innovationsprozessen. In: D. Bieber (Hg.): Technikentwicklung und Industriearbeit, Frankfurt a. M./New York.

Bieber, D.; Möll, G. (1993): Technikentwicklung und Unternehmensorganisation – Zur Rationalisierung von Innovationsprozessen in der Elektroindustrie, Frankfurt a. M./New York.

Bieber, D.; Sauer, D. (1991): „Kontrolle ist gut! Ist Vertrauen besser?" – „Autonomie" und „Beherrschung" in Abnehmer-Zulieferbeziehungen. In: H. G. Mendius, U. Wendeling-Schröder (Hg.): Zulieferer im Netz, Köln, S. 228–254.

Böhle, F. (1994): Negation und Nutzung subjektivierenden Arbeitshandelns bei neuen Formen qualifizierter Produktionsarbeit. In: N. Beckenbach, W. van Treeck (Hg.): Umbrüche gesellschaftlicher Arbeit, Soziale Welt, Sonderband 9, Göttingen, S. 183–206.

Bullinger, H. G. (1992): Integrationsmanagement – Herausforderungen und Chancen bei der Entwicklung innovativer Unternehmensstrukturen. In: M+E-Forum „Mensch – Arbeit – Technik" am 29. Oktober 1992 in Mannheim, Dokumentation aller Beiträge hg. vom Arbeitgeberverband Gesamtmetall Köln, Köln.

Deiß, M. (1991): Zwischenbetriebliche Vernetzung: Risiken und Chancen für die HdA-Entwicklung in der Zulieferindustrie. In: Handbuch der humanen CIM-Gestaltung, hektograph. Bericht, IPK Berlin, Berlin.

Deiß, M. (1994a): Arbeit in der Automobilzulieferindustrie – Probleme und Risiken durch unternehmensübergreifende Rationalisierung. In: WSI-Mitteilungen 47 (7), 425–438.

Deiß, M. (1994b): Der lange Weg von der Qualitätsinspektion zur Qualitätsproduktion in Netzwerken – Unternehmensübergreifende Rationalisierung und Qualitätssicherung in der Automobilzulieferindustrie. In: QZ 39 (4), 363–370.

Deiß, M. (1996): Kooperation statt Beherrschung oder Beherrschung durch Kooperation? – Zur Entwicklung der Abnehmer-Zulieferer-Beziehungen in der deutschen Automobilindustrie. In: L. Kißler (Hg.): Toyotismus in Europa, Frankfurt a. M./New York, S. 163–180.

Deiß, M.; Altmann, N.; Döhl, V.; Sauer, D. (1989): Neue Rationalisierungsstrategien in der Möbelindustrie II – Folgen für die Beschäftigten, Frankfurt a. M./New York.

Deiß, M.; Döhl, V. (Hg.) (1992): Vernetzte Produktion – Automobilzulieferer zwischen Kontrolle und Autonomie, Frankfurt a. M./New York.

Döhl, V.; Altmann, N.; Deiß, M.; Sauer, D. (1989): Neue Rationalisierungsstrategien in der Möbelindustrie I – Markt und Technikeinsatz, Frankfurt a. M./New York.

Döhl, V.; Sauer, D. (1995): Neue Unternehmensstrategien und regionale Entwicklung. In: ISF München et al. (Hg.): Jahrbuch Sozialwissenschaftliche Technikberichterstattung 1995, Schwerpunkt: Technik und Region, Berlin, S. 103–157.

ISF München; IfS Frankfurt; INIFES Stadtbergen; SOFI Göttingen (Hg.) (1993): Jahrbuch Sozialwissenschaftliche Technikberichterstattung 1993, Schwerpunkt: Produktionsarbeit, Berlin.

Kern, H.; Schumann, M. (1984): Das Ende der Arbeitsteilung? – Rationalisierung in der industriellen Produktion, München.

Mendius, H. G. (1992): Das Kfz-Gewerbe als externer Vertriebssektor im Kontext neuer Rationalisierungsstrategien der Automobilindustrie. In: M. Deiß, V. Döhl (Hg.): Vernetzte Produktion, Frankfurt a. M./New York, S. 141–175.

Mendius, H. G.; Weimer, St. (1991): Betriebsübergreifende Zusammenarbeit bei der Belegschaftsqualifizierung in kleinen Zulieferunternehmen. In: H. G. Mendius, U. Wendeling-Schröder (Hg.): Zulieferer im Netz, Köln, S. 274–303.

Moldaschl, M. (1991): Frauenarbeit oder Facharbeit? – Montagerationalisierung in der Elektroindustrie II, Frankfurt a. M./New York.

Sauer, D. (1989): Neuer Rationalisierungstyp und Interessenvertretung der Arbeitnehmer. In: Hans-Böckler-Stiftung (Hg.): Gewerkschaftliche Tarif- und Betriebspolitik im Strukturwandel, Graue Reihe, Bd. 2, Düsseldorf, S. 99–118.

Sauer, D. (1992a): Auf dem Weg in die flexible Massenproduktion. In: M. Deiß, V. Döhl (Hg.): Vernetzte Produktion, Frankfurt a. M./New York, S. 49–79.

Sauer, D. (1992b): Systemic Rationalization, Subcontracting Strategies and their Impact on Labour in the Federal Republic of Germany. In: S. Tokunaga et al. (Hg.): New Impacts on Industrial Relations, München, S. 181–205.

Sauer, D. (1993): Entwicklungstrends industrieller Rationalisierung. In: ISF München et al. (Hg.): Jahrbuch Sozialwissenschaftliche Technikberichterstattung 1993, Schwerpunkt: Produktionsarbeit, Berlin, S. 13–26.

Sauer, D.; Döhl, V. (1994a): Arbeit an der Kette – Systemische Rationalisierung unternehmensübergreifender Produktion. In: Soziale Welt 45 (2), 197–215.

Sauer, D.; Döhl, V. (1994b): Kontrolle durch Autonomie – Zum Formwandel von Herrschaft bei unternehmensübergreifender Rationalisierung. In: J. Sydow, A. Windeler (Hg.): Management interorganisationaler Beziehungen, Opladen, S. 258–274.

Sauer, D.; Döhl, V. (1997): Die Auflösung des Unternehmens? – Entwicklungstendenzen der Unternehmensorganisation in den 90er Jahren. In: ISF München et al. (Hg.): Jahrbuch Sozialwissenschaftliche Technikberichterstattung 1996, Schwerpunkt: Reorganisation, Berlin, S. 19–76.

Schraysshuen, Th. (1992): Flexibel durch Module – Die Bewältigung neuer Flexibilitätsanforderungen in unternehmensübergreifender Perspektive. In: M. Deiß, V. Döhl (Hg.): Vernetzte Produktion, Frankfurt a. M./New York, S. 107–140.

Schumann, M.; Baethge-Kinsky, V.; Kuhlmann, M.; Kurz, C.; Neumann, U. (1992): Neue Arbeitseinsatzkonzepte im deutschen Automobilbau – Hat lean production eine Chance? In: SOFI-Mitteilungen, Nr. 19, 15–27.

Semlinger, K. (1993): Effizienz und Autonomie in Zulieferungsnetzwerken – zum strategischen Gehalt von Kooperation. In: W. H. Staehle, J. Sydow (Hg.): Managementforschung, Bd. 3, Berlin/New York.

Warnecke, H. J. (1992): Die fraktale Fabrik – Revolution der Unternehmenskultur, Berlin/Heidelberg/New York.

Wildemann, H. (1992): Lean Management: Strategien zur Realisierung schlanker Strukturen in der Produktion. In: Hans-Böckler-Stiftung et al. (Hg.): Lean Production – Schlanke Produktion, Neues Produktionskonzept humaner Arbeit? Düsseldorf.

Womack, J. P.; Jones, D. T.; Roos, D. (1991): Die zweite Revolution in der Autoindustrie, Frankfurt a. M./New York.

Teil III

Neue Qualifikationsanforderungen und Leistungspotenziale – neue Berufe?

1 Berufseinstieg und erste berufliche Erfahrungen von Hochschulabsolventen am Beispiel persönlicher Ziele

Jürgen Kaschube, Thomas Lang-von Wins und Angela Wittmann

1.1 Problemstellung

Klassische Ansätze zum möglichen Konflikt zwischen Individuum und Organisation haben immer wieder die Machtlosigkeit des Individuums gegenüber scheinbar übermächtigen Unternehmen betont (vgl. unter anderem Katz und Kahn 1978; Presthus 1966). Neue Mitarbeiter werden aus dieser Perspektive innerhalb kurzer Zeit nach ihrem Einstieg in das Unternehmen entsprechend den Bedürfnissen der Organisation sozialisiert oder zum baldigen Verlassen der Organisation gezwungen.

Derartige Vorstellungen sind vor dem Hintergrund des gesellschaftlichen Wertewandels ins Wanken geraten. In Deutschland beklagen Unternehmensvertreter seit längerem einen Mangel an karrierewilligen und mit den Zielen der Organisation sich identifizierenden Führungsnachwuchskräften, der trotz eines wachsenden Akademikerangebots auftrete. Der Nutzen einer möglichen Karriere wird von jungen Akademikern während des Berufseinstiegs mehr und mehr gegen die entstehenden Kosten abgewogen (vgl. von Rosenstiel et al. 1991). Ein gestiegenes Bedürfnis nach Autonomie hat Aufstieg und Karriere zu einem unter verschiedenen möglichen Wegen der beruflichen Lebensplanung werden lassen – insbesondere bei der Gruppe derjenigen, die aufgrund ihrer Ausbildung bisher für Karriere prädestiniert waren.

In der organisationspsychologischen Forschung spiegeln sich solche Entwicklungen insofern wider, als neben die herkömmliche Sichtweise von Sozialisation als Integration eines mehrheitlich passiven Individuums ins Unternehmen (Bauer und Green 1994) die Perspektive des aktiven Individuums getreten ist. Organisationsneulinge werden nicht nur von Unternehmen nach ihren Anforderungen ausgewählt und trainiert. Auch Unternehmen werden von Neueinsteigern danach beurteilt, ob sie ihre zentralen Bedürfnisse befriedigen können. Beispielhaft wird diese Sichtweise von Wanous (1992) unter dem Begriff „personalisation" beschrieben. Auch wenn das Ausmaß, in dem Mitarbeiter ihre Bedürfnisse in Organisationen artikulieren oder ihre Tätigkeit den eigenen Bedürfnissen anpassen können, stark von ihrer hierarchischen Position abhängt, impliziert die eben beschriebene Sichtweise ein bisher häufig geleugnetes Faktum: Mitarbeiter in Organisationen verfolgen eigene Ziele, die mit denen der Organisation in mehr oder minder großem Einklang stehen.

Ziel der Studie des Teilprojekts „Selektion und Sozialisation des Führungsnachwuchses", das den Berufseinstieg deutscher Hochschulabsolventen untersucht, ist es, deren Integration ins Unternehmen unter der Perspektive eigener (zielgerichteter) Aktivitäten in den ersten Berufsjahren wie unter dem Blickwinkel organisationaler Sozialisation zu betrachten. Dabei soll der Schwerpunkt auf der Seite der Organisation darauf liegen, inwieweit durch organisationale Merkmale, wie z. B. die Organisationskultur, die Verfolgung persönlicher beruflicher Ziele in organisationskonforme Bahnen gelenkt werden kann. Das Hauptgewicht auf seiten der Mitarbeiter wird auf der Frage liegen, inwieweit neben soziodemographischen Merkmalen die langfristige berufliche Planung die Wahl und Realisierung mittelfristiger persönlicher Ziele beeinflusst. Zusätzlich sollen die Folgen der Realisierung bzw. Nichtrealisierung persönlicher Ziele auf Arbeitszufriedenheit und Bindung an die Organisation untersucht werden.

Grundlage der genannten, untersuchungsleitenden Fragestellungen bilden Studien zum gesellschaftlichen Wertewandel sowie Untersuchungen zu psychologischen Ursachen und Folgen zielgerichteten Handelns von Mitarbeitern in Organisationen.

1.2 Theoretischer Hintergrund

1.2.1 Berufliche Karriere im Zeichen des Wertewandels

Untersuchungen zum gesellschaftlichen Wertewandel zeigten in nahezu allen westlichen Industriestaaten (vgl. Inglehart 1989) deutliche Divergenzen zwischen den in Organisationen vorherrschenden Wertorientierungen und den Werten in breiten gesellschaftlichen Gruppen. Von Klipstein und Strümpel (1985) brachten dies in ihrer Formulierung von „gewandelten Werten" und „erstarrten Strukturen" auf einen kurzen Nenner. Im deutschsprachigen Raum konnten Belege für diese Entwicklung in der Gruppe akademischer Berufseinsteiger in mehreren Studien gesammelt werden. So favorisierten Studenten aus Studiengängen, die für spätere Führungspositionen qualifizieren (Witte et al. 1981), im querschnittlichen Vergleich mit aktuellen Führungskräften (von Rosenstiel und Stengel 1987) beispielsweise Umweltschutz und individuelle Persönlichkeitsentfaltung der Mitarbeiter als Unternehmensziele, während Manager in Führungspositionen deutlich stärker Unternehmensgewinn und allgemeines Wirtschaftswachstum anstrebten.

Auf der Ebene der so genannten Berufsorientierung – einer längerfristigen Planung für das Berufsleben mit den Ausprägungen „Karriereorientierung", „Freizeitorientierung" und „Alternatives Engagement" – zeigten sich ebenfalls in verschiedenen Studien Diskrepanzen zwischen der Einstellung von Studenten und den in Organisationen erwünschten und vorhandenen Orientierungen. Während z. B. in einer Befragung von Personalverantwortlichen in Unternehmen mehr als zwei Drittel der Befragten strikt karriereorientierte Bewerber für Führungsnachwuchspositionen wünschten (Kirsch 1994), bekannte sich auf der Seite akademischer Hochschulabsolventen nur ein Fünftel zu dieser Berufsperspektive (Kaschube 1997).

Auch wenn sich derartige Tendenzen in mehreren Studien zeigten, so blieb doch die Frage unbeantwortet, welche Konsequenzen dieser Einstellungswandel für das alltägliche Verhalten im Unternehmen haben würde. Zu diesem Zweck bietet sich die Einbeziehung von Ansätzen aus der Motivationspsychologie an, in denen die Bedeutung von beruflichen Zielen für das alltägliche Handeln untersucht wird.

1.2.2 Persönliche berufliche Ziele in den ersten Berufsjahren

Im Bereich der Organisationspsychologie wird besonders im Rahmen der „goal-setting theory" (Locke und Latham 1990a) die Bedeutung der Wahl und Bearbeitung von beruflichen Zielen thematisiert. Ihre immer wieder bestätigte Grundthese (vgl. Mento et al. 1987), die als Basis des „management by objectives" gelten kann, lautet in einem Satz zusammengefasst: Herausfordernde und spezifische Ziele fördern die Leistung. Die Bedeutung von Mitarbeiterzielen für Organisationen erschließt sich jedoch nicht nur aus ihrer direkten leistungsförderlichen Wirkung. So betonen Locke und Latham (1990b) in ihrem Modell des „high performance cycle" zusätzlich die positive Wirkung der Realisierung von Zielen auf Arbeitszufriedenheit und Bindung der Mitarbeiter an die Organisation („organizational commitment"). Langfristig soll dadurch die Bereitschaft zur Akzeptanz organisationaler Ziele sowie von Zielen steigen, die dem Mitarbeiter gesetzt werden.

Zwei bedeutsame Aspekte beruflicher Ziele werden allerdings in der „goal-setting theory" kaum angesprochen. So wird in der psychologischen Grundlagenforschung auch der Aspekt der Nichtrealisierung von Zielen diskutiert (Gollwitzer 1991). Unrealistische und unrealisierbare Ziele können, wenn ein Individuum sich in hohem Maße an ein Ziel gebunden fühlt, nur in einem langen und individuell schmerzvollen Prozess aufgegeben werden. Besonders schwierig ist dieser Vorgang dann, wenn die Ziele als Subziele an höherwertige oder längerfristige Ziele angebunden sind (vgl. Gollwitzer 1987), die z. B. im Berufsleben den Status einer langfristigen beruflichen Laufbahnplanung oder Berufsorientierung besitzen können. Von Rosenstiel (1989; vgl. auch von Rosenstiel et al. 1991) konnte zeigen, dass alternativ engagierte Berufseinsteiger, die in Organisationen wenig Chancen zur Realisierung ihrer Ziele hatten, nach einiger Zeit im Unternehmen entweder zur Kündigung und zum Weg in die Selbstständigkeit tendierten oder im Unternehmen verblieben und sich in Freizeitorientierung zurückzogen.

Als zweites Problem empirischer Studien zur „goal-setting theory" kann die Konzentration auf rein aufgabenbezogene Ziele gelten, die von Vorgesetzten und nicht vom Mitarbeiter gesetzt werden. Eine Untersuchung von Roberson (1989, 1990) zeigte im Gegensatz dazu, dass solche Ziele nur ca. 15 % derjenigen Ziele ausmachten, die Mitarbeiter in einer Befragung als persönliche berufliche Ziele nannten. 85 % der Ziele betrafen Aspekte wie etwa Weiterbildung, allgemeine berufliche Entwicklung oder Kontakte mit Kollegen. Diese Gruppe der Ziele trug aus Sicht der Befragten sogar mehr zur Erklärung der individuellen Arbeitszufriedenheit bei als aufgabenbezogene Ziele; wahrscheinlich, weil ihre Realisierung die Existenz von Freiräumen in der Organisation neben der eigentlichen Tätigkeit signalisierte.

Für Hochschulabsolventen erscheint es daher wichtig zu erkennen, inwieweit eine Organisation ihre persönlichen Ziele positiv beurteilt und eventuell fördert, auch wenn sie nicht direkt aufgabenbezogen sein sollten. Auch dies kann neben anderen als ein Inhalt organisationaler Sozialisation verstanden werden.

1.2.3 Sozialisation durch Organisationskultur

Aus den im Rahmen der Wertewandelstudien präsentierten Ergebnissen lässt sich daher die Frage ableiten, wie Organisationen auf den Wandel gesellschaftlicher Werte reagieren. Häufigste Antwort waren gezielte Maßnahmen zur Selektion und Sozialisation von Mitarbeitern im Rahmen einer werteorientierten Personalpolitik, mit der z. B. BMW (vgl. Wollert und Bihl 1983) im Unternehmen positiv bewertete Orientierungen fördern möchte.

Eine strikte Orientierung der Personal*auswahl* an Wertorientierungen scheint jedoch derzeit auf dem deutschen Arbeitsmarkt realistischerweise nicht möglich, da in das Eignungsprofil von Bewerbern neben Werten und Zielen eine stetig wachsende Anzahl von fachlichen *und* persönlichen Qualifikationen – z. B. Fähigkeit zur Teamarbeit, interkulturelle und Problemlösekompetenzen – Eingang finden muss (vgl. Heinisch und Brüsewitz 1994). Unternehmen müssen also auf Sozialisation in den ersten Jahren im Unternehmen setzen, um eine Akzeptanz basaler Werte und Unternehmensziele zu sichern und gleichzeitig akademischen Berufseinsteigern Appetit auf Karriere zu machen.

Mit Blick auf die Sozialisation neuer Mitarbeiter stellt sich die Frage, wie Neueinsteiger in Organisationen das lernen, was sie für eine effektive Eingliederung brauchen. Während sich z. B. lerntheoretische Ansätze (Weiss 1977) gut zur Erklärung von Sozialisationseffekten am Arbeitsplatz heranziehen lassen, ist es wesentlich schwieriger, Aussagen über die Wege der Aneignung organisationaler Werte, Ziele oder allgemeiner Verhaltensnormen zu machen. Bei Führungsnachwuchskräften, die in Organisationen nicht nur auf eine einzige Position hin sozialisiert werden sollen, ist es daher besonders wichtig, Erklärungsmuster zu finden, die ihre Bindung an das gesamte Unternehmen erklären können. Dafür wurde in den letzten Jahren verstärkt das Konzept der Organisationskultur herangezogen (unter anderem Chatman 1991; Schein 1990).

Die Sozialisation von Neueinsteigern in eine Organisation läuft nach modellhaften Vorstellungen in einer Abfolge von Phasen ab, in denen nach anfänglicher Verwirrung das für die Ausübung der Rolle im Unternehmen nötige Wissen und der Bereich erwünschten Verhaltens schrittweise erlernt werden (vgl. Fisher 1986; Wanous 1992). Als Zeitraum dafür werden Spannen von mehreren Monaten bis hin zu mehreren Jahren angegeben (Chao et al. 1994; Wanous und Colella 1989), wobei die Anpassung an Ziele, Werte und Kultur der Organisation eher längere Zeiträume in Anspruch nehmen sollte. Im Gegensatz zu den theoretischen Überlegungen zu Dauer und Wirkungsweise der Sozialisation von Unternehmenseinsteigern finden sich im Bereich der empirischen Untersuchungen jedoch kaum Arbeiten, die über den Zeitraum der ersten 18 Monate hinausgehen oder sich mit den Folgen von Sozialisation für das spätere Verhalten beschäftigen (vgl. Rehn 1990).

Die Kultur einer Organisation muss – wie es Schein (1985) in seinem Drei-Ebenen-Modell beschreibt – im Gegensatz zur Auffassung der auf kurze Zeitabschnitte angelegten empirischen Überprüfungen von Sozialisationsprozessen in einem langfristigen, mehrstufigen Prozess „erlernt" werden. In einem ersten Schritt muss die Bedeutung beobachtbarer Regeln und Artefakte (Dienstvorschriften, zu tragende Kleidung, Gestaltung der Arbeitsräume) verstanden werden, bevor in weiteren Schritten nach der Einbeziehung von „Werten" und „Grundannahmen der Organisation" die Kultur verinnerlicht wird, um im Anschluss daran wieder auf zukünftige Verhaltensweisen wirken zu können. Die Attraktivität des Organisationskulturansatzes für Wissenschaftler und Praktiker (vgl. hierzu Peters und Waterman 1982) lässt sich vor allem mit der Hoffnung auf derart weit reichende und tief gehende Wirkungen auf Wissen, Einstellungen und Handeln der Organisationsmitglieder erklären.

Als zentraler Wirkmechanismus müssen nach Hofstede et al. (1990) jedoch nicht übergeordnete „Werte" und „Grundannahmen", sondern die in der Organisation gelebten Praktiken im Sinne allgemeiner Regeln und alltäglich wiederkehrender Verhaltensweisen gelten. Zusammenfassend könnte die Kultur einer Organisation sowohl die Funktion besitzen, die gewünschte Identifikation mit Unternehmenszielen herzustellen als auch Neueinsteigern Karrierechancen aufzuzeigen. Damit dient sie aber auch dazu, Führungsnachwuchskräften zu signalisieren, welche persönlichen Ziele sie als identifikationsbereite Mitarbeiter im Rahmen ihrer Tätigkeit mit Aussicht auf Erfolg anstreben können.

Tatsächlich zeigte sich in der bereits erwähnten Studie an Personalverantwortlichen in 166 deutschen Unternehmen (Kaschube 1997), dass Personalverantwortliche deutliche Prioritäten setzen, welche Ziele Führungsnachwuchskräfte verfolgen sollten, und dass enge Zusammenhänge zwischen der Beurteilung beruflicher Ziele und der jeweiligen Unternehmenskultur bestehen. So beurteilten die befragten Personalverantwortlichen besonders Ziele des Unternehmenswechsels und der Konsolidierung, das heißt des Suchens nach einer eher ruhigen Nische im Unternehmen, durchgehend negativ. Andererseits wurden Ziele mit kooperativem Inhalt, Ziele der beruflichen Entwicklung sowie Ziele zu Aufstieg und Innovation eher positiv bewertet. Zusätzlich zu diesen generellen Tendenzen beurteilten Personalverantwortliche aus Unternehmen mit kollegialen Praktiken kooperative Ziele besonders positiv und waren auch eher bereit, eine Phase der Konsolidierung bei Neueinsteigern zu dulden. In Organisationen mit einer von Dynamik und Aufgabenorientierung geprägten Kultur herrschte eine generell positivere Einstellung zu beruflichen Zielen von Mitarbeitern, die sich insbesondere in der Betonung von Entwicklungs-, Aufstiegs- und Innovationszielen manifestierte. In derartigen Unternehmen war nach Aussage der Personalverantwortlichen darüber hinaus die Akzeptanz eines laufbahnbedingten Unternehmenswechsels wesentlich stärker ausgeprägt.

1.2.4 Hypothesen

Wir gehen davon aus, dass Organisationen – aufgrund der hohen Einarbeitungskosten – bestrebt sein müssen, akademische Führungsnachwuchskräfte längerfristig an sich zu binden und sie erfolgreich ins Unternehmen zu integrieren. Integration bedeutet aus unserer Perspektive einerseits, dass Organisationen auf die Wahl persönlicher beruflicher Ziele dahingehend Einfluss nehmen, dass organisationskonforme Ziele, das heißt Ziele aus den Bereichen Kooperation, berufliche Entwicklung, Aufstieg, Innovation, von Führungsnachwuchskräften häufiger gewählt und besser realisiert werden. Zusätzlich sollten Arbeitszufriedenheit und Bindung an die Organisation gestärkt werden. Eine zentrale Rolle spielt dabei die in der Organisation vorherrschende Organisationskultur. Daher werden folgende Hypothesen formuliert:

- *Hypothese 1a:* Die Wahlhäufigkeit von in Organisationen positiv bzw. negativ bewerteten beruflichen Zielen wird von Unternehmen durch organisationale Praktiken beeinflusst.
- *Hypothese 1b:* Organisationale Praktiken erklären das Ausmaß, in dem Führungsnachwuchskräfte bei von Organisationen positiv bzw. negativ bewerteten beruflichen Zielen größere bzw. geringere Fortschritte machen.
- *Hypothese 1c:* Arbeitszufriedenheit von Führungsnachwuchskräften und ihre Bindung an die Organisation können durch organisationale Praktiken beeinflusst werden.

In Ergänzung zur Organisationskultur sollte auch die langfristige berufliche Planung von Führungsnachwuchskräften ihre Integration in Organisationen beeinflussen. Karriereorientierte Führungsnachwuchskräfte, die von Organisationen bevorzugt eingestellt werden, sollten in der Wahl ihrer persönlichen beruflichen Ziele stärker den Wunschvorstellungen von Unternehmen entsprechen als alternativ Engagierte oder Freizeitorientierte, die weniger organisationskonforme Ziele wählen. Dieser Effekt soll zusätzlich zu den generell wirkenden Mechanismen der Organisationskultur auftreten. Darüber hinaus sind für karriereorientierte Führungsnachwuchskräfte größere Realisierungsfortschritte und eine höhere Arbeitszufriedenheit bzw. Bindung an die Organisation zu erwarten. Diese Prognosen werden in den Hypothesen 2a bis 2c zusammengefasst.

- *Hypothese 2a:* Ein hohes Maß an Karriereorientierung fördert über den Einfluss der Organisationskultur hinaus die Wahlhäufigkeit organisationskonformer Ziele, während ein hohes Maß an alternativem Engagement und Freizeitorientierung sie senkt.
- *Hypothese 2b:* Ein hohes Maß an Karriereorientierung fördert über den Einfluss der Organisationskultur hinaus Fortschritte bei der Realisierung beruflicher Ziele von Führungsnachwuchskräften, während ein hohes Maß an alternativem Engagement und Freizeitorientierung das Ausmaß der Fortschritte senkt.
- *Hypothese 2c:* Arbeitszufriedenheit und Bindung an die Organisation werden über den Einfluss der Organisationskultur hinaus durch Karriereorientierung positiv und durch alternatives Engagement und Freizeitorientierung negativ beeinflusst.

In Einklang mit Voraussagen, die von Locke und Latham (1990b) im „high performance cycle" gemacht werden, haben neben Organisationskultur und Berufsorientierung zusätzlich Fortschritte bei der Realisierung persönlicher beruflicher Ziele einen positiven Einfluss auf Arbeitszufriedenheit und Bindung an die Organisation.

- *Hypothese 3:* Fortschritte bei der Realisierung persönlicher beruflicher Ziele fördern bei akademischen Führungsnachwuchskräften Arbeitszufriedenheit und Bindung an die Organisation.

1.3 Methode

1.3.1 Design und Stichprobe

In die Stichprobe wurden Examenskandidaten der Studienrichtungen Wirtschafts-, Natur- und Ingenieurwissenschaften aufgenommen. Absolventen dieser Studienrichtungen besetzen ca. 90 % der aktuellen Führungspositionen in der Bundesrepublik Deutschland (vgl. Witte et al. 1981). In zwei aufeinander folgenden Jahren (1991 und 1992) wurden jeweils ungefähr 1 000 Hochschulabsolventen der oben genannten Studienrichtungen in den alten Bundesländern (München, Berlin, Ruhrgebiet) sowie 1992 300 Hochschulabsolventen aus den neuen Bundesländern (Leipzig, Halle, Chemnitz und Rostock) während ihres Examenssemesters mittels eines standardisierten Interviews befragt (Befragungszeitpunkt T1). Ein bzw. zwei Jahre später, das heißt im ersten und im zweiten Berufsjahr, wurde derselbe Personenkreis erneut schriftlich befragt (Befragungszeitpunkte T2 und T3), sodass jeder Befragungsteilnehmer insgesamt dreimal befragt wurde (Abbildung III.1.1).

	Befragungszeitpunkte			
Stichprobe	1991	1992	1993	1994
$ABL_{Teil\ 1}$	0	0	0	
$ABL_{Teil\ 2}$		0	0	0
NBL		0	0	0

Abbildung III.1.1: Design der Studie „Selektion und Sozialisation des Führungsnachwuchses" (ABL: alte Bundesländer; NBL: neue Bundesländer).

Von anfänglich 2 313 Hochschulabsolventen konnten 1 417 Personen (61,3 %) für eine zweite und eine dritte Befragung gewonnen werden. Der Stichprobenausfall lässt sich vor allem auf Nichtbeendigung des Studiums zurückführen. Hinzu kommen Wohnortwechsel sowie Verweigerung einer weiteren Teilnahme.

Für die Überprüfung der Hypothesen werden nur diejenigen Personen herangezogen, die an allen Befragungen teilgenommen haben und zum Zeitpunkt der zweiten und dritten Befragung durchgehend in derselben Organisation angestellt waren. Ausgeschlossen sind damit Arbeitslose und Selbstständige sowie Personen, die entweder als freie Mitarbeiter tätig sind oder sich in Mutterschaftsurlaub befinden. Für die Hypothesenprüfung verbleibt damit ein Personenkreis von 904 Hochschulabsolventen (Tabelle III.1.1). Die Mehrzahl der Befragten ist männlich und absolvierte ein betriebswirtschaftliches Studium. Im Mittel beträgt das Alter der Befragten zum ersten Messzeitpunkt 27 Jahre. Die Führungsnachwuchskräfte befinden sich bei der zweiten Erhebung durchschnittlich zehn Monate und bei der dritten Erhebung 24 Monate im Unternehmen.

Tabelle III.1.1: Beschreibung der Stichprobe (N = 904).

Stichprobenmerkmal	absolut	in %
Studienrichtung		
Wirtschaftswissenschaften	469	51,9
Naturwissenschaften	112	12,4
Ingenieurwissenschaften	323	35,7
Geschlecht		
Männer	694	76,8
Frauen	210	23,2
Studienort in den		
neuen Bundesländern	106	11,7
alten Bundesländern	798	88,3
Mitarbeiterzahl des Unternehmens		
bis 100	255	28,2
101 bis 1 000	163	18,1
1 001 bis 10 000	208	23,0
10 001 bis 100 000	167	18,5
über 100 000	97	10,7
ohne Angabe	14	1,5
Anstellung		
im Öffentlichen Dienst	187	21,2
im privaten Sektor	694	76,3
ohne Angabe	23	2,5

1.3.2 Operationalisierung der Variablen

1.3.2.1 Berufsorientierungen

Mit der von v. Rosenstiel entwickelten Frage zur Berufsorientierung (vgl. von Rosenstiel und Stengel 1987) findet ein Erhebungsinstrument Anwendung, durch das im Sinne der „Central Life Interests" (Dubin 1956) grundlegende Einstellungen gegenüber der Gestaltung des beruflichen Lebens ausgedrückt werden. Die Befragten erhalten zum zweiten Erhebungszeitpunkt drei mögliche Perspektiven zur Auswahl (Abbildung III.1.2). Die erste Perspektive wird Karriereorientierung genannt und zeichnet sich durch den Wunsch nach hohem Arbeitseinsatz, Einfluss und Verantwortung sowie hohem finanziellen Einkommen in einem Großunternehmen aus. Die zweite Perspektive erhält die Bezeichnung Freizeitorientierung. Hier wird nicht auf Einkommen und beruflichen Aufstieg Wert gelegt, sondern auf ein erfülltes Leben jenseits des Berufs. Die dritte Perspektive, das alternative Engagement, betont als Ziel beruflichen Einsatzes nicht den persönlichen Gewinn, sondern die Veränderung der Arbeitswelt unter Verzicht auf individuellen Gewinn und Status.

Um eine differenzierte Erhebung zu ermöglichen, sollten die Befragten ihre Zustimmung oder Ablehnung zu den drei Orientierungen auf einer siebenstufigen Likert-Skala ausdrücken. In die Berechnungen gehen die Selbsteinstufungen der Befragten zum ersten Befragungszeitpunkt, also während des Examens und damit noch vor Eintritt in die Organisation, ein.

Sie finden hier drei verschiedene Vorstellungen über eine mögliche Zukunft. Bitte lesen Sie sich die einzelnen Aussagen durch und kreuzen Sie dann an, inwieweit Sie den drei Meinungen zustimmen. **Es unterhalten sich drei Studenten über ihre berufliche Zukunft.**	
Der erste sagt:	Ich möchte später einmal in einer großen Organisation der Wirtschaft oder Verwaltung in verantwortlicher Position tätig sein. Dort habe ich die Möglichkeit, Einfluß auf wichtige Geschehnisse zu nehmen und werde außerdem gut bezahlt. Dafür bin ich gerne bereit, mehr als vierzig Stunden in der Woche zu investieren und auf Freizeit zu verzichten.
Der zweite sagt:	Ich bin nicht so ehrgeizig. Wenn ich eine sichere Position mit geregelter Arbeitszeit habe und mit netten Kollegen zusammenarbeiten kann, bin ich zufrieden. Die mir wichtigen Dinge liegen nicht in der Arbeitszeit, sondern in der Freizeit – und dafür brauche ich auch nicht sehr viel Geld.
Der dritte sagt:	Ich bin durchaus bereit, viel Arbeitskraft zu investieren, aber nicht in einer der großen Organisationen der Wirtschaft oder Verwaltung, durch die unsere Gesellschaft immer unmenschlicher wird. Ich möchte einmal in einer anderen, konkreteren Arbeitswelt tätig sein, in der menschenwürdige Lebensformen erprobt werden. Dafür bin ich auch bereit, auf hohe Bezahlung oder auf Geltung und Ansehen außerhalb meines Freundeskreises zu verzichten.
Wie weit stimmen Sie den drei Meinungen zu?	

Abbildung III.1.2: Operationalisierung der Berufsorientierung (von Rosenstiel und Stengel 1987).

1.3.2.2 Persönliche berufliche Ziele

Um einen ausreichenden Überblick über die Spannbreite beruflicher Ziele in den ersten Berufsjahren zu erhalten, wurden in mündlichen und schriftlichen Voruntersuchungen Absolventen der Studienzweige Wirtschafts-, Natur- und Ingenieurwissenschaften nach ihrem Berufseinstieg zu ihren beruflichen Zielen für die nächsten ein bis zwei Berufsjahre gefragt. Als Ergebnis der Vorstudien wurde eine Liste mit 29 Zielen erstellt, die einerseits inhaltlich konkret und verständlich, aber andererseits nicht zu spezifisch auf die Entwicklung einer einzelnen Person zugeschnitten sein sollten. Vage Bestimmungen wie „besser werden" wurden genauso ausgeschlossen wie Ziele, die den Berufsweg nur weniger Berufseinsteiger kennzeichnen („Beherrschung eines bestimmten Computerprogramms").

Zum Zeitpunkt der zweiten Erhebung – im ersten Berufsjahr – sollten die Befragten aus der vorgegebenen Liste diejenigen Ziele auswählen, die sie sich „beruflich für die nächsten ein bis zwei Jahre fest vorgenommen" hatten. Ein Jahr später wurden sie gebeten, die Ziele zu benennen, an denen sie im Laufe des letzten Jahres gearbeitet hatten. Um die Spontanwahl von momentan attraktiven Zielen auszuschließen, gingen nur die Ziele in die Berechnungen ein, die zu beiden Befragungszeitpunkten genannt wurden. Zusätzlich wurde zum dritten Befragungszeitpunkt auf einer fünfstufigen Skala das Ausmaß der subjektiv erlebten Realisierungsfortschritte erhoben (1 = „keine Fortschritte gemacht gemacht" bis 5 = „Ziele voll und ganz erreicht").

Um anschauliche Aussagen über die Gesamtstruktur der Ziele der Führungsnachwuchskräfte zu ermöglichen, wurden die einzelnen Ziele zu Dimensionen zusammengefasst. In einem mehrstufigen Verfahren, das sich an inhaltlichen Kriterien orientierte (vgl. Lang und Kaschube 1994; Kaschube 1997), konnten 27 der 29 Ziele zu sieben Dimensionen zusammengefasst werden: „Entwicklung", „Innovation", „Konsolidierung", „Kooperation", „Aufstieg/Wechsel im Unternehmen", „Politics/Impression Management" und „Organisationswechsel" (Tabelle III.1.2). Um eine Vergleichbarkeit mit Ergebnissen aus der Befragung von Personalverantwortlichen zu gewährleisten (Kirsch 1994), orientiert sich die vorliegende Zusammenfassung der Ziele zu Dimensionen an der Struktur, die sich aus Datenanalysen dieser Organisationsbefragung extrahieren ließ.

Tabelle III.1.2: Zielkategorisierung (mit Beispielitems).

Dimension der persönlichen beruflichen Ziele (Anzahl der Items)	Beispielitem „Ich habe mir fest vorgenommen, ..."
Entwicklung (6)	„... meinen Verantwortungsbereich zu erweitern."
Mikropolitik/Impression Management (7)	„... meine Leistungsergebnisse gezielt wichtigen Entscheidungsträgern zu präsentieren."
Kooperation (3)	„... auf ein angenehmes Arbeitsklima in meiner Gruppe hinzuarbeiten."
Konsolidierung (3)	„... mir einen festen Arbeitsplatz zu sichern, mit dem ich gut zurechtkomme."
Innovation (4)	„... eingefahrene Arbeitsabläufe zu ändern."
Aufstieg/Wechsel im Unternehmen (2)	„... einen ersten Aufstiegsschritt zu vollziehen."
Organisationswechsel (2)	„... die Organisation zu wechseln, wenn sich mir keine Perspektiven bieten."

1.3.2.3 Arbeitszufriedenheit und Bindung an die Organisation

Die Vielzahl theoretischer und empirischer Abhandlungen zum Bereich „Arbeitszufriedenheit" (vgl. unter anderem Fischer 1991; von Rosenstiel 1975; Six und Kleinbeck 1989) macht deutlich, dass es *die* Definition und folglich auch *die* Operationalisierung von Arbeitszufriedenheit nicht gibt. Die Bandbreite der Definitionen reicht von affektiver Bewertungsreaktion, Maß der Bedürfnisbefriedigung, (aufgehobener) Soll-Ist-Differenz bis hin zu Einstellungen gegenüber verschiedenen Aspekten der Arbeit (vgl. Nerdinger 1995).

In die Befragung der Führungsnachwuchskräfte fand die einstellungsorientierte Operationalisierung nach Neuberger und Allerbeck (1978) Aufnahme, in der mittels einer siebenstufigen Kunin-Skala die Zufriedenheit mit Kollegen, Vorgesetzten, Tätigkeit, Arbeitsbedingungen, Organisation und Leitung, Entwicklungsmöglichkeiten und Bezahlung sowie die Gesamtarbeitszufriedenheit erhoben werden. In die Berechnungen geht die über alle Items hinweg gemittelte Gesamtzufriedenheit im zweiten Berufsjahr (T3) ein (Cronbachs $\alpha = .77$).

Zur Erfassung der Bindung an die Organisation („organizational commitment") setzten wir eine eigene Übersetzung (vgl. Lang-von Wins et al. 1995) des Fragebogens (15 Items) von Mowday et al. (1979) ein, die wir mit einer fünfstufigen Rating-Skala verknüpften (1 = „stimme überhaupt nicht zu" bis 5 = „stimme voll und ganz zu"). Die interne Konsistenz des Instruments erwies sich als ausgezeichnet ($\alpha = .89$). In Tabelle III.1.3 finden sich sechs Beispielitems.

Tabelle III.1.3: Fragebogen zur Messung organisationaler Verbundenheit (sechs Beispielitems; nach Mowday et al. 1979; deutsche Übersetzung vgl. Lang-von Wins et al. 1995).

- Ich bin bereit, mich mehr als nötig zu engagieren, um zum Erfolg des Unternehmens beizutragen.
- Freunden gegenüber lobe ich dieses Unternehmen als besonders guten Arbeitgeber.
- Ich fühle mich diesem Unternehmen nur wenig verbunden.
- Ich würde fast jede Veränderung meiner Tätigkeit akzeptieren, nur um auch weiterhin für dieses Unternehmen arbeiten zu können.
- Ich bin der Meinung, dass meine Wertvorstellungen und die des Unternehmens sehr ähnlich sind.
- Meine Entscheidung, für dieses Unternehmen zu arbeiten, war sicher ein Fehler.

1.3.2.4 Praktiken der Organisation

Aus Hofstedes (Hofstede et al. 1990) Instrument zur Erhebung von Unternehmenspraktiken – verstanden als Wahrnehmungen kollektiver, organisationsspezifischer Gewohnheiten – wurden 21 Items aus dem Englischen ins Deutsche übersetzt und mit fünfstufigen Likert-Skalen den Befragten dargeboten. Aus einer Faktorenanalyse (Principal Components, Varimax-Rotation, 58,3 % erklärte Varianz) resultieren vier Faktoren mit 18 Items: Dynamik und Aufgabenorientierung (sieben Items, z. B. „Der typische Mitarbeiter bei uns ist initiativ", Cronbachs α = .81), Anerkennung (drei Items, z. B. „Gute Leistungen werden hier sofort anerkannt", Cronbachs α = .81), Kooperation (vier Items, z. B. „Der typische Mitarbeiter bei uns ist kollegial", Cronbachs α = .68) und Kontrolle (vier Items, z. B. „Entscheidungen werden von der Unternehmensleitung ohne Rücksprache gefällt", Cronbachs α = .60).

1.4 Ergebnisse

Alle Hypothesen werden mithilfe hierarchischer Regressionsanalysen überprüft. Zu Beginn werden die Erklärungsanteile der zum ersten Befragungszeitpunkt erhobenen Kontrollvariablen überprüft: Es handelt sich dabei um

- Studienfach: Wirtschaftswissenschaftler einerseits und Naturwissenschaftler und Ingenieure andererseits steigen meist in verschiedenen Tätigkeitsbereichen ein, in deren Rahmen die Integration neuer Mitarbeiter unterschiedlich abläuft (vgl. Nicholson und Arnold 1991);
- Studienort in den alten oder neuen deutschen Bundesländern, in denen sich die vorberufliche Sozialisation sowie die regional unterschiedlichen Arbeitsmärkte auf den Berufseinstieg und die ersten Berufsjahre auswirken können;
- Geschlecht, da nach wie vor nicht alle Berufswege – wie z. B. Aufstieg – für Männer und Frauen in gleichem Maße realisierbar erscheinen (vgl. Domsch und Regnet 1990).

Die unabhängigen Variablen im Bereich der Unternehmensmerkmale wurden nacheinander mit zunehmender „Nähe zum alltäglichen Handeln" der Führungsnachwuchskräfte in die Regressionsgleichung eingeführt. So folgen nach den Kontrollvariablen im nächsten Schritt die im ersten Berufsjahr (T2) erhobenen Variablen Mitarbeiteranzahl und Sektor des Unternehmens (privat vs. öffentlich), die besonders die Möglichkeiten der Zielwahl einschränken. Aufstieg ist z. B. in kleineren oder öffentlichen Organisationen vollkommen anderen Gesetzen unterworfen als in privaten Großunternehmen. Im anschließenden Schritt werden die Unternehmenspraktiken (T2) in die Gleichung aufgenommen. Im letzten Schritt werden die Berufsorientierungen während des Studiums (T1) in die Regressionsgleichung eingeführt. Alle abhängigen Variablen – Zielwahl, Zielrealisierung, Arbeitszufriedenheit und Bindung an die Organisation – wurden bei der Befragung im zweiten Berufsjahr (T3) erhoben.

1.4.1 Wahl persönlicher beruflicher Ziele

Relativ am häufigsten – gewichtet nach der Anzahl der Ziele in einer Dimension – werden im ersten Berufsjahr Ziele aus den Bereichen Entwicklung und Kooperation bearbeitet (Tabelle II.1.4). Danach folgen mit etwas Abstand Ziele aus den Bereichen Konsolidierung und Aufstieg, wohingegen Mikropolitik, Organisationswechsel und Innovation am seltensten angestrebt werden. Realisierungsfortschritte berichten Führungsnachwuchskräfte am ehesten bei Zielen der Kooperation und Konsolidierung, während für die am häufigsten verfolgten Entwicklungsziele relativ geringe Fortschritte angegeben werden. Organisationswechsel und Innovation bilden nicht nur quantitativ, sondern auch qualitativ das Schlusslicht der Rangfolge.

Tabelle III.1.4: Bearbeitungshäufigkeit von Zielen, zusammengefasst nach Zieldimensionen, sowie Ränge der Realisierungsfortschritte im ersten Berufsjahr (Angaben in %; $N_{max} = 897$).

Zieldimension	in %[a)]	Rang der Realisierung
Entwicklung	25,6	5
Kooperation	23,9	1
Konsolidierung	17,3	2
Aufstieg/Wechsel im Unternehmen	16,6	4
Mikropolitik/Impression Management	13,5	3
Organisationswechsel	11,8	7
Innovation	9,4	6

a) Der Prozentsatz bezieht sich auf die Zahl der Ziele, die im Durchschnitt aus dieser Dimension zu t2 gewählt und zu t3 als bearbeitet angegeben werden.

Für die Wahl persönlicher beruflicher Ziele wurden aufgrund der Verschiedenheit der einzelnen Zieldimensionen keine gerichteten Hypothesen 1a und 2a formuliert. Organisationale Praktiken sollten jedoch in unterschiedlicher Art auf die von Personalverantwortlichen eher positiv (z. B. Entwicklung oder Kooperation) bzw. eher negativ bewerteten Zieldimensionen (Konsolidierung, Unternehmenswechsel) einwirken (vgl. Kaschube 1997). Die Vielzahl der Ergebnisse (Tabelle III.1.5) lässt eine Einzeldarstellung mit Bezug auf jede Zieldimension als zu aufwendig erscheinen; daher soll nur auf zentrale Tendenzen verwiesen werden.

Die Kontrollvariablen üben mit Ausnahme der Vorhersage der Wahlhäufigkeit von Kooperations- und Innovationszielen nennenswerten Einfluss auf die Wahl beruflicher Ziele aus. Hier ist vor allem die unterschiedliche Situation von Führungsnachwuchskräften aus den alten und neuen Bundesländern maßgebend. Während für Berufseinsteiger aus den neuen Bundesländern das neue System Marktwirtschaft offenbar einen höheren Bedarf an Konsolidierung mit sich bringt, sind Einsteiger aus den alten Ländern bereits im ersten Berufsjahr stärker an beruflicher Entwicklung und Aufstieg interessiert.

Für die Ziele aller inhaltlichen Bereiche kann festgestellt werden, dass die Mitarbeiteranzahl des jeweiligen Unternehmens keine Wirkung auf die Wahl bestimmter Ziele hat, während der Sektor Einfluss auf die Wahl von Entwicklungs- und Aufstiegszielen ausübt. Beschäftigte in der Privatindustrie setzen sich derartige Ziele signifikant häufiger.

Tabelle III.1.5: Vorhersage der Wahl persönlicher beruflicher Ziele (getrennt nach Dimensionen) durch Unternehmensmerkmale und Berufsorientierung.

		Dimensionen persönlicher beruflicher Ziele (T3)													
		Entwicklung		Kooperation		Aufstieg		Innovation		Mikropolitik		Konsolidierung		Unternehmenswechsel	
Step	Variable	Beta[a)]	R^2_{change}[a)]	Beta	R^2_{change}	Beta	R^2_{change}	Beta	R^2_{change}	Beta	R^2_{change}	Beta	R^2_{change}	Beta	R^2_{change}
1	*Kontrollvariablen:*														
	Studienfach[b)]														
	Wirtschaftswissenschaften	–.08*				.13**				.00		.10*		.11**	
	Naturwissenschaften	–.05				.00				–.05		–.01		–.01	
	Studienort: West[c)]	.13***				.12**				.07*		–.20***		.08*	
	Geschlecht männlich[d)]	.00	.02***		.00	–.01	.05***		.01	–.04	.02**	.07	.06***	.01	.03***
2	*Organisationsstruktur:*														
	Mitarbeiteranzahl	.00				.01									
	Sektor: privat[e)]	.22***	.05***		.00	.15***	.03***		.00		.00		.01		.01
3	*Praktiken (T2):*														
	Dynamik	.08*												.02	
	Anerkennung	.00												–.12**	
	Kollegialität	.03												–.09*	
	Kontrolle	.05	.01*		.01		.00		.01		.01		.01	.06	.04***
4	*Berufsorientierung (T1):*														
	Karriere	.12**				.07		.05		.13**		–.09*			
	Freizeit	–.07				–.05		–.08		–.04		.08*			
	alternativ	–.03	.03***		.01	–.07	.02**	.09*	.02**	.02	.02***	.00	.02***		.01
		$F_{(13,830)} = 7.85$***		$F_{(13,830)} = 1.46$		$F_{(13,830)} = 6.75$***		$F_{(13,830)} = 2.06$*		$F_{(13,830)} = 3.32$***		$F_{(13,830)} = 7.04$***		$F_{(13,830)} = 5.64$***	

a) Beta: standardisierter Regressionskoeffizient aus der Regressionsendgleichung; R^2_{change}: zusätzlicher Varianzerklärungsanteil.
b) dummykodierte Variable, Ingenieure bilden die Bezugsgruppe.
c) dummykodierte Variable, neue Bundesländer bilden die Bezugsgruppe.
d) dummykodierte Variable, Frauen bilden die Bezugsgruppe.
e) dummykodierte Variable, Öffentlicher Dienst bildet die Bezugsgruppe.
* $p < .05$
** $p < .01$
*** $p < .001$

Zwar wurde in der Hypothese 1a für alle Zielinhalte ein Einfluss der Unternehmenspraktiken angenommen, doch diese Annahme lässt sich lediglich für eine der sieben untersuchten Zieldimensionen bestätigen. Die Unternehmenspraktiken üben mit einem Varianzerklärungsanteil von 4 % einen signifikanten Effekt auf die Anzahl gewählter Ziele aus dem Bereich Unternehmenswechsel aus. Für diesen Effekt zeichnet im Einzelnen insbesondere das Fehlen von Anerkennung und Kollegialität in einer Organisation verantwortlich. Für eine gezielte Förderung der von Organisationen positiv bewerteten Ziele lassen sich keine Anhaltspunkte finden. Die aufgestellte Hypothese lässt sich durch die Befunde nicht bestätigen.

Die Berufsorientierungen zeigen dagegen mit den Ausnahmen Kooperation und Unternehmenswechsel für die Wahl von Zielen aus allen inhaltlichen Bereichen signifikante Effekte mit Varianzerklärungsanteilen zwischen 2 und 3 %. Die Untersuchungshypothese – Karriereorientierung fördert die Wahlhäufigkeit eher organisationskonformer Ziele, während Freizeitorientierung und alternatives Engagement sie eher senkt – kann nur teilweise bestätigt werden. Ein hohes Maß an Karriereorientierung wirkt positiv auf die Wahl von Entwicklungs- und mikropolitischen Zielen, verringert aber auch die Intention, sich im ersten Berufsjahr erst einmal zu konsolidieren. Freizeitorientierung fördert die Wahl von Konsolidierungszielen, Alternativorientierung die Wahl innovativer Ziele. Während tatsächlich hypothesenkonform die berufliche Entwicklung eine Domäne der Karriereorientierten zu sein scheint, wird die von Organisationen besonders positiv bewertete Zieldimension Kooperation von Vertretern aller Berufsorientierungen gleich häufig verfolgt. Auf Innovation scheinen sich dagegen stark alternativ Engagierte zu spezialisieren.

Zu betonen ist aber auf jeden Fall, dass Ziele über den relativ geringen Einfluss organisationaler Praktiken hinaus in Zusammenhang mit der Berufsorientierung der Befragten stehen, die diese bereits vor Eintritt in die Organisation hatten. Die Wahl von Zielen entzieht sich damit zu einem nicht unerheblichen Teil dem Wirkungskreis der Unternehmen. Allein der von Organisationen wenig geliebte Plan zum Unternehmenswechsel scheint als direkte Reaktion auf das Erleben des organisationalen Alltags interpretierbar zu sein.

1.4.2 Realisierung persönlicher beruflicher Ziele

Während die Wahl beruflicher Ziele durch Herkunft, Sektor des Unternehmens und vor allem Berufsorientierung geprägt scheint, verändert sich das Bild bei der Betrachtung der individuellen Realisierungsfortschritte (Tabelle III.1.6). Vor Darstellung der Ergebnisse muss allerdings darauf hingewiesen werden, dass die Kategorie „Fortschritte beim Unternehmenswechsel" aus den Berechnungen ausgeschlossen wurde, da alle Befragten ihren Arbeitsplatz nicht gewechselt hatten und Fortschritte inhaltlich schwer interpretierbar sind. Zusätzlich wurde die durchschnittliche Gesamtrealisierung über alle Ziele hinweg aufgenommen.

Auf der Ebene der Kontrollvariablen zeigen sich nur noch partielle Unterschiede zwischen den einzelnen Studienfächern, jedoch nicht mehr zwischen Berufseinsteigern aus den alten und neuen Bundesländern. Realisierungsfortschritte werden in Ost und West gleichermaßen erzielt. Signifikante Erklärungsanteile der Organisationsstrukturvariablen lassen sich ebenfalls nicht mehr finden.

Im Gegensatz zu Hypothese 2b lassen sich keine signifikanten Einflüsse der Berufsorientierungen auf Realisierungsfortschritte feststellen. Karriereorientierte Führungsnachwuchskräfte befinden sich also gegenüber akademischen Neueinsteigern mit anderen langfristigen Plänen nicht im Vorteil. Wenn schon nicht bestimmte Gruppen der Führungsnachwuchskräfte bevorzugt werden, so zeigt sich dennoch, dass die in Organisationen gelebten Praktiken Einfluss auf die Realisierungsfortschritte nehmen. Insgesamt scheint eine ausgeprägte Kultur von Anerkennung und Förderung bzw. Kollegialität die stärkste Wirkung zu besitzen. Eine spezifisch auf die besonders positiv beurteilten Zieldimensionen gerichtete Beeinflussung lässt sich jedoch nicht belegen.

1.4.3 Arbeitszufriedenheit und Bindung an die Organisation

Im letzten Ergebnisabschnitt sollen die Auswirkungen von Organisationsmerkmalen und Berufsorientierungen auf Arbeitszufriedenheit und Bindung an die Organisation im zweiten Berufsjahr untersucht werden (Tabelle III.1.7). Darüber hinaus soll überprüft werden, inwieweit die Realisierung persönlicher Ziele zusätzlich positive Effekte zeigt. Im vorgestellten Modell werden generelle Einflüsse der unabhängigen Variablen auf Arbeitszufriedenheit und Bindung überprüft. Ein Modell, in dem nur die Veränderung der abhängigen Variablen vom ersten zum zweiten Berufsjahr untersucht wird, verändert die Tendenz der Ergebnisse nicht.

Kontrollvariablen und strukturale Organisationsmerkmale, die in einem ersten Schritt zur Überprüfung herangezogen werden, nehmen keinen Einfluss auf die abhängigen Variablen. Die im nächsten Schritt mit einbezogenen Merkmale der Organisationskultur zeigen dagegen deutliche Auswirkungen mit Varianzerklärungsanteilen von 16 bzw. 18 %. Wie bereits bei den Ausführungen zur Zielrealisierung erweist sich auch hier das Ausmaß an Anerkennung und Kollegialität in einer Organisation als enorm wichtig. Hinzu kommt die Abwesenheit von strikter Kontrolle und starkem Zentralismus in einer Organisation. Dynamik und Aufgabenorientierung, die in der Befragung von Personalverantwortlichen prägende Merkmale der Organisationskultur zu sein schienen, spielen dagegen eine untergeordnete Rolle.

Im Gegensatz zum Einfluss der Praktiken können keine Unterschiede bei der Arbeitszufriedenheit in Abhängigkeit von den jeweiligen Berufsorientierungen festgestellt werden. Die Bindung an die Organisation scheint dagegen von der Berufsorientierung nicht unabhängig zu sein. Hypothesenkonform fühlen sich freizeitorientierte Führungsnachwuchskräfte weniger stark an ihre Organisation gebunden. Karriereorientierung und alternatives Engagement gehen jedoch nicht mit einer besonders intensiven oder losen Bindung an die Organisation einher.

Die individuellen Zielfortschritte – im letzten Schritt in die Gleichung eingebracht – nehmen anders als Berufsorientierungen positiven Einfluss auf Arbeitszufriedenheit und Bindung an die Organisation. Dieser Einfluss geht damit deutlich über den der Praktiken hinaus, die ihrerseits auf die Zielrealisierung einwirken.

Tabelle III.1.6: Vorhersage der Realisierung persönlicher beruflicher Ziele (getrennt nach Dimensionen) durch Unternehmensmerkmale und Berufsorientierung.

		Dimensionen persönlicher beruflicher Ziele (T3)													
		Entwicklung		Kooperation		Aufstieg		Innovation		Mikropolitik		Konsolidierung		Gesamt-realisierung	
Step	Variable	Beta[a]	R^2_{change}[a]	Beta	R^2_{change}	Beta	R^2_{change}	Beta	R^2_{change}	Beta	R^2_{change}	Beta	R^2_{change}	Beta	R^2_{change}
1	*Kontrollvariablen:*														
	Studienfach[b]														
	Wirtschaftswissenschaften					.19••				.12•		.11		.11••	
	Naturwissenschaften					–.11				–.01		–.16••		–.04	
	Studienort: West[c]					.09				–.02		.09		.02	
	Geschlecht männlich[d]		.01		.01	.05	.08•••		.01	.03	.02••	.06	.08•••		.01•
2	*Organisationsstruktur:*														
	Mitarbeiteranzahl											.00			
	Sektor: privat[e]		.00		.01		.00		.00		.00	.16••	.02•		.00
3	*Praktiken (T2):*														
	Dynamik	.11•		–.01		.11				.05		–.09		.03	
	Anerkennung	.07		–.07		.12				.09		.17••		.15•••	
	Kollegialität	.05		.33•••		–.04				–.03		.14•		.09•	
	Kontrolle	–.02	.03•••	.09	.09•••	.00	.03•		.04	–.12•	.04•••	–.04	.06•••	–.04	.05•••
4	*Berufsorientierung (T1):*														
	Karriere											.07			
	Freizeit											.13•			
	alternativ		.00		.01		.01		.01		.02	–.06	.02•		.00
		$F_{(13,623)} = 2.35$••		$F_{(13,399)} = 3.95$•••		$F_{(13,255)} = 2.81$•••		$F_{(13,247)} = 1.28$		$F_{(13,450)} = 3.01$•••		$F_{(13,353)} = 6.01$•••		$F_{(13,807)} = 4.81$•••	

a) Beta: standardisierter Regressionskoeffizient aus der Regressionsendgleichung; R^2_{change}: zusätzlicher Varianzerklärungsanteil.
b) dummykodierte Variable, Ingenieure bilden die Bezugsgruppe.
c) dummykodierte Variable, neue Bundesländer bilden die Bezugsgruppe.
d) dummykodierte Variable, Frauen bilden die Bezugsgruppe.
e) dummykodierte Variable, Öffentlicher Dienst bildet die Bezugsgruppe.
• $p < .05$
•• $p < .01$
••• $p < .001$

Tabelle III.1.7: Vorhersage von Arbeitszufriedenheit und organisationaler Bindung durch Unternehmensmerkmale und Berufsorientierungen.

		Arbeitszufriedenheit (T3)				Organisationale Bindung (T3)	
Step	Variable	Beta[a)]	R^2_{change} [a)]	Step	Variable	Beta[a)]	R^2_{change} [a)]
1	*Kontrollvariablen:*			1	*Kontrollvariablen:*		
	Studienfach[b)]				Studienfach[b)]		
	Wirtschaftswissenschaften				Wirtschaftswissenschaften		
	Naturwissenschaften				Naturwissenschaften		
	Studienort: West[c)]				Studienort: West[c)]		
	Geschlecht männlich[d)]		.00		Geschlecht männlich[d)]		.01
2	*Organisationsstruktur:*			2	*Organisationsstruktur:*		
	Mitarbeiteranzahl				Mitarbeiteranzahl		
	Sektor: privat[e)]		.00		Sektor: privat[e)]		.00
3	*Praktiken (T2):*			3	*Praktiken (T2):*		
	Dynamik	.00			Dynamik	.06	
	Anerkennung	.17***			Anerkennung	.18***	
	Kollegialität	.16***			Kollegialität	.20***	
	Kontrolle	–.14***	.16***		Kontrolle	–.07*	.18***
4	*Berufsorientierung (T1):*			4	*Berufsorientierung (T1):*		
	Karriere				Karriere	–.02	
	Freizeit				Freizeit	–.11**	
	alternativ		.01		alternativ	–.06	.01**
5	Durchschnittliche Zielrealisierung (T3)	.28***	.07***	5	Durchschnittliche Zielrealisierung (T3)	.18***	.03***
		$F_{(14,806)} = 18.65$***				$F_{(14,806)} = 17.42$***	

a) Beta: standardisierter Regressionskoeffizient aus der Regressionsendgleichung; R^2_{change}: zusätzlicher Varianzerklärungsanteil.
b) dummykodierte Variable, Ingenieure bilden die Bezugsgruppe.
c) dummykodierte Variable, neue Bundesländer bilden die Bezugsgruppe.
d) dummykodierte Variable, Frauen bilden die Bezugsgruppe.
e) dummykodierte Variable, Öffentlicher Dienst bildet die Bezugsgruppe.
* $p < .05$
** $p < .01$
*** $p < .001$

1.5 Zusammenfassung und Diskussion

Was sagen die Ergebnisse über den Stellenwert von Berufsorientierungen und Organisationskultur für berufliche Einstellungen und berufliche Ziele als Indikatoren für berufliches Handeln aus? Zunächst ist auf die Varianzerklärungsanteile von 2 bis 3 % hinzuweisen. Diese deuten darauf hin, dass Organisationskultur und Berufsorientierungen als übergeordnete Instanzen organisationaler Merkmale oder beruflicher Planung zwar Richtschnur sein können, dass aber verschiedene Feinheiten organisationsspezifischer Gegebenheiten, wie etwa Vorgesetzte, Kollegen, konkrete Arbeitsplätze, großen Einfluss auf den Einzelfall haben dürften. Über den Zeitraum von einem (Praktiken) bzw. zwei (Berufsorientierungen) Jahren hinweg in mehreren hundert Organisationen untersucht, belegen diese Erklärungsanteile aber eine gewisse Leitfunktion, die Organisationskultur und Berufsorientierungen ausüben.

Praktiken als Ausprägungen der Organisationskultur wirken dabei auf Realisierungsfortschritte bei persönlichen Zielen sowie Arbeitszufriedenheit und Bindung an die Organisation ein. Diese Ergebnisse sind in Einklang zu bringen mit den hohen Erwartungen, die von Unternehmen mit Gestaltungsmaßnahmen auf der Basis von Organisationskultur verknüpft werden. Andererseits können Allmachtsfantasien von einer optimalen Kontrolle der Mitarbeiter, die von manchen Praktikern gehegt, aus wissenschaftlicher Perspektive aber eher gefürchtet werden (van Maanen und Barley 1984), nicht durch die Daten gestützt werden. Dazu sind die Einflüsse der Praktiken zu unspezifisch: Eine eindeutige Förderung positiv bewerteter Ziele aus den Bereichen Entwicklung oder Kooperation und alternativ dazu eine Behinderung von Konsolidierungs- oder Wechselzielen lässt sich nicht belegen. Zudem besitzen Praktiken keinen Einfluss auf die Wahl der Ziele, die Führungsnachwuchskräfte verfolgen.

Berufsorientierungen setzen genau an diesem Punkt an. Die Wahl beruflicher Ziele hat durchaus damit zu tun, was Führungsnachwuchskräfte langfristig erreichen wollen. Da Berufsorientierungen sich langfristig und nicht erst mit dem Einstieg in das Unternehmen entwickeln, werden Hochschulabsolventen sie sicherlich nicht kurzfristig ändern, sondern auch gegen Widerstand mit Leben erfüllen wollen. Wer Karriere machen will, wird danach streben, beruflich dazuzulernen, ein Netzwerk in der Organisation zu knüpfen und möglichst bald den ersten Aufstiegsschritt zu vollziehen. Dieses Bild mag vielen Personalverantwortlichen mit Auswahlaufgaben sehr attraktiv erscheinen und den oder die Karriereorientierte als Idealbild der Führungsnachwuchskraft erscheinen lassen. Einige strukturale Entwicklungen, wie etwa die Begrenzung von Aufstiegsmöglichkeiten in deutschen Unternehmen, lassen aber Zweifel darüber angebracht erscheinen, wie sinnvoll diese Perspektive ist. Zusätzlich ist anzumerken, dass Kooperation und Innovation nicht gerade die bevorzugten Zielbereiche von karriereorientierten Führungskräften darstellen.

Natürlich beschreiben die vorliegenden Daten nur den Zeitraum der ersten 18 bis 24 Monate nach dem Berufseinstieg. Es bleibt zu überlegen, wie längerfristige Perspektiven der Führungsnachwuchskräfte aussehen. Für den Bereich der Wahl beruflicher Ziele kann auf Kaschube et al. (1996) verwiesen werden. Für das dritte und vierte Berufsjahr deutet sich eine Verfestigung bisheriger Trends an. Karriereorientierte setzen dann verstärkt auf Aufstieg bzw. planen einen Wechsel, während Innovation mehr und mehr die Domäne der alternativ Engagierten wird.

Welcher Handlungsbedarf und welche Handlungsmöglichkeiten bestehen für Organisationen? Angesichts des Ergebnisses, dass die Wahl persönlicher beruflicher Ziele mit beruflichen Planungen bereits vor Eintritt in die Organisation zusammenhängt und dass die Realisierung dieser Ziele sich wiederum deutlich auf Arbeitszufriedenheit und Bindung an die Organisation auswirkt, sollte beruflichen Zielen im organisationalen Leben mehr Beachtung geschenkt werden. Die Zielvereinbarung im Rahmen von Mitarbeitergesprächen kann ein geeignetes Forum dafür darstellen.

Weiterhin liefern die dargestellten Zusammenhänge von Berufsorientierungen, beruflichen Zielen und Arbeitszufriedenheit bzw. Bindung an die Organisation keine Argumente für die Konzentration von Organisationen auf Führungsnachwuchskräfte mit hoher Karriereorientierung, wie sie von Kirsch (1994) gezeigt werden konnte. Besonders die in jüngster Zeit von Praktikern immer wieder betonte Teamfähigkeit und Bereitschaft zur Kooperation ist bei karriereorientierten Führungsnachwuchskräften nicht stärker ausgeprägt als bei anderen. Entwicklungen der letzten Jahre, die unter Schlagworten wie „lean management" oder „Innovation in interdisziplinären Teams" zusammengefasst werden können, lassen vermuten, dass eine Orientierung an individueller Karriere durch andere Orientierungen ergänzt werden wird und muss. Es bleibt zu prüfen, ob Unternehmen bei Auswahlverfahren nicht gezielt auf eine Mischung verschiedener Berufsorientierungen setzen und das Angebot an attraktiven Fachlaufbahnen erweitern sollten.

Literatur

Bauer, T. N.; Green, G. (1994): Effect of newcomer involvement in work-related activities: A longitudinal study of socialization. In: Journal of Applied Psychology 29 (2), 211–223.

Chao, G. T.; O'Leary-Kelly, A. M.; Wolf, S.; Klein, H. J.; Gardner, P. D. (1994): Organizational socialization: Its content and consequences. In: Journal of Applied Psychology 79, 730–743.

Chatman, J. A. (1991): Matching people and organizations: Selection and socialization in public accounting firms. In: Administrative Science Quarterly 36, 459–484.

Domsch, M.; Regnet, E. (Hg.) (1990): Weibliche Fach- und Führungskräfte, Stuttgart: Schäffer.

Dubin, R. (1956): Industrial workers' worlds: A study of the „central life interests" of industrial workers. In: Social Problems 3, 131–142.

Fischer, L. (Hg.) (1991): Arbeitszufriedenheit, Stuttgart: Verlag für Angewandte Psychologie.

Fisher, C. D. (1986): Organizational socialization: An integrative review. In: Research in Personnel and Human Resources Management 4, 101–145.

Gollwitzer, P. (1987): Suchen, Finden und Festigen der eigenen Identität: Unstillbare Zielintentionen. In: H. Heckhausen, P. M. Gollwitzer, F. E. Weinert: Jenseits des Rubikon: Der Wille in den Humanwissenschaften, Berlin: Springer, S. 176–189.

Gollwitzer, P. M. (1991): Abwägen und Planen. Bewußtseinslagen in verschiedenen Handlungsphasen, Göttingen: Hogrefe.

Heinisch, I.; Brüsewitz, K. (1994): Selbst- und Fremdselektion der Hochschulabsolventen – Auswahl von Hochschulabsolventen bei BMW. In: L. von Rosenstiel, T. Lang, E. Sigl (Hg.): Fach- und Führungsnachwuchs finden und fördern, Stuttgart: Schäffer-Poeschel, S. 221–224.

Hofstede, G.; Neuijen, B.; Ohayv, D. D.; Sanders, G. (1990): Measuring organizational cultures: A qualitative and quantitative study across twenty cases. In: Administrative Science Quarterly 35, 286–316.

Inglehart, R. (1989): Kultureller Wandel, Frankfurt a. M.: Campus.

Kaschube, J. (1997): Ziele von Führungsnachwuchskräften – Berufliche Entwicklung nach der Einarbeitung, München/Mering: Hampp.

Kaschube, J.; Wittmann, A.; von Rosenstiel, L. (1996): Identification and Goal-Choice of Managerial Candidates - organizational and individual perspectives. In: European Journal of Work and Organizational Psychology.

Katz, D.; Kahn, R. L. (1978): The social psychology of organizations, 2. Aufl., New York: Wiley.

Kirsch, A. (1994): Strategien der Selektion und Sozialisation von Führungsnachwuchs, München: Unveröffentlichte Dissertation.

Klipstein, M. von; Strümpel, B. (1985): Gewandelte Werte - Erstarrte Strukturen. Wie die Bürger Wirtschaft und Arbeit erleben, Bonn: Neue Gesellschaft.

Lang, T.; Kaschube, J. (1994): Berufseinstieg und erste berufliche Erfahrungen von Hochschulabsolventen. In: Mitteilungen 8 des SFB 333, München, S. 33–46.

Lang-von Wins, T.; Wittmann, A.; Kaschube, J.; von Rosenstiel, L. (1995): Wertgeleitete Stellenwahl und ihre Folgen für berufliche Einstellungen bei Fach- und Führungsnachwuchskräften. In: Zeitschrift für Arbeitswissenschaft 49 (4), 191–196.

Locke, E. A.; Latham, G. P. (1990a): A theory of goal setting and task performance, Englewood Cliffs, N. J.: Prentice Hall.

Locke, E. A.; Latham, G. P. (1990b): Work motivation: The high performance cycle. In: U. Kleinbeck, H.-H. Quast, H. Thierry, H. Häcker: Work Motivation, Hillsdale, N. J.: Lawrence Erlbaum, S. 3–26.

Mento, A. J.; Steel, R. P.; Karren, R. J. (1987): A meta-analytic study of the effects of goal setting on task performance: 1966–1984. In: Organizational Behavior and Human Decision Processes 39, 52–83.

Mowday, R. T.; Steers, R. M.; Porter, L. W. (1979): The measurement of organizational commitment. In: Journal of Vocational Behavior 14, 224–247.

Nerdinger, F. W. (1995): Motivation und Handeln in Organisationen, Stuttgart: Kohlhammer.

Neuberger, O.; Allerbeck, M. (1978): Messung und Analyse der Arbeitszufriedenheit, Bern: Huber.

Nicholson, N.; Arnold, J. (1991): From expectation to experience: Graduates entering a large corporation. In: Journal of Organizational Behavior 12, 413–429.

Peters, T. G.; Waterman, R. M. (1982): In search of excellence, New York: Harper & Row.

Presthus, R. (1966): Individuum und Organisation. Eine Typologie der Anpassung, Frankfurt a. M.: S. Fischer.

Rehn, M.-L. (1990): Die Eingliederung neuer Mitarbeiter, München/Mering: Hampp.

Roberson, L. (1989): Assessing personal work goals in the organizational setting: Development and evaluation of the work concerns inventory. In: Organizational Behavior and Human Decision Processes 44, 345–367.

Roberson, L. (1990): Prediction of job satisfaction from characteristics of personal work goals. In: Journal of Organizational Behavior 11, 29–41.

Rosenstiel, L. von (1975): Die motivationalen Grundlagen des Verhaltens in Organisationen. Leistung und Zufriedenheit, Berlin: Duncker & Humblot.

Rosenstiel, L. von (1989): Selektions- und Sozialisationseffekte beim Übergang vom Bildungs- ins Beschäftigungssystem. In: Zeitschrift für Arbeits- und Organisationspsychologie 33 (1), 21–32.

Rosenstiel, L. von; Nerdinger, F. W.; Spieß, E. (1991): Was morgen alles anders läuft, Düsseldorf: Econ.

Rosenstiel, L. von; Stengel, M. (1987): Identifikationskrise?, Bern: Huber.

Schein, E. H. (1971): Occupational socialization in the professions: The case of role innovation. In: Journal of Psychiatric Research 8, 521–530.

Schein, E. H. (1985): Organizational culture and leadership: A dynamic view, San Francisco: Jossey-Bass.

Schein, E. H. (1990): Organizational culture. In: American Psychologist 45 (2), 109–119.

Six, B.; Kleinbeck, U. (1989): Arbeitsmotivation und Arbeitszufriedenheit. In: E. Roth (Hg.): Enzyklopädie der Psychologie, III, 3, Organisationspsychologie, Göttingen: Hogrefe, S. 348–398.

Van Maanen, J.; Barley, S. R. (1984): Occupational communities: Culture and control in organizations. In: L. L. Cummings, B. M. Staw (Hg.): Research in Organizational Behavior, Bd. 6, Greenwich, Conn.: JAI Press, S. 287–365.

Wanous, J. P. (1992): Organizational entry. Recruitment, selection, orientation and socialization of newcomers, 2. Aufl., Reading, MA.: Addison-Wesley.
Wanous, J. P.; Colella, A. (1989): Organizational entry research: Current status and future directions. In: Research in Personnel and Human Resources Management 7, 59–120.
Weiss, H. M. (1977): Subordinate imitation of supervisor behavior: The role of modeling in organizational socialization. In: Organizational Behavior and Human Performance 19, 89–105.
Witte, E.; Kallmann, A.; Sachs, G. (1981): Führungskräfte der Wirtschaft, Stuttgart: Poeschel.
Wollert, A.; Bihl, G. (1983): Werteorientierte Personalpolitik. In: Personalführung 8, 1–4.

2 Vor einer Angleichung des deutschen und des französischen Bildungssystems? – Kontrastierende Entwicklungstendenzen und ähnliche Destabilisierungstendenzen[1]

Ingrid Drexel

2.1 Die Fragestellung dieses Aufsatzes und seine theoretischen, methodologischen und empirischen Grundlagen

2.1.1 Die Bedeutung nationalspezifischer Muster der Entwicklung von Bildungssystemen – gegen statische Sichtweisen von Wissenschaft und Politik

Die Bildungssysteme der europäischen Nationalstaaten stehen vor einer Angleichung, sei es naturwüchsig im Gefolge immer ähnlicher werdender Wirtschafts- und Beschäftigungsstrukturen, sei es als Produkt gezielter Reformpolitiken, die ein einheitliches europäisches Bildungssystem realisieren wollen – so eine weit verbreitete Annahme. Wie realistisch ist die Annahme eines naturwüchsig erfolgenden Angleichungsprozesses? Und wie realistisch die Annahme, eine solche Annäherung sei durch staatliche Politiken zu realisieren?

Zur Beantwortung dieser Fragen reicht es nicht, nach Ähnlichkeiten in den Strukturen der heute in Europa bestehenden Bildungssysteme zu suchen und eine Angleichung derjenigen Strukturen, die Differenzen zeigen, zu prognostizieren bzw. zu empfehlen.

Eine solche Sichtweise verkennt zum einen, dass Bildungssysteme in enger Wechselwirkung stehen mit den jeweiligen nationalen Beschäftigungssystemen, das heißt mit den Arbeitsplatzstrukturen und den Personal- und Einsatzpolitiken der Betriebe, und dass deshalb gleiche oder ähnliche Strukturen des Bildungssystems in verschiedenen Gesellschaften ganz unterschiedliche Funktion und Bedeutung haben können; zum Beispiel hat ja in verschiedenen Ländern das Abitur ganz unterschied-

1 Überarbeitete deutsche Fassung des Aufsatzes „Le segment intermediaire des systemes de formation en France et en Republique fédérale d'Allemagne", erschienen in Formation Emploi 44, 1993 (vgl. Drexel 1993b).

liche Selektionsfunktionen, das Ingenieurstudium ganz unterschiedliche Wertigkeit usw.

Zum anderen verkennt die Annahme, durch einen politischen Akt könnten im Interesse der Angleichung die in einem Land bewährten Elemente seines Bildungssystems in das Bildungssystem eines anderen Landes implementiert werden, die Bedeutung der Entwicklungsdynamik von Bildungsprozessen und ihre Eigengesetzlichkeit: In den verschiedenen Gesellschaften haben sich im Lauf der Jahrzehnte unterschiedliche Muster der Wechselwirkung zwischen Bildungs- und Beschäftigungssystem herausgebildet, die die Entwicklung der Bildungssysteme – gezielte Reformen ebenso wie schleichende Veränderungsprozesse – ganz wesentlich bestimmen. Die Entwicklung von Bildungssystemen erfolgt also nicht zufällig, und sie ist auch nicht beliebig politisch steuerbar. Nationalstaatliche oder supranationale Reformpolitiken, die eine Angleichung der Bildungssysteme Europas zum Ziel haben, müssten sich in die bestehenden, jeweils unterschiedlichen Muster der Entwicklung der verschiedenen Bildungssysteme und ihrer Wechselwirkungen mit den jeweiligen Beschäftigungssystemen einfügen (können), um die angestrebten Ergebnisse zu zeitigen.

Dies bedeutet, dass für die Fragen nach einer naturwüchsigen ebenso wie nach einer politisch gewollten Angleichung ein statischer Vergleich von Bildungssystemen, der lediglich nach Unterschieden und Gemeinsamkeiten in den bestehenden Strukturen sucht und von daher „Angleichungserfordernisse" identifiziert, viel zu kurz greift. Für die Beantwortung dieser Fragen ist es vielmehr notwendig, die bisherigen Entwicklungsprozesse der interessierenden Bildungssysteme zu rekonstruieren und zu vergleichen. Erst auf dieser Grundlage lässt sich feststellen, ob es in diese Entwicklungsprozesse eingebaute Tendenzen einer Konvergenz gibt, an die gegebenenfalls politisch anzuknüpfen wäre, aber auch, welche Tendenzen einer Divergenz bestehen und ob diese gegebenenfalls zu transformieren oder zumindest zu neutralisieren wären.

Bevor Aussagen in Bezug auf einen in Gang befindlichen Angleichungsprozess und/oder die Realisierbarkeit von auf Angleichung zielenden Reformen gemacht werden können, ist also zunächst einmal nach den Mustern der Entwicklung der interessierenden Bildungssysteme in Wechselwirkung mit den jeweiligen Beschäftigungssystemen und nach der inneren Logik dieser Entwicklungsmuster zu fragen. Worin bestehen solche Entwicklungsmuster, wie lassen sie sich erfassen? Dies wird dieser Beitrag am Beispiel eines *Vergleichs der Bildungssysteme Frankreichs und Deutschlands* exemplarisch zu zeigen versuchen.

Die Analyse konzentriert sich aus Material- und aus Platzgründen auf das mittlere Segment dieser beiden Bildungssysteme, das heißt also auf den Bereich zwischen Hochschulausbildungen einerseits und Ausbildungen für Arbeiter- und einfache Angestelltentätigkeiten andererseits. Innerhalb dieses Bereichs erfolgt, ebenfalls aus Material- und Platzgründen, eine Fokussierung auf technische Ausbildungsgänge und Arbeitskräftekategorien unter Aussparung des kaufmännischen und Verwaltungsbereiches.

Die Bildungsgänge, in denen in einer Gesellschaft Arbeitskräfte für die zwischen den klassischen Ingenieur- und den klassischen Arbeiterpositionen situierten „mittleren" Positionen qualifiziert werden, sind – auch wenn dieses mittlere Qualifikationssegment für sich genommen quantitativ nur begrenztes Gewicht hat – aufgrund der „Scharnierfunktion" der Positionen zwischen dem Ingenieur- und dem Arbeiterniveau von großer Bedeutung für das Bildungssystem dieser Gesellschaft insgesamt und für seine Relationen zum Beschäftigungssystem. Und die Berufsverlaufsmuster, die mit den auf mittlere Positionen zielenden Bildungsgängen verbunden sind, stellen die jeweils spezifischen Vermittlungen zwischen dem Bildungssystem und dem Beschäftigungssystem einer Gesellschaft dar. Insofern gibt die Entwicklung des mittleren Qualifikations- und Bildungssegments einer Gesellschaft Aufschluss über die vergangene Entwicklung ihres gesamten Bildungssystems in Wechselwirkung mit den Strukturen und Politikmustern seines Beschäftigungssystems und erlaubt Schlussfolgerungen in Bezug auf seine Zukunft.

Deshalb wird im Folgenden die Entwicklung der mittleren Bildungsgänge in Frankreich und Deutschland und der mit ihnen verbundenen Berufs„karrieren" als Prisma genommen für die bisherige Entwicklung beider Bildungssysteme und für einen Blick in ihre Zukunft.

2.1.2 Theoretische, methodologische und empirische Grundlagen

Die Strukturen der Bildungssysteme Frankreichs und Deutschlands – und hier insbesondere die jeweiligen Gefüge der zu mittleren Positionen führenden Bildungsgänge – unterscheiden sich heute, wie zu zeigen sein wird, weitreichend. Wie lassen sich die Entwicklungen, die zu den bestehenden großen Unterschieden in den beiden Ländern geführt haben, erfassen und in einer Weise nachzeichnen, dass sie miteinander verglichen werden und damit Aufschluss geben können über die Frage nach einer möglichen Angleichung?

Zur Lösung dieses Problems werden *zwei theoretisch begründete methodologische Ansätze* genutzt:

Als kleinster gemeinsamer Nenner des Vergleichs werden *Bildungs- und Berufsverlaufsmuster* bestimmt, *die zu mittleren Positionen* führen.[2] Innerhalb dieser Zugangswege zu mittleren Positionen wird grob unterschieden zwischen Aufstiegswegen (vertikaler Mobilität) von Arbeitern und einfachen Angestellten einerseits und „Seiteinstiegen" (horizontaler Mobilität) von Berufsanfängern, die höhere Bildungsgänge absolviert haben, andererseits.

Die Bestimmung der Frage nach Zugangswegen zu mittleren Positionen als Basisfrage der Analyse und die grob typisierende Unterscheidung zwischen Arbeiteraufstieg und Seiteinstieg von formal hoch qualifizierten Berufsanfängern hat eine

2 Theoretische Basis dieses Ansatzes ist ein – hier nicht im Einzelnen darzustellendes – Konzept gesellschaftlicher Qualifikationstypen, die konstituiert sind durch gesellschaftlich standardisierte prozessuale Muster der Reproduktion ihrer Arbeitskraft (Drexel 1989, 1994). Diese Muster des Reproduktionsverlaufs (empirisch: national- und historisch spezifische Bildungs- und Berufsverlaufsmuster von Arbeitskräftekategorien) stellen einen zentralen Vermittlungszusammenhang zwischen den Bildungs- und Beschäftigungssystemen von Gesellschaften dar. Sie begründen damit auch die Unterschiede zwischen Arbeitskräftekategorien mit gleicher Bezeichnung in verschiedenen Ländern (z. B. die Unterschiede zwischen dem französischen ingénieur und dem deutschen Ingenieur, dem französischen agent de maîtrise und dem deutschen Meister usw.).

Reihe von Vorteilen für den Vergleich: Sie erlaubt es, Bildungsgänge, die dem öffentlichen Bildungssystem, und solche, die der betrieblichen Weiterbildung zugehören, zueinander in Beziehung zu setzen. Vor allem erlaubt sie es, quantitative Daten aus Bildungsstatistik und Berufsverlaufsuntersuchungen sowie qualitative Ergebnisse von Betriebsfallstudien und Biografieforschung aufeinander zu beziehen. Auf diese Weise kann ein zugleich reichhaltiges wie auch strukturiertes Bild der Zusammenhänge von Bildungs- und Beschäftigungssystem jedes Landes gewonnen und dem des anderen Landes vergleichend gegenübergestellt werden.

Vor allem für die methodologischen Probleme des Vergleichs in dynamischer Perspektive bietet dieser Ansatz eine Lösung: Er erlaubt es, die sich über die Jahrzehnte hinweg entwickelnden Veränderungen in den Zugangswegen zu mittleren Positionen nachzuzeichnen und von daher die Gesamtheit der betrieblichen und gesellschaftlichen Bedingungen, die diese Entwicklungen bestimmten, zu erfassen.

Zum anderen werden die unterschiedlichen Entwicklungsprozesse der miteinander verglichenen Bildungssysteme interpretiert mithilfe des *Konzepts nationalspezifischer Entwicklungsmuster und -logiken*: Der Versuch, Unterschiede in den Strukturgefügen der Bildungs- und Beschäftigungssysteme zweier Länder nicht nur kontrastreich zu beschreiben und in synchroner Perspektive aus „Interdependenzen" plausibel zu machen, sondern in diachroner Perspektive die Entstehung dieser Unterschiedlichkeiten zu erklären, stellt die Soziologie ja vor besondere Schwierigkeiten. Sie kann sich nicht mit aneinander gereihten Erklärungen einzelner historischer Ereignisse und Entscheidungen begnügen, wie es Historiker mit gutem Recht tun; und sie macht es sich auch zu einfach, wenn sie Unterschiede in nationalen Entwicklungsprozessen ausschließlich auf „nationale Kulturen" und/oder „Mentalitäten" zurückführt, denn diese sind ja selbst erklärungsbedürftig. Vielmehr muss die soziologische Analyse allgemeinere strukturelle Charakteristika und Zusammenhänge in den Entwicklungsprozessen selbst – gewissermaßen Strukturen dieser Prozesse – aufdecken. Worin können solche Strukturen bestehen? Und wie können sie in der Vielzahl der Einzelentwicklungen, die im Ergebnis zu unterschiedlichen Strukturgefügen führen, identifiziert werden?

Um dieses Problem zu lösen, wurde das Konzept nationalspezifischer Entwicklungsmuster und -logiken entwickelt (Drexel 1993a, 1993b): Danach bilden sich im historischen Prozess – in Reaktion auf Probleme im Bildungswesen (in seinen Bildungsgängen und Selektionsprozessen) und/oder in den Betrieben (in ihren Strukturen und Personalpolitiken) und/oder anderen gesellschaftlichen Bereichen – sukzessive bestimmte Entwicklungsmuster des Bildungssystems und der betrieblichen Personalpolitiken heraus. Diese Entwicklungsmuster sind das Produkt vielfältiger wechselseitiger Re-Aktionen der beiden Systeme. Frühe Ansätze einer Gesellschaft zur Bewältigung der Ausgangsprobleme – sei es durch Modifikation bestehender Strukturen, sei es durch die Schaffung struktureller Innovationen – determinieren die folgenden Veränderungen immer stärker: Sie bestimmen sowohl die objektiven Zwänge und Spielräume für staatliche Reformen, betriebliche Personalpolitiken und das Verhalten von Arbeitskräften und Arbeitskräftenachwuchs als auch die jeweiligen gesellschaftlichen Modi der Interpretation der bestehenden Probleme, sie bestimmen die Implementation spezifischer Problemlösungen und die Ausgrenzung denkbarer Alternativen.

Diese Muster regeln sich im Lauf der Zeit zunehmend aufeinander ein: Spezifische sich einschleifende Problemlösungsstrategien und spezifische Interpretationen von Problemen bestätigen sich wechselseitig als durchsetzungsmächtig. Damit gewinnen bestimmte Abfolgen von Reformen und schleichenden Veränderungen zunehmend innere Kohärenz, sie vereindeutigen und verfestigen sich zunehmend. Und sie gewinnen zudem Eigendynamik in der Determination von Folgeproblemen und neuerlichen Versuchen der Problembewältigung durch diese spezifischen Muster der Probleminterpretation und -lösung: Sie werden zu nationalspezifischen Entwicklungsmustern mit spezifischen inneren (Entwicklungs-)Logiken.

Die in diesen Mustern vorgezeichneten Problemlösungsansätze müssen nicht notwendigerweise Erfolg haben: Der Möglichkeit eines positiven Zirkels steht die eines negativen Zirkels gegenüber. Aber die wachsende Kohärenz von Veränderungsschritten und -prozessen macht das Ausbrechen aus einer gegebenen Entwicklungslogik immer schwieriger. Dies bedeutet allerdings keineswegs Irreversibilität einer einmal eingeschlagenen Entwicklungsrichtung: Gerade auf der Basis von sich immer weiter reproduzierenden und verfestigenden Entwicklungen eines bestimmten Typs kann es zur Kumulation von Folgeproblemen kommen; zu einer Situation also, die eine Fortführung bisheriger Problemlösungsmuster immer problemträchtiger macht. Der besondere Druck der kumulierten Folgeprobleme des bislang eingeschlagenen Entwicklungsmusters kann zu einer nachdrücklichen Suche nach neuartigen Lösungen und zu ihrer Durchsetzung führen, unter Umständen sogar zu einer sprunghaften „Trendwende".

Soweit das Konzept nationalspezifischer Entwicklungsmuster und ihrer inneren Logik. Es steuert die Aufmerksamkeit der folgenden Analyse auf die Abfolge von Veränderungsprozessen sowohl im Bildungs- als auch im Beschäftigungssystem,[3] die die Zugangswege zu mittleren Positionen verändern, und auf den inneren Zusammenhang dieser Veränderungsprozesse. Im Mittelpunkt steht also die Frage, warum bestimmte Entwicklungen eingetreten sind und andere nicht, warum bestimmte Reformentscheidungen getroffen wurden und andere nicht. Die Betonung liegt dabei auf den Divergenzen der Entwicklungen in den beiden untersuchten Ländern, während ihre Gemeinsamkeiten in diesem Text unterbelichtet bleiben müssen (vgl. dazu Drexel und Méhaut 1989).

Die empirische Basis dieses Beitrags liefern langjährige Arbeiten der Autorin, vor allem eine größere Untersuchung von neuen mittleren Bildungs- und Berufswegen in

3 Auch wenn hier von Bildungs- und Beschäftigungs„systemen" die Rede ist, bedeutet dies keine systemtheoretische Konzeption gleichgewichtiger gesellschaftlicher Subsysteme, die sich wechselseitig aneinander anpassen. Ausgegangen wird vielmehr von der Möglichkeit relativ autonomer (bzw. durch andere gesellschaftliche Kräfte beeinflusster) Eigenentwicklungen der beiden Bereiche mit durchaus ungleichen, ungleich durchsetzungsmächtigen wechselseitigen Steuerungs- und Strukturierungspotenzialen – aber einer Durchsetzung des Beschäftigungs„systems" (der betrieblichen Interessen) in letzter Instanz. Grundannahme ist, dass die Bildungssysteme marktwirtschaftlicher Gesellschaften geprägt werden durch innere Widersprüche, die letztlich Ausdruck genereller Widersprüche dieser Gesellschaften sind, dass sich diese Widersprüche in den verschiedenen Nationalstaaten aber in unterschiedlichen konkreten Formen und mit unterschiedlichen Konsequenzen im Einzelnen reproduzieren.

Frankreich und Deutschland (Drexel 1993a).[4] Dazu kommen neuere Untersuchungen zur Entwicklung der klassischen mittleren Bildungsgänge und Arbeitskräftegruppen – Techniker und Meister – in Deutschland (Drexel und Jaudas 1996; Drexel 1997).

Die *folgende Darstellung und ihre Gliederung* stehen unter der doppelten Anforderung, ein zugleich der Komplexität der Entwicklungen beider Länder möglichst weitgehend gerecht werdendes, das heißt reichhaltiges, aber auch ein für den Leser konsumierbares, das heißt strukturiertes Bild zu liefern. Deshalb werden zunächst in komprimierter Form sechs Merkmale skizziert, in denen sich die Entwicklungen der Zugangswege zu mittleren Positionen in Frankreich und Deutschland deutlich unterscheiden – also sechs Charakteristika nationalspezifischer Entwicklungsmuster dieser Bildungssysteme (Abschnitt 2.2). Daran anschließend werden die Kohärenzen zwischen diesen Merkmalen für jedes Land nachgezeichnet, also die jeweiligen nationalspezifischen inneren Logiken der Entwicklungsprozesse in Frankreich und Deutschland rekonstruiert (Abschnitt 2.3). Der folgende Abschnitt widmet sich den jüngsten Entwicklungen in beiden Ländern, die zugleich Versuche zur Kurskorrektur des jeweiligen Entwicklungsmusters wie auch Kontinuitäten und damit die Kraft der jeweiligen Entwicklungslogiken deutlich machen (Abschnitt 2.4). Abschnitt 2.5 zieht ein vorsichtiges Resümee in Bezug auf die mögliche Konvergenz der Bildungssysteme Frankreichs und Deutschlands.

2.2 130 Jahre staatliche Bildungspolitik und betriebliche Personalpolitik in Frankreich und Deutschland – zwei kontrastierende Entwicklungsmuster

2.2.1 Die Situation heute: ganz unterschiedliche Gefüge von Zugangswegen zu mittleren Positionen

Die *Ausgangssituation* der hier betrachteten Entwicklungen nach dem Zweiten Weltkrieg war relativ ähnlich: In beiden Ländern dominierte als Zugangsweg zu mittleren Positionen ganz eindeutig der innerbetriebliche Aufstieg, mehr oder weniger abgestützt durch kürzere Ad-hoc-Weiterbildungsmaßnahmen. Keime für spätere diver-

4 Diese Untersuchung wurde zwischen 1988 und 1991 in Kooperation mit einem französischen Forschungsprojekt zu Fragen der betrieblichen Weiterbildung in Frankreich und Deutschland (Leitung P. Méhaut, GREE) durchgeführt. An diesem Projekt („Production et usage de la formation par et dans l'entreprise") waren, außer dem GREE, das CEREQ, Paris, das IREP-D, Grenoble, das LASTREE, Lille, und das IAE, Grenoble, beteiligt.
Ferner wurden im Rahmen des im Sonderforschungsbereich 333 der Universität München durchgeführten Teilprojekts A8 „Die Entstehung neuer Qualifikationstypen, neue Konkurrenzen und politische Folgen" zahlreiche Untersuchungen anderer französischer Forscher zur Situation und Entwicklung der Ausbildungsgänge und des betrieblichen Einsatzes von Technikern, Meistern und Arbeitern ausgewertet.

gente Entwicklungen gab es allerdings insofern, als in Deutschland so genannte Fachschulen für die Weiterbildung von Facharbeitern zu Technikern (quantitativ wie qualitativ wenig bedeutsam) und Ansätze einer formalisierten Meisterausbildung existierten, in Frankreich erste Ansätze einer schulischen Technikerausbildung für Berufsanfänger (BEI, BT).

Heute dagegen stehen sich in beiden Ländern ganz *unterschiedliche Gefüge von Zugangswegen zu mittleren Positionen* gegenüber: In *Frankreich* gibt es immer noch den traditionsreichen Arbeiteraufstieg in Techniker- und Meisterpositionen, der ausschließlich auf betrieblicher Ernennung basiert und nicht durch spezifische, auf diesen Typ von Positionen und darauf ausgerichtete gesellschaftlich geregelte Fortbildungsgänge abgestützt wird. Neben diese Aufstiegswege sind allerdings in den letzten 30 Jahren drei neue schulische Ausbildungsgänge getreten: die Technikerausbildung auf Abiturniveau, die mit dem BTn (Baccalauréat de Technicien bzw. Bac Technique) abschließt, und zwei Ausbildungen zu Höheren Technikern, die beide zwei Jahre über das Abitur hinausführen und mit BTS (Brevet de Technicien Supérieur) bzw. DUT (Diplôme Universitaire de Technologie) abschließen. Diese Bildungsgänge sollten bei ihrer Schaffung horizontale Direktzugänge von Berufsanfängern zu mittleren Positionen („Seiteinstiege") begründen, führen heute aber zum Teil (insbesondere im Fall der Ausbildung zum BTn) zunächst nur in Arbeiterpositionen und begünstigen dann spätere Aufstiege. Am unteren Rand des mittleren Qualifikationssegments gibt es seit einigen Jahren einen weiteren neuen schulischen Bildungsgang – eine Ausbildung, die Absolventen der (ebenfalls schulischen) Arbeiterausbildungen zum so genannten Bac Pro (Baccalauréat Professionnel – Berufsabitur) führt. Am oberen Rand dieses Qualifikationssegments wurde vor kurzem eine neue Ingenieurausbildung – die so genannte filière Decomps[5] – geschaffen, die mit diesen mittleren Bildungswegen verzahnt werden soll.

Dieses Feld von Bildungswegen, die zu mittleren Positionen führen, wird begrenzt einerseits durch die schulischen Ausbildungen für Arbeiter- und einfache Angestelltentätigkeiten, welche mit CAP und (etwas höherwertig) BEP abschließen,[6] andererseits durch das Universitätsstudium mit verschiedenen Abschlüssen, die je nach Dauer unterschiedliche Wertigkeiten aufweisen, und die Ausbildungen an den Ingenieurschulen, die im Durchschnitt die höchste Wertigkeit besitzen.[7]

In der *Bundesrepublik* gibt es demgegenüber als Zugang zu mittleren Positionen nur den Weg des Aufstiegs für Arbeiter und (einfache) Angestellte. Dieser Weg

5 Die Bezeichnung dieses neuen Bildungsgangs orientiert sich am Namen des Vorsitzenden eines Expertengremiums, das seine Schaffung empfohlen und seine Ausgestaltung konzipiert hat.

6 Zu diesem Sockel an Qualifizierungswegen für Arbeiter, oberhalb dessen das Segment der hier besonders interessierenden mittleren Bildungsgänge verortet ist, kommen zudem einzelbetriebliche Anlernprozesse in großem Umfang für die Absolventen all dieser schulischen Ausbildungsgänge und insbesondere für die sehr vielen Schulabgänger ohne Abschluss; ferner neuerdings vielfältige staatlich gestützte Formen der Integration von Jugendlichen in den Betrieb, die mit bestimmten Qualifizierungsauflagen verbunden sind.

7 Ungeachtet des insgesamt hohen Rangs der Ingenieurausbildung gibt es auch hier eine gewisse innere Differenzierung, je nachdem, ob diese an so genannten großen Ingenieurschulen oder an so genannten kleinen Ingenieurschulen oder aber an Universitäten absolviert wird.

wird in großem Umfang durch zwei gesellschaftlich standardisierte und geregelte Fortbildungsgänge – die Techniker- und die Meisterfortbildung – abgestützt. Am Rande dieses Felds von Aufstiegswegen entstehen seit einigen Jahren verschiedene, in der Regel von einzelnen Betrieben initiierte und getragene und/oder regional begrenzte Wege: neue Fortbildungsgänge, einzelbetriebliche Sonderausbildungsgänge für Abiturienten und die dualen Ingenieurausbildungen der Berufsakademien. Diese „Innovationen" des deutschen Bildungssystems haben allerdings nur ganz geringe Bedeutung erlangt und sind zum Teil schon wieder verschwunden; die Studiengänge der Berufsakademien führen über den Bereich der mittleren Positionen hinaus in das Einsatzfeld von Fachhochschulingenieuren. Neue schulische Ausbildungsgänge, die einen direkten Zugang von Berufsanfängern zu mittleren Positionen begründen würden, gibt es nicht.

Dieses Feld von Bildungswegen, die zu mittleren Positionen führen, wird begrenzt einerseits durch die formal einheitlichen, wenngleich in horizontaler Perspektive (nach Wirtschaftssektoren, Berufen etc.) heterogenen dualen Berufsausbildungen für Arbeiter und Angestellte (das so genannte Duale System) und andererseits durch die Studiengänge des Tertiären Sektors, der in sich grob differenziert (und hierarchisiert) ist in die Studiengänge der Universität und der Fachhochschule, welche beide unter anderem Ingenieurstudiengänge mit umfassen.

Einer zunehmenden Differenzierung im mittleren Qualifikationssegment und einer hohen Veränderungsrate des französischen Bildungssystems steht in der Bundesrepublik also eine jahrzehntelange große Stabilität dieses Segments gegenüber, trotz weit reichender Veränderungen in den anderen Segmenten des Bildungssystems; erst in den letzten Jahren sind gewisse Veränderungen zu beobachten.

Wie ist es zu diesen großen Unterschieden in den Gesamtkonstellationen der Bildungs- und Berufsverlaufsmuster in Frankreich und Deutschland gekommen? Welche Entwicklungen haben aus welchen Gründen zu diesen unterschiedlichen Konstellationen geführt? Diesen Fragen wird im Folgenden, wie angekündigt, zunächst anhand bestimmter charakteristischer Merkmale der jeweiligen Entwicklungen nachgegangen, bevor dann deren innere Logiken rekonstruiert werden.

Es liegt auf der Hand, dass diese Entwicklungen angesichts ihrer Vielzahl und Komplexität in diesem Beitrag nur in sehr groben Strichen nachgezeichnet werden können; nicht in einer detailgenauen Geschichte der beiden Bildungssysteme, sondern in der Perspektive einer soziologischen Analyse, die durch kontrastierende Gegenüberstellung allgemeinere Zusammenhänge aufzudecken versucht. Im Interesse der Prägnanz für den Leser wird im Folgenden mit der Darstellung der Entwicklung in Frankreich begonnen, von der sich dann die Entwicklung in Deutschland – aufgrund des dadurch geschaffenen „Verfremdungseffekts" – um so deutlicher abheben kann.

2.2.2 Zentrale Unterschiede in den Entwicklungsmustern des französischen und des deutschen Bildungssystems

Unterschied 1: *Mehrfache sprunghafte Veränderungen durch immer wieder neue Bildungsgänge in Frankreich – Stabilität und gleitende Verbesserung bestehender Bildungsgänge in der Bundesrepublik*

Die Entwicklung im mittleren Qualifikationssegment in *Frankreich* ist bestimmt durch die mehrfache – seit den 60er-Jahren insgesamt viermalige – Schaffung neuer öffentlicher Bildungsgänge, also von „Innovationen" im Bildungssystem, zum Teil (der Fall des BTS) in Form einer Verlängerung und Transformation eines bestehenden Bildungsgangs, zum Teil in Form einer Neuschaffung ex nihilo. Weiterbildungsgänge, die Arbeiter für Techniker- und Meisterpositionen qualifizieren, wurden hingegen nicht geschaffen, bestehende Ansätze sind verschwunden.

Demgegenüber ist die Entwicklung in der *Bundesrepublik* geprägt durch vielfältige Maßnahmen einer gleitenden Verbesserung der bestehenden Weiterbildungsgänge für Facharbeiter und Fachangestellte: Die Weiterbildung zum Techniker wurde sukzessive verlängert, qualitativ angehoben und vereinheitlicht; die Fortbildung zum Meister wurde mehrfach modernisiert und verbessert und in den 60er-Jahren bundeseinheitlich öffentlich geregelt (Grüner 1967; Drexel und Méhaut 1989).

Einer Multiplizierung von mittleren Bildungswegen, Bildungsabschlüssen und Qualifikationstypen in Frankreich steht also in der Bundesrepublik eine mehrfache, teilweise kleinschrittige Qualitätsverbesserung der beiden bestehenden traditionellen Bildungsgänge und Qualifikationstypen unter gleich bleibendem Etikett – ohne die Schaffung neuer Bildungsgänge und Abschlüsse – gegenüber.

Unterschied 2: *Innovationen von oben, Konkurrenz von oben in Frankreich – Verbesserung von unten, Konkurrenz von unten in der Bundesrepublik*

In beiden Ländern kam es in den Jahrzehnten seit dem Zweiten Weltkrieg insgesamt zu einer qualifikatorischen Stärkung des mittleren Bildungs- und Qualifikationssegments; doch sind die Formen dieser Stärkung sehr verschieden. Ein fundamentaler Unterschied besteht in Bezug auf die Ansatzpunkte und Abfolgen der Veränderungen der beiden Bildungssysteme und ihre Konsequenzen für die Marktposition der Abschlüsse.

In *Frankreich* erfolgte die Schaffung neuer Bildungsgänge mehrmals am jeweils oberen Rand des mittleren Qualifikationssegments, das heißt direkt unter der Ebene des klassischen Ingenieurs. Die staatlichen Reformkonzepte und -investitionen setzten zweimal jeweils eine Stufe höher an als eine kurz zuvor geschaffene „Innovation": Die Schaffung des DUT erfolgte *nach* der des BTS und die Schaffung der filière Decomps *nach* der Schaffung dieser beiden Ausbildungen zum Höheren Techniker. Die darunterliegenden Bildungswege – der Weg zum BTn auf Abiturniveau und insbesondere die Arbeiterausbildungen – blieben lange ihren Schwächen überlassen (Tanguy 1991).

Diesem Entwicklungsmuster steht in der *Bundesrepublik* eine mehrfache „Verbesserung von unten" gegenüber: Vor allem wurde die Ausbildung für Facharbeiter und Fachangestellte, auf denen die Weiterbildungen zum Techniker und Meister in der Regel aufbauen, wesentlich gestärkt durch eine weit reichende Reform des Dualen Systems und die Neuordnung der wichtigsten industriellen Ausbildungsberufe. Dazu kam, dass man für die steigende Zahl schulisch höher qualifizierter Jugendlicher (Realschüler und Abiturienten) keine eigenständigen mittleren Ausbildungsgänge bereitstellte, sondern sie – soweit sie nicht in den (Fach-)Hochschulbereich gingen – im Wesentlichen in die industriellen und kaufmännischen Ausbildungsberufe des Dualen Systems einmünden ließ. Beides hat die Rekrutierungsreservoirs für Meister- und Technikerfortbildungen deutlich von unten her unterfüttert und damit diese selbst gestärkt. Allerdings wurden dadurch zugleich auch bestimmte traditionelle Aufgaben von Technikern und Meistern für qualifizierte Facharbeiter bewältigbar.

Einer Konkurrenz von „oben" in Frankreich, die notwendigerweise zu einer relativen Abwertung der bestehenden durch die jeweils neueren und höheren Bildungsgänge führte, stand also in der Bundesrepublik eher eine „Konkurrenz von unten" gegenüber. Gleichzeitig wurde in Frankreich der mittlere Bildungsbereich nach oben hin verlängert, wenn man BTn und Bac Pro zu diesem zählt (was die Sichtweise der meisten Tarifverträge ist; vgl. Tanguy 1991): Der relative Abstand dieser mittleren Bildungsgänge zu den Arbeiterausbildungen (vor allem zur eigentlich untersten Stufe: der Anlernung) wurde vergrößert. In der Bundesrepublik sind demgegenüber die mittleren Bildungsgänge und die Arbeiterausbildungen gemeinsam nach oben gedriftet.

Unterschied 3: *Innere Differenzierung der klassischen mittleren Qualifikationstypen Techniker und Meister in Frankreich – zunehmende Homogenisierung dieser mittleren Qualifikationstypen in der Bundesrepublik*

Die skizzierten Veränderungen im Bildungssystem hatten weit reichende Konsequenzen für die klassischen mittleren Qualifikationstypen. In *Frankreich* kam es sowohl bei den Technikern als auch bei den Meistern zu einer inneren Differenzierung, je nachdem, ob sie ihren Weg über den klassischen Arbeiteraufstieg oder über „Seiteinstiege" aus dem höheren Schulwesen gemacht haben; diese Differenzierung trägt in gewissen Aspekten durchaus auch den Charakter einer inneren Spaltung dieser Gruppen. Vor allem die Höheren Techniker haben in großem Umfang die anspruchsvolleren Technikerpositionen, in gewissem Umfang auch die anspruchsvolleren Meisterpositionen übernommen, sodass man deutlich zwischen diesen und den einfacheren Techniker- bzw. Meisterpositionen unterscheidet. In der Logik dieser zunehmenden Differenzierung in den Einsatzmustern – und diese Differenzierungen natürlich verstärkend – werden sie zudem in den Tarifverträgen und in den betrieblichen Lohnpolitiken in der Regel deutlich gegenüber den anderen Technikern abgehoben (Jobert und Tallard 1994).

In der *Bundesrepublik* stand dieser Entwicklung bei den Technikern lange eine große innere Homogenität gegenüber. Bei den Meistern hat die Tatsache, dass es erst ab Mitte der 70er-Jahre bundesweit einheitlich geregelte Meisterausbildungen gibt, dass vorher und zum Teil auch noch lange nachher Meister nur auf der Basis regional geregelter oder sogar ganz ohne entsprechende Fortbildungen von den Betrieben ernannt wurden, lange eine gewisse innere Differenzierung der Gruppe der Meister begründet. Ab Mitte der 70er-Jahre hat sich jedoch der Abschluss einer Meisterfortbildung als Zugangsvoraussetzung zu Meisterpositionen weitgehend generalisiert, sodass es im Generationenumschlag zu einer zunehmenden Homogenisierung der Kategorie der Meister kommt.

Im letzten Jahrzehnt allerdings gibt es, wie in Abschnitt 2.4 zu zeigen sein wird, Tendenzen einer schleichenden Substitution von Technikern durch Fachhochschulingenieure und – in den allerletzten Jahren – betriebliche Experimente mit der Substitution auch von Meistern durch Fachhochschulingenieure. Diese Prozesse sind jedoch häufig mit einer Anreicherung der von Fachhochschulingenieuren übernommenen Positionen und/oder mit ihrer Umetikettierung zu Ingenieurpositionen verbunden, sodass es nicht zu einer der französischen Entwicklung vergleichbaren inneren Spaltung der Kategorien des Technikers und des Meisters kommt.

Unterschied 4: *Wechselseitige Konkurrenz von Erstausbildung und Weiterbildung in Frankreich – wechselseitige Stärkung dieser beiden Qualifizierungsformen in der Bundesrepublik*

In *Frankreich* hat sich zwar der traditionelle Ernennungsaufstieg vom Arbeiter zum Techniker lange in großem Umfang gehalten (Drexel und Méhaut 1989). Seit Mitte der 80er-Jahre jedoch sinkt der Anteil der Techniker mit Arbeiterausbildung an der Gesamtzahl der Techniker, vor allem wenn man die Werte der Arbeitskräfte unter 35 Jahren betrachtet, deutlich: Setzt man diesen Anteil für 1982 = 100, so betrug er 1988 nur noch 72 (Guillon 1989). Diese Entwicklung ist eigentlich erstaunlich, da in Frankreich traditionell der Aufstieg nach dem Anciennitätsprinzip außerordentlich stark verankert und die Bedeutung von Bildungsabschlüssen („diplômes") für Aufstiege schwach war. Jedoch hat sich die Situation im letzten Jahrzehnt rapide geändert zugunsten einer wachsenden Bedeutung von „Diplomen" der Erstausbildung (Pottier und Zilbermann 1990; Kirsch 1990; Fournier 1993).

In engem Zusammenhang mit diesem Sachverhalt steht die Entwicklung anspruchsvoller Weiterbildung: Die früher vor allem im Rahmen der staatlichen Politik einer „promotion sociale" bestehenden Weiterbildungsgänge für Arbeiter (wie z. B. die IPST) sind ausgetrocknet. Und neue anspruchsvolle (halb-)öffentliche Weiterbildungsgänge wurden nicht geschaffen.

In der *Bundesrepublik* hingegen wurde, wie erwähnt, in den 60er- und 70er-Jahren politisch entschieden, keine Erstausbildungen für mittlere Positionen zu schaffen, sondern diesen Bereich voll für Arbeiteraufstieg und Aufstiegsfortbildung offen zu halten. Diese Entscheidung war flankiert von einem – wenn auch begrenzten und instabilen – Engagement des Staates für die Abstützung dieser Wege: Ab Anfang der 70er-Jahre wurde die Teilnahme an diesen Weiterbildungen finanziell nachhaltig durch öffentliche Mittel nach dem Arbeitsförderungsgesetz (AFG) unterstützt; und ebenfalls ab den 70er-Jahren kam es zu einer verstärkten öffentlichen Regelung in Form bundeseinheitlicher Prüfungsregelungen für die Meisterausbildung und zu einer Abstimmung der Inhalte der Technikerausbildungen zwischen den für diese zuständigen Landesregierungen.

Dieser Kontrast zwischen den verglichenen Gesellschaften ist besonders erstaunlich: nicht nur angesichts der französischen Tradition des Anciennitätsprinzips, sondern auch angesichts der Tatsache, dass Frankreich im Gegensatz zur Bundesrepublik über ein gut ausgebautes System der Umlagefinanzierung für Weiterbildung verfügt und der Umfang der Weiterbildungsaktivitäten französischer Betriebe den der deutschen Betriebe in bestimmter Perspektive möglicherweise sogar übersteigt (Géhin und Méhaut 1993).

Unterschied 5: *Erosion betrieblich-praktischen Lernens in Frankreich – Absicherung und Weiterentwicklung der Dualität von Lernorten in der Bundesrepublik*

Deutliche Unterschiede bestehen in der Entwicklung des praktischen Lernens in Betrieb und Arbeitsprozess, in seinem Stellenwert im Gesamtprozess der Qualifizierung von Arbeitskräften sowie in seinem relativen Gewicht im Vergleich mit schulischen Lernprozessen. Korrespondierende Unterschiede gibt es in der Wertschätzung des qualifikatorischen Ergebnisses von praktischem Lernen im Betrieb – der Berufserfahrung.

In *Frankreich* war die Entwicklung offenbar, folgt man der aktuellen vielfältigen innerfranzösischen Kritik am „modèle scolaire“ [8], lange Zeit geprägt durch die dominante Bedeutung von schulischer Qualifizierung zulasten von Erfahrungslernen – ein Sachverhalt, der angesichts der traditionell großen Bedeutung des Aufstiegs nach dem Anciennitätsprinzip ebenfalls erstaunlich anmutet. Fest steht immerhin, dass französische Jugendliche aufgrund des Fehlens einer dualen Ausbildung jahrzehntelang geregelte praktische Qualifizierungsprozesse nur in schulischen Lehrwerkstätten durchlaufen konnten und dass staatliche Reformen an schulischen Bildungsgängen und Lerninhalten ansetzten, nicht aber an den betrieblichen Anlernprozessen, die sich an schulische Ausbildungen notwendigerweise anschließen. Die Tatsache, dass geregeltes Praxislernen im Betrieb „machbar“ ist und dass es in Kombination mit formalisierter Aus- oder Weiterbildung sehr effizient sein kann, war offenbar in der französischen Gesellschaft (in ihren sich artikulierenden Teilen) lange verdrängt durch den Glauben an das Schulmodell.

Erst in den letzten Jahren wird dieser Glaube zunehmend infrage gestellt. Heute ist Frankreich auf der Suche nach neuen Synthesen sowohl von praktischer und theoretischer Qualifizierung als auch von betrieblicher und öffentlicher Steuerung und Verantwortung solcher Qualifizierungsprozesse: Man sucht in vielen Formen eine „alternance“, die sich dem „modèle professionnel“ (Modell eines beruflichen Lernens) annähert, das man im Übrigen als den Kern des deutschen Dualen Systems ansieht (Berton 1992; Brochier et al. 1990; Kirsch 1990): Sukzessive werden betriebliche Praktika in die Curricula schulischer Bildungsgänge aufgenommen. Jedoch haben sie zeitlich geringes Gewicht und können sich vor allem nur wenig auf vorhandene betriebliche Strukturen und Traditionen der arbeitsplatznahen Qualifizierung stützen, da die französischen Betriebe in den 60er- und 70er-Jahren bestehende Lehrwerkstätten für Jugendliche aufgelöst und die Weiterbildung ihrer Beschäftigten vielfach externen Bildungsträgern übergeben haben.

Diesem Entwicklungsmuster steht in der *Bundesrepublik* eine über die Jahrzehnte hinweg – trotz heftiger bildungspolitischer Diskussionen in den 60er-Jahren über einen Transfer der Erstausbildung von Jugendlichen in den Schulsektor – letzt-

8 Wörtlich: Schulmodell. Darunter wird in Frankreich das Lernen ausschließlich in schulisch organisierten Lernprozessen (Schule, lehrgangsförmige Weiterbildung) verstanden.

lich ungebrochene Aufrechterhaltung der Dualität der Erstausbildung von Jugendlichen gegenüber, in deren Kontext arbeitsplatznahes Lernen gezielt genutzt wird. Ein aufschlussreicher Indikator für die hohe Wertschätzung betrieblich-praktischer Erfahrung als Qualifikationselement ist die erwähnte Entscheidung, keine mittleren schulischen Bildungsgänge für Berufsanfänger (Seiteinstiegswege) zu schaffen, ein weiterer Indikator die in den 60er- und 70er-Jahren noch einmal explizit bekräftigte Festlegung, dass die Teilnahme an Meister- bzw. Technikerausbildung drei bzw. zwei Jahre einschlägiger beruflicher Tätigkeit voraussetzt, die durch Schulbesuch nicht zu ersetzen ist.

Unterschied 6: *Bildungsentscheidungen des Nachwuchses zugunsten von Schulkarrieren in Frankreich – Entscheidungen zugunsten von Weiterbildungs- und/oder Schulkarrieren in der Bundesrepublik*

In *Frankreich* entwickeln sich die Interessen des Arbeitskräftenachwuchses an sozialem Aufstieg seit langem sehr eindeutig in Richtung auf intergenerativen Aufstieg mithilfe langer Schulkarrieren; damit steigt notwendigerweise das Interesse der Jugendlichen bzw. ihrer Eltern an möglichst langem Verbleib im Schulsystem, an möglichst hochrangigen schulischen Diplomen und einem späten Eintritt in das Beschäftigungssystem. Dies gilt auch für diejenigen Jugendlichen, die bereits einen berufsbildenden Abschluss erworben haben: Der Anteil der Jugendlichen mit BTn, die ihre Ausbildung im öffentlichen Bildungssystem fortsetzen, ist hoch und nimmt kontinuierlich zu. Zum Beispiel verblieben von den erfolgreichen Absolventen des Jahrgangs 1983 mit BTn 68 % anschließend im öffentlichen Bildungssystem, von den Absolventen industrieller Fachrichtungen waren es sogar 81 % (Charlot und Pigelet 1989; Dubois 1991). Aber auch bei den Bildungsgängen, die mit Höheren Technikerdiplomen (BTS, DUT) abschließen, sind ähnliche Entwicklungen zu beobachten: Von den erfolgreichen Absolventen einer Ausbildung am IUT haben 1980 25 %, 1984 38 % und 1988 51 % ihre Ausbildung im öffentlichen Bildungssystem fortgesetzt (Dubois 1991). Und für Jugendliche mit BTS ist der Anteil derer, die ihre Ausbildung im öffentlichen Bildungssystem fortsetzt haben, von 16 % 1980 auf 30 % 1988 gestiegen (CEREQ 1989).

Diesem Entwicklungsmuster steht in der *Bundesrepublik* ein eher gespaltenes und sich zunehmend veränderndes Bild gegenüber: Die Weiterbildungsgänge, die zum Techniker und zum Meister führen, verfügten jahrzehntelang über große Attraktivität und großen Zulauf. Sukzessive hat sich aber auch in der Bundesrepublik das Bildungsverhalten des Nachwuchses umorientiert zugunsten von höheren allgemein bildenden Schulen (Gymnasien) und Hochschulen inklusive Fachhochschulen. In dieser Beziehung bestehen also nur graduelle und zeitliche Unterschiede zur Entwicklung in Frankreich. Strukturelle Unterschiede bestehen hingegen darin, dass in Deutschland auch viele der schulisch besser vorqualifizierten Jugendlichen ihr Erwerbsleben mit einer dualen Ausbildung zum Facharbeiter oder Fachangestellten beginnen und im Anschluss an diese oder nach einigen Jahren Berufstätigkeit eine Ingenieurausbildung aufnehmen. 1991 hatten z. B. 22 % derjenigen, die an der Universität, und 49 % derjenigen, die an der Fachhochschule zu studieren begannen, eine duale Ausbildung absolviert, darunter 5 % bzw. 13 % vor dem Abitur; diese Gruppe kam also über den so genannten Zweiten Bildungsweg zum Studium (BMBW 1992).

Die Orientierung des Nachwuchses am Hochschulstudium war in der Bundesrepublik also lange schwächer als in Frankreich. Andererseits hatten jedoch die jungen Facharbeiter der letzten zehn bis fünfzehn Jahre mit ihren guten schulischen und beruflichen Qualifikationsvoraussetzungen bessere Chancen, ihren Berufsstart als Arbeiter später zu korrigieren. Soweit sie das tun, verstärken sie den Zustrom der Gymnasiasten zur Ingenieurausbildung.

Soweit die wichtigsten Merkmale der Entwicklungsmuster der mittleren Segmente von Bildungs- und Beschäftigungssystemen in Frankreich und Deutschland. Zieht man ein *erstes Resümee* im Hinblick auf die Frage einer naturwüchsigen Angleichung der beiden Bildungssysteme in der Vergangenheit, dann kann dieses angesichts der sichtbar gewordenen Kontraste, die sich im Zeitablauf verstärkten, nur negativ ausfallen: Von einer naturwüchsigen Angleichung kann nicht die Rede sein.

Doch muss diese Feststellung im Prinzip noch nichts besagen in Bezug auf die Frage, ob sich nicht ungeachtet der divergenten Entwicklungen der Vergangenheit in Zukunft eine Angleichung der beiden Bildungssysteme naturwüchsig einstellen bzw. politisch herbeiführen lassen wird. Die Entwicklungen der Vergangenheit könnten ja auch Produkt von Zufällen und von Entscheidungen sein, die auch anders hätten ausfallen können. Um diese Frage zu klären, ist es erforderlich, einen Schritt weiterzugehen und nach möglichen inneren Notwendigkeiten der beobachteten Entwicklungen der Vergangenheit – nach ihren „inneren Logiken" – und nach dem Fortwirken dieser Logiken zu fragen. Dies ist Gegenstand der folgenden beiden Abschnitte.

2.3 Zwei kontrastierende Entwicklungsmuster und ihre innere Kohärenz

Wie sind die skizzierten Unterschiede in den Merkmalen der analysierten Entwicklungsmuster in ihrem Zusammenhang zu erklären? Im Folgenden werden je für sich die Entwicklungen der Bildungssysteme beider Länder und ihre inneren Logiken holzschnittartig nachgezeichnet.

2.3.1 Die innere Logik der Entwicklung in Frankreich

Etwas schematisierend kann man als Ausgangsdatum der Entwicklung des mittleren Qualifikationsbereichs in Frankreich einerseits die Schwäche der Erstausbildung für Arbeiter und einfache Angestellte und das Ausbleiben einer frühzeitigen Stärkung dieses Bildungsniveaus, andererseits die Schaffung von drei schulischen Technikerausbildungen (BTS, DUT, BTn) innerhalb nur eines Jahrzehnts ansehen. Diese beiden Ausgangspunkte der weiteren Entwicklung des französischen Bildungssystems hängen eng miteinander zusammen: Die traditionelle Schwäche der Arbeiterausbildungen führte dazu, dass die Betriebe sie nicht oder nur wenig besser als normale Anlernung honorierten und nachdrücklich neue, höherwertige Bildungsgänge forderten.

Aus eben diesen Gründen schlossen sich die Jugendlichen bzw. ihre Eltern (offenbar insbesondere aus den Mittelschichten) diesen Forderungen an.

Die Schaffung solcher höherwertigen neuen Ausbildungsgänge, die zu Positionen von Technikern und Höheren Technikern führen sollten, durch den Staat hatte dann aber eine Reihe von primären und sekundären Folgen: Die neuen Ausbildungen schufen Konkurrenzen untereinander, und zwar jeweils Konkurrenzen „von oben" – eine Konkurrenz des DUT gegenüber dem auf gleichem Niveau III[9] verorteten, aber bescheideneren BTS, eine Konkurrenz des BTS gegenüber dem auf dem Niveau IV verorteten BTn und vor allem eine Konkurrenz all dieser neuen Technikerausbildungen gegenüber den Arbeiterausbildungen des Niveaus V. Diese Konkurrenzen bestimmten sowohl das Rekrutierungsverhalten der Betriebe als auch das Bildungswahlverhalten des Nachwuchses und führten zu Marginalisierungs-, Verdrängungs- und Entwertungsprozessen auf der jeweils unteren Ebene. Vor allem führten sie zur relativen Entwertung der Abschlüsse der beiden Arbeiterausbildungen CAP und BEP (weit überproportionale Arbeitslosigkeitsraten und prekäre Beschäftigungsverhältnisse bei den Schulabsolventen mit diesen Abschlüssen; vgl. Pottier und Zilbermann 1990) und des Technikerdiploms BTn (häufig Berufsstart und zum Teil längerfristiger Verbleib in Arbeiterpositionen; vgl. Pigelet 1985; Simula und Berreur 1985; Guillon 1989).

Im Einzelnen: Eine erste Folge des neuen Arbeitsmarktangebots an Technikern verschiedener Niveaus war, dass die Betriebe in großem Umfang junge Arbeitskräfte mit BTn auf Arbeiterniveau einsetzten, um Qualifikationslücken im Bereich anspruchsvoller Arbeitertätigkeiten schnell zu füllen und – vielleicht noch wichtiger – um die Qualifizierungs- und Sozialisierungsfunktion innerbetrieblicher Aufstiege für diese ja nur schulisch qualifizierten jungen Arbeitskräfte zu nutzen. Damit wurde ein negativer Zirkel einer sukzessiven Entwertung und Funktionsveränderung dieser Qualifikation und dieses Bildungsgangs in Gang gesetzt: Der unterwertige Einsatz der Absolventen mit BTn im Betrieb führte dazu, dass immer mehr von ihnen ihre Ausbildung im öffentlichen Bildungssystem fortsetzten und dass sich die Gruppe derjenigen, die nur mit einem BTn ausgestattet einen Arbeitsplatz suchten, zunehmend auf die schwächeren Jugendlichen reduzierte – eine Entwicklung, die natürlich ihrerseits den unterwertigen Einsatz dieser jungen Arbeitskräfte im Betrieb weiter verfestigte: ein klassischer negativer Zirkel.

Damit geriet der Staat unter Druck: Er „musste" die höher ansetzenden mittleren Wege – die Ausbildungen zum Höheren Techniker des Niveaus III – massiv ausbauen. Zum einen drängten die Betriebe – angesichts des Funktionswandels des BTn hin zu einem Abschluss für die Fortsetzung der Ausbildung im öffentlichen Bildungssystem und angesichts ihrer negativen (negativ bewerteten) Erfahrungen mit den wenigen Beschäftigung suchenden Technikern mit diesem Abschluss – auf mehr und besser qualifizierte Techniker, die ihrem eher diffusen, zunehmend durch die Erwartung hoher Anforderungen im Gefolge der neuen Technologien bestimmten Bedarf

9 Das französische Bildungssystem ist in sechs Niveaus gegliedert, die eine (formale) Vergleichbarkeit zwischen unterschiedlichen Bildungsgängen herstellen sollen. An der Spitze stehen die Studiengänge der Ingenieurschulen und bestimmte Universitätsabschlüsse (Niveau I), den untersten Sockel bildet das Niveau VI.

besser entsprachen. Zum anderen drängten Nachwuchs bzw. Mittelschichteltern auf erfolgreichere Wege, das heißt auf neue Bildungsgänge, die entweder von vornherein höher ansetzen als der Weg zum BTn oder nach oben hin durchlässig sind.

In der Dynamik dieses Zirkels wurden die neuen Bildungsgänge (auch die des Niveaus III) zunehmend zu Versatzstücken in zeitlich lang gezogenen individuellen Schulkarrieren (Dubois 1991). Dass der Staat die Entwertung der Ausbildung zum BTn und die dadurch verursachte Funktionsveränderung dieses Abschlusses bildungspolitisch nicht durch eine substanzielle Stärkung der Arbeiterausbildungen verhinderte, was im Prinzip ja durchaus auch denkbar gewesen wäre, sondern darauf mit einem weiteren Ausbau der höherwertigen Ausbildungen reagierte, zeigt die sich zunehmend verfestigende Strategie einer „Problemlösung von oben". Das jahrzehntelange Ausbleiben einer substanziellen Verbesserung der Arbeiterausbildungen wurde verstärkt durch die langjährige Konzentration der staatlichen Reformpolitik, ihrer konzeptuellen Innovationen und vor allem ihrer finanziellen Investitionen auf den Technikerbereich, die schließlich in der Propagierung des Ziels, 80 % jedes Jahrgangs zum Abitur führen zu wollen, ihren Höhepunkt fand. Parallel zu dem skizzierten negativen Zirkel bei den Technikern des Niveaus IV (BTn) entwickelte sich damit auch ein negativer Zirkel auf der Ebene der Arbeiterausbildungen.[10]

Dieser Zirkel, zusammen mit der Tatsache, dass immer weniger qualifizierte Absolventen des BTn anschließend eine Beschäftigung aufnehmen, führte 1985 zur Schaffung eines weiteren neuen Bildungsgangs – des Bac Professionnel (Hallier und Thiesset 1991). Dieser neue Bildungsgang hat ein doppeltes Ziel: Er soll zum einen besonders qualifizierte Jugendliche mit einem Diplom des Niveaus V zum Niveau IV (Abiturniveau) führen und die klassischen Arbeiterausbildungen des Niveaus V durch diese Durchlässigkeit attraktiver machen; zum anderen soll er den Betrieben hoch qualifizierte Arbeiter mit Bildungsniveau IV zur Verfügung stellen. Im Sinne dieses doppelten Ziels enthält er größere betriebliche Praktikumsphasen.

Doch auch dieser Bildungsgang entgeht nicht der inneren Logik der skizzierten Entwicklungen; ja, er kann die Wirksamkeit dieser Entwicklungslogik geradezu illustrieren: Trotz der genannten Zielsetzungen wurde mit dem Bac Pro die Zugangsberechtigung zur Hochschule und zu den Höheren Technikerausbildungen verbunden. Gleichzeitig wurde im (in Frankreich besonders gewichtigen) Tarifvertrag der Metallindustrie für die Arbeitskräfte mit diesem Abschluss eine Arbeiterkarriere verankert. Jeder dieser beiden Faktoren für sich, vor allem aber ihre Kombination programmierte natürlich für die Zukunft steigende Verbleibsquoten der Absolventen dieses neuen Bildungsgangs im höheren Bildungssystem und sinkende Quoten eines Übergangs in den Betrieb vor; eine Vorprogrammierung, die sich dann auch sehr schnell realisierte (Campinos-Dubernet 1995). Eine Bindung des Eintritts in die Ausbildung zum Bac Pro an eine vorherige mehrjährige Berufstätigkeit dieser jungen Arbeitskräfte, die ja alle über eine Arbeiterausbildung verfügen, hätte diese Entwicklung zumindest deutlich ab-

10 Gegen diesen negativen Zirkel setzt seit Ende der 80er-Jahre eine Reform des Niveaus V durch Neustrukturierung des Verhältnisses von CAP und BEP sowie eine Neuordnung wichtiger Ausbildungsberufe an. Die widersprüchlichen Ergebnisse dieser Reformpolitik können hier aus Platzgründen nicht einbezogen werden (Tanguy 1991), müssen dies aber auch nicht, da sie auf die hier interessierenden Entwicklungen noch kaum Auswirkungen haben.

bremsen können und wäre im Prinzip auch durchaus möglich gewesen; sie wurde aber offensichtlich gar nicht in Betracht gezogen. Und die im Versuch einer Korrektur der Dominanz von Erstausbildungen geschaffene Möglichkeit, das Bac Pro in Form einer Weiterbildung zu erwerben, hat kaum Bedeutung erlangt; zu stark ist innerhalb dieses Bildungsgangs die Konkurrenz von Jugendlichen gegenüber Erwachsenen, die diesen Bildungsgang ja nur nebenberuflich absolvieren könnten.

Bei den Höheren Technikern entwickelte sich zunächst (trotz gewisser Phänomene eines unterwertigen Einsatzes auch hier) ein eher positiver Zirkel: Die Absolventen begannen ihr Berufsleben überwiegend auf Technikerniveau, sie hatten großen Erfolg in den Betrieben, die Ausbildungen erfuhren großen Zulauf von gut qualifizierten und motivierten Jugendlichen und expandierten quantitativ sehr stark. Jedoch gab es auch hier nach einigen Jahren erhebliche Probleme: Die Höheren Techniker stießen in den Betrieben zunehmend an das Ende ihrer Aufstiegsmöglichkeiten – die Ebene der Ingenieure (Guillon 1985). Die wachsende Unzufriedenheit der Höheren Techniker über diese Aufstiegsblockade drohte zunehmend die große Attraktivität dieser Ausbildungen und den darauf basierenden positiven Zirkel zu beeinträchtigen: Die Quote derer, die ihre Ausbildung im Bildungssystem fortsetzen, wächst, wie oben gezeigt, massiv. Die daraus resultierende Unzufriedenheit der Höheren Techniker führte auch zu großen Problemen für die Betriebe; ein Sachverhalt, der wesentlich zur Entstehung eines neuerlichen Innovationsdrucks auf den Staat beitrug und zur Schaffung der filière Decomps führte, die Aufstiegsmöglichkeiten für die Höheren Techniker schaffen soll (vgl. Abschnitt 2.4).

Ein ähnlich enger und wechselseitiger Zusammenhang wie zwischen der Schaffung mehrerer neuer schulischer Seiteinstiegswege für Berufsanfänger und der jahrzehntelangen Schwäche der Erstausbildungen für Arbeiter besteht zwischen der erstgenannten Entwicklung und dem Fehlen von anspruchsvollen, aufstiegsrelevanten Weiterbildungsgängen für traditionell qualifizierte Arbeiter: Arbeiteraufstieg in mittlere Positionen wurde zwar durch neue Seiteinstiegswege keineswegs voll verdrängt, aber zunehmend unter Konkurrenzdruck gesetzt. Betriebe verloren tendenziell Bedarf und Interesse an anspruchsvoller Weiterbildung für Arbeiter mit CAP oder BEP, da sie nun junge Arbeitskräfte mit Technikerqualifikation (meist BTn, zum Teil sogar BTS oder DUT) für Arbeiterpositionen rekrutieren und später selektiv in mittlere Positionen befördern konnten. Deshalb entstand kein ausreichender Druck auf den Staat, seine Reformaktivitäten auch auf diesen Bereich zu lenken, anspruchsvolle Aufstiegsfortbildungen zu schaffen und sie finanziell sowie durch arbeitsmarktgängige Zertifikate zu stützen. Dies erklärt, dass die noch in den 50er- und beginnenden 60er-Jahren bestehenden Ansätze zu solchen Weiterbildungsgängen verfielen und neue nicht entstanden. Umgekehrt war aber natürlich auch das Fehlen etablierter, anspruchsvoller (und damit von den Betrieben honorierter) und öffentlich zertifizierter (und damit für die Arbeitskräfte attraktiver) Weiterbildungsgänge eine der Ursachen dafür, dass sich Betriebe wie Arbeitskräftenachwuchs so nachhaltig auf die neuen schulischen Ausbildungen für Jugendliche orientierten: Das Vakuum im Bereich attraktiver Weiterbildungsgänge hat zweifellos die skizzierten Entwicklungen im Bereich der Erstausbildung erst möglich gemacht und zunehmend beschleunigt.

Alle diese Entwicklungen zusammengenommen führten zum „modèle scolaire" des Lernens und zu den skizzierten Statusverlusten des praktischen Erfahrungslernens und der betrieblichen Erfahrung – und dies sowohl auf der Techniker- als auch auf der Arbeiterebene: Betriebliches Lernen im Berufsverlauf und sein Ergebnis, die betriebliche Erfahrung, wurden zunehmend entwertet dadurch, dass Senioritätsregelungen und -rechte destabilisiert wurden, um Seiteinstiege von jungen Berufsanfängern im Betrieb zu legitimieren und durchzusetzen. In gewisser Weise war und ist ja die Diskreditierung von Erfahrung notwendige Voraussetzung dafür, dass junge techniciens supérieurs auf Techniker- und Meisterpositionen eingesetzt werden können. Gleichzeitig verfällt das Wissen, wie man erwachsene Arbeitskräfte langsam an höherwertige Positionen heranführt, wenn es – scheinbar – nicht mehr gebraucht wird, weil man bereits hoch qualifizierte Arbeitskräfte vom Arbeitsmarkt rekrutieren kann. Zudem haben vermutlich „Seiteinsteiger", die selbst lange schulische Ausbildungen durchlaufen haben – ob nun Ingenieure oder Höhere Techniker –, welche in den Betrieben zunehmend die Entscheidungen auch über Personalpolitik treffen, weder ausreichende Erfahrung über die möglichen Qualifizierungspotenziale betrieblicher Arbeit noch ein Interesse daran, diese anzuerkennen (etwa gar als ihren Schulkarrieren gleichwertig anzuerkennen). Auch hier deutet sich also ein negativer Zirkel an.

Dass die Schulabgänger der verschiedenen Niveaus dann doch im Betrieb angelernt werden müssen und dies hohen zeitlichen und finanziellen Aufwand erfordert, erklärt, dass seit einigen Jahren zunehmend in schulische Bildungsgänge Praktikumsphasen eingebaut werden; ob diese Problemlösung ausreicht, mag dahingestellt bleiben.

Betrachtet man *zusammenfassend* die Entwicklungen der verschiedenen Bildungsgänge Frankreichs in ihren Wechselwirkungen untereinander und mit den betrieblichen Personalpolitiken sowie den Bildungsentscheidungen des Nachwuchses, dann wird ein übergreifender großer negativer Zirkel, eine Spirale sichtbar, deren innere Logik heißt: Entwertung, Destabilisierung und daraus resultierend immer neue „Zwänge zur Innovation", zur Schaffung neuer Bildungsgänge auf immer höherem Niveau. In diese Spirale fügen sich die verschiedenen negativen Zirkel auf den unterschiedlichen Bildungsebenen ein: Sie halten das Laufrad einer Innovationspolitik in Gang, die schwergewichtig oberhalb der Arbeiterebene, mehrheitlich sogar oberhalb des jeweils zuletzt geschaffenen neuen Wegs ansetzt und ansetzen muss, um den Erwartungen von Betrieben und Arbeitskräftenachwuchs nachzukommen, die jedoch zugleich immer wieder bestimmte Merkmale früherer Innovationen reproduzieren muss. Kurskorrekturen werden immer schwieriger, durchsetzbare Kurskorrekturen werden notwendigerweise, wie das Beispiel des Bac Pro zeigt, immer kompromisshafter, da sie der Logik der eingeschlagenen Entwicklung zumindest teilweise Rechnung tragen müssen.

Alle diese Entwicklungen sind Produkte rationaler Entscheidungen aller beteiligten Akteure – des Staates, der Betriebe und der Arbeitskräfte – auf der Basis ihrer Interessen. Diese Rationalität ist aber eine konditionierte. Sie ist bestimmt durch die Setzungen und Sedimente früherer Entwicklungsetappen: durch institutionelle Gefüge (Bildungsgänge, Schulen) und Interessen zum einen, durch die vor langem in Gang gesetzte und immer weiter verstärkte Dynamik von Entwertung, Destabilisierung und Innovation, der sich die Akteure kaum entziehen können, wenn sie nicht scheitern wollen, zum anderen.

Diese Dynamik wird verstärkt, auf der Oberfläche sogar voll gesteuert durch bestimmte traditionelle Muster der Interpretation auftretender Probleme, die ihrerseits bestimmt sind durch das Arsenal von insgesamt „denkbaren" bzw. politisch machbar erscheinenden Problemlösungsmodi. Die Schaffung neuer Bildungsgänge mit hohen Zugangshürden und großen Drop-out-Quoten gehört in Frankreich offenbar zu diesem Arsenal, eine offene, formalisierte Undurchlässigkeit bestimmter Bildungsgänge (die Schaffung von Sackgassen) hingegen ebenso wenig wie etwa eine mehrjährige berufliche Tätigkeit als Voraussetzung für den Zugang zu bestimmten höherwertigen Bildungsgängen.

Doch bedeutet eine solche wie die hier nachgezeichnete Entwicklungslogik, wie angedeutet, keine Irreversibilität der eingeschlagenen Richtung: Eine Strategie der Trendwende wird nur schwieriger zu konzipieren und schwieriger durchzusetzen – unmöglich wird sie nicht. Betriebe haben die Möglichkeit, „nicht mitzumachen" und in ihrer Personalpolitik Daten und Anreize für gegenläufige Verhaltensweisen auch des Nachwuchses zu setzen. So haben etwa manche Betriebe seit Mitte bzw. Ende der 80er-Jahre durch neue Personal- und Weiterbildungspolitiken eine Revitalisierung von Arbeiteraufstieg in Gang gesetzt (Bel et al. 1989; Drexel 1993a): Politiken der Mobilisierung von (oft individualisierter) aufstiegsbezogener Weiterbildung bestimmter Arbeitergruppen. Daneben gibt es in jüngerer Zeit Betriebe, die die Rekrutierung von DUT- und BTS-Technikern kontingentieren oder sogar stoppen. Und auch die erwähnte Aufwertung von Praxislernen in Form von „alternance"-Modellen ist in diesem Zusammenhang zu sehen.

Wenn sich allerdings solchen Betrieben mit alternativen Personalpolitiken nicht in größerem Umfang auch andere Betriebe und vor allem gesellschaftliche Instanzen anschließen, die solchen Kurskorrekturen eine gewisse allgemeinere Bedeutung verleihen, werden sie große Schwierigkeiten haben, ihren „Sonderweg" auf Dauer durchzuhalten. Einen solchen Versuch der Kurskorrektur mit gesellschaftlicher Abstützung zeigt das Beispiel der filière Decomps (vgl. Abschnitt 2.4).

2.3.2 Die innere Logik der Entwicklung in der Bundesrepublik

Als Ausgangspunkt, der für die Entwicklung des mittleren Bildungssegments der Bundesrepublik die entscheidenden Daten setzte, kann man – wiederum etwas schematisch gesehen – die beiden parallel laufenden und ineinander verflochtenen Prozesse der inhaltlichen und statusbezogenen Konsolidierung von Technikerausbildung und Ingenieurausbildung an der Fachschule bzw. Ingenieurschule (Verlängerung, qualitative Verbesserung, Vereinheitlichung, stärkere öffentliche Regelung etc.) betrachten; eine Konsolidierung, die in den 60er- und beginnenden 70er-Jahren ihren Höhepunkt und vorläufigen Abschluss in der Überführung der Ingenieurschule in den Tertiärbereich des Bildungswesens und ihrer Umbenennung in Fachhochschule fand (Grüner 1967). Im Gefolge dieser nun auch formalen Aufwertung der Ausbildung zum praxisnahen Ingenieur wurde der Raum für den Einsatz mittlerer Qualifikationen nach oben hin ausgeweitet. Gleichzeitig wurde durch die erwähnte Entscheidung gegen schulische Seiteinstiegswege dieser mittlere Einsatzbereich für Arbeiteraufstiege freigehalten. Die durch die Anhebung der Ingenieurschule in eine

Fachhochschule – mit ihren veränderten Selektionsprozessen – hinterlassene Lücke an praxisnahen Ingenieurqualifikationen verstärkte deshalb zunächst das Interesse der Betriebe daran, diese Lücke durch dual ausgebildete und betrieblich erfahrene Arbeitskräfte mit theoretischer Zusatzqualifikation zu füllen – also klassischerweise durch den Techniker und in gewisser Weise auch durch den Meister.

Diese Sachverhalte begünstigten sowohl das Engagement des Staates für eine finanzielle Abstützung dieser Fortbildungen als auch die Fortbildungsinteressen der qualifiziertesten Facharbeiter. Betriebe und Staat glaubten nun, verstärkt auf diesen Weg setzen zu müssen, Facharbeiter und junge Arbeitskräfte, die vor der Wahl ihrer Aus- bzw. einer Weiterbildung standen, glaubten, auf diesen Aufstiegsweg hoffen zu dürfen.

Eine erste Folge der großen Attraktivität insbesondere der Technikerausbildung war ein zeitweises Überangebot von Technikern und ein „Hängenbleiben" vieler Techniker auf Facharbeiterniveau, da die Zahl der Teilnehmer sprunghaft stieg und die Betriebe die Absolventen nicht rasch genug zulasten der vielen ernannten technischen Angestellten absorbieren konnten. Diese Entwicklungen erleichterten dem Staat ab Mitte der 70er-Jahre eine – hauptsächlich aus Einsparungsgründen veranlasste – Restriktion seiner finanziellen Unterstützung dieser Fortbildungsaktivitäten. Die Teilnehmer- und Absolventenzahlen sanken zeitweise wieder.

Im weiteren Verlauf blieb die Technikerausbildung im Windschatten anderer Reformen: insbesondere einer bundeseinheitlichen Regelung der wichtigsten Industriemeisterfortbildungen und ihrer damit verbundenen inhaltlichen Anhebung, der Neuordnung der industriellen Metall- und Elektroberufe für Facharbeiter und vor allem des Ausbaus der Fachhochschulen. Die Technikerausbildung verlor deshalb, vor allem aber wegen sinkender Chancen ihrer Absolventen, eine Technikerposition zu erhalten, allmählich an relativer Attraktivität, blieb aber trotzdem lange Jahre weiterhin ein viel genutzter Zugang zu mittleren Positionen. Weiterhin fanden sich Arbeitskräfte, die diese Fortbildung trotz erschwerter Finanzierung – zum Teil am Abend, zum Teil sogar unter Aufgabe des Arbeitsplatzes – absolvierten; denn sie war ja nach Auflösung der Ingenieurschule für einen Facharbeiter der einzige realistische Weg, anspruchsvolle Spezialistenpositionen besetzen zu können. Weiterhin gab es Betriebe, die Techniker rekrutierten; denn sie deckten einen Bedarf an anspruchsvollen Spezialistenqualifikationen, der – solange Ingenieure knapp waren – anders nicht zu befriedigen war. Eine im Prinzip bestehende betriebsnähere Alternative zur Technikerfortbildung nach dem Berufsbildungsgesetz – öffentlich geregelte Fortbildungen, die ebenfalls zu Spezialistenpositionen führen könnten – wurde dagegen aus den verschiedensten Gründen (vor allem wegen des Widerstands der Arbeitgeber gegen öffentlich geregelte und zertifizierte Weiterbildung) nicht ausgebaut; auch dies bedeutete eine relative Absicherung der Position des Technikers. Der Techniker überlebte also, wenngleich auf einem Niveau, das quantitativ bescheidener war als ursprünglich gedacht.

Der Weg zum Meister entwickelte sich demgegenüber lange Zeit sehr viel eindeutiger positiv, bedingt sowohl durch die gute wirtschaftliche Konjunktur und den großen Bedarf an mittleren Führungskräften als auch durch die substanzielle Verbesserung seiner Qualifikation und seines Status im Zusammenhang mit der zunehmenden Durchsetzung des Meisterabschlusses als Zugangsvoraussetzung für Meisterpositionen.

Zwischen diesen verschiedenen Entwicklungen besteht eine innere Kohärenz, eine „innere Logik". Die verschiedenen Teilentwicklungen greifen ineinander: Die Ausweitung des Einsatzbereiches für mittlere Qualifikationen nach oben hin, die in vielen Einzelschritten erfolgende Verbesserung der beiden Weiterbildungsgänge „von unten" her, ihre gesellschaftliche Normierung und Anerkennung und die Verbesserung ihrer qualifikatorischen Grundlagen (durch Neuordnung der wichtigsten dualen Ausbildungen und eine verbesserte Selektion ihrer Absolventen) haben jahrzehntelang dazu beigetragen, die Entstehung neuer Seiteinstiegswege überflüssig zu machen. Und umgekehrt hat die Entscheidung, solche Seiteinstiegswege nicht zu schaffen, den Einsatzbereich unterhalb des Ingenieurs für Arbeiteraufstiege reserviert. Das Interesse der Betriebe an durch Aufstiegsfortbildung qualifizierten, praxisnahen Arbeitskräften eines mittleren Niveaus ebenso wie das Interesse der Facharbeiter an Aufstieg stabilisierten diese Aufstiegswege trotz der zum Teil erheblichen Belastung einer nebenberuflichen Teilnahme; die staatliche Förderung hat diese Teilnahme zeitweise erleichtert. Diese Entwicklung kommt, idealtypisch gesehen, einem positiven Zirkel, in dem sich die Interessen und Verhaltensweisen der beteiligten Akteure wechselseitig verstärken, relativ nahe.

Die Pragmatik der staatlichen ebenso wie der betrieblichen Politik, lieber (mit teilweise großem Einsatz) Bestehendes zu verbessern als Neues zu schaffen, hat lange Stabilität gesichert und vergleichbare Entwicklungen wie in Frankreich verhindert. Jedoch führte das mit dieser Pragmatik verbundene punktuelle Ansetzen von Reformpolitiken an einzelnen Schwächen – statt ihrer Orientierung am Gesamtsystem – zu Ungleichgewichten in der Entwicklung von Facharbeiterausbildung, mittleren Bildungs- und Berufswegen und Ingenieurausbildung: Mit der an mehreren Bildungsgängen – der Ausbildung von Industriefacharbeitern, der Ausbildung von Meistern und der von Ingenieuren – ansetzenden Verbesserung bei gleichzeitigem Ausbleiben von neuen anspruchsvollen Fortbildungen nach dem Berufsbildungsgesetz fielen die Wege in Spezialistenpositionen offenbar quantitativ und qualitativ zurück. Im Gefolge dieser und anderer Entwicklungen aber gerät der mittlere Qualifikationsbereich in den Einfluss mehrfacher krisenhafter Dynamiken der Veränderung; sie sind heute noch nicht voll sichtbar und werden deshalb ausführlicher erst im folgenden Abschnitt dargestellt, der den jüngsten Entwicklungen und dem Ausblick in die Zukunft gewidmet ist.

2.3.3 Ein Zwischenresümee

Resümiert man die Darstellung der Entwicklungen bis etwa Mitte der 80er-Jahre in Frankreich und der Bundesrepublik, dann zeigt sich, dass die in Abschnitt 2.2 skizzierten divergenten Entwicklungsmuster keinesfalls auf Zufall und beliebigen Entscheidungen beruhen. Sie waren objektiv und subjektiv – durch bestehende Strukturen und Interessen, aber auch durch Traditionen und Interpretationsmuster – konditionierte „Notwendigkeiten", die sich entweder von vornherein in den Planungen der bildungspolitischen Entscheidungsträger abbildeten oder – häufiger – im Nachhinein durch das Zusammenspiel von Interessen und Verhaltensweisen von Betrieben, Arbeitskräftenachwuchs und Bildungseinrichtungen faktisch durchsetzten.

Die Annahme einer inneren Logik der Entwicklungen von Bildungssystemen wird durch die analysierten Entwicklungen also sehr deutlich bestätigt.

Nun hat jedoch seit etwa Anfang bis Mitte der 80er-Jahre in den beiden untersuchten Ländern ein neues Nachdenken über die jeweiligen Bildungssysteme eingesetzt – in Frankreich systematischer und umfassender, aber auch in der Bundesrepublik; und es gibt eine neue Welle von Innovationen, die mehr oder minder deutlich geprägt sind von der Einsicht in die durch die bisherigen Entwicklungsmuster entstandenen Probleme, sich von diesen Entwicklungsmustern abzustoßen suchen und neue strategische Zielsetzungen verfolgen.

In Frankreich war die Schaffung des Bac Professionnel in gewisser Weise bereits eine frühe Frucht dieses neuen Nachdenkens, weitere Früchte sind die verschiedenen Formen einer „alternance" zwischen Schule und Lernen im Betrieb. Ein besonders interessantes Produkt der neuen Reflexionen ist die filière Descomps. In der Bundesrepublik liefen diese Überlegungen und Aktivitäten eher außerhalb der staatlichen Bildungspolitik, sie waren Sache von einzelnen Großbetrieben oder regionalen Betriebszusammenschlüssen, die in unterschiedlicher Weise durch (halb-)öffentliche Instanzen wie Kammern und/oder Landesregierungen abgestützt wurden. Zu nennen sind in diesem Zusammenhang einzelne neue Aufstiegsfortbildungen unterhalb der Ebene einer bundeseinheitlichen Regelung, vor allem aber Sonderausbildungsgänge für Abiturienten und die Bildungsgänge der Berufsakademien Baden-Württembergs.

Wie weit bedeuten diese neuen Bildungsgänge eine Trendwende? Wie weit brechen sie mit den bisherigen Entwicklungsmustern? Dies soll, um die anschließenden Schlussfolgerungen zur Frage einer möglichen Angleichung zwischen den beiden Bildungssystemen mit möglichst aktuellen Aussagen zu begründen, im folgenden Abschnitt analysiert werden.

2.4 Jüngste Entwicklungen in den mittleren Bildungssegmenten Frankreichs und Deutschlands – Ansätze zur Trendwende?

2.4.1 Neueste Entwicklungen und absehbare Zukunft in Frankreich

Am meisten Aufmerksamkeit im hier interessierenden Kontext hat ein Problemlösungsansatz der französischen Bildungspolitik gefunden, der als Versuch einer deutlichen Kurskorrektur der bisherigen Entwicklung zu sehen ist: die Schaffung der filière Decomps am oberen Rand des mittleren Qualifikationssegments Ende 1989, die neben Qualifizierungsprozessen in Einrichtungen des Bildungssystems auch solche im Betrieb vorsieht. Die filière Descomps hat eine doppelte Zielsetzung: Zum einen soll sie der Wirtschaft praxisorientierte Ingenieure für den Einsatz in der Produktion zur Verfügung stellen; das heißt also eine Kategorie von Ingenieuren, die bislang aufgrund der elitären und wenig fachspezifischen Ausbildung an den Ingenieurschulen und der großen Nachfrage nach Ingenieuren für Leitungspositionen aller Art kaum zu gewinnen waren. Zum anderen soll der neue Bildungsgang den Höheren Technikern Aufstiegsmöglichkeiten eröffnen durch eine Fortbildung, die sich mit Berufstätigkeit verbinden lässt. Wird dieser neue Weg erfolgreich sein? Und wird er den Zirkel von immer wieder neuer Entwertung und Destabilisierung bestehender Bildungsgänge und immer wiederkehrender Zwänge zur Schaffung neuer Bildungsgänge durchbrechen?

Eine auf Fakten gestützte, einigermaßen verlässliche Antwort auf diese Frage zu geben ist aufgrund des kurzen Zeitraums seit der Schaffung dieses Bildungsgangs natürlich nicht möglich. Eine Einschätzung dazu abzugeben ist für Außenstehende riskant, nicht nur wegen des Risikos, wichtige Faktoren zu übersehen, sondern vor allem, weil sich auf die filière Descomps in Frankreich große Hoffnungen richten. Trotzdem seien, mit Vorbehalten in Bezug auf mögliche Verzerrungen durch die „deutsche Brille", einige skeptische Fragen formuliert:

Um die für Höhere Techniker bestehenden Aufstiegsblockaden zu überwinden, wurde bei diesem neuen Bildungsgang erstmals anspruchsvolle berufliche Tätigkeit als mögliches Äquivalent für zwei Jahre schulischen Lernens an einer Ingenieurschule anerkannt. Aber trotz der genannten Zielsetzung und trotz der Dramatik der Aufstiegsprobleme für Höhere Techniker, die ihre Schaffung begründeten, wurde parallel zur Möglichkeit, diesen Bildungsgang als Fortbildung für Höhere Techniker zu nutzen, eine zweite Variante der filière Descomps geschaffen: eine fünfjährige Erstausbildung für Abiturienten (auch für solche mit allgemein bildendem Abitur), welche zum selben Abschluss führt. Einem Vorschlag, diese Variante einer Erstausbildung auf 20 % der Teilnehmer an der filière Descomps zu begrenzen, ist man nicht gefolgt.

Damit reproduzieren sich zwei Charakteristika des Entwicklungsmusters des französischen Bildungssystems, deren Folgen man doch mit dem neuen Bildungsgang gerade entgegentreten wollte – zu fragen ist, ob sich nicht auch deren Folgeprobleme reproduzieren werden:

Zum einen macht erneut eine Erstausbildung für Berufsanfänger einer Weiterbildung für bereits im Berufsleben stehende Arbeitskräfte Konkurrenz, mit den Startvorteilen, die jede Erstausbildung gegenüber berufsbegleitender Weiterbildung hat. Aufgrund der bisherigen Erfahrungen stellt sich die Frage, ob sich der Weiterbildungszweig der filière Descomps quantitativ und auch inhaltlich gegen die Erstausbildung von Abiturienten wird durchsetzen können: Können die Berufserfahrungen der Höheren Techniker produktiv eingebracht und honoriert werden oder werden sie marginalisiert? Und welches Ergebnis werden die Selektionsprozesse dieses Bildungsgangs im Hinblick auf die Zusammensetzung seiner Teilnehmerschaft haben?

Zum anderen droht wieder ein neuer höherwertiger Bildungsgang die früher geschaffenen Wege unter Konkurrenzdruck zu setzen und zu entwerten: Zu fragen ist ja, ob der Bildungsgang für Abiturienten, der zum Produktionsingenieur – und damit auf die höchsten Bildungs- und Tarifniveaus – führt, nun nicht auch den Ausbildungen zum Höheren Techniker (BTS, DUT) in den Betrieben und in den Ausbildungsentscheidungen der Abiturienten Konkurrenz machen wird. Werden die Betriebe nicht morgen erneut die Arbeitskräfte mit der dann längsten Schulzeit (unterhalb der Universität und Ingenieurschule) rekrutieren statt der Bewerber mit kürzerer Ausbildungszeit – nun also die jungen Produktionsingenieure statt der Höheren Techniker? Durch diese neuen Rekrutierungspraktiken der Betriebe aber würden die bislang so erfolgreichen Ausbildungen zum Höheren Techniker ihrerseits sukzessive destabilisiert werden.

Sollten solche Entwicklungen eintreten, müsste sich ein neuer Zirkel entwickeln: Der dann neueste und erfolgreichste Weg, die Ausbildung zum Produktionsingenieur, würde die leistungsstärksten Abiturienten an sich ziehen, das heißt normalerweise diejenigen mit dem allgemein bildenden Abitur und eben nicht diejenigen, die durch Bildungswahl Praxisinteressen dokumentieren, auf jeden Fall aber im Laufe ihrer bisherigen Ausbildung Praxiserfahrungen erworben haben (wie schon die Abiturienten mit Bac Pro und BTn). Die künftigen Produktionsingenieure wären erneut schwergewichtig durch das modèle scolaire geprägt, würden ihre ersten Praxiserfahrungen erst auf der Ingenieurebene machen – und vermutlich erneut den Einsatz als Produktionsingenieure wenig schätzen.

Früher oder später aber dürfte sich dann das ganze Spiel erneut wiederholen: dann nämlich, wenn auch für die Produktionsingenieure selbst Karriereprobleme aufbrechen, wenn auch sie „weiterkommen", nicht in der Produktion bleiben wollen, sondern auf die „eigentlichen" Ingenieurpositionen im Management streben.

Soweit sich die Erfahrungen der bisherigen Entwicklung reproduzieren – und nichts spricht dagegen –, wird es also zu keiner Stabilisierung der relativen und absoluten Wertigkeiten der verschiedenen Bildungsgänge kommen und auch nicht zu einer Stabilisierung in den Relationen zwischen den Niveaus des Bildungssystems einerseits und den betrieblichen Einsatz- und Entlohnungsniveaus andererseits. Die durch wachsende Konkurrenz zwischen den Bildungsgängen bedingten massiven Scheiterns- und Ausgliederungsprozesse in den Schulen, vor allem in deren höheren Bildungsgängen, dürften sich fortsetzen, ebenso Entwertungsprozesse und Aufstiegsblockaden der Arbeitskräftegruppen unterhalb des Ingenieurs in den Betrieben.[11] Im Ergebnis dürfte der Staat wieder unter Innovationsdruck geraten.

2.4.2 Neueste Entwicklungen und absehbare Zukunft in der Bundesrepublik

Auch in der Bundesrepublik gibt es, wie angedeutet, zunehmend Anzeichen einer Destabilisierung sowohl durch Veränderungen im Bereich der traditionellen mittleren Bildungs- und Berufswege als auch durch die Entstehung neuer Wege. Zum einen geraten die traditionellen Wege zu Techniker- und Meisterpositionen zunehmend in den Einfluss problematischer Veränderungsdynamiken. Der Techniker droht, im Gefolge der oben skizzierten ungleichmäßigen Entwicklung, die diese Ausbildung relativ zu den Ausbildungen zum Ingenieur, zum Meister und zum Facharbeiter zurückfallen ließ, vor allem aber im Gefolge eines wachsenden Angebots an Fach-

11 Damit dürften sich auch Kommunikations- und Abschottungsprobleme zwischen diesen Gruppen reproduzieren oder sogar verstärken, auf die im Rahmen dieses Beitrags nicht eingegangen werden konnte (vgl. Drexel 1993 a).

hochschulingenieuren, die vor dem Studium eine Lehre absolviert haben, ins Abseits zu geraten: Betriebe rekrutieren zunehmend diesen Typ von sehr praxiserfahrenen Ingenieuren auch für mittlere Spezialistenpositionen im Technischen Büro; und der Arbeitskräftenachwuchs beginnt zunehmend häufiger eine Ingenieurausbildung, sei es auf dem direkten Weg über den Erwerb des Abiturs und eventuell einer anschließenden Lehre, sei es nach einer Lehre, einigen Jahren einschlägiger Berufstätigkeit und dem nachträglichen Erwerb der Studienberechtigung (Zweiter Bildungsweg). Es liegt auf der Hand, dass diese neuen Tendenzen der betrieblichen Einsatzpolitik und die Bildungswahlentscheidungen des Nachwuchses sich wechselseitig verstärken.

Diese Entwicklung hat problematische Konsequenzen auch für den Weg zum Meister: Er steuert die aufstiegsbezogenen Weiterbildungsaktivitäten der Facharbeiter auf die Meisterausbildung, die zudem im Durchschnitt weniger Anforderungen an die Arbeitskräfte stellt und häufig von den Betrieben gefördert wird. Die Zahl der erfolgreichen Teilnehmer an der Meisterausbildung schnellte zwischen 1980 und 1990 (dem letzten Jahr, für das Daten vorliegen, die sich ausschließlich auf die alten Bundesländer beziehen) von ca. 4 000 auf gut 11 200, also auf das beinahe Dreifache, in die Höhe. Dies hat zusammen mit der Reduktion der Meisterpositionen durch Einführung von Gruppenarbeit und andere Enthierarchisierungsprozesse dazu geführt, dass in den Betrieben massive Überhänge an Arbeitskräften mit dem Meisterbrief entstanden sind. Damit sinkt die Aufstiegswahrscheinlichkeit für Absolventen einer Meisterausbildung immer mehr, die Aufstiegsblockaden aus dem Technikerbereich reproduzieren sich also nun zunehmend auch im Bereich der Meister (Drexel und Jaudas 1996).

Die Fortbildungen zum Techniker und zum Meister verändern damit ihre Funktion. Sie dienen immer weniger der Vorbereitung für Meister- bzw. Technikerpositionen und immer mehr nur noch als unspezifischer Indikator für besondere Leistungsbereitschaft und -fähigkeit der Arbeitskräfte, die sie absolvieren. Auf der Basis dieser Indikatoren können die Betriebe Selektionen für beliebige, etwas anspruchsvolle Positionen oder aber einfach nur für die Aussparung bei Entlassungsprozessen vornehmen; ein Sachverhalt, der den heutigen Teilnehmern zumindest an der Meisterausbildung offenbar auch bereits klar vor Augen steht. Diese Entwicklungen addieren sich mit den negativen Konsequenzen einer zunächst massiven Einschränkung und dann eines völligen Wegfalls der öffentlichen Förderung der Teilnahme an Techniker- und Meisterfortbildungen. Die bereits jetzt zu konstatierenden Konsequenzen: sinkende Attraktivität dieser Fortbildungen, massive Einbrüche in der Zahl der Teilnehmer und sinkende Qualifikationspotenziale. Die absehbaren Konsequenzen: weitere Steigerung des Zustroms des Nachwuchses und der aufstiegsinteressierten Facharbeiter zum Ingenieurstudium (oder einem anderen Studium).

Zeitlich vor und parallel zu diesen Veränderungen in den traditionellen mittleren Bildungsgängen gab es, wie bereits angedeutet, einige Ansätze zur Entstehung *neuer mittlerer Bildungs- und Berufswege*, die mehrheitlich in der zweiten Hälfte der 70er- und den beginnenden 80er-Jahren geschaffen wurden (Drexel 1993a; 1997); neue Fortbildungsgänge unterhalb einer bundeseinheitlichen Regelung, vor allem aber Sonderausbildungsgänge für Abiturienten und die Studiengänge der Berufsakademien. Diese neuen Bildungsgänge sind quantitativ schwach bis sehr schwach geblieben, zum Teil auch bereits wieder verschwunden, sie sind jedoch in unserem Kontext in struktureller Hinsicht interessant.

Die Betriebe reagierten mit diesen Innovationen immer sowohl auf die Chancen eines veränderten Arbeitskräfteangebots auf dem Jugendlichen-Arbeitsmarkt, vor allem auf das wachsende Angebot an schulisch höher vorqualifizierten Jugendlichen, als auch auf einen diffusen Bedarf im Bereich praxisnaher, aber theoretisch höherwertiger Qualifikationen „irgendwo" zwischen Facharbeiter und Ingenieur. Das jeweilige Gewicht von Angebot und Bedarf war von einem neuen Bildungsgang zum anderen, von Betrieb zu Betrieb verschieden. Durchgängig spielte das Interesse der Betriebe eine wichtige Rolle, das Potenzial an schulisch höher qualifizierten Jugendlichen nicht (nur) für die traditionellen Wege des Dualen Systems zu nutzen, sondern es durch das Angebot besonders attraktiver neuer Bildungs- und Berufsperspektiven für besonders anspruchsvolle Aufgaben zu gewinnen und längerfristig an den Betrieb zu binden.

Im Vergleich mit den Entwicklungen in Frankreich fallen einige Charakteristika auf, die diese neuen Bildungsgänge – jenseits ihrer Unterschiedlichkeit im Einzelnen – insgesamt kennzeichnen und das Fortwirken des traditionellen deutschen Entwicklungsmusters zeigen. Auffallend ist erstens, dass diese Bildungsgänge alle dual konstruiert sind: Sie kombinieren theoretische Qualifizierung mit Erfahrungslernen im betrieblichen Arbeitsprozess; diese Dualität wird zum Teil in recht sophistizierten Konstruktionen realisiert.

Auffallend ist zweitens, dass eindeutige Seiteinstiege für den mittleren Qualifikationsbereich nicht entstanden sind: Eine Reihe dieser Innovationen (der neuen Fortbildungsgänge) zielte sogar explizit auf eine Stärkung des Arbeiteraufstiegs durch verbesserte qualifikatorische Grundlagen und/oder eine systematisierte Fortbildung; in Einzelfällen sollte mithilfe dieser neuen Wege sogar der Aufstiegsraum von Facharbeitern und Fachangestellten gegen das Vordringen von Ingenieuren bzw. Naturwissenschaftlern gestärkt werden.

Bei den Abiturientenausbildungen waren zum Teil von vornherein keine eigenständigen Eintrittsniveaus und Karrieremuster geplant, die über denen der klassischen Absolventen des Dualen Systems liegen; das heißt, dass die Absolventen dieser Sonderausbildungsgänge von vornherein ihren Berufsverlauf auf demselben Niveau beginnen sollten wie die klassischen Facharbeiter und Fachangestellten und allenfalls später – „je nach Leistung" – diesen gegenüber rascher aufsteigen sollten. Zum Teil waren allerdings zunächst durchaus Differenzierungen im Ersteinsatz der Absolventen dieser Sonderausbildungsgänge geplant; sie konnten sich jedoch gegenüber den bestehenden Einsatz- und Senioritätsregeln in den Abteilungen nicht durchsetzen. Erfolgreich waren solche Versuche zur Differenzierung im Ersteinsatz – das heißt zur Schaffung von Direktzugängen zu höheren Positionen – für die Absolventen dieser Sonderausbildungsgänge nur in den Fällen, wo in sie bestehende Fortbildungsgänge mit höherem Abschluss (insbesondere Meister- und Technikerfortbildungen) integriert waren. Damit statteten sie die Absolventen mit „legitimen" Anrechten auf höheren Ersteinsatz aus, wenngleich auch diese Konstruktionen Probleme bei der Durchsetzung eines differenzierenden Einsatzes keineswegs ausschlossen (Drexel 1997). Insgesamt war der Versuch, mithilfe dieser Sonderausbildungsgänge eine Differenzierung im Ersteinsatz zu schaffen, also relativ erfolglos – einer der wesentlichen

Gründe dafür, dass sie, nach einem kurzen, demographisch bedingten Erfolg, rasch zu kränkeln begannen und mittlerweile massiv an Bedeutung verloren haben oder sogar aufgegeben wurden.

Noch aufschlussreicher ist die Entwicklung der Bildungsgänge der Berufsakademien: Sie wurden von den Initiatoren dieser Bildungsinstitution, insbesondere von der zuständigen Landesregierung Baden-Württembergs und den Vertretern der Berufsakademien selbst, als den Fachhochschulstudiengängen gleichwertig deklariert. Dessen ungeachtet sahen manche der Betriebe, die sich daran beteiligten, zunächst einen Ersteinsatz und eine tarifliche Einstufung unterhalb des Niveaus von Fachhochschulingenieuren vor. Jedoch konnten diese Planungen (zumindest in den größeren und mittleren Betrieben) nicht durchgesetzt werden: Sowohl die Arbeitsmarktsituation, das heißt die Notwendigkeit, besonders qualifizierte Abiturienten für diesen Bildungsgang zu gewinnen, als auch der Druck der Betriebsräte erzwangen in aller Regel einen Ersteinsatz, eine tarifliche Einstufung und einen Start der Berufskarriere analog zu den Fachhochschulingenieuren (Drexel 1993a, 1997; Zabeck und Zimmermann 1995).

Fasst man diese Erfahrungen mit der Schaffung neuer Bildungsgänge zusammen, dann bedeuten sie, dass Seiteinstiege für höher vorqualifizierte junge Berufsanfänger zwischen der klassischen Facharbeiter- und der klassischen Ingenieurebene nicht entstanden sind, sei es, weil sie von vornherein nicht geplant waren, sei es, weil entsprechende Versuche scheiterten oder aber an die traditionellen Muster von Facharbeiteraufstieg bzw. Ingenieurkarriere assimiliert wurden. Auch hier hat sich also, analog zur filière Decomps in Frankreich, trotz teilweise neuartiger Zielsetzungen das traditionelle deutsche Entwicklungsmuster durchgesetzt.

Allerdings sind die skizzierten neuen Bildungswege Indikatoren bestimmter Schwachstellen des deutschen Bildungssystems: Indikatoren der theoretischen Qualifizierungsdefizite von Hauptschule und Berufsschule für besonders anspruchsvolle Facharbeiter- und Fachangestelltenberufe; Indikatoren einer unzureichenden Praxisnähe der Ingenieurausbildung an Fachhochschule und Hochschule; und Indikatoren für das Fehlen stabiler, öffentlich geregelter und gestützter, allgemein anerkannter und attraktiver Weiterbildungsgänge, die neben der Technikerausbildung zu mittleren Spezialistenpositionen führen. Indem diese neu geschaffenen Bildungs- und Berufswege diese Probleme des bestehenden Bildungssystems indizieren, verweisen sie – selbst da, wo sie schon wieder verschwunden sind – auf latente Veränderungsimpulse, die im Zusammenhang mit den oben beschriebenen krisenhaften Entwicklungen der traditionellen mittleren Bildungs- und Berufswege gesehen werden müssen.

Die sich hier abzeichnenden Probleme und Veränderungen können negative Zirkel auslösen, und zwar gerade in den beiden Qualifikationssegmenten, die bislang die Stärke des deutschen Bildungssystems waren: Auf der einen Seite können die neu geordneten Ausbildungen und kann das Duale System insgesamt ins Leere laufen, wenn sich die leistungsstarken Gruppen des Nachwuchses zunehmend für Gymnasium und (Fach-)Hochschule entscheiden. „Gewöhnt" an die besseren Vorqualifikationen der Jugendlichen aus den demographisch starken Jahrgängen und unter dem Druck von Einsparungserfordernissen infolge der aktuellen wirtschaftlichen Krise könnten die Betriebe dann nicht mehr auf die duale Ausbildung und den

Facharbeiter setzen, sondern z. B. auf eine Kombination von unterwertig eingesetzten Ingenieuren und Angelernten.

Auf der anderen Seite des Spektrums entsteht eben dadurch das Risiko einer Entwertung des Fachhochschulingenieurs, wenn es den Techniker mit aktueller Qualifikation im Betrieb immer weniger gibt[12] und wenn junge Ingenieure immer tiefer eingesetzt werden (müssen). Solche Prozesse der Entwertung des Fachhochschulingenieurs aber dürften wachsende Unzufriedenheit und häufigen Betriebswechsel zur Folge haben, vielleicht auch ein Sinken der Attraktivität der Ingenieurausbildung an Fachhochschulen zugunsten ganz anderer Studiengänge; dafür gibt es bereits Indikatoren in den massiven Einbrüchen der Zahl der Ingenieurstudenten an den Fachhochschulen in den letzten Jahren; Einbrüche, die freilich vor allem bedingt sein dürften durch die verschlechterten Arbeitsplatzchancen für Ingenieure.

Auch hier gilt aber wie für Frankreich, dass Korrekturen des eingeschlagenen Entwicklungsmusters zwar schwierig, aber nicht unmöglich sein dürften. Die skizzierten Entwicklungen sind ja vor dem Hintergrund einer breiteren Krise des Dualen Systems zu sehen. Dass dieses und die Berufsperspektiven des Facharbeiters und Fachangestellten nicht mehr hinreichend attraktiv sind, um mit dem Weg zum Gymnasium und zur Hochschule konkurrieren zu können, wird heute allgemein anerkannt und mehrheitlich als bedrohlich angesehen (Adler et al. 1993). Die Folgen sind viele Appelle und eine Reihe von Konzepten zur Aufwertung des Dualen Systems durch eine Verbesserung der mit dualer Ausbildung verbundenen Berufsperspektiven bis hin zur Öffnung der Hochschule für Meister. Tragfähiger dürfte aber wahrscheinlich eine Revitalisierung von vertikaler Mobilität in neuen Formen sein, einschließlich so genannter „diagonaler Karrieremuster" (Drexel 1993a), die horizontale Arbeitsplatzmobilität mit Verbesserungen von Entlohnung und Arbeitsbedingungen verbinden und durch öffentlich anerkannte Fortbildungsgänge abgestützt werden.

In Bezug auf die Durchsetzungschancen und Erfolgsaussichten solcher Konzepte einer Kurskorrektur muss man nicht völlig skeptisch sein: Korrekturen der bisherigen ungleichgewichtigen Entwicklungen, insbesondere eine Stärkung von Aufstiegsmöglichkeiten für Facharbeiter in Spezialistenpositionen und die Schaffung neuer, stärker horizontal angelegter Bildungsgänge und Karrieremuster, sind nicht gänzlich unrealistisch, da sie letztlich im Interesse von Betrieben und Gewerkschaften lägen und dafür auch ein gewisses Bewusstsein besteht. Außerdem sind Fortbildungsgänge wie die zum Meister und zum Techniker vermutlich stabiler gegenüber zeitweisen Entwertungsprozessen als Erstausbildungsgänge, da bereits im Erwerbsleben stehende Arbeitskräfte notgedrungen enttäuschungsresistenter sind als Jugendliche und weniger schnell als diese auf entsprechende Entwertungssignale mit einem Ausweichen auf andere höherwertige Bildungsgänge reagieren können. Solange die Entwertung der genannten Fortbildungen also kein Dauerphänomen ist, könnte sie durch eine dezidierte Gegensteuerung des Staates und der Betriebe wieder korrigiert werden – wenn dies denn gewollt ist, wenn die Notwendigkeit einer solchen politischen Steuerung nicht in kurzfristigen Strategien und Entscheidungen untergeht.

12 Die Qualifikation der Techniker aus den Technikerüberhängen, die viele Jahre lang auf Facharbeiterpositionen eingesetzt bleiben, veraltet ja.

Ob aber solche Konzepte rechtzeitig in Gang gesetzt und wirksam werden, ob sie genügend Betriebe, Schüler (Eltern) und junge Facharbeiter überzeugen können oder ob auch die Entwicklung in der Bundesrepublik in den Zirkel einer mehrfachen Destabilisierung einmünden wird, der von den klassischen mittleren Bildungsgängen ausgeht, dann aber auch den Studiengang zum Fachhochschulingenieur und die Ausbildung zum Facharbeiter erfassen wird – das sind im Augenblick offene Fragen.

2.5 Auf dem Weg zu einer Angleichung des französischen und des deutschen Bildungssystems? – Ein Resümee

Sind Tendenzen zur Angleichung zwischen den Bildungssystemen der beiden großen Nachbarländer Frankreich und Deutschland zu beobachten, wie das ihre ganz ähnliche Ausgangssituation und ihre sich zunehmend überlappenden Technik- und Produktmärkte eigentlich vermuten lassen? Ist eine solche Angleichung für die Zukunft als naturwüchsige Entwicklung zu erwarten, wie das die Suche nach nicht tayloristischen Formen der Arbeitsorganisation in beiden Ländern und ihre sehr ähnliche Stellung im Europäischen Binnenmarkt nahe legen? Wird sich im negativen Fall eine solche Angleichung gegebenenfalls politisch, durch nationale oder supranationale Politiken herstellen lassen? So die Ausgangsfragen dieses Beitrags.

Die erste dieser Ausgangsfragen ist, wie die Darstellung der unterschiedlichen Entwicklungsmuster der beiden verglichenen Bildungssysteme und der zunehmenden inneren Kohärenzen zwischen den einzelnen Elementen dieser Entwicklungsmuster sehr deutlich zeigte, mit einem Nein zu beantworten: Die beiden Bildungssysteme haben sich, trotz ähnlicher gesellschaftlicher Rahmenbedingungen und Grundprobleme, zunehmend eher auseinander entwickelt, nicht nur in ihren Strukturen, sondern auch in den Mustern ihrer Reaktion auf vergleichbare neue Herausforderungen und Probleme.

Dabei haben sich Entwicklungslogiken herausgebildet, die auch bei Versuchen einer Kurskorrektur, wie sie in beiden Ländern zu beobachten waren und sind, massiv durchschlugen und zur Reproduktion wesentlicher Merkmale bisheriger Entwicklungsmuster führten. Dieser Sachverhalt lässt auch für die Zukunft – so die Antwort auf die zweite Frage – eine Angleichung kaum erwarten. Dies gilt zumindest für naturwüchsige Entwicklungen.

Wie aber sind die Chancen gezielter (nationaler oder supranationaler) bildungspolitischer Maßnahmen („Reformen") zugunsten einer Angleichung der beiden Bildungssysteme zu beurteilen? Die unterschiedlichen Muster der Entwicklung von Bildungssystemen, die sich in den betrachteten Gesellschaften aufgrund jeweils typischer Beziehungen und Wechselwirkungen zwischen Bildungssystem und Beschäftigungssystem herausgebildet haben, und die innere Kohärenz und Dynamik dieser Entwicklungsmuster dürften alle Versuche, in ein Bildungssystem einzelne Elemente aus den Bildungssystemen anderer Länder zu übertragen, scheitern lassen, außer diese Elemente fügen sich in das Entwicklungsmuster dieses Bildungssystems ein; eine Voraussetzung, die nicht sehr wahrscheinlich ist. Dabei geht es keinesfalls nur um die Integration und Integrierbarkeit eines neuen Elements in ein bestehendes Bildungssystem in statischer Perspektive; es geht auch und vor allem um die Integration und Integrierbarkeit eines Veränderungsprozesses in das bestehende dynamische Muster der Entwicklung. Ausschließlich durch Angleichungsziele und -politiken bestimmte Innovationen – z. B. die Einführung eines neuen Bildungsgangs und -niveaus nach dem Vorbild eines Nachbarlands –, die einem Bildungssystem aufgepfropft werden, dürften von diesem abgestoßen werden oder ihren Charakter und ihre Funktion grundlegend verändern. Voluntaristische Reformkonzepte dieses Typs können zwar vielleicht – mit politischem Druck, unter Verweis auf Europa und gegen den Widerstand wichtiger gesellschaftlicher Akteure – politisch durchgesetzt werden; sie können aber in ihrem Erfolg und in ihren konkreten Auswirkungen durch staatliche Politik nicht beherrscht werden. Ob sie Erfolg oder Misserfolg haben, welche Konsequenzen sie zeitigen, wird bestimmt durch die Logik, die bisher die Entwicklung dieses Bildungssystems bestimmte.

Allerdings gilt dieses dreifache Nein auf die Frage nach einer Angleichung der analysierten Bildungssysteme nur im Hinblick auf deren Strukturen. Wie die Darstellung der neuesten Entwicklungen und der Versuch eines Ausblicks in die Zukunft beider Bildungssysteme gezeigt haben, zeichnen sich ganz andere Konvergenzen ab: eine zunehmende Instabilität der Bildungssysteme, der relativen Wertigkeiten ihrer Bildungsgänge und ihrer Relationen zum Beschäftigungssystem. Diese Tendenz aber ist Ausdruck und Folge der Tatsache, dass in beiden Ländern in den und durch die Restrukturierung der Bildungssysteme Lösungen für weiter reichende gesellschaftliche Widersprüche gesucht wurden und werden, dass sich diese Widersprüche in den Bildungssystemen reproduzieren und diese dadurch destabilisieren: Die Forderung nach einer Demokratisierung von Wirtschaft und Gesellschaft und nach gleichen Arbeits- und Lebenschancen für alle ihre Bürger wurde in den Nachkriegsjahrzehnten im reformpolitischen Diskurs übersetzt in das Ziel einer Chancengleichheit im Bildungssystem; dieses sollte eine den Bildungsleistungen entsprechende „gerechte" Verteilung von Arbeits- und Lebensbedingungen sichern.

Die Fortschritte, die auf dem Weg zur Realisierung der Chancengleichheit im Bildungssystem gemacht wurden, stoßen nun jedoch zunehmend an die Grenzen, die durch die Unvollständigkeit dieser Reform gesetzt sind: an die bleibende Hierarchie von Arbeitspositionen und daran geknüpften Lebensbedingungen und an das bleibende Monopol der Betriebe, über deren Verteilung zu entscheiden. Die millionenfache Erfahrung dieser Grenzen und der millionenfache Versuch, sie individuell zu überwinden, schlägt auf die Bildungssysteme Frankreichs und Deutschlands zurück und destabilisiert ihre Strukturen – ohne sie doch anzugleichen oder angleichbar zu machen.

Literatur

Adler, T.; Dybowski, G.; Schmidt, H. (1993): Kann sich das Duale System behaupten? In: Berufsbildung in Wissenschaft und Praxis 1.

Bel, M. et al. (1989): Innovations de formations, modèles, politiques et stratégies d'entreprise (tome 1 du projet Production et usage de la formation par et dans l'entreprise), Paris.

Berton, F. (1992): Le travail peut-il être formateur? In: CEREQ: Bref 79.

BMBW (Der Bundesminister für Bildung und Wissenschaft) (Hrsg.) (1992): Grund- und Strukturdaten, Bonn.

Brochier, D.; Froment, J. P.; D'Iribarne, A. (1990): La formation en alternance integrée à la production. In: Formation Emploi 30.

Campinos-Dubernet, M. (1995): Baccalauréat professionnel – une innovation? In: Formation Emploi 49.

CEREQ (1989): Collection des études No. 49.

Charlot, A.; Pigelet, J.-L. (1989): L'après-Bac – Itinéraires et réussites après trois ans d'études. In: CEREQ 49: Collection des études.

Drexel, I. (1989): Der schwierige Weg zu einem neuen gesellschaftlichen Qualifikationstyp – Theoretische Grundlagen, empirische Indikatoren und das Beispiel neuer Technikerkategorien in Frankreich. In: Journal für Sozialforschung 3.

Drexel, I. (1993a): Das Ende des Facharbeiteraufstiegs? – Neue mittlere Bildungs- und Karrierewege in Frankreich und Deutschland – Ein Vergleich, Frankfurt a. M./New York.

Drexel, I. (1993b): Le segment intermédiaire des systèmes de formation en France et en République fédérale d'Allemagne. In: Formation Emploi 44.

Drexel, I. (1994): Gesellschaftliche Qualifikationstypen – historisches Relikt oder notwendige Struktur? In: I. Drexel (Hg.): Jenseits von Individualisierung und Angleichung. Die Entstehung neuer Arbeitnehmergruppen in vier europäischen Ländern, Frankfurt a. M./New York.

Drexel, I. (1997): Arbeitnehmervertretung vor neuen Differenzierungen. Neue Bildungsgänge zwischen Dualem System und Hochschule – Entwicklungen, Probleme, Strategien, Frankfurt a. M./New York.

Drexel, I.; Jaudas, J. (1996): Neue betriebliche Personalpolitiken für das untere und mittlere Management – tragfähige Wege in die Zukunft des Meisters? In: Berufsbildung in Wissenschaft und Praxis 4.

Drexel, I.; Méhaut, P. (1989): Der Weg zum Techniker – Aufstieg oder Seiteinstieg? Unterschiedliches und Gemeinsames in den Entwicklungen von Bildungssystem und betrieblicher Personalpolitik in Deutschland und Frankreich. In: K. Düll, B. Lutz (Hg.): Technikentwicklung und Arbeitsteilung im internationalen Vergleich, Frankfurt a. M./New York.

Dubois, M. (1991): Les poursuites d'études après l'université, les écoles et instituts d'enseignement supérieur. In: CEREQ: Document de travail, Paris.

Fournier, Ch. (1993): La population active en 1990: Plus diplômée, plus tertiaire, plus féminine. In: CEREQ: Bref 87.

Géhin, J. P.; Méhaut, P. (1993): Apprentissage ou formation continue? Stratégies éducatives des entreprises en Allemagne et en France, Paris.

Grüner, G. (1967): Die Entwicklung der höheren technischen Fachschulen im deutschen Sprachgebiet, Braunschweig.

Guillet, B.; Pottier, F. (1989): Insertion professionnelle et recrutement des jeunes au niveau du baccalauréat. In: CEREQ: Dossier Formation Emploi, Niveau IV de formation et baccalauréat professionnel, Paris.

Guillon, R. (1985): L'accès du technicien au titre d'ingénieur par la formation continue. In: Formation Emploi 10.

Guillon, R. (1989): La place des techniciens dans le système d'emploi. In: CEREQ: Bref 46.

Hallier, P.; Thiesset, Ch. (1991): La réussite des bacheliers professionnels sur le marché du travail. In: CEREQ Bref, 69, Paris.

Hallier, P.; Thiesset, Ch. (1992): Les bacheliers professionnels 1988: Deux ans après – ou en sont-ils? In: CEREQ: Document de travail, Paris.

Jaudas, J.; Drexel, I. (1997): Betriebliche Personalpolitiken im Bereich des unteren und mittleren Managements vor dem Hintergrund veränderter Arbeitsmarktbedingungen. In: P. Fuchs-Frohnhofen, K. Henning (Hg.): Die Zukunft des Meisters in modernen Arbeits- und Produktionskonzepten, Bd. II, München/Mering, S. 317–365.

Jobert, A.; Tallard, M. (1994): Die Strukturierung heterogener Arbeitskräftekategorien durch Entlohnungssysteme. Der Fall der techniciens. In: I. Drexel (Hg.): Jenseits von Individualisierung und Angleichung, Frankfurt a. M./New York, S. 167–193.

Kirsch, E. (1990): L'entreprise formatrice. In: CEREQ: Bref 60.

Lutz, B.; Kammerer, G. (1975): Das Ende des graduierten Ingenieurs? Eine empirische Analyse unerwarteter Nebenfolgen der Bildungsexpansion, Frankfurt a. M./Köln.

Pigelet, J.-L. (1985): L'entrée dans la vie active des jeunes sortis des classes terminales conduisant au baccalauréat de technicien et au brevet de technicien (specialités industrielles). In: CEREQ: Dossier Formation Emploi, Niveau IV de formation et accès aux emplois industriels.

Pigelet, J.-L. (1989a): L'insertion professionnelle des diplômes de l'enseignement supérieur court (IUT, STS). In: Formation Emploi 18.

Pigelet, J.-L. (1989b): Perspectives récentes de l'insertion professionnelle des diplômes des IUT et des STS. In: Formation Emploi 26.

Pottier, F.; Zilbermann, E. (1990): La difficile insertion professionnelle des jeunes. In: CEREQ: Bref 58.

Simula, P.; Berreur, S. (1985): Les emplois de niveau IV dans le répertoire français des emplois. In: CEREQ. Dossier Formation Emploi: Niveau IV de formation et accès aux emplois industriels, Paris.

Tanguy, C. (1989): Les conventions état – patronat (1945–1961): Un régime de transition. In: Formation Emploi 7/12.

Tanguy, L. (1991): Quelle formation pour les ouvriers et les employés en France?, Paris.

Zabeck, J.; Zimmermann, B. (Hg.) (1995): Anspruch und Wirklichkeit der Berufsakademie Baden-Württemberg. Eine Evaluationsstudie, Weinheim.

3 Neue Dimensionen handwerklicher Qualifikation und Entwicklung berufsfachlicher Märkte – das Beispiel Kraftfahrzeug-Servicetechniker

Hans Gerhard Mendius

Vorbemerkung

Gerade die handwerklichen Qualifikationen galten in der Bundesrepublik bislang in einem durchaus positiv gemeinten Sinne als prototypisch für „bodenständig-solide", aber auch als teilweise überholt und wenig innovationsgerecht. Im Folgenden wird am Beispiel der Installierung einer neuartigen mittleren technischen Qualifikationsstufe im Kfz-Gewerbe – der Einführung des „Kraftfahrzeug-Servicetechnikers" – der Frage nachgegangen, ob dieses Qualifikationskonzept geeignet scheint, die damit von den maßgeblichen Akteuren verbundenen weit reichenden Erwartungen zu erfüllen. Es wird geprüft, wie das damit eingeleitete erstmalige Aufbrechen der traditionellen dreigliedrigen handwerklichen Qualifikationsstruktur (Lehrling/Geselle/Meister) aus der Sicht des Handwerks, aber auch aus der Perspektive des Arbeitsmarkts zu bewerten ist, und es wird untersucht, ob es Anzeichen dafür gibt, dass mit dieser Innovation eine neue Qualität der Dynamik in die Qualifikationsentwicklung im Handwerk Einzug hält.

Der vorliegende Beitrag[1] stellt sich vor diesem Hintergrund folgende Aufgaben:

- Zunächst wird der Bezug der Thematik „Kraftfahrzeug-Servicetechniker" zu den eher konzeptionellen Arbeiten des Teilprojekts (sie befassen sich mit Ursachen und Folgen von Arbeitsmarktsegmentation und dabei speziell mit dem Komplex der vor allem in Kleinbetrieben und überwiegend im Handwerk angesiedelten Märkte für berufsfachliche Qualifikationen, ihren Funktionen und Entwicklungstrends) umrissen.
- Dann sind, um die Einordnung des potenziellen Stellenwerts der Entwicklung zu erleichtern, einige Überblicksinformationen zum Handwerk als dem Wirtschaftszweig, in dem die meisten berufsfachlich qualifizierten Arbeitskräfte tätig sind, zu liefern.
- Nach einer kurzen Einführung in die „Beispielbranche" Kfz-Gewerbe werden markante Entwicklungen im technischen und wirtschaftlichen Bereich skizziert.

1 Der Beitrag entstand im Rahmen des Teilprojekts B5 des Sonderforschungsbereichs 333 der Universität München. Für zahlreiche Hinweise und kritische Diskussion danke ich Reinhard Bauer, Eckhard Heidling und Stefanie Weimer.

- Anschließend erfolgt eine Rekonstruktion der Momente, die für die Schaffung der neuen Qualifikationsstufe/Funktionsebene maßgeblich waren.
- Im nächsten Schritt wird der Lösungsansatz „Kraftfahrzeug-Servicetechniker" beschrieben und vor dem Hintergrund der Ergebnisse der vom Projektteam durchgeführten wissenschaftlichen Begleitung der Implementation bewertet.
- Abschließend werden Überlegungen zu den bislang mit der Einführung des Weiterbildungsgangs erreichten sowie zu voraussichtlich erreichbaren Effekten angestellt und – in einer generelleren Perspektive – Umrisse der Potenziale neuartiger Qualifikationsstufen für das Handwerk und daraus sich ergebende Folgen für den Arbeitsmarkt skizziert.

3.1 Zum konzeptionellen und empirischen Hintergrund[2]

Den theoretischen ursprünglichen *Abstoßpunkt* der Arbeiten, in deren Kontext auch der hier vorgelegte Beitrag entstand, bildet der so genannte Segmentationsansatz in der Arbeitsmarktforschung. Dieses Konzept – seine „Entwicklungsgeschichte" reicht bis in die frühen 70er-Jahre zurück und kann hier nicht im Einzelnen vorgestellt werden – ist dadurch charakterisiert, dass es sich den Arbeitsmarkt als in drei voneinander relativ eindeutig getrennte Bereiche vorstellt, die jeweils für sich durch typische Funktionsweisen geprägt sind. Unterschieden werden je ein Teilmarkt für Jedermann-Qualifikationen, für betriebsspezifische Qualifikationen und für berufsfachliche Qualifikationen.[3]

Die Vorhaben, die mit diesem Ansatz arbeiteten, rückten zunächst die vielfältigen personenbezogenen Prozesse innerhalb großer Unternehmen (Versetzungen, Auf- und Abwärtsmobilität entlang von „Karriereleitern", Veränderungen der Eingruppierung, On-the-job-Training sowie besondere betriebliche Qualifizierungsmaßnahmen usw.) und deren Implikationen einerseits für betriebliche Strategien und andererseits für den übergreifenden Arbeitsmarkt ins Zentrum. Die Grundstrukturen der beobachtbaren Mobilitätsmuster wurden systematisch analysiert und mit der Kategorie der *betriebsinternen Arbeitsmärkte* gefasst. Außerdem wurden die aus der Herausbildung solcher Strukturen resultierenden Konsequenzen für den übergreifenden Arbeitsmarkt bestimmt und die sich daraus ergebenden Konsequenzen für die Wirksamkeit der Instrumente der öffentlichen Arbeitsmarktpolitik diskutiert (z. B.

2 Den Rahmen für die konzeptionell ausgerichteten Arbeiten bildete zunächst das Teilprojekt „Arbeitsmarktstruktur und Arbeitsmarktbedingungen" des Sonderforschungsbereichs 101 „Theoretische Grundlagen sozialwissenschaftlicher Berufs- und Arbeitskräfteforschung" (1974 bis 1985, Team: Lutz, Maase, Mendius, Schultz-Wild, Sengenberger). Darauf aufbauend erfolgten ab 1986 die Weiterentwicklung und Differenzierung des Konzepts im Teilprojekt B5 „Arbeitsmarktstruktur und kleinbetrieblicher Sektor" des Sonderforschungsbereichs 333 „Entwicklungsperspektiven von Arbeit" (Team: Mendius, Semlinger bis 1992, Weimer).

3 Die konzeptionellen Annahmen des „Segmentationsansatzes" und ihre Anwendung für empirische Forschungsvorhaben werden in zahlreichen Arbeiten beschrieben, die – insbesondere von B. Lutz und W. Sengenberger – seit Beginn der 70er-Jahre veröffentlicht wurden (z. B. Lutz und Sengenberger 1974; Mendius und Sengenberger 1976; Sengenberger 1975, 1987; Lutz 1987).

Sengenberger 1976). Zusammengefasst wurden die entsprechenden Überlegungen im Konzept der „betriebszentrierten Arbeitsmarktsegmentation" (Lutz 1987).

Die Konzentration auf innerbetriebliche Märkte lag nicht zuletzt auch deshalb nahe, weil Großunternehmen seinerzeit der bevorzugte Gegenstand der meisten empirischen Forschungen waren und betriebsinterne Märkte als typisch für diesen Unternehmenstyp gelten. Auch die Arbeiten des Projektteams fanden in dieser Phase hauptsächlich in diesem Bereich statt: Vor allem in der Automobilindustrie (aber auch in der Elektro- und der Stahlindustrie) wurden unter anderem charakteristische Verlaufsmuster und Strukturprinzipien der Personalpolitik unter wechselnden konjunkturellen Bedingungen herausgearbeitet und in ihren Auswirkungen auf den Arbeitsmarkt analysiert. Die ersten dieser Arbeiten fielen in die Zeit der beginnenden ersten großen Nachkriegsrezession (ab 1973) und der sich daraus entwickelnden dauerhaften Massenarbeitslosigkeit. Deshalb standen vor allem die dadurch ausgelösten tief greifenden Neuorientierungen bei der Nutzung und Entwicklung personalpolitischer Instrumente (wie Aufhebungsverträge, Vorzeitpensionierungen usw.) und die daraus resultierenden Effekte für den Arbeitsmarkt im Vordergrund.

Nachdem der Bereich betriebsinterner Märkte von Großunternehmen als empirisch und konzeptionell einigermaßen durchdrungen gelten konnte – jedenfalls im Vergleich zu den anderen Teilmärkten[4] –, sollten Letztere stärker in den Blickpunkt gerückt werden. Dabei musste zwar davon ausgegangen werden, dass auch die im Rahmen des Segmentationskonzepts übliche Zurechnung eines erheblichen Teils der Beschäftigten zum *Bereich der Jedermann-Qualifikationen* eine der Realität nicht voll entsprechende Stilisierung bedeutet. Gleichzeitig war aber auch zu unterstellen, dass dieser Teilmarkt auf der Basis bestehender Anschauung und Erfahrung sehr viel leichter einigermaßen adäquat einzuordnen war als der Teilmarkt für berufsfachliche Qualifikationen. Dessen enorme Heterogenität und Komplexität waren nicht zu übersehen, ebenso wenig die Tatsache, dass dieser Arbeitsmarktsektor analytisch kaum durchdrungen und empirisch wenig erforscht war. Daher wurde in der Folge der Akzent der Arbeiten schwerpunktmäßig auf diesen Bereich berufsfachlicher Qualifikationen verlagert.

Zielsetzung war es dabei, einerseits auch für diesen Teilmarkt verlässliches empirisches Know-how bereitzustellen und andererseits gegebenenfalls zu einer konzeptionellen Differenzierung des bislang ebenfalls (wie der Jedermann-Bereich) mehr oder weniger als Residualkategorie fungierenden „berufsfachlichen Marktes" zu gelangen.

Aus der Akzentuierung des Bereichs berufsfachlicher Qualifikationen bei den theoretisch orientierten Überlegungen und der daran orientierten Neuausrichtung der Empirie ergab sich – quasi sachnotwendig – auch der Wechsel zum *kleinbetrieblichen Sektor als Gegenstandsbereich*, und zwar weil evident war, dass hier – vor allem auch im Handwerk – der Typ der berufsfachlichen Qualifikationen eine

4 Im Rahmen der durchgeführten Arbeiten nicht möglich, aber auch vom Ansatz her nicht erforderlich war eine Bestimmung des Einzugsbereichs betriebsinterner Märkte mit quantitativ-statistischen Methoden. Allerdings gelang es auch damals bereits, durch die komplementäre Durchführung einer Repräsentativerhebung die qualitativ erhobenen Befunde zu stützen (vgl. hierzu unter anderem Lutz et al. 1977, 1979).

besondere Bedeutung hat. Zusätzlich spielte für diese „Feldentscheidung" auch eine Rolle, dass – nach vorausgegangener langer massiver Vernachlässigung – der kleinbetriebliche Bereich nunmehr allgemein stärkeres Interesse fand.[5]

Der Einstieg in die Erforschung des Bereichs „Kleinbetriebe" erfolgte mit der 1983 begonnenen Studie über „Arbeitskräfteprobleme und Humanisierungspotenziale in Kleinbetrieben" (vgl. Mendius et al. 1987). Ein Hauptziel der ersten Studie lag darin, Gründe dafür zu ermitteln, warum sich der kleinbetriebliche Bereich als weit überlebensfähiger erwiesen hatte, als das von vielen erwartet worden war.

Obwohl zwangsläufig nur ein Teil des – inhaltlich bislang von niemandem genau definierten – kleinbetrieblichen Bereichs in die Untersuchung einbezogen werden konnte, zeigte sich, dass dort zwar ein sehr breites Spektrum bei Arbeitsbedingungen und Qualifikationen vorlag, keineswegs aber die oft suggerierte einseitige Massierung negativer Erscheinungsformen. Vielmehr konnte herausgearbeitet werden, dass in vielen Kleinbetrieben – und zwar nicht zuletzt bei solchen des Handwerks – Formen extrem tayloristischer Arbeitszerlegung und damit verbundene Dequalifizierung, die man in Großunternehmen in neuerer Zeit mit erheblichem Aufwand wieder zu überwinden sucht, nie Einzug gehalten haben. Festzustellen war aber gleichzeitig auch, dass durch Veränderungen auf den Produktmärkten, aber auch wegen der Verschärfung der Konkurrenz (bei massiver Nutzung von Marktmacht seitens großer Wettbewerber) derartige positive Momente von Arbeit im Kleinbetrieb (zumindest tendenziell) in vielen Fällen als bedroht gelten mussten.

Da angesichts der Komplexität des Gegenstandsbereichs und der begrenzten verfügbaren Ressourcen eine einigermaßen angemessene Typologisierung des kleinbetrieblichen Sektors nicht realisierbar schien, wurde versucht, Betriebstypen nach den vorrangig verfolgten Wettbewerbsstrategien zu klassifizieren. Es zeigte sich aber, dass für einen erheblichen Teil der Kleinbetriebe die Anwendung eines Strategieansatzes insofern kaum Sinn machte, als hier von einer Beeinflussung oder gar Beherrschung der Verwertungsbedingungen keine Rede sein konnte.[6] Diese Betriebe waren – das lag auf der Hand – aufgrund ihrer Voraussetzungen weitestgehend zu Passivität verurteilt und zu strategischem Agieren nicht in der Lage. Um dem Rechnung zu tragen, wurde die *Kategorie der Strategiefähigkeit* (und ergänzend die der

5 Vernachlässigt worden war dieser Bereich von der Politik ebenso wie z. B. von den Gewerkschaften, nicht zuletzt aber auch von der Wissenschaft: Im Bereich der Soziologie gelang es der zuständigen „Bindestrich-Disziplin", über ihre Namensgebung als „Industriesoziologie" – ganz unbewusst möglicherweise, aber sehr nachhaltig – den Bereich des Handwerks (mit fast 7 Millionen zum großen Teil unmittelbar produktiv arbeitenden Menschen) definitorisch ganz und auch faktisch weitestgehend zu eskamotieren. Eine Hauptursache des Anfang der 80er-Jahre aufkommenden Interesses war zweifellos, dass sich einige wichtige politische Akteure – sei es, weil sie dem bekannten arbeitsmarkt- und beschäftigungspolitischen Instrumentarium nicht mehr vertrauten, sei es, weil sie es aus anderweitigen Überlegungen nicht einsetzen wollten – von den Kleinbetrieben Wunderdinge bezüglich der Schaffung von Arbeitsplätzen und damit Lösungen der anhaltenden massiven beschäftigungspolitischen Problemen erwarteten – nicht zuletzt aufgrund entsprechender Verheißungen aus den USA (vgl. Birch 1979).

6 Dies ist ein Konstitutivum für „betriebliche Strategie" im am Institut für sozialwissenschaftliche Forschung (ISF) entwickelten Sinne (vgl. z. B. Bechtle 1980).

Strategiewirksamkeit) eingeführt. Damit war es prinzipiell möglich, Betriebe entlang eines Kontinuums zunehmender Strategiefähigkeit zu verorten.

Im nächsten Schritt wurden die Implikationen untersucht, die sich für die Handlungsfähigkeit von Kleinbetrieben aus dem besonderen Stellenwert ergeben, den Herstellung und Nutzung berufsfachlicher Qualifikationen dort haben. Verdeutlicht wurde, dass die Erstausbildung im Handwerk nicht nur eine viel höhere quantitative Bedeutung hat als in der Industrie (Ausbildungsquoten um 25 % und höher), sondern auch eine Reihe von wichtigen (Neben-)Funktionen erfüllt, insofern nämlich, als die Veränderung der Ausbildungsintensität unter anderem als wichtiges personalpolitisches Anpassungsinstrument (Ausbildung als Puffer) genutzt werden kann und in nennenswertem Umfang auch die Leistungserbringung der ausbildenden Betriebe beeinflusst. Herausgearbeitet und belegt werden konnte weiter die These, dass zu den bislang als konstitutiv für das Funktionieren berufsfachlicher Märkte angesehenen Bedingungen (standardisierte, öffentlich geregelte Ausbildung, zertifizierte, übertragbare Qualifikation, Mindestgröße des Teilmarktes usw.) – zumindest wenn Kleinbetriebe diesen Markt wesentlich tragen – hinzukommen muss, dass die Ausbildung ihre Kosten selbst erwirtschaftet, das heißt keinen Investitionscharakter haben darf (vgl. Mendius 1988).

Dieser Sachverhalt hat – auch wenn diese Assoziation oft hergestellt wird – per se noch nichts mit der Qualität der Ausbildung zu tun. Vielmehr spielen die spezifischen Anforderungen der jeweiligen Arbeitsvollzüge hierfür eine wesentliche Rolle: Während bei der industriellen Ausbildung – sicherlich angemessenerweise – die Ausbildung in „gesonderten" Lehrwerkstätten dominiert, lassen sich viele handwerkliche Funktionen im „Produktionsprozess" selbst am besten erlernen. Reine Übungsarbeiten oder gar „Simulationen" machen hier kaum Sinn. Daher ist etwa auch der Anteil an der Lehrzeit, der im Handwerk sinnvoll in überbetrieblichen Ausbildungsstätten verbracht werden kann, von Branche zu Branche unterschiedlich, aber grundsätzlich begrenzt. Mit dem hohen Grad der Kostenerwirtschaftung durch die Auszubildenden auf der einen Seite und der Möglichkeit, die Ausbildung ohne einen eigenen „Ausbildungsplatz" in einer Lehrwerkstatt durchführen zu können, auf der anderen Seite ergeben sich selbstverständlich auch erhebliche Spielräume der Veränderung des Ausbildungsvolumens: Dass es gerade einige Handwerke, denen es wirtschaftlich nicht besonders gut geht, in Zeiten der Lehrstellenknappheit schaffen, ihr Angebot schnell auszuweiten und auf Auszubildendenanteile an der Gesamtbelegschaft von einem Drittel oder mehr zu kommen, indiziert mehr als deutlich, dass Ausbildung dort offenbar kein massives Zuschussgeschäft sein kann.

Gezeigt wurde, dass gerade bezüglich der „Kostenerwirtschaftung" ein struktureller Unterschied liegt zwischen berufsfachlichen Qualifikationen, die in der Industrie erworben wurden (dort haben sie in der Regel aus betrieblicher Sicht ausgeprägten Investitionscharakter mit der Folge massiver Betriebsbindungsinteressen), und solchen aus dem Handwerk (hohe oder volle Kostendeckung bzw. sogar Überschüsse aus der Ausbildung und geringes Bindungsinteresse).[7]

7 Allerdings gibt es neuerdings Indizien für eine möglicherweise grundlegende und folgenreiche Umorientierung. Während die eigenständige Durchführung der beruflichen Erstausbildung – sie bildet bekanntlich einen Grundpfeiler des immer wieder als beispielgebend dar-

Als eine entscheidende Ursache der geringen strategischen Handlungsfähigkeit vieler Kleinbetriebe hatte sich ihre massive Abhängigkeit von Großunternehmen herausgestellt. Zwei Konstellationen erwiesen sich als besonders bedeutsam:

- zum einen die untergeordnete und stark verzerrte Wettbewerbsposition, in der sich Kleinbetriebe befinden, die auf gemeinsamen Produktmärkten mit Großunternehmen konkurrieren,
- zum anderen die spezifische Situation von Kleinbetrieben, die über enge Austauschbeziehungen stark an Großunternehmen gebunden sind.

Im letzteren Fall lassen sich unterscheiden: kleine Zulieferbetriebe, die den Großunternehmen quasi vorgelagert sind, einerseits sowie den Großunternehmen nachgelagerte Betriebe, die sich mit dem Vertrieb sowie der Wartung und Reparatur der Produkte der Großunternehmen befassen, andererseits.

Bei den anschließenden Arbeiten wurde die Aufmerksamkeit daher auf diese den Großunternehmen vor- und nachgelagerten Kleinbetriebe und auf die Frage gerichtet, ob und unter welchen Bedingungen derartige Unternehmen überhaupt autonom agieren können. Dabei ging es um die Analyse der Nachteile, aber auch der (potenziellen) Vorteile, die aus einer derartigen Selbstbindung – prinzipiell steht es dem Kleinbetrieb frei, ob er sich in Austauschbeziehungen mit großen Partnern begeben will – entstehen. Schwerpunktmäßig wurde diesen Fragen im Bereich der Automobilwirtschaft (Autozulieferer und Kfz-Gewerbe) nachgegangen (vgl. Weimer und Mendius 1990; Mendius et al. 1992; Semlinger 1992; Weimer und Semlinger 1992).[8] Dabei

gestellten „dualen Systems“ – bislang gerade für führende Großunternehmen quasi als unverzichtbarer Bestandteil der gesamten Personalpolitik angesehen wurde, könnte die Entwicklung an einem neuen Produktionsstandort eines westdeutschen Konzerns in den neuen Bundesländern auf eine folgenreiche Umorientierung hindeuten. Dort wurde nämlich nicht nur die Qualifizierung von Erwachsenen (sonst im Rahmen von betrieblicher Weiterbildung und Einarbeitungsprogrammen im Unternehmen von dafür zuständigen Abteilungen und auf eigene Kosten abgewickelt) weitgehend externalisiert, das heißt von Bildungsträgern abgewickelt, die aber von dem entsprechenden Unternehmen in erheblichem Umfang gesteuert und aus Mitteln der Bundesanstalt für Arbeit finanziert wurden. Offensichtlich erwies sich diese Variante, die es ermöglicht, einerseits genügend Einfluss auf die Qualifizierungsinhalte zu behalten und sich andererseits weitestgehend von den Kosten zu entlasten, als so attraktiv, dass man auch mit einer internen Erstausbildung überhaupt nicht begonnen hat. Ob die in dieser Hinsicht (durch die außerordentlich großzügige Auslegung des Arbeitsförderungsgesetzes) besonders günstigen Rahmenbedingungen in den neuen Bundesländern tatsächlich diese Entwicklungen ausgelöst haben oder ob sie nur den Anlass bildeten, bereits entwickelte neue Konzepte umzusetzen, ist derzeit noch nicht zu entscheiden (vgl. Mendius 1994; Döhl et al. 1995).

8 Dabei handelt es sich um folgende Forschungsvorhaben: „Überbetriebliche Kooperation als Ansatzpunkt von Humanisierungspolitik – zur Stabilisierung und Verbesserung der Arbeitsbedingungen in Kleinbetrieben“ im Auftrag des Bundesministeriums für Forschung und Technologie, im Bereich Grundlagenfragen des Förderprogramms „Arbeit und Technik“ (1988–1992), Bearbeiter: Heidling, Mendius, Semlinger, Weimer; „Neue Anforderungen an Zulieferunternehmen im Groß-Kleinbetriebsverbund – eine Herausforderung für die Qualifizierungspolitik“ im Auftrag des Bundesministeriums für Bildung und Wissenschaft (1989/90), Bearbeiter: Mendius, Weimer; sowie „Arbeitnehmervertretung im Kfz-Gewerbe – Kooperation über Betriebsgrenzen als Instrument der Interessenwahrnehmung“ im Auftrag der Hans-Böckler-Stiftung (1990–1992), Bearbeiter: Heidling, Mendius, Weimer.

spielten insbesondere die Potenziale betriebsübergreifender Kooperation zur Steigerung kleinbetrieblicher Handlungsfähigkeit (sei es horizontal, das heißt zwischen Kleinbetrieben, sei es vertikal, das heißt zwischen Kleinbetrieben und ihren großen Austauschpartnern) eine wichtige Rolle. Eingebettet sind diese Vorhaben in die Debatte um die – prototypisch wiederum in der Automobilindustrie vorzufindenden – „neuen Rationalisierungsstrategien", die im industriesoziologischen Diskurs in der Bundesrepublik meist unter dem Dachbegriff der „Systemischen Rationalisierung" gefasst wurden (vgl. z. B. Altmann und Sauer 1989; Deiß und Döhl 1992) und seit dem Erscheinen einer breit angelegten Untersuchung zu den Zukunftsperspektiven der Automobilindustrie (Womack et al. 1992) mit ganz außerordentlicher Resonanz unter dem Schlagwort „Lean Production" diskutiert werden (vgl. Mendius 1992a; Semlinger 1992b).

Die aus den genannten Arbeiten resultierende *intensive Befassung mit dem Kfz-Gewerbe* als einer zwar handwerklich geprägten, zugleich aber eng durch Entscheidungen der Großkonzerne der Automobilindustrie bestimmten Branche mit vergleichsweise hohem technischen Niveau und sich rasch verändernden, tendenziell ansteigenden Qualifikationsanforderungen brachte es auch mit sich, dass die Forschergruppe bereits im Rahmen der genannten empirischen Arbeiten auf die Probleme aufmerksam wurde, die zu der qualifizierungspolitischen Initiative Kraftfahrzeug-Servicetechniker führten, und dazu entsprechende Vorstellungen entwickelte (Mendius et al. 1992: 94ff.; Lutz und Mendius 1992). Auf der Basis der genauen Kenntnis der verschiedenen Faktoren, die letztlich die entsprechenden Aktivitäten auslösten, sowie aufgrund der eingehenden Befassung mit den damit verbundenen Erwartungen und Zielsetzungen (seitens der Kfz-Betriebe und ihrer Beschäftigten sowie seitens der Automobilindustrie und der zuständigen Verbände) konnte schon in einem frühen Stadium der Implementation des Kraftfahrzeug-Servicetechnikers und in enger Zusammenarbeit mit den hauptbeteiligten Verbänden ein Konzept für eine wissenschaftliche Begleitung entwickelt und umgesetzt werden.[9] Bevor auf das Konzept des Kraftfahrzeug-Servicetechnikers im Einzelnen eingegangen wird, sollen einige Strukturinformationen zum Handwerk und zur Situation des Kfz-Gewerbes vorangestellt werden, um denjenigen, die mit diesen Entwicklungen nicht im Einzelnen vertraut sind, die „Verortung" und Interpretation des Stellenwerts dieser Innovation zu erleichtern.

9 Es handelt sich um das Vorhaben „Kraftfahrzeug-Servicetechniker – ein innovativer Qualifizierungsansatz für das Handwerk", das im Frühjahr 1994 im Auftrag des Bundesministeriums für Bildung und Wissenschaft und in Zusammenarbeit mit dem Zentralverband Deutsches Kraftfahrzeuggewerbe (ZDK) sowie der Industriegewerkschaft Metall, Vorstandsverwaltung, Abt. Berufliche Bildung, begonnen wurde. Die folgenden Überlegungen basieren auf den im Rahmen dieses Projekts durchgeführten qualitativen und quantitativen Erhebungen (zum Ergebnisbericht vgl. Mendius et al. 1997; außerdem Mendius 1994; Mendius und Heidling 1996). Ebenfalls zu verweisen ist auf ein Dissertationsvorhaben von Reinhard Bauer, das im Arbeitszusammenhang des Projekts begonnen und 1999 abgeschlossen wurde.

3.2 Das deutsche Handwerk – eine verkannte Größe im Wirtschafts- und Beschäftigungssystem?

Die besondere Bedeutung des „Mittelstandes" wird von allen wichtigen und sich selbst so verstehenden Akteuren aus Politik und Wirtschaft immer wieder beschworen, und auch das Handwerk spielt im öffentlichen Bewusstsein durchaus eine wesentliche Rolle.[10] Erstaunlich aber ist, dass die beschäftigungspolitische Bedeutung kleiner Betriebe (und insbesondere die des Handwerks) selbst von den meisten Fachleuten noch immer kaum realisiert wird. Deshalb an dieser Stelle wenigstens ein paar knappe Informationen zum deutschen Handwerk als dem Wirtschaftsbereich, der den Großteil der berufsfachlich qualifizierten Arbeitskräfte beschäftigt und einen nochmals erheblich höheren Anteil an der Ausbildung solcher Arbeitnehmer hat.

Im *Handwerk* arbeiten in Westdeutschland ca. 4,8 Millionen Menschen in etwa 445 000 Betrieben. In den neuen Bundesländern kommen nochmals 1,4 Millionen Beschäftigte in 118 000 Handwerksbetrieben hinzu.[11] Der Gesamtumsatz des Handwerks im Jahr 1994 lag bei 810 Milliarden DM. Damit hat das Handwerk mittlerweile als Arbeitsplatzanbieter mit der Industrie fast gleichgezogen (in den neuen Bundesländern übertrifft es sie bereits deutlich), nachdem 1977 das Verhältnis 2 : 1 zugunsten der Industrie betragen hatte. Während sich das Handwerk auch in den letzten Jahren ganz im Unterschied zu den als trendbestimmend angesehenen industriellen Branchen – die durchweg und häufig in großem Umfang Arbeitsplätze abbauen mussten – durch erhebliche Wachstumsraten auch bei der Beschäftigung auszeichnete, wurde 1996 für Westdeutschland (erstmals seit Beginn der 80er-Jahre) mit einem realen Umsatzrückgang von 1 % und einer Beschäftigungsabnahme von 0,5 bis 1 % gerechnet, im Osten wurde ein Rückgang des Wachstums auf 2 % erwartet (Handelsblatt vom 7. 3. 1996: 15). Selbst wenn diese Prognosen zutreffen, wird damit allerdings die Entwicklung noch immer weit positiver als die für die Industrie prognostizierte sein, und es wird auch voraussichtlich nach wie vor im Bereich des Handwerks offene Stellen geben.[12]

10 Beim „Mittelstand" handelt es sich um eine Kategorie, die sich zugleich durch hohe Popularität und exorbitante Unpräzision auszeichnet: Zugerechnet werden dem Mittelstand ebenso selbstständige Inhaber eines Bauchladens oder Kiosks wie Familienunternehmen mit Hunderten oder gar Tausenden von Beschäftigten und Milliardenumsatz, Unternehmenstypen also, bei denen sich die mit der „vereinnahmenden" Einheitsbezeichnung suggerierte Gleichheit oder wenigstens Gleichgerichtetheit zentraler Interessenlagen auch mit dem besten Willen kaum nachvollziehen lässt – vielleicht machen aber gerade die Vagheit und die beliebige Nutzbarkeit ein Gutteil der Attraktivität des Begriffs „Mittelstand" aus.

11 Ergebnisse der Handwerkszählung 1995 (vgl. Häussermann 1996). Zu den frappanten Ergebnissen der 1995 erstmals seit 1977 wieder durchgeführten „Handwerkszählung" gehört es, dass das Handwerk insgesamt ca. 1 Million mehr Arbeitsplätze bereitstellt, als bisher aufgrund von Extrapolationen der Erhebung von 1977 und von Mikrozensusergebnissen angenommen worden war. Dass aber auch jetzt noch keine endgültige Klarheit herrscht, wird z. B. daraus deutlich, dass – mit derselben Quelle – auch von (gesamtdeutsch) 7 Millionen Beschäftigten in 790 000 Betrieben die Rede ist (Handelsblatt vom 7. 3. 1996: 15).

12 Dieser Arbeitskräftemangel im Handwerk ist vor allem in Ballungszentren relativ ausgeprägt und betrifft selbstverständlich nicht alle Handwerkszweige („Gewerke") in gleicher Weise. Da in diesen Ballungsräumen meist zugleich Personalabbau bei den dort ansässigen Groß-

Der Anteil der Arbeitskräfte mit einer abgeschlossenen Berufsausbildung ist in allen „Gewerken" sehr hoch, berufsfachliche Qualifikationen haben also für das Handwerk eine herausragende Bedeutung. 1993 gab es im Handwerk 568 000 Auszubildende (34,2 % der Auszubildenden in allen Sektoren). Das bedeutet aber gegenüber dem Höchststand Mitte der 80er-Jahre bereits einen Rückgang um ca. 30 % in den alten Ländern. 1993 wurden im Handwerk 117 000 erfolgreiche Gesellenprüfungen und 39 000 bestandene Meisterprüfungen abgelegt.

3.3 Berufsfachlich-gediegen, aber unterkomplex, erneuerungsunfähig und überholt – zutreffende Attribute handwerklicher Qualifikationsstruktur?

Stellt man die Frage nach einer Charakterisierung der Qualifikationsstruktur im Handwerk, wird – durchaus nicht völlig zu Unrecht – von vielen insbesondere ihre Prägung durch ein traditionelles, bis ins Mittelalter zurückreichendes Grundmuster in den Vordergrund gestellt: Die „Dreigliedrigkeit" von Lehrling, Geselle und Meister gilt unverändert mindestens seit den Zeiten der Meistersinger, und viele Gewerke sind geradezu Musterbeispiele (im durchaus positiven Sinne) für die Bewahrung überlieferter bewährter Fertigkeiten und Kenntnisse im Umgang mit Menschen und Materialien.[13] Das Beispiel der Einführung des „Kraftfahrzeug-Servicetechnikers" zeigt aber – so die hier gemachte Annahme, die es im Folgenden zu untermauern gilt –, dass auch im Bereich des Handwerks strukturelle qualifikatorische Innovationen möglich sind. Sollten sie über das Kfz-Gewerbe hinaus Wirkungen entfalten, können sich daraus neben den unmittelbaren bildungspolitischen Konsequenzen auch Implikationen für die Weiterentwicklung des Marktes für berufsfachliche Qualifikationen ergeben.

Daher sind die Rekonstruktion und Bewertung der „modernisierungsbedingten" Veränderungen der Arbeitsanforderungen auf der einen Seite und die Durchleuch-

---

unternehmen der Industrie stattfindet und auch für die Zukunft zu erwarten ist und da unter den Arbeitskräften der Großunternehmen sich zahlreiche mit einer (dort nur bedingt genutzten und honorierten) handwerklichen Fachqualifikation befinden, liegt der Gedanke einer Förderung der „Retourmobilität" von der Industrie zurück ins Handwerk eigentlich nahe. Dies gilt um so mehr, als sich im Rahmen unserer Untersuchungen immer wieder gezeigt hat, dass die Revitalisierung und Aktualisierung vorhandener berufsfachlicher Qualifikationen mit geringem Aufwand und hoher Erfolgsquote möglich sind. Das Projektteam konzipierte daher eine Studie, die den Voraussetzungen einer derartigen Friktionen abbauenden beschäftigungssteigernden Mobilitätsförderung bei Unternehmen, Arbeitskräften und den öffentlichen Arbeitsmarktinstanzen nachgehen und entsprechende Instrumente entwickeln soll (vgl. Mendius 1995 b).

13 Die Erkenntnis, dass diese traditionellen Formen in aller Regel auch in der Perspektive von „Nachhaltigkeit" (also von Ressourcenschonung und Emmissionsreduktion bzw. -vermeidung) weit weniger problematisch waren als viele industrielle Produktionsmethoden, durch die sie zu erheblichen Teilen verdrängt wurden, beginnt sich erst seit neuerem und mehr als gemächlich durchzusetzen – zweifelsohne nicht zuletzt, weil das Handwerk selbst sie keineswegs im möglichen und wünschenswerten Umfang befördert.

tung der Faktoren, die die Arbeitskräfteversorgung bestimmen, auf der anderen Seite als die beiden Momente, die in ihrem wechselseitigen Zusammenspiel letztlich zur Herausbildung eines neuartigen Qualifikationstyps geführt haben, von einiger Bedeutung: Wenn nämlich die Etablierung des Abschlusses „Kraftfahrzeug-Servicetechniker" als anerkannte Fortbildungsverordnung gelingt, käme es erstmals zu einer geregelten Ausdifferenzierung der erwähnten traditionellen handwerklichen Qualifikationsstruktur. Da bereits absehbar ist, dass dann weitere Handwerkszweige entsprechende Schritte einleiten, können die Folgen dieser Entwicklung erheblich sein. Das zu erwartende Aufbrechen des bislang relativ starren Qualifikationsgefüges dürfte dann auch für die derzeit beschleunigt in Gang kommende Neustrukturierung des Verhältnisses von Industrie, Handwerk und Dienstleistungssektor eine wichtige Rolle spielen.

3.4 Das Kfz-Gewerbe in einem doppelten Spagat: zwischen handwerklicher Struktur und Hightech-Produkt und zwischen betrieblicher Autonomie und Herstellerbindung

Kaum jemand hat nicht in der einen oder anderen Form mit dem Produkt Automobil zu tun gehabt, und sicherlich ist auch der weit überwiegende Teil der Bevölkerung bereits einmal mit dem Kfz-Gewerbe und seinen Beschäftigten in Kontakt gekommen. Trotzdem ist der wirtschaftliche, aber auch der arbeitsmarktbezogene Stellenwert dieser Branche keineswegs allgemein bekannt:

Das Kfz-Gewerbe stellt mit knapp 418 000 Beschäftigten in mehr als 57 000 Betrieben sowie mit einem Umsatz von ca. 237 Milliarden DM (Zahlen von 1995) eine der wichtigsten Branchen des Handwerks dar und übertrifft damit bezüglich seiner beschäftigungspolitischen Bedeutung bekannte und vielfach intensiv analysierte Branchen wie die Stahlindustrie (derzeit noch 120 000 Arbeitsplätze), den Bergbau oder gar den Schiffbau mittlerweile bei weitem. Der Anteil von Beschäftigten mit Facharbeiter-(Gesellen-)Ausbildung liegt im Kfz-Gewerbe sehr hoch.

Von den insgesamt etwa 57 000 Betrieben der Branche ist etwa die Hälfte an ein Fabrikat gebunden. Diese Markenbetriebe haben allerdings einen zwar nicht genau bekannten, in jedem Falle aber weit über 50 % liegenden Anteil am Umsatz und am Beschäftigungsvolumen der Branche. Bei den Fabrikatsbetrieben spielen neben Service und Reparatur auch der Verkauf von Ersatzteilen, der Gebrauchtwagenhandel, vor allem aber der Neuwagenhandel eine wichtige Rolle. Die übrigen Betriebe, die so genannten markenfreien, sind in der Regel weit kleiner und beschränken sich im Wesentlichen auf das Reparaturgeschäft und dort auf bestimmte, tendenziell weniger komplexe Segmente.

Die besondere Aufmerksamkeit in dieser Abhandlung gilt dem *markengebundenen Bereich*, unter anderem deshalb, weil er der wirtschaftlich und beschäftigungspolitisch weit bedeutendere ist und es mit hoher Wahrscheinlichkeit auch bleiben wird (auch wenn mittlerweile die Zukunft des markenfreien Teils von vielen Experten nicht mehr so skeptisch gesehen wird wie noch vor einiger Zeit). Die Konzentration auf die Markenbetriebe und ihre Pendants – die Automobilhersteller – bietet sich aber auch an, weil sie beim Kraftfahrzeug-Servicetechniker den dominanten Part innehaben, sowohl was die Schaffung als auch was die Nutzung der Qualifikationsstufe betrifft.

Das Verhältnis der Markenbetriebe zu den jeweiligen Automobilherstellern ist ein sehr spezifisches. Es umfasst ebenso Momente von einseitiger Abhängigkeit wie von „Symbiose": Erheblichen Einschränkungen der unternehmerischen Autonomie, die sich schon aus den Bestimmungen des Markenvertrags ergeben und noch verschärft werden durch einseitige Einflussnahmen, die durch das faktische Machtungleichgewicht zwischen dem einzelnen Kfz-Betrieb und dem jeweiligen Automobilkonzern möglich sind, steht eine Reihe von Vorteilen gegenüber, die mit der „freiwilligen Selbstbindung" im Rahmen des „Markenbetriebsstatus" verbunden sind: Diese Vorzüge betreffen z. B. die diversen Hilfestellungen durch die Hersteller, die sich erstrecken von den zahlreichen Qualifizierungsangeboten für die Beschäftigten über die Beratung bei der Gestaltung der Werkstätten und Verkaufsräume, Angeboten zur Optimierung der EDV-Nutzung in den verschiedenen Geschäftsbereichen über Hilfe bei der Implementierung zusätzlicher Geschäftsfelder wie Automobilverleih oder Leasinggeschäft zur Unterstützung von speziellen Werbe- und Verkaufsförderungsaktionen usw., auf die nur Markenbetriebe zurückgreifen können. Das entscheidende Plus der Fabrikatsbetriebe besteht aber in der ausschließlich mit dem Markenhändlerstatus verbundenen Chance des Neuwagenverkaufs (vgl. dazu Mendius et al. 1992; Mendius 1992b).

Per saldo übersteigen die Vorteile der „Herstellerbindung" nach Ansicht der meisten Betroffenen nach wie vor die damit verbundenen Nachteile bei weitem. Das wird unter anderem daraus deutlich, dass es Herstellern kaum je Probleme bereitet, bei Bedarf neue Markenbetriebe zu finden. Im umgekehrten, in letzter Zeit weit häufigeren Fall der Kündigung von Werkverträgen durch die Hersteller nämlich, wehren sich dagegen die Betriebe meist heftig gegen ein Ausscheiden aus dem Markennetz. Festzuhalten ist, dass das „Kräfteverhältnis" zwischen den kleinen Marken-Kfz-Betrieben und den Automobilkonzernen zwar keineswegs als völlig austariert gelten kann, aber bei weitem nicht so krass durch einseitige Machtausübung und hilflose Unterlegenheit gekennzeichnet ist, wie dies zwischen denselben Großunternehmen und insbesondere ihren kleineren Lieferanten meist der Fall ist (vgl. dazu unter anderem Mendius und Wendeling-Schröder 1991; Deiß und Döhl 1992). Dieser Sachverhalt ist zweifellos nicht zuletzt darauf zurückzuführen, dass den Kfz-Betrieben insgesamt mit dem Zentralverband Deutsches Kfz-Gewerbe (ZDK) eine handlungsfähige Organisation zur Verfügung steht und die fabrikatsgebundenen Betriebe darüber hinaus mit den so genannten Händlerverbänden ein zusätzliches Instrument der kollektiven markenspezifischen Interessenwahrnehmung entwickelt haben. Dadurch entsteht eine erhebliche Konfliktfähigkeit, die sich von Zeit zu Zeit auch manifestiert, beispielsweise wenn der Zentralverband oder die Händlervereinigungen auch vor gerichtlichen Auseinandersetzungen nicht zurückschrecken, um ihre für berechtigt gehaltenen Anliegen auch gegenüber der Automobilindustrie durchzusetzen.[14]

14 Bekanntlich ist die gelegentlich demonstrierte praktische Konfliktfähigkeit häufig eine hinreichende Voraussetzung, um ein Klima zu schaffen, das letztlich in den meisten Fällen ohne

Wegen seines hohen Stellenwertes im „Gesamtsystem Automobil" wird das Kfz-Gewerbe zunehmend von der tief gehenden Neustrukturierung der Automobilproduktion erfasst (vgl. die „Lean-Production"-Debatte). Dort gerät – nachdem von den Automobilherstellern die unternehmensinterne Organisation und vor allem die Zulieferbeziehungen umfassend restrukturiert wurden (mit der Konsequenz erheblicher Produktivitätssteigerungen und entsprechend reduziertem Arbeitskraftbedarf) – in jüngerer Zeit mehr und mehr der Vertriebssektor und damit auch das markengebundene Kfz-Gewerbe ins Blickfeld der Restrukturierungs- und Kosteneinsparungsinteressen.[15]

Ausdruck dieser Entwicklung ist z. B., dass mittlerweile fast alle Hersteller versuchen, ihr Vertriebsnetz zu reorganisieren, das heißt nicht zuletzt zu verkleinern. Als Ansatzpunkt erweist sich dabei das Inkrafttreten der novellierten „Gruppenfreistellungsverordnung" (diese GVO ist die EU-Direktive, die die Basis für das auf Markenbindung ausgerichtete „Selektive Vertriebssystem" im Neuwagenbereich bildet). Zwar enthält diese Neufassung auch eine Reihe von Änderungen, die die Position der Markenbetriebe gegenüber den Herstellern verbessern sollen. Die Tatsache aber, dass die Händlerverträge den Erfordernissen der GVO angepasst bzw. dazu neu abgeschlossen werden müssen, wird von vielen Herstellern genutzt, einer Reihe von Vertragspartnern entweder überhaupt keine Vertragsverlängerung oder nur eine zu – nach deren Wahrnehmung jedenfalls – verschlechterten Bedingungen anzubieten. Zugleich gibt es Versuche der Automobilproduzenten, die Rabattsysteme (Handelsmargen für den Neuwagenverkauf) in einer Weise zu ändern, die nur einen bestimmten präferierten Typ von Kfz-Betrieben begünstigt. Damit wird nach Ansicht vieler Händler nicht zuletzt auch das Ziel verfolgt (indem nämlich diese Neuregelungen es nur noch einem bestimmten Unternehmenstyp ermöglichen, auf eine ausreichende Rendite zu kommen), eine größere Zahl von Betrieben zum Ausscheiden aus dem

---

Eskalation der Auseinandersetzung zu für beide Seiten akzeptablen Lösungen führt. Geradezu exemplarisch dafür sind die „industriellen Beziehungen" in der Bundesrepublik, bei denen die im Vergleich zu den ausschließlich über Verhandlungen erzielten Übereinkommen geringe Zahl von Arbeitskämpfen sich nicht zuletzt daraus erklärt, dass die Erfahrung der wechselseitigen Konfliktfähigkeit präsent bleibt, auch wenn sie nicht allzu oft sinnlich erfahrbar gemacht wird. Vor diesem Hintergrund ist es nicht überraschend, dass die Vereinigungen der Markenbetriebe im internen Sprachgebrauch häufig als „Händlergewerkschaften" bezeichnet werden.

15 Neben der „nationalen" Restrukturierung kommt dabei auch der internationalen Dimension besondere Bedeutung zu: Auch von den deutschen Automobilkonzernen werden mehr und mehr Produktionsstätten im benachbarten europäischen Ausland, aber auch in Übersee eröffnet bzw. stark ausgebaut. Um diese Werke herum werden zugleich neue Zulieferbetriebe geschaffen, sodass damit auch Lieferkapazität externalisiert wird. Noch deutlicher für die deutschen Zulieferer als diese Einbußen beim „potenziellen Liefervolumen" wirkt sich aber aus, dass der Einkaufsbedarf auch für die hiesigen Fertigungseinrichtungen mehr und mehr aus Importen abgedeckt wird, wobei in letzter Zeit vor allem die geographisch sehr günstig gelegenen östlichen Nachbarstaaten (Tschechien, Ungarn, Polen) mit ihren einstweilen um ein Vielfaches geringeren Arbeitskosten eine besondere Rolle spielen. Vor diesem Hintergrund ist die Entstehung einer Reihe von Aktivitäten auf Länderebene zu sehen, durch Förderung der Kooperation zwischen Automobilherstellern und Lieferanten sowie von Zulieferern untereinander in der jeweiligen Region die jeweilige Position der eigenen Standorte zu verbessern (vgl. dazu Döhl et al. 1995; Altmann und Mendius 1995).

Markennetz zu zwingen. Auch in diesem Kontext gibt es wieder erhebliche Auseinandersetzungen zwischen der Automobilindustrie und den Interessenvertretungen der Markenbetriebe, die teilweise möglicherweise wiederum durch die Rechtsprechung entschieden werden müssen.

Während diese Entwicklungen ablaufen, propagieren die Hersteller aber zugleich nach wie vor bzw. teilweise sogar verstärkt eine „kooperative Orientierung" bezogen auf das Markennetz im Sinne einer Mobilisierung aller „Synergiepotenziale" zum gemeinsamen Nutzen.

Vor diesem Hintergrund versucht das Kfz-Gewerbe – wenn auch oft noch ohne große Resonanz seitens der Automobilhersteller –, insgesamt eine aktivere Rolle in diesem Veränderungsprozess zu spielen, geht es doch, wenn die Zukunft der gesamten Automobilwirtschaft zur Diskussion steht, vor allem auch um seine eigenen Perspektiven. Dabei beziehen sich die Aktivitäten nicht nur auf eine frühzeitigere und umfassendere Einbeziehung bei Veränderungen des eben erwähnten Typs, sondern man bemüht sich zugleich um die Beteiligung an der technischen Entwicklung im Bereich der Fahrzeuge und Reparaturmethoden und der Konzipierung der Maßnahmen zu deren Bewältigung.[16]

Dieser sich voraussichtlich eher weiter beschleunigende technologische Innovationsprozess ist neben den skizzierten Umbrüchen bei den wirtschaftlichen Rahmenbedingungen die zweite Dimension, in der sich das Kfz-Gewerbe und hier vor allem seine Beschäftigten im Reparatur- und Servicebereich mit zahlreichen und umfassenden neuartigen Anforderungen konfrontiert sehen.

Der Prozess der Innovationen bei Automobilkomponenten und verwendeten Verfahren gewinnt an Tempo: Der Elektronikeinsatz nimmt rasant zu, z. B. beim Motormanagement, der Emissionsverringerung, der Bremsen- und Fahrwerkregulierung (ABS- und ASR-Systeme, aktive Fahrwerke usw.), bei sicherheitstechnischen Einrichtungen (Airbags, Gurtstraffern usw.), aber auch im Bereich der Telekommunikation (C- und D-Netz-Telefonen bis hin zu automatischer Gebührenerfassung oder Verkehrsleitsystemen). Gemeinsam ist allen genannten Neuerungen (und den zahlreichen, die nicht erwähnt werden konnten), dass sie zu erheblichen zusätzlichen und neuartigen Anforderungen an die Qualifikation der Fachkräfte in der Branche führen.

Aufgrund des überdurchschnittlichen Innovationstempos im Kfz-Gewerbe gibt es schon seit längerem ein vergleichsweise breites Qualifizierungsangebot für die Beschäftigten, das durch Einrichtungen des Zentralverbandes und seiner Untergliederungen, durch Lieferanten, vor allem aber durch die Automobilhersteller selbst bereitgestellt wird. Der hohe Innovationsdruck hat zweifellos auch maßgeblich dazu beigetragen, dass das Kfz-Gewerbe zu den ersten Branchen gehörte, die die Erstausbildung sowie die Meisterprüfung umfassend neu geordnet haben. Dennoch war gerade dieser Handwerkszweig auch „Vorreiter" bei dem Schritt, eine neue Qualifika-

16 Einen wichtigen Schritt in diese Richtung versprechen sich die Beteiligten von dem Forschungsprojekt „Innovationspartner Kfz-Gewerbe – Synergieorientierte Kooperation zwischen Automobilherstellern und Vertriebsnetz in Bayern", das gemeinsam vom Deutschen Kfz-Gewerbe – Landesverband Bayern, der Audi AG Ingolstadt, dem Institut für Sozialwissenschaftliche Forschung e. V. München (ISF) und dem Fraunhofer-Institut für Arbeitswirtschaft und Organisation (IAO) durchgeführt und von der Bayerischen Forschungsstiftung gefördert wird (1997–1999).

tionsstufe einzuführen. Ehe aber jetzt auf die Entstehungsvoraussetzungen, die Zielsetzungen und die Implementationskonzepte der neuen Qualifikationsstufe „Kraftfahrzeug-Servicetechniker" eingegangen wird, soll zunächst die bisherige Qualifikationsstruktur des Kfz-Gewerbes aus einer am Arbeitsmarktsegmentationsansatz orientierten Perspektive kurz charakterisiert werden.

3.5 Die Qualifikationsstruktur im Kfz-Handwerk aus „segmentationstheoretischer" Sicht

Versucht man, die Arbeitskräfte des Kfz-Gewerbes mithilfe der Kategorien des Segmentationsansatzes der Arbeitsmarktforschung zu verorten, so lassen sich – auf den ersten Blick jedenfalls – die meisten zweifellos den berufsfachlichen Qualifikationen zuordnen. Dieser Typ dominiert vor allem in den Werkstattbereichen, in denen das Gros der Beschäftigten des Kfz-Gewerbes tätig ist (mit den Fachabschlüssen des Kfz-Mechanikers, des Kfz-Elektrikers sowie den darauf aufbauenden Meisterqualifikationen).[17]

Eine Besonderheit der Beschäftigten der Betriebe mit Fabrikatsbindung (hier findet sich die Mehrzahl der Arbeitsplätze) liegt darin, dass deren berufsfachliche Qualifikationen mehr oder weniger stark überlagert bzw. ergänzt sind durch markenspezifische Komponenten. Dieser Prozess der „Spezifizierung" berufsfachlicher Qualifikation beginnt ganz naturwüchsig und in gewisser Weise zwangsläufig schon während der Lehre, und zwar einfach dadurch, dass die Auszubildenden im Betrieb (fast) ausschließlich mit Fahrzeugen der jeweiligen Marke konfrontiert sind und mithilfe von Werkstatthandbüchern sowie mit Werkzeugen und Ausrüstung ausgebildet werden, die ebenfalls mindestens zum Teil markentypische Besonderheiten aufweisen, und zwar durch Ausbilder, die ihrerseits in erheblichem Umfang markenspezifische Qualifizierungsgänge durchlaufen haben. Die hierdurch bedingte „Fabrikatsspezifität" schon der Ausgangsqualifikation „Kfz-Mechaniker" oder „Kfz-Elektriker" kann allerdings noch mehr oder weniger als nicht unbedingt intendierte „Nebenfolge" angesehen werden.

Dagegen wird die *Markenbindung* (und damit verbunden die fehlende oder jedenfalls eingeschränkte Übertragbarkeit) geradezu zum Charakteristikum der zahlreichen Weiterbildungsmaßnahmen, die im Anschluss an die Erstausbildung für die Beschäftigten der Fabrikatsbetriebe von den Herstellern angeboten werden.[18] Ziel

17 Über diese Qualifikationen verfügen meist auch die in der Kundendienstannahme und der Lagerhaltung tätigen Mitarbeiter. Daneben gibt es ab einer gewissen Betriebsgröße Personal im Verwaltungsbereich – meist mit kaufmännischer Ausbildung (in kleinen Betrieben werden diese Funktionen häufig vom Inhaber bzw. seinen Familienangehörigen mit übernommen). Die größeren Markenbetriebe beschäftigen darüber hinaus Neu- und Gebrauchtwagenverkäufer, bei denen ein breites Spektrum an Qualifikaktionen anzutreffen ist (vom „Auto"-Autodidakten über den ehemaligen Kfz-Mechaniker bis hin zum Hochschulabsolventen).

18 Weiterbildungsmaßnahmen für alle Beschäftigten des Kfz-Gewerbes (also aus freien und markengebundenen Betrieben) werden unter anderem angeboten vom ZDK, von Bildungszentren des Handwerks oder auch von Herstellern komplexer Komponenten (beispielsweise Gemischaufbereitungsanlagen oder Bremssysteme), von der Mineralölindustrie oder – z. B.

dieser Weiterbildungsangebote ist es nicht nur, das Personal der Markenbetriebe mit den jeweils aktuellsten Fahrzeugmodellen bzw. den neuesten Entwicklungen bei Wartungs- und Instandhaltungstechnik usw. vertraut zu machen, sondern es geht durchaus auch darum, so etwas wie eine gemeinsame übergreifende „Fabrikatskultur" zu entwickeln. Die Konzipierung und Gestaltung der Kurse liegen (bislang jedenfalls) ausschließlich beim Hersteller. Damit sind erhebliche Spielräume eröffnet, eine markenspezifische Gestaltung der Fortbildung vorzunehmen, und zwar quasi spiegelbildlich zur „materiellen" Markenspezifität des Produkts Automobil. Auch diese ist teilweise tatsächlich durch voneinander abweichende technische Merkmale bedingt (z. B. durch eigenständige Motorkonzepte oder – neuerdings aktuell – durch Einsatz unterschiedlicher Werkstoffe im Karosseriebereich). Teilweise wird sie aber (so die übereinstimmende Einschätzung von Experten) auch bei eigentlich weitgehend identischen Bauteilen (etwa Motormanagement, Gemischaufbereitung) durch differenzielle Auslegung des Designs (Stromlaufpläne, Schaltungen) herbeigeführt.

Der Stellenwert der Zusatzausbildung durch Fakrikatsschulungen sollte nicht unterschätzt werden. Nach Erfahrungen aus zahlreichen Gesprächen mit so „Geschulten" und mit Experten mit „Überblickswissen" wird deutlich, dass die Bereitschaft zur Teilnahme an solchen Schulungen im Schnitt sehr hoch ist und dass sie meist von den Beschäftigungsbetrieben gefördert und vom Automobilhersteller gefordert wird. Repräsentative Zahlen über die Beteiligung liegen vermutlich bei den Herstellern vor, sind jedoch nicht verfügbar. Es ist jedoch davon auszugehen, dass es eine Werkstattfachkraft auf diese Weise während ihres Arbeitslebens auf ein erhebliches Volumen an markenspezifischer Ausbildung bringt.[19]

Was für ein Typ von Qualifikation entsteht aber auf diese Weise? Um *betriebsspezifische Qualifikationen*, die im Sinne des Segmentationskonzepts so ausgelegt sind, dass sie nur im Beschäftigungsbetrieb erworben und eingesetzt werden können (vgl. dazu das Konzept der betriebszentrierten Arbeitsmarktsegmentation unter anderem bei Lutz 1987), handelt es sich offenbar nicht, findet doch die Qualifizierung weder durch den Beschäftigungsbetrieb noch in seinen Räumlichkeiten statt (sondern beim Automobilhersteller, durchgeführt von dessen Personal). Gleichwohl sind es aber auch keine betriebsspezifisch überlagerten berufsfachlichen Qualifikationen, wie sie bei den auch auf den internen Märkten von Großunternehmen durchaus häufig anzutreffenden Arbeitskräften mit berufsfachlicher „Grundausbildung" üblich sind[20] – denn in diesem Falle ist zumindest die Zusatzqualifikation tatsächlich

speziell für den Bereich Karosserie – von den großen Lackherstellern. Bei weitem die größte Rolle spielen aber die Angebote der Kundendienstschulen der Automobilhersteller und -importeure, die allerdings auf die Betriebe des eigenen Markennetzes beschränkt sind.

19 Als Indiz für die hohe „Schulungsdichte kann z. B. gelten, dass ca. 50 % der befragten Teilnehmer an einer Kraftfahrzeug-Servicetechniker-Schulung vorher bereits sieben oder mehr solcher Kurse durchlaufen hatten, bei den Teilnehmern aus Markenbetrieben waren es sogar annähernd 60 %" (vgl. dazu Mendius et al. 1997: 45ff.).

20 Es spricht im Übrigen sehr viel dafür, dass die „betriebsspezifische Qualifikation" auch in den durch umfangreiche und funktionsfähige „betriebsinterne" Märkte geprägten Großunternehmen in Reinkultur keineswegs die Regel, sondern eher die Ausnahme bzw. eine idealtypische Konstruktion bzw. Stilisierung ist. Dies kann und braucht an dieser Stelle nicht weiter ausgeführt zu werden, zumal die heuristische Brauchbarkeit des Konzepts betriebsinterner Märkte damit keineswegs steht oder fällt.

betriebsspezifisch. Vielmehr hat man es offenbar mit *markenspezifischen Qualifikationsbestandteilen* zu tun, deren Anwendbarkeit nicht auf einen Betrieb (oder die Arbeitsstätten eines Unternehmens) begrenzt ist, sondern potenziell sämtliche Betriebe des jeweiligen Markennetzes (in der Bundesrepublik bei den Anbietern von Großserien-Pkw zwischen 500 und 3 500) einschließt.

Der Nutzungsbereich der Ausgangsqualifikation „Kfz-Mechaniker" oder „Kfz-Elektriker" ist demgegenüber noch sehr viel breiter. Da es insgesamt weit über 50 000 Kfz-Betriebe gibt, ist der Markt für entsprechende Arbeitskräfte außerordentlich groß. Wie weit die damit verbundenen Mobilitätschancen im Bereich der (ca. 26 000) fabrikatsgebundenen Betriebe durch die markenspezifischen „Aufsätze" tatsächlich eingeschränkt werden, ist nicht ohne weiteres zu beurteilen. Systematische Untersuchungen über den Wechsel von Arbeitskräften zwischen Markennetzen oder zwischen markenfreien und markengebundenen Betrieben (und vice versa) sowie dabei eventuell auftretende Friktionen und Anpassungserfordernisse liegen nicht vor. Es kann – nach übereinstimmender Einschätzung einer Reihe von befragten Arbeitskräften mit eigener „Wechselerfahrung" sowie nach Auskunft von mit der Problematik vertrauten Experten – aber davon ausgegangen werden, dass die Hürden des Wechsels in einen anderen Markenbereich in der Regel zwar durchaus als nennenswert, aber keineswegs als unüberwindbar anzusehen sind.

Dabei wurde unter anderem auch darauf verwiesen, dass sich bestimmte Fabrikate und ihre „Reparatur- und Service-Philosophie" untereinander stärker ähneln als andere, insbesondere der Übergang auf japanische Fabrikate wurde (allerdings wohl nicht zuletzt wegen der anfangs nicht in deutscher Sprache verfügbaren Handbücher und Serviceunterlagen) als vergleichsweise schwierig angesehen. Im Übrigen gilt auch für den Komplex der markenspezifischen Qualifikation, was auch schon bezogen auf die „betriebsspezifische Variante" eingewandt wurde: Zumindest für die Bindungsfunktion ist es nicht entscheidend, ob die Spezifität der Qualifikation tatsächlich gegeben ist, sondern ob sie von den Arbeitskräften (im Sinne des „Thomas-Axioms") als real angesehen wird. Die These jedenfalls, dass es häufig gelungen ist, vielen Beschäftigten ein Bewusstsein zu vermitteln, das die Transferierbarkeit der eigenen Qualifikationen als weit stärker eingeschränkt wahrnimmt, als es der Realität entspricht, hat einiges für sich und findet fallweise auch immer wieder Bestätigung durch Arbeitskräfte, die einen derartigen Wechsel gleichwohl vollzogen haben. Möglicherweise spielt diese „ideologische" Betriebsbindungsfunktion nicht nur für Großunternehmen mit ausgeprägten betriebsinternen Marktstrukturen, sondern auch für den Markenbereich im Kfz-Handwerk eine Rolle.

Gleichwohl kann kein Zweifel daran bestehen, dass die markenspezifische Zusatzqualifizierung durchaus eine real wirksame Einschränkung der Übertragbarkeit und damit der Arbeitsmarktgängigkeit der erworbenen Qualifikation (aus Sicht des Besitzers) bedeutet bzw. eine gewisse Markenbindung der Arbeitskräfte bewirkt. Dagegen führt sie aber nicht zur Betriebsbindung, wie sie bei „betriebszentrierter Arbeitsmarktsegmentation" als charakteristisch angesehen wird.

Damit stellen die markenspezifischen Qualifikationsanteile – im Unterschied zu wirklich betriebsspezifischen – keineswegs per se ein massives Mobilitätshindernis für die Arbeitskräfte und damit eine erhebliche Beeinträchtigung der Funktionsfähigkeit des Arbeitsmarktes dar. Vielmehr bedeuten sie lediglich eine steuernde Einschränkung für Mobilitätsoptionen, sind diese Qualifikationen doch innerhalb der jeweiligen Markennetze problemlos übertragbar.[21] Die *markenspezifische Qualifikation*, die im Kfz-Gewerbe eine wichtige Rolle spielt, muss also als *Qualifikationstyp* angesehen werden, der bestimmte Aspekte betriebsspezifischer und berufsfachlicher Qualifikation verbindet und zugleich – insbesondere aus Sicht der Funktionsfähigkeit des Arbeitsmarktes – eigenständige, von den genannten Qualifikationstypen abweichende Funktionen aufweist.

Während es zu den Prämissen des Segmentationsansatzes gehört, dass bei betriebsspezifischen Qualifikationen die fehlende Transferierbarkeit und der daraus resultierende Betriebsbindungseffekt es für das Beschäftigungsunternehmen rechtfertigen, die Kosten der Qualifizierung ganz oder weitgehend zu übernehmen,[22] stellt sich die Situation für einen Marken-Kfz-Betrieb, der Arbeitskräfte zu „Herstellerschulungen" schickt, deutlich anders dar: Einerseits ist eine entsprechende Qualifizierung der Mitarbeiter unumgänglich, wenn der Betrieb auf Dauer in der Lage sein will, seine Kunden angemessen zu bedienen, und wegen der markenspezifischen Ausrichtung ist er dabei auf die Angebote der Kundendienstschulen verwiesen (außerdem gehört die Teilnahme an den Kursen aus Sicht der Hersteller auch zu den Verpflichtungen, die sich aus dem Markenvertrag ergeben[23]). Dabei hat es sich – ähnlich wie bei unternehmensspezifischer (und meist unternehmensintern durchgeführter) Qualifizierung, aber im Unterschied zu vielen sonstigen Qualifikationsangeboten – „eingebürgert", dass die Maßnahmen während der Arbeitszeit stattfinden und als solche bezahlt werden. Hinzu kommen meist (Schulungsort sind meist die zentralen Kundendienstschulen) noch Reisekosten und -spesen, die ebenfalls in der Regel der Arbeitgeber trägt. Berücksichtigt man weiterhin den Ausfall an produktiv verkaufbaren Arbeitsstunden (und damit an Deckungsbeiträgen), der durch die Abwesenheit entsteht, so wird deutlich, dass sich die Schulungen für den Beschäftigungsbetrieb als eine sehr aufwendige Aktivität darstellen.[24] Andererseits ist aber

21 Darüber hinaus kann sogar davon ausgegangen werden, dass sie sich – das Vorhandensein weiterer dazu notwendiger Qualifikationen wie Sprachkenntnisse einmal vorausgesetzt – sogar bei einem Wechsel zu einem entsprechenden Markenbetrieb im Ausland weiter nutzbar machen lassen, womit sich die Zahl der potenziellen Arbeitsstätten in vielen Fällen vervielfacht.

22 Bekanntlich wird hier – im Sinne einer Tradition, die bis zu Becker (1974) zurückreicht – auch häufig von „betrieblichen Humankapitalinvestitionen" gesprochen. Die Debatte über die Adäquanz der Anwendung eines „betriebswirtschaftlichen" Investitionsbegriffs auf menschliche Arbeitskraft und die Reichweite der Analogie bzw. die Dimension der damit verbundenen Ausblendungen wird seit langem geführt, ohne dass es – soweit absehbar – zu einer Annäherung der Standpunkte gekommen wäre. Für die hier maßgebliche Betrachtung reicht es aus festzuhalten, dass für die Übernahme von Ausbildungskosten neben Dritten (wie z. B. dem Staat) sowohl der Beschäftigungsbetrieb als auch die Arbeitskraft in Betracht kommen und dass die Bereitschaft, derartige Kosten zu übernehmen, entscheidend von Faktoren wie Spezifität versus Transferierbarkeit einerseits und der relativen Knappheit der Qualifikation auf dem Arbeitsmarkt andererseits abhängt. Dies gilt unabhängig davon, ob man glaubt, dabei Analogien zu Sachkapitalinvestitionen bemühen zu können.

23 Dessen ungeachtet sind immer wieder Klagen der Hersteller zu verzeichnen, dass ein Großteil „ihrer Betriebe" zu wenig Teilnehmer (noch dazu oft nicht rechtzeitig) entsendet, nicht immer die am besten Geeigneten auswählt usw.

24 Daran ändert sich auch dadurch nichts Grundlegendes, dass von den Herstellern immer wieder – und plausiblerweise – betont wird, dass sie für die Teilnahme (wenn überhaupt) Gebühren berechnen, die bei weitem nicht kostendeckend sind.

die Betriebsbindungswirkung betriebsspezifischer Qualifikation keineswegs gegeben, bleiben doch Hunderte, wenn nicht Tausende von Alternativoptionen im eigenen Markennetz, die eine problemlose Nutzung der Qualifikation versprechen. Es fragt sich, warum sich dennoch nicht nur markenspezifische Qualifikation, sondern zugleich auch (weit gehende) Kostenübernahme durch den Beschäftigungsbetrieb durchsetzen konnte.

Eine umfassende und definitive Gültigkeit beanspruchende Erklärung lässt sich an dieser Stelle sicher nicht liefern, es kann jedoch davon ausgegangen werden, dass mehrere Faktoren eine wichtige Rolle gespielt haben. Da ist einmal die Tatsache, dass die Beteiligung an der Qualifizierung von den Herstellern selbstverständlich erwartet wurde. Eine Verweigerung der Entsendung von Arbeitskräften scheint nicht nur angesichts der Händlerverträge und der sehr unterschiedlichen Durchsetzungsposition kaum realistisch, sie wäre auch funktional nicht begründbar, da unstrittig sinnvolles Wissen (wenn auch in spezifischer Zurichtung) vermittelt wird.

Unter diesen Voraussetzungen wären allenfalls Versuche denkbar, die Kostenträgerschaft auf die Automobilhersteller zu verlagern.[25] Nicht nur wegen des angesprochenen Machtungleichgewichts ist dies aber als schwierig bis aussichtslos anzusehen. Dagegen sprach und spricht vermutlich auch, dass ein derartiger Versuch mit dem – bei (oder vielleicht auch trotz) aller objektiven Einschränkungen durch die „Markenbetriebseigenschaft" – sehr ausgeprägten „identitätsbildenden" Selbstverständnis gerade auch der Inhaber markengebundener Kfz-Betriebe als „selbstverantwortliche, entscheidungsfähige Unternehmer" schlecht in Einklang zu bringen wäre: Zu dieser Eigenständigkeit gehört auch, dass man (wenn schon nicht mit autonom entwickelten Konzepten und im eigenen Unternehmen) Arbeitskräfte für die Fortbildung selbst auswählt und sie auf eigene Kosten schulen lässt.[26] Außerdem galt für eine lang anhaltende Phase, dass die wirtschaftliche Situation der Markenbetriebe (auch im Vergleich zu der der markenfreien) sich so günstig darstellte, dass die Übernahme der Schulungskosten in der Regel keine allzu ernsthafte Beeinträchtigung des Unternehmensertrags bedeutet haben dürfte.[27] Auch die offenbar sehr ver-

25 Als „Objekte" für eine solche Kostenverlagerung kommen prinzipiell neben den Händlern selbstverständlich auch die zu qualifizierenden Beschäftigten in Betracht – auf Voraussetzungen und Implikationen einer derartigen Verlagerung wird im folgenden Abschnitt einzugehen sein.

26 Die Arbeitskräfte selbst sehen ihre Beteiligung am Auswahlprozess für die Teilnahme an Herstellerschulungen häufig als sehr mangelhaft an. So wird moniert, dass von der Firmenleitung die Auswahl nicht oder nicht ausschließlich nach fachlichen, sondern nach Verhaltenskriterien vorgenommen werde. Auch durch Betriebsräte – es gibt sie wiederum nur in einem Bruchteil der relativ wenigen Kfz-Unternehmen, die „betriebsratsfähig" sind – werden solche Vorgehensweisen offenbar nur zum Teil korrigiert (vgl. Mendius et al. 1993).

27 Ein Abwälzen der Kosten auf die Arbeitskräfte wäre während der Vollbeschäftigungsphase und weit darüber hinaus (bei der Konkurrenz um qualifizierte Arbeitskräfte hatte das Handwerk – wie oben erwähnt – noch sehr viel länger mit erheblichen Nachteilen zu kämpfen) ohnedies unrealistisch gewesen. Festzuhalten ist in diesem Zusammenhang auch, dass zumindest Vertreter leistungsfähiger Markenbetriebe – die auch in den Organisationen der Branche eine besondere Rolle spielen – davon ausgehen, dass ihnen prinzipiell genug Mittel zu Gebote stehen, um durch eine entsprechende Gestaltung von Arbeitsbedingungen, Gratifikationen usw. die ihnen wichtigen Arbeitskräfte im Betrieb zu halten.

breitete und stabile Erwartung der Arbeitskräfte, dass tätigkeitsbezogene Weiterbildung Sache des Arbeitgebers ist, trug offensichtlich dazu bei, die Konstellation zu verfestigen. Dagegen scheint es eher fraglich, ob das als zusätzliches Moment denkbare und theoretisch rational begründbare Motiv, einen „funktionierenden Teilarbeitsmarkt für Fachkräfte einer Marke" zu schaffen, der allen Beteiligten eine angemessene Arbeitskräfteversorgung sichert, bei den Fabrikatsbetrieben bzw. ihrer Organisation der Händlervereinigungen wirksam war. Festzuhalten ist, dass sich so eine zumindest für einen längeren Zeitraum relativ stabile Konstellation ergab, die sich neuerdings allerdings teilweise aufzulösen beginnt und in die im Folgenden im Zentrum stehenden Entwicklungen mündete.

3.6 Das auslösende Moment für die Einführung des Kraftfahrzeug-Servicetechnikers: wachsende Qualifikationsanforderungen bei sich verschlechternder Arbeitsmarktposition

Mit dem skizzierten Qualifikationsmodell gelang es der Branche bis vor einiger Zeit, ohne massivere Probleme eine qualitativ und quantitativ ausreichende Arbeitskräfteversorgung sicherzustellen und den wachsenden Anforderungen gerecht zu werden. In den letzten Jahren ergaben sich dann aber einige gravierende Probleme. Zum einen erwies es sich zunehmend als erhebliches Handikap, dass als allgemein anerkannte „Aufstiegsfortbildung" aus dem Werkstattbereich nur der Meisterabschluss zur Verfügung stand.

Die Folge war, dass offenbar ein Großteil der Arbeitskräfte, die an einem beruflichen Weiterkommen interessiert und dafür qualifiziert sind, diesen Weg (17 % der Gesellen im Kfz-Handwerk legen die Meisterprüfung ab) einschlug, ohne dass dem auch nur annähernd in diesem Umfang entsprechende Einsatzmöglichkeiten als Angestellte in Kfz-Betrieben oder Erfolg versprechende Chancen gegenüberstehen, sich selbstständig zu machen. Bemühungen um beruflichen Aufstieg über den Weg zum Meisterbrief endeten häufig in der Sackgasse. Für diejenigen, die im Beschäftigungsbetrieb keine Stelle mit „Meisterfunktion" übernehmen konnten, blieb nur der unterqualifizierte Einsatz als so genannter mitarbeitender Meister, das heißt im Klartext: mit gegenüber dem Status vor Erwerb der Meisterqualifikation meist unveränderten Arbeitsaufgaben und gleich bleibender Bezahlung.[28] Die andere vor diesem Hintergrund in den letzten Jahren häufig genutzte Option ist die so genannte Flucht in die Selbstständigkeit, das heißt die mehr oder weniger durch die fehlenden Aufstiegschancen erzwungene Gründung von Kfz-Betrieben auch durch Meister, die es unter anderen Bedingungen vorgezogen hätten, weiter unselbstständig tätig zu sein. Auf

28 In den meisten Kfz-Betrieben ist der Inhaber zugleich Kfz-Meister und Betriebsleiter. Weitere Funktionen, die adäquate Verwendungsmöglichkeiten für die Meisterqualifikation bieten, gibt es nur in den – vergleichsweise wenigen – mittleren und größeren Kfz-Betrieben, allerdings nur in weit geringerer Zahl, als ausgebildete Kfz-Meister zur Verfügung stehen.

diese Weise entstehen häufig Kleinstbetriebe (oft Inhaber und Ehefrau) mit ungünstigen Voraussetzungen bezüglich Kapitalausstattung, Unternehmensstandort usw., bei denen eine erhebliche Fluktuation zu beobachten ist.[29] Diese wenig erfreulichen Perspektiven führten auch in erheblichem Umfang zu einer Abwanderung besonders qualifizierter Arbeitskräfte, die in anderen Branchen bessere Karrierechancen sahen.

Mit dem Innovationsschub der letzten Jahre – ausgelöst vor allem durch den vermehrten Elektronikeinsatz – kam eine zweite Problematik hinzu. Da sich die Qualität der Qualifikationsanforderungen änderte, konnten sie durch die beiden einzigen Stufen, die im Werkstattbereich eine praktische Bedeutung haben – Geselle und Meister –, immer weniger adäquat abgedeckt werden. Im Ergebnis öffnete sich eine „qualifikatorische Lücke".

Damit war das Kfz-Gewerbe mit der Situation konfrontiert, dass es nicht nur ein Defizit an entsprechend den neuen Anforderungen ausgebildeten Fachkräften zu verzeichnen hatte, sondern die Branche sich gleichzeitig auch immer schwerer tat, sich auf dem Arbeitsmarkt und insbesondere auf dem Lehrstellenmarkt als attraktive Branche darzustellen. Die Konsequenz waren nicht nur Probleme, überhaupt die erforderliche Zahl von Auszubildenden zu gewinnen, sondern vor allem Schwierigkeiten, junge Leute mit guten Hauptschulabschlüssen (und insbesondere Absolventen weiterführender Schulen) zu motivieren, eine Ausbildung im Kfz-Gewerbe zu beginnen.

Wie praktisch alle Handwerksbranchen hat auch das Kfz-Gewerbe in der Vergangenheit stets nach Möglichkeit weit mehr ausgebildet, als es dem „rechnerischen Bedarf" entsprochen hätte. Die Frage, ob diese Überausbildung ausschließlich durch unerwünschte Abwanderung erzwungen war[30] oder ob sie eventuell auch zumindest teilweise gerne in Kauf genommen wurde, um die Auswahlchancen der Betriebe vor einer Übernahme der Absolventen in ein Arbeitsverhältnis als Geselle zu verbessern, kann hier nicht untersucht und beantwortet werden, ebenso wenig wie die Frage, ob es auch im Kfz-Gewerbe Betriebe gegeben hat, die die Ausbildung so organisiert haben, dass sie für sich betrachtet rentabel war. Interessant ist aber, dass sich in der letzten Zeit die Zeichen dafür mehren, dass auch im Handwerk versucht wird, mittel- und längerfristig von der „Überausbildungsstrategie" wegzukommen, zugunsten einer neuen Konzeption. Diese soll eine Reduktion der Zahl der Lehrlinge auf das zur „Bestandserhaltung" erforderliche Maß verbinden mit Maßnahmen zur Verbesserung der Qualität der Ausbildung einerseits (womit sie aus Sicht der Betriebe eindeutig noch mehr Investitionscharakter haben wird) und Initiativen, die sicherstellen sollen, dass diese Arbeitskräfte dann auch in der Branche verbleiben,

29 Für das Gesamthandwerk gilt: „Etwa ein Viertel aller Existenzgründer im Handwerk scheitern nach wenigen Jahren" (offensichtlich weniger als bei allen Existenzgründungen in Industrie, Handel, Dienstleistungsgewerbe und Handwerk zusammen; Häussermann 1996: 11). Dass daran überproportional Neugründungen mit unterdurchschnittlichen Startvoraussetzungen beteiligt sein dürften, liegt auf der Hand.

30 So wurden Kfz-Mechaniker und -Elektriker häufig Lkw- oder Busfahrer, sie wechselten zu den Fuhrparks großer Unternehmen oder in den Öffentlichen Dienst (vor allem Bundeswehr, Bahn, Post). Zu den Erwartungen, die für den Wechsel maßgeblich waren, gehört neben besseren Verdienstmöglichkeiten, höherer Beschäftigungssicherheit und geringerer Arbeitsbelastung auch die Hoffnung auf bessere Aufstiegschancen.

andererseits (dazu gehören neben einer angemessenen Bezahlung und attraktiven Arbeitsbedingungen eben auch „Aufstiegschancen"). Es spricht einiges dafür, dass auch in diesem Punkt das Kfz-Gewerbe wiederum eine Vorreiterfunktion im Handwerk übernehmen wird.

Der Mangel an Arbeitskräften des gerade skizzierten Typs, der sich nach Meinung von Branchenexperten angesichts der beschriebenen wachsenden Anforderungen zu verschärfen droht, hatte bereits in der Vergangenheit zu einigen Aktivitäten geführt, die sich aber hauptsächlich auf die Ebene der „Public-Relations-Arbeit" beschränkten.[31] Als mindestens ebenso wichtig wie die Nachwuchswerbung stellten sich aber die Weiterbildung der qualifizierten Werkstattmitarbeiter und deren Bindung an die Branche dar. Es galt jetzt also, Maßnahmen zu ergreifen, um für beide Problemkomplexe Verbesserungen zu erreichen.

3.7 Der Lösungsansatz: über eine neue Qualifikationsstufe zu einer zusätzlichen Funktionsebene

In dieser Situation wurde es als Erfolg versprechender Ansatz angesehen, eine mittlere technische Funktionsebene vor allem für den Werkstattbereich zu schaffen. Vertreten insbesondere durch seinen Zentralverband hat das Kfz-Handwerk die Initiative zur Einführung einer bundeseinheitlich geregelten Fortbildungsstufe ergriffen, für die die Bezeichnung „Kraftfahrzeug-Servicetechniker" gewählt wurde[32] – gerade im Bereich des eher traditionsgeprägten Handwerks ein sehr ambitioniertes Unterfangen.

Bei der Entwicklung der Konzeption ging es folgerichtig nicht nur um die unmittelbar zu vermittelnden Inhalte, um didaktische und curriculare Aspekte, sondern stets auch darum, weiter gehende personalpolitischen Effekte – wie Verbesserung des Arbeitsmarktimages und Bindung qualifizierter Kräfte – zu erreichen. Als entscheidende Erfolgsvoraussetzungen dafür wurden folgende Aspekte angesehen:

31 Zu nennen ist hier die gemeinsam mit der Automobilindustrie durchgeführte (und von dieser wesentlich gesponserte) „Nachwuchskampagne" des ZDK. Obwohl von ganz anderem Zuschnitt, ist sie für den Kraftfahrzeug-Servicetechniker insofern von einiger Bedeutung, als sie zu einer engen Kooperation von Vertretern des ZDK und der Automobilindustrie führte, die dann auch eine wichtige Voraussetzung für die Zusammenarbeit bei der neuen Qualifikationsstufe bildete.

32 Mit der Wahl dieses Begriffs waren – so sollte sich zeigen – einige Probleme verbunden, die damit zusammenhängen, dass der Titel des „Technikers" bislang „offiziell" für Absolventen von Fachschulausbildungsgängen (die andere Schulabschlüsse voraussetzen und sehr viel umfangreicher sind, als es für die Kraftfahrzeug-Servicetechniker-Ausbildung vorgesehen war) „reserviert" war. Es kam auch prompt zu Interventionen von entsprechenden Einrichtungen bzw. durch zuständige Länderministerien. Der ZDK wiederum hat immer eindeutig erklärt, dass das gesamte Projekt für ihn damit steht und fällt, dass der Begriff „Techniker" Teil der Funktionsbezeichnung ist. Einstweilen scheint das Problem (zumindest aus Sicht des Kfz-Gewerbes und der Automobilindustrie) dadurch gelöst, dass man die Bezeichnung Kraftfahrzeug-Servicetechniker und nicht etwa Kraftfahrzeugservice-Techniker (auf die Position des Bindestrichs kommt es an!) gewählt hat.

1. einheitliche Bezeichnung der Funktion in der gesamten Branche,
2. bundesweit gleichwertiges Fortbildungsangebot,
3. Abschlusstest mit bundeseinheitlichem Niveau.

Um die Realisierung dieser Zielsetzungen zu gewährleisten, war es erforderlich, alle Einrichtungen, die bislang einschlägige Qualifizierungsmaßnahmen angeboten hatten, bzw. ihre Vertretungen nicht nur an einen Tisch, sondern auch dazu zu bringen, sich auf ein gemeinsames Konzept zu einigen – also vor allem die deutschen Automobilhersteller, die Importeure (Pkw-, Nutzfahrzeuge- und Motorradproduzenten) sowie die Hersteller komplexer Systeme (Bereich Elektronik, Einspritzanlagen, Getriebe usw.) und die Repräsentanten handwerklicher Bildungszentren. Berücksichtigt man die sich in der bisherigen Gestaltung der Qualifizierungsmaßnahmen durch die Automobilproduzenten spürbar auswirkenden Interessen an einer markenspezifischen Ausrichtung entsprechender Ausbildungsgänge sowie die Zuschneidung ihrer Schulungsangebote, wird deutlich, dass das kein leichtes Unterfangen gewesen ist.

Obwohl an einige bewährte Kooperationskontakte zwischen dem Verband und der Automobilindustrie angeknüpft werden konnte, bedurfte es einer Reihe von ausführlichen Verhandlungsrunden mit den angesprochenen beteiligten Gruppen, bis es gelang, sich auf die einheitliche Bezeichnung Kraftfahrzeug-Servicetechniker zu einigen, ein Rahmenkonzept für die Ausbildung zu entwickeln, eine verbindliche Struktur für die Abschlussprüfung festzulegen, ein einheitliches Zertifikat zu verabschieden sowie gemeinsam das Ziel zu verfolgen, eine bundeseinheitliche Fortbildungsregelung zu schaffen.

Das erarbeitete *Rahmenausbildungskonzept* sieht ein Volumen von 160 bis 220 Stunden vor, das in verschiedenen Formen (Ganztagsschulungen während der Arbeitszeit, berufsbegleitende Abend- und Wochenendkurse) vermittelt werden kann. Eine wichtige Besonderheit der Kfz-Servicetechniker-Ausbildung liegt darin, dass erstmals ein gleichwertiger, arbeitsmarktgängiger Abschluss an sehr unterschiedlichen Lernorten erworben werden kann, nämlich an den Kundendienstschulen der Automobilindustrie, an ausgewählten Berufsbildungszentren des Handwerks, aber auch an einigen berufsbildenden Schulen – Einrichtungen, die jeweils auch erhebliche Spielräume bei der Gestaltung der Schulungen haben. In der Einbeziehung der verschiedenen Lernorte und in der Bereitstellung von spezifischen Gestaltungsspielräumen werden gleichzeitig auch Chancen gesehen, die Schulungen besonders auf die Bedürfnisse und Voraussetzungen der jeweiligen Teilnehmer auszurichten. Um trotz der unterschiedlichen Voraussetzungen der beteiligten Einrichtungen sicherzustellen, dass die Ausbildung – bei aller Spezifität – tatsächlich gleichwertig erfolgt, wurden bestimmte Anforderungen an die technische Ausstattung und die Qualifikation der Trainer formuliert. Darüber hinaus wird mittlerweile über ein besonderes Zulassungsverfahren für Ausbildungsstätten (unter Umständen bis hin zu einer ISO-Zertifizierung) intensiv diskutiert.

Bezüglich der *Abschlussprüfungen* – hier sieht das Konzept vor, dass sie von den jeweiligen Schulungseinrichtungen durchgeführt werden – gibt es Vereinbarungen, die unter anderem die Dauer der Tests, die Anteile schriftlicher und praktischer Prüfungen sowie die Inhalte der schriftlichen Prüfungsteile regeln. Außerdem sollten institutionelle Vorkehrungen getroffen werden, um die Einhaltung gleichwertiger Prüfungsstandards zu gewährleisten.

Man einigte sich darauf, die Ausbildung nach den von den beteiligten Gruppen erarbeiteten Kriterien durchzuführen und den Abschluss mit einem einheitlichen Zertifikat zu bestätigen, das vom Verband der Automobilindustrie, dem Verband der Importeure von Kraftfahrzeugen sowie vom Zentralverband Deutsches Kraftfahrzeuggewerbe herausgegeben wird. Einig war man sich auch darin, dass sich die mit der Einführung des Kraftfahrzeug-Servicetechnikers angestrebten Effekte nur erreichen lassen, wenn es gelingt, eine bundeseinheitliche Fortbildungsverordnung zum Kraftfahrzeug-Servicetechniker gemäß § 46 Abs. 2 BiBG bzw. § 42 Abs. 2 HWO zu installieren und angemessene tarifliche Einstufungsmöglichkeiten für Kraftfahrzeug-Servicetechniker zu schaffen. Daher wurden von den Tarifvertragsparteien (ZDK und IG Metall) zwei gemeinsame (aus Fachleuten aus Unternehmen und Verbänden zusammengesetzte) Arbeitsgruppen zum Kraftfahrzeug-Servicetechniker gebildet, die die Einführung der neuen Qualifikationsstufe begleiten und entsprechende Regelungen erarbeiten sollen. In diesem Stadium der Einführung des Kraftfahrzeug-Servicetechniker kamen der ZDK und die Industriegewerkschaft Metall auch überein, auf Basis eines vom ISF München erarbeiteten Konzepts beim damaligen Bundesministerium für Bildung und Wissenschaft eine wissenschaftliche Begleitung zu initiieren.[33]

3.8 Die Einführung des Kraftfahrzeug-Servicetechnikers – erreichter Stand und mögliche Perspektiven[34]

Seit Beginn der Kraftfahrzeug-Servicetechniker-Schulungen im Jahre 1993 wurden bis Ende 1995 über 5000 Teilnehmer zum Kraftfahrzeug-Servicetechniker weitergebildet, für das Jahr 1996 wurde mit weiteren 2000 Absolventen gerechnet. Die

33 Das Vorhaben war primär qualitativ ausgerichtet. Zentral gestellt wurde die Untersuchung der Auswirkungen der Durchführung der Ausbildung an den unterschiedlichen Schultypen der Kundendienstschulen und Berufsbildungszentren des Handwerks/der Berufsschulen auf der einen (Mendius et al. 1997, Teil B2) und die Klärung der praktischen Einsatzbedingungen und -möglichkeiten für Kraftfahrzeug-Servicetechniker auf der anderen Seite (Mendius et al. 1997, Teil B3). Um die Verallgemeinerbarkeit der Ergebnisse zu gewährleisten, wurde außerdem eine schriftliche Befragung von Teilnehmern an Kraftfahrzeug-Servicetechniker-Kursen an Kundendienstschulen und handwerklichen Berufsbildungszentren durchgeführt (ebd.).

34 Der folgende Abschnitt beruht auf Ergebnissen der wissenschaftlichen Begleitforschung zur Einführung des Kraftfahrzeug-Servicetechnikers (vgl. Mendius et al. 1997). Eine Besonderheit bestand darin, dass die Projektgruppe bereits im Rahmen vorausgegangener Arbeiten die Gelegenheit hatte, die Entwicklung der Branche und insbesondere den Prozess der Ausdifferenzierung berufsfachlicher Qualifikationsstrukturen, die letztlich zur Entstehung des Kraftfahrzeug-Servicetechnikers führten, zu begleiten und konzeptionell aus der Perspektive der Fragestellungen des Teilprojekts B5 zu analysieren. Als die Einführung der neuen Qualifikationsstufe Gestalt annahm, wurde – auf Basis seit langem bestehender enger Arbeitskontakte – gemeinsam mit dem Verband und der IG Metall von uns ein Forschungsdesign zur wissenschaftlichen Begleitung entwickelt, das eine umfassende Einbeziehung des Projektteams in den Prozess der Weiterentwicklung und Ausgestaltung des Qualifikationskonzepts, aber auch eine Bewertung aus der Arbeitsmarktperspektive vorsah. Mit dem – vom Bundes-

„Marktanteile" der Handwerkszentren liegen bei einem Drittel, die der Kundendienstschulen der Automobilhersteller und Importeure bei zwei Dritteln (ZDK 1996). Die weitere zukünftige Entwicklung ist nicht ohne weiteres vorherzusagen. Fachleute aus der Branche gehen davon aus, dass der Erwerb der Kraftfahrzeug-Servicetechniker-Qualifikation für 10 % (Vertreter des ZDK) bis 30 % (Vertreter der IG Metall) der Werkstattbeschäftigten sinnvoll wäre. Ob man sich eher am oberen oder am unteren Ende der damit benannten Spannbreite orientiert, hängt unter anderem von bildungspolitischen Zielvorstellungen, vor allem aber auch von den für sinnvoll bzw. realistisch gehaltenen Einsatzkonzepten im Betrieb ab. In jedem Fall gilt aber, dass noch ein erhebliches Potenzial an zu schulenden Arbeitskräften vorhanden sein dürfte.[35] Eine Reihe von Strukturinformationen über die Teilnehmer lieferte eine in zwei Stufen (1994 und 1995) vom ISF durchgeführte schriftliche Befragung von Kraftfahrzeug-Servicetechnikern (vgl. Mendius et al. 1997: 45ff.).[36]

3.8.1 Strukturmerkmale von Teilnehmern an Kraftfahrzeug-Servicetechniker-Schulungen

Die oben unterstrichene besondere Bedeutung des markengebundenen Teils des Kfz-Handwerks spiegelte sich auch in der Teilnehmerstruktur bei den Kraftfahrzeug-Servicetechniker-Kursen wider: Die nur für diese Betriebe zugänglichen Kundendienstschulen bildeten 72 % der 1217 Befragten aus und von den 342 Teilnehmern an Berufsbildungszentren des Handwerks/der Berufsschulen (28 %) kamen nochmals fast drei Viertel aus Markenbetrieben, sodass die markenfreien Betriebe (insgesamt ca. die Hälfte der 52 000 Kfz-Betriebe) nur gut 7 % der Kraftfahrzeug-Servicetechniker-Absolventen stellen.

Betrachtet man die Teilnehmer bezüglich der schulischen und beruflichen Qualifikation, so wird deutlich, dass sie in dieser Hinsicht als geradezu prototypisch für die vom Segmentationskonzept für „berufsfachliche Teilmärkte" formulierten Erwar-

ministerium für Bildung und Wissenschaft geförderten – Vorhaben (es konnte nicht, wie zunächst vorgesehen, im Frühjahr 1993, sondern erst im April 1994 begonnen werden und lief bis März 1996) war es möglich, die Implementation der neuen Qualifikationsstufe, aber auch die damit ausgelösten Auswirkungen für die Arbeitsmarktstruktur über die Dauer des Teilprojekts B5 hinaus zu analysieren.

35 Wie hoch der Anteil des Werkstattpersonals an den ca. 420 000 Beschäftigten des Kfz-Gewerbes ist – sie bilden die für die Kraftfahrzeug-Servicetechniker-Ausbildung in erster Linie in Betracht kommende „Teilmenge" –, ist nicht genau bekannt; er dürfte sicherlich weit über die Hälfte ausmachen.

36 Der Rücklauf umfasste 1396 Teilnehmerbögen, davon 1217 aus dem Kfz-Gewerbe, die eingehender ausgewertet wurden (der Rest kam von Befragten aus anderen Branchen oder solchen ohne Beschäftigung). Wegen der bislang gemessen am „Gesamtpotenzial" geringen Zahl von Kraftfahrzeug-Servicetechnikern ist es nicht unwahrscheinlich, dass unser Sample – also diejenigen, die sich zuerst für das Absolvieren der Ausbildung entschieden haben – so etwas wie eine „Positivauswahl" darstellt. Eine Überprüfung der in einem Zeitraum von 18 Monaten eingegangenen Fragebögen in dieser Perspektive ergab aber noch keine Hinweise, dass sich die Teilnehmerstruktur im Zeitablauf bereits geändert hat; in Zukunft muss mit solchen Effekten aber durchaus gerechnet werden.

tungen angesehen werden können: Bei den höchsten *Schulabschlüssen* dominieren mittlere Reife (29,3 %) und vor allem Hauptschule (64,1 %), keinen Schulabschluss weisen nur sieben Befragte, Abitur oder höhere Bildungsgrade nur 67 von 1217 auf. Über die typische Facharbeiterqualifikation als höchsten beruflichen Abschluss verfügen über 92 % (davon 85,5 % als Kfz-Mechaniker, 6,3 % als Kfz-Elektriker). Gut 6 % haben eine Meisterprüfung (die den Facharbeiterabschluss voraussetzt), und nur 1,6 % der Befragten nennen keine dieser im engen Sinne berufsfachlichen Qualifikationen. Dass die markenspezifische Qualifikation tatsächlich eine besondere Rolle spielt, wird dadurch unterstrichen, dass von den 875 Teilnehmern an den Kundendienstschulen der Automobilhersteller weit über 80 % bereits mehr als vier und 60 % mehr als sieben derartige Weiterbildungsmaßnahmen durchlaufen haben.

Die Zahl der bisherigen Betriebswechsel hält sich bei den Teilnehmern durchaus in Grenzen (43 % haben den Betrieb noch nie gewechselt, bei 47 % war das ein- oder zweimal der Fall, dreimal oder häufiger hatten dagegen nur 9 % gewechselt), verweist zugleich aber auch darauf, dass die berufsfachlichen bzw. markenspezifischen Teilmärkte im Kfz-Gewerbe durchaus funktionieren.[37]

Die Schulung zum Kraftfahrzeug-Servicetechniker kann, da es sich eindeutig um eine auf dem gesamten Teilmarkt des Kfz-Gewerbes anerkannte, nicht marken- oder betriebsspezifische Qualifikation handelt, offenbar nicht per se als ein Instrument der Betriebsbindung angesehen werden. Wenn sie dennoch auch Wirkungen in diese Richtung entfaltet (oder jedenfalls seitens der Herkunftsbetriebe mit entsprechenden Erwartungen verbunden wird), dann ist der Ansatzpunkt die Übernahme der Ausbildungskosten bzw. die Vergütung der Teilnahme als Arbeitszeit. In dieser Hinsicht zeigen sich sehr ausgeprägte Unterschiede zwischen den Teilnehmern an Kundendienstschulen und denen an Berufsbildungszentren des Handwerks/der Berufsschulen. Während die Teilnehmer an den Kundendienstschulen (wie bei den eindeutig „markenspezifischen", sonst an diesen Einrichtungen üblichen Kursen) auch beim allgemein anerkannten und zertifizierten Kraftfahrzeug-Servicetechniker-Kurs in der Regel die Teilnehmergebühren erstattet (über 90 % der Fälle) und die Teilnahme als Arbeitszeit vergütet erhalten (89 %), ist dies bei den „Absolventen" der Handwerkszentren ganz anders: Für drei Viertel gibt es keinerlei Vergütung als Arbeitszeit, und sie müssen auch meist die Gebühren ganz (56 %) oder teilweise (8 %) selbst tragen.

Bezieht man in die Betrachtung weiter den Aspekt ein, von wem die *Initiative zur Teilnahme* am Kraftfahrzeug-Servicetechniker-Kurs ausgegangen ist, ergibt sich ein Gesamtbild, das deutlich macht, dass sich die beiden Hauptteilnehmergruppen (an Kundendienstschulen und an handwerklichen Berufsbildungszentren) offenbar

37 Die Unterschiede zwischen den Teilnehmern aus Kundendienstschulen der Automobilhersteller und denen aus handwerklichen Bildungszentren sind in dieser Hinsicht nur sehr gering. Wegen der absoluten Dominanz der Teilnehmer aus Markenbetrieben liegt es nahe anzunehmen, dass es sich hier vornehmlich um Mobilität innerhalb oder zwischen Markennetzen handelt. Das schließt indes nicht aus, dass die „Wechselquoten" der wenigen Teilnehmer aus markenfreien Betrieben deutlich höher sind (eine entsprechende Aufschlüsselung des Datensatzes – die Auswertung musste vor der Erstellung des Beitrags abgeschlossen werden – liegt leider nicht vor).

nicht nur bezüglich „sozialstatistischer" Merkmale unterscheiden, sondern darüber hinaus auch einige Indizien auf ein stark voneinander abweichendes Arbeitsmarktverhalten verweisen (was durch die Ergebnisse von Fallstudien und Gruppendiskussionen bestätigt wurde).

Teilnehmer an Kundendienstschulen reklamieren die Initiative nur in 30 % der Fälle für sich, solche an handwerklichen Berufsbildungszentren dagegen zu fast 80 %. Vor dem Hintergrund der Ergebnisse der qualitativen Empirie lässt sich dies eindeutig so interpretieren, dass der Erwerb des Kraftfahrzeug-Servicetechniker-Abschlusses im Falle der Teilnehmer an den Kundendienstschulen in der Regel im Wesentlichen den bisher üblichen Abläufen der markenspezifischen Schulungen folgt: Die Teilnehmer werden vom Beschäftigungsbetrieb benannt und erwerben zusätzliche Qualifikationen für einen späteren dortigen Einsatz, die (jedenfalls im Normalfall sich erfüllende) Erwartung, dass der Betrieb später von diesem Qualifikationserwerb profitiert, rechtfertigt die Übernahme der nicht unerheblichen Kosten. Dass es sich im Unterschied zu den sonstigen markenspezifischen Maßnahmen um den Erwerb einer übertragbaren und entsprechend zertifizierten Qualifikation handelt, erhöht die Attraktivität für die Teilnehmer zweifellos. Auch die Chance der markenübergreifenden Nutzung wird durchaus gesehen. Ob und in welchem Umfang sie aber tatsächlich realisiert wird (und damit zu steigender betriebs- und markenübergreifender Mobilität der Teilnehmer führt), lässt sich derzeit nicht absehen. Erst recht lässt sich daher die Frage nicht beantworten, ob eine derartige eventuelle Entwicklung dann zu einer Veränderung der Praxis der Markenbetriebe bezüglich der „Beschickung" von Kraftfahrzeug-Servicetechniker-Kursen führen würde.

Deutlich anders stellt sich dagegen die Situation bei den meisten Teilnehmern aus Handwerkszentren dar: Dass sie in der großen Mehrzahl der Fälle selbst die Initiative ergreifen und bereit sind, in erheblichem Umfang Kostenbelastungen auf sich zu nehmen und Freizeit einzusetzen, ist – wie die Ergebnisse der qualitativen Recherchen unterstreichen – zwar bei denjenigen, die aus dem markenfreien Bereich kommen, weitgehend dadurch „erzwungen", dass ihnen der Zugang zu den Kundendienstschulen versperrt ist und es bei ihren Herkunftsbetrieben nicht üblich ist, Belegschaftsmitglieder während der Arbeitszeit und auf Betriebskosten zu Schulungen zu entsenden.[38] Für die drei Viertel der Teilnehmer an Berufsbildungszentren des Handwerks/der Berufsschulen aber, die diese Schulorte gewählt haben, obwohl sie in Markenbetrieben beschäftigt sind, stellt sich die Situation ganz anders dar. Hier kann in aller Regel davon ausgegangen werden, dass die Entscheidung für das Handwerkszentrum (und damit auch für Kostenübernahme und Freizeiteinsatz) nicht zuletzt daraus resultiert, dass eine Entsendung durch den eigenen Markenbetrieb an eine Kundendienstschule, die zweifelsohne die meisten vorgezogen hätten, nicht in

38 Das dürfte unter anderem daran liegen, dass das „markenunabhängige" Qualifizierungsangebot bei weitem nicht so umfassend ist wie das der Automobilhersteller, vor allem aber daran, dass aufgrund des Tätigkeitsspektrums der meisten freien Werkstätten vermutlich auch der Bedarf geringer ist. Nicht zuletzt aber liegt es offenbar daran, dass das Gros dieser Betriebe sich zumindest schwer täte, auf eigene Kosten eine ähnlich ausgebaute „Weiterbildungspolitik" zu betreiben, wie das die Fabrikatsbetriebe (aber eben mit substanzieller „externer" Unterstützung durch die Hersteller) tun.

Betracht kam: sei es, weil der Betrieb andere Kollegen präferierte, sei es, weil er (zumindest bis zu diesem Zeitpunkt) die Ausbildung eines Kraftfahrzeug-Servicetechnikers für nicht erforderlich oder machbar hielt. In diesen Fällen ist die Aufnahme der Kraftfahrzeug-Servicetechniker-Ausbildung (zumal wenn sie – was nach unseren Recherchen durchaus vorkommt – ohne Wissen des Betriebs geschieht) mit deutlich anderen Erwartungen verbunden als in den zuvor behandelten.

Während der auf (Marken-)Betriebskosten „entsandte" Kraftfahrzeug-Servicetechniker den Qualifikationserwerb in erster Linie in der Perspektive seiner „Personalentwicklung" im bisherigen Betrieb sieht (und dabei die Tatsache, ein berufsfachliches Zertifikat zu erwerben, eher als willkommene, aber durchaus wichtige Nebenfolge betrachtet), stellt sich die Situation für den „Fabrikatsbetriebsteilnehmer" an nicht markengebundenen Einrichtungen (und mit gewissen Abstrichen auch für Teilnehmer aus markenfreien Betrieben) deutlich anders dar. Hier wird – auch das lässt sich mit Ergebnissen aus Fallstudien und Gruppendiskussionen unterlegen – der Erwerb der Kraftfahrzeug-Servicetechniker-Qualifikation nicht zuletzt als Instrument gesehen, die Chancen auf dem Arbeitsmarkt zu verbessern, zuweilen durchaus bereits verbunden mit konkreten Wechselabsichten.[39] Die mit der Kraftfahrzeug-Servicetechniker-Ausbildung durchweg verbundene potenzielle Option der Nutzung der Qualifikation auf einem berufsfachlichen Markt gewinnt in diesen Fällen also auch unmittelbar reale Bedeutung.

3.8.2 Einschätzung der bisherigen Praxis der Ausbildung und des Arbeitseinsatzes

Eine umfassende Darstellung der Ergebnisse der wissenschaftlichen Begleitung zur Einführung des Kraftfahrzeug-Servicetechnikers (dort wurden insbesondere die Themen „unterschiedliche Lernorte" und „betriebliche Nutzung der Qualifikation" zentral gestellt) ist an dieser Stelle nicht möglich, für die Einschätzung der damit verbundenen Potenziale in der Perspektive „Entwicklungstendenzen berufsfachlicher Märkte" aber auch nicht erforderlich. In der folgenden Passage soll es daher nur darum gehen, einige wichtige Ergebnisse zusammenzufassen, nicht zuletzt, um den im anschließenden Abschnitt angestellten ersten weiterführenden Überlegungen eine gewisse Fundierung zu geben.[40]

Betrachtet man die Ergebnisse zu den durch die „Hauptausbilder" Kundendienstschule und Berufsbildungszentren des Handwerks/der Berufsschulen repräsen-

39 Das schließt natürlich nicht aus, dass es auch in diesen Fällen zu einem Einsatz der Qualifikation im derzeitigen Betrieb kommen kann, dann nämlich, wenn dieser bereit ist, die Initiative und das Engagement des Mitarbeiters zumindest nachträglich angemessen zu honorieren (dass in diesen Fällen die generell vorhandene Erwartung, dass der Einsatz als Kraftfahrzeug-Servicetechniker zu einer besseren Bezahlung führen sollte, noch weit ausgeprägter ist, als wenn die Initiative vom Betrieb ausging und er die Kosten umfassend übernommen hat, dürfte kaum überraschen).

40 Ausführlich dargestellt sind die Resultate zur Analyse der Ausbildung an den unterschiedlichen Schultypen (Kundendienstschule auf der einen und Berufsbildungszentren des Handwerks/der Berufsschulen auf der anderen Seite) bei Mendius et al. (1997).

tierten Qualifizierungsformen unter dem Blickwinkel dieses Beitrages, so lässt sich in aller Kürze folgendes Resümee ziehen:

- Es gibt keine substanziellen Hinweise darauf, dass – trotz aller Unterschiede bei den Schulungen an den beiden Haupttypen von Ausbildungsstätten – dadurch das Hauptziel, „gleichwertige Abschlüsse" und damit auch prinzipielle Arbeitsmarktgängigkeit zu erreichen, gefährdet sein könnte.
- Schultypübergreifend wird seitens der Teilnehmer den Ausbildern hohe fachliche Qualifikation attestiert,[41] und ebenfalls schultypübergreifend geht die Mehrzahl der Befragten davon aus, dass das derzeitige Kursvolumen (um die 220 Stunden) eher knapp ist und künftig erhöht werden sollte, nicht zuletzt um die Möglichkeiten zu verbessern, an mehr unterschiedlichen Fahrzeugen und Systemen Erfahrungen zu sammeln.
- Sehr unterschiedlich werden dagegen die angewandten Unterrichtskonzepte beurteilt. Die Einführung der Kraftfahrzeug-Servicetechniker-Ausbildung seit 1992 ging an vielen Kundendienstschulen mit einer methodischen Neuorientierung einher (oder sie bildete sogar den Anlass dafür). Verbunden war diese Umstellung mit einer Abkehr vom bis dahin dominierenden „Frontalunterricht" zugunsten von (mit Gruppenarbeit verbundenen) Konzepten problem- und handlungsorientierten Lernens. Dieser Kurswechsel (er setzt bei der Ausstattung der Bildungseinrichtungen einiges voraus, ist aber insbesondere mit neuartigen, tendenziell höheren Anforderungen an das Unterrichtspersonal verbunden) scheint sich in den Kundendienstschulen weitgehend durchgesetzt zu haben, bei den Berufsbildungszentren des Handwerks/der Berufsschulen dagegen nach wie vor eher die Ausnahme zu sein.

  Seitens der Teilnehmer werden die neuen Vermittlungsformen durchweg überaus positiv beurteilt (vor allem die Erfahrung mit Teamarbeit und den darin liegenden Potenzialen wird als sehr wichtig bewertet). Kritik (moniert wurde insbesondere mangelnder Praxisbezug, zu wenig Möglichkeiten selbstständigen Lernens usw.) richtete sich dagegen hauptsächlich auf die Berufsbildungszentren, die noch mit den alten Methoden arbeiteten. Ebenfalls weitgehend entlang der Linie Berufsbildungszentren des Handwerks/der Berufsschulen versus Kundendienstschule liefen Beanstandungen, die die Baulichkeiten und die Ausstattung der Schulungsstätten betrafen: Während die Kundendienstschule der Hersteller hier (wenig überraschend) sehr gut abschnitten, wurde von Absolventen der Handwerkszentren vor allem häufig bemängelt, dass es an modernen Testgeräten und Fahrzeugen fehle.

Bei der folgenden Betrachtung des betrieblichen Einsatzes von ausgebildeten Kraftfahrzeug-Servicetechnikern ist zu beachten, dass zum Zeitpunkt des Abschlusses der empirischen Erhebungen (4. Quartal 1995) Arbeitskräfte mit dieser Qualifikation erst seit relativ kurzer Zeit verfügbar waren und auch einiges dafür spricht, dass die Unternehmen, bei denen sie bereits zum Einsatz kamen, nicht unbedingt in jeder Hin-

41 Die Ausbilder verfügen durchweg über praktische Berufserfahrung. An den Berufsbildungszentren des Handwerks/der Berufsschulen sind überwiegend Kfz-Meister eingesetzt, ein Qualifikationstyp, der sich auch bei den Kundendienstschulen findet, dort allerdings ergänzt durch zahlreiche Ingenieure einschlägiger Fachrichtungen.

sicht als repräsentativ für das gesamte Betriebsspektrum der Branche angesehen werden können.

Die vorgefundenen Nutzungsformen der technischen Kraftfahrzeug-Servicetechniker-Qualifikation wurden vier Typen zugeordnet:

1. Die erste Variante, der *Kraftfahrzeug-Servicetechniker als betrieblicher Spezialist*, die dadurch charakterisiert ist, dass Arbeiten, für die die Kraftfahrzeug-Servicetechniker-Qualifikation benötigt wird, den Großteil der Kapazität der entsprechenden Arbeitskräfte absorbieren, kommt wegen des begrenzten Anteils solcher Arbeiten am Gesamtaufkommen nur für größere Betriebe in Betracht.[42] Diese Einsatzform scheint aus Sicht des Betriebes wie der Kraftfahrzeug-Servicetechniker auf den ersten Blick durchaus vorteilhaft (herausgehobene Stellung der Kraftfahrzeug-Servicetechniker, bessere individuelle Verdienstchancen, Minimierung der Schulungskosten für den Betrieb, insgesamt unter Umständen weniger Lohnzusatzaufwand als bei anderen Varianten), weist aber – vor allem in längerfristiger Perspektive – Nachteile auf (polarisierter Arbeitseinsatz kann zu innerbetrieblichen Konflikten führen, hohes Risiko für den Betrieb bei Absenz oder Abwanderung der „Träger" der intensiv und extensiv genutzten Kraftfahrzeug-Servicetechniker-Qualifikation).
2. Diese Risiken lassen sich stark reduzieren, wenn die zweite Variante, der *Kraftfahrzeug-Servicetechniker als betrieblicher Experte*, eingesetzt wird. Auch hier werden die entsprechenden Arbeiten vorrangig (aber nicht notwendig ausschließlich) von ausgebildeten Kraftfahrzeug-Servicetechnikern ausgeführt. Allerdings wird hier eben nicht versucht, diese Tätigkeiten möglichst stark personell zu konzentrieren, sondern es werden so viele Kraftfahrzeug-Servicetechniker eingesetzt, wie jeweils zu einem wesentlichen Teil mit solchen Aufgaben ausgelastet werden können.[43] Es spricht sehr viel dafür, dass die mit dieser Variante verbundenen höheren Kosten für die Ausbildung und eventuell auch für eine insgesamt höhere Entlohnung (feste tarifvertragliche Entlohnungsregelungen, aus denen hervorgeht, ab welchen „Beschäftigungsanteilen" die Kraftfahrzeug-Servicetechniker-Tätigkeit in welcher Weise zu entlohnen ist, waren zum Zeitpunkt der Untersuchung noch nicht wirksam) überkompensiert werden durch Vorteile, die sich aus so zu vermeidenden Friktionen bei Abwesenheit bzw. Betriebswechsel und durch die positiven Auswirkungen der Nutzung eines breiteren Qualifikationsreservoirs auf die Produktivität und auf das „Betriebsklima" ergeben.[44]

---

42 Fachleute gehen derzeit von einer Quote von 10 bis 15 % (mit steigender Tendenz und mit Unterschieden je nach Marke und konkretem „Typenmix" bei den betreuten Fahrzeugen) am gesamten Werkstattvolumen aus, sodass eine entsprechende Auslastung ab einer „Werkstatt-Belegschaft" von etwa sechs oder sieben Personen möglich schiene.

43 Allgemein gültige Aussagen über eine „Mindestquote" lassen sich nicht treffen. Jedoch scheint der Einsatz eines zweiten Kraftfahrzeug-Servicetechnikers (wegen der damit verbundenen Vorteile) durchaus gerechtfertigt, wenn beide jeweils zu einem Viertel entsprechend eingesetzt werden können. Für „dritte" und weitere Kraftfahrzeug-Servicetechniker kann dann die Quote wieder höher liegen, weil die Gefahr, unter Umständen vorübergehend ganz ohne diese Qualifikation dazustehen, sich mit jedem zusätzlichen Kraftfahrzeug-Servicetechniker „automatisch" stark verringert.

44 Hieraus ergibt sich, dass das „Expertenkonzept" auch das Mittel der Wahl für Betriebe ist, die nur einen Kraftfahrzeug-Servicetechniker teilweise auslasten können. Hier bleibt aller-

3. Faktisch zumindest einstweilen durchaus von Bedeutung ist der dritte Fall, bei dem der Kraftfahrzeug-Servicetechniker als Mitarbeiter mit nützlicher Zusatzqualifikation betrachtet wird, dessen Qualifikation (jedenfalls offiziell) nicht abgefordert wird und der daher nicht explizit als Kraftfahrzeug-Servicetechniker tätig ist und auch keine entsprechende Bezahlung erhält. Hier kann jeweils nur durch genaue Analyse der Situation entschieden werden, ob es sich im Grunde genommen eigentlich um eine „getarnte" Variante des zweiten Falls handelt oder ob das Aufgabenspektrum des Betriebes tatsächlich keinen Einsatz als Kraftfahrzeug-Servicetechniker ermöglicht.
4. Vorgefunden wurde schließlich auch die Konstellation, bei der der Einsatz der Kraftfahrzeug-Servicetechniker-Qualifikation deshalb nicht möglich war, weil der Betrieb seinen Bedarf bereits über andere Arbeitskräfte mit Kraftfahrzeug-Servicetechniker-Abschluss gedeckt hatte und auch keinen Anlass sah (etwa durch eine arbeitsorganisatorische Umverteilung der entsprechenden Aufgaben), Einsatzmöglichkeiten für einen weiteren Kraftfahrzeug-Servicetechniker zu schaffen. Dabei handelt es sich zweifellos um eine wenig befriedigende Situation, die in gewisser Weise an die der „mitarbeitenden Meister" erinnert. Diese Konstellation dürfte insbesondere dann an Bedeutung gewinnen, wenn bei zunehmender Zahl an Kraftfahrzeug-Servicetechnikern weiterhin viele Betriebe am „Spezialistenkonzept" festhalten und die Möglichkeiten nicht nutzen, für möglichst viele Kraftfahrzeug-Servicetechniker entsprechende Einsatzmöglichkeiten zu schaffen.

Mit der Einführung des Kraftfahrzeug-Servicetechnikers wurde aber nicht nur die Erwartung verbunden, dadurch eine umfassende Lösung zur Abdeckung der durch den Einsatz neuer Technologien entstehenden Anforderungen zu finden, sondern man ging auch davon aus, dass die Absolventen geeignet wären, eine Reihe von wichtigen, nicht oder nicht primär technisch bestimmten Funktionen im Kfz-Betrieb kompetent auszufüllen.[45]

Wenn anschließend kurz auch auf diesen Aspekt eingegangen wird, ist zu berücksichtigen, dass hier – mehr noch als beim zuvor behandelten, unmittelbar produktbezogenen Einsatz – davon auszugehen ist, dass Umorientierungen der betrieblichen Einsatzpolitik, die dazu erforderlich wären, sich erfahrungsgemäß eher mittel- und längerfristig vollziehen. Angesichts der erst sehr kurzen Verfügbarkeit von Kraftfahrzeug-Servicetechnikern lässt sich daher keineswegs ein abschließendes oder

dings der Nachteil der „Nichtersetzbarkeit", der weit geringer wiegen dürfte als die Probleme, die sich Betriebe einhandeln, die glauben, in diesem Falle weiterhin ganz auf den Kraftfahrzeug-Servicetechniker-Einsatz verzichten zu können.

45 Sehr weit gehende und ambitionierte Erwartungen in diese Richtung fanden sich in einem Entwurf für ein „Funktionsbild des Kraftfahrzeug-Servicetechnikers/der Kraftfahrzeug-Servicetechnikerin", der vom zur Schaffung einer Fortbildungsverordnung gemäß HandwO bzw. BBiG eingerichteten Fachbeirat (besetzt mit Vertretern der Tarifparteien, des Bundesministeriums für Bildung, Wissenschaft, Forschung und Technologie und des Bundesinstituts für Berufsbildung) im Mai 1996 diskutiert wurde. Obwohl es nach unseren Informationen mittlerweile zu einigen Relativierungen bei der Formulierung dieser Zielsetzungen gekommen ist, dürften dort genannte Aspekte wie „Kundenberatung in schwierigen Fällen", „Multiplikatorfunktion für Neuerungen im Betrieb", „Beteiligung an der Werkstattorganisation", „Einsatz bei der Aus- und Weiterbildung" usw. nach wie vor eine wichtige Rolle spielen.

auch nur einigermaßen fundiertes Urteil darüber fällen, ob und gegebenenfalls wie weit sich diese Erwartungen erfüllen werden.

Keine Hinweise aus der Empirie gab es darauf, dass Personalführungsfunktionen an Kraftfahrzeug-Servicetechniker übertragen wurden. Auch die Beteiligung an der Arbeit der Kundendienstannahme kam bislang nicht zum Tragen. In beiden Fällen wurde von betrieblichen Experten darauf verwiesen, dass dabei vor allem deshalb Probleme zu erwarten wären, weil es sich um Aufgaben handelt, die derzeit anderen Mitarbeitern zugewiesen sind und diesen nicht ohne weiteres entzogen werden können und sollen. Dies gilt auch für die Lehrlingsausbildung, die aufgrund der entsprechenden Regelungen der Handwerksordnung formell Sache der Meister ist, auch wenn faktisch ein erheblicher Teil der Ausbildung – der auch im Kfz-Handwerk im Zuge der normalen produktiven Arbeit stattfindet – durch erfahrene Gesellen bestritten wird. Es spricht sehr viel dafür, dass unter denjenigen Gesellen, die den Kraftfahrzeug-Servicetechniker-Abschluss erwerben, überproportional viele sind, die bereits früher besonders stark in die Ausbildung eingebunden waren und auch weiterhin entsprechende Funktionen übernehmen wollen. Eine systematische Mobilisierung ihres Potenzials für Aus- und Weiterbildungszwecke, die vieles für sich hätte, ist derzeit aber nicht erkennbar.[46]

3.8.3 Das duale System der Kraftfahrzeug-Servicetechniker-Ausbildung – dauerhaftes Modell oder kurzes Intermezzo?

Bekanntlich war die Ausbildung zum Kraftfahrzeug-Servicetechniker von Beginn an so konzipiert, dass sie sowohl an den bislang auf die Vermittlung „markenspezifischer Qualifikationen" (vgl. Abschnitt 3.4) ausgerichteten Kundendienstschulen der Automobilhersteller als auch an „berufsfachlich orientierten" Berufsbildungszentren des Handwerks durchgeführt werden und über „gleichwertige, wenn auch nicht gleichartige" Ausbildungsgänge zu äquivalenten Qualifikationen führen sollte. Dies kann nicht nur als eine charakteristische Besonderheit – in gewisser Weise sogar als ein „Markenzeichen" – der Kraftfahrzeug-Servicetechniker-Ausbildung angesehen werden, sondern macht sie auch in der Perspektive der Entwicklung berufsfachlicher Qualifikationen besonders interessant.

Allerdings gibt es seit einiger Zeit bereits wieder Diskussionen über die Frage, ob diese Dualität der Kraftfahrzeug-Servicetechniker-Ausbildung durchgehalten werden kann. Auslöser sind – durch einige reale Entwicklungen gestützte – Spekulationen darüber, unter welchen Voraussetzungen und gegebenenfalls in welchem

46 Warum der fakultative Einsatz von Kraftfahrzeug-Servicetechnikern mit entsprechenden Interessen im Bereich der Aus- und Weiterbildung eine erfolgsträchtige Perspektive darstellen kann und daher bedingt weiter verfolgt werden sollte, wird an anderer Stelle ausgeführt (vgl. Mendius et al. 1997: 123ff.). Dabei wird auch auf die Möglichkeit einer Kombination des Kraftfahrzeug-Servicetechniker-Abschlusses mit dem Erwerb der Ausbildereignungsprüfung (derzeit ein „Baustein" zur Erreichung des Meisterabschlusses) eingegangen, und es werden die damit verbundenen Vorteile auf der einen Seite sowie die dem vermutlich entgegenstehenden „Regelungshürden" auf der anderen Seite diskutiert.

Umfang die Automobilhersteller und -importeure die Schulung von Kraftfahrzeug-Servicetechnikern an ihren Kundendienstschulen einschränken oder ganz einstellen würden.

Zu konstatieren ist dazu, dass Kraftfahrzeug-Servicetechniker-Schulungen zunächst von allen bedeutenden Automobilherstellern und -importeuren – mit Ausnahme von Mercedes Benz[47] – angeboten wurden. Den „Ausstieg" aus den Kraftfahrzeug-Servicetechniker-Kursen an eigenen Einrichtungen hat mittlerweile BMW vollzogen, nachdem man dort eine Zeit lang ausgebildet und eine größere Anzahl von Mitarbeitern „nachzertifiziert" hatte. Seit 1995 verweist BMW die interessierten Arbeitskräfte der Kfz-Betriebe seines Markennetzes auf die von den Berufsbildungszentren angebotenen Schulungen. Anschließend soll die Kundendienstschule darauf aufbauende markenspezifische Kurse anbieten, um den zielgerichteten Einsatz in den BMW-Betrieben zu erleichtern.

Opel verlagerte 1994 die Kraftfahrzeug-Servicetechniker-Ausbildung von den eigenen Kundendienstschulen auf einen externen Dienstleister, weil die hohe Nachfrage nach Kraftfahrzeug-Servicetechniker-Kursen zu viele Ressourcen der Kundendienstschulen, die für markenspezifische(-re) Aufgaben benötigt werden, gebunden habe. Davon unbeschadet misst das Unternehmen der Kraftfahrzeug-Servicetechniker-Ausbildung nach wie vor einen hohen Stellenwert bei und denkt nicht daran, die inhaltliche Verantwortung für die Gestaltung der Kurse, vor allem aber für den adäquaten Einsatz der Absolventen abzugeben.[48]

Festzuhalten ist aber beim derzeitigen Stand, dass es bislang keinerlei konkrete Hinweise auf einen bevorstehenden Ausstieg aus der Kraftfahrzeug-Servicetechniker-Schulung seitens der Kundendienstschulen gab, vielmehr wurde durchgängig die Position vertreten, in den markenspezifisch ausgerichteten Einrichtungen an der Kraftfahrzeug-Servicetechniker-Ausbildung festzuhalten.[49] Gleichzeitig liegt es auf der Hand, dass es weit reichende Folgen hätte, falls es dennoch zu einer Einstellung

---

47 Als Grund für die Nichtbeteiligung nannten Vertreter des Unternehmens unter anderem, dass man längst über zumindest gleichwertige „Zertifikate" im eigenen Netz verfüge. Gleichzeitig besteht dennoch ein gewisses Interesse an der Kraftfahrzeug-Servicetechniker-Ausbildung. Das wird unter anderem dadurch verdeutlicht, dass Vertreter am Fachbeirat beteiligt sind. Der Verzicht auf die Kraftfahrzeug-Servicetechniker-Schulung wird offenbar nicht als endgültig angesehen – eventuell könnten solche Schulungen für die kleineren MB-Partner (Vertretungen und Vertragswerkstätten) angeboten werden.

48 Opel hat den mit Abstand höchsten „Marktanteil" bei Kraftfahrzeug-Servicetechniker-Schulungen: 28 % der Absolventen kommen aus dem Opel-Netz, das nur 17 % der Gesamtzulassungen verzeichnet (vgl. Mendius et al. 1997: 57 ff.). Eine Besonderheit des Opel-Schulungskonzepts liegt auch darin, dass – ebenfalls in Zusammenarbeit mit dem angesprochenen Dienstleister – Veranstaltungen für Markenbetriebsinhaber angeboten werden (die Teilnahme ist obligatorisch), bei denen es vor allem darum geht, über effiziente spätere Einsatzmöglichkeiten von Kraftfahrzeug-Servicetechnikern im Betrieb aufzuklären.

49 Wie weit die verschiedentlich geäußerte Erwartung zutrifft, dass die Hersteller die Kraftfahrzeug-Servicetechniker-Ausbildung in der jetzigen Form einstellen werden, wenn eine offizielle Ausbildungs- und Prüfungsordnung geschaffen würde, lässt sich derzeit nicht abschließend beurteilen. Dass aber erhebliche Vorbehalte bei Herstellervertretern gegenüber einer Beteiligung an bürokratischen Prüfungsverfahren und massive Zweifel daran bestehen, ob sich Kundendienstschulen an entsprechenden „Ritualen" beteiligen können oder sollen, lässt sich eindeutig bestätigen.

bzw. Reduzierung der Kraftfahrzeug-Servicetechniker-Ausbildung durch die Kundendienstschulen der Hersteller und Importeure käme. Hierzu schließen sich im Folgenden einige Überlegungen an.

3.8.4 Ausstieg der Kundendienstschule aus der Kraftfahrzeug-Servicetechniker-Ausbildung – was wären die Folgen?

Für die Berufsbildungszentren würde dies unter anderem bedeuten, dass sie mit einer deutlich anders zusammengesetzten Klientel konfrontiert wären.[50] Probleme wären insbesondere zu erwarten, wenn der „Typ" Teilnehmer, der bisher bei den Kundendienstschulen ausgebildet wurde, „naturwüchsig" mit den bisherigen „Normalteilnehmern" der Berufsbildungszentren in Kursen zusammengewürfelt würde.

Wie bei Mendius et al. (1997) im Einzelnen dargestellt, kommen auch die Teilnehmer an Berufsbildungszentren überwiegend aus Markenbetrieben. Sie unterscheiden sich aber bezüglich einer ganzen Reihe von wesentlichen (dort im Einzelnen aufgeschlüsselten und diskutierten) Merkmalen stark von den typischen Absolventen der Kundendienstschulen: Besonders wichtig dürfte dabei sein, dass es sich bei Letzteren um jüngere Teilnehmer handelt, die in der Regel vom Betrieb nicht für die Kraftfahrzeug-Servicetechniker-Ausbildung vorgesehen waren und bereit sind, die Schulung auf eigene Kosten und in der Freizeit zu absolvieren. Besonders kritische Konstellationen könnten beispielsweise auftreten, wenn diese Teilnehmer in einem Kurs mit Kollegen aus dem eigenen Betrieb sitzen, deren Ausbildungskosten und Ausbildungszeit vom Betrieb erstattet werden. Während in den Kursen bei den Kundendienstschulen im Allgemeinen ein zumindest einigermaßen vergleichbares Ausgangswissen vorausgesetzt werden kann, wären diese Arbeitskräfte jetzt (in der Regel wohl erstmalig) damit konfrontiert, in einem Kreis von Teilnehmern mit außerordentlich unterschiedlichen wissensmäßigen Voraussetzungen, Lernerfahrungen und Motivationsstrukturen (wie er für die Handwerkszentren charakteristisch ist) zu arbeiten. Wir sind – an dieser Stelle zumal – nicht in der Lage, die Implikationen im Einzelnen abzuschätzen (zweifellos hat eine derartige „Durchmischung" gegenüber einer fabrikatsmäßigen „Separierung" zumindest potenziell auch Vorteile). Es spricht jedoch einiges dafür, dass man sich seitens der Berufsbildungszentren in diesem Fall zumindest mit der Frage befassen müsste, auch gezielt zusammengesetzte Kurse anzubieten.[51]

---

50 Umfassende Informationen zu den unterschiedlichen Strukturmerkmalen der Teilnehmer an Kundendienstschulen und Berufsbildungszentren finden sich in Mendius et al. 1997: 57ff.

51 Im Grenzfall könnten Berufsbildungszentren in Kooperation mit einzelnen Herstellern exklusiv Kurse für Teilnehmer aus deren Netz anbieten. Dabei stellt sich aber die Frage, ob im Einzugsbereich eines Berufsbildungszentrums dafür genügend Teilnehmer gewonnen werden könnten, ohne dass ein wesentlicher Vorteil wieder hinfällig wird, den diese Einrichtungen (für Teilnehmer und Herkunftsbetriebe) gegenüber den Kundendienstschulen aufweisen, nämlich „vor Ort" (das heißt ohne die Notwendigkeit von Reisen, Übernachtungen etc.) präsent zu sein. Am ehesten ist das bei Herstellern mit hohem Marktanteil und entsprechend personell besetzten Markennetzen möglich.

Zu erwarten ist ebenfalls, dass Teilnehmer, die an Kundendienstschulen schon Erfahrungen mit anderen, moderneren Konzepten gesammelt haben, an den Berufsbildungszentren, die noch an tradierten Vermittlungsformen festhalten, eher noch harschere Kritik üben dürften. Ebenso ist davon auszugehen, dass unzulängliche personelle und sachliche Ausstattung dann auf noch weniger Verständnis stoßen dürfte als bislang. Sehr wahrscheinlich ist außerdem, dass keineswegs vorausgesetzt werden kann, dass eine eventuelle Verlagerung der Kraftfahrzeug-Servicetechniker-Ausbildung auf die Berufsbildungszentren seitens der Arbeitskräfte, die bislang Zugang zu Kundendienstschulen hatten, ohne weiteres akzeptiert würde. Die Bereitschaft, eine solche neue Variante anzunehmen, wird vielmehr nicht zuletzt davon abhängen, wie stark die Konditionen vom bisher Gewohnten abweichen. Maßgeblich wird etwa sein, ob dabei bisher nicht übliche Kosten für die Teilnehmer entstehen und wie die Bezahlung der Kurszeit geregelt wird. Es liegt auf der Hand, dass – selbst für den Fall, dass die Kostenfreiheit bestehen bleibt und die Kurszeiten vergütet werden – schon die Verlagerung der Unterrichtsstunden in die Freizeit bei vielen potenziellen Kandidaten aus Markenbetrieben auf Widerstand stoßen bzw. zur Nichtteilnahme führen würde. Dies gilt sicherlich erst recht, wenn es auch zu einer Kostenbeteiligung und/oder einer Nichtbezahlung der Kursstunden käme.

Umgekehrt dürften die ohnedies durchgängig vorhandenen ausgeprägten Erwartungen bezüglich einer Höhergruppierung und eines angemessenen Arbeitseinsatzes nach dem Kurs in den Fällen, in denen die Teilnahme auf Veranlassung des Betriebs, aber ohne volle Kompensation der Aufwendungen stattgefunden hat, um einiges dezidierter ausfallen, als es ohnehin schon bei den beiden bisher üblichen Varianten („Entsendung durch den Betrieb bei voller Kostenübernahme" oder „eigene Initiative, Kostenübernahme durch den Teilnehmer") der Fall war.

Aus der Sicht der entsendenden Betriebe, aber auch aus dem Blickwinkel der Hersteller stellt sich weiter die wichtige Frage, wie sie es bewerten wollen, wenn möglicherweise ein erheblicher Teil der Mitarbeiter, die „normalerweise" die Kraftfahrzeug-Servicetechniker-Ausbildung durchlaufen hätten, unter den veränderten Bedingungen dazu nicht mehr bereit ist. Zu bedenken ist aus dieser Perspektive auch, was es bedeutet, wenn diejenigen, die dennoch Kraftfahrzeug-Servicetechniker werden wollen, bei einer der wichtigsten Fortbildungsveranstaltungen nicht mehr „unter dem Dach der Marke" versammelt sind, gilt doch die fabrikatsspezifische Schulungstätigkeit nicht zuletzt auch als ein Mittel, um neben Fachkenntnissen normative Orientierungen und „Zugehörigkeitsempfinden" zu vermitteln, also eine Eigenschaft, die man in Anlehnung an den in der letzten Zeit viel diskutierten Begriff der „Unternehmenskultur" mit „Markenkultur" umschreiben könnte.

3.9 Kraftfahrzeug-Servicetechniker – ein Modell mit Perspektive? Abschließende Überlegungen und Ausblick

3.9.1 Akzeptanz des Qualifizierungsangebots und Möglichkeiten der Nutzung

Versucht man, die in den Jahren seit der Konzipierung und Implementierung der neuen Qualifikationsstufe „Kraftfahrzeug-Servicetechniker" eingetretene Entwicklung zusammenfassend zu rekapitulieren, so lässt sich Folgendes festhalten:

Die Einführung des Kraftfahrzeug-Servicetechnikers ist auf eine hohe Bereitschaft von Arbeitskräften getroffen, diese Qualifikation zu erwerben, und zwar auch bei solchen Kfz-Mechanikern und Kfz-Elektrikern, die dazu vom Betrieb nicht animiert wurden bzw. bei denen sich keine entsprechenden Einsatzmöglichkeiten bei der derzeitigen Arbeitsstätte abzeichneten.[52] Zugleich wurde deutlich, dass es zwar ein Interesse bei einer erheblichen Zahl von Kfz-Betrieben gab, in der neuen Qualifikation ausbilden zu lassen, das bislang aber weit hinter der Teilnahmebereitschaft bei den Arbeitskräften zurückbleibt und offenbar auch deutlich geringer ist, als es angesichts der wachsenden Anforderungen angezeigt wäre.

Noch weit weniger als der Umfang, in dem die neue Qualifikation erworben wurde, kann indes einstweilen deren praktische Nutzung zufrieden stellen: Viele Betriebe mit Kraftfahrzeug-Servicetechnikern halten es offenbar nicht für erforderlich, eine entsprechende Einsatzplanung vorzunehmen und die sachlichen Voraussetzungen für eine optimale Nutzung der Qualifikation zu schaffen. Auf diesem Feld besteht noch erheblicher Bedarf an Aufklärungsarbeit, die vor allem durch den ZDK bzw. bei den markengebundenen Betrieben zusätzlich durch die Automobilhersteller zu leisten sein wird.[53]

Diese Einschränkungen ändern aber nichts daran, dass das „Qualifizierungsmodell Kraftfahrzeug-Servicetechniker" prinzipiell durchaus geeignet scheint, seiner doppelten Zielsetzung gerecht zu werden, nämlich sowohl objektiv bestehenden Qualifikationsbedarf abzudecken als auch die Attraktivität des Kfz-Handwerks auf dem Arbeitsmarkt zu erhöhen.

52 Dabei haben sich zweifellos die vielfältigen Informations- und Werbeaktivitäten, die vor allem vom ZDK, den Automobilherstellern, aber z. B. auch von handwerklichen Berufsbildungszentren initiiert wurden, eine wichtige Rolle gespielt. Gut 44 % der befragten Teilnehmer an Kraftfahrzeug-Servicetechniker-Schulungen gaben an, dass die Initiative ganz von ihnen ausgegangen sei, 37 % gingen davon aus, dass sie selbst und der Betrieb diesen Schritt gemeinsam ausgelöst haben, während nur gut 17 % ausschließlich auf Veranlassung des Betriebs an den Kursen teilgenommen haben. Genaueres über die Quellen, aus denen die Teilnehmer ihre Informationen über das Schulungsangebot zum Kraftfahrzeug-Servicetechniker bezogen haben, und über die Gründe der Teilnahme findet sich – aufgeschlüsselt nach verschiedenen Kritierien – bei Mendius et al. (1997: 57ff.).

53 Als positives und offenbar auch wirksames Beispiel sind die obligatorischen „Führungsklausuren" anzusehen, die von einem großen Hersteller genutzt werden, um Betriebsinhaber auf den späteren Einsatz „ihrer" Kraftfahrzeug-Servicetechniker vorzubereiten.

Die dauerhafte und umfassende Umsetzung dieser Ziele wird aber – das haben die empirischen Recherchen eindeutig unterstrichen – nicht nur davon abhängen, dass es nach der Ausbildung tatsächlich zu einem entsprechend qualifizierten Arbeitseinsatz im Betrieb kommt. Sehr wichtig wird vielmehr auch die angemessene Entlohnung sein. Nicht zuletzt aber wird es entscheidend darauf ankommen, dass die Installierung eines öffentlich anerkannten Abschlusses im Sinne eines Zertifikats, das den Anforderungen eines berufsfachlichen Qualifikationsausweises entspricht, gelingt.[54]

Nicht endgültig beantworten lässt sich auch die Frage, inwieweit die neue Qualifikationsstufe zu einer Polarisierung beim Arbeitseinsatz in den Betrieben führt.[55] Gezeigt wurde, dass entsprechende Optionen durchaus bestehen (Kraftfahrzeug-Servicetechniker als „betrieblicher Spezialist"). Verdeutlicht wurde aber auch, dass für einen breiteren Einsatz von Kraftfahrzeug-Servicetechnikern nicht nur die Interessen der entsprechenden Arbeitskräfte sprechen, sondern auch, dass diese Form (Kraftfahrzeug-Servicetechniker als „betrieblicher Experte") aus der Perspektive der Unternehmen sehr viel für sich hat.

Eine weitere zentrale Fragestellung richtete sich darauf, wie weit über die unterschiedlichen Lernorte (Kundendienstschulen und Berufsbildungszentren des Handwerks/der Berufsschulen) und Lernwege tatsächlich – wie angestrebt – gleichwertige Qualifikationen vermittelt werden. Definitive Antworten hierauf würden voraussetzen, dass es Betriebe gibt, die über umfangreiche Erfahrungen mit dem Einsatz von Kraftfahrzeug-Servicetechnikern unterschiedlicher „Schulort-Provenienz" verfügen. Unternehmen mit derartigen systematischen Vergleichsmöglichkeiten zu finden dürfte sich allerdings als sehr schwierig erweisen: Schon die für einen solchen „Mehrfacheinsatz" erforderliche Betriebsgröße wird nur von einem Bruchteil der Kfz-Betriebe erreicht. Hinzu kommt, dass Betriebe der fraglichen Größenordnung in aller Regel einem Markennetz angehören und deshalb die Mitarbeiter, die sie als Kraftfahrzeug-Servicetechniker einsetzen wollen, zu den Kundendienstschulen schicken (weil das von den Herstellern erwartet wird und für den Teilnehmer wesentlich attraktiver ist). Eine Konstellation, die derartige unmittelbare Vergleiche ermöglicht, ist daher sehr unwahrscheinlich und wird auch künftig die Ausnahme darstellen.[56] Des-

54 Dass diese Ziele verfolgt werden müssen, ist zwischen den Hauptbeteiligten nicht grundsätzlich strittig. Es haben sich aber einige Verzögerungen ergeben: Zwar existieren einige regional begrenzte tarifliche „Pilotregelungen", ein umfassendes Ergebnis der von ZDK und IG Metall zu dieser Frage gebildeten Arbeitsgruppe liegt aber noch nicht vor, und auch die Schaffung der Fortbildungsverordnung benötigt mehr Zeit, als ursprünglich veranschlagt wurde; sie befindet sich aber nach Ansicht der Beteiligten „auf einem guten Weg".

55 Die Erwartung, dass es von entscheidender Bedeutung für den Erfolg des Modells Kraftfahrzeug-Servicetechniker sein würde, ob die Einführung zu einer derartigen Polarisierung genutzt würde, wurde schon vor Beginn des betrieblichen Einsatzes formuliert (vgl. Lutz und Mendius 1992).

56 Das ändert sich unter Umständen, falls es tatsächlich zum diskutierten Ausstieg von Herstellern aus der Kraftfahrzeug-Servicetechniker-Schulung kommen sollte: Dann wäre nach und nach auch mit einem Nachrücken von Absolventen von Berufsbildungszentren des Handwerks/der Berufsschulen in die Markenbetriebe zu rechnen. Die Gleichwertigkeit der an den beiden Schultypen erworbenen Qualifikationen ließe sich dann besser beurteilen, wobei das Ergebnis insofern nur noch von bedingtem Nutzen wäre, als die eine Alternative (Ausbildung an den Kundendienstschulen) künftig nicht mehr verfügbar wäre.

halb bleibt man zur Beantwortung der Frage auf Informationen verwiesen, die sich nur auf die Selbsteinschätzung von Teilnehmern und die Wahrnehmung von Betriebsinhabern mit dem Einsatz des bei ihnen beschäftigten Kraftfahrzeug-Servicetechniker-Typs stützen können. Das Ergebnis ist, dass die Ausbildungsgänge und die Nutzbarkeit der vermittelten Qualifikationen bezogen auf alle Schulorte im Wesentlichen positiv wahrgenommen werden. Insgesamt etwas kritischer fallen die Beurteilungen bezüglich einiger Berufsbildungszentren des Handwerks aus, wobei aber untermauert werden konnte, dass dies weniger auf den Schultyp als auf die dort praktizierten Unterrichtsformen (Frontalunterricht versus problemorientiertem Lernen) zurückzuführen ist.

Ebenfalls klärungsbedürftig und untersuchenswert schien, ob sich durch die Schultypen unterschiedliche Zielgruppen besser ansprechen lassen. Dass Kundendienstschulen nach wie vor und intendiertermaßen nur Mitarbeiter der jeweiligen Markenbetriebe erreichen, ist selbstevident. Wesentlich überraschender ist das Ergebnis, dass auch die Teilnehmer an Berufsbildungszentren des Handwerks und der Berufsschulen zu fast drei Vierteln aus Markenbetrieben kommen. Eine differenziertere Betrachtung der Ergebnisse der Teilnehmerbefragung (sie werden auch durch die Resultate von Gruppendiskussionen und Betriebsfallstudien gestützt) zeigt, dass die Teilnehmer an Kundendienstschulen im Vergleich zur Klientel der Berufsbildungszentren des Handwerks/der Berufsschulen im Durchschnitt älter sind, aus größeren Betrieben kommen und weniger häufig einen höheren Schulabschluss als den Hauptschulabschluss haben. Auch der Anteil der Teilnehmer mit Meisterprüfung liegt hier deutlich niedriger, dafür haben sie aber weit öfter schon früher an fachbezogenen Schulungen teilgenommen.

Hilfreich für die vergleichsweise schnelle und reibungslose Verbreitung der Kraftfahrzeug-Servicetechniker-Qualifikation war es zweifellos auch, dass das neue „Funktionsbild" von beiden Tarifparteien getragen wird, was unter anderem dadurch zum Ausdruck kommt, dass sie entsprechende Gremien eingesetzt haben und die Schaffung einer Fortbildungsverordnung gemeinsam vorantreiben. Auch wenn dieses Vorhaben noch nicht endgültig gelungen ist und auch eine umfassende tarifvertragliche Regelung noch aussteht, hat sich bislang die bezüglich des Kraftfahrzeug-Servicetechnikers bestehende weitgehende Konvergenz der Interessenlagen der Kfz-Betriebe und ihres Verbandes, der Automobilhersteller sowie der zuständigen Gewerkschaft als stabil erwiesen.[57]

3.9.2 Kraftfahrzeug-Servicetechniker-Ausbildung – ein Beitrag zur Stärkung der Berufsfachlichkeit der Qualifikation?

In der Perspektive der Auswirkungen auf die Struktur des Arbeitsmarkts und insbesondere auf den Bereich der berufsfachlichen Qualifikationen lässt sich folgende Kurzbilanz ziehen: In einem zwar von der Grundausrichtung berufsfachlichen, aber

57 Als diesbezüglich sehr kritischer Punkt könnten sich in Zukunft eventuelle Versuche erweisen, für die Teilnehmer in Kundendienstschulen aus Markenbetrieben von der bislang üblichen Praxis abzugehen, sämtliche Kosten zu übernehmen sowie die Kurse in der bezahlten

(insbesondere durch die Aktivitäten der Automobilhersteller) stark – und vor allem zunehmend – durch markenspezifisch überlagerte Qualifikationen geprägten Teilmarkt ist es mit der Einführung des auf dem gesamten Teilmarkt gültigen und gängigen Kraftfahrzeug-Servicetechniker-Abschlusses wieder zu einer Stärkung der berufsfachlichen Komponente gekommen. Das war – und das ist ein durchaus bemerkenswerter Vorgang – nur dadurch möglich, dass ein großer Teil der Absolventen die entsprechenden berufsfachlichen Qualifikationen bei den Kundendienstschulen erworben hat, die sonst weitestgehend auf die Vermittlung „markenspezifischen" Know-hows ausgerichtet sind. Die gemeinsame Verpflichtung auch der Kundendienstschulen auf das markenübergreifende Rahmenkonzept des Kraftfahrzeug-Servicetechnikers bedeutete ein Abgehen von dem Grundsatz, dass durch die Einrichtungen der Automobilhersteller ausschließlich von ihnen und nach ihren eigenen Kriterien entwickelte Qualifikationsinhalte vermittelt werden.[58]

Käme es dagegen zu dem von einigen Experten erwarteten Ausstieg von Kundendienstschulen aus der Kraftfahrzeug-Servicetechniker-Ausbildung, für den bislang allerdings keine konkreten Hinweise gefunden werden konnten, würden sich damit vermutlich – neben den oben skizzierten Folgen – auch Auswirkungen in der Arbeitsmarktperspektive ergeben: Wegen des damit verbundenen Abbaus des (bei der Ausbildung an den Kundendienstschulen obligaten) markenspezifischen Beiwerks wäre zunächst die Konsequenz, dass sich der Kraftfahrzeug-Servicetechniker noch weiter dem „berufsfachlichen Ideal" annähern würde. Andererseits ist zu erwarten, dass in diesem Fall die Hersteller – einige entsprechende Ansätze gibt es bereits – noch rascher und umfassender darangehen würden – jedenfalls für einen ausgewählten Teil der Absolventen –, auf die berufsfachliche Qualifikation Kraftfahrzeug-Servicetechniker erneut Qualifikationsmodule aufzusetzen, die dann aber ausschließlich markenspezifisch gestaltet würden („Sahnehäubchen"). Damit würde der Kraftfahrzeug-Servicetechniker wiederum zu einer „Ausgangsqualifikation" (wenn auch im Vergleich zur Gesellenprüfung einer „höheren Ordnung"), die dann durch die Hersteller überlagert wird, mit der Folge einer erneuten Stärkung der markenspezifischen Komponente der Gesamtqualifikation mit entsprechenden tendenziell negativen Auswirkungen auf die Transferierbarkeit und Arbeitsmarktgängigkeit.

Erst recht und unter Umständen weit grundsätzlicher würde sich die Frage nach der „Zukunft der Markenspezifität" stellen, wenn sich der bereits beobachtbare Trend zur herstellerübergreifenden gemeinsamen Entwicklung und Produktion von komplexen Komponenten und Systemen (z. B. Motoren, Getrieben, Gemischaufbereitungsanlagen, Bremssystemen) bzw. die Tendenz zum Einkauf solcher Aggregate bei der Konkurrenz fortsetzt oder wenn gar das – bis jetzt meist auf Fahrzeuge aus Nischensegmenten begrenzte – Beispiel des Verkaufs quasi identischer Modelle unter verschiedenen Markenlabels Schule macht.

Bekanntlich findet seit längerem eine herstellerübergreifende Aggregatentwicklung etwa bei Motoren und Getrieben statt. Ein frühes Beispiel war der so ge-

Arbeitszeit durchzuführen oder sie (in Verbindung mit derart verschlechterten Konditionen) von den Kundendienstschulen auf Berufsbildungszentren des Handwerks/der Berufsschulen zu verlagern.

58 Dieser Effekt wird meines Erachtens auch dadurch nicht infrage gestellt, dass die Kurse dort gewisse zusätzliche markenspezifische „Beimengungen" aufweisen.

nannte Sechs-Zylinder-Euro-Motor, an dessen Entwicklung unter anderem Fiat, Renault und Volvo beteiligt waren. Mittlerweile gibt es eine ganze Reihe solcher gemeinsamen Entwicklungsprojekte, beispielsweise von Daimler-Benz und BMW. Vor Jahren noch kaum denkbar und heute Realität ist auch der Motorenbezug von der „Konkurrenz" (Opel kauft komplette Dieselmotoren, Rolls-Royce Zwölfzylinder-Otto-Motoren bei BMW). Noch weiter geht die „Vereinheitlichung", wenn im Wesentlichen gleiche Fahrzeuge nur noch von unterschiedlichen Herstellern vertrieben werden: Dies gilt neuerdings insbesondere im so genannten Van-Segment. Hier vertreiben Peugeot und Citroën sowie Fiat und Lancia ein weitgehend identisches Fahrzeug, Gleiches gilt für das entsprechende Gemeinschaftsprojekt von Ford und Volkswagen. Dass ein Großteil der an diesen Fahrzeugen vorkommenden Arbeiten eigentlich problemlos auch in den jeweils anderen Vertriebsnetzen durchgeführt werden könnte, liegt auf der Hand. Das ist selbstverständlich auch dann der Fall, wenn selbstständig geführte Marken wie SEAT oder Skoda fast ausschließlich mit Fahrzeugen operieren, deren Hauptaggregate (VAG-)konzerneinheitlich sind und zunehmend dieselben „Plattformen" nutzen. Interessanterweise führt dies aber – jedenfalls aus Sicht der Hersteller – nicht dazu, dass die Bedeutung der Marke schwindet – im Gegenteil: Gerade wegen der weitgehend verschwindenden technischen Originalität wächst die Bedeutung der Qualität und des „Auftritts" der jeweiligen Serviceorganisation für den „Auftritt" der Marke.

Sollte sich dieser Trend verfestigen, käme es zu einer weitgehenden Annäherung der „objektiven" Qualifikationsanforderungen für die Betreuung der Fahrzeuge der jeweiligen Marken und insofern würden bislang markenspezifische Qualifikationen potenziell zu markenübergreifenden. Ob diese Variante aber real wirksam wird und ob dann durch die Hersteller auch weiterhin angestrebt und erreicht wird, Qualifikationen trotz des weitgehenden Wegfalls der unterschiedlichen „technischen Basis" markenspezifisch zuzurichten, ist derzeit nicht zu entscheiden.

Damit bleibt zunächst einmal offen, ob das markenspezifische oder das berufsfachliche Moment der Qualifikationsstruktur im Kfz-Gewerbe an Bedeutung gewinnen wird, zugleich spricht aber alles dafür, dass keines der beiden Muster das andere ganz verdrängen kann. Die ebenso originelle wie durchaus funktionale Mischform von berufsfachlichen und markenspezifischen Qualifikationsmomenten dürfte in ihrer Grundstruktur demnach erhalten bleiben.

Zu den Neuigkeiten im Bereich der Qualifikationsentwicklung gehört, dass von den maßgeblichen Gremien die Zusammenlegung der beiden wichtigsten Berufsbilder Kfz-Mechaniker und Kfz-Elektriker beschlossen wurde (als mögliche Berufsbezeichnung werden Begriffe wie „Mechatroniker" oder „Kfz-Techniker" gehandelt). Wenn es bei der Neuordnung des Berufes gelingt, mit der Erstausbildung höhere Anteile des tatsächlich benötigten Wissens und die dazugehörigen Qualifikationen zu vermitteln, könnte das wiederum zu einer Stärkung der berufsfachlichen Komponente führen. Ob dieser Fall indes eintritt, ist angesichts der sich auch weiterhin rasch ändernden Anforderungen auf der einen Seite und der für die Neuordnung von Berufen in der Bundesrepublik üblicherweise notwendigen Zeiträume, die fast eher in Dekaden als in Jahren zu fassen sind, auf der anderen Seite keineswegs sicher.

Für die „Überlebensfähigkeit" des Kraftfahrzeug-Servicetechnikers spricht aber ungeachtet derartiger möglicher Veränderungen nachdrücklich, dass es sich bei dieser „Zwischenstufe" von berufsfachlichen und betriebsspezifischen Teilmärkten offenbar um eine Form handelt, mit der es gelingt, einen akzeptablen Lösungsweg zum Ausgleich der Interessen zwischen den Beteiligten (Kfz-Betrieben und ihren Beschäftigten sowie Automobilindustrie) zu beschreiten.

1. Attraktiv ist diese Form für die *Kfz-Betriebe* generell, weil sie den Vorteil eines betriebsübergreifend funktionierenden berufsfachlichen Teilmarkts (mit mehreren 100 000 Teilnehmern auf der Arbeitnehmer- und gut 50 000 auf der Betriebsseite) bietet. Bei allen Arbeitskräften mit entsprechendem Zertifikat (Gesellenbrief) kann ein bestimmter Qualifikationsstandard vorausgesetzt werden, der zur Wahrnehmung einer Reihe von Grundfunktionen im Kfz-Betrieb unmittelbar befähigt, und zwar Tätigkeiten der Art, wie sie typischerweise in markenfreien Kfz-Betrieben im Vordergrund stehen, aber durchaus auch in fabrikatsgebundenen Unternehmen eine Rolle spielen. Ebenfalls „berufsfachlich", wenn auch umfassender angelegt und auf einem höheren Niveau angesiedelt, sind die Qualifikationsstufen des Kfz-Meisters und neuerdings des Kraftfahrzeug-Servicetechnikers.
   Vorteilhaft ist diese Variante aber auch, weil sie für die Fabrikatsbetriebe zugleich zusätzlich markenbetriebsspezifisch qualifizierte Arbeitskräfte bereithält. Die entsprechenden Qualifikationen (meist durch markeninterne Zertifikate dokumentiert) signalisieren eine problemlose Einsatzbereitschaft jeweils innerhalb eines Markennetzes (mit in der Regel zwischen 600 und 3 500 Betrieben sowie einer entsprechend großen Zahl von Arbeitsplätzen). Zwar kann mit Sicherheit davon ausgegangen werden, dass in den Schulungen der einzelnen Hersteller bei weitem nicht nur fabrikatsspezifische Qualifikationen vermittelt werden. Unabhängig davon, wie deren Anteil aber jeweils anzusetzen ist (eine im Sinne einer Quantifizierung schwer zu beantwortende Frage), gilt jedoch in jedem Fall, dass die Einstellung eines Mitarbeiters aus einem „fremden" Markennetz bei sonst gleichen Voraussetzungen stets mit dem Risiko zusätzlichen Einarbeitungs- und Qualifizierungsaufwands verbunden ist.[59]
2. Für die *Arbeitskräfte* stellen sich die Vorteile weitgehend spiegelbildlich dar: Über den Erwerb der genannten, nicht markenspezifischen, berufsfachlichen Ausgangsqualifikationen werden sie in die Lage versetzt, sich auf einem sehr vielfältigen Markt bewegen zu können. Verfügen sie zusätzlich über fabrikatsspezifische Qualifikationen, haben sie eine demgegenüber zwar eingeschränkte, aber immer noch vergleichsweise hohe Zahl an Alternativoptionen, die sie wahrnehmen können, ohne Gefahr zu laufen, dass erworbene Fertigkeiten und Kenntnisse nicht mehr einsetzbar sind und/oder nicht mehr adäquat honoriert werden. Auch bei einem Wechsel in ein anderes Markennetz fällt eine zusätzlich spezifisch qualifizierte

59 Es spricht einiges dafür, dass es Marken gibt, zwischen denen sich die Qualifikationsanforderungen vergleichsweise weniger unterscheiden, und solche, bei denen die Differenzen eher höher zu veranschlagen sind (dabei spielt das Fahrzeugsegment, in dem die Hersteller sich betätigen, eine Rolle, aber auch die „Nationalität"). Dieser Aspekt kann bei der Einstellung von „fabrikatsfremden" Arbeitskräften durchaus von Bedeutung sein. Denkbar wäre allerdings auch, dass gezielt Arbeitskräfte von Konkurrenzmarken eingestellt werden, etwa weil man davon ausgeht, dass dort die Schulungen eine höhere Qualität aufweisen als im eigenen Netz.

Fachkraft aus dem Kfz-Gewerbe aber nicht auf das Niveau des Un- oder Angelernten zurück, wie das z. B. bei dem sehr verbreiteten Wechsel von Arbeitskräften mit handwerklicher Qualifikation in die Industrie der Fall ist. Vielmehr bleibt sie auf dem „Facharbeiterniveau", und es stellt sich nur die Frage, in welchem Umfang sie nach einem derartigen Wechsel ihre zusätzlichen markenspezifischen Qualifikationen einsetzen und „vermarkten" kann.[60]

3. Auch die *Automobilindustrie* kann mit diesem Modell offenbar sehr gut leben, verbindet es doch für die ihr zugeordneten Markenbetriebe die Chance, auf einem breiteren Markt, der sich durch verlässliche Qualifikationssignale auszeichnet, zu rekrutieren, mit der Möglichkeit für die Hersteller, die von ihnen für sinnvoll gehaltenen Steuerungs- und Markenbindungseffekte durch eine entsprechende Gestaltung der eigenen, für die Vertragspartner weitgehend obligatorischen Qualifizierungsmaßnahmen zu erreichen.

Betrachtet man diese Konstellation aus der Sicht der Funktionsfähigkeit des Gesamtarbeitsmarkts, lässt sie sich zwar gemessen am Idealtyp vollkommener und friktionsloser Mobilitätsfähigkeit als suboptimal klassifizieren. Ein Vergleich aber mit der noch immer stark durch „Betriebszentrierung" geprägten Realität eines wesentlichen Teils des Beschäftigungssystems kann nur zugunsten dieses Modells ausfallen. Von daher liegt die Frage nahe, ob bzw. unter welchen Voraussetzungen vergleichbare Mischformen von berufsfachlichen und spezifischen Märkten entstanden sind oder entstehen können.

Die Konstellation der exklusiven Markenbindung selbstständiger Unternehmen, wie sie für das Kfz-Gewerbe typisch ist, erlaubt es, bezogen auf die Qualifikationsentwicklung Spezifizierungs- mit Verallgemeinerungsinteressen zu verbinden. Zugleich ist aber diese Konfiguration, die die drei Hauptakteure (die Kfz-Betriebe, ihre Belegschaften und die Automobilhersteller) jeweils für sich als vorteilhaft ansehen können, erkennbar sehr spezifisch.

In anderen Bereichen, in denen es entweder um die Stärkung eines „markenspezifischen Moments der Qualifikationsentwicklung" gehen könnte (etwa in Handwerkszweigen wie Sanitär-, Heizungs- und Klimatechnik, bei Elektrikern, Radio- und Fernsehtechnikern oder Zweiradmechanikern), fehlt in der Regel die exklusive Markenbindung und damit die Möglichkeit und auch das Motiv der Hersteller der betreuten Produkte, umfassende Qualifizierungsleistungen anzubieten. Umgekehrt sind in Großunternehmen mit ausgeprägten betriebsinternen Arbeitsmärkten die Arbeitskräfte und ihre Vertretungen die einzige Gruppe, die an einem Abbau be-

60 Zumindest für eine längere Phase bestand ein wichtiger Vorteil des Standorts Deutschland offenbar darin, dass die Industrie auf ein großes Reservoir handwerklich ausgebildeter Fachkräfte zurückgreifen konnte, die dann als Un- und Angelernte eingesetzt und entlohnt wurden, wiewohl ein erheblicher Teil ihrer berufsfachlichen Qualifikation (deren Entstehungskosten von den Herkunftsbetrieben, vor allem aber von den Betroffenen selbst getragen worden waren) durchaus genutzt wurde. Zugleich lässt sich argumentieren, dass diese – mit qualifikatorischem Abstieg verbundene – massive Mobilität vom Handwerk in die Industrie für eine längere Periode der Nachkriegsentwicklung – zumindest in vielen Fällen – sowohl den Interessen der „aufnehmenden" Industrie als auch der abgebenden Handwerkszweige entsprach (vgl. dazu Mendius 1995a).

triebsspezifischer Qualifikation zugunsten marktgängigerer Varianten ein Interesse haben könnte. Bislang ist aber selbst in diesen Fällen kaum erkennbar, dass bei Betriebsräten aus Großunternehmen das Motiv, bei der Weiterbildung stärker auf Arbeitsmarktgängigkeit zu achten, überhaupt eine nennenswerte Rolle spielt. Die derzeitige Situation, die durch hohe Arbeitslosigkeit und ständigen Personalabbau gerade in den großen Unternehmen mit betriebsinternen Arbeitsmärkten charakterisiert ist, trägt in aller Regel eher dazu bei, die Orientierung auf den Teilarbeitsmarkt „Unternehmen" zu stärken und nicht etwa dazu (obwohl dies durchaus logisch wäre), wegen der potenziellen Gefährdung von Arbeitsplätzen im internen Markt stärker auf die Vermittlung übertragbarer Qualifikationen zu drängen.

Wenn es überhaupt Ansatzpunkte für ein Zurückdrängen betriebsspezifischer zugunsten übergreifender nutzbarer Qualifikationen gibt, dann möglicherweise bei Gruppen von Unternehmen, die mit ähnlich strukturierten neuen Anforderungen konfrontiert sind, die bezüglich der daraus resultierenden qualifikatorischen Erfordernisse weder durch Absolventen berufsfachlicher Ausbildungsgänge abgedeckt werden können noch vom einzelnen Unternehmen auf sich allein gestellt zu bewältigen sind. Wenn es in diesem Kontext zu betriebsübergreifender Zusammenarbeit bei der Konzipierung und Durchführung entsprechender Maßnahmen für die jeweiligen Belegschaften kommt, könnten daraus Qualifikationen entstehen, die der „markenspezifischen" Qualifikation insofern vergleichbar sind, als sie zwar nicht allgemein marktgängig, aber immerhin in einer größeren Zahl von Unternehmen vollwertig einsetzbar wären.[61]

3.9.3 Kraftfahrzeug-Servicetechniker – ein Modell mit Eigendynamik?

Nach diesen eher allgemeineren arbeitsmarktpolitischen Betrachtungen soll zum Abschluss nochmals die Frage aufgeworfen werden, ob die Einführung des Kraftfahrzeug-Servicetechnikers einerseits voraussichtlich weitere „Nebenfolgen" im Bereich des Kfz-Gewerbes auslösen wird und ob es andererseits Indizien dafür gibt, dass es in weiteren Handwerkszweigen zu vergleichbaren Entwicklungen kommt.

Zweifellos hat die Einführung der neuen Funktionsebene einen wesentlichen Anstoß geliefert, das im Bereich des Kfz-Handwerks (zweifellos aber nicht nur in diesem „Gewerk") vorhandene Qualifizierungspotenzial zu mobilisieren. Wie vielfältige Erfahrungen mit unterschiedlichen Formen der „Erwachsenenbildung" aus anderen Bereichen zeigen, ist auch hier zu erwarten, dass das Erfolgserlebnis, das mit dem Absolvieren eines Weiterbildungsabschlusses verbunden ist, bei vielen Teilnehmern den „Appetit auf mehr" weckt.[62] Ob sich der ausgelöste „Drive" ausschließlich

61 In diese Richtung zielt das Konzept der Qualifizierungskooperation (vgl. Weimer und Mendius 1990; Mendius 1991).

62 Die Tatsache, dass es Kollegen aus dem Betrieb mit vergleichbaren Ausgangsvoraussetzungen geschafft haben, einen entsprechenden Fortbildungsabschluss zu erwerben, ist offensichtlich ein weit effektiveres Instrument, um „Nachahmer" hervorzubringen, als die üblichen Bemühungen, eine Beteiligung durch Informationsvermittlung herbeizuführen (vgl. z. B. Mendius et al. 1983).

oder auch nur in erster Linie auf das Erlangen des „Meisterstatus" richten wird, ist keineswegs so leicht zu beantworten, wie das auf den ersten Blick scheinen mag: Dafür spricht, dass der Kraftfahrzeug-Servicetechniker-Abschluss im Sinne eines „Modulkonzepts" auf die Meisterprüfung angerechnet werden soll. Dagegen spricht, dass der Kraftfahrzeug-Servicetechniker nicht zuletzt eingerichtet wurde, um nicht alle Aufstiegsinteressierten auf einen Weg zu drängen, der sich in der Vergangenheit für viele als Sackgasse erwiesen hatte.

Berücksichtigt man diesen Sachverhalt, scheint es nicht unplausibel, dass zwar ein erheblicher Teil der Kraftfahrzeug-Servicetechniker-Absolventen den Abschluss als Durchlaufstation zur Meisterprüfung betrachtet, dass aber der Kraftfahrzeug-Servicetechniker-Kurs auch bei vielen (und zwar speziell, wenn sich die Einsatzmöglichkeiten im Betrieb nicht als erwartungsgerecht erweisen) als „Auslöser" für den Einstieg in andere, weiterführende und möglicherweise auch aus dem Kfz-Gewerbe wegführende Bildungsgänge fungiert.[63] Vor allem aus der Sicht der Kfz-Betriebe, die so qualifizierte Arbeitskräfte verlieren, aber – soweit es sich um durch sie ausgebildete („Marken"-)Kraftfahrzeug-Servicetechniker handelt – auch aus der Perspektive der Automobilhersteller ist eigentlich zu erwarten, dass eine derartige Entwicklung als wenig wünschenswert angesehen wird. Daher erscheint es ausgesprochen bemerkenswert, dass Vertreter des ZDK einen derartigen Trend zwar durchaus für wahrscheinlich halten und davon ausgehen, dass er sich keineswegs verhindern lassen würde. Eine solche Entwicklung wäre aber auch nicht notwendig als besonders problematisch anzusehen, jedenfalls wenn zwei Voraussetzungen gegeben sind:

1. Soweit es durch die Schaffung der Position des Kraftfahrzeug-Servicetechnikers gelingt, qualifizierte und motivierte Arbeitskräfte, die sonst überhaupt nicht dort hingekommen oder noch schneller wieder abgewandert wären, wenigstens für ein paar Jahre in der Branche zu halten, wird das als vorteilhafter eingeschätzt als der Zustand, der zuvor bestand.
2. Wenn die „Karriere" ehemalige Kraftfahrzeug-Servicetechniker dann an Arbeitsplätze führt, bei denen sie in Kontakt mit dem Kfz-Gewerbe bleiben (z. B. zur Automobil- und Automobil-Zulieferindustrie, zu Überwachungseinrichtungen wie TÜV oder DEKRA oder in die einschlägigen Abteilungen der Fahrzeugversicherer) und sie ihre „Herkunftsbranche" in positiver Erinnerung behalten haben, könnte sich das durchaus vorteilhaft für die Branche auswirken.[64]

Schließlich stellt sich aber auch noch die Frage nach der Übertragbarkeit des Modells Kraftfahrzeug-Servicetechniker auf andere Handwerksbranchen und nach den Bedingungen, unter denen eine solche Verbreitung stattfinden könnte. Prinzipiell ist da-

63 Mit diesem Effekt ist auch dann zu rechnen, wenn es nicht dazu kommt (diese Option wurde in letzter Zeit in der bildungspolitischen Diskussion über Möglichkeiten, die „Durchlässigkeit" zwischen den Systemen beruflicher und schulischer Bildung zu steigern, häufig eingebracht), dass Regelungen geschaffen werden, durch die der Abschluss von Fortbildungen aus dem beruflichen Bereich (wie dem Kraftfahrzeug-Servicetechniker) direkt den Zugang zu bislang an „schulische" Zertifikate geknüpfte Bildungsgänge eröffnet.

64 Man könnte das – selbst wenn die Überlegung vermutlich nicht in diesen Kategorien gedacht wurde – als ein ernsthaftes Plädoyer für einen funktionierenden, unternehmens- und branchenübergreifenden Arbeitsmarkt verstehen.

von auszugehen, dass die Schaffung einer entsprechenden Aufstiegsqualifikation für alle Gewerke von hohem Interesse sein müsste, die sich mit ähnlichen Bedingungen (Rekrutierungs- und Abwanderungsproblemen, rasch sich wandelnden und wachsenden Qualifikationsanforderungen) konfrontiert sehen, wie sie im Kfz-Gewerbe maßgeblich für die Einführung des Kraftfahrzeug-Servicetechnikers waren. Zumindest ein Teil dieser Voraussetzungen trifft zweifellos für eine ganze Reihe von Handwerksbranchen (wenn auch in jeweils unterschiedlicher Ausprägung) zu. Solche Anforderungen werden vor allem dann forciert auftreten, wenn es dem Handwerk – wie von vielen erwartet – gelingt, durch Erschließung neuer Tätigkeitsfelder auch wichtige Beiträge zur Lösung der sich in den letzten Jahren immer dramatischer entwickelnden Situation auf dem Arbeitsmarkt zu leisten. Ausgangspunkt ist dabei die Überlegung, dass nicht zuletzt handwerkliche Produktion und Dienstleistung als eine Wirtschaftsweise, die bei im Durchschnitt vergleichsweise geringerer Intensität von Ressourcenverbrauch und Emissionstätigkeit bereits Arbeitsplätze in großer Zahl bietet, in nennenswertem Umfang zusätzliche Beschäftigungsmöglichkeiten bereitstellen könnte.[65]

Dies wird insbesondere unter der Voraussetzung erwartet, dass es gelingt, die außerordentlich hohe Belastung des Faktors Arbeit über das gesellschaftliche Umverteilungssystem (die arbeitsintensive Wirtschaftszweige wie das Handwerk besonders trifft) zu reduzieren. Dass ein solcher Abbau sinnvoll und zielführend sein kann, ist kaum strittig; die Frage dagegen, wie er konkret zu bewerkstelligen wäre, ist zwischen den wichtigen Arbeitsmarktparteien und innerhalb der Politik hochkontrovers. Unabweisbar ist aber auch, dass eine Ausweitung handwerklicher Produktion und Tätigkeit, bei der Aspekte wie „Umweltverträglichkeit" und „Kreislauforientierung" weiter an Bedeutung gewinnen müssten, zwar einerseits an bewährte tradierte handwerkliche Fertigkeiten und Erfahrungen anknüpfen kann, zugleich aber auch in erheblichem Umfang auf neuartige Qualifikationen angewiesen sein wird – Qualifikationen, die bei der Schaffung von Fortbildungsgängen mit einer dem Kraftfahrzeug-Servicetechniker vergleichbaren Struktur durchaus eine wichtige Rolle spielen könnten.

Zu Beginn der Implementierung des Kraftfahrzeug-Servicetechnikers war vor diesem Hintergrund (vgl. Mendius et al. 1994, 1995) von vielen Fachleuten erwartet worden, dass das Modell relativ bald auch in anderen Bereichen „Schule machen" würde. Bis dato war das aber – soweit bekannt – nicht der Fall.[66]

Daraus zu schlussfolgern, dass der Ansatz sich nicht auch für weitere Branchen eignet, wäre indes sicherlich verfrüht. Zu berücksichtigen ist, dass dieser Schritt ein erhebliches Ausmaß an zielgerichteten und sehr aufwendigen Aktivitäten erfordert (das bedeutet unter anderem eine entsprechende Infrastruktur auf der Verbandsebene) und nicht zuletzt auch das Finden einer tragfähigen Basis zwischen den Tarif-

---

65 Mit dieser Fragestellung befasst sich ein Vorhaben der Projektgruppe, der der Autor angehört, das in exemplarischen Fällen die (Arbeitsplatz-)Potenziale aufzeigen will, die im kleinbetrieblich-handwerklichen Bereich bei einer Entlastung des Faktors Arbeit entstehen würden (vgl. Mendius et al. 1995, 1997).

66 Das SHK-Gewerbe hat nach vorliegenden Informationen zwar einen entsprechenden Grundsatzbeschluss gefasst, zu einer Umsetzung ist es bislang nicht gekommen.

parteien voraussetzt, damit die beiden überaus wichtigen Aufgaben „angemessene Eingruppierung" und „Schaffung einer Fortbildungsverordnung" gemeinsam gelöst werden können.[67]

Möglicherweise warten andere Handwerkszweige mit der Einführung des Servicetechnikers oder vergleichbarer Qualifikationsstufen so lange, bis im Kfz-Gewerbe auch diese Hindernisse überwunden sind.[68] Damit hätte sich das Projekt „Kraftfahrzeug-Servicetechniker" dann als echtes „Pilotvorhaben" erwiesen. Sehr viel zielführender, als an dieser Stelle relativ freischwebend Überlegungen anzustellen, welcher Weg für dieses oder jenes Handwerk der beste sein könnte, scheint es daher, wenn die Experten aus diesen Gewerken dann in genauer Kenntnis ihrer eigenen speziellen Voraussetzungen und Rahmenbedingungen darangehen zu entscheiden, was vom „Modell Kraftfahrzeug-Servicetechniker" von ihnen übernommen werden kann und was anders zu gestalten ist.

Literatur

Altmann, N; Mendius, H. G. (1995): Ein Konzept zur wissenschaftlichen Begleitung einer bayerischen Automobilinitiative, Projektskizze, München.

Altmann, N.; Sauer, D. (Hg.) (1989): Systemische Rationalisierung und Zulieferindustrie, Frankfurt a. M./New York.

Bechtle, G. (1980): Betrieb als Strategie – Theoretische Vorarbeiten zu einem industriesoziologischen Konzept, Frankfurt a. M./New York.

Becker, G. (1974): Human Capital: A Theoretical and Empirical Analysis with Special Reference to Education, New York.

Birch, D. (1979): The Job Generation Process, Cambridge.

Braun, W. (1996): Duales System im Auf und Ab. In: Jugend und Berufswahl, Beilage zur Süddeutschen Zeitung vom 14.2., V.

Deiß, M.; Döhl, V. (Hg.) (1992): Vernetzte Produktion, Frankfurt a. M./New York.

Döhl, V.; Mendius, H. G.; Sauer, D.; Heidling, E., unter Mitarbeit von Kratzer, N. (1995): Neugründung von Automobilwerken in den neuen Bundesländern. Folgen für Zulieferunternehmen und regionales Umfeld – Das Beispiel Thüringen, hektogr. Bericht, München, Juni.

Häussermann, A. E. (1996): Viele neue Herausforderungen an das Handwerk. In: Blick durch die Wirtschaft, 12.2., 11.

Lutz, B. (1987): Arbeitsmarktstruktur und betriebliche Arbeitskräftestrategie – Eine theoretisch-historische Skizze zur Entstehung betriebszentrierter Arbeitsmarktsegmentation, Frankfurt a. M./New York.

---

67 Inwieweit die – im Kfz-Gewerbe eindeutig und einvernehmlich (und zwar zugunsten einer bundesweit einheitlichen Regelung gemäß § 42 Abs. 2 HandwO) beantwortete – Frage nach der angemessenen Ebene (Regelung für einzelne Handwerkskammern oder bundesweit übergreifend) in anderen Branchen zu einer Verzögerung beiträgt, kann nicht definitiv beurteilt werden; es erscheint aber keineswegs ausgeschlossen.

68 Einiges spricht für die Vermutung, dass der Weg bis dahin in einer Reihe von Handwerksbranchen noch verhältnismäßig weit sein dürfte: Selbst wenn die „objektiven Voraussetzungen" (wie Qualifikationsanforderungen, die mit dem vorhandenen Angebot kaum oder überhaupt nicht zu bewältigen sind, auf der einen und Schwierigkeiten, geeignete Arbeitskräfte zu rekrutieren und in den Betrieben zu halten, auf der anderen Seite) bei einigen weiteren „Gewerken" durchaus gegeben sein dürften, heißt das noch lange nicht, dass dort notwendigerweise auch das zur Thematisierung und erst recht zur Umsetzung eines Lösungskonzepts wie dem „Servicetechniker" erforderliche Problembewusstsein überhaupt schon entwickelt wurde.

Lutz, B.; Mendius, H. G. (1992): Kfz-Service-Techniker/in – mehr berufliche Entwicklung. In: kfz-Betrieb 7, 45–48.

Lutz, B.; Sengenberger, W. (1974): Arbeitsmarktstrukturen und öffentliche Arbeitsmarktpolitik – Eine kritische Analyse von Zielen und Instrumenten, Band 26 der Schriftenreihe der Kommission für wirtschaftlichen und sozialen Wandel, Göttingen.

Lutz, B.; Schultz-Wild, R.; Behr, M. von (1977): Personalplanung in der gewerblichen Wirtschaft der Bundesrepublik Deutschland – Ergebnisse der Betriebserhebung 1975, Bd. I, Frankfurt a. M./New York.

Lutz, B.; Schultz-Wild, R.; Tiemann, F. (1979): Betriebliche Personalplanung zwischen Unternehmensplanung und Personalpolitik – Ergebnisse der Betriebserhebung 1975, Bd. II, Frankfurt a. M./New York.

Mendius, H. G. (1988): Nutzung und Herstellung berufsfachlicher Qualifikation in Kleinbetrieben – Folgen für betriebliche strategische Handlungsfähigkeit und Arbeitsmarktstruktur. Arbeitspapier 1988-8, Arbeitskreis Sozialwissenschaftliche Arbeitsmarktforschung (SAMF), Paderborn.

Mendius, H. G. (1991): Weiterbildungskooperation bei kleinen Zulieferbetrieben. In: Th. Manz (Hg.): Klein- und Mittelbetriebe im Prozeß der industriellen Modernisierung, Bonn, S. 178–192.

Mendius, H. G. (1992a): Lean-Management – Zur Übertragbarkeit des japanischen Erfolgsrezepts. In: WiSo-Führungskräfte-Akademie Nürnberg (Hg.): Lean-Management – Ideen für die Praxis, Schriftenreihe 1, Erlangen, S. 75–100.

Mendius, H. G. (1992b): Das Kfz-Gewerbe als externer Vertriebssektor im Kontext neuer Rationalisierungsstrategien der Automobilindustrie. In: M. Deiß, V. Döhl (Hg.): Vernetzte Produktion, Frankfurt a. M./New York, S. 141–175.

Mendius, H. G. (1994): Arbeitsförderung in den neuen Ländern – Auslöser für eine Umorientierung betrieblicher Qualifizierungspolitik? In: F. Gerlach, H. G. Mendius (Hg.): Vom Beschäftigungsfiasko zum neuen Aufbruch? Arbeitspapier 1994-6, Arbeitskreis Sozialwissenschaftliche Arbeitsmarktforschung (SAMF), Gelsenkirchen, S. 10–27.

Mendius, H. G. (1995a): Umbrüche in der beruflichen Erstausbildung – Handwerk nicht mehr die „Berufsschule der Nation"? Projektskizze, München.

Mendius, H. G. (1995b): Umstrukturierungen in der Bayerischen Wirtschaft – Wirkungen des Beschäftigungsabbaus und Chancen zur Schaffung neuer Arbeitsplätze, Projektskizze, München.

Mendius, H. G. (1997): Arbeitsgesellschaft am Ende oder vor zukunftsfähigen Perspektiven – Überlegungen zu einer überfälligen Neuorientierung. In: Aus Politik und Zeitgeschichte – Beilage zur Wochenzeitung „Das Parlament" B 35/97.

Mendius, H. H.; Heidling, E. (1996): Die neue Qualifikationsstufe Kraftfahrzeug-Servicetechniker – auch eine Herausforderung für betriebliche Organisations- und Einsatzkonzepte. In: L. Deitmer, F. Rauner (Hg.): Zukunft Handwerk, Bremen, S. 225–232.

Mendius, H. G.; Sengenberger, W. (1976): Konjunkturschwankungen und betriebliche Politik – Zur Entstehung und Verfestigung von Arbeitsmarktsegmentation. In: ISF München (Hg.): Betrieb – Arbeitsmarkt – Qualifikation, Frankfurt a. M./München, S. 15–81.

Mendius, H. G.; Wendeling-Schröder, U. (Hg.) (1991): Zulieferer im Netz – Zwischen Abhängigkeit und Partnerschaft, Neustrukturierung der Logistik am Beispiel der Automobilzulieferung, Köln.

Mendius, H. G.; Sengenberger, W.; Köhler, Ch.; Maase, M. (1983): Qualifizierung im Betrieb als Instrument der öffentlichen Arbeitsmarktpolitik. Begleitforschung zum Schwerpunkt 1 des Arbeitsmarktpolitischen Programms der Bundesregierung für Regionen mit besonderen Beschäftigungsproblemen. In: Bundesminister für Arbeit und Sozialordnung (Hg.): Forschungsbericht 1989, Bonn.

Mendius, H. G.; Sengenberger, W.; Weimer, S. (1987): Arbeitskräfteprobleme und Humanisierungspotentiale in Kleinbetrieben, Frankfurt a. M./New York.

Mendius, H. G., unter Mitarbeit von Heidling, E. und Weimer, S. (1992): Kfz-Gewerbe und Neustrukturierung der Automobilfertigung – Verbesserung der Arbeitsbedingungen und zwischenbetriebliche Kooperation als Instrumente der Stärkung der betrieblichen Handlungsfähigkeit und der Arbeitsmarktposition. Arbeitspapier 1992-8, Arbeitskreis Sozialwissenschaftliche Arbeitsmarktforschung (SAMF), Gelsenkirchen.

Mendius, H. G.; Heidling, E.; Weimer, S. (1993): Arbeitnehmervertretung im Kfz-Gewerbe – Kooperation über Betriebsgrenzen als Instrument der Interessenwahrnehmung, hektogr. Bericht, München, Februar.

Mendius, H. G.; Heidling, E.; Weimer, S. (1995): Eine Chance für die Arbeit – Voraussetzungen eines hohen Beschäftigungsstandes bei alternder Bevölkerung, Projekt-Antrag, München, November 1994/August 1995.

Mendius, H. G.; Bauer, R.; Heidling, E. (1997): Kraftfahrzeug-Servicetechniker – ein innovativer Qualifizierungsansatz für das Handwerk, hg. v. BMBF, Bonn.

Semlinger, K. (1992a): Kleinbetriebe im Zuliefersystem der Großindustrie – Betriebliche Strategiefähigkeit und arbeitspolitische Implikationen. Teilbericht I zum Projekt „Überbetriebliche Kooperation als Ansatzpunkt von Humanisierungspolitik – zur Stabilisierung und Verbesserung der Arbeitsbedingungen in Kleinbetrieben", hektogr. Bericht, München, September.

Semlinger, K. (1992b): Lean Production und Zulieferindustrie. In: WiSo-Führungskräfte-Akademie Nürnberg (Hg.): Lean-Management – Ideen für die Praxis, Schriftenreihe 1, Erlangen, S. 131–147.

Sengenberger, W. (1975): Arbeitsmarktstruktur – Ansätze zu einem Modell des segmentierten Arbeitsmarkts, Frankfurt a. M./München (2. Aufl. 1978).

Sengenberger, W. (1976): Innerbetriebliche Arbeitsmärkte und ihre Folgen für die öffentliche Arbeitsmarktpolitik – Ein Beitrag zur arbeitsmarkttheoretischen Diskussion. In: WSI-Mitteilungen 29 (2), 93–99.

Sengenberger, W. (1987): Struktur und Funktionsweise von Arbeitsmärkten – Die Bundesrepublik Deutschland im internationalen Vergleich, Frankfurt a. M./New York.

Weimer, S.; Mendius, H. G. (1990): Neue Anforderungen an Zulieferbetriebe im Groß-Kleinbetriebsverbund – Eine Herausforderung für die Qualifizierungspolitik. Arbeitspapier 1990-5, Arbeitskreis Sozialwissenschaftliche Arbeitsmarktforschung (SAMF), Paderborn.

Weimer, S.; Semlinger, K. (1992): Kleinbetriebliche Zuliefererkooperation – An den Grenzen der Selbstorganisation und Möglichkeiten öffentlicher Unterstützung. Teilbericht II zum Projekt „Überbetriebliche Kooperation als Ansatzpunkt von Humanisierungspolitik – zur Stabilisierung und Verbesserung der Arbeitsbedingungen in Kleinbetrieben", hektogr. Bericht, München, September.

Womack, J. P.; Jones, D.; Roos, D. (1992): Die zweite Revolution in der Autoindustrie, Frankfurt a. M./New York.

ZDK (Zentralverband Deutsches Kfz-Gewerbe) (Hg.) (1996): Kraftfahrzeug-Servicetechniker. Übersicht Aktivitäten Automobilindustrie, Ergebnisse einer Umfrage im 1. Quartal 1996, Bonn.

4 Innovative Handlungspotenziale von Kranken- und Altenpflegekräften

Margarete Landenberger und Gerd-Uwe Watzlawczik

4.1 Ausgangslage und Fragestellung

Im vorliegenden Beitrag wird aus den empirischen Forschungsarbeiten des Teilprojekts B6 „Innovative Handlungspotenziale von Kranken- und Altenpflegekräften" berichtet.[1] Ausgangspunkt war die These, dass die Kranken- und Altenpflegekräfte infolge des Umbruchs im Gesundheitswesen von einer schweigenden Berufsgruppe zu einer Profession mit gesundheitspolitischen Gestaltungspotenzialen geworden sind. Während sie bis Ende der 80er-Jahre kaum in Erscheinung treten, haben sie seither durch eigene Professionalisierungsanstrengungen Handlungskompetenz in ihrem beruflichen Tätigkeitsfeld erlangt. Im Mittelpunkt der Untersuchungen stand die Frage, auf welchen Dimensionen des professionellen Tätigkeitsfeldes Pflegende innovativ werden und von welchen gesundheitspolitischen und organisatorischen Rahmenbedingungen dies abhängt.

Die Ergebnisse unserer Forschung können wie folgt zusammengefasst werden: Wichtige Gestaltungsdimensionen zur Aufwertung der Pflege sind erstens die Ausrichtung der Pflegeleistungen an den Patienten-/Klientenbedürfnissen sowie der Übergang zu wissenschaftlich fundiertem, methodischem Pflegehandeln. Dabei sind sowohl Kriterien der Qualitätssicherung als auch Kriterien der Effizienz- und Kostenkontrolle ausschlaggebend. Ein zweites zentrales Gestaltungsfeld von Pflegekräften und Pflegeleitungen sind Personalbeschaffung, Personalentwicklung und Qualifizierung. Der dritte wichtige Bereich ist die Mitgestaltung des gesamten Leistungsprofils sowie des internen Organisationsaufbaus der eigenen Einrichtung durch die Pflegenden als gleichrangige Berufsgruppe in Kooperation mit Ärzten, Verwaltungsleitung und anderen Mitarbeitergruppen. Dieser von der Dienstleistungstheorie eher vernachlässigte Gestaltungsbereich der Institutionen leitet über zum nächsten für das vorliegende Vorhaben relevanten Forschungsfeld.

Mit unseren Forschungsergebnissen knüpfen wir an die subjektorientierte Berufssoziologie (Bolte 1983) sowie die Gesundheitssystemforschung (Badura 1993) an. Gerade die Gesundheitspolitik wird als exemplarisches Feld des Dienstleistungssektors angesehen, wo alternative Handlungsmodelle und normative Orientierungen

1 Das Projekt wurde in den Jahren 1992 bis 1994 am Sonderforschungsbereich 333 durchgeführt. Kooperationspartner waren Kolleginnen und Kollegen vom Institut für Medizinische Soziologie an der Medizinischen Fakultät der Humboldt-Universität zu Berlin.

weniger auf der Makroebene, sondern vermehrt auf Meso- und Mikroebene der dezentralen und gruppenbezogenen Gesundheits- und Pflegelandschaft entstehen (Badura 1989, 1993; Le Grand 1993).

In der Sozialpolitiktheorie und Gesundheitssystemforschung wird der Übergang zu einem neuen sozial- und gesundheitspolitischen Paradigma diagnostiziert. Die Vorherrschaft der medizinisch-technisch orientierten, kurativen Behandlungsformen nimmt ab zugunsten von Prävention, Pflege, Rehabilitation und psychosozialer Betreuung. Die sich durchsetzende ganzheitliche Sicht von Patienten/Klienten führt zu einer Höherbewertung der Pflege und damit verbundener interaktionsintensiver Leistungsangebote (Badura 1993; Rabe-Kleberg 1993). Der Paradigmenwandel besteht jedoch nicht lediglich aus einem Wandel der Sichtweisen und Interpretationen. Vielmehr ist er Ausdruck eines tief greifenden ökonomischen, politischen, institutionellen und berufsbezogenen Umbruchs im deutschen Gesundheits- und Pflegewesen.

4.2 Methodisches Untersuchungskonzept

Die Mehrzahl der vorliegenden sozialwissenschaftlichen Untersuchungen zur Pflegeversorgung bietet dem Teilprojekt nur begrenzte methodische Orientierungspunkte, weil erstens nur einzelne Segmente des Pflegebereichs (Krankenhaussektor, Altenheime, ambulante Dienste) gesondert analysiert werden. Außerdem verbleiben die Analysen zweitens entweder auf der Ebene gesundheitspolitischer Strategien von Bund und Ländern zur Behebung der Beschäftigungsprobleme in der Pflege sowie zur Verbesserung der Pflegeversorgung oder sie stellen die Pflegeeinrichtungen in den Mittelpunkt. Die Pflegekräfte werden hierbei nur unzureichend berücksichtigt.

Im Unterschied hierzu weist die konzeptuelle und methodische Anlage des Teilprojekts zwei Besonderheiten auf. Zum einen werden das gesamte Spektrum der Pflegeeinrichtungen und damit die Wechselwirkungen sowie Kooperationen zwischen dem Krankenhaussektor, der stationären Altenpflege und der ambulanten Pflege berücksichtigt. Zum anderen stehen die Pflegekräfte als Hauptakteure von Pflegeinnovationen im Zentrum der Untersuchung. Trotz der Bedeutung der Leitungsebene von Pflegeeinrichtungen bei Verbesserungen der Pflegeversorgung wie der Arbeitsbedingungen in der Pflege werden die Pflegekräfte vom Teilprojekt als zentrale Berufsgruppe bei der Initiierung und Umsetzung von Innovationen angesehen.

Das vom Teilprojekt für die Untersuchung entwickelte Instrumentarium stellt einen Mehrmethodenansatz dar (Friedrichs 1982: 370ff.). Als geeignete Forschungsstrategie wird ein iteratives Verfahren von empirischer Beobachtung, theoretischer Reflexion und kategorialer Analyse zur Generierung plausibler Annahmen und Erklärungen angesehen (Glaser und Strauss 1979: 91ff.; Majchrzak 1994: 19).

Die Untersuchung umfasste zwei empirische Arbeitsschritte. In einem ersten Themenschwerpunkt wurden die Veränderungen in den Finanzierungsgrundlagen sowie in der politischen Programmatik auf Bund- und Länderebene sowie die hiermit verbundenen Auswirkungen auf die Pflegeeinrichtungen und die dort beschäftigten Pflegekräfte untersucht. Die Auswahl erstreckte sich neben dem Bund auf drei alte und drei neue Bundesländer. Mithilfe inhaltsanalytischer Instrumente wurden einschlägige Gesetzestexte, Förderprogramme, politische Stellungnahmen und Positionen der Regierungen sowie wissenschaftliche Analysen hierzu ausgewertet (Landenberger 1994, 1995).

In den beiden weiteren Themenschwerpunkten wurden in den Einrichtungen selbst die Innovationen der Pflegekräfte und der Leitungsebenen zur Pflegeversorgung wie zu den Arbeitsbedingungen in der Pflege untersucht. Um die eigenständige innovative Aktivität der Pflegekräfte erfassen zu können, wählten wir die Methode der qualitativen Einzelfallstudie. Damit war es nicht nur möglich, die Pflegekräfte als handelnde Subjekte der Arbeitssituation in den Mittelpunkt zu stellen, sondern zudem konnten neue, erst ansatzweise erkennbare Entwicklungen identifiziert werden. Angewendet wurde als Erhebungsinstrument das fokussierte Interview. Als offenes halbstrukturiertes Interview eignet es sich in besonderer Weise, mittels Beibehaltung natürlicher Gesprächssituationen die Darstellungs-, Deutungs- und Erklärungsmuster der Gesprächsteilnehmer zu erfassen. Nicht nur die Existenz von Pflegeinnovationen lässt sich somit belegen, sondern zugleich deren Bedeutung für die Pflegekräfte wie für die Pflegeeinrichtungen.

Zwischen April und September 1993 wurden in insgesamt 28 Pflegeeinrichtungen rund 60 fokussierte Interviews mit Pflegekräften und Leitungsebenen durchgeführt. Ergänzend hierzu fanden etwa 30 Expertengespräche mit den Trägern der untersuchten Pflegeeinrichtungen, den Krankenkassen, den Kommunen sowie den zuständigen Länderministerien statt.

Zentrales Kriterium für die Auswahl der Pflegeeinrichtungen war die Erfassung des gesamten Spektrums der Pflegeversorgung. Hierbei spielt unseres Erachtens neben Einrichtungsart, Größe und Trägerschaft der Einrichtung auch die Region eine Rolle. Im Rahmen unserer Befragung wurden daher zwölf ambulante Pflegedienste sowie jeweils acht Krankenhäuser und Altenpflegeheime unterschiedlicher Größe und Trägerschaft in verschiedenen Regionen der alten und neuen Bundesländer untersucht. Die Auswahl orientierte sich hierbei an der Analyse von Versorgungsketten. Untersucht wurden Krankenhäuser, Altenpflegeheime und ambulante Dienste, die in der jeweiligen Region in einem Kooperations- oder Konkurrenzverhältnis zueinander stehen.

4.3 Handlungstheoretische Ansätze der Organisationssoziologie und der subjektorientierten Berufssoziologie

Eine Theorie des Handelns von Pflegeorganisationen in sich wandelnden gesundheitspolitischen Rahmenbedingungen liegt nicht vor. Aus diesem Grund wird das im Folgenden dargestellte begriffliche Modell aus verschiedenen Ansätzen der Theorie des sozialen Wandels und der handlungsorientierten Organisationssoziologie entwickelt. Neuere Theorieansätze des sozialen Wandels lenken den Blick verstärkt auf dezentrale Organisationen der Problembearbeitung sowie auf deren subpolitische Leistungen der Wohlfahrtssicherung und Gemeinschaftsbildung (Beck 1993; Giddens 1988; Pankoke 1989). Dies gilt insbesondere auch für die Umbruchphase, in der durch Rückzug des Zentralstaates und Abbau hierarchischer Steuerung die Bedeutung heterarchischer reflexiver Gesellschaftssteuerung durch problemnahe Wissensträger wie Organisationen und Professionen wächst (Héritier 1993; Willke 1992). Wichtige Bausteine für das vorliegende Erklärungsmodell liefern schließlich Organisationssoziologie sowie Dienstleistungstheorie. Es liegt eine ganze Reihe von handlungsorientierten organisationstheoretischen Ansätzen vor, die staatliche sowie intermediäre Organisationen nicht als starre Strukturen, sondern als handelnde, sozio-ökonomische Problemlösungen herstellende und „lernende" Einrichtungen modellieren (Girschner 1990; North 1990). Hinweise auf eine Ablösung des Organisationstyps „Anstalt" durch einen Organisationstyp „Sozial-Unternehmen" enthalten dienstleistungstheoretische Ansätze. Den darin angebotenen Erklärungskontexten zufolge reicht für öffentliche und frei gemeinnützige Organisationen bürokratisches Routinehandeln nicht mehr aus. Vielmehr werden bei knappen Ressourcen als Überlebensbedingung aktives Handeln, Innovationsfähigkeit und die Entwicklung „intelligenter" Problemlösungen im Ausbalancieren von wirtschaftlicher Effizienz einerseits sowie Klienten- und Gemeinwohlorientierung andererseits vorausgesetzt (Nokielski 1993).

Mit der Thematisierung der nichtärztlichen Gesundheits- und Pflegeberufe stellt sich der vorliegende Ansatz bewusst in Gegensatz zu einer ausgeprägten Tradition der Berufs- und Professionsforschung, in der vorwiegend Prestigeberufe wie Ärzte untersucht wurden. Diese einseitige Blickrichtung der Wissenschaft vollzog die historisch überholte Vorherrschaft der Medizinberufe unreflektiert nach. Dagegen betonen neuere Analysen die Kreativität und Innovationskraft von „front-line"-Berufen, die im direkten Patientenkontakt an der Implementation von Gesundheits- und Pflegepolitik mitwirken (Badura 1993: 28ff.; Pankoke 1985: 330ff.). Zahlreiche Merkmale, mit denen die Berufssoziologie die gesellschaftliche Funktion des Berufs begrifflich fasst, treffen auf den Alten- und Krankenpflegeberuf prototypisch zu.

In dem Maße, wie Pflegeorganisationen durch veränderte zentralstaatliche Politik zu wirtschaftlichem und wettbewerblichem Handeln übergehen, ändert sich das Verhältnis der Professionals sowohl zu Patienten/Klienten als auch zur Organisation und deren institutioneller Umwelt. Professionelle Autonomie kann nicht mehr Distanzierung von der Organisation als Anstellungsträger bedeuten. Vielmehr erhalten Begriffe wie Loyalität und Identifikation der Mitarbeiter mit der Pflegeorganisation eine ganz neue Bedeutung. Was die moderne Organisationstheorie und Industriesoziologie als theoretische Voraussetzung für innovative Unternehmen betonen, gilt zukünftig auch für Sozial-Unternehmen wie Krankenhäuser und Alteneinrichtungen. Qualifizierte Leitungsfunktionen und Management reichen nicht aus. Vielmehr sind es insbesondere die „front-line"-Mitarbeiter, die aufgrund ihres direkten Kunden-/Klientenkontaktes die Hauptträger neuer Produktideen sowie neuer kreativer Problemlösungen sind (Deutschmann 1991: 521ff.). In ähnliche Richtung weisen Ergebnisse neuerer Ansätze der Politikwissenschaft. Ihnen zufolge findet Policy-Making nicht nur „von oben" statt, sondern es besteht aus materiellem Handeln der Expertenberufe auf allen Ebenen in Form von Leistungs-, Finanzierungs- und Personalentscheidungen (Derlien 1990: 83ff.). Die Motivation von Professionen, am Unternehmenserfolg kreativ mitzuwirken, kann in dem Gemeinwohl verpflichteten Non-Profit-Organisationen höher sein als in anderen Unternehmen. Der Grund liegt in der doppelten Aufgabenstellung beispielsweise eines Krankenhauses – öffentliche Leistungserstellung und Wirtschaftlichkeit –, die Expertenberufe vor besonders komplexe Aufgaben stellt und ihnen besondere Möglichkeiten zur Identifikation und zu persönlichem Engagement bietet (Kaufmann 1994: 364f.; Pankoke 1989: 66).

Eine Überwindung des verengten Begriffs der Pflegetätigkeit zeichnet sich insbesondere im pflegewissenschaftlichen Ansatz von Rabe-Kleberg ab, die auf die unzulässige Herauslösung des Einzelfalls des Kranken oder Pflegebedürftigen aus dem sozialen und infrastrukturellen Zusammenhang aufmerksam macht. Sie entwickelt eine veränderte Berufskonzeption, die sich inhaltlich-paradigmatisch von der Leitdisziplin Medizin löst und dem Anspruch der Ganzheitlichkeit sowie der Aktivierung von sozialen und institutionellen Netzwerken gerecht wird (Rabe-Kleberg 1993: 24f., 98f.). Auch die US-amerikanische Pflegewissenschaft arbeitet mit einer erweiterten Bestimmung des professionellen Tätigkeitsfeldes von Gesundheits- und Pflegeberufen. Dies umfasst neben der unmittelbaren Körperarbeit mit den Patienten/Klienten auch Koordination, Artikulation der Klienteninteressen sowie Beschaffung und Zuteilung von Ressourcen (Strauss et al. 1985: 38ff.). Eine weitere zentrale Dimension des professionellen Handlungsfeldes Pflege thematisiert Badura. Sein Theorieansatz zeigt, dass ein Pflegebegriff, der dem Paradigmenwandel von „cure" zu „care" gerecht werden will, sich nicht auf ausführende Fallarbeit auf der Mikroebene reduzieren kann. Vielmehr postuliert er ein Professionsverständnis, das auch organisations- und gesundheitspolitische Arbeit umfasst, indem Pflegeexperten an der Herstellung von Pflegenetzwerken und damit an der Systemgestaltung des Gesundheitswesens sowie an der Erforschung seiner wissenschaftlichen Grundlagen mitwirken (Badura 1993: 28ff.).

4.4 Empirische Forschungsergebnisse: innovative Handlungsfelder von Pflegekräften

Die empirische Untersuchung wies drei Schwerpunkte auf: Erstens wurde analysiert, in welchen zentralen Gegenstandsbereichen ihres Berufsfeldes Alten- und Krankenpflegekräfte aktiv werden, zweitens inwiefern unter den Einrichtungsarten spezifische Unterschiede bzw. Gemeinsamkeiten bestehen und drittens, welche Innovationstypen sich übergreifend bilden lassen. Grundlage der Ergebnisanalyse bildet ein im Forschungsverlauf entwickeltes Klassifikationsschema, das der verdichteten Beschreibung und systematischen Analyse des Problemfeldes dient.

Wie Tabelle III.4.1 zeigt, lassen sich die Aktivitäten von Pflegeeinrichtungen und Pflegebeschäftigten mithilfe von vier zentralen Analysekategorien darstellen: Dies ist erstens die Kategorie *Pflegeinhalt* mit innovativen Problemlösungen, die den unmittelbaren Arbeitsbereich von Pflege betreffen. Dazu gehören die Einführung ganzheitlicher(er) Pflegesysteme und -modelle, die Anwendung kooperativ-institutioneller Umsetzungsmethoden zur Verbesserung der Pflegequalität sowie die Festlegung pflegerischer Berufsinhalte in Abgrenzung zu pflegefremden Tätigkeiten durch die Pflegenden selbst. Die zweite zentrale Kategorie *personelle Ressourcen* umfasst Aktivitäten in den Bereichen der Qualifizierung – also Fort-, Aus- und Weiterbildung –

von Pflegekräften, Maßnahmen der Rekrutierung von pflegerischem Fachpersonal sowie Verbesserungen, die die unmittelbaren Arbeitsplatzbedingungen betreffen. Ein dritter wichtiger Gegenstandsbereich von Innovation ist das *Leistungsspektrum* einer Einrichtung, das sowohl durch die Ergänzung bisheriger Versorgungsangebote, beispielsweise die zunehmende Gründung von geriatrischen Zentren an Krankenhäusern, als auch durch die interne Neuanordnung bereits vorhandener Leistungsbereiche bestimmt wird. Die vierte und letzte Kategorie *örtliches Versorgungssystem* beschreibt die Einbindung der von uns befragten Einrichtungen in das regionale Versorgungsnetz. Dies betrifft neben den berufspolitischen Aktivitäten der Pflegenden in der Region insbesondere die Kooperation stationärer und ambulanter Pflegeeinrichtungen sowie deren Kontakte zur Politik- und Finanzierungsebene, also den Krankenkassen und örtlichen bzw. überörtlichen Kostenträgern.

Tabelle III.4.1: Innovationskategorien und -dimensionen.

Kategorien	**Dimensionen**
Pflegeinhalt	Pflegesystem kooperativ-institutionelle Methoden Berufsrolle
personelle Ressourcen	Qualifizierung Personalplanung/-struktur Arbeitsbedingungen
Leistungsspektrum	zusätzliches Leistungsangebot interne Neuanordnung des Leistungsangebots
örtliches Versorgungssystem	Kooperation mit anderen Pflegeeinrichtungen Kooperation mit Politik- und Finanzierungsebene berufspolitische Aktivitäten

Grundlage für die Bildung einer Typologie innovativer (Pflege-)Einrichtungen ist das Klassifikationsschema mit den vier zentralen Analysekategorien Pflegeinhalt, personelle Ressourcen, Leistungsspektrum und örtliches Versorgungssystem (Tabelle III.4.2). Im Sinn so genannter Idealtypen lassen sich drei Typen voneinander unterscheiden. Der erste Typ der *konservativen Pflegebelegschaften* kann im Wesentlichen durch das Fehlen innovativer Problemlösungen charakterisiert werden. Im Unterschied dazu findet sich beim zweiten Typ der *punktuellen Innovatoren* eine Reihe innovativer Veränderungen, die den Charakter von *Innovationsinseln* haben, wogegen bei dem dritten Typ der *konzeptionsgeleiteten Pflegepioniere* bereits ein umfassender Wandlungsprozess begonnen hat.

Nicht bestätigt hat sich unsere Ausgangshypothese, nach der sich Innovationstypen nach den jeweiligen Schwerpunkten ihrer Aktivitäten auf der Gegenstandsebene unterscheiden lassen, wie beispielsweise ein Typ *Pflegeinhalt*, der demnach seine Aktivitäten auf die Gestaltung der unmittelbaren Pflegetätigkeit oder die Umsetzung bestimmter Pflegemodelle konzentriert hätte. So beschränkt der Typ des konzeptionsgeleiteten Pflegepioniers seine Aktivitäten eben nicht auf bestimmte Handlungsbereiche, wie beispielsweise die Gestaltung des Leistungsprofils *oder* des örtlichen Versorgungssystems, sondern er richtet sein innovatives Handeln auf ein breites und vielschichtiges Problemfeld. Bemerkenswert ist auch, dass diese Typologie quer zu den Einrichtungsarten – Krankenhäusern, ambulanten Pflegediensten und Altenpflegeheimen – liegt, das heißt, unter jeder Einrichtungsart findet sich sowohl der eher konservative als auch die beiden innovativeren Typen.

Tabelle III.4.2: Innovationstypen.

Typen / *Kategorien*	**Typ 1: konservative Pflegebelegschaften**	**Typ 2: punktuelle Innovatoren**	**Typ 3: konzeptionsgeleitete Pflegepioniere**
Pflegeinhalt	arbeitsteilige Funktionspflege	Nebeneinander unterschiedlicher Pflegesysteme	ganzheitliche Gruppen- und Bereichspflege
personelle Ressourcen	reaktive Personalpolitik	disparater Aktionismus („Insellösungen")	systematische Personalentwicklung
Leistungsspektrum	Pflege nachrangig	ansatzweise Aufwertung der Pflege	Pflege im Zentrum
örtliches Versorgungssystem	isoliert	selektive Kooperation	integriert

Wie lassen sich diese Typen vergleichend analysieren?

Im Hinblick auf die Gestaltung des *Pflegesystems* als unmittelbaren Arbeitsinhalt zeigt sich, dass die öffentliche Fachdiskussion über ganzheitliche und bedürfnisgerechte Pflegemodelle in der konkreten Pflegepraxis des Typs der konservativen Pflegebelegschaften bislang kaum Spuren hinterlassen hat. Charakteristisch ist, dass in den stationären Einrichtungen der Kranken- und Altenpflege nach wie vor eine traditionelle Funktionspflege mit ausgeprägter Arbeitsteilung praktiziert wird. Dort findet, ebenso wie in den ambulanten Pflegediensten, so gut wie keine interne Diskussion über neuere Pflegekonzepte statt. Mögliche Ansätze für eine Veränderung, wie beispielsweise die Einführung von Pflegestandards und anderer Pflegedokumentationssysteme, werden von den Pflegenden in erster Linie unter dem Aspekt einer dadurch entstehenden Mehrbelastung gesehen. Die darin enthaltene Chance zur Umgestaltung der Arbeitsbedingungen, die gerade in diesen Einrichtungen als auffallend belastend geschildert werden, wird nicht wahrgenommen.

Im Unterschied dazu hat bei dem Typ der punktuellen Innovatoren eine Umstellung von traditionellen, eher arbeitsteiligen auf ganzheitlichere Pflegekonzepte sichtbar begonnen. Ein Kennzeichen dafür ist das versuchsweise Nebeneinander unterschiedlicher Pflegekonzepte innerhalb der Einrichtung bzw. des Pflegedienstes, die einen eher experimentellen Charakter aufweisen. In der Regel fehlt diesen Einrichtungen eine Umsetzungsmethode zur kooperativ-institutionellen Implementierung der Innovationen. Dies hat zur Folge, dass neue Problemlösungen innerhalb der Einrichtung lediglich als „Innovationsinseln" bestehen, nicht aber die gesamte Einrichtung erfassen und aufgrund fehlender Durchsetzungsstrategien häufig nicht dauerhaft implementiert werden können. Der dritte Typ der konzeptionsgeleiteten Pflegepioniere zeichnet sich dadurch aus, dass dort Pflege explizit an den Bedürfnissen der Patienten/Bewohner orientiert ist. Dies zeigt sich daran, dass beispielsweise die stationären Einrichtungen ihr Pflegesystem bereits vollständig auf Gruppen- oder Bereichspflege umgestellt haben. Die Implementierung pflegerischer Innovationen bleibt nicht dem Engagement einzelner Pflegekräfte und Stationen überlassen, sondern es werden gezielt kooperativ-institutionelle Umsetzungsmethoden eingesetzt, wie beispielsweise gemeinsame Arbeitskreise. Entscheidend für deren Erfolg sind zwei Faktoren. Zum einen verfügen diese Arbeitsgruppen über konkrete Entscheidungskompetenzen, zum anderen wird durch die systematische Einbeziehung aller betroffenen Berufsgruppen und Abteilungen die Konsensfähigkeit einer konkreten Neuerung gewährleistet.

Im Hinblick auf die Aktivitäten der Einrichtungen im zweiten Gegenstandsbereich der *personellen Ressourcen*, also der Gestaltung der unmittelbaren Arbeitsbedingungen sowie Personalplanung und Qualifizierung, zeigt sich, dass dort bei allen drei Typen Aktivitäten stattfinden. Große Unterschiede bestehen jedoch bei der Qualität der einzelnen Maßnahmen. So ist für den ersten Typ der konservativen Pflegebelegschaften eine von uns als reaktive Personalpolitik bezeichnete, eher quantitative Strategie der Personalplanung typisch, die zwar auf die Besetzung aller Stellen im Pflegebereich zielt, aber darüber die Qualifikation der Pflegebeschäftigten vernachlässigt und zu einem vergleichsweise hohen Anteil an nichtexaminierten bzw. weniger qualifizierten Pflegekräften in diesen Einrichtungen führt. Es fehlen auch einrichtungsspezifische Bildungsangebote, mittels deren bestehende Qualifikationsdefizite kompensiert werden könnten. In diesen Einrichtungen und Diensten arbeiten im Pflegedienst häufig an- bzw. ungelernte (Teilzeit-)Kräfte, deren Interesse an Qualifizierungsangeboten eher gering ist. Das Extrembeispiel des Typs der konzeptionsgeleiteten Pflegepioniere hingegen zeichnet sich durch eine hohe Fachlichkeit der Pflege aus, die Resultat sowohl eines bewusst hohen Anteils an qualifizierten Pflegekräften als auch gezielter Fort- und Weiterbildungsmaßnahmen ist. Auffallend ist, dass dort gerade der Bereich der Qualifizierung von den Pflegenden zunehmend als Handlungsfeld wahrgenommen wird. Pflegekräfte artikulieren ihre Unzufriedenheit mit einem nicht auf ihre Bedürfnisse zugeschnittenen Bildungsangebot und melden verstärkt ihren Bedarf an.

Signifikante Unterschiede unter den drei Innovationstypen zeigen sich auch bei der Gestaltung des *Leistungsspektrums* als drittem Gegenstandsbereich. Beim Typ der konservativen Pflegebelegschaften fehlen Neuerungen beim Leistungsspektrum gänzlich. Der interne Traditionalismus des Verharrens bei bislang praktizierten Formen findet seine Entsprechung in der Beibehaltung klassischer Versorgungs- und Betreuungsformen. Im Unterschied dazu entstehen bei den beiden anderen Typen – bei den punktuellen Innovatoren ansatzweise, bei den Pflegepionieren konsequenter – neue und bedarfsgerechtere Betreuungsformen: beispielsweise geriatrische und ambulante Versorgungsbereiche an Krankenhäusern sowie gemeinsame Trägerschaften zwischen unterschiedlichen Einrichtungsarten. Bei den Pflegepionieren fällt auf, dass sie Qualität und Gestaltung ihres Leistungsangebotes in erster Linie in Bezug zu den sich verändernden Bedürfnissen ihrer Klientel sehen und ihre konzeptuelle Planung darauf abstimmen. Die Qualität der zu leistenden Pflege ist zentraler Bezugspunkt in der Einrichtung selbst und wird *nicht* einem anderen Bereich, wie beispielsweise dem medizinischen (Krankenhäuser) oder therapeutischen (Altenpflegeeinrichtung), nachgeordnet.

Die vierte und letzte Dimension, auf der sich die drei Typen voneinander unterscheiden, ist die Gestaltung des *örtlichen Versorgungssystems*, die sowohl Kontakte zu anderen Pflegeeinrichtungen als auch zur Politik- und Finanzierungsebene umfasst. Auffallend ist das fast vollständige Fehlen institutionalisierter Kooperationsformen bei den konservativen Pflegebelegschaften, deren Position im regionalen Versorgungssystem als isoliert bezeichnet werden kann. Die traditionelle Konkurrenz der Versorgungsbereiche – Altenpflege vs. Krankenpflege sowie stationär vs. ambulant – zeigt sich in den stereotypen Wahrnehmungsmustern der Akteure. Typisch ist der gegenseitige Vorwurf der Einrichtungen, die jeweils anderen betrieben eine für sie vorteilhafte Patientenselektion und damit „Rosinenpickerei". Während beim Typ der punktuellen Innovatoren erste Ansätze bei Kontakten zu anderen Versorgungseinrichtungen bestehen, findet eine Kooperation mit Politik- und Finanzierungsebene nur bei den Pflegepionieren statt. Das für Letztere typische Kontaktmuster ist gekennzeichnet durch eine breite Kooperation mit unterschiedlichen Einrichtungen in der Region sowie Politik- und Finanzierungsebene. Typisch ist, dass Einrichtungen dieses Typus versuchen, kontinuierliche und institutionalisierte Formen einer einrichtungsübergreifenden Kooperation zu schaffen.

Abschließend stellt sich die Frage nach der Rolle der Berufsgruppe der Pflegekräfte im Wandel des deutschen Gesundheits- und Pflegewesens und ihren Einflussmöglichkeiten, die Handlungsstrukturen und Bedingungen ihrer Arbeitssituation dauerhaft verändern zu können. Zentrales Ergebnis unserer Studie ist, dass Pflegekräfte an der Entwicklung innovativer Lösungen für *einrichtungsinterne* Probleme zwar maßgeblich beteiligt sind, deren Zusammenhang mit *einrichtungsexternen* Faktoren von den Pflegenden aber nicht in seiner Bedeutung wahrgenommen wird. Probleme in den Einrichtungen und ihre Auswirkungen auf die Arbeits- und Berufsbedingungen der Pflegekräfte haben jedoch häufig ihren Ursprung außerhalb der Einrichtung. So entscheiden beispielsweise Gesetzgeber und Krankenkassen über die Finanzierung und damit auch über Pflegesätze und Stellenschlüssel. Die unzureichende Vernetzung der Einrichtungen im Gesundheitswesen ist nicht nur ein Problem auf gesundheitspolitischer Ebene, sondern hat unmittelbare Auswirkungen sowohl auf die Versorgung der Pflegebedürftigen als auch auf die Arbeitsbelastung der Pflegekräfte, wenn beispielsweise ambulante Dienste über die Entlassung ihrer Klienten aus dem Krankenhaus nicht oder erst zu spät informiert werden.

So konzentrieren sich die Aktivitäten der von uns befragten Alten- und Krankenpflegekräfte eher auf die Gestaltung der einrichtungsinternen Bereiche des Pflegeinhalts und der personellen Ressourcen, wogegen die darüber hinausgehenden Bereiche des Leistungsprofils sowie die Kooperation innerhalb des örtlichen Versorgungssystems eher vernachlässigt und in ihrer Bedeutung für pflegerisches Handeln wenig wahrgenommen werden. Alten- und Krankenpflegekräfte sind an institutionalisierten Kooperationsformen bislang kaum beteiligt. Pflege findet jedoch nicht im „luftleeren Raum" statt. Interne Innovationen führen zwar zu punktuellen Verbesserungen, reichen aber für einen strukturellen Wandel im Arbeitsfeld Pflege nicht aus. Durch den Paradigmenwechsel im Gesundheits- und Pflegewesen eröffnet sich für die Berufsgruppe der Pflegekräfte die Chance, stärker als bisher auf die Gestaltung grundlegender gesundheitspolitischer Rahmenbedingungen Einfluss zu nehmen.

Literatur

Badura, B. (1989): Pflegebedarf und Pflegepolitik im Wandel. In: Th. Olk, H.-U. Otto (Hg.): Soziale Dienste im Wandel, Bd. 3, Neuwied/Frankfurt a. M., S. 79–93.

Badura, B. (1993): Systemgestaltung im Gesundheitswesen: das Beispiel Krankenhaus. In: B. Badura, G. Feuerstein, Th. Schott (Hg.): System Krankenhaus. Arbeit, Technik und Patientenorientierung, Weinheim/München, S. 28–40.

Beck, U. (1993): Die Erfindung des Politischen, Frankfurt a. M.

Bolte, K. M. (1983): Subjektorientierte Soziologie – Plädoyer für eine Forschungsperspektive. In: K. M. Bolte, E. Treutner (Hg.): Subjektorientierte Arbeits- und Berufssoziologie, Frankfurt a. M./New York, S. 12–36.

Derlien, H.-U. (1990): „Regieren" – Notizen zum Schlüsselbegriff der Regierungslehre. In: H.-H. Hartwich, G. Wewer (Hg.): Regieren in der Bundesrepublik I: Konzeptionelle Grundlagen und Perspektiven der Forschung, Opladen, S. 77–88.

Deutschmann, Ch. (1991): Die „Adhocracy" in modernisierungstheoretischer Sicht. In: W. Zapf (Hg.): Die Modernisierung moderner Gesellschaften. Verhandlungen des 25. Deutschen Soziologentages in Frankfurt am Main 1990, Frankfurt a. M./New York, S. 517–527.

Friedrichs, J. (1982): Methoden empirischer Sozialforschung, 10. Aufl., Opladen.

Giddens, A. (1988): Die Konstitution der Gesellschaft. Grundzüge einer Theorie der Strukturierung, Frankfurt a. M./New York (engl. Erstausgabe 1984, Cambridge).

Girschner, W. (1990): Theorie sozialer Organisationen, Weinheim/München.

Glaser, B. G.; Strauss, A. L. (1979): Die Entdeckung gegenstandsbezogener Theorie: Eine Grundstrategie qualitativer Sozialforschung. In: Ch. Hopf, E. Weingarten (Hg.): Qualitative Sozialforschung, Stuttgart, S. 91–111.

Héritier, A. (Hg.) (1993): Policy-Analyse. Kritik und Neuorientierung, PVS-Sonderheft 24, Opladen.

Kaufmann, F.-X. (1994): Staat und Wohlfahrtsproduktion. In: H.-H. Derlien, U. Gerhardt et al. (Hg.): Systemrationalität und Partialinteresse, Festschrift für Renate Mayntz, Baden-Baden, S. 357–280.

Kuhlmey, A.; Landenberger, M. (Hg.) (1993): Entwicklungsperspektiven der Kranken- und Altenpflege, Tagungsband, München.

Kuhlmey, A.; Kleinstück, B.; Bansemir, G. (1995): Kranken- und Pflegeberufe auf dem Weg in das westliche Gesundheitssystem. In: B. Lutz, H. Schröder (Hg.): Entwicklungsperspektiven von Arbeit im Transformationsprozeß, München/Mering, S. 97–138.

Landenberger, M. (1994): Pflegeversicherung als Vorbote eines anderen Sozialstaates. In: Zeitschrift für Sozialreform 5, 314–342.

Landenberger, M. (1995): Pflegeversicherung – Modell für sozialstaatlichen Wandel. In: Gegenwartskunde 1, 19–31.

Landenberger, M. et al. (1994): Innovation in der Pflege, Forschungsbericht, SFB 333, Universität München, München.

Landenberger, M.; Lohr, K. (1995): Pflegekräfte als gesundheits- und berufspolitische Akteure. In: H. Sahner, S. Schwendtner (Hg.): Gesellschaft im Umbruch, 27. Kongreß der Deutschen Gesellschaft für Soziologie, Abstract-Band, Halle/Saale.

Landenberger, M.; Kuhlmey, A. (Hg.) (1995): Pflegekräfte als Motor für Innovationen, Dokumentation Seminartagung, München/Berlin.

Le Grand, J. (1993): Ein Wandel in der Verwendung von Policy-Instrumenten: Quasi-Märkte und Gesundheitspolitik. In: A. Héritier (Hg.): Policy-Analyse. Kritik und Neuorientierung, PVS-Sonderheft 24, Opladen, S. 225–244.

Majchrzak, A. (1994): Methods for Policy Research, Beverly Hills (Ca.).

March, J. G.; Olsen, J. P. (1989): Rediscovering Institutions, New York.

Nokielski, H. (1993): Universalität, Partikularität, Individualität. Zum Wandel der Orientierungsmuster sozialer Dienste. In: Zeitschrift für Sozialreform 11, 667–678.

North, D. C. (1990): Institutions, Institutional Change and Economic Performance, Cambridge/New York.

Pankoke, E. (1985): Kommunale Orientierung sozialer Politik. Zur „Mittlerstellung" kommunaler Selbstverwaltung. In: J. Krüger, E. Pankoke (Hg.): Kommunale Sozialpolitik (Soziologie und Sozialpolitik, Bd. 5), München/Wien, S. 330–353.

Pankoke, E. (1989): Solidarität, Subsidiarität, Pluralität. Programmformeln und Strukturfragen wertgebundenen Helfens. In: Th. Olk, H.-H. Otto (Hg.): Soziale Dienste im Wandel, Bd. 3, Neuwied/Frankfurt a. M., S. 51–94.

Rabe-Kleberg, U. (1993): Verantwortlichkeit und Macht, Bielefeld.

Strauss, A. et al. (1985): Social Organization of Medical Work, Chicago/London.

Watzlawczik, G.-U. (1995): Auswirkungen der gesundheitspolitischen Strategien von Bund und Ländern auf den Pflegesektor. In: Mitteilungen 9 des SFB 333 der Universität München, S. 75–103.

Willke, H. (1992): Prinzipien politischer Supervision. In: H. Bußhoff (Hg.): Politische Steuerung. Steuerbarkeit und Steuerungsfähigkeit. Beiträge zur Grundlagendiskussion, Baden-Baden, S. 51–80.

Teil IV

Dokumentarischer Anhang

1 Die am Sonderforschungsbereich 333 beteiligten Institutionen

Institut für Soziologie der Universität München
Institut für Psychologie – Arbeits- und Organisationspsychologie – der Universität München
Institut für Psychologie – Sozialpsychologie – der Universität München
Geschwister-Scholl-Institut für politische Wissenschaften der Universität München
Institut für Sozialwissenschaftliche Forschung e. V., ISF, München
Deutsches Jugendinstitut, München
Institut für Psychologie der Universität Leipzig
Institut für Medizinische Soziologie der Charité, Humboldt-Universität zu Berlin
Institut für Soziologie der Humboldt-Universität zu Berlin
WISOC, Chemnitz

2 Die Teilprojekte des Sonderforschungsbereichs 333

2.1 Projektbereich A: Arbeit und Lebenszusammenhang

Teilprojekt A1: Veränderungen der Arbeitsteilung von Personen: Zur sozialen Stabilisierungs- und Strukturierungsfunktion alltäglicher Lebensführung

Team: Luise Behringer, Karl Martin Bolte, Sylvia Dietmeier-Jebara, Wolfgang Dunkel, Karin Jurczyk, Werner Kudera, Maria S. Rerrich, G. Günter Voß

Förderungszeitraum: 1986–1996

Kooperationspartner Teilprojekt Y1 (Universität Leipzig): Michael Hofmann, Ina Dietzsch

Förderungszeitraum: 1992–1994

Teilprojekt A2: Sinnliche Erfahrbarkeit und technische Rationalität – Neue Probleme der subjektiven Bewältigung fortschreitender Technisierung

Team: Fritz Böhle, Brigitte Milkau, Manfred Moldaschl, Helmuth Rose

Förderungszeitraum: 1986–1994

Teilprojekt A5: Der Beitrag der Familie zur Entwicklung von Arbeitsvermögen in der Informationsgesellschaft

Team: H. Gerhard Beisenherz, Hans Bertram, Hans Rudolf Leu

Förderungszeitraum: 1986–1988

Teilprojekt A6: Erwerbsverläufe, soziale Netzwerke und Identitätsentwicklung junger Erwachsener

Team: Erich Eisenstecken, Petra Findeiß, Wolfgang Gmür, Renate Höfer, Lis Keimeleder, Heiner Keupp, Wolfgang Kraus, Rita Seitz, Siegrid Stiemert-Strecker, Florian Straus, Sabine Waldmann

Förderungszeitraum: 1989–1996 (anschließende Übernahme in das DFG-Normalverfahren)

Kooperationspartner Teilprojekt Y1 (Universität Leipzig): Thomas Ahbe, Beate Mitzscherlich, Carola Glücksmann, Harry Schröder, Evelyn Witruk

Förderungszeitraum: 1992–1994

Teilprojekt A7: Selektion und Sozialisation des Führungsnachwuchses

Team: Matthias Hadesbeck, Jürgen Kaschube, Thomas Lang-von Wins, Günter W. Maier, Friedemann W. Nerdinger, Eduard Sigl, Erika Spieß, Gabriele Rappensperger, Lutz von Rosenstiel, Franz Weber, Angela Wittmann

Förderungszeitraum: 1989–1996 (anschließende Übernahme in das DFG-Normalverfahren)

Kooperationspartner Teilprojekt Y1 (Universität Leipzig): Ingrid Zwarg

Förderungszeitraum: 1992–1994

Teilprojekt A8: Die Entstehung neuer Qualifikationstypen, neue Konkurrenzen und politische Folgen

Team: Ingrid Drexel, Joachim Fischer, Gerd Macher, Anneliese Müller-Bauer, Christoph Nuber

Förderungszeitraum: 1989–1996

Kooperationspartner Y3 (Charité, Humboldt-Universität zu Berlin): Barbara Giessmann

Förderungszeitraum: 1992–1994

2.2 Projektbereich B: Institutionell-organisatorische Dynamik von Arbeit

Teilprojekt B1: Regelungen gesellschaftlicher Arbeit: Probleme und Lösungsstrategien im Spannungsfeld von staatlicher Politik und subjektiven Interessen

Team: Walter Dittrich, Gerhard Fuchs, Margarete Landenberger, Heinz Laufer, Dieter Rucht, Karen Strehlow, Erhard Treutner

Förderungszeitraum: 1986–1988

Teilprojekt B2: Neue Techniken, betriebliche Arbeitsteilung und Arbeitskräftestrukturen

Team: Günther Bechtle, Marhild von Behr, Klaus Düll, Hartmut Hirsch-Kreinsen, Christoph Köhler, Burkart Lutz, Pamela Meil, Klaus Schmierl, Rainer Schultz-Wild

Förderungszeitraum: 1986–1996

Kooperationspartner Y3 (Humboldt-Universität zu Berlin): Karin Lohr, Gottfried Rössel

Förderungszeitraum: 1992–1994

Teilprojekt B3: Datentechnische Vernetzung im Betrieb und zwischen Betrieben und ihre Folgen für die Arbeitskräfte

Team: Norbert Altmann, Daniel Bieber, Manfred Deiß, Volker Döhl, Dieter Sauer

Förderungszeitraum: 1986–1994

Teilprojekt B4: Organisationen und Berufsverläufe: Struktur, Dynamik, Wechselwirkungen

Team: Josef Brüderl, Andreas Diekmann, Peter Preisendörfer, Rudolf Schüssler, Thomas Voss, Marianne Wallaschek, Gabriele Wiedenmayer, Frauke Wilkens, Rolf Ziegler

Förderungszeitraum: 1986–1988

Teilprojekt B5: Arbeitsmarktstrukturen und kleinbetrieblicher Sektor

Team: Hans-Gerhard Mendius, Klaus Semlinger, Stefanie Weimer, Werner Sengenberger

Förderungszeitraum: 1986–1994

Kooperationspartner Teilprojekt Y2 (WISOC, Chemnitz): Irina Ermischer, Volkmar Kreißig, Erhard Schreiber, Uta Lischke

Förderungszeitraum: 1992–1994

Teilprojekt B6: Arbeitspolitische Steuerungswirkungen der Sozialversicherungssysteme am Beispiel des Pflegeproblems

Team: Dieter Grosser, Margarete Landenberger, Thomas Lange, Karin Lohr, Beate Neuß, Gerd-Uwe Watzlawczik

Förderungszeitraum: 1989–1994

Kooperationspartner Y3 (Charité, Humboldt-Universität zu Berlin): Gerd Bansemir, Birgit Kleinstück, Gisela Kröger, Beate Kuhlmey, G. Miehlke, Edelgard Neukirch

Förderungszeitraum: 1992–1994

3 Dissertationen

Behringer, Luise (Teilprojekt A1): Lebensführung als Identitätsarbeit. Der Mensch im Chaos des modernen Alltags. Universität München 1997.

Dunkel, Wolfgang (Teilprojekt A1): Alltägliche Lebensführung von Altenpflegekräften. Veränderungen von Arbeit und Leben. Universität München 1993.

Heidling, Eckart: Interessenvertretung im Netz. Freie Universität Berlin 1997.

Jurczyk, Karin (Teilprojekt A1): Familienpolitik als Politik der Arbeitsteilung zwischen den Geschlechtern. Universität Bremen 1989.

Kaschube, Jürgen (Teilprojekt A7): Realisierung beruflicher Ziele in Organisationen. Universität München 1995.

Kraus, Wolfgang (Teilprojekt A6): Die narrative Konstruktion von Identitätsprojekten in der Spätmoderne. Theoretische Reflexion und empirische Annäherung. Freie Universität Berlin 1995.

Landenberger, Margarete (Teilprojekt B6): Die Beschäftigungsverantwortung der Rentenversicherung. Universität Bielefeld 1991.

Lang-von Wins, Thomas (Teilprojekt A7): Berufliche Selbstselektion von Hochschulabsolventen, Universität München 1996.

Maier, Günter W. (Teilprojekt A7): Persönliche Ziele im Unternehmen, Universität München 1996.

Mitzscherlich, Beate (Teilprojekt A6-Y1): Subjektive Dimensionen von Heimat – eine qualitative Untersuchung zum Problem der Beheimatung, Freie Universität Berlin 1995.

Moldaschl, Manfred (Teilprojekt A2): Frauenarbeit oder Facharbeit. TU Berlin 1991.

Rappensperger, Gabriele (Teilprojekt A7): Berufseinstieg und Integration von Führungsnachwuchskräften, Universität München 1996.

Schmierl, Klaus (Teilprojekt B2): Neue Arbeitsformen und betriebliche Lohnsysteme, Technische Hochschule Darmstadt 1995.

Weihrich, Margit (Teilprojekt A1): Kursbestimmungen. Eine qualitative Paneluntersuchung der alltäglichen Lebensführung im ostdeutschen Transformationsprozeß, Universität der Bundeswehr, München.

Weishaupt, Sabine (Teilprojekt B5): Zur Pathologie des objektiven Blicks, Universität Bielefeld 1998.

Wittmann, Angela (Teilprojekt A7): Determinanten der Weiterbildungsteilnahme und des Weiterbildungserfolges bei Führungsnachwuchskräften, Universität München 1996.

4 Habilitationen

Bechtle, Günther (Teilprojekt B2): Entwicklung industrieller Beziehungen, Technische Universität Hannover 1989.

Böhle, Fritz (Teilprojekt A2): Risiken im Arbeitsprozeß und Sozialpolitik, Universität Bielefeld 1990.

Hirsch-Kreinsen, Hartmut (Teilprojekt B2): Innovationsmuster der NC-Technik in den USA und der BRD, Technische Hochschule Darmstadt 1994.

Köhler, Christoph (Teilprojekt B2): Thesen zur Zukunft industrieller Arbeit, Universität Osnabrück 1994.

Landenberger, Margarete: Innovatoren des Gesundheitssystems, Universität Halle 1997.

Nerdinger, Friedemann W. (Teilprojekt A7): Psychologie der Dienstleistung, München 1993.

Spieß, Erika (Teilprojekt A7): Kooperatives Handeln in Organisationen, Universität München 1995.

Voß, G. Günter (Teilprojekt A1): Lebensführung als Arbeit. Über die Autonomie der Person im Alltag der Gesellschaft, Universität München 1990.

5 Berufungen

Prof. Dr. Fritz Böhle: Universität Augsburg
Prof. Dr. Hartmut Hirsch-Kreinsen: Universität Dortmund
Prof. Dr. Christoph Köhler: Friedrich-Schiller-Universität Jena
Prof. Dr. Margarete Landenberger: Martin-Luther-Universität Halle – Wittenberg
Prof. Dr. Friedemann W. Nerdinger: Universität Rostock
Prof. Dr. Maria S. Rerrich: Fachhochschule München
Prof. Dr. Klaus Semlinger: Fachhochschule Berlin
Prof. Dr. Erhard Treutner: Verwaltungsfachhochschule Düsseldorf
Prof. Dr. G. Günter Voß: Technische Universität Chemnitz

6 Gastforscheraufenthalte am Sonderforschungsbereich 333

Dr. Frank Adler, BISS Berlin (1990)
Dr. Aho, Universität Tampere/Finnland (1991)
Dr. Jutta Allmendinger, Max-Planck-Institut für Bildungsforschung, Berlin (1989)
Prof. Dr. Galina Andreewa, Universität Moskau (1989)
Prof. Dr. Martin Baethge, SOFI Göttingen (1991, 1993)
Guntram Bauer, AOK Bundesverband Bonn (1989)
Prof. Dr. Becker-Schmidt, Universität Hannover (1988)
Jürgen Beckmann (1991)
Dipl.-Soz. Gerd Bender, Johann Wolfgang v. Goethe Universität Frankfurt (1992)
Dr. Peter Berg, Economy Policy Institute, Baltimore (1994)
Dr. Wolfgang Bialas, Humboldt Universität zu Berlin (1992)
Gerhard Bihl, Personalleiter BMW AG Regensburg (1989)
Prof. Dr. Norbert Bischof, Universität Zürich (1992)
Dr. Ullrich Bochum, FAST, Berlin (1992)
Prof. Dr. Lothar Böhnisch, DJI (1989)
Dr. Annegret Bolte, Gesamthochschule Kassel (1992)
Aida Bosch M. A., Universität Erlangen (1992)
Norm Bowers, OECD Paris (1989)
Dr. Hans Joachim Braczyk, Arbeitsgruppe für Sozialwissenschaftliche Industrieforschung (ASIF) Bielefeld (1990)
Prof. Dr. Hans Georg Brose, Philips Universität Marburg (1989)
Dr. Ernst Bruckenberger, Sozialministerium Niedersachsen/Hannover (1992)
Dr. Christoph Büchtemann, WZB Berlin (1989)
Prof. Dr. Glenn Caroll, University of Berkeley, Ca. (1988)
Ursula Carus, Universität Hamburg (1993)
Bernard Casey, Policy Studies Institute, London (1989)
Daniel Chave, Groupe de Sociologie du Travail, Université VII, Paris (1988, 1990)
Dipl.-Soz. K. Dahrendorf, Universität Lüneburg (1992)
Prof. Dr. Axel Deecke, TU Hamburg-Harburg (1990, 1992)
Dr. Rainer Dietrich, Berliner Arbeitskreis zur Förderung der Berufsbildung e. V. (1995)
Prof. Dr. K. Dimitrov, Universität Sofia/Bulgarien (1991)
Dr. Mahrian Döhler, MPI für Gesellschaftsforschung, Köln (1989)
Reinhard Doleschal, Universität Paderborn (1989)
Prof. H.-P. Eckhart, Gesamthochschule Kassel (1989)
Prof. Dr. Koshi Endo, Kanagawa Universität, Yokohama, Japan (1993, 1994, 1995)
Sabine Erbes-Seguin, Iresco, Paris (1989)
Bernd Fritscher, Naturheilpraxis Erlangen (1992, 1993, 1994)
Heide Funk, Institut für Erziehungswissenschaften, Universität Tübingen (1989)
Dr. Wolfgang Gaiser, DJI (1991)
Dr. Manfred Garhammer, Universität Bamberg (1991)
Dr. Frank Gerlach, Institut BASIS e. V., Dresden (1994)
Prof. Dr. Karlheinz Geißler, Universität der Bundeswehr (1990)
Dr. Regine Gildemeister, Universität Erlangen (1991)
Albrecht Goeschel, Studiengruppe für Sozialforschung, Marquartstein (1989)
Peter Gollwitzer (1991)

Dr. Holm Gottschalch, Universität Bremen (1989)
Gernot Grabherr, Wissenschaftszentrum Berlin (1989)
Prof. Dr. Peter Gross, Hochschule St. Gallen (1992)
Dr. Holle Grünert, Wissenschaftszentrum Berlin (1992)
Dr.-Ing. Horst Hahne, Bundesanstalt für Arbeitsschutz, Dortmund (1992)
Assoc. Prof. Dr. Michael T. Hannon, Cornell University, Ithaca/N. Y. (1989)
Dipl.-Päd. Wolfgang Hätscher-Rosenbauer, Institut für Sehtraining, Erlangen (1994)
Prof. Dr. Helmut Hartwig, HDK Berlin (1993)
Noel Harvey, School for Workers (1992)
Prof. Atsushi Hiramoto, Tohoku Universität, Sendai, Japan (1989)
Dr. Andreas Hoff, Arbeitszeitberatung Dr. Hoff und Partner, Berlin (1988)
Prof. Dr. Ernst Hoff, Institut für Psychologie, FU Berlin (1992)
Dr. Dieter Hoffmann-Axthelm, Soziologe (1993)
Dr. Bernd Hofmaier, Arbeitslivcentrum Stockholm, Universität Göteborg (1990)
Prof. Dr. Ingrid Hölzler, Technische Universität Magdeburg (1991)
Hans-Peter Hüsch, Informationsstelle Gesundheit und Arbeit (1993)
Prof. Dr. Ronald Inglehart, University of Michigan, Ann Arbor (1990)
Prof. Dr. Jäger, Universität Duisburg (1992)
Hinrich Jansen-Dittmer, RWTH Aachen (1989, 1992)
Prof. Dr. Klaus-Peter Japp, Universität Bielefeld (1992)
Dr. Agnes Joester, TU Berlin (1990)
Prof. Dr. Franz Xaver Kaufmann, Fakultät für Soziologie, Universität Bielefeld (1990, 1992)
Dr. Jochen-Christoph Kaiser, Universität Münster, Historisches Seminar (1992)
Prof. Dr. Leo Kißler, Fernuniversität Hagen (1991)
Prof. Dr. Reinhold Kowalski, SOESTRA Berlin (1990)
Prof. Dr. Ellen Kraus-Mackin, Augenklinik, Universität Heidelberg (1993)
Dr. Volkmar Kreißig, Institut für Wirtschafts- und Sozialforschung, Chemnitz (1990)
Michael Krenz, Zentrum für Körperpsychotherapie, Gießen (1993)
Jürgen Krüger, Alten- und Pflegeheim Schloß Blumenfeld/Landkreis Konstanz (1992, 1993)
Martin Kuhlmann, Soziologisches Forschungsinstitut Göttingen (1992)
Dr. Adelheid Kuhlmey, Charité, Humboldt-Universität zu Berlin
Jürgen Kühl, Institut für Arbeitsmarkt- und Berufsforschung (IAB) Nürnberg (1988, 1989)
Dr. Gertrud Kühnlein, Sozialforschungsstelle Dortmund (1992)
Robert Kurz, Redaktion Krisis, Nürnberg (1992)
Prof. Dr. Christel Lane, Cambridge University (1991)
Dr. E. Langen, ABWF Berlin (1994)
Prof. Dr. Lantermann, Universität Erlangen (1992)
Prof. Dr. Dieter Läpple, TU Hamburg (1991, 1993)
Dr. E. Lehmann, Bundesanstalt für Arbeitsschutz, Dortmund (1992)
Prof. Dr. Lempert, Max Planck Institut Berlin (1990)
Prof. Dr. Leuzinger-Bohleber, Gesamthochschule Kassel (1991)
Dr. Dieter Lindig, BISS, Berlin (1990)
Danièle Linhart, Conservatoire National des Arts et Métiers, Paris (1988)
Dr. Beate Locker, Zentralinstitut für Jugendforschung, Leipzig (1990)
Dr. R. Löffler, Gesamthochschule Kassel (1989)
Dr. med. Klaus Madert, Merzig/Saar (1992)
Dr. Friederike Maier, Wissenschaftszentrum für Sozialforschung (WZB), Berlin (1990)
Prof. Dr. Uta Maier, Akademie der Wissenschaften Berlin/DDR (1988, 1989)
Dr. Horst Mayer, Universität Heidelberg (1993)
Dr. Andrea Maurer, Universität Augsburg (1993)
Barbara Meifort, Bundesinstitut für Berufsbildung (bibb), Berlin (1992)
Dr. Volker Meinhardt, Deutsches Institut für Wirtschaftsforschung (DIW), Berlin (1990)
Philippe Méhaut, GREE, Université Nancy II (1988)
Pamela Meil, University of Michigan, Ann Arbor (1989)
Prof. Dr. Michael Mende, Hochschule für Bildende Künste, Braunschweig (1993)
Heinz Rudolf Meissner, FAST Berlin (1992)

Dr. Matthias Michailow, Universität Aachen (1989)
Dr. Ulrich Mill, IuK-Institut, Universität Dortmund (1992)
Dr. Dietrich Milles, Zentrum für Sozialpolitik, Bremen (1993)
Peter Mühlau, Reichsuniversität Groningen, Niederlande (1991)
Dr. Hans Ulrich Müller, DJI
Klaus Müller, Seminar für Handwerkswesen, Universität Göttingen (1989)
Prof. Dr. R. Müller, Universität Bremen (1990)
Thomas Murakami, Warwick University (1995)
Prof. Masami Nomura, Universität Okayama, Japan (1988, 1992, 1993, 1994)
Prof. Dr. Gertrud Nunner-Winkler, Max Planck Institut für Psychologie (1991)
Dr. M. Oechsle, Universität Bremen (1989)
Ole Olson, Universität Bergen, Norwegen (1989)
Rainer Österreich, Institut für Humanwissenschaften, Berlin (1989)
Prof. Dr. Klaus Ottomeyer, Universität Klagenfurt (1989)
Bent Paulsen, Bundesinstitut für Berufsbildung (bibb) Berlin (1990)
Dr. F. Pfefferkorn, ABWF Berlin (1994)
Anne Petersen, Universität Bielefeld (1995)
Uwe Rehfeld, Verband Deutscher Rentenversicherungsträger (VDR), Frankfurt (1989)
J. Reichertz, Fernuniversität Hagen (1989)
Prof. Dr. Eckart Reidegeld, Fachhochschule Dortmund (1992)
Dr. Bernd Reissert, Wissenschaftszentrum Berlin (1988, 1989)
Dr. Günter Robert, Universität Erlangen (1991)
Dr. Rudi Schmidt, Universität Erlangen (1988)
Anne Sey M.A., DB-Forschungsinstitut, FU Berlin (1994)
Prof. Dr. Shoichiro Sei, Kanto-Gakuin-Universität, Yokohama, Japan (1989)
Karin Schober, Institut für Arbeitsmarkt und Berufsforschung (IAB) Nürnberg (1990)
Dr. Florian Schramm, FU Berlin (1994)
Dr. Karsten Schuldt, Progress Institut für Wirtschaftsforschung, GmbH, Berlin-Ost (1992)
Hartmut Schulze, Universität Hamburg (1993)
H. G. Söffner, Fernuniversität Hagen (1989)
Dr. Johannes Springer, RWTH Aachen (1992)
Dr. Jürgen Straub, Universität Erlangen (1991)
Veronika Tacke, Fakultät für Soziologie, Universität Bielefeld (1992)
Dr. M. Tessaring, IAB Nürnberg (1988)
Prof. B. Tietze, Hochschule der Künste Berlin (1990)
Dr. Rainer Trinczek, Universität Erlangen (1992, 1993)
Dr. Ivars Udris, ETH Zürich (1993)
Graham Vaughan, Head Dept. of Psychology, Auckland University, Neuseeland
Pierre Veltz, Ecole Nationale des Ponts et Chaussées, Paris (1988)
Dr. Christof Wehrsig, Fakultät für Soziologie, Universität Bielefeld (1992)
Dipl.-Psych. Astrid Werner, Locham (1992)
Dr. Hans-Jürgen Weißbach, IuK-Institut, Universität Dortmund (1992)
Dr. R. Welskopf, ABWF Berlin (1994)
Astrid Weyrich, Institut für Humanwissenschaften, Berlin (1989)
Prof. Dr. Paul Windolf, FB Soziologie, Universität Trier (1994)
Hans Wöcherl, Feischten (1992)
Prof. Philippe Zarifian, Ecole Nationale des Ponts et Chaussées, Paris
Dr. Helga Zeiher, Max-Planck-Institut für Bildungsforschung, Berlin (1989)

7 Internationale Forschungskooperationen

Frankreich

CERAG, Centre d'Etudes et de Recherches Appliquées à la Gestion, Université de Grenoble
CEREQ, Centre d'Etudes et de Recherches sur les Qualification, Marseilles
CERTES, Forschungsinstitut an der Ecole Nationale des Ponts et Chaussées, Paris
EGOS, European Group for Organizational Studies, Paris
GREE, Groupe de Recherche sur l'Education et l'Emploi, Université Nancy II
Groupe HEC, School of Management, Paris
Groupe IECS, Ecole de Management Européen de l'Université Robert Schuman de Strasbourg
Groupe de Sociologie du Travail, Université VII, Paris
IREP-D, Université des Sciences Sociales, Grenoble
IRIS-TS, Institut Travail et Société de l'Université Paris Dauphine
LASTREE, Laboratoire de Sociologie, de l'Education et de l'Emploi, Université des Sciences et Techniques, Lille
LEST, Aix-en-Provence
OECD, Expert Group of Economic Implications of Information Technology, Paris

Griechenland

CEDEFOP, Europäisches Zentrum zur Förderung der Berufsbildung, Thessaloniki

Großbritannien

Bayswater Institute London
IFAC, International Federation of Automatic Control
University of Cambridge
University of Manchester
Institute of Social Sciences, University of Aston
University of Sussex, School of Social Sciences, Brighton

Japan

Fukui Prefecturial University
Kanto-Gakuin-Universität, Yokohama
Okoyama University, Okoyama
Tohoku University, Sendai
University of Kyoto, Faculty of Economics, Kyoto

Jugoslawien

Institut für Management, Universität Belgrad

Niederlande

Interuniversity Center for Sociological Theory and Methodology, University of Groningen

Norwegen

Universität Bergen

Österreich

Universität Linz
Universität Klagenfurth
Universitätsklinikum Innsbruck
Wirtschaftsuniversität Wien

Schweden
Arbeitslivzentrum Göteborg
Arbeitsmiljöinstitut, Solna

Schweiz
Eidgenössische Technische Hochschule Zürich
IILS, International Institute for Labour Studies, Genf

Spanien
ESECA, Estudias Economicos de Andalusia, Malaga

Tschechische Republik
Sozialökonomisches Institut der Akademie der Wissenschaften der Tschechischen Republik, Usti Nad Labam

USA
School für Workers, University of Wisconsin
University of Michigan, Ann Arbor
University of Berkeley, Ca.

8 Industriekooperationen

AMADEUS, München
BMW AG, München
Breuninger Stiftung, Stuttgart
Daimler Benz AG, Stuttgart
Gervais Danone AG, München
Siemens AG, München
Volvo, Uddevalla, Schweden
VW AG, Wolfsburg

9 Die wissenschaftlichen Mitarbeiterinnen und Mitarbeiter des Sonderforschungsbereichs 333

Name, Akad. Grad z. Zeitpunkt des Ausscheidens	* Dissertation ** Habilitation	Mitglied im SFB von … bis	Teilprojekt
Ahbe, Thomas, Dr.		05. 10. 92–31. 12. 96	Y1
Altmann, Norbert, Prof. Dr. oec. publ.		01. 01. 86–31. 12. 96	B3/B2
Bansemir, Gerd, Dr.		01. 01. 92–31. 12. 94	Y 3
Bauer, Reinhold, Dipl.-Soz.		15. 02. 94–31. 03. 94	A1
Bechtle, Günter, Dr., PD	**	01. 01. 86–31. 12. 93	B2
Behr von, Marhild, Dr.		01. 01. 86–31. 12. 96	B2
Behringer, Luise, Dr. phil.	*	01. 04. 88–31. 12. 96	A1
Beisenherz, H. Gerhard, Dr.		01. 01. 86–31. 12. 88	A5
Berger, Heinrich, Dr. phil.		01. 01. 89–31. 12. 96	A6
Bertram, Hans, Prof. Dr. phil.		01. 01. 86–31. 12. 88	A5
Bieber, Daniel, Dr. rer. pol.		01. 01. 92–31. 12. 96	B3/B2
Bilden, Helga, Dr. phil.		01. 01. 89–31. 12. 96	A6
Binkelmann, Peter, Dr. rer. pol.		01. 01. 86–31. 12. 87	A2
Böhle, Fritz, Prof. Dr. rer. pol.	**	01. 01. 86–31. 12. 96	A2/B2
Bolte, Karl Martin, Prof. Dr.		01. 01. 86–31. 12. 96	A1
Brüderl, Josef, Dipl.-Soz.		01. 01. 87–31. 12. 88	B4
Deiß, Manfred, Dr. rer. pol.		01. 01. 86–31. 12. 94	B3
Diekmann, Andreas, Dipl.-Soz.		01. 02. 86–15. 11. 87	B4
Dietmaier-Jebara, Sylvia, Dipl.-Pol.		15. 04. 94–31. 12. 96	A1
Dietzsch, Ina		01. 08. 91–31. 12. 94	Y1
Dittrich, Walter, Dr. phil.		15. 02. 87–31. 12. 88	B1
Döhl, Volker, Dr. rer. pol.		01. 01. 86–31. 12. 94	B3
Drexel, Ingrid, Dr. phil.		01. 01. 86–31. 12. 96	B2/A8
Düll, Klaus, Dr.		01. 01. 86–31. 12. 96	B2
Dunkel, Wolfgang, Dr. phil.	*	01. 07. 87–31. 08. 93	A1
Eisenstecken, Erich, Dipl.-Soz.		01. 01. 91–31. 12. 91	A6
Findeiß, Petra, Dipl.-Psych.		01. 10. 95–31. 12. 96	A6
Fischer, Joachim, Dipl.-Soz.	*	01. 01. 89–30. 09. 91	A8
Fuchs, Gerhard, Dr. rer. pol.		01. 04. 86–31. 03. 88	B1
Giessmann, Barbara, Dr.		01. 01. 92–31. 07. 96	Y3
Glücksmann, Carola, Dr.		01. 01. 92–31. 01. 95	Y1
Gmür, Wolfgang, Dipl.-Psych.		01. 01. 89–31. 12. 96	A6
Grosser, Dieter, Prof. Dr. phil.		01. 70. 89–31. 12. 94	B6
Hadesbeck, Matthias, Dr. phil.		01. 10. 90–10. 05. 91	A7
Heidling, Eckard, Dr. rer. pol.	*	01. 06. 92–31. 12. 94	B5
Hirsch-Kreinsen, Hartmut, Prof. Dr.		01. 01. 86–31. 12. 96	B2
Höfer, Renate, Dipl.-Psych.		01. 01. 89–31. 12. 96	A6
Hofmann, Michael		01. 08. 91–31. 12. 94	Y1
Irmischer, Irina		01. 01. 92–31. 12. 94	Y2
Jaudas, Joachim, Dr.		01. 04. 95–31. 12. 96	A8
Jurczyk, Karin, Dr. phil.	*	01. 05. 87–31. 12. 91 seit 01. 01. 92 assoziiertes Mitglied	A1

Name, Akad. Grad z. Zeitpunkt des Ausscheidens	* Dissertation ** Habilitation	Mitglied im SFB von ... bis	Teilprojekt
Kaschube, Jürgen, Dr. phil.	*	01. 07. 89–31. 03. 96	A7
Keimeleder, Lis, Dipl.-Psych.		01. 10. 95–31. 12. 96	A6
Keupp, Heiner, Prof. Dr. phil.		01. 01. 89–31. 12. 96	A6
Kieser, Rudi, Dipl.-Soz.		01. 12. 90–30. 04. 91	A1
Kleinstück, Birgit, Dipl.-Soz.		01. 09. 92–31. 12. 94	Y 3
Köhler, Christoph, Prof. Dr.	* / **	01. 01. 86–31. 07. 94	B2
Kraus, Wolfgang, Dr. phil.	*	01. 01. 89–31. 12. 96	A6
Kreißig, Volker, Dr.		01. 01. 92–31. 12. 94	Y2
Kröger, Gisela, Dr.		01. 01. 92–01. 04. 94	Y3
Kudera, Werner, Dr. phil.		01. 01. 87–31. 12. 96	A1
Kuhlmey, Adelheid, Dr.		01. 01. 92–31. 12. 94	Y3
Landenberger, Margarete, Prof. Dr.	* / **	01. 01. 88–31. 12. 94	B1/B6
Landenberger, Margarete, Prof. Dr. rer. soc.		01. 03. 87–31. 12. 88	B1
Lange, Thomas, Dr. phil.		01. 07. 89–31. 12. 91	B6
Lang-von Wins, Thomas, Dr. phil.	*	01. 12. 92–31. 12. 96	A7
Laufer, Heinz, Prof. Dr. phil.		01. 01. 86–31. 12. 88	B1
Leu, Hans Rudolf, Dr. phil.		01. 01. 86–31. 12. 88	A5
Lischke, Uta		01. 01. 92–31. 12. 94	Y2
Lohr, Karin, Dipl.-Soz.		01. 07. 92–31. 12. 94	B6
Lohr, Karin, Dr.		01. 01. 92–31. 12. 94	Y3
Lutz, Burkart, Prof. Dr.		01. 01. 86–31. 12. 96	B2
Macher, Gerd, Dipl.-Soz.	*	01. 01. 92–31. 12. 94	A8
Maier, Günter, Dr. phil.	*	01. 02. 91–31. 12. 96	A7
Meil, Pamela, M.A.		01. 01. 92–31. 12. 96	B2
Mendius, Hans Gerhard, Dr. rer. soc.		01. 01. 86–31. 12. 94	B5
Miehlke, G., Prof. Dr.		01. 01. 92–31. 12. 94	Y3
Milkau, Brigitte, Dr. rer. pol.		01. 01. 89–15. 07. 91	A2
Mitzscherlich, Beate, Dr. phil.	*	01. 08. 91–31. 12. 96	Y1
Moldaschl, Manfred, Dr. rer. pol.		01. 01. 86–31. 12. 94	A2
Müller-Bauer, Anneliese, Dr.		01. 07. 94–31. 12. 96	A8
Nerdinger, Friedemann W., Dr. phil.	**	01. 07. 89–15. 05. 90, seit 01. 01. 91 assoziiertes Mitglied	A7
Neuß, Beate, Dr. phil.		01. 07. 89–31. 12. 94	B6
Preisendörfer, Peter, Dr. rer. pol.		01. 05. 86–31. 12. 88	B4
Rappensperger, Gabriele, Dr. phil.	*	01. 08. 91–31. 12. 96	A7
Redler-Hasford, Elisabeth, Dr. rer. pol.		01. 01. 87–30. 09. 87	A1
Rerrich, Maria S., Dr. rer. pol.		01. 04. 88–31. 08. 93 seit 01. 01. 92 assoziiertes Mitglied	A1
Rose, Helmuth, Dr. rer. soc.		01.01.92–31.12.94	A2
Rosenstiel, Lutz v., Prof. Dr. phil.		01. 07. 89– 31. 12. 96	A7
Rössel, Gottfried, Prof. Dr.		01. 06. 92–31. 12. 94	Y3
Rucht, Dieter, Dr. rer. pol.		01. 01. 86–30. 09. 88	B1
Sauer, Dieter, Dr. rer. pol.		01. 01. 86–31. 12. 94	B3
Schmierl, Klaus, Dr.	*	01. 01. 92–31. 12. 96	B2
Schreiber, Erhard, Dr.		01. 08. 91–31. 12. 94	Y2
Schröder, Harry, Prof. Dr.		01. 08. 91–31. 12. 94	Y1
Schultz-Wild, Rainer, Dr. rer. soc.		01. 01. 86–31. 12. 94	B2
Schüßler, Rudolf, Dipl.-Soz.		02. 02. 86–31. 12. 88	B4
Seitz, Rita, Dr. phil.		01. 10. 92–30. 09. 96	A6
Semlinger, Klaus, Dr. rer. oec.		01. 01. 89–31. 07. 93	B5
Sengenberger, Werner, PhD		01. 01. 86–30. 09. 86	B5
Sigl, Eduard, Dr. phil.		01. 09. 89–16. 11. 92	A7

Name, Akad. Grad z. Zeitpunkt des Ausscheidens	* Dissertation ** Habilitation	Mitglied im SFB von ... bis	Teilprojekt
Spieß, Erika, Dr. phil. habil.	**	01. 07. 89–31. 12. 91 seit 01. 01. 92 assoziiertes Mitglied	A7
Stiemert-Strecker, Siegrid, Dipl.-Psych.		01. 01. 89–31. 12. 90	A6
Straus, Florian, Dipl.-Soz.		01. 01. 89–31. 12. 96	A6
Strehlow, Karen, Dipl.-Soz.		01. 04. 88–31. 12. 88	B1
Treutner, Erhard, Prof. Dr. rer. pol.		01. 05. 86–31. 12. 86	B1
Voß, G. Günter, Prof. Dr. rer. pol.	**	01. 01. 86–31. 12. 96	A1
Voss, Thomas, Dipl.-Soz.		02. 02. 86–31. 12. 88	B4
Waldmann, Sabine, Dipl.-Psych.		15. 01. 91–31. 07. 92	A6
Wallaschek, Marianne, Dipl.-Soz.		15. 09. 86–31. 12. 88	B4
Watzlawczik, Gerd-Uwe, Dipl.-Soz.		01. 02. 91–31. 12. 94	B6
Weber, Franz, Dr. phil.		19. 03. 90–31. 07. 90	A7
Weihrich-Dunkel, Margit, Dr. rer. pol.	*	01. 12. 90–30. 04. 91	A1
Weimer, Stephanie, Dr. rer. pol.		01. 01. 86–31. 12. 94	B5
Weishaupt, Sabine, Dipl.-Soz.		01. 01. 95–31. 12. 96	B2
Wiedenmayer, Gabriele, Dipl.-Soz.		15. 11. 87–31. 12. 88	B4
Wilkens, Frauke, Dipl.-Soz.		01. 02. 86–31. 12. 86	B4
Witruk, Evelyn, Prof. Dr.		01. 08. 91–31. 12. 96	Y 1
Wittmann, Angela, Dr. phil.	*	01. 02. 92–31. 12. 96	A7
Zettel, Ortrud, Dipl.-Soz.		01. 05. 86–31. 12. 88	A1
Ziegler, Rolf, Prof. Dr. phil.		01. 01. 86–31. 12. 88	B4
Zwarg, Ingrid, Dr. sc.		01. 08. 91–31. 12. 96	A7
Zwarg, Ingrid, Dr. sc.		01. 08. 91–31. 12. 96	Y1

10 Verzeichnis der Publikationen des Sonderforschungsbereichs 333

10.1 Teilprojekt A1

Behringer Luise: Leben auf dem Land, Leben in der Stadt: Stabilität durch soziale Einbindung. In: K. Jurczyk, M. S. Rerrich (Hg.): Die Arbeit des Alltags, Freiburg 1993, S. 175–194.

Behringer, Luise: Die alltägliche Lebensführung von Personen – eine Grundlage der Stadtplanung!? In: Mitteilungen 7 des SFB 333, München 1993, S. 53–66.

Behringer, Luise: Leben in der Stadt – Stabilität durch soziale Einbindung. In: J. Brech (Hg.): Neue Wege der Planungskultur, Frankfurt a. M. 1993, S. 181–186.

Behringer, Luise: Veränderungs- und Beharrungstendenzen in der familialen Arbeitsteilung: Die „zeitlichen" und die „wirklichen" Zuständigkeiten in Familien. In: Hauswirtschaft und Wissenschaft 6, 1995, 251–256.

Behringer, Luise: Zur Bedeutung der alltäglichen Lebensführung für die Identitätsbildung. In: Mitteilungen 10 des SFB 333, München 1997, S. 5–14.

Behringer, Luise: Lebensführung als Identitätsarbeit. Der Mensch im Chaos des modernen Alltags. Frankfurt a. M./New York 1998: Campus.

Behringer, Luise: Lebensführung. In: S. Grubitzsch, K. Weber (Hg.): Psychologische Grundbegriffe – ein Handbuch, Reinbek 1998.

Behringer, Luise; Dunkel, Wolfgang; Jurczyk, Karin; Kudera, Werner; Rerrich, Maria S.; Voß, G. Günter: Auf dem Weg zu einer neuen Art der Lebensführung? In: Mitteilungen 1 des SFB 333, München 1989, S. 31–44.

Behringer, Luise; Dunkel, Wolfgang: Wenn nichts mehr sicher ist – Formen von Lebensführung unter instabilen Arbeits- und Lebensbedingungen. In: Mitteilungen 3 des SFB 333, München 1991, S. 5–14.

Behringer, Luise; Jurczyk, Karin: Umgang mit Offenheit. Methoden und Orientierungen in der Lebensführung von JournalistInnen. In: Projektgruppe „Alltägliche Lebensführung" (Hg.): Alltägliche Lebensführung. Arrangements zwischen Traditionalität und Modernisierung, Opladen 1995, S. 371–407.

Bolte, Karl Martin: Anmerkungen zum Stand der sozialwissenschaftlichen Wertewandeldiskussion. Was wandelt sich im Bereich unserer Kultur tatsächlich? In: W. von der Ohe (Hg.): Kulturanthropologie. Beiträge zum Neubeginn einer Disziplin, Berlin 1987.

Bolte, Karl Martin: Strukturtypen sozialer Ungleichheit. In: P. Berger, S. Hradil (Hg.): Lebenslagen, Lebensläufe, Lebensstile, Sonderband der Sozialen Welt, Göttingen 1990.

Bolte, Karl Martin: Wertewandel und Unternehmenspolitik. In: R. Matheis (Hg.): Erfolgsmanagement 2000, Wiesbaden 1992.

Bolte, Karl Martin: Wertewandel. Lebensführung. Arbeitswelt. München 1993.

Bolte, Karl Martin: Zur Entstehungsgeschichte des Projekts im Rahmen einer „subjektorientierten" Forschungsperspektive. In: Projektgruppe „Alltägliche Lebensführung" (Hg.): Alltägliche Lebensführung. Arrangements zwischen Traditionalität und Modernisierung, Opladen 1995, S. 15–22.

Bolte, Karl Martin; Voß, G. Günter: Veränderungen im Verhältnis von Arbeit und Leben. Anmerkungen zur Diskussion um den Wandel von Arbeitswerten. In: L. Reyher, J. Kühl (Hg.): Resonanzen. Arbeitsmarkt und Beruf – Forschung und Politik. Festschrift für Dieter Mertens, BeitrAB 111, Nürnberg 1988.

Dietmaier, Sylvia: Ein Arrangement auf Zeit: die Lebensführung von EDV-OperatorInnen. In: Projektgruppe „Alltägliche Lebensführung" (Hg.): Alltägliche Lebensführung. Arrangements zwischen Traditionalität und Modernisierung, Opladen 1995, S. 303–328.

Dietmaier-Jebara, Sylvia: „Sich politisch zu engagieren, bringt nichts" – Bilanzierungen des politischen Wandels und der Partizipationsmöglichkeiten in Ostdeutschland – eine exemplarische Analyse. In: Mitteilungen 9 des SFB 333, München 1996.

Dunkel, Wolfgang: Stabilität und Flexibilität in der alltäglichen Lebensführung. In: K. Jurczyk, M. S. Rerrich, (Hg.): Die Arbeit des Alltags. Beiträge zu einer Soziologie der alltäglichen Lebensführung, Freiburg 1993.

Dunkel, Wolfgang: Kontrolle und Vertrauen: die Herstellung von Stabilität in der alltäglichen Lebensführung. In: K. Jurczyk, M. S. Rerrich (Hg.): Die Arbeit des Alltags. Beiträge zu einer Soziologie der alltäglichen Lebensführung, Freiburg 1993.

Dunkel, Wolfgang: Altenpflege – und der Rest des Lebens. Oder: Was der Pflegenotstand mit der alltäglichen Lebensführung zu tun hat. In: Altenpflege Forum 3, 1993.

Dunkel, Wolfgang: Pflegearbeit – Alltagsarbeit. Eine Untersuchung der Lebensführung von AltenpflegerInnen. Freiburg 1994: Lambertus.

Dunkel, Wolfgang: Zur Praxis qualitativer Forschung: das Dilemma von Qualität und Effizienz. In: Mitteilungen 9 des SFB 333, München 1995, S. 51–62.

Dunkel, Wolfgang: Zur Integration des Berufs in das Alltagsleben: das Beispiel der Altenpflegekräfte. In: Projektgruppe „Alltägliche Lebensführung" (Hg.): Alltägliche Lebensführung. Arrangements zwischen Traditionalität und Modernisierung, Opladen 1995.

Dunkel, Wolfgang: Alltägliche Lebensführung von Pflegepersonal. In: Public Health Forum Nr. 8, April 1995, 15.

Dunkel, Wolfgang: Alltägliche Lebensführung von Pflegepersonal. In: U. Walter, W. Paris (Hg.): Public Health – Gesundheit im Mittelpunkt. Zeitschrift für Politik, Ethik, Kultur und Wissenschaft im Gesundheitswesen, Meran 1996, S. 320–322.

Jurczyk, Karin: Flexibilisierung der Erwerbsarbeit – Flexibilisierung der Lebensführung? In: G. Günter Voß (Hg.): Die Zeiten ändern sich. Mitteilungen Sonderheft II des SFB 333, München 1991.

Jurczyk, Karin: Alltägliche Lebensführung und Zeit. In: Mitteilungen 5 des SFB 333, München 1993. Überarbeitete Fassung des Vortrags auf dem 26. Soziologentag in Düsseldorf auch in: Meulemann (Hg.): Lebensverhältnisse und soziale Konflikte im neuen Europa, Dokumentation des 26. Deutschen Soziologentags in Düsseldorf 1992.

Jurczyk, Karin: How People Organize Their Everyday Life: The Impact of Flexibilization of Work. In: Women in Organizations and Management 4, Juni 1991, 3–7.

Jurczyk, Karin: Bewegliche Balancen – Lebensführungsmuster bei „flexiblen" Arbeitszeiten. In: K. Jurczyk, M. S. Rerrich (Hg.): Die Arbeit des Alltags. Beiträge zu einer Soziologie der alltäglichen Lebensführung, Freiburg 1993.

Jurczyk, Karin: Flexibilisierung für wen? Zum Zusammenhang von Arbeitszeiten und Geschlechterverhältnissen. In: K. Jurczyk, M. S. Rerrich (Hg.): Die Arbeit des Alltags. Beiträge zu einer Soziologie der alltäglichen Lebensführung, Freiburg 1993.

Jurczyk, Karin: Zwischen Selbstbestimmung und Bedrängnis. Zeit im Alltag von Frauen. In: M. Brückner, B. Meyer (Hg.): Die sichtbare Frau. Die Eroberung der gesellschaftlichen Räume, Freiburg 1994, S. 198–233.

Jurczyk, Karin: Zur Wechselwirkung von Lebensführung und Arbeitszeiten. In: Ministerium für Arbeit, Gesundheit und Soziales des Landes Nordrhein-Westfalen (Hg.): Arbeitszeitpolitik '94, Dokumentation der Fachtagung am 11. Mai 1994 in Bochum, Köln 1994, S. 147–153.

Jurczyk, Karin: ZeitMachtGeschlecht: Frauen und Zeit in der alltäglichen Lebensführung. In: E. Claupein (Hg.): Frauen und alltägliche Lebensführung, Niederkleen 1994, S. 19–44.

Jurczyk, Karin: Zeit, Macht und Geschlecht. Unterschiedliche Lebensführung und Zeitprobleme von Männern und Frauen. In: V. Otto, U. Voigt: Erwachsenenbildung in Bewegung – Frauen steuern mit. Dokumentation des Frauenkongresses des Deutschen Volkshochschulverbandes München 1994, Grundfragen zur Volkshochschularbeit 26, Bonn 1994, S. 46–58. Abgedruckt auch in: K. Schacht (Hg.): Für Frauen eine Rolle vorwärts – eine Rolle rückwärts? Polis, Schriftenreihe der Hessischen Landeszentrale für politische Bildung 17, Wiesbaden 1995, S. 30–51.

Jurczyk, Karin: Rezension zu Hewitt, Patricia: About Time. The Revolution in Work an Family Life. Rivers Oram Press 1993. In: Journal of Area Studies 5, 1994, 220–221.

Jurczyk, Karin: „Die Arbeit des Alltags" – Unterschiedliche Anforderungen in der alltäglichen Lebensführung von Frauen und Männern. In: Stiftung Verbraucherinstitut und Deutsches Institut für Erwachsenenbildung (Hg.): Focus Alltag. Neue Bildungsperspektiven für Frauen, Frankfurt a. M. 1996, S. 35–54.

Jurczyk, Karin; Treutner, Erhard; Voß, G. Günter; Zettel, Ortrud: Die Zeiten ändern sich – Arbeitspolitische Strategien und die Arbeitsteilung der Personen. In: S. Hradil (Hg.): Sozialstruktur im Umbruch, Opladen 1985.

Jurczyk, Karin; Kudera, Werner: Verfügung über Zeit? Die ganz unterschiedlichen Auswirkungen flexibler Arbeitszeiten auf die Lebensführung. In: J. Flecker, G. Schienstock (Hg.): Flexibilisierung, Deregulierung und Globalisierung, München/Mering 1991: Hampp, S. 53–70.

Jurczyk, Karin; Rerrich, Maria S. (Hg.): Die Arbeit des Alltags. Beiträge zu einer Soziologie der alltäglichen Lebensführung. Freiburg 1993: Lambertus.

Jurczyk, Karin; Rerrich, Maria S.: Wie der Alltag Struktur erhält. Objektive und subjektive Einflußfaktoren der Lebensführung berufstätiger Mütter. In: C. Born, H. Krüger (Hg.): Erwerbsverläufe von Ehepartnern und die Modernisierung weiblicher Lebensläufe, Weinheim 1993: Deutscher Studienverlag, S. 173–190.

Jurczyk, Karin; Rerrich, Maria S.: Einführung: Alltägliche Lebensführung: der Ort, wo alles zusammenkommt. In: M. S. Rerrich, K. Jurczyk (Hg.): Die Arbeit des Alltags. Beiträge zu einer Soziologie der alltäglichen Lebensführung, Freiburg 1993.

Jurczyk, Karin; Rerrich, Maria S.: Lebensführung, soziale Einbindung und die Strukturkategorie „Geschlecht". In: M. S. Rerrich, K. Jurczyk (Hg.): Die Arbeit des Alltags. Beiträge zu einer Soziologie der alltäglichen Lebensführung, Freiburg 1993.

Jurczyk, Karin; Rerrich, Maria S.: Lebensführung weiblich – Lebensführung männlich. Macht diese Unterscheidung heute noch Sinn? In: M. S. Rerrich, K. Jurczyk (Hg.): Die Arbeit des Alltags. Beiträge zu einer Soziologie der alltäglichen Lebensführung, Freiburg 1993.

Jurczyk, Karin; Voß, G. Günter: Zur gesellschaftsdiagnostischen Relevanz der Untersuchung von alltäglicher Lebensführung. In: Projektgruppe „Alltägliche Lebensführung" (Hg.): Alltägliche Lebensführung. Arrangements zwischen Traditionalität und Modernisierung, Opladen 1995, S. 371–407.

Kudera, Werner: Auswirkungen flexibilisierter Arbeitsverhältnisse auf die Arbeitsteilung der Person – ein Beitrag zum Zusammenhang von Erwerbsarbeit und privater Lebensführung. In: K. Jurczyk, E. Treutner, G. G. Voß, O. Zettel: Die Zeiten ändern sich – Arbeitspolitische Strategien und die Arbeitsteilung der Personen, Arbeitspapier 3 des SFB 333, München 1987, S. 71–82.

Kudera, Werner: Veränderungen im Verhältnis von Arbeit und Leben. In: Deutsches Zentrum für Altersfragen (Hg.): Produktivität des Alters, Beiträge zur Gerontologie und Altenarbeit, Bd. 75, Berlin 1989, S. 164–173.

Kudera, Werner: Zum Problem der Generalisierung in der qualitativ orientierten Sozialforschung. In: M. S. Rerrich, T. Wex (Hg.): Arbeitspapier 14 des SFB 333, München 1989.

Kudera, Werner: Alltägliche Lebensführung, betriebliche Politik und Kommunalpolitik. In: G. G. Voß (Hg.): Die Zeiten ändern sich – Alltägliche Lebensführung im Umbruch, Sonderheft II der Mitteilungen des SFB 333, München 1991, S. 97–104.

Kudera, Werner: Die Crux mit den kleinen Zahlen – zum Generalisierungsproblem bei qualitativer Sozialforschung. In: F. Lehner, J. Schmid (Hg.): Technik, Arbeit, Betrieb, Gesellschaft. Beiträge der Industriesoziologie und Organisationsforschung, Opladen 1992, S. 191–203.

Kudera, Werner: Gesellschaftliche Disparitäten und alltägliche Lebensführung. In: H. Meulemann, A. Elting-Camus (Hg.): Tagungsband II, 26. Deutscher Soziologentag Düsseldorf 1992, Opladen 1993.

Kudera, Werner: Gesellschaftliche Disparitäten und alltägliche Lebensführung. Erweiterte Fassung. In: Mitteilungen 5 des SFB 333, München 1993, S. 123–132.

Kudera, Werner: Eine Nation, zwei Gesellschaften? In: K. Jurczyk, M. S. Rerrich (Hg.): Die Arbeit des Alltags. Beiträge zu einer Soziologie der alltäglichen Lebensführung, Freiburg 1993, S. 133–159.

Kudera, Werner: Grenzen der Flexibilisierung. Zum Verhältnis von individueller und betrieblicher Zeitökonomie. In: Mitteilungen 7 des SFB 333, München 1993, S. 67–87.

Kudera, Werner: Wie Geschichte in den Alltag eindringt. In: Berliner Journal für Soziologie 1, 1994, 55–76.

Kudera, Werner: Biographie, Lebenslauf und Lebensführung. In: P. Berger, P. Sopp (Hg.): Sozialstruktur und Lebenslauf, Opladen 1995, S. 85–105.

Kudera, Werner: Lebensführung als individuelle Aufgabe. In: Gegenwartskunde 2, 1995, 155–166.

Kudera, Werner: Alltägliche Lebensführung von Arbeitern – ein gesamtdeutsches Phänomen? In: Mitteilungen 9 des SFB 333, München 1995, S. 63–74.

Kudera, Werner: Lebenskunst auf niederbayerisch: Schichtarbeiter in einem ländlichen Industriebetrieb. In: Projektgruppe „Alltägliche Lebensführung" (Hg.): Alltägliche Lebensführung. Arrangements zwischen Traditionalität und Modernisierung, Opladen 1995, S. 121–170.

Kudera, Werner: Einleitung (S. 7–12) sowie Anlage und Durchführung der Untersuchung (S. 45–68). In: Projektgruppe „Alltägliche Lebensführung" (Hg.): Alltägliche Lebensführung. Arrangements zwischen Traditionalität und Modernisierung, Opladen 1995.

Kudera, Werner: Zusammenfassung der Ergebnisse. In: Projektgruppe „Alltägliche Lebensführung" (Hg.): Alltägliche Lebensführung. Arrangements zwischen Traditionalität und Modernisierung, Opladen 1995, S. 331–370.

Kudera, Werner: Die Lebensführung von Arbeitern – ein gesamtdeutsches Phänomen? In: H. J. Pongratz, G. G. Voß (Hg.): Subjektorientierte Soziologie, Opladen 1997, S. 183–200.

Kudera, Werner: Anpassung, Rückzug oder Restrukturierung – zur Dynamik alltäglicher Lebensführung in Ostdeutschland. In: B. Lutz (Hg.): Entwicklungsperspektiven von Arbeit, Abschlußband des SFB 333 i.E.

Kudera, Werner: Das Stabilitätspotential von Arrangements alltäglicher Lebensführung. In: B. Lutz (Hg.): Subjekt im Transformationsprozeß: Spielball oder Akteur?, München/Mering 1998: Hampp, S. 69–88.

Kudera, Werner: Neue Väter, neue Mütter – neue Arrangements der Lebensführung? In: H. Walter (Hg.): Männer als Väter, Konstanz 1998.

Kudera, Werner; Voß, G. Günter: Veränderungen der Arbeitsteilung von Personen. Neue Muster der individuellen Verteilung von Arbeit auf verschiedene Lebensbereiche. Ein Forschungsprogramm. In: R. Schmiede (Hg.): Arbeit und Subjektivität, Bonn 1988, S. 176–196.

Kudera, Werner; Voß, G. Günter: Lebensführung zwischen Routinisierung und Aushandlung. Die Arbeitsteilung der Person unter Veränderungsdruck. In: E. Hoff (Hg.): Die doppelte Sozialisation Erwachsener. Zum Verhältnis von beruflichem und privatem Lebensstrang, München 1990, S. 155–176.

Kudera, Werner; Voß, G. Günter (Hg.): „Penneralltag". München/Mering 1996: Hampp.

Kudera, Werner; Voß, G. Günter: Alltägliche Lebensführung unter extremen Bedingungen. In: W. Kudera, G. G. Voß: „Penneralltag", München/Mering 1996: Hampp, S. 5–25.

Lutz, Burkart; Voß, G. Günter: Subjekt und Strukturwandel – Versuch der Neubestimmung einer soziologischen Schlüsselbeziehung am Beispiel des Facharbeiters. In: Sonderheft I der Mitteilungen des SFB 333, München 1992, S. 77–89.

Projektgruppe „Alltägliche Lebensführung" (Hg.): Alltägliche Lebensführung. Arrangements zwischen Traditionalität und Modernisierung. Opladen 1995: Leske + Budrich.

Rerrich, Maria S.: Was ist neu an den „neuen Vätern"? In: H. Keupp, H. Bilden (Hg.): Verunsicherungen. Das Subjekt im gesellschaftlichen Wandel, Göttingen 1989, S. 93–102.

Rerrich, Maria S.: Neue Lebensformen – Herausforderung und Chance für helfende Berufe. In: Sozial 3, 1989, 6–12.

Rerrich, Maria S.: Balanceakt Familie. Zwischen alten Leitbildern und neuen Lebensformen. Freiburg 1988, 2. aktualisierte Aufl. 1990.

Rerrich, Maria S.: Ein gleich gutes Leben für alle? Über Ungleichheitserfahrungen im familialen Alltag. In: P. Berger, S. Hradil (Hg.): Lebenslagen, Lebensläufe, Lebensstile, Sonderband der Sozialen Welt, Göttingen 1990, S. 189–204.

Rerrich, Maria S.: Frau Timmer und ihre „chaotische Art"? In: Neue Gespräche. Handreichungen für Familien und Gruppen 3, 1991, 4–5.

Rerrich, Maria S.: Seine Lebensführung + ihre Lebensführung = gemeinsame Lebensführung? Empirische Befunde und kategoriale Überlegungen. In: G. G. Voß (Hg.): Die Zeiten ändern sich, Sonderheft II der Mitteilungen des SFB 333, München 1991, S. 49–66.

Rerrich, Maria S.: Puzzle Familienalltag: wie passen die einzelnen Teile zusammen? In: Jugend und Gesellschaft, Zeitschrift für Erziehung, Jugendschutz und Suchtprävention 5/6, 1991, 5–7.

Rerrich, Maria S.: Familiale Lebensformen heute: zwischen „nicht mehr" und „noch nicht". In: Arbeitsgemeinschaft für katholische Familienfragen (Hg.): Familie gestalten. Beiträge zur Familienkultur, Bonn 1992, S. 9–26.

Rerrich, Maria S.: Familie heute: Kontinuität oder Veränderung? In: M. S. Rerrich, K. Jurczyk (Hg.): Die Arbeit des Alltags. Beiträge zu einer Soziologie der alltäglichen Lebensführung, Freiburg 1993, S. 112–132.

Rerrich, Maria S.: Gemeinsame Lebensführung: wie Berufstätige einen Alltag mit ihren Familien herstellen. In: M. S. Rerrich, K. Jurczyk (Hg.): Die Arbeit des Alltags. Beiträge zu einer Soziologie der alltäglichen Lebensführung, Freiburg 1993, S. 310–333.

Rerrich, Maria S: Wie entsteht Familie im Alltag? Die Verschränkung von Lebensführungen als aktive Leistung der Subjekte. In: H. Schattovits (Hg.): Familie als Lebensqualität? Dokumentation der Tagung der Österreichischen Gesellschaft für interdisziplinäre Familienforschung, Linz 1991, Publikationen des Instituts für Ehe und Familie Nr. 9, Wien 1993, S. 174–185.

Rerrich, Maria S.: Auf dem Weg zu einer neuen internationalen Arbeitsteilung der Frauen in Europa? Beharrungs- und Veränderungstendenzen in der Verteilung von Reproduktionsarbeit. In: B. Schäfers (Hg.): Lebensverhältnisse und soziale Konflikte im neuen Europa. Verhandlungen des 26. Deutschen Soziologentags in Düsseldorf 1992, Frankfurt a. M./New York 1993: Campus, S. 93–102.

Rerrich, Maria S.: Familiale Lebensführung heute: zusammenfügen, was schlecht zusammenpaßt. Dokumentation des gesamtösterreichischen Symposions „Gesellschaftlicher Wandel – eine Herausforderung an die familienbezogene Bildung" in Salzburg 1993, Salzburg 1994.

Rerrich, Maria S.: Zusammenfügen, was auseinanderstrebt: zur familialen Lebensführung von Berufstätigen. In: U. Beck, E. Beck-Gernsheim (Hg.): Riskante Freiheiten – zur Individualisierung von Lebensformen in der Moderne, Frankfurt a. M. 1994, S. 201–218.

Rerrich, Maria S.: Die Alltagsaufgabe der Sorge für andere: zur Lebensführung von Verkäuferinnen. In: Projektgruppe „Alltägliche Lebensführung" (Hg.): Alltägliche Lebensführung. Arrangements zwischen Traditionalität und Modernisierung, Opladen 1995, S. 171–211.

Rerrich, Maria S.: Modernizing the Patriarchal Familiy in West Germany. In: The European Journal of Women's Studies 3 (1), Febr. 1996, S. 27–37.

Rerrich, Maria S.; Voß, G. Günter: Vexierbild soziale Ungleichheit. Die Bedeutung alltäglicher Lebensführung für die Sozialstrukturanalyse. In: S. Hradil (Hg.): Zwischen Bewußtsein und Sein. Die Vermittlung „objektiver" Lebensbedingungen und „subjektiver" Lebensweisen, Opladen 1992, S. 251–266.

Rerrich, Maria S.; Wex, Thomas (Hg.): Werkstattbericht eines Workshops am 9. 12. 1988 an der Universität München: Probleme der Generalisierung in der Sozialforschung. Arbeitspapier 14 des SFB 333, München 1989.

Rerrich, Maria S.; Wex, Thomas: Veränderungen der westdeutschen Gesellschaft seit Gründung der Bundesrepublik – eine zeitgeschichtliche Skizze. In: M. S. Rerrich, K. Jurczyk (Hg.): Die Arbeit des Alltags. Beiträge zu einer Soziologie der alltäglichen Lebensführung, Freiburg 1993, S. 48–69.

Voß, G. Günter: Wertewandel: Eine Modernisierung der protestantischen Ethik? In: Zeitschrift für Personalforschung 3, 1990, 263–275.

Voß, G. Günter: Lebensführung als Arbeit. Über die Autonomie der Person im Alltag der Gesellschaft. Stuttgart 1991.

Voß, G. Günter (Hg.): Die Zeiten ändern sich – Alltägliche Lebensführung im Umbruch. Sonderheft II der Mitteilungen des SFB 333, München 1991.

Voß, G. Günter: Lebensführung: Ein integratives Konzept zur Analyse alltäglichen Lebens. In: G. G. Voß (Hg.): Die Zeiten ändern, Sonderheft II der Mitteilungen des SFB 333, München 1991.

Voß, G. Günter: Subjekt und Strukturwandel. Versuch einer Neubestimmung einer soziologischen Schlüsselbeziehung am Beispiel des Facharbeiters. In: W. Heinz, B. Lutz (Hg.): Mitteilungen Sonderheft I des SFB 333, München 1991 (zusammen mit B. Lutz).

Voß, G. Günter: Alltägliche Lebensführung im Umbruch – Eine Herausforderung für die Personalführung. In: E. Katzenbach, B. Molitor, O. G. Mayer (Hg.): Hamburger Jahrbuch für Wirtschafts- und Gesellschaftspolitik, Tübingen 1992.

Voß, G. Günter: Der Strukturwandel der Arbeitswelt und die Alltägliche Lebensführung. In: K. Jurczyk, M. S. Rerrich (Hg.): Die Arbeit des Alltags, Freiburg 1993.

Voß, G. Günter: Zur sozialen Differenzierung von Arbeit und Leben. Überlegungen aus der Perspektive des Konzepts Alltägliche Lebensführung. In: Mitteilungen 5 des SFB 333, München 1992, S. 105–122.

Voß, G. Günter: Arbeitswelt im Wandel. Tendenzen des Strukturwandels der Erwerbstätigkeit in der Bundesrepublik Deutschland. In: Mitteilungen 7 des SFB 333, München 1993, S. 89–138.

Voß, G. Günter: Das Ende der Teilung von „Arbeit und Leben"? An der Schwelle zu einem neuen gesellschaftlichen Verhältnis von Berufs- und Lebensführung. In: N. Beckenbach, I. von Treek (Hg.): Umbrüche der Industriearbeit, Sonderband der Sozialen Welt, Göttingen 1994.

Voß, G. Günter: Das Verhältnis von Arbeit und Leben im Umbruch. Zur wachsenden Bedeutung der alltäglichen Lebensführung Erwerbstätiger für Betriebe und Politik. In: Mitteilungen 8 des SFB 333, München 1994, S. 7–18.

Voß, G. Günter: Entwicklung und Eckpunkte des theoretischen Konzepts. In: Projektgruppe „Alltägliche Lebensführung" (Hg.): Alltägliche Lebensführung. Arrangements zwischen Traditionalität und Modernisierung, Opladen 1995, S. 23–43.

Voß, G. Günter: Große Sicherheiten, kleine Karrieren: zur alltäglichen Lebensführung von Facharbeitern und Angestellten eines Großkonzerns. In: Projektgruppe „Alltägliche Lebensführung" (Hg.): Alltägliche Lebensführung. Arrangements zwischen Traditionalität und Modernisierung, Opladen 1995.

Voß, G. Günter: Beruf und alltägliche Lebensführung – zwei subjektnahe Instanzen der Vermittlung von Individuum und Gesellschaft. In: G. G. Voß, H. J. Pongratz (Hg.): Subjektorientierte Soziologie, Opladen 1997: Leske + Budrich.

Voß, G. Günter: Neue Verhältnisse? Zur wachsenden Bedeutung der Lebensführung von Arbeitskräften für die Betriebe. In: B. Lutz (Hg.): Entwicklungsperspektiven von Arbeit, Abschlußband des SFB 333, i.E.

Voß, G. Günter; Pongratz, Hans J. (Hg.): Subjektorientierte Soziologie. Opladen 1997: Leske + Budrich.

Voß, G. Günter; Pongratz, Hans J.: Subjekt und Struktur – die Münchener subjektorientierte Soziologie. Zur Einführung. In: G. G. Voß, H. J. Pongratz (Hg.): Subjektorientierte Soziologie, Opladen 1997: Leske + Budrich.

Voß, G. Günter; Pongratz, Hans J.: Der Arbeitskraftunternehmer. Eine neue Grundform der Ware Arbeitskraft? In: Kölner Zeitschrift für Soziologie und Sozialpsychologie 30 (1), Jan. 1998.

Weihrich, M.: Lebensführung im Wartestand. Veränderungen und Stabilität im ostdeutschen Alltag. In: K. Jurczyk, M. S. Rerrich (Hg.): Die Arbeit des Alltags. Beiträge zu einer Soziologie der alltäglichen Lebensführung, Freiburg 1993, S. 210–234.

Weihrich, M.: Wenn der Betrieb schließt. Über alltägliche Lebensführung von Industriearbeitern im ostdeutschen Transformationsprozeß. In: BIOS Zeitschrift für Biographieforschung und Oral History 6, 1993, 224–238.

Weihrich, M.: Alltag im Umbruch. Alltägliche Lebensführung und berufliche Veränderung in Ostdeutschland. In: M. Diewald, K. U. Mayer (Hg.): Bilanz der Wiedervereinigung. Mobilitätsprozesse im Transformationsprozeß, Opladen 1995: Leske + Budrich.

Weihrich, M: Kursbestimmungen. Eine qualitative Paneluntersuchung der alltäglichen Lebensführung im ostdeutschen Transformationsprozeß. Forum: Zukunft der Gesellschaft Bd. 3, München 1998: Centaurus.

10.2 Teilprojekt A2

Bieber, Daniel; Larisch, Joachim; Moldaschl, Manfred (Hg.): Ganzheitliche Problemanalyse und -lösung für den betrieblichen Arbeits- und Gesundheitsschutz in einem Lager des Lebensmittelhandels. Schriftenreihe der Bundesanstalt für Arbeitsschutz – Forschungsanwendung – Fa 33, Dortmund/Bremerhaven 1995.

Böhle, Fritz: Wie lernt man „Erfahrung"? – Neue Anforderungen an die berufliche Weiterbildung bei fortschreitender Technisierung. In: Die Mitbestimmung 12, 1988, 724–726.

Böhle, Fritz: Sinnliche Erfahrung und Gefühl als Qualifizierung. Arbeitspapier 5 des SFB 333, München 1988, S. 35–40.

Böhle, Fritz: „Wissen ist Macht" – Wissenschaftliche Erkenntnisse und Erfahrungswissen in der Interessenauseinandersetzung. In: G. Ortmann, A. Windeler (Hg.): Umkämpftes Terrain, Opladen 1989, S. 226–247.

Fritz Böhle: Sinnliche Wahrnehmung und Erfahrungswissen im modernen Arbeitsprozeß. In: Mitteilungen 1 des SFB 333, München 1989, S. 43–54.

Böhle, Fritz: Körper und Wissen – Veränderungen in der sozio-kulturellen Bedeutung körperlicher Arbeit. In: Soziale Welt, Dez. 1989.

Böhle, Fritz: Körperlichkeit von Arbeit und Arbeiteridentität – Keine selbstverständliche Symbiose. In: H.-J. Hoffmann-Nowotny (Hg.): Kultur und Gesellschaft. Beiträge der Forschungskomitees, Sektionen und Ad-hoc-Gruppen, Zürich 1989.

Böhle, Fritz: Grenzen und Widersprüche der Verwissenschaftlichung von Produktionsprozessen – Zur industriesoziologischen Verortung von Erfahrungswissen. In: Th. Malsch, U. Mill (Hg.): ArBYTE – Modernisierung der Industriesoziologie?, Berlin 1992, S. 87–132.

Böhle, Fritz: Arbeit und Identität. In: G. Schwarz (Hg.): Profil und Professionalität – Praxis der Sozialarbeit im Umbruch, Bobingen 1993, S. 211–221.

Böhle, Fritz: Negation und Nutzung subjektivierenden Arbeitshandelns bei neuen Formen qualifizierter Produktionsarbeit. In: N. Beckenbach, W. van Treeck (Hg.): Umbrüche gesellschaftlicher Arbeit, Soziale Welt, Sonderband 9, Göttingen 1994, S. 183–206.

Böhle, Fritz: Kompetenzen für „erfahrungsgeleitete Arbeit" – Neue Anforderungen an die berufliche Bildung bei fortschreitender Technisierung. In: G. Hurrle et al. (Hg.): Wie bedingen sich Arbeit, Technik und Beruf im industriellen Prozeß, Bd. 3, Marburg 1994, S. 178–186.

Böhle, Fritz: Sinnliche Erfahrung und wissenschaftlich-technische Rationalität bei der Arbeit mit technischen Systemen. In: Mitteilungen 8 des SFB 333, München 1994, S. 75–88.

Böhle, Fritz: Relevance of Experience-based Work in Modern Processes. In: AJ & Society (The Journal of Human Centered Systems and Machine Intelligence) 3 (8), 1994, 207–215.

Böhle, Fritz: Qualifizierung für erfahrungsgeleitete Arbeiten – neue Anforderungen an die berufliche Bildung. In: J. Rützel: Gesellschaftlicher Wandel und Gewerbelehrerausbildung, Alsbach 1994, S. 183–189.

Böhle, Fritz: Sozialwissenschaftliche Grundlagen des CeA-Ansatzes. In: H. Martin (Hg.): CeA-Computergestützte, erfahrungsgeleitete Arbeit, Berlin/Heidelberg/New York 1995, S. 17–30.

Böhle, Fritz: Qualifizierung für erfahrungsgeleitetes Arbeiten – Neue Anforderungen an die berufliche Bildung. In: G. Dybowski et al. (Hg.): Berufsbildung und Organisationsentwicklung, Bremen 1995, S. 122–133.

Böhle, Fritz: Technikentwicklung zwischen Verwissenschaftlichung und Erfahrung – Zur Begründung eines neuen Forschungs- und Entwicklungsfeldes. In: H. Rose (Hg.): Nutzerorientierung im Innovationsmanagement, Frankfurt a. M./New York 1995, S. 69–102.

Böhle, Fritz; Carus, Ursula; Schulze, Hartmut: Technical Support for Experienced Based Work – A New Development Perspective for CNC-Maschine Tools. In: International Journal of Human Factors in Manufacturing 4, 1994, 391–408.

Böhle, Fritz; Milkau, Brigitte: Vom Handrad zum Bildschirm. Eine Untersuchung zur sinnlichen Erfahrung im Arbeitsprozeß, München/Frankfurt a. M. 1988: Campus.

Böhle, Fritz; Milkau, Brigitte: Sinnliche Erfahrung und Erfahrungswissen im industriellen Erfahrungsprozeß, Arbeitspapier 13 des SFB 333, München 1988.

Böhle, Fritz; Milkau, Brigitte: Computerized Manufacturing and Empirical Knowledge. In: AI & Society (The Journal of Human and Machine Intelligence) 2, 1988, 235–243.

Böhle, Fritz; Milkau, Brigitte: Sinnliche Erfahrung und Gefühl. Facharbeit an Werkzeugmaschinen (Teil 1). In: Technische Rundschau 1/2, 1988, 8–15.

Böhle, Fritz; Milkau, Brigitte: Zwischen Programmlogik und Materialgefühl. Facharbeit an Werkzeugmaschinen (Teil 2). In: Technische Rundschau 4, 1988, 16–23.

Böhle, Fritz; Milkau, Brigitte: Anforderungen an den Einsatz von CNC-Maschinen. Facharbeit an Werkzeugmaschinen (Teil 3). In: Technische Rundschau 6, 1988, 14–21.

Böhle, Fritz; Milkau, Brigitte: Neue Technologien – neue Risiken. Neue Anforderungen an die Analyse von Arbeit. In: Zeitschrift für Soziologie 4, 1989, 249–262.

Böhle, Fritz; Milkau, Brigitte: Wie beeinflußt die Computertechnik unsere Wahrnehmung? In: Das Forum (Zeitschrift der Volkshochschulen in Bayern) 3, 1990, 13–18.

Böhle, Fritz; Milkau, Brigitte; Rose, Helmuth: Computerized Manufacturing and Sensory Perception – New Demands on the Analysis of Work. In: N. Altmann et al. (Hg.): Technology and Work in German Industry, London/New York 1992: Routledge, S. 104–120.

Böhle, Fritz; Moldaschl, Manfred; Rose, Helmuth; Weishaupt, Sabine: Neue Belastungen und Risiken bei qualifizierter Produktionsarbeit. In: ISF-München et al. (Hg.): Jahrbuch Sozialwissenschaftliche Technikberichterstattung 1993 – Schwerpunkt: Produktionsarbeit, Berlin 1993, S. 67–137.

Böhle, Fritz; Rose Helmuth: Was nutzt dem Facharbeiter beim Programmieren. In: Technische Rundschau 19, 1990, S. 112–119.

Böhle, Fritz; Rose, Helmuth: Erfahrungswissen bleibt unerläßlich. Ein neuer Gestaltungsumsatz für CNC-Werkzeugmaschinen. In: Wechselwirkung 44, 1990, 5–9.

Böhle Fritz; Rose, Helmuth: Technik und Erfahrung. Arbeit in hochautomatisierten Systemen. München 1992: Campus.

Böhle, Fritz; Rose, Helmuth: CeA: Innovationskonzept für Werkzeugmaschinen mit Zukunft. In: ZWF Zeitschrift für wirtschaftliche Fertigung und Automatisierung 9, 1993, 413–415.

Böhle, Fritz; Rose, Helmuth: CeA: Erfahrungsgeleitete Arbeit mit CN-Technik – Erfahrung als Leistungsfaktor der flexiblen Produktion. In: Technische Rundschau 36, 1993, 26–29.

Hirsch-Kreinsen, Hartmut; Köhler, Christoph; Moldaschl, Manfred; Schultz-Wild, Rainer: Design Principles of Work Organization and Skilled Labour in a Computer-Integrated Manufacturing Environment. In: Y. Ito (Hg.): Human-Intelligence-Based Manufacturing, London/Berlin/Heidelberg 1993, S. 29–66.

Macher, Gerd: Tagungsberichte: Prozeßautomation und qualifizierte Produktionsarbeit – Sozialwissenschaftliche Befunde. In: Arbeit. Zeitschrift für Arbeitsforschung, Arbeitsgestaltung und Arbeitspolitik 4, 1993, 409–413.

Macher, Gerd: Steuerung und Überwachung komplexer technischer Systeme – sozialwissenschaftliche Befunde zur Entwicklung qualifizierter Produktionsarbeit. Ergebnisse eines Workshops. In: Mitteilungen 7 des SFB 333, München 1993, S. 5–19.

Moldaschl, Manfred: Der weite Weg zur Synergie – Personaleinsatz zwischen Ziel und Interessenkonflikten. In: ISF (Hg.): Strategische Optionen der Organisations- und Personalentwicklung bei CIM. KfK-PFt, Karlsruhe 1989, S. 139–175.

Moldaschl, Manfred: Evaluation of Expert System – Applications in Industrial and Services Environments. In: Th. Bernold, U. Hillenkamp (Hg.): Expert Systems in Production and Services II. Amsterdam 1989: Elsevier, S. 130–146.

Moldaschl, Manfred: Mit Potemkin'schen Dörfern in die Zukunft? In: Technische Rundschau 51/52, 1989, 14–21.

Moldaschl, Manfred: Krankheit JIT-Syndrom – Therapie Leitstand? In: VDI-Z 3, 1990, 40–43.

Moldaschl, Manfred: Das Modell ist gut, nur die Realität ist schlecht. In: Technische Rundschau 49, 1990, 104–112.

Moldaschl, Manfred: Arbeitsbelastung und ihre Kosten In: Handbuch der humanen CIM-Gestaltung (hektogr. Bericht), IPK Berlin 1991.

Moldaschl, Manfred: Widersprüchliche Arbeitsanforderungen – psychische Belastung und doppelte Realität in der Produktion. In: Mitteilungen 3 des SFB 333, München 1991, S. 15–50.

Moldaschl, Manfred: Thinking Machines, Dreaming Engineers? – Toward Applied Expert System Technology. In: N. Altmann et al. (Hg.): Technology and Work in German Industry, London/New York 1992: Routledge, S. 92–103.

Moldaschl, Manfred: Frauenarbeit oder Facharbeit? Montagerationalisierung in der Elektroindustrie II. Frankfurt a. M./New York 1992: Campus.

Moldaschl, Manfred: Personaleinsatz in Montagesystemen. In: K. Feldmann (Hg.): Montageplanung in CIM, Berlin/Heidelberg/New York 1992, S. 139–168.

Moldaschl, Manfred: Alle Maschinen übernehmen Arbeit, aber keine Maschine übernimmt Verantwortung. In: Mitteilungen 4 des SFB 333, München 1992, S. 27–53.

Moldaschl, Manfred: La fabrica dentro de la fabrica – Las „celulas de produccion" como alternativa a la alta tecnologia en la produccion de maquinaria industrial. In: Cimworld 1, 1992, 86–91 (Parte 1); Cimworld 2, 1992, 90–92 (Parte 2).

Moldaschl, Manfred: Frauenarbeit als Bastion des Taylorismus – keine Chancen für Qualifizierungsoffensiven in der Montage? In: B. Paulsen, F. Worschech (Hg.): Arbeitsorientierte Weiterbildung für KMU, Brüssel 1993, S. 365–390.

Moldaschl, Manfred: Restriktive Arbeit: Formen, Verbreitung, Tendenzen der Belastungsentwicklung. In: ISF München et al. (Hg.): Jahrbuch Sozialwissenschaftliche Technikberichterstattung 1993 – Schwerpunkt: Produktionsarbeit, Berlin 1993, S. 139–171.

Moldaschl, Manfred: Lean Production im Maschinenbau? – Für einen eigenen Weg. In: Mitteilungen 5 des SFB 333, München 1993, S. 29–61.

Moldaschl, Manfred: Frauenarbeit als Bastion des Taylorismus – keine Chancen für Qualifizierungsoffensiven in der Montage? In: B. Paulsen, F. Worschech (Hg.): Arbeitsorientierte Weiterbildung für KMU, Brüssel 1993, S. 365–390.

Moldaschl, Manfred: Investigar el Trabajo – Sistemas teoreticas y metodicas de la Psicologia del Trabajo. Universidad Nacional de Puebla A.C., mimeographed, Mexico 1993.

Moldaschl, Manfred: „Die werden zur Hyäne" – Erfahrungen und Belastungen in neuen Arbeitsformen. In: M. Moldaschl, R. Schultz-Wild (Hg.): Arbeitsorientierte Rationalisierung, Frankfurt a. M./New York 1994, S. 105–149.

Moldaschl, Manfred: Lean Production im Maschinenbau? – Argumente für einen eigenständigen Weg. In: M. Moldaschl, R. Schultz-Wild (Hg.): Arbeitsorientierte Rationalisierung, Frankfurt a. M./New York 1994, S. 249–293.

Moldaschl, Manfred: Wissensbasierte Systeme in der Medizin. In: ISF-München et al. (Hg.): Jahrbuch Technikberichterstattung 1994 – Schwerpunkt: Technik und Medizin, Berlin 1994: edition sigma, S. 211–237.

Moldaschl, Manfred: Wissensbasierte Systeme in der Medizin. In: Inifes et al. (Hg.): Technik und Medizin. Jahrbuch sozialwissenschaftliche Technikberichterstattung 1994, Berlin: edition sigma 1994, S. 209–238.

Moldaschl, Manfred: Gruppenarbeit in Forschung und Entwicklung. In: G. Reinhart (Hg.): Optimierung der Kooperation in der Produktentwicklung, IWB-Seminarberichte, Augsburg 1995: Utz, S. 16–28.

Moldaschl, Manfred; Schmierl, Klaus: Fertigungsinseln und Gruppenarbeit im Maschinenbau – Einführungsstrategien, Probleme und Gestaltungsmöglichkeiten. In: I. Bey, H. Walze (Hg.): Ergebnispräsentation CIM im Programm Fertigungstechnik 1988–1992 des BMFT – Entwicklungstendenzen von Technik und Arbeitsorganisation (hektogr. Bericht), Karlruhe 1993, S. 127–150.

Moldaschl, Manfred; Schmierl, Klaus: Damit Fertigungsinseln kein Etikettenschwindel werden – Zehn Ratschläge zur Gruppenarbeit im Maschinenbau. In: Technische Rundschau 44, 1993, 14–17.

Moldaschl, Manfred; Schmierl, Klaus: Fertigungsinseln und Gruppenarbeit – Durchsetzung neuer Arbeitsformen bei rechnerintegrierter Produktion. In: M. Moldaschl, R. Schultz-Wild (Hg.): Arbeitsorientierte Rationalisierung, Frankfurt a. M./New York 1994, S. 51–103.

Moldaschl, Manfred; Schultz-Wild, Rainer (Hg.): Arbeitsorientierte Rationalisierung – Fertigungsinseln und Gruppenarbeit im Maschinenbau, Frankfurt a. M./New York 1994: Campus.

Moldaschl, Manfred; Schultz-Wild, Rainer: Einführung: Arbeitsorientierte Rationalisierung. In: M. Moldaschl, R. Schultz-Wild (Hg.): Arbeitsorientierte Rationalisierung, Frankfurt a. M./ New York 1994, S. 9–31.

Rose, Helmuth (Hg.): Programmieren in der Werkstatt – Perspektiven für Facharbeit mit CNC-Maschinen. Frankfurt a. M./München 1990: Campus.

Rose, Helmuth: Ressource Mensch in der Produktion. Die Wiederentdeckung der praktischen Erfahrung als notwendige Ergänzung theoretisch fundierten Wissens. In: VDI-Z 12, 1990, 12–16.

Martin, Hans; Rose, Helmuth: Erfahrungswissen sichern statt Ausschalten. In: Technische Rundschau 12, 1990, 34–41.

Rose, Helmuth: Bedeutung des Erfahrungswissens für die Bedienung von CNC-Maschinen. In: Zeitschrift für wirtschaftliche Fertigung und Automatisierung 1, 1991, 45–48.

Rose, Helmuth: Erfahrungsgeleitete Arbeit mit CNC-Maschinen. In: Zeitschrift für Arbeitswissenschaft 1, 1991, 20–28.

Rose, Helmuth: CeA: Ein neuer CIM-Baustein gewinnt an Konturen. In: CIM-Management 1, 1991, 53–56.

Rose, Helmuth: Erfahrungsgeleitete Arbeit als Fokus der Arbeitsgestaltung und Technikentwicklung. In: Zeitschrift für Arbeits- und Organisationspsychologie 1, 1992, 22–29.

Rose, Helmuth: Grundaussagen zur Rolle des Erfahrungswissens. In: Mitteilungen 3 des SFB 333, München 1991, S. 93–116.

Rose, Helmuth: Die Bedeutung des Erfahrungswissens bei automatischer Prozeßsteuerung. In: H.-J. Bullinger et al. (Hg.): Alter und Erwerbsarbeit, Berlin/Heidelberg/New York 1993, S. 68–72.

Rose, Helmuth: Erfahrungsgeleitete Arbeit als Innovationskonzept für Arbeitsgestaltung und Technikentwicklung. In: Zeitschrift für Arbeitswissenschaft (Sonderdruck) 18, 1992, 145–149.

Rose, Helmuth: Erfahrungswissen als eigenständige Komponente der Wissensverarbeitung – Ergebnisse empirischer Untersuchungen zur Prozeßbeherrschung programmgesteuerter Maschinen und Anlagen. In: Mitteilungen 4 des SFB 333, München 1992, 55–65.

Rose, Helmuth: Produktentwicklung im 21. Jahrhundert – Herstellerübergreifende und nutzerorientierte Technikentwicklung als Innovationsstrategie. In: VDI-Z, 1994, 26–29.

Rose, Helmuth (Hg.): Nutzerorientierung im Innovationsmanagement – Neue Ergebnisse der Sozialforschung über Technikbedarf und Technikentwicklung, Frankfurt a. M./New York 1995: Campus.

Rose, Helmuth: Herstellerübergreifende Kooperation und nutzerorientierte Technikentwicklung als Innovationsstrategie. In: H. Rose (Hg.): Nutzerorientierung im Innovationsmanagement – Neue Ergebnisse der Sozialforschung über Technikbedarf und Technikentwicklung, Frankfurt a. M./New York 1995, S. 195–218.

Rose, Helmuth: Handlungsorientierte Informationsquellen und Zugriffsmöglichkeiten als alternative Ein- und Ausgabemedien. In: H. Martin (Hg.): CeA – Computergestützte erfahrungsgeleitete Arbeit, London/Berlin/Heidelberg 1995, S. 131–141.

Rose, Helmuth: Herstellerübergreifende und nutzerorientierte Technikentwicklung als Innovationsstrategie für die Produktion im 21. Jahrhundert. In: H. Martin (Hg.): CeA – Computergestützte erfahrungsgeleitete Arbeit, London/Berlin/Heidelberg 1995, S. 195–218.

Rose, Helmuth; Macher, Gerd: Flexible Prozeßautomatisierung – Neue Perspektiven für die Gestaltung von Prozeßleitsystemen auf der Grundlage von Erfahrungswissen. In: atp (Automatisierungstechnische Praxis) 11, 1993, 610–618.

Rose, Helmuth; Macher, Gerd: Neue Perspektiven für die Flexibilisierung der Produktion – Erfahrungswissen in der Prozeßindustrie. In: Technische Rundschau 17, 1993, 44–48.

10.3 Teilprojekt A6

Ahbe, Thomas: Predigt auf den Marktplätzen oder Das Karussell der psychologisierenden Gesellschaft. In: Forum Kritische Psychologie 30, 1992, 51–74.

Ahbe, Thomas: Von Deutschland nach Deutschland. In: Jahrbuch für Psychopathologie und Psychotherapie, Bd. XI/1991–1993, Solms a. d. Lahn 1994.

Ahbe, Thomas: Im deutschen Klärwerk. Thesen über die kulturelle Vereinigung. Comparativ – Leipziger Beiträge zur Universalgeschichte und vergleichenden Gesellschaftsforschung 1, 1994.

Ahbe, Thomas: Transformation – Identität – Ressourcen. In: Comparativ – Leipziger Beiträge zur Universalgeschichte und vergleichenden Gesellschaftsforschung 1, 1996, 89–104.

Ahbe, Thomas: Ressourcen – Transformation – Identität. In: H. Keupp, R. Höfer (Hg.): Identitätsarbeit heute: Klassische und aktuelle Perspektiven der Identitätsforschung, Frankfurt a. M. 1997: Suhrkamp.

Ahbe, Thomas: Ressourcen. In: S. Grubitzsch, K. Weber (Hg.): Psychologische Grundbegriffe. Ein Handbuch, Reinbek 1998: Rowohlt, S. 527–529.

Ahbe, Thomas; Gibas, M.: Erbschaft einer Zeit. Zur Persistenz der sozialistischen Meistererzählung nach dem Systemwechsel. In: Psychologie und Gesellschaftskritik 1, 1998, 55–71.

Ahbe, Thomas; Glücksmann, Carola; Mitzscherlich, Beate: Identitätsentwicklung junger Erwachsener in Ostdeutschland – Eine Studie aus der Region Leipzig. In: B. Lutz, H. Schröder (Hg.): Entwicklungsperspektiven von Arbeit im Transformationsprozeß, München/Mering 1995: Hampp, S. 21–63.

Ahbe Thomas; Kraus, Wolfgang; Mitzscherlich, Beate: „Ich sehe was, was Du nicht siehst ...". Ost-West-Unterschiede im Prisma einer narrativen Identitätsforschung. In: B. Lutz (Hg.): Subjekt im Transformationsprozeß – Spielball oder Akteur?, München/Mering: Hampp 1998, S. 89–104.

Glücksmann, Carola; Busse, Stefan; Mitzscherlich, Beate; Nowak, U.: Schuld-Diskurs hinter verschlossenen Türen. Zur Psychologie einer Auflösung. In: Rektor der Friedrich-Schiller-Universität (Hg.): Vergangenheitsklärung an der Friedrich-Schiller-Universität Jena, Leipzig 1994: Evangelische Verlagsanstalt.

Gmür, Wolfgang: Region, Heimat, Beheimatung – Konzeptualisierungen sozialräumlicher Einflußfaktoren im Kontext individueller Identitätsarbeit. In: Mitteilungen 10 des SFB 333, München 1997, S. 59–77.

Gmür, Wolfgang; Höfer, Renate: Neue Identitäten? Identitätsentwicklung junger Erwachsener vor dem Hintergrund gesellschaftlicher Individualisierung und diskontinuierlicher Erwerbskarrieren. In: Mitteilungen 3 des SFB 333, München 1991, S. 51–60.

Gmür, Wolfgang; Straus, Florian: Die Netzwerkperspektive in der Jugendforschung – Beispiel einer Netzwerkanalyse. In: Zeitschrift für Sozialisationsforschung und Erziehungssoziologie 14 (3), 1994, 228–245.

Haberlandt, Maria; Höfer, Renate; Keupp, Heiner; Seitz, Rita; Straus, Florian: Risiken und Chancen der Entwicklung im Jugendalter. In: K. Hurrelmann, K. Schnabel, P. Kolip: Jugend und Gesundheit. Interventionsfelder und Präventionsbereiche, München 1995: Juventa.

Höfer, Renate; Straus, Florian: Von Beginn an ohne Chance? Benachteiligte Jugendliche und Integrationshilfen der berufsbezogenen Jugendhilfe. München/Wien 1993: Profil.

Keupp, Heiner: Zerstören Individualisierungsprozesse die solidarische Gesellschaft? In: Universitas 50, 1995, 149–157.

Keupp, Heiner: Zwischen postmoderner Diffusion und der Suche nach neuen Fundamenten. In: Psychologie und Gesellschaftskritik 1, 1995, 29–56.

Keupp, Heiner: Aufwachsen in der Postmoderne: Riskanter werdende Chancen für Kinder und Jugendliche. In: G. Opp, F. Peterander (Hg.): Focus Heilpädagogik. Projekt Zukunft, München/Basel 1996: Ernst Reinhard, S. 130–139.

Keupp, Heiner: Bedrohte und befreite Identitäten in der Risikogesellschaft. In: A. Barkhaus et al. (Hg.): Identität – Leiblichkeit – Normativität. Neue Horizonte anthropologischen Denkens, Frankfurt a. M. 1996: Suhrkamp, S. 380–404.

Keupp, Heiner; Höfer, Renate (Hg.): Identitätsarbeit heute: Klassische und aktuelle Perspektiven der Identitätsforschung, Frankfurt a. M. 1997: Suhrkamp.

Kraus, Wolfgang; Mitzscherlich, Beate: Abschied vom Großprojekt: Normative Grundlagen der empirischen Identitätsforschung in der Tradition von James E. Marcia und die Notwendigkeit ihrer Reformulierung. In: H. Keupp, R. Höfer (Hg.): Identitätsarbeit heute: Klassische und aktuelle Perspektiven der Identitätsforschung, Frankfurt a. M. 1997: Suhrkamp.

Kraus, Wolfgang: Das erzählte Selbst. Die narrative Konstruktion von Identität in der Spätmoderne, Pfaffenweiler 1996: Centaurus.

Kraus, Wolfgang: Narrative Psychologie. In: S. Grubitzsch, K. Weber (Hg.): Psychologische Grundbegriffe. Ein Handbuch, Reinbek 1998: Rowohlt.

Kraus, Wolfgang: La fin des grands projets: Le développement de l'identité dans le champ du travail comme navigation à vue. In: L'orientation scolaire et professionelle 1 (27), 1998, 105–121.

Kraus, Wolfgang; Mitzscherlich, Beate: Identitätsdiffusion als kulturelle Anpassungsleistung. Erste empirische Ergebnisse zu Veränderungen der Identitätsentwicklung. In: Psychologie in Erziehung und Unterricht 42, 1995, 65–72.

Kraus, Wolfgang; Straus, Florian: Das Konzept der Patchwork-Identität: Überlegungen zur Entwicklung eines forschungsmethodischen Baukastens. In: Mitteilungen 2 des SFB 333, München 1990, S. 5–20.

Kraus, Wolfgang; Straus, Florian: Soziale Netzwerke und Identität. In: Erziehung und Wissenschaft 10, 1992, 9–12.

Mitzscherlich, Beate: Der Umbruch in der DDR - eine soziometrische Revolution? Zur Rolle selbstorganisierter Netze im Wandel. In: F. Buer (Hg.): Jahrbuch für Psychodrama, Opladen 1991: Leske + Budrich.

Mitzscherlich, Beate: Die fremden Landsleute oder das konkrete Gesicht der Vereinigung. In: Blätter für Deutsche und Internationale Politik 11, 1991, 1295–1302.

Mitzscherlich, Beate: Sehnsucht nach Heimat. Selbstverortung und Identität. In: J. Hohl, G. Reisbeck (Hg.): Individuum - Lebenswelt - Gesellschaft. Texte zu Sozialpsychologie und Soziologie. München/Wien 1993: Profil, S. 261–271.

Mitzscherlich, Beate: Die Wende in der DDR – keine soziometrische Revolution. In: Soziale Wirklichkeit 2, Jena 1997, 65–174.

Mitzscherlich, Beate: „Heimat ist etwas, was ich mache" - Eine psychologische Untersuchung zum individuellen Prozeß von Beheimatung, Pfaffenweiler 1997: Centaurus.

Mitzscherlich, Beate; Gmür, Wolfgang: Regionale Orientierung in der Identitätsentwicklung von Jugendlichen. In: Tagungsband der 12. Fachtagung für Entwicklungspsychologie, Leipzig 1995.

Mitzscherlich, Beate; Gmür, Wolfgang: Regionale Orientierung in der Identitätsentwicklung von Jugendlichen. Tagungsband der 12. Fachtagung für Entwicklungspsychologie, Leipzig, 1995.

Mitzscherlich, Beate; Kraus, Wolfgang: Ost-West-Kooperation. Ein Identitätsprojekt? In: Mitteilungen 6 des SFB 333, München 1993, S. 11–22.

Mitzscherlich, Beate; Stöbe, S.: „Es wird schon wieder werden" - Identität im Umbruch? In: Verhaltenstherapie und psychosoziale Praxis 4, 1990, 417–433.

Seitz, Rita: Ob Kinder oder keine, entscheiden wir alleine ... In: H. Neubeck-Fischer (Hg.): Frauen und Abhängigkeit, Soziale Arbeit in der Wende, Bd. 7, München 1991, S. 101–121.

Seitz, Rita: „Ich wünsche mir, daß mir jemand sagt, was ich machen soll ...". Weibliche Identitätsarbeit und gesellschaftliche Individualisierung. In: V. Haller (Hg.): Mädchen zwischen Tradition und Moderne, Innsbruck 1994: Österreichischer Studienverlag, S. 31–56.

Seitz, Rita: „Prisoner of Gender" or „Prisoner of Discourse"? Diskurstheoretische Analyse sozialwissenschaftlicher Daten. In: A. Dietzinger et al. (Hg.): Erfahrung mit Methode. Wege sozialwissenschaftlicher Frauenforschung, Freiburg 1994: Kore, S. 183–199.

Seitz, Rita; Kraus, Wolfgang: Halbe Chancen - Doppelte Risiken. Eine diskurstheoretische Fallanalyse. In: J. Hohl, G. Reisbeck (Hg.): Individuum - Lebenswelt - Gesellschaft, München/ Wien 1993: Profil.

Straus, Florian; Höfer, Renate: Entwicklungslinien alltäglicher Identitätsarbeit. In: H. Keupp, R. Höfer (Hg.): Identitätsarbeit heute: Klassische und aktuelle Perspektiven der Identitätsforschung, Frankfurt a. M. 1997: Suhrkamp.

Straus, Florian; Höfer, Renate: Halbe Chancen und doppelte Risiken. Die veränderte Bedeutung von Erwerbsarbeit und Qualifizierungsprozessen für die Identitätsbildung benachteiligter Jugendlicher. In: G. Westhoff (Hg.): Übergänge von der Ausbildung in den Beruf - die Situation an den zweiten Schwellen in der Mitte der Neunziger Jahre, Tagungen und Expertengespräche zur beruflichen Bildung 23, Bielefeld 1995.

Waldmann, Sabine; Straus, Florian: Identität und soziale Netzwerke. Ein Vergleich von ost- und westdeutschen Jugendlichen. In: Diskurs 1, 1992, 53–59.

10.4 Teilprojekt A7

Brunstein, J. C.; Maier, Günter W.: Self Generated Intentions versus Falsely Internalized Goals: A Commentary on Kuhl's Theory of Self-Regulation. In: Applied Psychology: An International Review 41, 1992, 130–134.

Brunstein, J. C.; Ganserer, J.; Maier, G. W.; Heckhausen, H.: Persönliche Anliegen in Alltagssituationen. In: Archiv für Psychologie, 1994.

Kaschube, Jürgen: Betrachtung der Unternehmens- und Organisationskulturforschung aus (organisations-)psychologischer Sicht. In: M. Dierkes, L. von Rosenstiel, U. Steger (Hg.): Unternehmenskultur in Theorie und Praxis, Frankfurt a. M. 1993, S. 90–146.

Kaschube, Jürgen: Selbstselektion von Hochschulabsolventen. Wunsch und Realisierung. In: L. von Rosenstiel, T. Lang-von Wins, E. Sigl (Hg.): Führungsnachwuchs finden und fördern, Stuttgart 1994: Schäffer-Poeschel.

Kaschube, Jürgen: Ziele von Führungsnachwuchskräften – Berufliche Entwicklung nach der Einarbeitung. München/Mering 1997.

Kaschube, Jürgen: Ziele von Führungsnachwuchskräften – Die Sicht der Organisation und des Individuums. In: L. v. Rosenstiel, T. Lang-von Wins, E. Sigl (Hg.): Perspektiven der Karriere, Stuttgart 1997: Schäffer-Poeschel, S. 119–134.

Kaschube, Jürgen; Lang-von Wins, Thomas: Berufseinstieg und erste berufliche Erfahrungen von Hochschulabsolventen. In: Mitteilungen 8 des SFB 333, München 1994, S. 33–46.

Kaschube, Jürgen; Nerdinger, Friedemann W.; Rosenstiel, Lutz von; Sigl, Eduard: Stellensuche von Führungsnachwuchskräften. Interaktion von Selbst- und Fremdselektion. In: L. Montada (Hg.): Bericht über den 38. Kongreß der Deutschen Gesellschaft für Psychologie in Trier 1992, Bd. 1, Göttingen 1992, S. 216.

Kaschube, Jürgen; Nerdinger, Friedemann; Spieß, Erika; Rosenstiel, Lutz von: Selektion und Sozialisation des Führungsnachwuchses. In: A. Gebert, W. Hacker (Hg.): Arbeits- und Organisationspsychologie 1991 in Dresden, Bonn 1993: Deutscher Psychologen Verlag, S. 58–65.

Kaschube, Jürgen; Sigl, Eduard: Kognitive Repräsentationen von Organisationen. In: Mitteilungen 3 des SFB 333, München 1991, S. 79–91.

Kaschube, Jürgen; Sigl, Eduard: Design der Untersuchung, Operationalisierung und Stichprobe. In: L. von Rosenstiel, F. W. Nerdinger, E. Spieß (Hg.): Von der Hochschule in den Beruf, Göttingen 1998: Verlag für Angewandte Psychologie, S. 41–56.

Kaschube, Jürgen; Wittmann, Angela:Stellensuche und Stellenwahl bei Führungsnachwuchskräften. In: Mitteilungen 5 des SFB 333, München 1993, S. 81–103.

Lang-von Wins, Thomas: Berufliche Selbstselektion von Hochschulabsolventen und ihre Folgen auf Einstellungen zur Arbeit. In: L. von Rosenstiel, T. Lang-von Wins, E. Sigl (Hg.): Führungsnachwuchs finden und fördern, Stuttgart 1994: Schäffer-Poeschel.

Lang-von Wins, Thomas: Zum Einfluß von Selbstwirksamkeitserwartungen auf die berufliche Karriere. In: L. von Rosenstiel, T. Lang-von Wins, E. Sigl (Hg.): Perspektiven der Karriere, Stuttgart 1997: Schäffer-Poeschel.

Lang-von Wins, Thomas: Arbeitnehmer, Unternehmer oder arbeitslos? Ein psychologischer Beitrag zum Berufseinstieg von Hochschulabsolventen. München/Mering 1997: Hampp.

Lang-von Wins, Thomas: Der Übergang von der Hochschule in den Beruf: Berufsorientierungen und Wege in Arbeitslosigkeit, selbständige und abhängige Beschäftigung. In: L. von Rosenstiel, F. W. Nerdinger, E. Spieß (Hg.): Von der Hochschule in den Beruf, Göttingen 1998: Verlag für Angewandte Psychologie, S. 57–78.

Lang-von Wins, Thomas; Kaschube, Jürgen: Der Organisationswechsel. In: L. von Rosenstiel, F. W. Nerdinger, E. Spieß (Hg.): Von der Hochschule in den Beruf, Göttingen 1998: Verlag für Angewandte Psychologie, S. 185–200.

Lang-von Wins, Thomas, Lutz von Rosenstiel: Testeinsatz im Mittelstand. In: Personalwirtschaft 5, 1997.

Lang-von Wins, Thomas; Lutz von Rosenstiel: Verfahren zur Potentialfeststellung und -beurteilung in Organisationen. In: M. Kleinmann, B. Strauß (Hg.): Potentialfeststellungs- und Personalentwicklungsinstrumente, Göttingen 1998: Verlag für Angewandte Psychologie.

Lang-von Wins, Thomas; Wittmann, Angela; Rosenstiel, Lutz von: Zum Berufseintritt der Führungskräfte der Zukunft. In: Einsichten, Forschung an der Ludwig-Maximilians-Universität München 2, 1995, 30–32.

Maier, Günther W.: Die erfolgreiche Eingliederung neuer Mitarbeiter: Das Ergebnis von Stellensuche und Einarbeitung. In: L. von Rosenstiel, F. W. Nerdinger, E. Spieß (Hg.): Von der Hochschule in den Beruf, Göttingen 1998: Verlag für Angewandte Psychologie, S. 99–114.

Maier, Günter W.; Rappensperger, Gabriele; Rosenstiel, Lutz von; Zwarg, Ingrid: Berufliche Ziele und Werthaltungen des Führungsnachwuchses in den neuen Bundesländern. In: Zeitschrift für Arbeits- und Organisationspsychologie 38, 1994, 4–12.

Maier, Günter W.; Spieß, Erika: Einführung von Führungsnachwuchskräften in das Unternehmen: Formen der Unterstützung und erlebte Hilfestellung. In: L. von Rosenstiel, T. Lang-von

Wins, E. Sigl (Hg.): Fach- und Führungsnachwuchs finden und fördern, Stuttgart 1994: Schäffer-Poeschel.

Nerdinger, Friedemann W.: Wertewandel und Führungsnachwuchs – Ergebnisse aus quantitativen und qualitativen Langzeitbefragungen. In: Mitteilungen 1 des SFB 333, München 1989, S. 17–30.

Nerdinger, Friedemann W.: Verkaufsleiter und Handelsvertreter: Sensibles Kräftemessen. In: Absatzwirtschaft 9, 1990, 102–107.

Nerdinger, Friedemann W.: Lebenswelt „Werbung" – Eine sozialpsychologische Studie über Macht und Identität, Frankfurt a. M. 1990.

Nerdinger, Friedemann W.: Bedingungen und Folgen von Burnout bei Schalterangestellten einer Sparkasse. In: Zeitschrift für Arbeitswissenschaft 46, 1992, 77–84.

Nerdinger, Friedemann W.: Subjektive Theorien beruflichen Aufstiegs. In: Mitteilungen 4 des SFB 333, München 1992, S. 5–25.

Nerdinger, Friedemann W.: Wertewandel beim Führungsnachwuchs. In: D. Sommer (Hg.): Industriebau: Die Vision der Lean Company, Berlin 1992: Birkhäuser, S. 44–48.

Nerdinger, Friedemann W.: Karriereberatung. In: A. Schorr (Hg.): Handwörterbuch der Angewandten Psychologie, Bonn 1993: Deutscher Psychologen Verlag, S. 367–371.

Nerdinger, Friedemann W.: Zur Psychologie der Dienstleistung. Theoretische und empirische Untersuchung zu einem wirtschaftspsychologischen Forschungsgebiet, Stuttgart 1994: Poeschel.

Nerdinger, Friedemann W.: Berufliche Selbstselektion: Zum Stand der Forschung. In: L. von Rosenstiel, T. Lang-von Wins, E. Sigl (Hg.): Fach- und Führungsnachwuchs finden und fördern, Stuttgart 1994: Schäffer-Poeschel, S. 20–38.

Nerdinger, Friedemann W.: Motivation und Handeln in Organisationen. Eine Einführung, Stuttgart 1994: Kohlhammer.

Nerdinger, Friedemann W.: Identifikationsbereitschaft von Führungsnachwuchskräften in umweltorientierten Betrieben. In: UmweltWirtschaftsForum 1994.

Nerdinger, Friedemann W.; Rosenstiel, Lutz von: Der Sprung in die Praxis. In: Psychologie heute 18, 1991, 64–68.

Nerdinger, Friedemann W.; Rosenstiel, Lutz von: Führung in kritischen Zeiten. In: Psychologie heute 20 (12), 1993, 58–63.

Nerdinger, Friedemann W.; Stengel, Martin; Spieß, Erika; Rosenstiel, Lutz von: Einstellung zur Karriere: Differentialpsychologische Untersuchungen vor dem Hintergrund eines hypostasierten Wertewandels. In: BeitrAB 90.3., Nürnberg 1985.

Nerdinger, Friedemann W.; Rosenstiel, Lutz von; Spieß, Erika; Stengel, Martin: Selektion und Sozialisation potentieller Führungskräfte im Zeichen gesellschaftlichen Wertewandels. In: Psychologie und Praxis, Zeitschrift für Arbeits- und Organisationspsychologie 1, 1988, 22–33.

Nerdinger, Friedemann; Rosenstiel, Lutz von; Sigl, Eduard; Spieß, Erika: Handelsvertreter und Verkaufsleiter. Konflikt und Konfliktbewältigung in einer Dienstleistungsbeziehung, Stuttgart 1990.

Nerdinger, Friedemann W.; Spieß, Erika: Auf der Suche nach beruflicher Identität und persönlichem Sinn – Berufsbiografien junger Akademiker. In: D. Frey (Hg.): Bericht über den 37. Kongreß der Deutschen Gesellschaft für Psychologie in Kiel, Bd. 1, Göttingen 1990.

Nerdinger, Friedemann W.; Spieß, Erika: Kommunikative Validierung und Datenfeedback in der Wertforschung – Ergebnisse aus quantitativen und qualitativen Langzeitbefragungen. In: H. Klages, H. J. Hippler, W. Herbert: Werte und Wandel, Frankfurt a. M. 1992, S. 653–671.

Nerdinger, Friedemann W.; von Rosenstiel, Lutz; Sigl, Eduard; Spieß, Erika: Psychologische Dimensionen des Konfliktpotentials zwischen Handelsvertretungen und vertretenen Unternehmen. In: S. Höfling, D. Butollo (Hg.): Psychologie für Menschenwürde und Lebensqualität, Bd. 3, Bonn 1990, S. 140–149.

Rappensperger, Gabriele: Mentalitätsunterschiede oder situationale Verunsicherung? – Ergebnisse einer empirischen Untersuchung an Führungsnachwuchskräften in den alten und neuen Bundesländern. In: L. von Rosenstiel, T. Lang-von Wins, E. Sigl (Hg.): Fach- und Führungsnachwuchs finden und fördern, Stuttgart 1994: Schäffer-Poeschel.

Rappensperger, Gabriele: Berufseinstieg unter geschlechtsspezifischer Perspektive. In: L. von Rosenstiel, F. W. Nerdinger, E. Spieß (Hg.): Von der Hochschule in den Beruf, Göttingen 1998: Verlag für Angewandte Psychologie, S. 127–144.

Rappensperger, Gabriele; Maier, Günter W.: Längsschnittliche Analyse arbeitsbezogener Werthaltungen bei potentiellen Führungsnachwuchskräften aus den alten und neuen Bundesländern zu Beginn ihrer beruflichen Laufbahn. In: B. Lutz (Hg.): Subjekt im Transformationsprozeß - Spielball oder Akteur?, München/Mering 1998, S. 105–128.

Rappensperger, Gabriele; Maier, Günter W.; Wittmann, Angela: Die Bedeutung von Mitarbeiterzielen bei der Einarbeitung. In: L. von Rosenstiel, F. W. Nerdinger, E. Spieß (Hg.): Von der Hochschule in den Beruf, Göttingen 1998: Verlag für Angewandte Psychologie, S. 115–126.

Rappensperger, Gabriele; Nerdinger, Friedemann W.; Spieß, Erika: Der Übergang vom Studium in den Beruf bei Führungsnachwuchskräften in den neuen Bundesländern – Ergebnisse einer empirischen Studie und praktische Implikationen. In: L. von Rosenstiel (Hg.): Führung: Konzepte und Erfahrungen in Osteuropa und den neuen Bundesländern, Düsseldorf 1993: Deutscher Industrie-Verlag.

Rappensperger, Gabriele; Nerdinger, Friedemann W.; Rosenstiel, L. von; Spieß, Erika: „... eine Tendenz zur Kälte." – Eine qualitative Studie über Studierende aus den neuen Bundesländern. In: Zeitschrift für Sozialpsychologie 24, 1993.

Rappensperger, Gabriele; Nerdinger, Friedemann W.; Spieß, Erika: Der Übergang vom Studium in den Beruf bei Führungsnachwuchskräften in den neuen Bundesländern – Ergebnisse einer empirischen Studie und praktische Implikationen. In: L. von Rosenstiel (Hg.): Führung bei der Transformation von der Plan- in die Marktwirtschaft, München/Mering 1994: Hampp.

Rappensperger, Gabriele; Rosenstiel, Lutz von; Zwarg, Ingrid: Erwartungen an die berufliche Tätigkeit bei Hochschulabsolventen aus den neuen Bundesländern. In: G. Trommsdorff (Hg.): Psychologische Aspekte der Transformationsprozesse in den neuen Ländern, Berlin 1994: de Gruyter.

Rappensperger, Gabriele; Spieß, Erika: „Als Frau ist man sowieso ein bißchen gehandicapt" – Die Situation von Akademikerinnen in den neuen Bundesländern. In: Mitteilungen 6 des SFB 333, München 1993, S. 23–42.

Rosenstiel, Lutz von: Das Betriebsklima. Zur Praxis der Diagnose und Intervention in Organisationen. In: Wirtschaftswissenschaftliches Studium, Zeitschrift für Ausbildung und Hochschulkontakt 15, 1986, 83–91.

Rosenstiel, Lutz von: Unternehmenskultur. Banausen im Werk. In: Management Wissen 10, 1987.

Rosenstiel, Lutz von: Selektions- und Sozialisationseffekte beim Übergang vom Bildungs- ins Beschäftigungssystem. Ergebnisse einer Längsschnittstudie an jungen Akademikern. In: Zeitschrift für Arbeits- und Organisationspsychologie 1, 1989, 21–32.

Rosenstiel, Lutz von: Kann eine wertorientierte Personalpolitik eine Antwort auf den Wertewandel in der Gesellschaft sein? In: R. Marr, R. Reichwald (Hg.): Mitarbeiterorientierte Unternehmenskultur, Berlin 1989, S. 45–75.

Rosenstiel, Lutz von: Der Berufseinstieg junger Akademiker. Wem gelingt er? Was bewirkt er? In: Report 4, 1990, 25–33.

Rosenstiel, Lutz von: Werthaltungen. In: W. Sarges (Hg.): Management-Diagnostik, Göttingen 1990.

Rosenstiel, Lutz von: Anerkennung und Kritik als Führungsmittel. In: L. von Rosenstiel, E. Regnet, M. Domsch (Hg.): Führung von Mitarbeitern. Handbuch für erfolgreiches Personalmanagement, Stuttgart 1991: Schäffer-Poeschel, S. 188–197.

Rosenstiel, Lutz von: Auswirkungen eines neuen Umweltbewußtseins auf die Mitarbeitermotivation – Thesen und Daten. In: Organisationsforum Wirtschaftskongreß e. V. OFW (Hg.): Umwelt und Management. Im Spannungsfeld zwischen Ökologie und Ökonomie, Wiesbaden 1991: Gabler, S. 321–326.

Rosenstiel, Lutz von: Die organisationspsychologische Perspektive der Beratung. In: M. Hofmann, L. von Rosenstiel, K. Zapotoczky (Hg.): Die sozio-kulturellen Rahmenbedingungen für Unternehmensberater, Stuttgart 1991, S. 167–278.

Rosenstiel, Lutz von: Einstellungen zur Technik: Ein Plädoyer für die Differenzierung. In: D. Jaufmann, E. Kistler (Hg.): Sind die Deutschen technikfeindlich? Opladen 1991, S. 151 bis 158.

Rosenstiel, Lutz von: Konfliktlösungsverhalten von Planern. In: N. Szyperski, U. Winand (Hg.): Handwörterbuch der Planung, Stuttgart 1991, S. 842–856.
Rosenstiel, Lutz von: Organisationsentwicklung. In: W. Feix (Hg.): Personal 2000, Frankfurt a. M.: Gabler 1991, S. 327–355.
Rosenstiel, Lutz von: Personalentwicklung und Wertewandel. In: M. Kastner, B. Gerstenberg (Hg.): Personal-Management, München 1991: Quintessenz, S. 103–120.
Rosenstiel, Lutz von: Technik – die Sicht des Führungsnachwuchses. In: D. Jaufmann, E. Kistler (Hg.): Sind die Deutschen technikfeindlich? Opladen 1991, S. 95–116.
Rosenstiel, Lutz von: Unternehmensethik – Eine verhaltenswissenschaftliche Perspektive. In: M. Dierkes, K. Zimmermann (Hg.): Ethik und Geschäft, Frankfurt a. M. 1991: Frankfurter Allgemeine Zeitung & Gabler, S. 128–155.
Rosenstiel, Lutz von: Der Führungsnachwuchs und die Umwelt. In: U. Steger (Hg.): Handbuch des Umweltmanagements, München 1991, S. 83–105.
Rosenstiel, Lutz von: Erwartungen an die berufliche Tätigkeit bei Hochschulabsolventen in den alten und in den neuen Bundesländern. In: L. Montada (Hg.): Bericht über den 38. Kongreß der Deutschen Gesellschaft für Psychologie in Trier 1992, Bd. 1, Göttingen 1992, S. 515.
Rosenstiel, Lutz von: Führungs- und Führungsnachwuchskräfte: Spannungen und Wandlungen in Phasen gesellschaftlichen Umbruchs. In: Zeitschrift für Personalforschung, 3, 1992, 327–351.
Rosenstiel, Lutz von: Personal and Situational Determinants of Innovations. In: E. Hany, K. Heller (Hg.): Competence and Responsibility, Seattle 1992, S. 183.
Rosenstiel, Lutz von: Wertkonflikte beim Berufseinstieg. Eine Längsschnittstudie an Hochschulabsolventen. In: H. Klages, H. Hippler, W. Herbert (Hg.): Werte und Wandel, Frankfurt a. M. 1992, S. 333–351.
Rosenstiel, Lutz von: Wertewandel und Weiterbildung. In: Jahrbuch Weiterbildung, Düsseldorf 1992: Handelsblatt, S. 12–15.
Rosenstiel, Lutz von: Wie grün sind die Manager von morgen? In: Politische Ökologie 28, 1992, 31–34.
Rosenstiel, Lutz von: Was erstreben deutsche Führungskräfte nach dem Wertewandel? In: Management Zeitschrift 2, 1993, 87–90.
Rosenstiel, Lutz von: Wandel in der Karrieremotivation. Verfall oder Neuorientierung? In: L. von Rosenstiel, R. Streich, M. Djarrahzadeh (Hg.): Der Wertewandel als Herausforderung für die 90er Jahre, Stuttgart 1992: Schäffer-Poeschel.
Rosenstiel, Lutz von: Der Wandel von Wertorientierungen. In: Konzepte 2, 1993, 8–12.
Rosenstiel, Lutz von: Führungsnachwuchs. In: R. Dahlems (Hg.): Handbuch des Führungskräfte-Managements, München 1994: Beck, S. 61–71.
Rosenstiel, Lutz von: Auswahl und Entwicklung des Führungsnachwuchses in Organisationen. In: L. von Rosenstiel, T. Lang-von Wins, E. Sigl (Hg.): Fach- und Führungsnachwuchs finden und fördern, Stuttgart 1994: Schäffer-Poeschel, S. 3–19.
Rosenstiel, Lutz von: Stellenwahl und erste berufliche Erfahrungen junger Berufseinsteiger. In: K. Pawlik (Hg.): Bericht über den 39. Kongreß der Deutschen Gesellschaft für Psychologie in Hamburg 1994, Göttingen 1995: Hogrefe, S. 846–847.
Rosenstiel, Lutz von: Wertehaltungen. In: W. Sarges (Hg.): Management-Diagnostik, Göttingen 1995: Hogrefe, S. 329–334.
Rosenstiel, Lutz von: Wertorientierungen im strategischen Personalmanagement. In: Ch. Scholz, M. Djarrahzahdeh (Hg.): Strategisches Personalmanagement, Stuttgart 1995: Schäffer-Poeschel, S. 201–216.
Rosenstiel, Lutz von: Führung durch Motivation in Zeiten sich wandelnder Wertorientierungen. In: H. Kapsser (Hg.): Post-Graduate-Management-Wissen. Schwerpunkte des Führungskräfteseminars der Wirtschaftsuniversität Wien, Wien 1995: Ueberreuter, S. 75–146.
Rosenstiel, Lutz von; Einsiedler H. E.; Rau, Sabine: Karrieremotivation bei Führungskräften. In: Die Betriebswirtschaft 47, 1987, 177–183.
Rosenstiel, Lutz von; Lang-von Wins, Thomas; Sigl, Eduard: Fach- und Führungsnachwuchs finden und fördern, Stuttgart 1994: Schäffer-Poeschel.
Rosenstiel, Lutz von; Lang-von Wins, Thomas; Sigl, Eduard: Perspektiven der Karriere, Stuttgart 1997: Schäffer-Poeschel.

Rosenstiel, Lutz von; Nerdinger, Friedemann W.: Wertorientierungen des Führungsnachwuchses in den Alten und Neuen Bundesländern. In: V. J. Kreyher, C. Böhret (Hg.): Gesellschaft im Übergang, Baden-Baden 1995: Nomos, S. 47–55.

Rosenstiel, Lutz von; Nerdinger, Friedemann W.: Gesellschaft - Organisation - Individuum. In: L. von Rosenstiel, F. W. Nerdinger, E. Spieß (Hg.): Von der Hochschule in den Beruf, Göttingen 1998: Verlag für Angewandte Psychologie, S. 9–24.

Rosenstiel, Lutz von; Nerdinger, Friedemann W.; Spieß, Erika: Was morgen alles anders läuft - Die neuen Spielregeln für Manager, Düsseldorf 1991: Econ.

Rosenstiel, Lutz von; Nerdinger, Friedemann W.; Spieß, Erika; Stengel, Martin: Führungsnachwuchs im Unternehmenm, München 1989: Beck.

Rosenstiel, Lutz von; Nerdinger, Friedemann W.; Spieß, Erika (Hg.): Von der Hochschule in den Beruf, Göttingen 1998: Verlag für Angewandte Psychologie.

Rosenstiel, Lutz von; Spieß, Erika; Maier, Günter W.: Wege des Handelns: Perspektive für die Personal- und Organisationsentwicklung. In: L. von Rosenstiel, F. W. Nerdinger, E. Spieß (Hg.): Von der Hochschule in den Beruf, Göttingen 1998: Verlag für Angewandte Psychologie, S. 201–216.

Rosenstiel, Lutz von; Stengel, Martin: Identifikationskrise? Zum Engagement in betrieblichen Führungspositionen, Bern 1987: Huber.

Rosenstiel, Lutz von; Stengel, Martin: Manager von morgen? Alternativ und grün? In: Psychologie heute 14, 1987, 50–55.

Spieß, Erika: Frau und Beruf - Der Wandel des Problems in Wissenschaft und Massenmedien, Frankfurt a. M. 1988: Campus.

Spieß, Erika; Kaschube, Jürgen; Nerdinger, Friedemann W.; Rosenstiel, Lutz von: Das Erleben von Arbeit und Freizeit nach dem Eintritt in den Beruf - Eine qualitative Studie an Jungakademikern. In: Zeitschrift für Arbeits- und Organisationspsychologie 36, 1992, 77–83.

Spieß, Erika; Nerdinger, Friedemann W.: Selbstselektion: Rekonstruktion eines Handlungsprozesses. In: Mitteilungen 3 des SFB 333, München 1991, S. 61–78.

Spieß, Erika; Nerdinger, Friedemann W.: Die Vorhersage generativen Verhaltens durch Werte - eine Längsschnittstudie. In: H. Klages, H. J. Hippler, W. Herbert (Hg.): Werte und Wandel: Ergebnisse und Methoden einer Forschungstradition, Frankfurt a. M. 1992: Campus, S. 567–579.

Spieß, Erika; Nerdinger, Friedemann W.; Hadesbeck, Matthias: Auf der Suche nach neuen Leitbildern - Junge Akademiker in den neuen Bundesländern. In: A. Gebert, W. Hacker (Hg.): Arbeits- und Organisationspsychologie 1991 in Dresden, Bonn 1993: Deutscher Psychologen Verband, S. 80–88.

Spieß, Erika; Nerdinger, Friedemann W.; Rosenstiel, Lutz von: Erste Erfahrung junger Akademiker in Organisationen: Mehr Realismus und weniger Zeit. In: Report Psychologie 1990.

Spieß, Erika; Nerdinger, Friedemann; Rosenstiel, Lutz von: Motivation of Reproductive Behavior and the Professional Motivation of Women. Studies in Contemporary Economics, Berlin/Heidelberg/New York 1990: Springer.

Spieß, Erika; Rosenstiel, Lutz von; Nerdinger, Friedemann W.; Stengel, Martin: Wertekonflikte und Sozialisierungseffekte. Ergebnisse einer Längsschnittstudie über den Berufseintritt von Akademikern. In: Zeitschrift für Arbeitswissenschaft 41 (NF 13), 1987, 69–76.

Spieß, Erika; Rosenstiel Lutz von; Sigl, Eduard: Wege zur Kundenentscheidung - Kundennähe im Dienstleistungsbereich. In: Österr. Werbewissenschaftl. Gesellschaft (Hg.): Werbeforschung & Praxis 4, Wien 1988, 104–109.

Spieß, Erika; Steinbach, R.: Erste berufliche Erfahrungen in Unternehmen bei akademischen Berufsanfängerinnen - Ergebnisse einer empirischen Studie. In: Frauenforschung 3, 1992, 89–100.

Stengel, Martin: Identifikationsbereitschaft, Identifikation, Verbundenheit mit einer Organisation oder ihren Zielen. In: Psychologie und Praxis 4, 1987, 152–166.

Wittmann, Angela: Einführung von Führungsnachwuchskräften in das Unternehmen: Die Wirkung von Informationen über die Arbeitsstelle. In: L. von Rosenstiel, T. Lang-von Wins, E. Sigl (Hg.): Fach- und Führungsnachwuchs finden und fördern, Stuttgart 1994: Schäffer-Poeschel, S. 239–253.

Wittmann, Angela: Determinanten der Weiterbildungsteilnahme und des Weiterbildungserfolges bei Führungsnachwuchskräften. München/Mering 1997: Hampp.

Wittmann, Angela et al.: Personalentwicklung von Führungsnachwuchskräften – eine empirische Studie. In: L. von Rosenstiel, T. Lang-von Wins, E. Sigl (Hg.): Perspektiven der Karriere, Stuttgart 1997: Schäffer-Poeschel, S. 225–240.

Wittmann, Angela; Kaschube, Jürgen: Motivation zur beruflichen Weiterentwicklung bei Hochschulabsolventen im Rahmen der Personalentwicklung. In: L. von Rosenstiel, F. W. Nerdinger, E. Spieß (Hg.): Von der Hochschule in den Beruf, Göttingen 1998: Verlag für Angewandte Psychologie, S. 145–168.

Wittmann, Angela; Maier, Günter W.: Übergang von der Hochschule in den Beruf: Der Untersuchungsrahmen des Forschungsprojekts „Selektion und Sozialisation des Führungsnachwuchses". In: L. von Rosenstiel, F. W. Nerdinger, E. Spieß (Hg.): Von der Hochschule in den Beruf, Göttingen 1998: Verlag für Angewandte Psychologie, S. 25–40.

Wittmann, Angela; Maier, Günter W.; Rappensperger, Gabriele: „Ehrlich währt am längsten" – Realistische Tätigkeitsvorschau bei Führungsnachwuchskräften. In: Mitteilungen 9 des SFB 333, München 1995, S. 105–119.

Zwarg, Ingrid: Führung in den neuen Bundesländern. In: L. von Rosenstiel, E. Regnet, E. Domsch (Hg.): Führung von Mitarbeitern, Stuttgart 1993: Schäffer-Poeschel.

Zwarg, Ingrid: Motive der Neueinsteiger kennen und nutzen. In: IHK Leipziger Wirtschaft 4, 1993.

Zwarg, Ingrid: Hochschulabsolventen aus den neuen Bundesländern vor dem Berufseinstieg. In: Hochschule Ost, politisch-akademisches journal aus ostdeutschland 2/3, 1994.

Zwarg, Ingrid: Mitarbeiterorientierung des Managements auf dem Prüfstand – Erfahrungen aus einem Handelsunternehmen. In: L. von Rosenstiel (Hg.): Führung bei der Transformation von der Plan- in die Marktwirtschaft, München/Mering 1994: Hampp.

Zwarg, Ingrid: Hochschulabsolventen in den neuen Bundesländern – Chancen und Hindernisse des Berufseinstiegs. In: L. von Rosenstiel, T. Lang-von Wins, E. Sigl (Hg.): Fach- und Führungsnachwuchs finden und fördern, Stuttgart 1994: Schäffer-Poeschel.

Zwarg, Ingrid; Luutz, Evelyn: Jungakademiker beim Einstieg in den Beruf. In: B. Lutz, H. Schröder (Hg.): Entwicklungsperspektiven von Arbeit im Transformationsprozeß, München/Mering 1995: Hampp.

Zwarg, Ingrid; Nerdinger, Friedemann W.: Aufstiegserwartung in den neuen Bundesländern: Realistische Bewertung der Aufstiegsbedingungen oder sozialisationsbedingte Altlast? In: L. von Rosenstiel, F. W. Nerdinger, E. Spieß (Hg.): Von der Hochschule in den Beruf, Göttingen 1998: Verlag für Angewandte Psychologie, S. 169–184.

10.5 Teilprojekt A8

Drexel, Ingrid: Neue Produktionsstrukturen auf Italienisch? Parallelen und Unterschiede bei Veränderungen von Qualifikation, Arbeitsorganisation und Entlohnung in der westdeutschen und der italienischen Stahlindustrie. In: K. M. Bolte (Hg.): Mensch, Arbeit und Betrieb, Weinheim 1988, S. 245–271.

Drexel, Ingrid: Der schwierige Weg zu einem neuen gesellschaftlichen Qualifikationstyp – Theoretische Grundlagen, empirische Indikatoren und das Beispiel neuer Technikerkategorien in Frankreich. In: Journal für Sozialforschung 3, 1989, 301–326.

Drexel, Ingrid: Ausbildungs- und Berufswege zwischen Facharbeiter und Ingenieur – Das Mittelfeld des gewerblich-technischen Personals unter Restrukturierungsdruck. In: WSI-Mitteilungen 4, 1991, 226–235.

Drexel, Ingrid: New Production Structures à l'Italiano? – Similarities and Differences in the West German and Italian Steel Industries. In: N. Altmann et al. (Hg.): Technology and Work in German Industry, London/New York 1992: Routledge, S. 290–309.

Drexel, Ingrid: Bewegungen im Mittelfeld. In: Die Mitbestimmung 3, 1992, 54–57.

Drexel, Ingrid: Le segment intermédiaire des systèmes de formation en France et en République fédérale d'Allemagne. In: Formation Emploi 44, 1993, 3–22.

Drexel, Ingrid: Meisterausbildung: Offenheit schaffen und absichern. In: Die Mitbestimmung 9, 1993, 55–58.

Drexel, Ingrid: Die Zukunft des Industriemeisters – neue Risiken, betriebliche Lösungsansätze und bildungspolitischer Handlungsbedarf. In: BIBB, Der Generalsekretär (Hg.): Fortbildungsberufe für eine verstärkte Innovationsfähigkeit der Wirtschaft, Nürnberg 1993.

Drexel, Ingrid: Das Ende des Facharbeiteraufstiegs? Neue mittlere Bildungs- und Karrierewege in Deutschland und Frankreich – ein Vergleich. Frankfurt a. M./New York 1993: Campus.

Drexel, Ingrid: Brückenqualifikationen vor dem Aussterben? – Zur Gefährdung eines unverzichtbaren Qualifikationstyps und der Notwendigkeit neuer Karriere-Politiken. In: Gesellschaft für Arbeitswissenschaft e.V. et al. (Hg.): Arbeit – Leistung – Gesundheit, Graue Reihe, Neue Folge 62, Düsseldorf 1993, S. 157–168.

Drexel, Ingrid: Die Zukunft des Industriemeisters – neue Risiken, betriebliche Lösungsansätze und bildungspolitischer Handlungsbedarf. In: BIBB, Der Generalsekretär (Hg.): Fortbildungsberufe für eine verstärkte Innovationsfähigkeit der Wirtschaft, Nürnberg 1993, S. 175–182.

Drexel, Ingrid: Brückenqualifikationen zwischen Facharbeiter und Ingenieur – für eine Revitalisierung von Facharbeiteraufstieg. In: BWP 4, 1994, 3–8.

Drexel, Ingrid: Karrieren für Facharbeiter, der mittlere Qualifikationsbereich in der Zange und die Zukunft des dualen Systems. In: S. Liesering et al. (Hg.): Die Zukunft der dualen Berufsausbildung, BeitrAB 186, Nürnberg 1994, S. 184–188.

Drexel, Ingrid (Hg.): Jenseits von Individualisierung und Angleichung – Die Entstehung neuer Arbeitnehmergruppen in vier europäischen Ländern. Frankfurt a. M./New York 1994: Campus.

Drexel, Ingrid: Gesellschaftliche Qualifikationstypen – Historisches Relikt oder notwendige Struktur? In: I. Drexel (Hg.): Jenseits von Individualisierung und Angleichung, Frankfurt a. M./New York 1994, S. 33–71.

Drexel, Ingrid: Neue Technikerausbildungen in Frankreich – Neue gesellschaftliche Qualifikationstypen und -gruppen? In: Ingrid Drexel (Hg.): Jenseits von Individualisierung und Angleichung, Frankfurt a. M./New York 1994, S. 137–166.

Drexel, Ingrid: Jenseits von Individualisierung und Angleichung – Klassenfraktionierung, Klasseneinheit und Klassenpolitik. In: I. Drexel (Hg.): Jenseits von Individualisierung und Angleichung, Frankfurt a. M./New York 1994, S. 263–306.

Drexel, Ingrid: Alte und neue gesellschaftliche Gruppierungen jenseits der Individualisierungsthese – Zur Rehabilitierung einer Fragestellung. In: I. Drexel (Hg.): Jenseits von Individualisierung und Angleichung, Frankfurt a. M./New York 1994, S. 9–32.

Drexel, Ingrid: Betriebliche Organisationsentwicklung und Berufsbildung im internationalen Vergleich – Hypothesen und Fragestellungen. In: G. Dybowski et al. (Hg.): Berufsbildung und Organisationsentwicklung – Perspektiven, Modelle, Grundlagen, Bremen 1995.

Drexel, Ingrid: Réproduction sociale et érosion de deux groupes professionnels: les techniciens en RFA et RDA. In: Genèse et dynamique des groupes professionnels, Lille 1994, S. 71–81.

Drexel, Ingrid: Immer mehr Techniker in Frankreich, immer weniger Techniker in Deutschland – zwei folgenreiche Antworten auf die neuen Technologien. In: Mitteilungen 8 des SFB 333, München 1994, S. 47–55.

Drexel, Ingrid: La relation formation-emploi dans la sociologie industrielle allemande. In: A. Jobert et al. (Hg.): Education et Travail: en Grande-Bretagne, Allemagne et Italie, Paris 1995, S. 101–124.

Drexel, Ingrid: Die öffentliche Regelung aufstiegsorientierter Weiterbildung und ihre Steuerungswirkungen – Lektionen aus dem Vergleich der Entwicklung in Frankreich und Deutschland. In: R. Dobischat, R. Husemann (Hg.): Berufliche Weiterbildung als freier Markt?, Berlin 1995, S. 297–322.

Drexel, Ingrid: Betriebliche Organisationsentwicklung und das duale System der Berufsbildung – Lernanstöße aus dem internationalen Vergleich. In: G. Dybowski et al. (Hg.): Berufsbildung und Organisationsentwicklung, Bremen 1995, S. 51–66.

Drexel, Ingrid: Die Konsequenzen unterschiedlicher Weiterbildungssysteme für betriebliche Arbeitsorganisation und Personalpolitik – ein deutsch-französischer Vergleich. In: R. Koch, J. Reuling (Hg.): Kongreßbericht – Europäische Dimension der Berufsbildung, Bielefeld 1995, S. 142–152.

Drexel, Ingrid: Kosten und Nutzen unterschiedlicher Weiterbildungssysteme - Schlaglichter und offene Fragen aus international vergleichender Perspektive. In: R. von Bardeleben et al. (Hg.): Kosten und Nutzen beruflicher Bildung, Beiheft 12 zur ZBW (Zeitschrift für Berufs- und Wirtschaftspädagogik), Stuttgart 1996, S. 42–54.

Drexel, Ingrid: Jenseits von Individualisierung und Angleichung - Klassenfraktionierung, Klasseneinheit und Klassenpolitik. In: Perspektiven 2, 1996, 131–143.

Drexel, Ingrid: Le modèle allemand de la relation entre formation professionnelle continue et promotion, ses points forts et ses risques dans la perspective de la formation tout au long de la vie. In: CEDEFOP (Hg.): Formation Professionnelle, Revue Europeenne 8/9, 1996, 62–70.

Drexel, Ingrid: Nutzung von Qualifikationspotentialen - Forschungsbedarf aus Arbeitnehmersicht. In: QUEM-Bulletin 6, 1996, 16–21.

Drexel, Ingrid; Jaudas, Joachim: Neue betriebliche Personalpolitiken für das untere und mittlere Management - tragfähige Wege in die Zukunft des Meisters? In: BWP (Berufsbildung in Wissenschaft und Praxis) 4, 1996, 17–22.

Drexel, Ingrid; Fischer, Joachim: L'entreprise et son rôle dans la production de la qualification: création et developpement de qualifications échelons intermédiaires en Allemagne et en France - Une comparaison. Document CEDEFOP, Berlin 1990.

Drexel, Ingrid; Fischer, Joachim: The Enterprise and its Role in the Production of Qualifications - Structure and Development of Medium-Level Qualifications in Germany and France - a Comparison. Document CEDEFOP, Berlin 1990.

Drexel, Ingrid; Giessmann, Barbara (Hg.): Berufsgruppen im Transformationsprozeß - Ostdeutschlands Ingenieure, Meister, Techniker und Ökonomen zwischen Gestern und Übermorgen, Frankfurt a. M./New York 1997: Campus.

Drexel, Ingrid; Langen, Eva-Maria; Müller-Bauer, Anneliese; Pfefferkorn, Friedrich; Welskopf, Rudolf: Neue Arbeitsteilung und Kooperation zwischen betrieblicher und betriebsexterner Weiterbildung? - Aspekte der Transformation des Weiterbildungssystems in den neuen Bundesländern. In: QUEM-Bulletin 10, 1995, 6–12.

Drexel, Ingrid; Langen, Eva Maria; Müller-Bauer, Anneliese; Pfefferkorn, Friedrich; Welskopf, Rudolf: Von der Betriebsakademie zum Weiterbildungsmarkt - ein neues Weiterbildungssystem entsteht. In: QUEM (Hg.): Der Umbruch des Weiterbildungssystems in den neuen Bundesländern, Bd. 6, Münster/New York 1996, S. 187–305.

Drexel, Ingrid; Langen, Eva-Maria; Müller-Bauer, Anneliese; Pfefferkorn, Friedrich; Welskopf, Rudolf: Systemtransfer und die Entstehung eines neuen Weiterbildungssystems. In: QUEM-Bulletin 5, 1993, 7–9.

Drexel, Ingrid; Méhaut, Philippe: Der Weg zum Techniker: Aufstieg oder Seiteinstieg? - Unterschiedliches und Gemeinsames in den Entwicklungen von Bildungssystem und betrieblicher Personalpolitik in Deutschland und Frankreich. In: K. Düll, B. Lutz (Hg.): Technikentwicklung und Arbeitsteilung im internationalen Vergleich, Frankfurt a. M./ New York 1989, S. 287–333.

Drexel, Ingrid; Méhaut, Philippe: L'accès aux emplois de technicien: voie scolaire ou voie promotionnelle? Une comparaison France - RFA. In: CEREQ, collection des études 61, Paris 1992, S. 105–127.

Drexel, Ingrid; Welskopf, Rudolf: Lernen im Arbeitsprozeß, seine Voraussetzungen, Potentiale und Grenzen - das Beispiel der ostdeutschen Betriebe. In: ZSE (Zeitschrift für Sozialisationsforschung und Erziehungssoziologie) 4, 1994, 294–318.

Giessmann, Barbara; Drexel, Ingrid; Pfefferkorn, Friedrich: Der Techniker - Austrocknung und Wiederbelebungsversuche in der DDR, problematische Neu-Etablierung in der Marktwirtschaft. In: I. Drexel, B. Giessmann (Hg.): Berufsgruppen im Transformationsprozeß, Frankfurt a. M./New York 1996.

Giessmann, Barbara; Drexel, Ingrid: Berufsgruppen im geeinten Deutschland, neue Gemengelagen alter Stärken und Probleme - das Beispiel des Technikers. In: B. Lutz (Hg.): Subjekt im Transformationsprozeß - Spielball oder Akteur?, München/Mering 1998, S. 129–146.

Langen, Eva-Maria; Drexel, Ingrid: Der Meister in den Restrukturierungsprozessen der ostdeutschen Betriebe - Zwischen Aufwertung und Abstufung. In: I. Drexel, B. Giessmann (Hg.): Berufsgruppen im Transformationsprozeß, Frankfurt a. M./New York 1996.

Nuber, Christoph; Schultz-Wild, Rainer: Werkstattprogrammierung - Setzt sich das Konzept durch? In: Technische Rundschau 19, 1989, 34–41.

Nuber, Christoph; Schultz-Wild, Rainer: Facharbeitereinsatz und Verbreitung von Werkstattprogrammierung – Neue Durchsetzungschancen eines vieldiskutierten Konzepts? In: H. Rose (Hg.): Programmieren in der Werkstatt. Perspektiven für Facharbeit mit CNC-Maschinen, Frankfurt a. M./New York 1990.

10.6 Teilprojekt B2

Asendorf, Inge; Nuber, Christoph: Qualifizierte Produktionsarbeit – Die Renaissance des Facharbeiters in der industriellen Produktion? In: T. Malsch, R. Seltz (Hg.): Die neuen Produktionskonzepte auf dem Prüfstand, Berlin 1987, S. 269–291.

Bechtle, Günter: Ristrutturazione aziendale e nuove forme della rappresentanza sindacale; il caso tedesco dell'industria del automobile (VW ed Opel). FLM Notizie 9, Turin 1986.

Bechtle, Günter: Die italienische Version der Einheitsgewerkschaft als Aktionseinheit: Entstehung, Erfolg, Grenzen und Zerfall. In: H. Pornschlegel (Hg.): Macht und Ohnmacht von Gewerkschaftstheorien in der Gewerkschaftspolitik, Berlin 1987, S. 79–87.

Bechtle, Günter: Alla ricerca del soggetto perduto. In: F. Castellucci (Hg.): Progettazione, sistemi nuovi, relazioni industriali, organizzazione del lavoro. Atti del Convegno, Bologna 1987.

Bechtle, Günter: Betriebliche Rationalisierungsstrategien als Herausforderung von Verhandlungssystemen im Kontext industrieller Beziehungen – Skizze eines theoretischen Programms. In: G. Aichholzer, G. Schienstock (Hg.): Arbeitsbeziehungen im technischen Wandel, Berlin 1989, S. 275–284.

Bechtle, Günter: Der Zusammenhang von Leistung und Herrschaft zwischen neo- und post-tayloristischer Rationalisierungsstrategie. In: H. Dabrowsky et al. (Hg.): Jenseits des Taylorismus: Neue Begründungen und Ziele gewerkschaftlicherRahmentarifpolitik, Graue Reihe, Bd. 4, Düsseldorf 1990, S. 87–99.

Bechtle, Günter: Strategieanalyse eines multinationalen Konzerns als Methode – Methode als Strategie. In: M. Heidenreich, G. Schmidt (Hg.): International vergleichende Organisationsforschung, Opladen 1991, S. 130–141.

Bechtle, Günter: Die Rationalisierung von Montageprozessen in einem multinationalen Konzern der Unterhaltungselektronik. In: J. Flecker, G. Schienstock (Hg.): Flexibilisierung, Deregulierung und Globalisierung, München 1991, S. 243–252.

Bechtle, Günter: La cogestione oggi: legge e realtá. In: M. La Rosa (Hg.): Democrazia industriale, Democrazia economica, Bologna 1991.

Bechtle, Günter: Systemische Rationalisierung als neues Paradigma industriesoziologischer Forschung? In: N. Beckenbach, W. van Treeck (Hg.): Umbrüche gesellschaftlicher Arbeit, Soziale Welt, Sonderband 9, Göttingen 1994, S. 45–64.

Bechtle, Günter; Düll, Klaus: The Future of the Mass Production Worker. In: N. Altmann et al. (Hg.): Technology and Work in German Industry, London/New York 1992: Routledge, S. 212–226.

Bechtle, Günter; Lutz, Burkart: Die Unbestimmtheit post-tayloristischer Rationalisierungsstrategie und die ungewisse Zukunft industrieller Arbeit – Überlegungen zur Begründung eines Forschungsprogramms. In: K. Düll, B. Lutz (Hg.): Technikentwicklung und Arbeitsteilung im internationalen Vergleich, Frankfurt a. M./München 1989, S. 9–91.

Behr, Marhild von: Arbeitsgestaltung bei rechnerintegrierter Produktion – Ihre Berücksichtigung im „Zukunftskonzept Informationstechnik" der Bundesregierung und die Entwicklungsperspektiven in der betrieblichen Realität. In: BIBB (Hg.): Umsetzung von Maßnahmen zur Gestaltung von Arbeit in vernetzten Systemen, Berlin 1992.

Behr, Marhild von: New Technologies and Options of Work Organisation in the German Capital Goods Industry. In: P. Louart (Hg.): Actes du Congrès: La GRH avec ou sans frontieres, Lille 1993, S. 372–374.

Behr, Marhild von: CIM-Förderung und der Mangel an organisatorischer Innovation. In: M. Moldaschl, R. Schultz-Wild (Hg.): Arbeitsorientierte Rationalisierung, Frankfurt a.M./New York 1994, S. 201–231.

Behr, Marhild von: CIM in mittleren und größeren Unternehmen – Auswirkungen auf die Arbeit in Fertigung und fertigungsnahen Diensten. In: G. Lay, J. Wengel et al. (Hg.): Wirkungsanalyse der indirekt-spezifischen CIM-Förderung im Programm Fertigungstechnik 1988–1992, KfK-PFT 172, Karlsruhe 1994, S. 205–234.

Behr, Marhild von; Harvey, Noel: Cell Manufacturing – Ein amerikanischer Weg post-tayloristischer Rationalisierung. In: Mitteilungen 9 des SFB 333, München 1994, S. 5–22.

Behr Marhild von; Brunstein Ingrid: Technologies nouvelles et organisation du travail. Des leçons d'outre-Rhin? In: CESAG (Centre d'Etude des Sciences Appliquées à la Gestion; Centre for applied and theoretical Research in Business Administration): Cahier 1, Université Robert Schuman, Strasbourg 1991, S. 44–75.

Behr, Marhild von; Harvey, N.: Group Work in the American and German Non-Automotive Metal Manufacturing Industry. In: International Journal for Human Factors 4, 1994, 345–360.

Behr, Marhild von; Hirsch-Kreinsen, Hartmut: Qualifizierte Produktionsarbeit und CAD/CAM-Integration – Erste Befunde und Hypothesen. In: VDI-Z 1, 1987, 18–23.

Behr, Marhild von; Hirsch-Kreinsen, Hartmut; Köhler, Christoph; Nuber, Christoph: Schultz-Wild, Rainer: Flexible Manufacturing Systems and Work Organization. In: N. Altmann et al. (Hg.): Technology and Work in German Industry, London/New York 1992: Routledge, S. 160–184.

Bieber, Daniel: Technikentwicklung und Industriearbeit – Industrielle Produktionstechnik zwischen Eigendynamik und Nutzerinteressen, Frankfurt a. M./New York 1997: Campus.

Deiß, Manfred; Hirsch-Kreinsen, Hartmut: Markt und Produktionstechnik – Zur Genese von CIM-Systemen. In: J. Bergstermann, Th. Manz (Hg.): Technik gestalten, Risiken beherrschen, Berlin 1992, S. 139–158.

Deiß, Manfred; Hirsch-Kreinsen, Hartmut: Technikmarkt, systemische Rationalisierung und (Arbeits-)Folgen neuer Produktionstechniken. In: J. Weyer (Hg.): Theorien und Praktiken der Technikfolgenabschätzung, München/Wien 1994, S. 153–175.

Düll, Klaus: The Analysis of New Forms of Work Organization – Results of Case Studies from the Federal Republic of Germany, France and Italy. In: P. Grootings et al. (Hg.): New Forms of Work Organization and their Social and Economic Environment, Budapest 1986, S. 197–231.

Düll, Klaus: Rationalisierungsprozeß und die Zukunft der Arbeit – Eine kontroverse Diskussion (Einleitung des Podiums). In: B. Lutz (Hg.): Technik und sozialer Wandel, Frankfurt a. M./ New York 1987, S. 135–145.

Düll, Klaus: La crise du droit négocié – relations professionnelles et technologies nouvelles en R.F.A. In: P. Cohendet et al. (Hg.): L'après-taylorisme. Nouvelles formes de rationalisation dans l'entreprise en France et en Allemagne, Paris 1988.

Düll, Klaus: „Changer le travail" en Allemagne. In: Special-Options 38, März 1992, 18–21.

Düll, Klaus: Automatisation et travail qualifié de fabrication: L'exemple d'un atelier flexible de production. In: Les Cahiers de Cargèse 94, Paris 1994.

Düll, Klaus: Organisationsentwicklung und die Zukunft qualifizierter Produktionsarbeit. In: G. Dybowski et al. (Hg.): Berufsbildung und Berufsbildungsforschung als Innovation, Bremen 1995, S. 182–194.

Düll, Klaus; Baethge, Martin: Einleitung (2. Teil: Technik und Arbeit). In: B. Lutz (Hg.): Technik und sozialer Wandel, Frankfurt a. M./New York 1987, S. 111–113.

Düll, Klaus; Bechtle, Günter: Die Krise des normierten Verhandlungssystems – Rationalisierungsstrategien und industrielle Beziehungen im Betrieb. In: K. M. Bolte (Hg.): Mensch, Arbeit und Betrieb, Weinheim 1988, S. 215–244.

Düll, Klaus; Bechtle, Günter, unter Mitarbeit von Manfred Moldaschl: Massenarbeiter und Personalpolitik in Deutschland und Frankreich – Montagerationalisierung in der Elektroindustrie I. Frankfurt a. M./New York 1991: Campus.

Düll, Klaus; Lutz, Burkart (Hg.): Technikentwicklung und Arbeitsteilung im internationalen Vergleich – Fünf Aufsätze zur Zukunft industrieller Arbeit. Frankfurt a. M./München 1989: Campus.

Heinz, Walter R.; Lutz, Burkart (Hg.): Modernisierungsprozesse von Arbeit und Leben, Sonderheft I der Mitteilungen des SFB 333, München 1992.

Hirsch-Kreinsen, Hartmut: Die Entwicklung der NC-Steuerungen von Werkzeugmaschinen – ein Vergleich zwischen den USA und den deutschsprachigen Ländern. In: ISF München

(Hg.): Verbund Sozialwissenschaftliche Technikforschung, Mitteilungen 3, München 1988, S. 25–39.

Hirsch-Kreinsen, Hartmut: Die Unbestimmtheit der post-tayloristischen Entwicklungen in der Fertigungstechnik. Arbeitspapier 5 des SFB 333, München 1988, S. 12–21.

Hirsch-Kreinsen, Hartmut: Integrated CAD/CAM Systems and Organizational Latitudes on the Shop Floor – Initial Findings and Hypotheses. In: M. Rader et al. (Hg.): Social Science Research on CAD/CAM – Results of a First European Workshop, Heidelberg/New York 1988, S. 175–181.

Hirsch-Kreinsen, Hartmut: Soziale Bedingungen der NC-Entwicklung – in den USA und der Bundesrepublik Deutschland. In: Zeitschrift für wirtschaftliche Fertigung, ZwF 8, 1988, 422–425.

Hirsch-Kreinsen, Hartmut: Entwicklung einer Basistechnik – NC-Steuerungen von Werkzeugmaschinen in den USA und der Bundesrepublik. In: K. Düll, B. Lutz (Hg.): Technikentwicklung und Arbeitsteilung im internationalen Vergleich, Frankfurt a. M./München 1989, S. 161–211.

Hirsch-Kreinsen, Hartmut: Verschiedene Pfade der Entwicklung – Zur Geschichte der NC-Technik. In: Technische Rundschau 6, 1989, 14–22.

Hirsch-Kreinsen, Hartmut: Voraussetzungen für Arbeitnehmerhandeln bei industriellem Rechnereinsatz. In: W. Ehlert (Hg.): Technisierung von Sachzwang, Opladen 1990.

Hirsch-Kreinsen, Hartmut: On the History of NC-Technology – Different Paths of Development. In: N. Altmann et al. (Hg.): Technology and Work in German Industry, London/New York 1992: Routledge, S. 63–76.

Hirsch-Kreinsen, Hartmut: CNC-Maschinen: Der „Glaubenskrieg" um die Werkstattprogrammierung. In: ZATU (Hg.): Technikgeschichte und Gestaltungsmöglichkeiten, ZATU-Material 6, Nürnberg 1991.

Hirsch-Kreinsen, Hartmut: La integracion del CAD/CAM y su alcance para la organizacion y planificacion del trabajo. In: Cimworld Espana 24, Madrid 1991, 38–45.

Hirsch-Kreinsen, Hartmut: Entwicklungsmuster industrieller Arbeit. In: F. Lehner, J. Schmid (Hg.): Technik, Arbeit, Betrieb, Gesellschaft, Opladen 1992, S. 71–84.

Hirsch-Kreinsen, Hartmut: Modernisierungsrisiken im ostdeutschen Maschinenbau. In: WSI-Mitteilungen 5, 1992, 293–300.

Hartmut Hirsch-Kreinsen: NC-Entwicklung als gesellschaftlicher Prozeß. Amerikanische und deutsche Innovationsmuster der Fertigungstechnik. Frankfurt a. M./New York 1993: Campus.

Hirsch-Kreinsen, Hartmut: Innovationsmuster des Werkzeugmaschinenbaus. In: H. Kubicek, P. Seeger (Hg.): Perspektive Techniksteuerung, Berlin 1993, S. 69–80.

Hirsch-Kreinsen, Hartmut: Die Krise des amerikanischen Werkzeugmaschinenbaus. In: Technische Rundschau 9, 1993, 22–28.

Hirsch-Kreinsen, Hartmut: Grenzen eines Innovationsmusters – Die Krise des amerikanischen Werkzeugmaschinenbaus. In: Mitteilungen 5 des SFB 333, München 1993, S. 5–27.

Hirsch-Kreinsen, Hartmut: L'évolution du travail en Allemagne: les trois voies possibles. In: J. P. Durand (Hg.): Vers un nouveau modèle productif?, Paris 1993, S. 189–200.

Hirsch-Kreinsen, Hartmut: Use of CNC and Alternative Methods of Work Organization. In: CIMS (Computer-Integrated Manufacturing Systems) 1 (6), 1993, 3–8.

Hirsch-Kreinsen, Hartmut: Risiken und Chancen der Modernisierung im ostdeutschen Maschinenbau. In: M. Moldaschl, R. Schultz-Wild (Hg.): Arbeitsorientierte Rationalisierung, Frankfurt a. M./New York 1994, S. 233–248.

Hirsch-Kreinsen, Hartmut: Innovationspotentiale und Innovationsprobleme des Werkzeugmaschinenbaus. In: WSI-Mitteilungen 2, 1994, 94–102.

Hirsch-Kreinsen, Hartmut: „Post-tayloristische" Rationalisierungsstrategien: Zur Internationalisierung der Produktion. In: J. Fischer, S. Gensior (Hg.): Netzspannungen – Trends in der sozialen und technischen Vernetzung von Arbeit, Berlin 1995, S. 51–65.

Hirsch-Kreinsen, Hartmut: Arbeit in der globalisierten Produktion. In: Mitteilungen 8 des SFB 333, München 1994, S. 89–102.

Hirsch-Kreinsen, Hartmut: Institutionelle Differenzierung des produktionstechnischen Innovationsmusters. In: D. Bieber (Hg.): Technikentwicklung und Industriearbeit, Frankfurt a. M./ New York 1996.

Hirsch-Kreinsen, Hartmut: Restrukturierung von Unternehmen – Ziele, Formen und Probleme dezentraler Organisationen. In: B. Lutz et al. (Hg.): Produzieren im 21. Jahrhundert, Frankfurt a. M./New York 1996, S. 195–223.

Hirsch-Kreinsen, Hartmut: Internationalisierung der Produktion. In: WSI-Mitteilungen 1, 1996, 11–18.

Hirsch-Kreinsen, Hartmut; Köhler, Christoph; Moldaschl, Manfred; Schultz-Wild, Rainer: Design Principles of Work Organization and Skilled Labour in a Computer-Integrated Manufacturing Environment. In: Y. Ito (Hg.): Human-Intelligence-Based Manufacturing, London/Berlin 1993: Springer, S. 29–66.

Hirsch-Kreinsen, Hartmut; Lutz, Burkart: Soziale Einflußgrößen fertigungstechnischer Entwicklung. ZwF (Zeitschrift für wirtschaftliche Fertigung) 9, 1987, 538–543.

Hirsch-Kreinsen, Hartmut; Schultz-Wild, Rainer: Implementation Processes of New Technologies – Managerial Objectives and Interests. In: Automatica 2 (26), 1990, 429–433.

Hirsch-Kreinsen, Hartmut; Schultz-Wild, Rainer; Köhler, Christoph; Behr, Marhild von: Einstieg in die rechnerintegrierte Produktion – Alternative Entwicklungspfade der Industriearbeit im Maschinenbau. Frankfurt a. M./München 1990: Campus.

Hirsch-Kreinsen, Hartmut; Ramge, Ulrich: Arbeitsorganisation und leistungspolitische Gestaltung von Gruppenarbeit. In: REFA-Nachrichten 1, 1992, 4–13.

Hirsch-Kreinsen, Hartmut; Schultz-Wild, Rainer: Chances for Skilled Production Work in Computerized Manufacturing Systems. In: B. Brödner, W. Karwowski (Hg.): Ergonomics of Hybrid Automated Systems III, Amsterdam 1992, S. 147–154.

Hirsch-Kreinsen, Hartmut; Wilhelm, Klaus-Jürgen: Internationalisierung eines Elektrotechnischen Unternehmens – Das Beispiel ABB. In: P. Meil (Hg.): Globalisierung industrieller Produktion, Frankfurt a. M./New York 1996, S. 101–122.

Köhler, Christoph: Tesis sobre los Cambios de Cualificación Profesional en el Ramo de la Construcción de Maquinaria en la Republica Federal de Alemania. In: Sociologia Del Trabajo, Sonderband, Madrid 1990.

Köhler, Christoph: Vom Primat der Ökonomie zum Primat der Politik? – Thesen zum Wandel von Arbeits- und Qualifikationsstrukturen im bundesdeutschen Maschinenbau. In: H.-W. Franz et al. (Hg.): Qualifizierte Arbeit in Spanien – Ein internationaler Vergleich, Saarbrücken 1990.

Köhler, Christoph: Alternativas para el control de produccion a corto plazo. In: CIM World Spain 23, März/April 1991, 94–102.

Köhler, Christoph: New Technological and Organizational Solutions to Shopfloor Control. In: CIMS (Computer-Integrated Manufacturing Systems) 1 (6), 1993, 44–52.

Köhler, Christoph: Existe un modelo de producción español? – Sistemas de trabajo y estructura social en comparación internacional. In: Sociologia del Trabajo 20, Febr. 1994, 3–31.

Köhler, Christoph: Cambios technológicos y cambios en las qualificaciones profesionales – Un debate entre el aburrimiento y el desafio total. In: Revista de Economia y Sociologia del Trabajo 21/22, Madrid, Sept. 1994.

Köhler, Christoph: Work Systems and Social Structure – an International Comparison of the Machine-Building Industry in Germany and Spain – France and Japan. International Sociological Association, XIIIth World Congress, Bielefeld 1994.

Köhler, Christoph; Behr, Marhild von; Hirsch-Kreinsen, Hartmut; Nuber, Christoph; Schultz-Wild, Rainer: Skilled Group Work in a Flexible Manufacturing System – Alternative Work Organization in a Mechanical Engineering Plant. In: D. Preece (Hg.): Adopting New Technology – An International Comparison, London 1990.

Köhler, Christoph; Grüner, Hans: Segmentation Processes in Internal Labor Markets – the Case of the German Automobile Industry. Paper prepared at the Workshop „Empirical Studies of Internal Labor Markets: Career Lines and Segmentation Processes in France and West-Germany" in Le Mans, 11./12. Sept. 1986 (hektogr. Manuskript), München 1986.

Köhler, Christoph; Grüner, Hans: Stamm- und Randbelegschaften – Ein überlebtes Konzept? In: Ch. Köhler, P. Preisendörfer (Hg.): Betrieblicher Arbeitsmarkt im Umbruch – Analysen zur Mobilität, Segmentation und Dynamik in einem Großbetrieb, Frankfurt a. M./München 1989, S. 175–206.

Köhler, Christoph; Hirsch-Kreinsen, Hartmut: Divergierende Rationalisierungsstrategien im Maschinenbau – Anmerkungen zum Beitrag von R. Seltz und E. Hildebrandt. In: L. Pries et al. (Hg.): Trends betrieblicher Produktionsmodernisierung, Opladen 1989, S. 72–83.

Köhler, Christoph; Nuber, Christoph; Schultz-Wild, Rainer: Rationalisierungsprozesse mit verdeckten Folgen. In: Ch. Köhler, P. Preisendörfer (Hg.): Betrieblicher Arbeitsmarkt im Umbruch – Analysen zur Mobilität, Segmentation und Dynamik in einem Großbetrieb, Frankfurt a. M./München 1989, S. 209–231.

Köhler, Christoph; Preisendörfer, Peter: Innerbetriebliche Arbeitsmarktsegmentation in Form von Stamm- und Randbelegschaften – Empirische Befunde aus einem bundesdeutschen Großbetrieb, MittAB 2, Nürnberg 1988, S. 268–277.

Köhler, Christoph; Preisendörfer, Peter (Hg.): Betrieblicher Arbeitsmarkt im Umbruch – Analysen zur Mobilität, Segmentation und Dynamik in einem Großbetrieb. Frankfurt a. M./München 1989: Campus.

Köhler, Christoph; Schmierl, Klaus: Computer Integrated Manufacturing (CIM) – Technological and Organizational Change in the West German Capital Goods Industry. In: Journal of Manufacturing Systems 1, 1991, 21–31.

Köhler, Christoph; Schmierl, Klaus: Diffusion of CIM-Technologies and Trends in Work Organization. In: Structural Change and Economic Dynamics 2 (2), 1991, 381–394.

Köhler, Christoph; Schmierl, Klaus: Technological Innovation – Organizational Conservatism? In: N. Altmann et al. (Hg.): Technology and Work in German Industry, London/New York 1992: Routledge, S. 142–159.

Köhler, Christoph; Semlinger, Klaus: Neue Produktionstechnologien und Arbeitssysteme in der Industrie – Kontingenzen und Optionen. In: K. Semlinger (Hg.): Flexibilisierung des Arbeitsmarktes, Frankfurt a. M./München 1990.

Lay, G.; Wengel, J.; Schmierl, Klaus; Schultz-Wild, Rainer: Produktionsstrukturen im Wandel – Entwicklungstendenzen in ostdeutschen Betrieben. In: VDI-Z 7/8, 1994, 43–47.

Linhart, Danièle; Düll, Klaus; Bechtle, Günter: Neue Technologien und industrielle Beziehungen im Betrieb – Erfahrungen aus der Bundesrepublik Deutschland und Frankreich. In: K. Düll, B. Lutz (Hg.): Technikentwicklung und Arbeitsteilung im internationalen Vergleich, Frankfurt a. M./München 1989, S. 93–159.

Lutz, Burkart: Das Ende der industriellen Lohnarbeit. In: V. Schubert (Hg.): Wissenschaft und Philosophie. Interdisziplinäre Studien, Bd. 3: Der Mensch und seine Arbeit, St. Ottilien 1986, S. 285–306.

Lutz, Burkart: Bildung im Dilemma von Leistungselite und Chancengleichheit. Notizen zur Geschichte des französischen Bildungssystems. In: ZSE (Zeitschrift für Sozialisationsforschung und Erziehungssoziologie) 2, 1986, 193–212.

Lutz, Burkart: Die Bauern und die Industrialisierung – Ein Beitrag zur Erklärung von Diskontinuität der Entwicklung industriell-kapitalistischer Gesellschaften. In: J. Berger (Hg.): Die Moderne – Kontinuitäten und Zäsuren, Soziale Welt, Sonderband 4, Göttingen 1986, S. 119–137.

Lutz, Burkart: Wie neu sind die „neuen Produktionskonzepte?" In: Soziologische Revue 9, 1986, 237–243.

Lutz, Burkart: Arbeitsmarktstruktur und betriebliche Arbeitskräftestrategie – Eine theoretisch-historische Skizze zur Entstehung betriebszentrierter Arbeitsmarktsegmentation, Frankfurt a. M./München 1987: Campus.

Lutz, Burkart: Das Ende des Technikdeterminismus und die Folgen – Soziologische Technikforschung vor neuen Aufgaben und neuen Problemen. In: B. Lutz (Hg.): Technik und sozialer Wandel, Frankfurt a. M./New York 1987, S. 34–52.

Lutz, Burkart: Yoroppa no Nominteki Shakai to Kogyoka – Shihonshugi no Rekishi to Tenbo (Bäuerliche Gesellschaft und Industrialisierung in Europa). In: N. Altmann, M. Nomura (Hg.): Neue Technologie und Strukturwandel der deutschen Gesellschaft, Tokyo 1987.

Lutz, Burkart: Qualifizierte Gruppenarbeit – Überlegungen zu einem Orientierungskonzept technisch-organisatorischer Gestaltung. In: H. Kohl, S. Roth (Hg.): Perspektive: Gruppenarbeit, Köln 1988, S. 68–78.

Lutz, Burkart: Zum Verhältnis von Analyse und Gestaltung in der sozialwissenschaftlichen Technikforschung. In: F. Rauner (Hg.): „Gestalten" – Eine neue gesellschaftliche Praxis, Bonn 1988, S. 15–23.

Lutz, Burkart: Technik und Arbeit (Einführung). In: Arbeitspapier 5 des SFB 333, München 1988, S. 7–11.

Lutz, Burkart: Welche Qualifikationen brauchen wir? Welche Qualifikationen können wir erzeugen? In: J. J. Hesse et al. (Hg.): Zukunftswissen und Bildungsperspektiven, Baden-Baden 1988, S. 55–66.

Lutz, Burkart: Notwendigkeit und Ansatzpunkte einer angebotsbezogenen Vollbeschäftigung. In: L. Reyher, J. Kühl (Hg.): Resonanzen – Arbeitsmarkt und Beruf – Forschung und Politik, BeitrAB 111, Nürnberg 1988, S. 275–289.

Lutz, Burkart: Gibt es einen Zusammenhang zwischen der Ausbreitung der Informatik und der Verschulung von beruflicher Qualifizierung? Vorläufige Überlegungen. In: ISF München (Hg.): Verbund Sozialwissenschaftliche Technikforschung, Mitteilungen 3, München 1988, S. 67–77.

Lutz, Burkart (Hg.): Technik in Alltag und Arbeit – Beiträge der Tagung des Verbunds Sozialwissenschaftliche Technikforschung (Bonn, 29./30. 5. 1989), Berlin 1989: edition sigma.

Lutz, Burkart: Tendenzen und Probleme sozialwissenschaftlicher Technikforschung: Eine Zwischenbilanz des Projektverbunds. In: B. Lutz (Hg.): Technik in Alltag und Arbeit, Berlin 1989, S. 7–18.

Lutz, Burkart: Das Ende des Facharbeiters. In: Mitteilungen 1 des SFB 333, München 1989, S. 5–16.

Lutz, Burkart: Effet sociétal ou effet historique – Quelques rémarques sur le bon usage de la comparaison internationale. In: AISLF (Hg.): Le lien social. Actes du XIIIe Colloque de l'Association Internationales des Sociologues de Langue Française, Genf 1989, S. 53–66.

Lutz, Burkart: Was wurde aus dem Kritikpotential der „jungen Generation" der fünfziger Jahre? Erste Überlegungen zur historischen Interpretation früherer industriesoziologischer Befunde. In: R. Erd et al. (Hg.): Kritische Theorie und Kultur, Frankfurt a. M. 1989, S. 336–353.

Lutz, Burkart: Zukünftige Herausforderungen an die Tarifpolitik. In: Bertelsmann Stiftung (Hg.): Carl Bertelsmann-Preis – Symposium 1988 – Zwischen Konflikt und Kooperation: Der Beitrag der Tarifparteien zur Entwicklung der Gesellschaft, Gütersloh 1989, S. 85–94.

Lutz, Burkart: Le Mirage de la Croissance Marchande – Essai de réinterprétation du développement du capitalisme industriel dans l'Europe du XXe siècle, Paris 1990. (Französische Übersetzung der deutschen Veröffentlichung „Der kurze Traum immerwährender Prosperität").

Lutz, Burkart: Was sind Defizite von TA-Forschung? – Drei einleitende Überlegungen. In: H. Albach et al. (Hg.): Technikfolgenforschung und Technikfolgenabschätzung, Berlin/Heidelberg 1991.

Lutz, Burkart: Zukünftige Herausforderungen an Bildungssystem und Bildungspolitik. In: Sozialer Fortschritt durch Bildung und Wissenschaft – Kolloquium zum 65. Geburtstag von Ludwig von Friedeburg, hg. von GEW und Institut für Sozialforschung, Frankfurt a. M. 1991.

Lutz, Burkart: Die Grenzen des „effet sociétal" und die Notwendigkeit einer historischen Perspektive – Einige Bemerkungen zum vernünftigen Gebrauch internationaler Vergleiche. In: G. Schmidt, M. Heidenreich (Hg.): International vergleichende Organisationsforschung, Opladen 1991.

Lutz, Burkart: Die Singularität der europäischen Prosperität nach dem Zweiten Weltkrieg. In: H. Kaelble (Hg.): Der Boom. 1948–1973, Opladen 1992, S. 35–39.

Lutz, Burkart: Konfliktpotential und sozialer Konsens – Die Geschichte des industriellen Systems der BRD im Spiegel des Schicksals einer Generation. In: O. Rammstedt, G. Schmidt (Hg.): BRD – ade, Frankfurt a. M. 1992.

Lutz, Burkart: Education and Job Hierarchies – Contrasting Evidence from France and Germany. In: N. Altmann et al. (Hg.): Technology and Work in German Industry, London/New York 1992: Routledge, S. 257–273.

Lutz, Burkart: The Contradictions of Post-Tayloristic Rationalization and the Uncertain Future of Industrial Work. In: N. Altmann et al. (Hg.): Technology and Work in German Industry, London/New York 1992: Routledge, S. 26–45.

Lutz, Burkart: Welche Zukunft haben die Facharbeiter. In: Berufsbildung (Zeitschrift des Europäischen Zentrums für die Förderung der Berufsbildung) 2, 1992, 1–7.

Lutz, Burkart: Der Markt allein kann es nicht schaffen! – Kritische Anmerkungen zum Prozeß der deutschen Einigung. In: M. Müller, W. Thierse (Hg.): Deutsche Ansichten – Republik im Übergang, Bonn 1992, S. 137–148.

Lutz, Burkart: Informatik und Produktionsintelligenz als Gegenstand eines neuen sozialen Konflikts? In: B. Schäfers (Hg.): Lebensverhältnisse und soziale Konflikte im neuen Europa – Verhandlungen des 26. Deutschen Soziologentages in Düsseldorf 1992, Düsseldorf 1993, S. 763–773.

Lutz, Burkart: Economic Change, Internal Labor Markets, and Workers' Protection: Toward an Agenda for the 1990s. In: Ch. F. Büchtemann (Hg.): Employment Security and Labor Market Behavior, Cornell 1993, S. 450–455.

Lutz, Burkart: Das „Projekt Moderne" liegt noch vor uns! Zur Notwendigkeit einer neuen Makrotheorie moderner Gesellschaften. In: H.-U. Derlien et al. (Hg.): Systemrationalität und Partialinteresse – Festschrift für Renate Mayntz, Baden-Baden 1994, S. 513–526.

Lutz, Burkart: Betriebe im realen Sozialismus als Lebensraum und gesellschaftliche Basisinstitution – Erste Hypothesen und offene Fragen zur Transformationsforschung. In: R. Schmidt, B. Lutz (Hg.): Chancen und Risiken der industriellen Restrukturierung in Ostdeutschland, KSPW: Transformationsprozesse, Berlin 1994.

Lutz, Burkart: Institutionen und Interessen – Erste Thesen und Überlegungen zum Prozeß der System-Transformation. In: Berliner Journal für Soziologie 3, 1994, 365–379.

Lutz, Burkart: Les sciences sociales et les stratégies de modernisation: In: S. Erbès-Seguin (Hg.): L'emploi: dissonances et defis, Paris 1994, S. 235–255 (auch in deutscher Sprache).

Lutz, Burkart: Lessons from the French case: A Comment. In: C. Buechtemann, D. Soloff (Hg.): Human Capital Investments and Economic Performance: Multi-disciplinary Perspectives and International Evidence, New York 1995.

Lutz, Burkart: The Difficult Rediscovery of „Professionality", Materialien zu einem gemeinsamen Seminar OECD und CEREQ, Marseille, 12.–14. April 1994, OECD-Drucksache DEELSA/ED/WD (94) 17.

Lutz, Burkart: Der zukünftige Arbeitsmarkt für Industriearbeit – Entwicklungstendenzen und Handlungsbedarf. In: B. Lutz, M. Hartmann, H. Hirsch-Kreinsen: Produzieren im 21. Jahrhundert. Herausforderungen für die deutsche Industrie, Frankfurt a. M./New York 1996.

Lutz, Burkart (Hg.): Subjekt im Transformationsprozeß – Spielball oder Akteur? München/Mering 1998: Hampp.

Lutz, Burkart ; Boyer, Robert (Synthèse de M. Möbus): Le système allemand de formation professionnelle: principes de fonctionnement, structure et évolution. In: CEREQ, Collection des Etudes 61, Paris 1992, S. 137–157.

Lutz, Burkart; Grünert, Holle: Transformationsprozeß und Arbeitsmarktsegmentation. In: H. M. Nickel et al. (Hg.): Erwerbsarbeit und Beschäftigung im Umbruch, Berlin 1994, S. 3–28.

Lutz, Burkart; Grünert, Holle: Zusammenfassung der Abschlußdiskussion. In: B. Lutz (Hg.): Subjekt im Transformationsprozeß – Spielball oder Akteur?, München/Mering 1998, S. 147–158.

Lutz, Burkart; Hartmann, Matthias; Hirsch-Kreinsen, Hartmut: Produzieren im 21. Jahrhundert. Herausforderungen für die deutsche Industrie, Frankfurt a. M./New York 1996: Campus.

Lutz, Burkart; Hirsch-Kreinsen, Hartmut: Vorläufige Thesen zu gegenwärtigen und zukünftigen Entwicklungstendenzen von Rationalisierung und Industriearbeit. In: ISF München (Hg.): Verbund Sozialwissenschaftliche Technikforschung, Mitteilungen 1, München 1987, S. 158–165.

Lutz, Burkart; Hirsch-Kreinsen, Hartmut: Quelques tendances actuelles d'évolution du travail industriel. In: P. Cohendet et al. (Hg.): L'après-taylorisme. Nouvelles formes de rationalisation dans l'entreprise en France et en Allemagne, Paris 1988.

Lutz, Burkart; Moldaschl, Manfred: Expertensysteme und industrielle Facharbeit – Ein Gutachten über denkbare qualifikatorische Auswirkungen von Expertensystemen in der fertigenden Industrie. Frankfurt a. M./München 1989.

Lutz, Burkart; Schröder, Harry (Hg.): Entwicklungsperspektiven von Arbeit im Tranformationsprozeß, München/Mering 1995: Hampp.

Lutz, Burkart; Schultz-Wild, Rainer: Aufklärung als Gestaltung – Zur Rolle der Sozialwissenschaften bei technisch-organisatorischen Innovationsvorhaben. In: WSI-Mitteilungen 10, 1986, 669–678.

Lutz, Burkart; Veltz, Pierre: Maschinenbauer versus Informatiker – Gesellschaftliche Einflüsse auf die fertigungstechnische Entwicklung in Deutschland und Frankreich. In: K. Düll, B. Lutz

(Hg.): Technikentwicklung und Arbeitsteilung im internationalen Vergleich, Frankfurt a. M./ München 1989, S. 213–285.

Lutz, Burkart; Veltz, Pierre: Mechanical Engineer versus Computer Scientist – Different Roads to CIM in France and Germany. In: N. Altmann et al. (Hg.): Technology and Work in German Industry, London/New York 1992: Routledge, S. 274–289.

Lutz, Burkart; Voß, G. Günter: Subjekt und Strukturwandel – Versuch der Neubestimmung einer soziologischen Schlüsselbeziehung am Beispiel des Facharbeiters. In: W. R. Heinz, B. Lutz (Hg.): Modernisierungsprozesse von Arbeit und Leben, Sonderheft I der Mitteilungen des SFB 333, München 1992, S. 77–88.

Meil, Pamela: Stranger in Paradise – An American's Perspective on German Industry Sociology. In: N. Altmann et al. (Hg.): Technology and Work in German Industry, London/New York 1992: Routledge, S. 12–25.

Moldaschl, Manfred; Schultz-Wild, Rainer (Hg.): Arbeitsorientierte Rationalisierung – Fertigungsinseln und Gruppenarbeit im Maschinenbau, Frankfurt a. M./New York 1994: Campus.

Schmidt, Rudi; Lutz, Burkart (Hg.): Chancen und Risiken der industriellen Restrukturierung in Ostdeutschland, KSPW: Transformationsprozesse, Berlin 1994.

Schmierl, Klaus: Umbrüche in der Lohn- und Tarifpolitik – Neue Entgeltsysteme bei arbeitskraftzentrierter Rationalisierung in der Metallindustrie, Frankfurt a. M./New York 1995: Campus.

Schmierl, Klaus: Entwicklungslinien des betriebs- und arbeitsorganisatorischen Wandels und die Bedeutung der Gruppenarbeit. In: G. Lay (Hg.): Strukturwandel in der ostdeutschen Investitionsgüterindustrie, ISI-Schriftenreihe „Technik, Wirtschaft und Politik", Bd. 17, Heidelberg 1995, S. 155–198.

Schmierl, Klaus: Instrumente betrieblicher Leistungspolitik: Arbeitskraftzentrierte Lohnsysteme und neue Arbeitsformen. In: Mitteilungen 9 des SFB 333, München 1995, S. 23–50.

Schmierl, Klaus: Wandel der betrieblichen Lohnpolitik bei arbeitsorientierter Rationalisierung. In: M. Moldaschl, R. Schultz-Wild (Hg.): Arbeitsorientierte Rationalisierung – Fertigungsinseln und Gruppenarbeit im Maschinenbau, Frankfurt a. M./New York 1994.

Schmierl, Klaus: Leistungspolitische Impulse des Wandels betrieblicher Lohnsysteme – Neue Lohnformen im Maschinenbau. In: K. Semlinger, B. Frick (Hg.): Betriebliche Modernisierung in personeller Erneuerung, Berlin 1995, S. 159–175.

Schmierl, Klaus: Wandel der Markt-, Entwicklungs- und Kooperationsbedingungen im Werkzeugmaschinenbau. In: D. Bieber et al. (Hg.): Neue Strukturen des Technikmarktes (hektogr. Bericht), München 1996.

Schmierl, Klaus: Historische Leistungskompromisse unter Veränderungsdruck – Neue Lohnsysteme in der Metallindustrie. In: WSI-Mitteilungen 10, 1996, 652–660.

Schmierl, Klaus; Schultz-Wild, Rainer: Phönix aus der Asche? – Die Investitionsgüterindustrie in den neuen Ländern. In: Blick durch die Wirtschaft 95 vom 18. 5. 1994.

Schultz-Wild, Rainer: New Production Technologies and their Implications for Manpower and Training Policies. Paper prepared for the EG-Symposium „New Production Systems", July 1986, Turin/München 1986.

Schultz-Wild, Rainer: FMS to Grupu Sagyo –Zahnradfabrik Sha no Jirei Kenkyu– (Qualifizierte Gruppenarbeit bei flexibler Automatisierung – ein Fallbeispiel). In: N. Altmann, M. Nomura (Hg.): Neue Technologie und Strukturwandel der deutschen Gesellschaft, Tokyo 1987.

Schultz-Wild, Rainer: Transformation Conditions of Future Factory Structures: Technology, Organization, Education and Vocational Training. In: P. Brödner (Hg.): Strategic Options for „New Production Systems" – CHIM: Computer and Human Integrated Manufacturing, FAST Occasional Papers No. 150, Brüssel 1987.

Schultz-Wild, Rainer: CIM and Future Factory Structures in Germany. In: Futures 10 (23), 1991, 1032–1046.

Schultz-Wild, Rainer: Diffusion of CIM-Technologies – Dynamic Growth and Alternative Paths. In: N. Altmann et al. (Hg.): Technology and Work in German Industry, London/New York 1992: Routledge, S. 123–141.

Schultz-Wild, Rainer: Bringing Skills Back to the Process. In: N. Altmann et al. (Hg.): Technology and Work in German Industry, London/New York 1992: Routledge, S. 185–197.

Schultz-Wild, Rainer: Technikentwicklung und qualifizierte Produktionsarbeit. In: G. Cyranek, E. Ulich (Hg.): CIM – Herausforderung an Mensch, Technik, Organisation, Zürich/Stuttgart 1993, S. 153–166.

Schultz-Wild, Rainer: Shopfloor Programming – a Concept Supporting Skill-based Manufacturing. In: CIMS (Computer-Integrated Manufacturing Systems) 1 (6), 1993, 36–43.

Schultz-Wild, Rainer; Asendorf, Inge; Behr, Marhild von; Köhler, Christoph; Lutz, Burkart; Nuber Christoph: Flexible Fertigung und Industriearbeit – Die Einführung eines flexiblen Fertigungssystems in einem Maschinenbaubetrieb, Frankfurt a. M./München 1986.

Schultz-Wild, Rainer; Hirsch-Kreinsen, Hartmut: Technical Choice and Work Design – Alternatives for the Factory of the Future. In: G. Salvendy, W. Karwowski (Hg.): Design of Work and Development of Personnel in Advanced Manufacturing, Chichester/New York 1994: Wiley, S. 103–124.

Schultz-Wild, Rainer; Nuber, Christoph; Rehberg, Frank; Schmierl, Klaus: An der Schwelle zu CIM – Verbreitung, Strategien und Auswirkungen, Eschborn/Köln 1989.

Sengenberger, Werner; Köhler, Christoph: Policies of Workforce Reduction and Labour Market Structures in the American and German Automobile Industry. In: R. Tarling (Hg.): Flexibility in Labour Markets, London 1987.

Sengenberger, Werner; Köhler, Christoph: Rodo Shijo no Junansei(I) –Nishidoitsu to Amerika no Kokusai Hikaku– (Beschäftigungselastizität und Arbeitsmarktstruktur. Ein Vergleich interner Arbeitsmärkte in der deutschen und amerikanischen Automobilindustrie). In: N. Altmann, M. Nomura (Hg.): Neue Technologie und Strukturwandel der deutschen Gesellschaft, Tokyo 1987.

Sengenberger, Werner; Köhler, Christoph: La Elasticidad del Empleo y la Estructura del Mercado de Trabajo. Una Comparacion de los Mercados de Trabajo Internos en la Industria del Automovil Alemana y Norteamericana. In: W. Sengenberger (Hg.): Lecturas sobre el Mercado de Trabajo en la República Federal de Alemania (II) – Políticas de Mercado de Trabajo y Empleo, Ministerio de Trabajo y Seguridad Social, Madrid 1988.

10.7 Teilprojekt B3

Altmann, Norbert: New Technologies, Design of Work and the Unions in the Federal Republic of Germany. In: K. Eklund (Hg.): Future of Work – A Viewpoint of Social Sciences, Helsinki 1987.

Altmann, Norbert: Shin Gijutsu to Rodo Kumiai –Sangyo Reberu ni okeru Gorika to Rodo no Ningenka– (Qualität des Arbeitslebens, Rationalisierung und industrielle Beziehungen in der Bundesrepublik Deutschland). In: N. Altmann, M. Nomura (Hg.): Nishidoitsu no Gijutsu Kakushin to Shakai Hendo (Neue Technologie und Strukturwandel der deutschen Gesellschaft), Tokyo 1987.

Altmann, Norbert: Nuevas Formas de Organizacion del Trabajo y Representacion de la Fuerza de Trabajo en la Fabrica, hg. von Ministerio de Trabajo y Seguridad Social, Madrid 1988, S. 521-554.

Altmann, Norbert: Verso una giapponesizzazione delle politiche del lavoro e della rappresentanza degli interessi dei lavoratori nelle imprese tedesche? In: M. La Rosa (Hg.): Il Modello Giapponese, Sonderband der Sociologia Del Lavoro 34, Mailand 1988, S. 142–152.

Altmann, Norbert: Vernetzte Produktion und Probleme der Betriebsräte. In: L. Kamp (Hg.): Arbeit in der Fabrik der Zukunft, Marburg 1989, S. 194–201.

Altmann, Norbert: Unions' Policies Towards New Technologies in the Eighties – An Example from the Metal Industry. In: N. Altmann et al. (Hg.): Technology and Work in German Industry, London/New York 1992: Routledge, S. 361–384.

Altmann, Norbert: Rationalization Strategies and Representation of Worker Interests. In: N. Altmann et al. (Hg.): Technology and Work in German Industry, London/New York 1992: Routledge, S. 385–399.

Altmann, Norbert: Systemic Rationalization and Union Policy. In: S. Tokunaga et al. (Hg.): New Impacts on Industrial Relations – Internationalization and Changing Production Strategies, München 1992: Iudicium.

Altmann, Norbert: Die Fallen der Rationalisierung – Japanische Arbeitspolitik – eine Herausforderung? In: Produktion, Wochenzeitung für das technische Management 38, 1992, 3 (Teil 1); 39, 1992, 3 (Teil 2).

Altmann, Norbert: Convergence of Rationalization – Divergence of Interest Representation. In: S. Tokunaga et al. (Hg.): New Impacts on Industrial Relations – Internationalization and Changing Production Strategies, München 1992.

Altmann, Norbert: Von der Qualität des Arbeitslebens zur Lebensqualität. In: The Keizai Gaku (Annual Report of the Economic Society) 2 (54), Sendai/Japan 1992.

Altmann, Norbert: Japanisierung der Interessenvertretung bei systemischer Rationalisierung? In: M. Deiß, V. Döhl (Hg.): Vernetzte Produktion, Frankfurt a. M./New York 1992.

Altmann, Norbert: Arbeitszeitstrukturen in Japan. In: IG Metall (Hg.): Fachtagung „Arbeitszeitfragen", 20./21. Februar 1992 in Nürnberg, München 1992, S. 5–21.

Altmann, Norbert: Doitsu Sangyo ni okeru Shu 35 jikan Rodo sei no Tenkai to Genjo (Entwicklung und Situation der Auseinandersetzung um die 35-Stunden-Woche in der deutschen Industrie; Übersetzung: Shigeyoshi Tokunaga). In: Zeitschrift des Ohara Instituts für Sozialforschung (Hosei Universität/Tokyo) 8 (405), 1992, 1–11.

Altmann, Norbert: Japanische Arbeitspolitik – eine Herausforderung? In: Hans-Böckler-Stiftung, IG Metall (Hg.): „Lean production" – Kern einer neuen Unternehmenskultur und einer innovativen und sozialen Arbeitsorganisation? Schriften der Hans-Böckler-Stiftung, Bd. 13, Baden-Baden 1992, S. 24–34.

Altmann, Norbert: Entwicklung und Stand der Arbeitszeitverkürzung in der BRD – Gewerkschaftliche Strategien und Rationalisierung. In: Hirosaki Daigaku Keizaigakkai Hò (Zeitschrift der wissenschaftlichen Gesellschaft der Universität Hirosaki/Japan) 24, 15. Febr. 1992 (in japanischer Sprache).

Altmann, Norbert: Rationalization Strategies and Representation of Worker Interests. In: N. Altmann et al. (Hg.): Technology and Work in German Industry, London/New York 1992: Routledge, S. 385–399.

Altmann, Norbert: Unions' Policies Towards New Technologies in the 1980s – An Example from the Metal Industry. In: N. Altmann et al. (Hg.): Technology and Work in German Industry, London/New York 1992: Routledge, S. 361–384.

Altmann, Norbert: Japanese Work Policy: Opportunity, Challenge or Threat? Preprint in: W. Wobbe, M. Nakashima (Hg.): The Future of Industry in the Global Context, Vol. III (Management & Manufacturing), Commission of the European Communities (FAST/Monitor FOP 357), Brüssel 1993, S. 279–308.

Altmann, Norbert: Some Considerations on Human-centered Design of Technology and Work Organization. In: Y. Ito (Tokyo Institute of Technology) (Hg.): Proceedings of the 1st International Symposium on Thought Model-based Manufacturing Systems – Present Trends of Culture of Manufacturing in Germany (hektograph. Bericht), Tokyo 1994, S. 13–28.

Altmann, Norbert: „Beteiligung" in der japanischen Produktion? – Ein Zwischenruf. In: K. Krahn et al. (Hg.): Immer auf den Punkt – Beiträge zur Arbeitsforschung, Arbeitsgestaltung, Arbeitspolitik – Willi Pöhler zum 60. Geburtstag, Dortmund 1994, S. 75–90.

Altmann, Norbert: Production Networks and new forms of work organization (hektograph. Bericht), Dublin 1994.

Altmann, Norbert: How Do German Trade Unions Perceive the „Japanese Way of Manufacturing"? In: The Keizei Gaku, Annual Report of the Faculty of Economy of the Tohoku University 1 (56), Sendai/Japan 1995, 316–352.

Altmann, Norbert; Binkelmann, Peter; Düll, Klaus: Work Structuring and Company Performance Policies. In: N. Altmann et al. (Hg.): Technology and Work in German Industry, London/New York 1992: Routledge, S. 201–211.

Altmann, Norbert; Deiß, Manfred; Döhl, Volker; Sauer, Dieter: Ein „Neuer Rationalisierungstyp" – neue Anforderungen an die Industriesoziologie. In: Soziale Welt 2/3, 1986, 191–206.

Altmann, Norbert; Düll, Klaus: Shin Gijutsu to Keiei Hyogikai – Kigyo Reberu ni okeru Gorika to Rodo no Ningenka – (Neue Technologie und Betriebsrat. Die Einführung „Neuer Technologie" (ME) und die Vertretung von Arbeitnehmerinteressen auf der Betriebsebene). In: N. Altmann, M. Nomura (Hg.): Nishidoitsu no Gijutsu Kakushin to Shakai Hendo (Neue Technologie und Strukturwandel der deutschen Gesellschaft), Tokyo 1987.

Altmann, Norbert; Düll, Klaus: Rationalisierung und neue Verhandlungsprobleme im Betrieb. In: WSI-Mitteilungen 5, 1987, 261–269.

Altmann, Norbert; Düll, Klaus: Interessenvertretung der Arbeitnehmer und neue Technologien in der Bundesrepublik Deutschland. In: W. Kruse, O. Homs (Hg.): Fin del Taylorismo? Trabajo y Trabadores en la Republica Federal Alemania, Siglo XXI, Madrid 1989.

Altmann, Norbert; Düll, Klaus: Rationalization and Participation: Implementation of New Technologies and Problems of the Works Council in the FRG. In: Economic and Industrial Democracy 11, 1990, 111–127.

Altmann, Norbert; Köhler, Christoph; Meil, Pamela (Hg.): Technology and Work in German Industry, London/New York 1992: Routledge.

Altmann, Norbert; Köhler, Christoph; Meil, Pamela: No End in Sight – Current Debates on the Future of Work. In: N. Altmann et al. (Hg.): Technology and Work in German Industry, London/New York 1992: Routledge, S. 1–11.

Altmann, Norbert; Nomura, Masami (Hg.): Nishidoitsu no Gijutsu Kakushin to Shakai Hendo (Neue Technologie und Strukturwandel der deutschen Gesellschaft), Tokyo 1987.

Altmann, Norbert; Sauer Dieter (Hg.): Systemische Rationalisierung und Zulieferindustrie – Sozialwissenschaftliche Aspekte zwischenbetrieblicher Arbeitsteilung. Frankfurt a. M./New York 1989: Campus.

Altmann, Norbert; Sauer, Dieter: Zwischenbetriebliche Vernetzung und industriesoziologische Forschung. In: ISF München (Hg.): Verbund Sozialwissenschaftliche Technikforschung, Mitteilungen 5, München 1989, S. 7–23.

Bieber, Daniel: Systemische Rationalisierung und Produktionsnetzwerke. In: Th. Malsch, U. Mill (Hg.): ArBYTE – Modernisierung der Industriesoziologie? Berlin 1992, S. 271–293.

Bieber, Daniel: Dynamik der Vernetzung. In: gdi impuls 1, 1993, 37.

Bieber, Daniel; Möll, Gerd: Technikentwicklung und Unternehmensorganisation – Zur Rationalisierung von Innovationsprozessen in der Elektroindustrie, Frankfurt a. M./New York 1993: Campus.

Bieber, Daniel; Deiß, Manfred; Schultz-Wild, Rainer: Impacts of New IT-Related Networking in and between Automotive, Electrical and Mechanical Engineering Industries, OECD, Paris 1991.

Bieber, Daniel; Sauer, Dieter: Das Speditions- und Transportgewerbe im Umbruch – auf dem Weg zu einer „modernen" Logistikbranche. In: ISF-München, IfS Frankfurt a. M., INIFES-Stadtbergen, SOFI-Göttingen (Hg.): Entwicklungsdynamik von Dienstleistungsarbeit, Jahrbuch Sozialwissenschaftliche Technikberichterstattung 1992, Berlin 1992, S. 103–130.

Deiß, Manfred: Strukturelle Probleme im Verhältnis von Arbeitsschutznormen und neuen Technologien. In: Zeitschrift für Arbeitswissenschaft 1, 1987, 20–22.

Deiß, Manfred: Arbeitsschutz und neue Rationalisierungsformen. In: WSI-Mitteilungen 7, 1988, 412–420.

Deiß, Manfred: La rationalisation systemique – Quelques rémarques à propos de ses caractéristiques et de son rôle dans l'intégration inter-entreprises. In: P. Cohendet et al. (Hg.): L'après-taylorisme. Nouvelles formes de rationalisation dans l'entreprise en France et en Allemagne, Paris 1988.

Deiß, Manfred: Qualifikationsverlagerung und -polarisierung statt Reprofessionalisierung – Zur Qualifikationsentwicklung in der deutschen Möbelindustrie. In: WSI-Mitteilungen 12, 1990, 783–792.

Deiß, Manfred: Towards a Polarization of Skill Structures. In: N. Altmann et al. (Hg.): Technology and Work in German Industry, London/New York 1992: Routledge, S. 227–242.

Deiß, Manfred: Arbeit in der Automobilzulieferindustrie – Probleme und Risiken durch unternehmensübergreifende Rationalisierung. In: WSI-Mitteilungen 7, 1994.

Deiß, Manfred; Altmann, Norbert; Böhle, Fritz; Döhl, Volker; Sauer, Dieter: Schutz durch Arbeitsschutz? Was Arbeitsrecht und Sozialpolitik zur Verbesserung der Arbeitsbedingungen beitragen können. In: K. M. Bolte (Hg.): Mensch, Arbeit und Betrieb – Beiträge zur Berufs- und Arbeitskräfteforschung, Weinheim 1988, S. 183–213.

Deiß, Manfred; Altmann, Norbert; Döhl, Volker; Sauer, Dieter: Neue Rationalisierungsstrategien in der Möbelindustrie II – Folgen für die Beschäftigten. Frankfurt a. M./New York 1989: Campus.

Deiß, Manfred; Döhl, Volker: Vernetzte Produktion. Automobilzulieferer zwischen Kontrolle und Autonomie. Frankfurt a. M./New York 1992: Campus.

Deiß, Manfred; Döhl, Volker: Ein neuer Rationalisierungstyp für die Möbelindustrie. In: HOB (Die Holzbearbeitung) 7/8/9, 1990.

Deiß, Manfred; Döhl, Volker (Hg.): Vernetzte Produktion – Automobilzulieferer zwischen Kontrolle und Autonomie, Frankfurt a. M./New York 1992: Campus.

Deiß, Manfred; Döhl, Volker; Sauer, Dieter, unter Mitarbeit von Norbert Altmann: Technikherstellung und Technikanwendung im Werkzeugmaschinenbau – Automatisierte Werkstückhandhabung und ihre Folgen für die Arbeit. Frankfurt a. M./New York 1990: Campus.

Deiß, Manfred; Hirsch-Kreinsen, Hartmut: Marktstrukturen und produktionstechnische Konzepte. In: J. Bergstermann, Th. Manz (Hg.): Chancen einer vorsorgenden Technikgestaltung – Befunde der sozialwissenschaftlichen Forschung zum Entstehungsprozeß moderner Produktionstechnik und seinen Gestaltungsmöglichkeiten, Reihe „Materialien aus der Arbeits- und Sozialforschung", Bonn 1992, S. 49–61.

Deiß, Manfred; Hirsch-Kreinsen, Hartmut: Structures of Technology Markets and the Development of Manufacturing and Control Systems. In: M. Dierkes, U. Hoffmann (Hg.): New Technologies at the Outset – Social Forces in the Shaping of Technological Innovations, Frankfurt a. M./New York 1992, S. 241–255.

Döhl, Volker: Die innere Dynamik eines neuen Rationalisierungstyps. Arbeitspapier 5 des SFB 333, München 1988, S. 22–30.

Döhl, Volker: Möglichkeiten und Grenzen arbeitsorientierter Produktionskonzepte – Probleme und Perspektiven der Produktivitätsentwicklung in der Möbelindustrie. In: RKW (Hg.): Arbeitswirtschaftliche Perspektiven und Anforderungen in der ostdeutschen Holzwirtschaft – Bericht über eine RKW-Fachkonferenz in Erfurt im März 1991, Eschborn 1991, S. 23–35.

Döhl, Volker: The Role of Manufacturing Technology Markets in Systemic Rationalization Processes. In: N. Altmann et al. (Hg.): Technology and Work in German Industry, London/New York 1992: Routledge, S. 77–91.

Döhl, Volker: Zur Lage der Automobil- und Zulieferindustrie in den neuen Bundesländern. In: Mitteilungen 4 des SFB 333, München 1992, S. 67–94.

Döhl, Volker; Altmann, Norbert; Deiß, Manfred; Sauer, Dieter: Neue Rationalisierungsstrategien in der Möbelindustrie I – Markt und Technikeinsatz. Frankfurt a. M./New York 1989: Campus.

Döhl, Volker; Deiß, Manfred: Von der Lieferbeziehung zum Produktionsnetzwerk – Internationale Tendenzen der Reorganisation der zwischenbetrieblichen Arbeitsteilung. In: M. Deiß, V. Döhl (Hg.): Vernetzte Produktion, Frankfurt a. M./New York 1992, S. 5–48.

Döhl, Volker; Sauer, Dieter: Zur Entwicklung von Markt, Technik und Arbeit in der Möbelindustrie – Eine Stellungnahme. In: L. Pries et al. (Hg.): Trends betrieblicher Produktionsmodernisierung, Opladen 1989, S. 438–449.

Döhl, Volker; Sauer, Dieter: Arbeit in der Kette. Zur neuen Wertschätzung von Arbeit in vernetzter Produktion. In: Mitteilungen 8 des SFB 333, München 1994, S. 103–116.

Sauer, Dieter: Neue Technologien und betriebliche Rationalisierungsstrategien – Zur Frage des politischen Gestaltungsspielraums. In: K. Bartölke et al. (Hg.): Möglichkeiten der Gestaltung von Arbeit und Technik in Theorie und Praxis, Bonn 1986, S. 37–44.

Sauer, Dieter: Widersprüche im Rationalisierungsprozeß und industriesoziologische Prognosen. In: B. Lutz (Hg.): Technik und sozialer Wandel, Frankfurt a. M./New York 1987, S. 146–153.

Sauer, Dieter: Systemische Rationalisierung – Zum Wandel betrieblicher Rationalisierungspolitik. In: J. Feldhoff et al. (Hg.): Regulierung – Deregulierung, Steuerungsprobleme der Arbeitsgesellschaft, BeitrAB 119, Nürnberg 1988, S. 331–350.

Sauer, Dieter: Vom „Zwang des Systems" und vom „Handeln der Akteure" – Anmerkungen zu einem Forschungsprojekt. In: A. Rolf (Hg.): Büroautomation und -kommunikation in der modernen Industriegesellschaft, Hamburg 1988.

Sauer, Dieter: Neuer Rationalisierungstyp und Interessenvertretung der Arbeitnehmer. In: Hans-Böckler-Stiftung (Hg.): Gewerkschaftliche Tarif- und Betriebspolitik im Strukturwandel, Graue Reihe 2, Düsseldorf 1989, S. 99–118.

Sauer, Dieter: Neuer Rationalisierungstyp und Interessenvertretung. In: Mitteilungen 2 des SFB 333, München 1990, S. 103–122.

Sauer, Dieter: Systemic Rationalization and the Impact on Labor in the Federal Republic of Germany. In: S. Tokunaga et al. (Hg.): New Impacts on Industrial Relations – Internationalization and Changing Production Strategies, München 1992.

Sauer, Dieter: Auf dem Weg in die flexible Massenproduktion. In: M. Deiß, V. Döhl (Hg.): Vernetzte Produktion, Frankfurt a. M./New York 1992.

Sauer, Dieter: Entwicklungstendenzen im industriellen Produktionsbereich. In: Evangelische Akademie Bad Boll, DGB Landesbezirk Baden-Württemberg (Hg.): Protokolldienst „Geht der Gesundheit die Puste aus?" 17, Bad Boll 1992, S. 16–30.

Sauer, Dieter: Auf dem Weg in die flexible Massenproduktion. In: M. Deiß, V. Döhl (Hg.): Vernetzte Produktion, Frankfurt a. M./New York 1992, S. 49–79.

Sauer, Dieter: Systemic Rationalization, Subcontracting Strategies and their Impact on Labour in the Federal Republic of Germany. In: S. Tokunaga et al. (Hg.): New Impacts on Industrial Relations – Internationalization and Changing Production Strategies, München 1992, S. 181–205.

Sauer, Dieter: Grenzüberschreitungen: Zwischenbetriebliche technische Vernetzung. In: B. Schäfers (Hg.): Lebensverhältnisse und soziale Konflikte im neuen Europa – Verhandlungen des 26. Deutschen Soziologentages in Düsseldorf 1992, Düsseldorf 1993, S. 432–440.

Sauer, Dieter; Altmann, Norbert: Zwischenbetriebliche Arbeitsteilung als Thema der Industriesoziologie. In: N. Altmann, D. Sauer (Hg.): Systemische Rationalisierung und Zulieferindustrie – Sozialwissenschaftliche Aspekte zwischenbetrieblicher Arbeitsteilung, Frankfurt a. M./ München 1989, S. 5–27.

Sauer, Dieter; Deiß, Manfred; Döhl, Volker; Bieber, Daniel; Altmann, Norbert: Systemic Rationalization and Inter-Company Divisions of Labour. In: Journal of Fukui Prefectural University 2, Juni 1993, 149–164 (in japanischer Sprache).

Sauer, Dieter; Deiß, Manfred; Döhl, Volker; Bieber, Daniel; Altmann, Norbert: Systemic Rationalization and Intercompany Divisions of Labor. In: N. Altmann et al. (Hg.): Technology and Work in German Industry, London/New York 1992: Routledge, S. 46–59.

Sauer, Dieter; Döhl, Volker: Arbeit an der Kette – Systemische Rationalisierung unternehmensübergreifender Produktion. In: Soziale Welt 2, 1994.

Sauer, Dieter; Döhl, Volker: Kontrolle durch Autonomie – Zum Formwandel von Herrschaft bei unternehmensübergreifender Rationalisierung. In: J. Sydow, A. Windeler (Hg.): Management interorganisationaler Beziehungen – Vertrauen, Opladen 1994, S. 258–274.

Schraysshuen, Thomas: Flexibel durch Module – Die Bewältigung neuer Flexibilitätsanforderungen in unternehmensübergreifender Perspektive. In: M. Deiß, V. Döhl (Hg.): Vernetzte Produktion, Frankfurt a. M./New York 1992.

Tokunaga, Shigeyoshi; Altmann, Norbert; Nomura, Masami; Hiramoto, Atsushi: Japanisches Personalmanagement – Ein anderer Weg? Montagerationalisierung in der Elektroindustrie III, Frankfurt a. M./New York 1991: Campus.

Tokunaga, Shigeyoshi; Altmann, Norbert; Demes, Helmut (Hg.): New Impacts on Industrial Relations – Internationalization and Changing Production Strategies, München 1992: Iudicium.

10.8 Teilprojekt B5

Gerlach, Frank; Mendius, Hans Gerhard (Hg): Vom Beschäftigungsfiasko zum neuen Aufbruch? – Wirkungen und Funktionsveränderungen der Arbeitsförderung im gesamtdeutschen Transformationsprozeß. Arbeitspapier 1994-6, Arbeitskreis Sozialwissenschaftliche Arbeitsmarktforschung (SAMF), Gelsenkirchen 1994.

Lutz, Burkart; Mendius, Hans Gerhard: Kfz-Service-Techniker/in – mehr berufliche Entwicklung. In: kfz-Betrieb 7, 1992, 45–48.

Mendius, Hans Gerhard: Förderung betrieblicher Qualifizierungsmaßnahmen – Voraussetzungen, Probleme und erreichbare Effekte. In: Niedersächsisches Institut für Wirtschaftsforschung e. V. (Hg.): Aus- und Weiterbildung – Orientierungsversuche aus ökonomischer Sicht, Hannover 1986, S. 59–86.

Mendius, Hans Gerhard: Strategische Handlungsfähigkeit in Kleinbetrieben und Möglichkeiten der Interessenvertretung. In: W. Rudolph, W. Wassermann (Hg.): Entdecken Gewerkschaften die Klein- und Mittelbetriebe? Ergebnisse einer Fachtagung zum Thema „Probleme und Perspektiven der Mitbestimmung in Klein- und Mittelbetrieben", Düsseldorf 1987, S. 38–51.

Mendius, Hans Gerhard: Arbeitsmarktverhalten von Kleinbetrieben – gibt es eine kleinbetriebsspezifische Rekrutierungspolitik? In: A. Deeke et al. (Hg.): Arbeitsmarktbewegung als sozialer Prozeß, Arbeitspapier 1987-3, Arbeitskreis Sozialwissenschaftliche Arbeitsmarktforschung (SAMF), Paderborn 1987, S. 108–122.

Mendius, Hans Gerhard: Nutzung und Herstellung berufsfachlicher Qualifikation in Kleinbetrieben – Folgen für betriebliche strategische Handlungsfähigkeit und Arbeitsmarktstruktur. Arbeitspapier 1988-8, Arbeitskreis Sozialwissenschaftliche Arbeitsmarktforschung (SAMF), Paderborn 1988.

Mendius, Hans Gerhard: Ohne qualifizierte Belegschaften keine Qualitätsprodukte – Weiterbildung als Feld der Zusammenarbeit zwischen Automobilherstellern und Zulieferunternehmen. In: IG Metall, Bezirksleitung München: Tagungsband zu einer Veranstaltung für Betriebsräte aus Hersteller- und Zulieferbetrieben der Automobilindustrie, München 1991.

Mendius, Hans Gerhard: Weiterbildungskooperation bei kleinen Zulieferbetrieben. In: Th. Manz (Hg.): Klein- und Mittelbetriebe im Prozeß industrieller Modernisierung – Forschungsergebnisse aus Europa, Bonn 1991, S. 178–192.

Mendius, Hans Gerhard: Lean-Management – Zur Übertragbarkeit des japanischen Erfolgsrezepts. In: WiSo-Führungskräfte-Akademie Nürnberg (Hg.): Lean-Management – Ideen für die Praxis, Schriftenreihe 1, Erlangen 1992, S. 75–100.

Mendius, Hans Gerhard: Abhängigkeitsverhältnisse und Entscheidungsspielräume in der Zulieferindustrie. In: IG Metall, ZWuP (Hg.): Entwicklungstendenzen und Perspektiven der Zulieferindustrie in der Region Bielefeld, Bielefeld 1992, S. 32–54.

Mendius, Hans Gerhard: Das Kfz-Gewerbe als externer Vertriebssektor im Kontext neuer Rationalisierungsstrategien der Automobilindustrie. In: M. Deiß, V. Döhl (Hg.): Vernetzte Produktion, Frankfurt a. M./New York 1992, S. 141–175.

Mendius, Hans Gerhard, unter Mitarbeit von Heidling, E. und Weimer, Stefanie: Kfz-Gewerbe und Neustrukturierung der Automobilfertigung – Verbesserung der Arbeitsbedingungen und zwischenbetriebliche Kooperation als Instrumente der Stärkung der betrieblichen Handlungsfähigkeit und der Arbeitsmarktposition. Arbeitspapier 1992/8, Arbeitskreis Sozialwissenschaftliche Arbeitsmarktforschung (SAMF), Gelsenkirchen 1992.

Mendius, Hans Gerhard: Arbeitnehmerrechte im Kfz-Handwerk – im Spannungsfeld zwischen Konzernvorgaben und Kleinbetrieb. In: Die Mitbestimmung 11, 1993, 57–60.

Mendius, Hans Gerhard: Arbeitsförderungspraxis in den neuen Ländern – Auslöser für eine Umorientierung betrieblicher Qualifizierungspolitik. In: F. Gerlach, H. G. Mendius (Hg): Vom Beschäftigungsfiasko zum neuen Aufbruch? Arbeitspapier 1994-6, Arbeitskreis Sozialwissenschaftliche Arbeitsmarktforschung (SAMF), Gelsenkirchen 1994.

Mendius, Hans Gerhard: Weniger Energieverbrauch, weniger Schadstoffe und mehr Arbeitsplätze! Ansatzpunkt: Modernisierung des Fahrzeugbestands und Wiederverwertung von Altfahrzeugen. In: WSI-Mitteilungen 9, 1994, 534–541.

Mendius, Hans Gerhard: Der Kfz-Servicetechniker – Neue Perspektiven qualifizierter Handwerksberufe. In: Mitteilungen 8 des SFB 333, München 1994, S. 57–68.

Mendius, Hans Gerhard; Sengenberger, Werner; Weimer, Stefanie: Arbeitskräfteprobleme und Humanisierungspotentiale in Kleinbetrieben, Frankfurt a. M./New York 1987.

Mendius, Hans Gerhard; Weimer, Stefanie: Improvement in Working Conditions in Small Firms with Close Links with Larger Firms. In: Partnership between Small and Large Firms, Proceedings of the Conference in Brussels, 13./14. June 1988, hg. von der Commission of the European Community DG XXXIII, Directorate for Enterprise (SME Task Force), London/Dordrecht/Boston 1989, S. 235–239.

Mendius, Hans Gerhard; Weimer, Stefanie: Betriebsübergreifende Zusammenarbeit bei der Belegschaftsqualifizierung in kleinen Zulieferunternehmen. In: H. G. Mendius, U. Wendeling-Schröder: Zulieferer im Netz, Köln 1990.

Mendius, Hans Gerhard; Weimer, Stefanie: Kleine Zulieferunternehmen im Umbruch - Bewältigung neuer Anforderungen durch Weiterbildungskooperation. In: Mitteilungen 2 des SFB 333, München 1990, S. 75-102.

Mendius, Hans Gerhard; Weimer, Stefanie: Small Supplier Firms at the Crossroads - Meeting New Challenges through Cooperative Retraining Schemes. In: N. Altmann et al. (Hg.): Technology and Work in German Industry, London/New York 1992: Routledge, S. 323-341.

Mendius, Hans Gerhard; Weimer, Stefanie; Heidling, H.: Arbeitnehmervertretung im Kfz-Gewerbe - Kooperation über Betriebsgrenzen als Instrument der Interessenwahrnehmung (hektogr. Bericht), München 1993.

Mendius, Hans Gerhard; Wendeling-Schröder, Ulrike (Hg.): Zulieferer im Netz - Zwischen Abhängigkeit und Partnerschaft. Neustrukturierung der Logistik am Beispiel der Automobilzulieferung, Köln 1991: Bund.

Mendius, Hans Gerhard; Wendeling-Schröder, Ulrike (Hg.): Im Netzwerk der Zuliefer-Abnehmer-Beziehungen in der Automobilindustrie. In: H. G. Mendius, U. Wendeling-Schröder (Hg.): Zulieferer im Netz, Köln 1991, S. 11-32.

Semlinger, Klaus: Qualifikation und Qualifizierung als Ansatzpunkte beschäftigungsorientierter Strukturpolitik - Finanzhilfen versus Realtransfers. In: M. Fritsch, Chr. Hull (Hg.): Arbeitsplatzdynamik und Regionalentwicklung - Beiträge zur beschäftigungspolitischen Bedeutung von Klein- und Großunternehmen, Berlin 1987, S. 267-289.

Semlinger, Klaus: Beschäftigungsprobleme Schwerbehinderter und die Förderung ihrer betrieblichen Integration. In: F. Buttler et al. (Hg.): Arbeitsmarkt und Beschäftigung - Neuere Beiträge zur institutionalistischen Arbeitsmarktanalyse, Frankfurt a.M./New York 1987, S. 237-262.

Semlinger, Klaus: Kleinbetriebliche Flexibilität zwischen „aktiver Entwicklung" und „passiver Anpassung". In: Internationales Gewerbearchiv 4, 1988, 229-237.

Semlinger, Klaus: Fremdleistungsbezug als Flexibilitätsreservoir - Unternehmenspolitische und arbeitspolitische Risiken in der Zulieferindustrie. In: WSI-Mitteilungen 9, 1989, 517-525.

Semlinger, Klaus: Stellung und Probleme kleinbetrieblicher Zulieferer im Verhältnis zu großen Abnehmern. In: N. Altmann, D. Sauer (Hg.): Systemische Rationalisierung und Zulieferindustrie, Frankfurt a. M./München 1989, S. 89-118.

Semlinger, Klaus: Vorausschauende Personalwirtschaft - betriebliche Verbreitung und infrastrukturelle Ausstattung. In: MittAB 3, 1989, 336-347.

Semlinger, Klaus: Hilfe zur Eingliederung - Die Technischen Beratungsdienste in der beruflichen Rehabilitation. In: Behindertenrecht 2, 1990, 57-65.

Semlinger, Klaus: Personalanpassung und Personalentwicklung in der deutschen Stahl- und Automobilindustrie - Zum Einfluß industrieller Beziehungen und öffentlicher Regulierungen. Arbeitspapier 1990-2, Arbeitskreis Sozialwissenschaftliche Arbeitsmarktforschung (SAMF), Paderborn 1990.

Semlinger, Klaus: On Some Limits of Diversified Quality Production. In: E. Matzner (Hg.): No Way to Full Employment? Discussion Papers, Bd. I, Berlin 1990, S. 81-84.

Semlinger, Klaus: Flexibilisierung des Arbeitsmarktes - Interessen, Wirkungen, Perspektiven, Frankfurt a. M./New York 1991: Campus.

Semlinger, Klaus: Überblick: Flexibilität und Stabilität im Beschäftigungssystem. In: K. Semlinger (Hg.): Flexibilisierung des Arbeitsmarktes - Interessen, Wirkungen, Perspektiven, Frankfurt a. M./New York 1991, S. 5-13.

Semlinger, Klaus: Flexibilität und Autonomie - Zur Verteilung von Verhaltensspielräumen und Anpassungszwängen im Beschäftigungssystem. In: K. Semlinger (Hg.): Flexibilisierung des Arbeitsmarktes - Interessen, Wirkungen, Perspektiven, Frankfurt a. M./New York 1991.

Semlinger, Klaus: New Developments in Subcontracting: Mixing Market and Hierarchy. In: A. Amin, M. Dietrich (Hg.): Towards a New Europe: Structural Change in the European Economy, Aldershot 1991, S. 96-115.

Semlinger, Klaus: Technischer Fortschritt braucht eine bessere Personalanpassung. In: Computerwoche 14, 1991, 59-60.

Semlinger, Klaus: Small Firms in Big Subcontracting. In: N. Altmann et al. (Hg.): Technology and Work in German Industry, London/New York 1992: Routledge, 1992, S. 342-358.

Semlinger, Klaus: Lean Production und Zulieferindustrie. In: WiSo-Führungskräfte-Akademie Nürnberg (Hg.): Lean-Management – Ideen für die Praxis, Schriftenreihe 1, Erlangen 1992, S. 131–147.

Semlinger, Klaus: Small Firms and Outsourcing as Flexibility Reservoirs of Large Companies. In: G. Grabher (Hg.): The Embedded Firm – On the Socio-Economics of Industrial Networks, London 1993, S. 161–178.

Semlinger, Klaus: Fallstricke und Hemmnisse zwischenbetrieblicher Kooperation. In: Internationales Gewerbearchiv 1, 1993, 47–53.

Semlinger, Klaus: Effizienz und Autonomie in Zulieferungsnetzwerken – Zum strategischen Gehalt von Kooperation. In: W. H. Staehle, J. Sydow (Hg.): Managementforschung, Bd. 3, Berlin/New York 1993, S. 309–354.

Semlinger, Klaus: Doitsu Sangyo ni okeru Syoukigyo no Yakuwari (Small Business in German Industry). In: Chusyo shokogyo Kenkyu (Vierteljahresheft für Klein- und Mittelbetriebsforschung in Handel und Industrie) 35, Tokyo 1993, 133–144.

Semlinger, Klaus: Doitsu Syokigyo no Seidoteki Netowork to Kigyokan kyoryokukankei (Institutionalized Networks and Inter-firm Cooperation in German Industry). In: Chusyo shokogyo Kenkyu (Vierteljahresheft für Klein- und Mittelbetriebsforschung in Handel und Industrie) 36, Tokyo 1993, 145–165.

Semlinger, Klaus: Economic Development and Industrial Policy in Baden-Württemberg: Small Firms in a Benevolent Environment. In: European Planning Studies 4 (I), 1993, 435–463.

Semlinger, Klaus: Riron no Sai Kentou – Doitsu niokeru Shitauke sei no arantana tenkai o megute (New Developments in Subcontracting: Mixing Market and Hierarchy). In: Chusho shokogyo Kenkyu (Zeitschrift für Klein- und Mittelbetriebsforschung in Handel und Industrie) 30, Tokyo 1992, 116–138.

Semlinger, Klaus; Köhler, Christoph; Moldaschl, Manfred: Neue Produktionstechnologien und Arbeitssysteme in der Industrie – Kontingenzen und Optionen. In: K. Semlinger (Hg.): Flexibilisierung des Arbeitsmarktes, Frankfurt a. M./New York 1991, S. 65–91.

Sengenberger, Werner: Mangelnde Flexibilität auf dem Arbeitsmarkt als Ursache der Arbeitslosigkeit? In: H.-J. Krupp et al. (Hg.): Wege zur Vollbeschäftigung – Grundlinien eines wirtschaftspolitischen Gesamtkonzepts zum Abbau der Arbeitslosigkeit, Freiburg 1986.

Sengenberger, Werner: Struktur und Funktionsweise von Arbeitsmärkten – Die Bundesrepublik Deutschland im internationalen Vergleich, Frankfurt a. M./New York 1987.

Sengenberger, Werner: Kisei Kanwa to Junansei no Mosaku –Saikin 10 Nenkan no Nishidoitsu no Koyo Seisaku to Rodoshijo Seisaku – (The Search for Deregulation and Flexibilization. Employment and Labour Market Policies in West Germany since 1975). In: N. Altmann, M. Nomura (Hg.): Neue Technologie und Strukturwandel der deutschen Gesellschaft, Tokyo 1987.

Sengenberger, Werner: Vocational Training, Job Structures and the Labor Market – a German Perspective. In: N. Altmann et al. (Hg.): Technology and Work in German Industry, London/New York 1992: Routledge, S. 245–256.

Sengenberger, Werner; Köhler, Christoph: Rodo Shijo no Junansei(I) – Nishidoitsu to Amerika no Kokusai Hikaku – (Beschäftigungselastizität und Arbeitsmarktstruktur. Ein Vergleich interner Arbeitsmärkte in der deutschen und amerikanischen Automobilindustrie). In: N. Altmann, M. Nomura (Hg.): Neue Technologie und Strukturwandel der deutschen Gesellschaft, Tokyo 1987.

Sengenberger, Werner; Köhler, Christoph: Policies of Workforce Reduction and Labour Market Structures in the American and German Automobile Industry. In: R. Tarling (Hg.): Flexibility in Labour Markets, London 1987, S. 245–269.

Sengenberger, Werner; Loveman, Gary: Smaller Units of Employment – A Synthesis Report on Industrial Reorganisation in Industrialized Countries. Project of the International Institute for Labour Studies, Discussion Papers, Genf 1987.

Weimer, Stefanie: Thesen zur Entwicklung des kleinbetrieblichen Sektors in der Bundesrepublik. In: W. Rudolph, W. Wassermann (Hg.): Entdecken Gewerkschaften die Klein- und Mittelbetriebe? Ergebnisse einer Fachtagung zum Thema „Probleme und Perspektiven der Mitbestimmung in Klein- und Mittelbetrieben“, Düsseldorf 1987, S. 18–23.

Weimer, Stefanie: Zur Entwicklung der Kleinbetriebe in der Bundesrepublik. In: Die Mitbestimmung 1/2, 1987, 13–15.

Weimer, Stephanie: Arbeitsbedingungen in Kleinbetrieben – einige Ergebnisse empirischer Forschung und neuere Entwicklungstendenzen. In: J. Berger et al. (Hg.): Kleinbetriebe im wirtschaftlichen Wandel, Frankfurt a. M. 1990, S. 87–99.

Weimer, Stefanie: The Development and Structure of Small Scale Firms. In: N. Altmann et al. (Hg.): Technology and Work in German Industry, London/New York 1992: Routledge, S. 313–322.

Weimer, Stefanie: Arbeitnehmervertretung im Kfz-Gewerbe. In: W. Rudolph, W. Wassermann (Hg.): Kleinbetriebe, Gewerkschaften und regionale Entwicklung, Düsseldorf 1994.

Weimer, Stefanie; Mendius, Hans Gerhard: Differenzierungsprozesse und Mobilität auf dem berufsfachlichen Arbeitsmarkt. In: Arbeitspapiere des Arbeitskreises Sozialwissenschaftliche Arbeitsmarktforschung (SAMF), Gelsenkirchen 1994.

10.9 Teilprojekt B6

Hegner, Friedhart; Landenberger, Margarete: Arbeitszeit, Arbeitsmarkt und soziale Sicherung. Ein Rückblick auf die Arbeitszeitdiskussion in der Bundesrepublik Deutschland nach 1950, Opladen 1988.

Landenberger, Margarete: Flexible Arbeitszeitformen im Spannungsfeld von ökonomischer Liberalisierung und sozialem Schutzbedarf. In: Aus Politik und Zeitgeschichte 21, 1987, 15–29.

Landenberger, Margarete: Teilzeitarbeit und Alterssicherung: Sozialpolitische Flankierung einer Arbeitsumverteilungsstrategie. In: Sozialer Fortschritt 9, 1987, 196–201.

Landenberger, Margarete: Marginale Beschäftigung und soziale Sicherung. In: B. Lutz (Hg.): Technik und sozialer Wandel, Frankfurt a. M. 1987, S. 491–495.

Landenberger, Margarete: Megamarkt für Minijobs. Ein Tagungsbericht über die arbeitsmarkt- und sozialpolitische Problematik der geringfügigen Beschäftigung. In: Information für die Frau 2, 1988, 16–19.

Landenberger, Margarete: Schutz vor sozialen Risiken durch Beiträge und Leistungen. In: Bundesministerium für Arbeit und Sozialordnung (Hg.): Teilzeitarbeit 2, Bonn 1988.

Landenberger, Margarete: Bedeutung der Arbeitszeitneuordnung für die räumliche Entwicklung von Beschäftigung und sozialer Sicherung. In: Die Sozialversicherung 6, 1989, 141–146.

Landenberger, Margarete: Arbeitsflexibilisierung nicht ohne Sozialflankierung: Rentenpolitische Erfordernisse einer Arbeitszeitneuordnung. In: VdK (Hg.): Rentnerkaufkraft und Exportwachstum – Rahmenbedingungen der Alterssicherung, München 1989.

Landenberger, Margarete: Teilzeitarbeit von Frauen zwischen betrieblicher Flexibilisierung und sozialem Schutzbedarf. In: Habicht-Erenler, G. (Hg.): Ansprüche statt Almosen: Was erwarten Frauen von der sozialen Sicherung im Alter? Tagungsdokumentation, Loccumer Protokolle 59, Wolfsburg: 1989.

Landenberger, Margarete: Flexible Working Time and Social Security Rights in West Germany – Consequences in General and for Disabled Workers. In: Progress 3, Oxford/London 1990.

Landenberger, Margarete: Die Aufgabe der Sozialtransfersysteme bei der Absicherung unstetiger und flexibler Formen der Erwerbstätigkeit. In: Klaus Semlinger (Hg.): Flexibilisierung des Arbeitsmarktes – Interessen – Wirkungen – Optionen, Frankfurt a. M./New York 1991: Campus.

Landenberger, Margarete: Erziehungsurlaub: Instrument selektiver Ausgliederung und Wiedereingliederung von Frauen. In: K. U. Mayer, J. Allmendinger, J. Huinink (Hg.): Vom Regen in die Traufe: Frauen zwischen Beruf und Familie, Frankfurt a. M./New York 1991: Campus, S. 262–287.

Landenberger, Margarete: Stichworte Arbeitszeit, Arbeitszeitflexibilisierung, Teilzeitarbeit. In: R. Bauer (Hg.): Lexikon des Sozial- und Gesundheitswesens, München/Wien 1990: Oldenbourg.

Landenberger, Margarete: Die Beschäftigungsverantwortung der Rentenversicherung, Berlin 1991: edition sigma.

Landenberger, Margarete: Familienpolitische Maßnahmen und ihre Wirkungen auf Arbeitsmarktchancen und soziale Sicherung von Frauen. In: C. Gather, U. Gerhard (Hg.): Lebensverläufe von Frauen in der Bundesrepublik und der ehemaligen DDR, Berlin 1991: edition sigma, S. 83–105.

Landenberger, Margarete: Wirkungen des Erziehungsurlaubs auf Arbeitsmarktchancen und soziale Sicherung von Frauen, Discussion Paper IIM/LMP 1990, WZB, Berlin 1990.

Landenberger, Margarete: Ehrenamt und sozial ungeschützte Beschäftigung in der freien Wohlfahrtspflege aus frauenpolitischer Sicht. In: Der Paritätische Wohlfahrtsverband Bayern (DPWV): Das neue Ehrenamt fördern – freie Mitarbeiter/innen arbeitsrechtlich absichern, Tagungsbericht, München 1992.

Landenberger, Margarete: Ausländische Erwerbstätige in der Gesundheitswirtschaft. In: VdK (Hg.): Die Gesundheitsversorgung in der Bundesrepublik Deutschland: Ohne Ausländer noch gesichert? Tagungsband, München 1992.

Landenberger, Margarete: Wie frauenfreundlich ist die Rentenreform 1992? Was Frauen nach Inkrafttreten des neuen Rentenrechts wissen müssen, Materialien der Frauengleichstellungsstelle der Landeshauptstadt München, München 1992.

Landenberger, Margarete: Stichworte Arbeitszeit, Arbeitszeitflexibilisierung, Teilzeitarbeit. In: R. Bauer (Hg.): Lexikon des Sozial- und Gesundheitswesens, München/Wien 1992: Oldenbourg.

Landenberger, Margarete: Sozialversicherungsrecht: Schutz vor sozialen Risiken durch Beiträge und Leistungen. In: Bundesministerium für Arbeit und Sozialordnung (Hg.): Teilzeitarbeit, 3. überarb. Aufl., Bonn 1992, S. 179–224.

Landenberger, Margarete: Die historische Rolle der Sozialversicherungs- und Fürsorgeträger bei der Durchsetzung politischer Ziele des nationalsozialistischen Führerstaates. In: Sozialer Fortschritt 10, 1992, 230–236.

Landenberger, Margarete: Das Pflegefallrisiko in der Bundesrepublik Deutschland: sozialpolitische und wirtschaftspolitische Aspekte. In: Mitteilungen 5 des SFB 333, München 1993, S. 63–80.

Landenberger, Margarete: Die Pflegebeschäftigten als eigenständige Kraft in der Krankenhauspolitik. In: VdK (Hg.): Krankenhaus in Gefahr: Die stationäre Versorgung zwischen Kostendämpfung und Pflegenotstand, Tagungsband, München 1993, S. 70–78.

Landenberger, Margarete: Erziehungsurlaub – Ein Instrument zur Ausgliederung von Frauen aus dem Arbeitsmarkt? In: Die Mitbestimmung 6, 1993, 28–30.

Landenberger, Margarete: Pflegenotstand hausgemacht? Zur Berufssituation der Pflegekräfte. In: Bundesinstitut für Berufsbildung (BIBB) (Hg.): Gesundheits- und sozialpflegerische Berufe. Entwicklungstendenzen und Lösungswege, Berlin 1993: Bildung und Wissen (BW), S. 55–64.

Landenberger, Margarete: Familienpolitische Maßnahmen und ihre Wirkungen auf Arbeitsmarktchancen und soziale Sicherung von Frauen. In: C. Gather, U. Gerhard et al. (Hg.): Lebensverläufe von Frauen und ihre Benachteiligung im Alter (2. überarb. Aufl.), Berlin 1993: edition sigma, S. 83–105.

Landenberger, Margarete: Soziale Sicherung bei Teilzeitbeschäftigung und flexiblen Arbeitszeitformen. In: R. Marr (Hg.): Arbeitszeitmanagement – Grundlagen und Perspektiven flexibler Arbeitszeitsysteme, Berlin: Erich Schmidt Verlag 1987 (2. neubearb. und erw. Aufl. 1993), S. 177–197.

Landenberger, Margarete: Der Sozial- und Gesundheitsbereich als Arbeitsfeld von Frauen und Männern im Kontext der Entwicklung des Dienstleistungssektors. In: Senatsverwaltung Arbeit und Frauen Berlin (Hg.): Soziale Frauenberufe in der Krise, Aufwertung und Berufsperspektiven, Berlin 1993.

Landenberger, Margarete (Hg.): Die historische Rolle der Sozialversicherungsträger bei der Durchsetzung politischer Ziele im Nationalsozialismus. In: Sonderheft III der Mitteilungen des SFB 333, München 1993.

Landenberger, Margarete: Arbeitsmarktperspektiven für Pflegeberufe. In: D. Schaeffer, M. Moers, R. Rosenbrock (Hg.): Public Health und Pflege, Wissenschaftszentrum Berlin für Sozialforschung (WZB), Berlin 1994: edition sigma, S. 175–189.

Landenberger, Margarete: Pflegeversicherung als Vorbote eines anderen Sozialstaates. In: Zeitschrift für Sozialreform 5, 1994.

Landenberger, Margarete: Kranken- und Altenpflegeberufe auf dem Weg zu einem eigenen Berufsfeld und zu aktiver Mitgestaltung der Gesundheitsversorgung. In: Mitteilungen 8 des SFB 333, München 1994, S. 69–74.

Landenberger, Margarete; Goeschel, Albrecht; Watzlawczik, Gerd-Uwe: Auswirkung der Kostendämpfung auf die Beschäftigung in der Gesundheitswirtschaft und auf den Wettbewerb in der Krankenversicherung. In: Sozialer Fortschritt 8, 1991, 196–207.

Landenberger, Margarete; Kuhlmey, Adelheid (Hg.): Innovation in der Pflege. Mitgestaltung der Pflege und des Versorgungssystems durch die Pflegebeschäftigten, Tagungsband Berlin/München 1994.

Landenberger, Margarete; Watzlawczik, Gerd-Uwe: Auswirkungen der Kostendämpfungspolitik auf die Frauenbeschäftigung in der Gesundheitswirtschaft. In: Medizin, Mensch, Gesellschaft (MMG) 9, 1991, 166–177.

Landenberger, Margarete; Lohr, Karin: Frauen in Pflegeberufen: Eine Beschäftigtengruppe auf dem Weg zu einem eigenen Berufsfeld und zu aktiver Mitgestaltung an der Gesundheitsversorgung. In: BeitrAB 178, Nürnberg 1994.

Landenberger, Margarete; Lohr, Karin: Der Sozial- und Gesundheitsbereich als Arbeitsfeld von Frauen und Männern im Kontext der Entwicklung des Dienstleistungssektors. In: Mitteilungen 7 des SFB 333, München 1993, S. 41–52.

Landenberger, Margarete; Lohr, Karin; Watzlawczik, Gerd-Uwe: Wege der Verbesserung des Ansehens der Kranken- und Altenpflegeberufe. In: BeitrAB 180, Nürnberg 1994.

Lange, Thomas; Watzlawczik, Gerd-Uwe: Beschäftigungswirkungen der Kostendämpfungspolitik im Gesundheitswesen. In: Mitteilungen 2 des SFB 333, München 1990, S. 43–74.

Lohr, Karin: Rentnerverbände und Frauengleichstellungsstellen als Interessenpartner der Krankenhauswirtschaft. In: Studiengruppe für Sozialforschung e. V. (Hg.): Vorüberlegungen zu einer Modernisierung der Verbandsarchitektur der Krankenhauswirtschaft, Tagungsdokumentation, Marquartstein 1993.

Lohr, Karin: Mögliche Wege zur Akademisierung in der Pflege. In: brennpunkt pflege 1, 1994, 65–70.

Lohr, Karin: Innovation in der Alten- und Krankenpflege: Nahaufnahmen aus den Fallgebieten. In: M. Landenberger, A. Kuhlmey (Hg.): Innovation in der Pflege, Tagungsband, München/Berlin 1994.

Lohr, Karin: Pflegestudiengänge an bundesdeutschen Fachhochschulen und Universitäten: Beginn einer Neuordnung der beruflichen Bildung für Pflegeberufe. In: GHK Kassel (Hg.): Professionalisierung der Pflegewissenschaften/Professionalisierung der beruflichen Bildung, Tagungsdokumentation, Kassel 1994.

Lohr, Karin; Landenberger, Margarete: Akademisch qualifizierte Pflegekräfte: Konkurrenz für die Examinierten? In: Die Schwester – Der Pfleger 8, 1994.

Lohr, Karin; Landenberger, Margarete: Synopse der Pflegestudiengänge an Fachhochschulen und Universitäten der Bundesrepublik Deutschland. In: Pflege 1, 1994.

Watzlawczik, Gerd-Uwe: Die bisherige Verbandsgliederung des Krankenhauswesens und ihre Problemerfassungs- und Problemlösungskapazität. In: Studiengruppe für Sozialforschung e. V. (Hg.): Vorüberlegungen zu einer Modernisierung der Verbandsarchitektur der Krankenhauswirtschaft, Tagungsdokumentation, Marquartstein 1993.

Watzlawczik, Gerd Uwe: Auswirkungen der gesundheitspolitischen Strategien von Bund und Ländern auf den Pflegesektor. In: Mitteilungen 9 des SFB 333, München 1995, S. 75–104.

10.10 Teilprojekt Y1 (Universität Leipzig)

Kooperationspartner von Teilprojekt A1

Dietzsch, Ina; Hofmann, Michael: Einfach weiter so leben ... oder? Ostdeutsche Muster alltäglicher Lebensführung zwischen Kontinuität und Wandel. In: Mitteilungen 6 des SFB 333, München 1993.

Hofmann, Michael: Was bleibt den in der DDR Aufgewachsenen? Tendenzen des Wertewandels und der Wertekontinuität in der jungen Generation Ostdeutschlands. In: Comperativ (Leipziger Beiträge zur Universalgeschichte und vergleichenden Gesellschaftsforschung) 3, 1992.

Hofmann, Michael: La fin des dynasties ouvrières en RDA. In: Allemagne d'aujourd'hui (Lyon) 124, April/Juni 1993.

Hofmann, Michael: Phoenix aus der Masse. Die kollektive Inkubationszeit ostdeutscher Erfolgsmenschen. In: Autorenkollektiv: Das Dederon. Eine Wahrnehmungsleistung, Berlin 1993.

Hofmann, Michael: Leipziger Metallarbeiter und die Ereignisse des Jahres 1968. In: Sächsische Heimatblätter 6, 1993.

Hofmann, Michael; Rink, Dieter: Die Kohlearbeiter von Espenhain. Eine Studie zur Enttraditionalisierung eines Arbeitermilieus in einer alten Industrieregion. In: R. Geißler (Hg.): Sozialer Umbruch in Ostdeutschland, Opladen 1993.

Hofmann, Michael; Rink, Dieter: Die Auflösung des ostdeutschen Arbeitermilieus, Bewältigungsmuster und Handlungsspielräume ostdeutscher Industriearbeiter im Transformationsprozeß. In: Aus Politik und Zeitgeschichte B 26–27, 1993.

Hofmann, Michael; Rink, Dieter: Mütter, Töchter – Väter, Söhne. Mentalitätswandel in zwei DDR-Generationen. In: BIOS, Zeitschrift für Biographieforschung und Oral History 2, 1994.

Kooperationpartner von Teilprojekt A6

Ahbe, Thomas: Predigt auf den Marktplätzen oder Das Karussell der psychologisierenden Gesellschaft. In: Forum Kritische Psychologie 30, 1992, 51–74.

Ahbe, Thomas: Von Deutschland nach Deutschland. In: Jahrbuch für Psychopathologie und Psychotherapie, Bd. XI/1991–1993, Solms a. d. Lahn 1994.

Ahbe, Thomas: Im deutschen Klärwerk. Thesen über die kulturelle Vereinigung. Comparativ – Leipziger Beiträge zur Universalgeschichte und vergleichenden Gesellschaftsforschung 1, 1994.

Ahbe, Thomas: Transformation – Identität – Ressourcen. In: Comparativ – Leipziger Beiträge zur Universalgeschichte und vergleichenden Gesellschaftsforschung 1, 1996, 89–104.

Ahbe, Thomas: Ressourcen – Transformation – Identität. In: H. Keupp, R. Höfer (Hg.): Identitätsarbeit heute: Klassische und aktuelle Perspektiven der Identitätsforschung, Frankfurt a. M. 1997: Suhrkamp.

Ahbe, Thomas: Ressourcen. In: S. Grubitzsch, K. Weber (Hg.): Psychologische Grundbegriffe. Ein Handbuch, Reinbek 1998: Rowohlt, S. 527–529.

Ahbe, Thomas; Gibas, M.: Erbschaft einer Zeit. Zur Persistenz der sozialistischen Meistererzählung nach dem Systemwechsel. In: Psychologie und Gesellschaftskritik 1, 1998, 55–71.

Ahbe, Thomas; Glücksmann, Carola; Mitzscherlich, Beate: Identitätsentwicklung junger Erwachsener in Ostdeutschland – Eine Studie aus der Region Leipzig. In: B. Lutz, H. Schröder (Hg.): Entwicklungsperspektiven von Arbeit im Transformationsprozeß, München/Mering 1995: Hampp, S. 21–63.

Ahbe Thomas; Kraus, Wolfgang; Mitzscherlich, Beate: Ich sehe was, was Du nicht siehst ..." Ost-West-Unterschiede im Prisma einer narrativen Identitätsforschung. In: B. Lutz (Hg.): Subjekt im Transformationsprozeß – Spielball oder Akteur?, München/Mering: Hampp 1998, S. 89 104.

Glücksmann, Carola; Busse, Stefan; Mitzscherlich, Beate; Nowak, U.: Schuld-Diskurs hinter verschlossenen Türen. Zur Psychologie einer Auflösung. In: Rektor der Friedrich-Schiller-Universität (Hg.): Vergangenheitsklärung an der Friedrich-Schiller-Universität Jena, Leipzig 1994: Evangelische Verlagsanstalt.

Kraus, Wolfgang; Mitzscherlich, Beate: Abschied vom Großprojekt: Normative Grundlagen der empirischen Identitätsforschung in der Tradition von James E. Marcia und die Notwendigkeit ihrer Reformulierung. In: H. Keupp, R. Höfer (Hg.): Identitätsarbeit heute: Klassische und aktuelle Perspektiven der Identitätsforschung, Frankfurt a. M. 1997: Suhrkamp.

Mitzscherlich, Beate: Der Umbruch in der DDR – eine soziometrische Revolution? Zur Rolle selbstorganisierter Netze im Wandel. In: F. Buer (Hg.): Jahrbuch für Psychodrama, Opladen 1991: Leske + Budrich.

Mitzscherlich, Beate: Die fremden Landsleute oder das konkrete Gesicht der Vereinigung. In: Blätter für Deutsche und Internationale Politik 11, 1991, 1295–1302.

Mitzscherlich, Beate: Sehnsucht nach Heimat. Selbstverortung und Identität. In: J. Hohl, G. Reisbeck (Hg.): Individuum – Lebenswelt – Gesellschaft. Texte zu Sozialpsychologie und Soziologie, München/Wien 1993: Profil, S. 261–271.

Mitzscherlich, Beate: Die Wende in der DDR – keine soziometrische Revolution. In: Soziale Wirklichkeit 2, Jena 1997, 65–174.

Mitzscherlich, Beate: „Heimat ist etwas, was ich mache" – Eine psychologische Untersuchung zum individuellen Prozeß von Beheimatung. Pfaffenweiler 1997: Centaurus.

Mitzscherlich, Beate; Gmür, Wolfgang: Regionale Orientierung in der Identitätsentwicklung von Jugendlichen. In: Tagungsband der 12. Fachtagung für Entwicklungspsychologie, Leipzig 1995.

Mitzscherlich, Beate; Kraus, Wolfgang: Ost-West-Kooperation. Ein Identitätsprojekt? In: Mitteilungen 6 des SFB 333, München 1993, S. 11–22.

Mitzscherlich, Beate; Stöbe, S.: „Es wird schon wieder werden" – Identität im Umbruch? In: Verhaltenstherapie und psychosoziale Praxis 4, 1990, 417–433.

Kooperationspartner von Teilprojekt A7

Maier, Günter W.; Rappensperger, Gabriele; Rosenstiel, Lutz von; Zwarg, Ingrid: Berufliche Ziele und Werthaltungen des Führungsnachwuchses in den neuen Bundesländern. In: Zeitschrift für Arbeits- und Organisationspsychologie 38, 1994, 4–12.

Rappensperger, Gabriele; Rosenstiel, Lutz von; Zwarg, Ingrid: Erwartungen an die berufliche Tätigkeit bei Hochschulabsolventen aus den neuen Bundesländern. In: G. Trommsdorff (Hg.): Psychologische Aspekte der Transformationsprozesse in den neuen Ländern, Berlin 1994: de Gruyter.

Spengler, G.; Zwarg, Ingrid: Zur Transformation von Führungsverhalten – Erfahrungen aus der Weiterbildung von Leitern. In: L. von Rosenstiel (Hg.): Führung bei der Transformation von der Plan- in die Marktwirtschaft, München/Mering 1994: Hampp.

Zwarg, Ingrid: Führung in den neuen Bundesländern. In: L. von Rosenstiel, E. Regnet, E. Domsch (Hg.): Führung von Mitarbeitern, Stuttgart 1993: Schäffer-Poeschel.

Zwarg, Ingrid: Motive der Neueinsteiger kennen und nutzen. In: IHK Leipziger Wirtschaft 4, 1993.

Zwarg, Ingrid: Hochschulabsolventen aus den neuen Bundesländern vor dem Berufseinstieg. In: Hochschule Ost, politisch-akademisches journal aus ostdeutschland 2/3, 1994.

Zwarg, Ingrid: Mitarbeiterorientierung des Managements auf dem Prüfstand – Erfahrungen aus einem Handelsunternehmen. In: L. von Rosenstiel (Hg.): Führung bei der Transformation von der Plan- in die Marktwirtschaft, München/Mering 1994: Hampp.

Zwarg, Ingrid: Hochschulabsolventen in den neuen Bundesländern – Chancen und Hindernisse des Berufseinstiegs. In: L. von Rosenstiel, T. Lang-von Wins, E. Sigl (Hg.): Fach- und Führungsnachwuchs finden und fördern, Stuttgart 1994: Schäffer-Poeschel.

Zwarg, Ingrid; Luutz, Evelyn: Jungakademiker beim Einstieg in den Beruf. In: B. Lutz, H. Schröder (Hg.): Entwicklungsperspektiven von Arbeit im Transformationsprozeß, München/Mering 1995: Hampp.

Zwarg, Ingrid; Nerdinger, Friedemann W.: Aufstiegserwartung in den neuen Bundesländern: Realistische Bewertung der Aufstiegsbedingungen oder sozialisationsbedingte Altlast? In: L. von Rosenstiel, F. W. Nerdinger, E. Spieß (Hg.): Von der Hochschule in den Beruf, Göttingen 1997: Verlag für Angewandte Psychologie, S. 169–184.

10.11 Teilprojekt Y2 (WISOC e. V. Chemnitz)

Kooperationspartner der Teilprojekte B3 und B5

Kreißig, Volkmar: Les mutation de la Saxe. L'example de la region de Chemnitz. Atouts et difficultés. In: Allemagne d'Aujourd'hui 121, Juli–Sept. 1992.

Kreißig, Volkmar; Lungwitz, Rainer: Privatisierungsprozesse in der ostdeutschen Automobilindustrie. In: L. Fritze, V. Kreißig, E. Schreiber (Hg.): Privatisierung und Partizipation – ein Ost-West-Vergleich, Materialien. Eibenstock: 1992.

Kreißig, Volkmar; Lungwitz, Rainer: Sozialer und wirtschaftlicher Wandel in der Automobilzulieferindustrie der neuen Bundesländer. In: M. Heidenreich (Hg.): Krisen, Kader, Kombinate. Kontinuität und Wandel in ostdeutschen Betrieben, Berlin: edition sigma 1992.

Kreißig, Volkmar; Preusche, Egon: Mitbestimmung in den neuen Bundesländern auf der betrieblichen Ebene – Entwicklung, Probleme und Tendenzen. In: WSI-Mitteilungen 9, 1992.
Kreißig, Volkmar; Schreiber, Erhardt: Participation and Technological Alternatives in the German Democratic Republic: The Dilemma of Past and Present. In: G. Szell (Hg.): Labour Relations in Transition in Eastern Europe, Berlin/New York 1992: de Gruyter.
Kreißig, Volkmar; Schreiber, Erhard: Entwicklungsperspektiven von Arbeit: Automobilbranche in den neuen Bundesländern – in der Abwärtsspirale oder im Aufstieg wie Phönix aus der Asche? In: Mitteilungen 6 des SFB 333 München 1993, S. 79–96.
Belau, Detlef; Schreiber Erhard: Vom Kombinat zu neuen Zuliefer-Netzwerken – zur Transformation der sächsischen Autozulieferindustrie. In: B. Lutz, H. Schröder (Hg.): Entwicklungsperspektiven von Arbeit im Transformationsprozeß, München/Mering 1995.

10.12 Teilprojekt Y3 (Humboldt-Universität zu Berlin)

Kooperationspartner von Teilprojekt A8

Drexel, Ingrid; Giessmann, Barbara (Hg.): Berufsgruppen im Transformationsprozeß – Ostdeutschlands Ingenieure, Meister, Techniker und Ökonomen zwischen Gestern und Übermorgen, Frankfurt a. M./New York 1997: Campus.
Giessmann, Barbara: Im Interesse der Ingenieure und Techniker: Von der KDT zum Ingenieurtechnischen Verband – KDT e. V. In: Mitteilungen 6 des SFB 333, München 1993.
Giessmann, Barbara: Die Re-Konstitution des Technikers in der DDR – Politische Planung und gesellschaftliche Realisierung. In: Ingrid Drexel (Hg.): Jenseits von Individualisierung und Angleichung – Die Entstehung neuer Arbeitnehmergruppen in vier europäischen Ländern, Frankfurt a. M./New York 1994.
Giessmann, Barbara: Der Fachschulingenieur im Transformationsprozeß – eine Berufsgruppe verschwindet. In: B. Lutz, H. Schröder (Hg.): Entwicklungsperspektiven von Arbeit im Transformationsprozeß, München 1995.
Barbara Giessmann: Das gleiche und doch nicht dasselbe – Techniker im Bildungssystem beider deutscher Staaten. Ein entwicklungsgeschichtlicher Vergleich. In: Mitteilungen 10 des SFB 333, München 1996.
Drexel, Ingrid; Giessmann, Barbara (Hg.): Berufsgruppen im Transformationsprozeß. Ostdeutschlands Ingenieure, Meister, Techniker und Ökonomen zwischen Gestern und Übermorgen, Frankfurt a. M./New York 1997.
Giessmann, B: Ostdeutsche Ingenieure im Transformationsprozeß – Zwischen Kontinuität und Bruch. In: I. Drexel, B. Giessmann (Hg.): Berufsgruppen im Transformationsprozeß, Frankfurt a. M./München 1997.
Giessmann, Barbara; Audersch, T.: Die Qualifikationstypen der Techniker, Ingenieure und Meister in beiden deutschen Staaten. Die Entwicklung seit 1945 im Vergleich. Interner Forschungsbericht, Berlin 1996.
Giessmann, Barbara: Das gleiche und doch nicht dasselbe – Techniker in Ost und Westdeutschland. Vortrag auf den Hochschultagen Berufliche Bildung am 23./24. Oktober 1996 in Hannover. In: W. Krebs (Hg.): Technikerausbildung hat Zukunft, Berlin 1997.
Giessmann, Barbara; Drexel, Ingrid: Berufsgruppen im geeinten Deutschland, neue Gemengelagen alter Stärken und Probleme – das Beispiel des Technikers. In: B. Lutz (Hg.): Subjekt im Transformationsprozeß – Spielball oder Akteur?, München/Mering 1998.

Kooperationspartner von Teilprojekt B2

Rössel,G.; Krüger, K.: Probleme der Grundsanierung und Feinprofilierung ostdeutscher Unternehmen, Betriebswirtschaftliche Tage zu Schwerin vom 29.–30.10.1992, Konferenzmaterial, Schwerin 1992.
Rössel, Gottfried: Chancen und Risiken ostdeutscher Betriebe in der Feinprofilierung, Betriebswirtschaftliche Tage zu Schwerin vom 28.–29.10.1993, Konferenzmaterial, Schwerin 1993.
Rössel, Gottfried: Rationalisierungsphasen ostdeutscher Betriebe. In: Soestra Berichte und Informationen 7, Berlin 1993.

Rössel, Gottfried: Transformations- und Rationalisierungskonzept eines erfolgreichen ostdeutschen Unternehmens. In: Mitteilungen 7 des SFB 333, München 1993.

Rössel, Gottfried: Rationalisierungsstrategien in der Wende. KSPW-Konferenz Jena, März 1993.

Rössel, Gottfried: Licht und Schatten der marktwirtschaftlichen Grundsanierung ostdeutscher Betriebe. In: R. Schmidt, B. Lutz (Hg.): Chancen und Risiken der industriellen Restrukturierung in Ostdeutschland, KSPW: Transformationsprozesse, Berlin 1994.

Rössel, Gottfried; Semlinger, Klaus; Gallinger, I.; Hanke, H.: Voraussetzungen, Engpässe und Probleme bei der Entstehung neuer Arbeitsplätze in Klein- und Mittelbetrieben – Ein kooperatives Entwicklungskonzept für die Mansfelder Region. In: Soestra, Berichte und Informationen 10, Berlin 1993.

Rössel, Gottfried: Vom Neotaylorismus bis zur Lean Production – ausgewählte Rationalisierungskonzepte ostdeutscher Betriebe. In: B. Lutz, H. Schröder (Hg.): Entwicklungsperspektiven von Arbeit im Transformationsprozeß, München/Mering 1995.

Kooperationspartner von Teilprojekt B6

Bansemir, Gerd: Altenhilfe in den neuen Bundesländern. In: H. Braun (Hg.): Vernetzung in Altenarbeit und Altenpolitik. Probleme und Perspektiven in der neuen Bundesrepublik. Fachtagung der Deutschen Gesellschaft für Gerontologie, Dortmund 1992, S. 140–150.

Bansemir, Gerd; Neukirch, Edelgard: Strukturwandel im Gesundheits- und Sozialwesen der neuen Bundesländer. In: Mitteilungen 6 des SFB 333, München 1993.

Bansemir, Gerd; Kuhlmey, Adelheid: Strukturwandel im Osten Deutschlands. Systemumstellung im östlichen Gesundheits- und Sozialwesen. In: Heilberufe 4, 1993.

Hepach, H.; Neukirch, Edelgard.: Sozialstationen – sozialer Wandel. In: Heilberufe 1, 1993, 6–7.

Kuhlmey, Adelheid: Soziologie für die Pflege – zwischen theoretischem Selbstverständnis und notwendigem Praxisbezug. In: Pflegestudium an der Humboldt-Universität zu Berlin, Medizinische Fakultät (Charité), Abt. Krankenpflege, Berlin 1993.

Kuhlmey, Adelheid: Pflege in den neuen Bundesländern. In: WBO-Team (Hg.): Krankenhaus als soziales System, Dokumentation der Fachtagung, Hildesheim 1993.

Kuhlmey, Adelheid: Zur Gesundheitslage von Frauen im mittleren Lebensalter in den neuen Bundesländern. Eine Vergleichsstudie zu jüngeren und älteren Frauen sowie gleichaltrigen Männern. In: Frauen im mittleren Alter, Schriftenreihe des Bundesministeriums für Frauen und Jugend, Bd. 13, Stuttgart/Berlin/Köln 1993.

Kuhlmey, Adelheid; Schütz, R. M.; Tews, H. P.: Altern in Deutschland, Berlin 1992: Theuberger.

Kuhlmey, Adelheid; Landenberger, Margarete (Hg.): Entwicklungsperspektiven der Kranken- und Altenpflege, Tagungsband, München 1993.

Kuhlmey, Adelheid: Altenpolitik in der ehemaligen DDR und die besondere Problematik des Übergangs in die Strukturen der alten Bundesländer. In: „Sinnvolle Frauenpolitik anstelle von Altenpolitik", Tagungsband, hg. vom Referat für Frauen, Kiel 1993.

Kuhlmey, Adelheid; Michel, Marion; Pinguart, Martin: Qualifizierungsbedarf in den neuen Bundesländern. In: S. Kühnert (Hg.): Dortmunder Beiträge zur angewandten Gerontologie, Bd. 2: Qalifizierung und Professionalisierung in der Altenarbeit, Opladen 1993.

Kuhlmey, Adelheid; Michel, Marion; Pinquart, Martin: Qualifizierungsbedarf in der Altenpflege. Eine Analyse der Situation in den neuen Bundesländern. In: Mitteilungen 7 des SFB 333 der Universität München, München, 1993, S. 21–40.

Kuhlmey, Adelheid; Kleinstück, Birgit; Bansemir, Gerd; Neukirch, Edelgard: Beschäftigungsentwicklung in den Pflegeberufen. In: KSPW-Reader „Erwerbsarbeit und Beschäftigung im Umbruch", Berlin 1994: Akademie-Verlag.

Kuhlmey, Adelheid; Kleinstück, Birgit; Bansemir, Gerd: Kranken- und Pflegeberufe auf dem Wege in das westliche Gesundheitssystem. In: B. Lutz, H. Schröder (Hg.): Entwicklungsperspektiven von Arbeit im Transformationsprozeß, München/Mering 1995.

Landenberger, Margarete; Kuhlmey, Adelheid (Hg.): Innovation in der Pflege. Mitgestaltung der Pflege und des Versorgungssystems durch die Pflegebeschäftigten, Tagungsband, Berlin/München 1994.

10.13 Arbeitspapiere des Sonderforschungsbereichs 333 (1987–1989)

Preisendörfer, Peter: „Life Histories": Neuere Verfahren zur Sammlung retrospektiver Daten, insbesondere Berufsverlaufsdaten. Arbeitspapier 1, München 1987.

Rucht, Dieter; Treutner, Erhard: Regulierung gesellschaftlicher Arbeit: Auf dem Weg zu einem neuen Steuerungsmodus? Arbeitspapier 2, München 1987.

Jurczyk, Karin; Treutner, Erhard; Voß, G. Günter; Zettel, Ortrud: „Die Zeiten ändern sich" – Arbeitszeitpolitische Strategien und die Arbeitsteilung der Personen. Arbeitspapier 3, München 1988.

Lutz, Burkart: Bildungssystem und die Zukunft von Industriearbeit. Arbeitspapier 4, München 1988.

SFB 333 (Hg.): Dokumentation zur Tagung am 27./28. Oktober 1987 an der Universität München: Technik und Flexibilisierung – Brennpunkte der Entwicklung gesellschaftlicher Arbeit. Arbeitspapier 5, München 1988.

Schüßler, Rudolf: Die Neulingssterblichkeit von Organisationen: Eine Übersicht und Diskussion ereignisanalytischer Befunde. Arbeitspapier 6, München 1988.

Kudera, Werner; Voß, G. Günter: Veränderung der Arbeitsteilung von Personen. Neue Muster der individuellen Verteilung von Arbeit auf verschiedene Lebensbereiche. Ein Forschungsprogramm. Arbeitspapier 7, München 1988.

Landenberger, Margarete: Teilzeitarbeit und Alterssicherung: Sozialpolitische Flankierung einer Arbeitsumverteilungsstrategie. Arbeitspapier 8, München 1988.

Leu, Hans Rudolf: Kinder am Computer – Zwischen Mikrowelten und sozialer Wirklichkeit. Arbeitspapier 9, München 1988.

Fuchs, Gerhard; Rucht, Dieter; Treutner, Erhard: Tendenzen kommunaler Arbeitspolitik: Zweiter Arbeitsmarkt und Selbsthilfeförderung in München. Arbeitspapier 10, München 1988.

Fuchs, Gerhard; Rucht, Dieter: Sozial- und Umweltverträglichkeit von technischen Systemen als Regelungsproblem: Möglichkeiten und Grenzen des Rechts. Arbeitspapier 11, München 1988.

Drexel, Ingrid: Vor der Entstehung neuer gesellschaftlicher Qualifikationstypen? Theoretische Thesen und empirische Illustrationen am Beispiel neuer Technikergruppen in Frankreich. Arbeitspapier 12, München 1988.

Böhle, Fritz; Milkau, Brigitte: Sinnliche Erfahrung und Erfahrungswissen im industriellen Erfahrungsprozeß. Arbeitspapier 13, München 1988.

Rerrich, Maria S.; Wex, Thomas (Hg.): Werkstattbericht eines Workshops am 9.12.1988 an der Universität München: Probleme der Generalisierung in der Sozialforschung. Arbeitspapier 14, München 1989.

Dittrich, Walter; Fuchs, Gerhard; Rucht, Dieter; Watzlawczik, Gerd-Uwe: Ansätze innovativer Arbeitspolitik in München. Arbeitspapier 15, München 1989.

10.14 „Mitteilungen" des Sonderforschungsbereichs 333 (seit Herbst 1989)

Mitteilungen 1, München 1989

Burkart Lutz: Das Ende des Facharbeiters, S. 5–16.

Friedemann W. Nerdinger: Wertewandel und Führungsnachwuchs – Ergebnisse aus quantitativen und qualitativen Langzeitbefragungen, S. 17–30.

Luise Behringer, Karl Martin Bolte, Wolfgang Dunkel, Karin Jurczyk, Werner Kudera, Maria S. Rerrich, G. Günter Voß: Auf dem Weg zu einer neuen Art der Lebensführung?, S. 31–42.

Fritz Böhle: Sinnliche Wahrnehmung und Erfahrungswissen im modernen Arbeitsprozeß, S. 43–54.

Mitteilungen 2, München 1990

Wolfgang Kraus, Florian Straus: Das Konzept der Patchwork-Identität: Überlegungen zur Entwicklung eines forschungsmethodischen Baukastens, S. 5–20.

Karin Jurczyk, Werner Kudera: Verfügung über Zeit? Die ganz unterschiedlichen Auswirkungen flexibler Arbeitszeiten auf die Lebensführung, S. 21–42.

Thomas Lange, Gerd-Uwe Watzlawczik: Beschäftigungswirkungen der Kostendämpfungspolitik im Gesundheitswesen, S. 43–74.

Hans Gerhard Mendius, Stefanie Weimer: Kleine Zulieferunternehmen im Umbruch – Bewältigung neuer Anforderungen durch Weiterbildungskooperation, S. 75–102.

Dieter Sauer: Neuer Rationalisierungstyp und Interessenvertretung, S. 103–122.

Mitteilungen 3, München 1991

Luise Behringer, Wolfgang Dunkel: Wenn nichts mehr sicher ist – Formen von Lebensführung unter instabilen Verhältnissen, S. 5–14.

Manfred Moldaschl: Widersprüchliche Arbeitsanforderungen – psychische Belastung und doppelte Realität in der Produktion, S. 15–50.

Wolfgang Gmür, Renate Höfer: Neue Identitäten? Identitätsentwicklung junger Erwachsener vor dem Hintergrund gesellschaftlicher Individualisierung und diskontinuierlicher Erwerbskarrieren, S. 51–60.

Erika Spieß, Friedemann W. Nerdinger: Selbstselektion: Rekonstruktion eines Handlungsprozesses, S. 61–78.

Jürgen Kaschube, Eduard Sigl: Kognitive Repräsentationen von Organisationen, S. 79–92.

Helmuth Rose: Grundaussagen zur Rolle des Erfahrungswissens, S. 93–116.

Mitteilungen 4, München 1992

Friedemann W. Nerdinger: Subjektive Theorien beruflichen Aufstiegs. Quantitative und qualitative Ergebnisse einer Längsschnittstudie des Übergangs vom Bildungs- ins Beschäftigungssystem, S. 5–26.

Manfred Moldaschl: Alle Maschinen übernehmen Arbeit, aber keine Maschine übernimmt Verantwortung. CIM und Expertensysteme, S. 27–54.

Helmuth Rose: Erfahrungswissen als eigenständige Komponente der Wissensverarbeitung. Ergebnisse empirischer Untersuchungen zur Prozeßbeherrschung programmgesteuerter Maschinen und Anlagen, S. 55–66.

Volker Döhl: Zur Lage der Automobil- und Zulieferindustrie in den neuen Bundesländern, S. 67–94.

Mitteilungen 5, München, März 1993

Hartmut Hirsch-Kreinsen: Grenzen eines Innovationsmusters – Die Krise des amerikanischen Werkzeugmaschinenbaus, S. 5–28.

Manfred Moldaschl: Lean-Production im Maschinenbau? Für einen neuen Weg, S. 29–62.

Margarete Landenberger: Das Pflegefallrisiko in der Bundesrepublik Deutschland: sozialpolitische und wirtschaftspolitische Aspekte, S. 63–80.

Jürgen Kaschube, Angela Wittmann: Stellensuche und Stellenwahl bei Führungsnachwuchskräften, S. 81–104.

G. Günter Voß: Zur sozialen Differenzierung von „Arbeit und Leben". Überlegungen aus der Perspektive des Konzepts Alltägliche Lebensführung, S. 105–122.

Werner Kudera: Gesellschaftliche Disparitäten und alltägliche Lebensführung, S. 123–132.

Karin Jurczyk: Alltägliche Lebensführung und Zeit, S. 133–140.

Mitteilungen 6, München, August 1993

Burkart Lutz: Einleitung, S. 3–10.

Beate Mitzscherlich, Wolfgang Kraus: Ost-West-Kooperation – Ein Identitätsprojekt?, S. 11–22.

Gabriele Rappensperger, Erika Spieß: „Als Frau ist man sowieso ein bißchen gehandicapt" – Die Situation von Akademikerinnen in den neuen Bundesländern, S. 23–42.

Ina Dietzsch, Michael Hoffmann: Einfach weiter so leben … oder? Ostdeutsche Muster alltäglicher Lebensführung zwischen Kontinuität und Wandel, S. 43–58.

Barbara Giessmann: Im Interesse der Ingenieure und Techniker: Von der KDT zum Ingenieurtechnischen Verband – KDT e. V., S. 59–78.

Volkmar Kreißig, Erhard Schreiber: Entwicklungsperspektiven von Arbeit: Automobilbranche in den neuen Bundesländern – in der Abwärtsspirale oder im Aufstieg wie Phönix aus der Asche? In: S. 79–96.

Gottfried Rössel: Transformations- und Rationalisierungskonzept eines erfolgreichen ostdeutschen Unternehmens, S. 97–108.

Gerd Bansemir, Edelgard Neukirch: Strukturwandel im Gesundheits- und Sozialwesen der neuen Bundesländer, S. 109–134.

Mitteilungen 7, München, Oktober 1993

Gerd Macher: Steuerung und Überwachung komplexer technischer Systeme – sozialwissenschaftliche Befunde zur Entwicklung qualifizierter Produktionsarbeit, S. 5–20.

Adelheid Kuhlmey, Marion Michel, Martin Pinquart: Qualifizierungsbedarf in der Altenpflege – Eine Analyse der Situation in den neuen Bundesländern, S. 21–40.

Margarete Landenberger, Karin Lohr: Der Sozial- und Gesundheitsbereich als Arbeitsfeld von Frauen und Männern im Kontext der Entwicklung des Dienstleistungssektors, S. 41–52.

Luise Behringer: Die alltägliche Lebensführung von Personen – eine Grundlage der Stadtplanung!?, S. 53–66.

Werner Kudera: Grenzen der Flexibilisierung. Zum Verhältnis von individueller und betrieblicher Zeitökonomie, S. 67–88.

G. Günter Voß: Arbeitswelt im Wandel. Tendenzen des Strukturwandels der Erwerbstätigkeit in der Bundesrepublik Deutschland, S. 89–138.

Mitteilungen 8, München, Oktober 1994

I. Veränderungen der Bedeutung von Erwerbsarbeit und ihre Auswirkungen auf die Identität und die Organisation der alltäglichen Lebensführung

G. Günter Voß: Das Verhältnis von Arbeit und Leben im Umbruch. Zur wachsenden Bedeutung der alltäglichen Lebensführung Erwerbstätiger für Betriebe und Politik, S. 7–18.

Florian Straus, Renate Höfer: Halbe Chancen und doppelte Risiken. Die veränderte Bedeutung von Erwerbsarbeit und Qualifizierungsprozessen für die Identitätsbildung benachteiligter Jugendlicher, S. 19–32.

II. Neue Qualifikationsanforderungen und Leistungspotentiale – neue Berufe?

Jürgen Kaschube, Thomas Lang-von Wins: Berufseinstieg und erste berufliche Erfahrungen von Hochschulabsolventen, S. 33–46.

Ingrid Drexel: Immer mehr Techniker in Frankreich, immer weniger Techniker in Deutschland – zwei folgenreiche Antworten auf die neuen Technologien, S. 47–56.

Hans Gerhard Mendius: Der Kfz-Servicetechniker – Neue Perspektiven qualifizierter Handwerksberufe, S. 57–68.

Margarete Landenberger: Kranken- und Altenpflegeberufe auf dem Weg zu einem eigenen Berufsfeld und zu aktiver Mitgestaltung der Gesundheitsversorgung, S. 69–74.

III. Die Rückkehr des Menschen in die industrielle Produktion und was er dort tun soll und tun kann

Fritz Böhle: Sinnliche Erfahrung und wissenschaftlich-technische Rationalität bei der Arbeit mit technischen Systemen, S. 75–88.

Hartmut Hirsch-Kreinsen: Arbeit in der globalisierten Produktion, S. 89–102.

Volker Döhl, Dieter Sauer: Arbeit in der Kette. Zur neuen Wertschätzung von Arbeit in vernetzter Produktion, S. 103–116.

Mitteilungen 9, München 1995

Marhild von Behr, Noel Harvey: Cell Manufacturing – Ein amerikanischer Weg posttayloristischer Rationalisierung, S. 5–22.

Klaus Schmierl: Instrumente betrieblicher Leistungspolitik: Arbeitskraftzentrierte Lohnsysteme und neue Arbeitsformen, S. 23–50.

Wolfgang Dunkel: Zur Praxis qualitativer Forschung: das Dilemma von Qualität und Effizienz, S. 51–62.
Werner Kudera: Alltägliche Lebensführung von Arbeitern – ein gesamtdeutsches Phänomen?, S. 63–74.
Gerd Uwe Watzlawczik: Auswirkungen der gesundheitspolitischen Strategien von Bund und Ländern auf den Pflegesektor, S. 75–104.
Angela Wittmann, Günter W. Maier, Gabriele Rappensperger: „Ehrlich währt am längsten" – Realistische Tätigkeitsvorschau bei Führungsnachwuchskräften, S. 105–119.

Mitteilungen 10, München, März 1997
Luise Behringer: Identität durch Lebensführung: Zur Bedeutung alltäglicher Lebensführung für die Identitätsbildung, S. 5–14.
Sylvia Dietmeier-Jebara: „Sich politisch zu engagieren, bringt nichts" – Bilanzierungen des politischen Wandels und der Partizipationsmöglichkeiten in Ostdeutschland anhand zweier Fallbeispiele, S. 15–32.
G. Günter Voß: Zur Entwicklung der Arbeitszeiten in der Bundesrepublik Deutschland, S. 33–58.
Gmür, Wolfgang: Region, Heimat, Beheimatung – Konzeptionalisierungen sozialräumlicher Einflußfaktoren im Kontext individueller Identitätsarbeit, S. 59–78.
Barbara Giessmann: Das gleiche und doch nicht dasselbe – Techniker im Bildungssystem beider deutscher Staaten: ein entwicklungsgeschichtlicher Vergleich, S. 79–100.
Erika Spieß, Hugo M. Kehr, Angela Wittmann: Phasen der Motivation für einen Auslandseinsatz bei Führungsnachwuchskräften – Versuch einer Einordnung in das Rubikonmodell der Handlungsphasen von Heckhausen und Gollwitzer, S. 101–124.

Mitteilungen, Sonderheft I, München 1992
Walter Heinz, Burkart Lutz (Hg.): Modernisierungsprozesse von Arbeit und Leben *(in Zusammenarbeit mit den Sonderforschungsbereichen 3, 127 und 186)*
Ursula Rabe-Kleberg – SFB 186 der Universität Bremen: Unvollendete Statuspassagen. Eine Untersuchung zum Übergang vom Studium in den Beruf, S. 17–34.
Klaus Hurrelmann – SFB 127 der Universität Bielefeld: Gesundheitsgefährdende Lebensbedingungen und Lebensstile im Jugendalter, S. 35–54.
Burkart Lutz, G. Günter Voß – SFB 333 der Universität München: Subjekt und Strukturwandel – Versuch der Neubestimmung einer soziologischen Schlüsselbeziehung am Beispiel des Facharbeiters, S. 55–76.
Uwe Hochmuth, Notburga Ott, Gabriele Rolf – SFB 3 der Universitäten Frankfurt und Mannheim: Analysen zur Individualisierung und Sozialen Sicherung. Das Beispiel: frauenspezifische Risiken, S. 77–89.

Mitteilungen, Sonderheft II, München 1991
G. Günter Voß (Hg.): Die Zeiten ändern sich – Alltägliche Lebensführung im Umbruch
Karl Martin Bolte: Eröffnung, S. 5–10.
Jürgen Rinderspacher: Die Kultur der knappen Zeit, S. 11–28.
Karin Jurczyk: Flexibilisierung der Erwerbsarbeit – Flexibilisierung der Lebensführung, S. 29–48.
Maria S. Rerrich: Seine Lebensführung + ihre Lebensführung = gemeinsame Lebensführung? Empirische Befunde und kategoriale Überlegungen, S. 49–68.
G. Günter Voß: Lebensführung: Ein integratives Konzept zur Analyse alltäglichen Lebens, S. 69–88.
Walter R. Heinz: Flexiblere Arbeitszeiten als Koordinationsproblem, S. 89–96.
Anhang: Werner Kudera: Einführungsstatement für die Podiumsdiskussion, S. 97–105.

Mitteilungen, Sonderheft III, München 1993
Margarete Landenberger (Hg.): Die historische Rolle der Sozialversicherungsträger bei der Durchsetzung politischer Ziele im Nationalsozialismus
Margarete Landenberger: Die historische Rolle der Sozialversicherungs- und Fürsorgeträger bei der Durchsetzung politischer Ziele des nationalsozialistischen Führerstaates – Zusammenfassung, S. 3–18.

Peter A. Köhler: Die Rolle der Institution Rentenversicherung im NS-Staat, S. 19–28.

Albrecht Goeschel: Krankenversicherung in den eingegliederten und besetzten Gebieten, S. 29–34.

Eckart Reidegeld: Die Sozialversicherung im „Großdeutschen Reich", S. 35–48.

Helmuth Trischler: Die Überlebensfähigkeit von Privilegien in der nationalsozialistischen „Volksgemeinschaft", S. 49–56.

Horst Kahrs: Politik der Reichsanstalt für Arbeitsvermittlung und Arbeitslosenversicherung im NS-Staat, S. 57–68.

Jochen-Christoph Kaiser: Freie Wohlfahrtspflege im NS-Staat, S. 69–78.

Eckart Hansen: Kommunale Fürsorge und Nationalsozialistische Volkswohlfahrt, S. 79–88.

Stefan Schnurr: Spaltung, Erziehung, Mobilisierung. Thesen zur Kontinuität und Diskontinuität von Sozialpolitik und sozialer Arbeit im NS-Staat, S. 89–102.

Claus Mühlfeld: Familie als Handlungsfeld einer rassenpolitisch bestimmten Sozial- und Rechtspolitik, S. 103–110.

Dorothee Klinksiek: Sozialpolitik und Deutsche Arbeitsfront (DAF), S. 111–116.

Thorsten Sueße: Gesundheitsabsolutismus und Ausmerzung chronischer Krankheit, S. 117–124.

Susanne Zeller: Von den „Sozialen Frauenschulen" zu den „Nationalsozialistischen Frauenschulen für Volkspflege", S. 125–139.

www.ingramcontent.com/pod-product-compliance
Lightning Source LLC
LaVergne TN
LVHW081359011026
849161LV00013BA/2858

9783050035987